LES NOUVEAUX Précis BRÉAL

AF860518

BIBLIOTHÈQUE DE L'UNIVERSITÉ - PARIS 13 ★ SCIENCES

510
(076)
GUI

Mathématiques
PCSI

Daniel GUININ

Professeur en classes préparatoires scientifiques - 2e année

Bernard JOPPIN

Professeur en classes préparatoires scientifiques - 1re année

33860

Bréal éditions

1, rue de Rome - 93561 Rosny-sous-Bois cedex

LES NOUVEAUX

Précis

BRÉAL

Titres disponibles dans la filière PCSI

Mathématiques 1re année

- Analyse PCSI
- Algèbre et géométrie PCSI

Physique 1re année

- Mécanique PCSI
- Électromagnétisme PCSI
- Électrocinétique PCSI
- Optique MPSI - PCSI - PTSI
- Thermodynamique PCSI

Chimie 1re année

- Chimie PCSI

Exercices 1re année

- Mathématiques PCSI
- Physique PCSI

Maquette et couverture : *Sophie Martinet.*
Réalisation : 16 iS.

© Bréal 2003
Toute reproduction même partielle interdite.
Dépôt légal : août 2003.
ISBN 2 7495 0176 8

Avant-propos

La préparation aux concours commence dès la première année de classe préparatoire, dans la perspective de passer le cap de l'écrit et de faire une bonne prestation orale.

C'est dans cet objectif que cet ouvrage vous propose 247 sujets d'oraux et 60 problèmes.

Il a pour ambition de vous aider à «rentrer» dans un sujet, de le «lire», sans se limiter à une solution idéale ou académique.

Sujets d'oraux

Ils sont tous tirés d'annales récentes de concours.

Le plus délicat est souvent la phase de démarrage : *par quel bout le prendre ?* C'est pourquoi les solutions proposées sont accompagnées et entrecoupées de commentaires dont le but est de :

> Réfléchir à haute voix, comme c'est indispensable lors de toute épreuve orale, qu'il s'agisse des colles en cours d'année ou, à plus forte raison, d'un oral «pour de vrai».

Les énoncés de «planches» sont la plupart du temps assez brefs et il est de l'initiative du candidat d'en tirer le maximum. L'objet des commentaires est aussi de donner des idées dans ce sens.

Certaines solutions peuvent être éclairées par une figure qui n'est pas nécessairement proposée. Confronté à cette situation, vous devez avoir le réflexe de faire «votre» figure. Et votre virtuosité dans l'utilisation d'une calculatrice fera le reste !

Souvent, plusieurs pistes s'offrent à vous et plusieurs solutions sont satisfaisantes. C'est pourquoi de nombreux sujets proposent plusieurs démarches.

La connaissance du cours est supposée acquise et les exercices de «rodage basique» sont travaillés en classe ; il y en a dans tous les manuels. C'est le minimum vital pour utiliser cet ouvrage avec profit.

Thèmes d'étude et problèmes

Les 60 thèmes d'étude et problèmes recouvrent tout le programme de PCSI.

Contrairement aux sujets d'oraux, ils sont découpés en questions et alinéas à travers lesquels la logique du sujet est transparente. Pour cette raison, il n'est proposé qu'une seule solution, sans beaucoup de commentaires.

Ce double aspect vous permettra de disposer d'un outil de travail personnel, complet et adapté, dès la première année, à la dure réalité des concours.

Cet ouvrage vous aidera en outre à accéder avec confiance en deuxième année et il constituera pour vous une bonne base de révision pour les notions supposées acquises et utiles aux concours.

Les auteurs

Sommaire

1. Algèbre générale 7

Sujets d'oraux 8

A. Nombres complexes, trigonométrie 8
B. Ensembles et fonctions. Opérations, groupes, anneaux 22
C. Ensembles finis, dénombrements 29
D. Arithmétique des entiers 34

Thèmes d'étude – Problèmes 40

2. Réels, suites, limites. Continuité, dérivation Formule de Taylor. Développements limités 55

Sujets d'oraux 56

A. Borne supérieure et partie entière 56
B. Suites réelles, limites 59
C. Continuité, limite 69
D. Dérivation 81
E. Fonctions usuelles 81
F. Formule de Taylor 90
G. Développements limités, comparaison 92

Thèmes d'étude – Problèmes 100

3. Espaces vectoriels, applications linéaires Polynômes. Dimension finie 131

Sujets d'oraux 132

A. Espaces vectoriels, applications linéaires 132
B. Polynômes 140
C. Dimension finie 159

Thèmes d'étude – Problèmes 173

Sommaire

4. Intégration. Calcul intégral **187**

Sujets d'oraux 188
- A. Intégration sur un segment 188
- B. Sommes de Riemann – Intégration par parties 201
- C. Changement de variable 210

Thèmes d'étude – Problèmes 220

5. Matrices et systèmes linéaires
Déterminants. Changement de base **245**

Sujets d'oraux 246
- A. Matrices et systèmes linéaires 246
- B. Déterminants 258
- C. Changement de base 265

Thèmes d'étude – Problèmes 270

6. Équations différentielles. Courbes paramétrées
Fonctions de 2 variables **291**

Sujets d'oraux 292
- A. Équations différentielles 292
- B. Courbes planes, étude affine et métrique 303
- C. Fonctions de deux variables 316

Thèmes d'étude – Problèmes 326

7. Espaces euclidiens.
Transformations et matrices orthogonales
Géométrie et coniques **341**

Sujets d'oraux 342
- A. Espaces euclidiens 342
- B. Transformations et matrices orthogonales 348
- C. Géométrie dans le plan ou dans l'espace 352
- D. Coniques 357

Thèmes d'étude – Problèmes 366

CHAPITRE 1

Algèbre générale

Sujets d'oraux 8

A. Nombres complexes, trigonométrie 8
B. Ensembles et fonctions. Opérations, groupes, anneaux 22
C. Ensembles finis, dénombrement 29
D. Arithmétique des entiers 34

Thèmes d'étude – Problèmes 40

1. Quelques sujets de trigonométrie 40
2. Somme des cubes des n premiers entiers 43
3. Dénombrabilité de $\mathbb{N} \times \mathbb{N}$ 44
4. Un sous-groupe fini de nombres complexes 47
5. Valeurs exactes de quelques cosinus 50

Sujets d'oraux

(A) Nombres complexes, trigonométrie

Ex. 1

Résoudre l'équation (**E**) : $z^3 - (16 - i)z^2 + (89 - 16i)z + 89i = 0$, d'inconnue $z \in \mathbb{C}$.

> Une équation de degré 3 ne peut être résolue de façon élémentaire qu'en en connaissant une racine. Le premier objectif est alors de déterminer une solution «apparente».
>
> Outre des racines telles que 1 ou -1, voire 2 ou -2, etc. il est fréquent de chercher une racine particulière qui soit réelle ou bien imaginaire pure.

- Solution imaginaire pure ? Le nombre ix, avec $x \in \mathbb{R}$, est solution si et seulement si :

$-ix^3 + (16 - i)x^2 + (89 - 16i)ix + 89i = 0$, c'est-à-dire $16x^2 + 16x - i(x^3 + x^2 - 89x - 89) = 0$,
ce qui équivaut à :

$16x^2 + 16x = 0$ et $x^3 + x^2 - 89x - 89 = 0$ ou encore à $16x(x+1) = 0$ et $(x^2 - 89)(x+1) = 0$.
On en déduit que (**E**) admet $-i$ pour (seule) racine imaginaire pure.

> La connaissance d'une racine permet la factorisation par un polynôme de degré 2 que l'on sait résoudre. Mais il n'y a pas de raison d'oublier une éventuelle racine réelle.

- $a \in \mathbb{R}$ est solution si et seulement si $a^3 - 16a^2 + 89a + i(a^2 - 16a + 89) = 0$, c'est-à-dire $a(a^2 - 16a + 89) = 0$ et $a^2 - 16a + 89 = 0$, ce qui se réduit à $a^2 - 16a + 89 = 0$.

Mais $a^2 - 16a + 89 = (a - 8)^2 + 25$ n'a pas de solution réelle.

> Espoir déçu ! Mais comme $-i$ est racine, on peut factoriser par $z + i$.

Il existe u, v, w dans $\mathbb{C}$ tels que $z^3 - (16 - i)z^2 + (89 - 16i)z + 89i = (z + i)(uz^2 + vz + w)$.
L'examen des termes en z^3 donne $u = 1$ et celui des termes constants donne $w = 89$.
Une rapide identification donne alors $v = -16$ et on est ramené à la résolution de $z^2 - 16z + 89 = 0$.

> Dans les exemples numériques d'équation de degré 2, il est préférable de former l'expression canonique. L'usage du discriminant (même réduit) serait un gaspillage.
>
> Rappelons à ce sujet que les égalités $U^2 - V^2 = (U - V)(U + V)$ et $U^2 + V^2 = (U - iV)(U + iV)$ sont toujours vraies, que U et V soient réels ou complexes.

Avec $z^2 - 16z + 89 = (z - 8)^2 + 25 = (z - 8 - 5i)(z - 8 + 5i)$, on obtient les deux autres racines de (**E**) et finalement, les racines sont $\quad -i, \ 8 + 5i$ et $8 - 5i$.

Ex. 2

Étant donné z et z' dans $\mathbb{C}$, on considère $u \in \mathbb{C}$ tel que $u^2 = zz'$.

Montrer que $|z| + |z'| = \left|\dfrac{z + z'}{2} - u\right| + \left|\dfrac{z + z'}{2} + u\right|$.

> En posant $s = z + z'$, un énoncé équivalent est $2\left(|z| + |z'|\right) = |s - 2u| + |s + 2u|$.
>
> On obtient encore un énoncé équivalent en étudiant les carrés des deux membres.
>
> Il est souvent préférable d'examiner le terme le plus compliqué et de le réduire.

- Le carré du second membre est $\left(|s-2u|+|s+2u|\right)^2 = |s-2u|^2+|s+2u|^2+2\left|s^2-4u^2\right|$.

Avec $s = z+z'$ et $u^2 = zz'$, il vient $s^2-4u^2 = (z+z')^2 - 4zz'$, donc $s^2-4u^2 = (z-z')^2$.

> Rappelons une règle usuelle, dite l'égalité du parallélogramme :
> $$|a+b|^2 = |a|^2+|b|^2+2\,\mathrm{Re}(a\overline{b}) \text{ et } |a-b|^2 = |a|^2+|b|^2-2\,\mathrm{Re}(a\overline{b})$$
> donne : $|a+b|^2+|a-b|^2 = 2\,|a|^2+2\,|b|^2$.

On a aussi $|s-2u|^2+|s+2u|^2 = 2\,|s|^2+8\,|u|^2 = 2\,|s|^2+8\,|zz'|$.

Notons que $|s|^2 = |z|^2+\left|z'\right|^2+2e\overline{z}z'$ et $\left|z-z'\right|^2 = |z|^2+\left|z'\right|^2-2\,\mathrm{Re}\,\overline{z}z'$.

> On a obtenu une avancée significative, le terme u a formellement disparu.

Il vient ainsi :

$|s-2u|^2+|s+2u|^2+2\left|s^2-4u^2\right| = 2\,|z|^2+2\left|z'\right|^2+4\,\mathrm{Re}\,\overline{z}z'+8\left|zz'\right|+2\,|z|^2+2\left|z'\right|^2-4\,\mathrm{Re}\,\overline{z}z'$,

c'est-à-dire :

$$\left(|s-2u|+|s-2u|\right)^2 = 4\left(|z|^2+\left|z'\right|^2+2\left|zz'\right|\right) = 4\left(|z|+\left|z'\right|\right)^2$$

et enfin le résultat espéré : $2\left(|z|+\left|z'\right|\right) = |s-2u|+|s-2u|$.

Ex. 3

Étant donné $n \in \mathbb{N}$, $n \geqslant 2$, calculer les sommes $S_n = \sum_{k=1}^{n-1} \sin\frac{k\pi}{n}$ et $T_n = \sum_{k=1}^{n-1} \sin\frac{k\pi}{2n}$.

1)

> $\sin\frac{k\pi}{n}$ est la partie imaginaire de $e^{i\frac{k\pi}{n}}$

S_n est la partie imaginaire de $Y_n = \sum_{k=1}^{n-1} e^{i\frac{k\pi}{n}}$, somme de $n-1$ termes consécutifs d'une suite géométrique, de premier terme $e^{i\frac{\pi}{n}}$ et de raison $e^{i\frac{\pi}{n}} \neq 1$. On a donc :

$$Y_n = e^{i\frac{\pi}{n}}\,\frac{e^{i\frac{(n-1)\pi}{n}}-1}{e^{i\frac{\pi}{n}}-1}$$

> Dans $e^{ia}-1$, on factorise par $e^{i\frac{a}{2}}$, ce qui fait apparaître :
> $$e^{ia}-1 = e^{i\frac{a}{2}}\left(e^{i\frac{a}{2}}-e^{-i\frac{a}{2}}\right) = 2ie^{i\frac{a}{2}}\sin\frac{a}{2}.$$

Avec $e^{i\frac{(n-1)\pi}{n}}-1 = 2ie^{i\frac{(n-1)\pi}{2n}}\sin\frac{(n-1)\pi}{2n}$ et $e^{i\frac{\pi}{n}}-1 = 2ie^{i\frac{\pi}{2n}}\sin\frac{\pi}{2n}$, en notant de plus que $\frac{e^{i\frac{\pi}{n}}e^{i\frac{(n-1)\pi}{2n}}}{e^{i\frac{\pi}{2n}}} = e^{i\frac{\pi}{2}} = i$, il vient $Y_n = i\frac{\sin\frac{(n-1)\pi}{2n}}{\sin\frac{\pi}{2n}}$. On a donc pour partie imaginaire :

$$S_n = \frac{\sin\frac{(n-1)\pi}{2n}}{\sin\frac{\pi}{2n}}.$$

> Au passage, on a montré en même temps que $C_n = \sum_{k=1}^{n-1}\cos\frac{k\pi}{n} = 0$.

Avec $\dfrac{(n-1)\pi}{2n} = \dfrac{\pi}{2} - \dfrac{\pi}{2n}$, on a $\sin \frac{(n-1)\pi}{2n} = \cos \dfrac{\pi}{2n}$ et finalement, $S_n = \dfrac{1}{\tan \frac{\pi}{2n}}$.

En complément, on peut étudier $\dfrac{1}{n} S_n$, ce qui est un thème classique.

$\dfrac{1}{n} S_n$ est égal à $\dfrac{\pi}{2} \dfrac{\frac{\pi}{2n}}{\tan \frac{\pi}{2n}}$, ce qui est de la forme $\dfrac{1}{n} \dfrac{u}{\tan u}$ avec $u = \dfrac{\pi}{2n}$.

On a $\lim\limits_{n \to +\infty} u = 0$ et, classiquement, $\lim\limits_{u \to 0} \dfrac{\tan u}{u} = 1$.

On en déduit alors que la suite $\left(\dfrac{S_n}{n}\right)_{n \geqslant 2}$ a pour limite $\dfrac{\pi}{2}$.

2)

Pas de faux espoir ! La somme T_n ne se ramène pas à S_n, même de façon lointaine. Toutefois le démarrage est analogue.

$\sin \dfrac{k\pi}{2n}$ est la partie imaginaire de $e^{ik\pi/2n}$. Comme précédemment, on a :

$$\sum_{k=1}^{n-1} e^{i\frac{k\pi}{2n}} = e^{i\frac{\pi}{4}} \frac{\sin \frac{(n-1)\pi}{4n}}{\sin \frac{\pi}{4n}} \text{ dont la partie imaginaire est } T_n = \frac{\sin \frac{(n-1)\pi}{4n}}{\sqrt{2} \sin \frac{\pi}{4n}}.$$

Avec $\dfrac{\pi}{2} - \dfrac{(n-1)\pi}{4n} = \dfrac{(n+1)\pi}{4n}$, on a aussi $T_n = \dfrac{\cos \frac{(n+1)\pi}{4n}}{\sqrt{2} \sin \frac{\pi}{4n}} = \dfrac{\cos \frac{\pi}{4} \cos \frac{\pi}{4n} - \sin \frac{\pi}{4} \sin \frac{\pi}{4n}}{\sqrt{2} \sin \frac{\pi}{4n}}$,

et finalement, $T_n = \dfrac{1}{2 \tan \pi/4n} - \dfrac{1}{2}$.

Ex. 4

Soit x réel, $x \not\equiv 0 \bmod \pi$. Montrer que $\displaystyle\sum_{k=0}^{n} \cos kx = \frac{1 + \cos nx}{2} + \frac{1}{2} \sin nx \operatorname{cotan} \frac{x}{2}$.

Il est classique d'associer la somme $B_n = \displaystyle\sum_{k=0}^{n} \sin kx$ à la somme $A_n = \displaystyle\sum_{k=0}^{n} \cos kx$.

Notons que l'on a $B_n = \displaystyle\sum_{k=1}^{n} \sin kx$.

Ces deux sommes sont des grands classiques qui s'apparentent à des questions de cours. Toutefois, le résultat usuel n'a pas cette forme.

Soit $S_n = A_n + iB_n$: alors $S_n = \displaystyle\sum_{k=0}^{n} e^{ikx}$ est la somme de $n+1$ termes consécutifs d'une suite géométrique, de premier terme 1 et de raison $e^{ix} \neq 1$.

On a $e^{ix} \neq 1$ si et seulement si x n'est pas un multiple entier pair de π.

Le cas où x serait un multiple entier impair de π est facile à traiter directement.

$$S_n = \frac{e^{i(n+1)x} - 1}{e^{ix} - 1} \text{ donne } S_n = \frac{e^{i\frac{(n+1)x}{2}}}{e^{i\frac{x}{2}}} \frac{e^{i\frac{(n+1)x}{2}} - e^{-i\frac{(n+1)x}{2}}}{e^{i\frac{x}{2}} - e^{-i\frac{x}{2}}} = e^{i\frac{nx}{2}} \frac{\sin \frac{(n+1)x}{2}}{\sin \frac{x}{2}}.$$

Les parties réelle et imaginaire donnent $A_n = \cos\frac{nx}{2}\frac{\sin\frac{(n+1)x}{2}}{\sin\frac{x}{2}}$ et $B_n = \sin\frac{nx}{2}\frac{\sin\frac{(n+1)x}{2}}{\sin\frac{x}{2}}$.

> Ce sont ces expressions qui sont classiques. Voyons celle qui est demandée et son analogue. Notons que $\sin x/2 \neq 0$ rend indispensable $x \not\equiv 0 \bmod 2\pi$.
>
> $\frac{1}{2}(1+\cos nx) = \cos^2\frac{nx}{2}$ doit être dégagé de A_n et $\cot\mathrm{an}\,\frac{x}{2} = \frac{\cos(x/2)}{\sin(x/2)}$ demande de faire apparaître $\cos(x/2)$. Une formule du type $\sin(a+b)$ va le permettre.

On a $\sin\frac{(n+1)x}{2} = \sin\frac{nx}{2}\cos\frac{x}{2} + \cos\frac{nx}{2}\sin\frac{x}{2}$ et il s'ensuit :

$$A_n = \cos\frac{nx}{2}\sin\frac{nx}{2}\,\mathrm{cotan}\,\frac{x}{2} + \cos^2\frac{nx}{2},$$

ce qui donne $A_n = \frac{1+\cos nx}{2} + \frac{1}{2}\sin nx\,\mathrm{cotan}\,\frac{x}{2}$.

On obtient aussi $B_n = \sin^2\frac{nx}{2}\,\mathrm{cotan}\,\frac{x}{2} + \cos\frac{nx}{2}\sin\frac{nx}{2} = \frac{1-\cos nx}{2}\,\mathrm{cotan}\,\frac{x}{2} + \frac{1}{2}\sin nx$.

Ex. 5

On considère l'application φ du plan dans lui-même qui, au point M d'affixe z associe le point M' d'affixe $z' = \frac{3+i\sqrt{3}}{4}z + \frac{1-i\sqrt{3}}{2}$.

Montrer qu'il y a un point invariant et un seul, noté A, et que, pour tout $M \neq A$, le triangle AMM' est rectangle.

> φ est une similitude, et ce n'est pas une translation ; elle a donc un point fixe unique. La première question est de le préciser.

A d'affixe a est invariant par φ si et seulement si :

$$a = \frac{3+i\sqrt{3}}{4}a + \frac{1-i\sqrt{3}}{2} \quad \text{c'est-à-dire si} \quad \frac{1-i\sqrt{3}}{4}a = \frac{1-i\sqrt{3}}{2},$$

d'où $a = 2$.

> L'angle $(\overrightarrow{AM}, \overrightarrow{AM'})$ est l'argument de $\frac{3+i\sqrt{3}}{4}$, qui est $\frac{\pi}{6}$.
>
> Si le triangle AMM' est rectangle, ce ne peut donc être qu'en M ou en M'.

Les affixes de $\overrightarrow{AM}$, $\overrightarrow{MM'}$ et $\overrightarrow{AM'}$ sont respectivement $z-2$, $z'-z$ et $z'-2$.

On a $(\overrightarrow{AM}, \overrightarrow{MM'}) = \arg\frac{z'-z}{z-2}$ et $(\overrightarrow{AM'}, \overrightarrow{MM'}) = \arg\frac{z'-z}{z'-2}$. Formons donc ces deux nombres.

Avec $z'-2 = \frac{3+i\sqrt{3}}{4}(z-2)$ et $z'-z = (z'-2)-(z-2)$, il vient :

$$\frac{z'-z}{z-2} = -1 + \frac{3+i\sqrt{3}}{4} = -\frac{1-i\sqrt{3}}{4}, \text{ qui est d'argument } \frac{2\pi}{3}.$$

On a $\frac{z'-z}{z'-2} = 1 - \frac{z-2}{z'-2} = 1 - \frac{4}{3+i\sqrt{3}} = i\frac{\sqrt{3}}{3}$, d'argument $\frac{\pi}{2}$.

Le triangle AMM' est donc rectangle en M'.

Ex. 6

Soit u et v des complexes non nuls. Montrer que $u = \overline{v}$ si et seulement si, pour tout complexe z de module 1, on a $\frac{1}{z}(z - u)(1 - vz) \in \mathbb{R}_+$.

> Classiquement, $Z \in \mathbb{C}$ est réel si et seulement si $\overline{Z} = Z$. Mais il faut garder en perspective que l'on s'intéresse à Z réel positif.

On considère $z \in \mathbb{C}$, $z \neq 0$, et on pose $Z = \frac{1}{z}(z - u)(1 - vz)$.

Alors, pour $|z| = 1$, $Z = \overline{z}(z - u)(1 - vz) = (1 - u\overline{z})(1 - vz)$.

- Supposons que $\overline{v} = u$.

Pour $|z| = 1$, on a $Z = (1 - u\overline{z})\overline{(1 - u\overline{z})} = |1 - u\overline{z}|^2$ qui est réel et positif.

- Supposons Z réel, c'est-à-dire $Z - \overline{Z} = 0$.

Pour tout z de module 1, on a $Z = (1 - u\overline{z})(1 - vz) = 1 - vz - u\overline{z} + uv$, donc :

$$Z - \overline{Z} = 1 - vz - u\overline{z} + uv - (1 - \overline{v}\overline{z} - \overline{u}z + \overline{uv}) = (\overline{u} - v)z - (u - \overline{v})\overline{z} + uv - \overline{uv}.$$

Avec $z = 1$ et $z = -1$, on obtient $\overline{u} + \overline{v} - u - v + uv - \overline{uv} = 0$ et $-\overline{u} - \overline{v} + u + v + uv - \overline{uv} = 0$.

En retranchant l'une à l'autre, on obtient $u - \overline{u} = -(v - \overline{v})$. d'où $\operatorname{Im} u = -\operatorname{Im} v$.

> Il reste à comparer les parties réelles de u et v.

En ajoutant les deux, il vient $uv = \overline{u}\,\overline{v}$. Alors $Z - \overline{Z} = 0$ donne $(\overline{u} - v)z - (u - \overline{v})\overline{z} = 0$, et avec $z = i$, il vient $u + \overline{u} = v + \overline{v}$ c'est-à-dire $\operatorname{Re} u = \operatorname{Re} v$.

En conclusion, il vient que u et v sont conjugués.

> Seul $|z| = 1$ et Z réel est utile pour obtenir $u = \overline{v}$. La véritable question est $u = \overline{v}$ si et seulement si Z est réel pour $|z| = 1$, Que Z soit alors positif en découle.

Ex. 7

Soit $(a, b) \in \mathbb{C}^2$, $|a| < 1$, $|b| < 1$. Montrer que $\left|\frac{a - b}{1 - \overline{a}b}\right| < 1$.

> Avant tout, il est indispensable que $1 - \overline{a}b$ soit non nul.

On a $\left|a\overline{b}\right| = |a|\;|b|$ et, avec $|a| < 1$ et $|b| < 1$, il vient $\left|a\overline{b}\right| < 1$, donc $1 - \overline{a}b \neq 0$.

> Étant donné $z \in \mathbb{C}$, montrer que $|z| < 1$ équivaut à montrer que $|z|^2 < 1$, c'est-à-dire que :
>
> $$z\overline{z} < 1.$$
>
> Étant donné α et β réels positifs, $\beta \neq 0$, $\quad \frac{\alpha}{\beta} < 1 \quad$ équivaut à $\alpha < \beta$.

Montrer que $\left|\frac{a - b}{1 - \overline{a}b}\right| < 1$ équivaut à montrer que $|a - b|^2 < |1 - \overline{a}b|^2$.

On étudie alors $|a - b|^2 - |1 - \overline{a}b|^2$.

$$|a - b|^2 = (a - b)(\overline{a} - \overline{b}) = |a|^2 + |b|^2 - a\overline{b} - \overline{a}b$$

$$\text{et} \quad |1 - \overline{a}b|^2 = (1 - \overline{a}b)(1 - a\overline{b}) = 1 - \overline{a}b - a\overline{b} + |a|^2\,|b|^2$$

donnent : $|a - b|^2 - |1 - \overline{a}b|^2 = -\left(1 - |a|^2 - |b|^2 + |a|^2\,|b|^2\right) = -(1 - |a|^2)(1 - |b|^2)$.

Avec l'hypothèse $1 - |a|^2 > 0$ et $1 - |b|^2 > 0$, il vient :

$$|a - b|^2 - |1 - \overline{a}b|^2 < 0,$$

ce qui est le résultat attendu.

Ex. 8

Montrer que $\cos\frac{\pi}{11}+\cos\frac{3\pi}{11}+\cos\frac{5\pi}{11}+\cos\frac{7\pi}{11}+\cos\frac{9\pi}{11}=\frac{1}{2}$.

> Une somme de cosinus est la partie réelle d'une somme de nombres complexes de module 1 par la formule d'Euler.

$C=\cos\frac{\pi}{11}+\cos\frac{3\pi}{11}+\cos\frac{5\pi}{11}+\cos\frac{7\pi}{11}+\cos\frac{9\pi}{11}$ est la partie réelle de $T=\sum_{k=0}^{4} e^{(2k+1)\frac{i\pi}{11}}$.

On a $T=e^{\frac{i\pi}{11}}\sum_{k=0}^{4} e^{k\frac{2i\pi}{11}}$ et $\sum_{k=0}^{4} e^{k\frac{2i\pi}{11}}=\dfrac{e^{\frac{10i\pi}{11}}-1}{e^{\frac{2i\pi}{11}}-1}$.

> C'est une situation classique : $e^{2ia}-1=e^{ia}\left(e^{ia}-e^{-ia}\right)=2ie^{ia}\sin a$.

On en déduit $\sum_{k=0}^{4} e^{k\frac{2i\pi}{11}}=e^{\frac{4i\pi}{11}}\dfrac{\sin\frac{5\pi}{11}}{\sin\frac{\pi}{11}}$ puis $T=e^{\frac{5i\pi}{11}}\dfrac{\sin\frac{5\pi}{11}}{\sin\frac{\pi}{11}}$.

La partie réelle de T est $C=\cos\frac{5\pi}{11}\dfrac{\sin\frac{5\pi}{11}}{\sin\frac{\pi}{11}}$.

Avec $\cos\frac{5\pi}{11}\sin\frac{5\pi}{11}=\frac{1}{2}\sin\frac{10\pi}{11}$ et avec $\sin\frac{10\pi}{11}=\sin\left(\pi-\frac{10\pi}{11}\right)=\sin\frac{\pi}{11}$, il vient alors :

$$C=\frac{1}{2}.$$

> On peut compléter cette étude en calculant la somme des sinus.

$S=\sin\frac{\pi}{11}+\sin\frac{3\pi}{11}+\sin\frac{5\pi}{11}+\sin\frac{7\pi}{11}+\sin\frac{9\pi}{11}$ est la partie imaginaire de T

On a donc $S=\sin\frac{5\pi}{11}\dfrac{\sin\frac{5\pi}{11}}{\sin\frac{\pi}{11}}=\dfrac{\sin^2\frac{5\pi}{11}}{\sin\frac{\pi}{11}}$.

> On pouvait raisonnablement espérer que la valeur de S soit simple, comme celle de C ; mais ce n'est pas le cas.
> Pour la valeur numérique de S, il faudrait passer par le calcul de $\sin\frac{\pi}{11}$ et nous ne poursuivrons pas dans ce sens.

Ex. 9

Soit a, b et c des réels tels que $\cos a+\cos b+\cos c=0$ et $\sin a+\sin b+\sin c=0$.
Montrer que $\cos 2a+\cos 2b+\cos 2c=0$ et $\sin 2a+\sin 2b+\sin 2c=0$.

> Les deux hypothèses se résument en une : $e^{ia}+e^{ib}+e^{ic}=0$.
> La question concerne $e^{2ia}+e^{2ib}+e^{2ic}$ qui fait apparaître $(e^{ia}+e^{ib}+e^{ic})^2$.

On a $(e^{ia}+e^{ib}+e^{ic})^2=e^{2ia}+e^{2ib}+e^{2ic}+2(e^{i(b+c)}+e^{i(c+a)}+e^{i(a+b)})$.

> Sachant que $e^{ia}+e^{ib}+e^{ic}=0$, montrer que $e^{2ia}+e^{2ib}+e^{2ic}=0$ revient à montrer que $e^{i(b+c)}+e^{i(c+a)}+e^{i(a+b)}=0$.

En prenant les conjugués dans $e^{ia}+e^{ib}+e^{ic}=0$, il vient $e^{-ia}+e^{-ib}+e^{-ic}=0$.
En multipliant par $e^{i(a+b+c)}$, on obtient $e^{i(b+c)}+e^{i(c+a)}+e^{i(a+b)}=0$.
Ainsi $e^{ia}+e^{ib}+e^{ic}=0$ implique $e^{2ia}+e^{2ib}+e^{2ic}=0$.

Ex. 10

Étant donné $a \in \mathbb{R}$ et $n \in \mathbb{N}^*$, résoudre l'équation $z \in \mathbb{C}$, $(z+1)^n = e^{2ina}$.

En déduire la valeur de $P_n = \prod_{k=0}^{n-1} \sin\left(a + \frac{k\pi}{n}\right)$.

1) $(z+1)^n = e^{2ina}$ s'écrit aussi $(z+1)^n = \left(e^{2ia}\right)^n$, c'est-à-dire $\left(\frac{z+1}{e^{2ia}}\right)^n = 1$.

> $\left(\frac{z+1}{e^{2ia}}\right)^n = 1$ fait intervenir les racines $n^{\text{èmes}}$ de 1.

Les racines $n^{\text{èmes}}$ de 1 sont les nombres $e^{2ik\pi/n}$, avec $k \in [\![0, n-1]\!]$.

Les solutions de l'équation sont alors les complexes z_k définis pour $k \in [\![0, n-1]\!]$ par :

$$z_k + 1 = e^{2ia} e^{2ik\pi/n} = e^{2i(a+k\pi/n)}.$$

> La présence du terme additif 1 dans $z+1$ invite à passer en mode trigonométrique.

On a $z_k + 1 = \cos 2\left(a + \frac{k\pi}{n}\right) + i \sin 2\left(a + \frac{k\pi}{n}\right)$. En notant que :

$$\cos 2\left(a + \frac{k\pi}{n}\right) - 1 = 2\left(\cos^2\left(a + \frac{k\pi}{n}\right) - 1\right) = -2\sin^2\left(a + \frac{k\pi}{n}\right)$$

$$\text{et} \quad \sin 2\left(a + \frac{k\pi}{n}\right) = 2\sin\left(a + \frac{k\pi}{n}\right)\cos\left(a + \frac{k\pi}{n}\right),$$

il vient : $z_k = 2i\sin\left(a + \frac{k\pi}{n}\right)\left(\cos\left(a + \frac{k\pi}{n}\right) + i\sin\left(a + \frac{k\pi}{n}\right)\right) = 2i\sin\left(a + \frac{k\pi}{n}\right)e^{i(a+k\pi/n)}$.

On peut aussi écrire : $z_k = 2\sin\left(a + \frac{k\pi}{n}\right)e^{i(\pi/2+a+k\pi/n)}$.

2)

> Les termes $\sin\left(a + \frac{k\pi}{n}\right)$ apparaissent dans les z_k, et les z_k sont les racines du polynôme $Q = (X+1)^n - e^{2ina}$. On utilise l'expression du produit des racines à l'aide du terme constant $1 - e^{2ina}$ de Q.

On a $\prod_{k=0}^{n-1} z_k = i^n 2^n \prod_{k=0}^{n-1} e^{i(a+k\pi/n)} \prod_{k=0}^{n-1} \sin\left(a + \frac{k\pi}{n}\right)$ et aussi $\prod_{k=0}^{n-1} z_k = (-1)^n(1 - e^{2ina})$.

Dans le produit $\prod_{k=0}^{n-1} e^{i(a+k\pi/n)} = \left(e^{ia}\right)^n \prod_{k=0}^{n-1} e^{ik\pi/n}$, le terme $\prod_{k=0}^{n-1} e^{ik\pi/n}$ est l'exponentielle de la somme $\frac{i\pi}{n}\sum_{k=0}^{n-1} k$, c'est donc $e^{i(n-1)\pi/2}$. Il s'ensuit $\prod_{k=0}^{n-1} e^{i(a+k\pi/n)} = e^{ina}e^{i(n-1)\pi/2}$.

Les deux expressions de $\prod_{k=0}^{n-1} z_k$ donnent $i^n 2^n e^{ina} e^{i(n-1)\pi/2} P_n = (-1)^{n+1}\left(e^{2ina} - 1\right)$.

Avec $e^{2ina} - 1 = 2ie^{ina}\sin na$, et $e^{i(n-1)\pi/2} = i^{n-1}$, il vient alors $P_n = \frac{1}{2^{n-1}}\sin na$.

Ex. 11

Étant donné $n \in \mathbb{N}$, $n \geqslant 2$, montrer que $\prod_{k=1}^{n-1}\left(1-e^{2ik\pi/n}\right)$ est de module égal à n et calculer :

$$\prod_{k=1}^{n-1} \sin\frac{k\pi}{n}.$$

À première lecture (trop rapide ?), ce sujet présente des ressemblances fortes avec le précédent. On pourrait imaginer que c'est un cas particulier avec $a = 0$. La différence essentielle porte sur $k \in [\![1, n-1]\!]$ au lieu de $k \in [\![0, n-1]\!]$.
Les $e^{2ik\pi/n}$ sont les racines de $P(z) = z^{n-1} + z^{n-2} + \dots + z + 1$.

Pour $z \neq 1$, on a $z^{n-1} + z^{n-2} + \dots + z + 1 = P(z) = \dfrac{z^n - 1}{z-1}$.

Les racines de $P(z)$ sont donc les racines $n^{\text{èmes}}$ de 1, sauf 1.

Ce sont dons les $e^{2ik\pi/n}$ pour $k \in [\![1, n-1]\!]$ et on a donc $P(z) = \prod_{k=1}^{n-1}\left(z - e^{2ik\pi/n}\right)$.

Le module du produit demandé apparaît alors tout simplement.

Il s'ensuit en particulier $P(1) = \prod_{k=1}^{n-1}\left(1 - e^{2ik\pi/n}\right)$.

Comme, par ailleurs, on a évidemment $P(1) = n$, il vient $\prod_{k=1}^{n-1}\left|1 - e^{2ik\pi/n}\right| = n$.

La logique interne de cet exercice invite à examiner $1 - e^{2ik\pi/n}$ en terme de sinus.

On a $1 - e^{2ik\pi/n} = e^{ik\pi/n}\left(e^{-ik\pi/n} - e^{ik\pi/n}\right) = -2i\sin\dfrac{k\pi}{n}e^{ik\pi/n}$.

Il s'ensuit que $\left|1 - e^{2ik\pi/n}\right| = 2\sin\dfrac{k\pi}{n}$.

On en déduit alors que $\prod_{k=1}^{n-1}\left|1 - e^{2ik\pi/n}\right| = 2^{n-1}\prod_{k=1}^{n-1}\sin\dfrac{k\pi}{n}$, et finalement, il vient :

$$\prod_{k=1}^{n-1}\sin\frac{k\pi}{n} = \frac{n}{2^{n-1}}.$$

Ex. 12

Étant donné $n \in \mathbb{N}^*$, on pose $\omega = e^{2i\pi/n}$, montrer que, pour tout $z \in \mathbb{C}$, on a :

$$\sum_{k=1}^{n}\left(z+\omega^k\right)^n = n\left(z^n+1\right).$$

Il n'y a guère d'autre point de départ que de développer $\left(z+\omega^k\right)^n$ par la formule du binôme.

On a $\left(z+\omega^k\right)^n = \sum_{p=0}^{n} C_n^p z^p \omega^{k(n-p)}$. Avec $\omega^{kn} = 1$, il vient $\left(z+\omega^k\right)^n = \sum_{p=0}^{n} C_n^p z^p \omega^{-kp}$.

Alors $P(z) = \sum_{k=1}^{n} (z + \omega^k)^n = \sum_{k=1}^{n} \left(\sum_{p=0}^{n} C_n^p z^p \omega^{-kp} \right)$.

> Un bon moyen de «travailler» $P(z)$ est d'échanger l'ordre des sommations.
>
> C'est ce qui permet de faire apparaître les sommes géométriques $\sum_{k=1}^{n} \omega^{-kp}$.

On en déduit $P(z) = \sum_{p=0}^{n} \left(\sum_{k=1}^{n} C_n^p z^p \omega^{-kp} \right) = \sum_{p=0}^{n} \left(C_n^p z^p \sum_{k=1}^{n} \omega^{-kp} \right)$.

$\sum_{k=1}^{n} \omega^{-kp}$ est la somme des termes d'une suite géométrique de raison ω^{-p}.

- Si $p = 0$ ou $p = n$, alors $\omega^{-p} = 1$ d'où $\sum_{k=1}^{n} \omega^{-kp} = n$.
- Pour $p \in [\![1, n-1]\!]$, on a $\omega^{-p} \neq 1$, donc $\sum_{k=1}^{n} \omega^{-kp} = \omega^{-p} \dfrac{1 - \omega^{-np}}{1 - \omega^{-p}}$, d'où $\sum_{k=1}^{n} \omega^{-kp} = 0$.

Finalement, il vient $P(z) = n C_n^n z^n + n C_n^0 = n(z^n + 1)$.

Ex. 13

Étant donné $n \in \mathbb{N}^*$, on note $\omega = e^{2i\pi/n}$.

Montrer que, étant donné a et b dans $\mathbb{C}$, on a $\prod_{k=0}^{n-1} (a + \omega^k b) = a^n - (-b)^n$.

En déduire que l'on a $\prod_{k=0}^{n-1} (\omega^{2k} - 2\,\omega^k \cos\theta + 1) = 2(1 - \cos n\theta)$ pour tout $n \in \mathbb{N}^*$ et $\theta \in \mathbb{R}$.

1)

> La formule proposée est immédiate lorsque $b = 0$. On suppose dorénavant que $b \neq 0$.
>
> Cela permet en particulier de faire apparaître les $\lambda - \omega^k$ avec $\lambda = -\dfrac{a}{b}$.

Avec $b \neq 0$, on a $\prod_{k=0}^{n-1} (a + \omega^k b) = (-b)^n \prod_{k=0}^{n-1} \left(-\dfrac{a}{b} - \omega^k \right)$ c'est-à-dire :

$$\prod_{k=0}^{n-1} (a + \omega^k b) = (-b)^n \prod_{k=0}^{n-1} (\lambda - \omega^k), \quad \text{en ayant posé } \lambda = -\frac{a}{b}.$$

Les ω^k, $k \in [\![0, n-1]\!]$ sont les racines du polynôme $X^n - 1$ et on a $X^n - 1 = \prod_{k=0}^{n-1} (X - \omega^k)$.

Il vient alors $\lambda^n - 1 = \prod_{k=0}^{n-1} (\lambda - \omega^k)$.

On en déduit $\prod_{k=0}^{n-1} (a + \omega^k b) = (-b)^n \left(\left(-\dfrac{a}{b} \right)^n - 1 \right)$ et il vient $\prod_{k=0}^{n-1} (a + \omega^k b) = a^n - (-b)^n$.

2) L'expression $\omega^{2k} - 2\,\omega^k \cos\theta + 1$ est de degré 2 en ω^k alors que le produit précédent utilise une expression de degré 1 en ω^k. Une factorisation préalable s'impose.

Considérons $X^2 - 2X\cos\theta + 1$. C'est aussi $X^2 - (e^{i\theta} + e^{-i\theta})X + 1$ et il apparaît que les racines en sont $e^{i\theta}$ et $e^{-i\theta}$. On a donc $X^2 - 2X\cos\theta + 1 = (X - e^{i\theta})(X - e^{-i\theta})$.
Il s'ensuit que $\omega^{2k} - 2\,\omega^k \cos\theta + 1 = (\omega^k - e^{i\theta})(\omega^k - e^{-i\theta})$. On a donc :

$$\prod_{k=0}^{n-1}(\omega^{2k} - 2\,\omega^k\cos\theta + 1) = \prod_{k=0}^{n-1}(\omega^k - e^{i\theta})\prod_{k=0}^{n-1}(\omega^k - e^{-i\theta}).$$

La question précédente donne :

$$\prod_{k=0}^{n-1}(\omega^k - e^{i\theta}) = (-1)^n(e^{in\theta} - 1) \text{ et } \prod_{k=0}^{n-1}(\omega^k - e^{-i\theta}) = (-1)^n(e^{-in\theta} - 1).$$

Avec $(e^{in\theta} - 1)(e^{-in\theta} - 1) = 2 - e^{in\theta} - e^{-in\theta} = 2 - 2\cos n\theta$, il vient finalement :

$$\prod_{k=0}^{n-1}(\omega^{2k} - 2\,\omega^k\cos\theta + 1) = 2(1 - \cos n\theta).$$

Ex. 14

1) Étant donné a et b complexes non nuls, montrer que $\left|\dfrac{a}{|a|^2} - \dfrac{b}{|b|^2}\right| = \dfrac{|a-b|}{|ab|}$.

2) Étant donné x, y, z dans $\mathbb{C}$, montrer que $|x|\cdot|y-z| \leqslant |y|\cdot|z-x| + |z|\cdot|x-y|$.

On pourra appliquer l'identité établie en 1) à $a = \dfrac{y}{|y|^2}$, $b = \dfrac{z}{|z|^2}$ *et* $c = \dfrac{x}{|x|^2}$ *pour l'inégalité demandée et les analogues.*

3) Montrer et interpréter géométriquement l'inégalité de Ptolémée :
pour x, y, z, t complexes, $|x-y|\cdot|z-t| \leqslant |x-z|\cdot|y-t| + |x-t|\cdot|y-z|$.

1) $\dfrac{a}{|a|^2} - \dfrac{b}{|b|^2} = \dfrac{1}{\overline{a}} - \dfrac{1}{\overline{b}} = \dfrac{\overline{b} - \overline{a}}{\overline{a}\,\overline{b}}$. Il s'ensuit $\left|\dfrac{a}{|a|^2} - \dfrac{b}{|b|^2}\right| = \dfrac{|a-b|}{|ab|}$.

2) Avec $a = \dfrac{y}{|y|^2}$, $b = \dfrac{z}{|z|^2}$, $c = \dfrac{x}{|x|^2}$, l'égalité précédente donne :

$$|y-z| = |y|\;|z|\left|\frac{y}{|y|^2} - \frac{z}{|z|^2}\right| \quad \text{d'où : } \quad |x|\;|y-z| = |x|\;|y|\;|z|\left|\frac{y}{|y|^2} - \frac{z}{|z|^2}\right|.$$

L'inégalité triangulaire donne $\left|\dfrac{y}{|y|^2} - \dfrac{z}{|z|^2}\right| \leqslant \left|\dfrac{y}{|y|^2} - \dfrac{x}{|x|^2}\right| + \left|\dfrac{x}{|x|^2} - \dfrac{z}{|z|^2}\right|$.

On conclut alors avec :

$$|y|\;|z-x| = |x|\;|y|\;|z|\left|\frac{x}{|x|^2} - \frac{z}{|z|^2}\right| \quad \text{et} \quad |z|\;|y-x| = |x|\;|y|\;|z|\left|\frac{y}{|y|^2} - \frac{x}{|x|^2}\right|.$$

3) Par permutation circulaire $x \longrightarrow z \longrightarrow y$, on a de même :

$$|z|\cdot|y-x| \leqslant |y|\cdot|z-x| + |x|\cdot|z-y|.$$

Il reste à appliquer cette inégalité à $x-t$, $y-t$, $z-t$ pour conclure.
Dans un quadrilatère $XYZT$, le produit des diagonales est inférieur à la somme des produits des côtés opposés.

Ex. 15

Soit $a_1, \ldots, a_n$ des complexes non nuls. Que peut-on dire si $\displaystyle\sum_{k=1}^{n} |a_k| = \Big|\sum_{k=1}^{n} a_k\Big|$?

> La question concerne tout $n \in \mathbb{N}^*$. Il est raisonnable de procéder par récurrence.
>
> Une première étape est d'examiner le cas $n = 2$, dans la mesure où il n'y à rien à dire dans le cas $n = 1$.

Soit a_1 et a_2 des nombres complexes non nuls.

$|a_1 + a_2|^2 = (|a_1| + |a_2|)^2$ s'écrit :

$$a_1{}^2 + |a_2|^2 + a_1\overline{a}_2 + \overline{a}_1 a_2 = |a_1|^2 + |a_2|^2 + 2\,|a_1|\;|a_2|$$

et équivaut donc à :

$$a_1\overline{a}_2 + \overline{a}_1 a_2 = 2\,|a_1|\;|a_2|.$$

$a_1\overline{a}_2$ et $\overline{a}_1 a_2$ étant conjugués, leur somme est égale à $2\,\mathrm{Re}(a_1\overline{a}_2)$.

Avec $|a_1|\;|a_2| = |a_1\overline{a}_2|$, l'égalité initiale équivaut à $\mathrm{Re}(a_1\overline{a}_2) = |a_1\overline{a}_2|$, ce qui est vrai si et seulement si $a_1\overline{a}_2$ est un réel positif, et ici strictement positif puisque l'on a $a_1\overline{a}_2 \neq 0$.

Et enfin, $a_1\overline{a}_2$ est réel strictement positif si et seulement si a_1 et a_2 ont même argument.

> Ce cas particulier nous indique une piste vraisemblable.
>
> Il y a tout lieu de penser que le module d'une somme est égal à la somme des modules si et seulement si tous les nombres ont même argument.

- Condition suffisante : supposons que tous les a_k ont même argument.

Pour tout $k \in [\![2, n]\!]$, il existe $\lambda_k > 0$ tel que $a_k = \lambda_k a_1$, donc $|a_k| = \lambda_k\,|a_1|$. On en déduit que :

$$\sum_{k=1}^{n} |a_k| = |a_1| \Big(1 + \sum_{k=1}^{n} \lambda_k\Big).$$

Et avec $\displaystyle\sum_{k=1}^{n} a_k = a_1\Big(1+\sum_{k=1}^{n}\lambda_k\Big)$, il vient $\displaystyle\Big|\sum_{k=1}^{n} a_k\Big| = |a_1|\,\Big(1+\sum_{k=1}^{n}\lambda_k\Big)$, d'où $\displaystyle\sum_{k=1}^{n} |a_k| = \Big|\sum_{k=1}^{n} a_k\Big|$.

- Condition nécessaire : on procède par récurrence pour la propriété $\mathcal{P}(n)$: étant donné n nombres non nuls, si le module de leur somme est égal à la somme de leurs modules, alors ils ont même argument.

La propriété est banalement vraie si $n = 1$ (et on l'a vu pour $n = 2$).

Considérons $a_1, \ldots, a_n, a_{n+1}$ non nuls tels que $\displaystyle\sum_{k=1}^{n+1} |a_k| = \Big|\sum_{k=1}^{n+1} a_k\Big|$. On a :

$$\sum_{k=1}^{n+1} |a_k| = \Big|\sum_{k=1}^{n+1} a_k\Big| = \Big|\Big(\sum_{k=1}^{n} a_k\Big) + a_{n+1}\Big| \leqslant \Big|\sum_{k=1}^{n} a_k\Big| + |a_{n+1}| \leqslant \sum_{k=1}^{n+1} |a_k|.$$

> De ces inégalités successives, avec le même terme au début et à la fin, il vient que toutes les inégalités sont en fait des égalités.
>
> Il reste alors à les prendre dans le bon ordre, en particulier pour mettre en œuvre l'hypothèse de récurrence.

Il s'ensuit que $\displaystyle\Big|\sum_{k=1}^{n} a_k\Big| + |a_{n+1}| = \sum_{k=1}^{n+1} |a_k|$, donc $\displaystyle\Big|\sum_{k=1}^{n} a_k\Big| = \sum_{k=1}^{n} |a_k|$.

Avec $\mathcal{P}(n)$, les a_k, $k \in [\![1, n]\!]$ ont même argument θ.

Il s'ensuit que $A = \sum_{k=1}^{n} a_k$ est d'argument θ.

L'égalité $\left|\sum_{k=1}^{n} a_k\right| + |a_{n+1}| = \left|\sum_{k=1}^{n+1} a_k\right|$ se lit aussi $|A + a_{n+1}| = |A| + |a_{n+1}|$, et la propriété $\mathcal{P}(2)$ montre que a_{n+1} est aussi d'argument θ. On a ainsi prouvé l'implication $\mathcal{P}(n) \Rightarrow \mathcal{P}(n+1)$.
En conclusion, la propriété $\mathcal{P}(n)$ est vraie pour tout $n \in \mathbb{N}^*$.

Ex. 16

Montrer que toutes les racines du polynôme $P(x) = \sum_{k=1}^{n} \mathrm{C}_n^k \sin(k\theta) x^k$ sont réelles.

Un réflexe conditionné tentera beaucoup : $P(x)$ est la partie imaginaire de $\sum_{k=1}^{n} \mathrm{C}_n^k e^{ik\theta} x^k$, ce qui serait vrai si... x était présupposé réel. Ce réflexe doit être maîtrisé !

Un moyen est de mettre x sous forme trigonométrique : $x = re^{i\alpha}$ et de découvrir ce qui se présentera de constructif. On n'explorera pas cette piste.

Un autre est d'exprimer $\sin(k\theta)$ en exponentielles (formule d'Euler).

On a $\sin(k\theta) = \frac{1}{2i}(e^{ik\theta} - e^{-ik\theta})$ et il s'ensuit $2iP(x) = \sum_{k=1}^{n} \mathrm{C}_n^k x^k e^{ik\theta} - \sum_{k=1}^{n} \mathrm{C}_n^k x^k e^{-ik\theta}$.

Avec la formule du binôme, on a :

$$\sum_{k=1}^{n} \mathrm{C}_n^k x^k e^{ik\theta} = (xe^{i\theta} + 1)^n - 1 \quad \text{et} \quad \sum_{k=1}^{n} \mathrm{C}_n^k x^k e^{-ik\theta} = (xe^{-i\theta} + 1)^n - 1$$

Il vient ainsi $\quad 2iP(x) = (e^{i\theta}x + 1)^n - (e^{-i\theta}x + 1)^n$.

- Si $xe^{-i\theta} + 1 = 0$, c'est-à-dire $x = -e^{i\theta}$, alors il vient $xe^{i\theta} + 1 = 1 - e^{2i\theta}$ et ce nombre est nul si et seulement si θ est un multiple entier de π.

Notons que si $xe^{i\theta}$ est nul, alors x est racine de P.

Si θ est nul modulo π, alors $\sin k\theta = 0$ et $P(x) = 0$ pour tout x, réel ou non.

Ce cas particulier est naturellement sous-entendu dans le texte, mais il aurait fallu le préciser. C'est une initiative qu'il faut prendre à l'oral.

- On suppose par la suite $\theta \not\equiv 0 \bmod \pi$.

Pour toute racine x de $P(x)$, on a donc $xe^{-i\theta} + 1 \neq 0$.

Pour toute racine x de $P(x)$, on a donc $\left(\dfrac{xe^{i\theta} + 1}{xe^{-i\theta} + 1}\right)^n = 1$, et il existe alors $p \in [\![0, n-1]\!]$ tel que :

$$xe^{i\theta} + 1 = (xe^{-i\theta} + 1)e^{2ip\pi/n}.$$

Il vient alors $\left(e^{i\theta} - e^{-i\theta}e^{2ip\pi/n}\right)x = e^{2ip\pi/n} - 1$, ou encore :

$$e^{ip\pi/n}\left(e^{i(\theta - p\pi/n)} - e^{-i(\theta - p\pi/n)}\right)x = e^{ip\pi/n}\left(e^{ip\pi/n} - e^{-ip\pi/n}\right),$$

et finalement : $x \sin\left(\theta - p\dfrac{\pi}{n}\right) = \sin\left(p\dfrac{\pi}{n}\right)$.

En conclusion toute racine x de $P(x)$ est nécessairement réelle.

On peut noter que la racine apparente $x = 0$ est obtenue avec $p = 0$.

Ex. 17

Soit n un réel strictement positif. Les arguments de nombres complexes sont compris entre $-\pi$ et π.

On note $\mathbb{U}$ l'ensemble des nombres complexes de module 1 et $\mathbb{D}_n$ le sous-ensemble formé des éléments de $\mathbb{U}$ dont l'argument θ vérifie $|\theta| < \dfrac{\pi}{n+1}$.

1) Soit α un réel positif non nul. Montrer que : $\forall z \in \mathbb{U},\ |z-\alpha| \geqslant \dfrac{1+\alpha}{2}|z-1| \quad (1)$

Dans quels cas y a-t-il égalité ?

2) Soit $z \in \mathbb{D}_n$ et $\alpha \in \mathbb{U} \setminus \mathbb{D}_n$. Montrer que :

$$|(z-\alpha)(z-\overline{\alpha})| \leqslant |1-\alpha|^2 \ (2) \quad \text{et que} \quad |z-\alpha| + |z-\overline{\alpha}| \leqslant 2|1-\alpha| \ (3)$$

3) Soit $z \in \mathbb{U} \setminus \mathbb{D}_n$. Montrer que : $|z-1| \geqslant \dfrac{2}{n+1}$.

Indication : on pourra vérifier et utiliser $\forall x \in \mathbb{R},\ 0 \leqslant x \leqslant \dfrac{\pi}{2} \Rightarrow \dfrac{2}{\pi}x \leqslant \sin x$.

1) a)

> On peut dégager deux preuves. L'une fait appel à la forme trigonométrique de z.

Étant donné u et v dans $\mathbb{C}$, on a $|u-v|^2 = |u|^2 + |v|^2 - 2\,\mathrm{Re}(u\overline{v})$.

Avec $z = e^{i\theta}$ et $\alpha \in \mathbb{R}$, il vient $\mathrm{Re}(z\overline{\alpha}) = \alpha\cos\theta$ puis $|z-\alpha|^2 = 1 + \alpha^2 - 2\alpha\cos\theta$.

Avec $\cos\theta = 1 - 2\sin^2\dfrac{\theta}{2}$, on obtient $|z-\alpha|^2 = 1+\alpha^2 - 2\alpha + 4\alpha\sin^2\dfrac{\theta}{2} = (1-\alpha)^2 + 4\alpha\sin^2\dfrac{\theta}{2}$

puis $|z-\alpha|^2 \geqslant \left((1-\alpha)^2 + 4\alpha\right)\sin^2\dfrac{\theta}{2} = (1+\alpha)^2\sin^2\dfrac{\theta}{2}$.

On a aussi $|z-1|^2 = 4\sin^2\dfrac{\theta}{2}$ d'où $|z-\alpha|^2 \geqslant \dfrac{(1+\alpha)^2}{4}|z-1|^2$ et enfin :

$$|z-\alpha| \geqslant \frac{1+\alpha}{2}|z-1|.$$

> Une autre solution (plus brève ?) insiste sur $z \in \mathbb{U} \iff z\overline{z} = 1$.

$\dfrac{1+\alpha}{2}|z-1| = \dfrac{1}{2}|(1+\alpha)(z-1)| = \dfrac{1}{2}|z-\alpha+\alpha z - 1| \leqslant \dfrac{1}{2}\left(|z-\alpha| + |\alpha z - 1|\right)$.

Avec $|\alpha z - 1| = |z|\,|\alpha - \overline{z}| = |z-\alpha|$ car $z \in \mathbb{U}$ et α réel, il vient $\dfrac{1+\alpha}{2}|z-1| \leqslant |z-\alpha|$.

b)

> Pour le cas d'égalité, on utilise la forme trigonométrique.

Il y a égalité si et seulement si $(1-\alpha)^2 + 4\alpha\sin^2\dfrac{\theta}{2} = (1+\alpha)^2\sin^2\dfrac{\theta}{2}$ c'est-à-dire :

$$(1-\alpha)^2 = (1-\alpha)^2\sin^2\frac{\theta}{2}, \text{ ce qui donne } \alpha = 1 \text{ ou } \theta = \pi.$$

2) a)

> On commence par exprimer $z-\alpha$ et $z-\overline{\alpha}$ à l'aide des arguments de z et de α.

Notons θ et φ les arguments respectifs de z et α.

On a $z-\alpha = e^{i\theta} - e^{i\varphi} = e^{i\frac{\theta+\varphi}{2}}\left(e^{i\frac{\theta-\varphi}{2}} - e^{-i\frac{\theta-\varphi}{2}}\right) = 2ie^{i\frac{\theta+\varphi}{2}} \sin\frac{\theta-\varphi}{2}$.

De même, $z-\overline{\alpha} = 2ie^{i\frac{\theta-\varphi}{2}} \sin\frac{\theta+\varphi}{2}$. Il s'ensuit :

$$\left|(z-\alpha)(z-\overline{\alpha})\right| = 4\left|\sin\frac{\theta+\varphi}{2}\sin\frac{\theta-\varphi}{2}\right| = 2\,|\cos\theta - \cos\varphi| = 2(\cos\theta - \cos\varphi)$$

car $|\theta| < |\varphi| \leqslant \pi$, d'où aussi :

$$|1-\alpha|^2 = (1-\alpha)(1-\overline{\alpha}) = 2(1-\cos\varphi)$$

(cas particulier $z = 1$).

Avec $0 < \cos\theta - \cos\varphi \leqslant 1 - \cos\varphi$, il vient alors $|(z-\alpha)(z-\overline{\alpha})| \leqslant |1-\alpha|^2$.

b) Avec $|\theta| < \frac{\pi}{n+1}$ et $\frac{\pi}{n+1} \leqslant |\varphi| \leqslant \pi$, il vient que $\frac{\varphi-\theta}{2}$ et $\frac{\varphi+\theta}{2}$ sont tous les deux compris entre $-\pi$ et 0 ou bien entre 0 et π.

Ainsi $\sin\frac{\varphi-\theta}{2}$ et $\sin\frac{\varphi+\theta}{2}$ ont même signe. Par suite :

$$|z-\alpha| + |z-\overline{\alpha}| = 2\left|\sin\frac{\varphi-\theta}{2}\right| + 2\left|\sin\frac{\varphi+\theta}{2}\right| = 2\left|\sin\frac{\varphi-\theta}{2} + \sin\frac{\varphi+\theta}{2}\right| = 4\left|\sin\frac{\varphi}{2}\cos\frac{\theta}{2}\right|.$$

On a vu que $|1-\alpha|^2 = (1-\alpha)(1-\overline{\alpha}) = 2(1-\cos\varphi) = 4\sin^2\frac{\varphi}{2}$, d'où $|1-\alpha| = 2\left|\sin\frac{\varphi}{2}\right|$.

On en déduit finalement que $|z-\alpha| + |z-\overline{\alpha}| \leqslant 4\left|\sin\frac{\varphi}{2}\right| = 2\,|\alpha - 1|$.

3) a)

> Le résultat donné en indication est une classique inégalité de convexité. On en donne ici une preuve sans cet argument technique.

La fonction f de $[0, \pi/2]$ dans $\mathbb{R}$ définie par $f(x) = \sin x - \frac{2}{\pi}x$ s'annule en 0 et en $\frac{\pi}{2}$.

Avec $f'(x) = \cos x - \frac{2}{\pi}$ et $f''(x) = -\sin x \leqslant 0$, f' décroît de $1 - \frac{2}{\pi}$ à $-\frac{2}{\pi}$ et s'annule donc en $\varphi_0 \in \left[0, \frac{\pi}{2}\right[$.

f est croissante sur $[0, \varphi_0]$ et décroissante sur $\left[\varphi_0, \frac{\pi}{2}\right]$. Elle est donc positive sur $\left[0, \frac{\pi}{2}\right]$.

b) On a $z - 1 = \cos\theta - 1 + i\sin\theta = -2\sin^2\frac{\theta}{2} + 2i\sin\frac{\theta}{2}\cos\frac{\theta}{2} = 2i\sin\frac{\theta}{2}\left(\cos\frac{\theta}{2} + i\sin\frac{\theta}{2}\right)$ et on obtient :

$$|z-1| = 2\left|\sin\frac{\theta}{2}\right| = 2\sin\frac{|\theta|}{2}.$$

Avec $\frac{\pi}{n+1} \leqslant |\theta| \leqslant \pi$ et donc $\frac{\pi}{2(n+1)} \leqslant \frac{|\theta|}{2} \leqslant \frac{\pi}{2}$, on utilise le résultat donné et il s'ensuit :

$$|z-1| \geqslant 2\frac{2}{\pi}\frac{|\theta|}{2} \geqslant \frac{4}{\pi}\frac{\pi}{2(n+1)} = \frac{2}{n+1}.$$

(B) Ensembles et fonctions Opérations, groupes, anneaux

Ex. 18

Soit E un ensemble fini muni d'une loi de composition interne associative. Montrer l'existence de $u \in E$ tel que $u^2 = u$.

> La priorité est d'installer une égalité entre des puissances distinctes d'un même élément.
> L'application $\mathbb{N}^* \to E$, $n \mapsto x^n$, n'est pas injective ; il y a lieu de l'exprimer.

Pour x quelconque dans E, l'ensemble $\{x^n, n \in \mathbb{N}^*\}$ est inclus dans E, donc il est fini.

L'application $n \mapsto x^n$ n'étant donc pas injective, il existe des entiers m et p dans $\mathbb{N}^*$ tels que :

$$x^m = x^{m+p}.$$

On en déduit, pour tout $k \in \mathbb{N}$, $x^{m+kp} = x^m$ puis, pour tout $j \in \mathbb{N}$, $x^{m+kp+j} = x^{m+j}$.

On posant $u = x^{m+j}$, l'objectif $u^2 = u$, c'est-à-dire $x^{2(m+j)} = x^{m+j}$ sera atteint en choisissant j et k tels que $m + j = kp$.

Pour cela, il suffit de choisir k tel que $kp \geqslant m$ puis $j = kp - m$.

Ex. 19

Soit A et B des sous-groupes d'un groupe G ; l'opération de ce groupe est notée multiplicativement.

Montrer que $A \cup B$ est un sous-groupe si et seulement si $A \subset B$ ou $B \subset A$.

Montrer que AB est un sous-groupe si et seulement si $AB = BA$.

On note AB l'ensemble des produits, dans cet ordre, d'un élément de A par un élément de B.

1)

> Si un des sous-groupes A et B est inclus dans l'autre, alors $A \cup B$ est égal à A ou à B, c'est évidemment un sous-groupe.
> Seule la réciproque mérite vraiment attention. Pour cela, on peut étudier la proposition contraposée.

Supposons qu'aucun des deux sous-groupes A et B ne soit inclus dans l'autre.

Il existe alors $a \in A \setminus B$ et $b \in B \setminus A$.

> Pour montrer que $A \cup B$ n'est pas un sous-groupe, il suffit que ce ne soit pas une partie stable pour le produit de G.

Considérons le produit ab de ces deux éléments de $A \cup B$.

Si ab est dans A, c'est-à-dire s'il existe $a' \in A$ tel que $ab = a'$, alors il vient $b = a^{-1}a'$.

La caractérisation classique d'un sous-groupe montre que $a^{-1}a'$ est dans A, ce qui est en contradiction avec $b \notin A$.

On montre de même que ab n'est pas dans B et il s'ensuit que ab n'est pas dans $A \cup B$.

Il y a donc des éléments de $A \cup B$ dont le produit n'est pas dans $A \cup B$, ce qui prouve que $A \cup B$ n'est pas un sous-groupe.

Autrement dit, si $A \cup B$ est un sous-groupe, alors on a $A \subset B$ ou $B \subset A$.

2)

> Il faut bien prendre garde que $AB = BA$ *ne signifie pas* que les éléments de A commutent avec ceux de B !
> $AB = BA$ se détaille en $AB \subset BA$ et $BA \subset AB$. Par exemple, $AB \subset BA$ se traduit par :
> $$\text{étant donné } (a, b) \in A \times B, \text{ il existe } (a', b') \in A \times B \text{ tel que } ab = b'a'.$$

a) Supposons que $AB = BA$.

- A et B contenant l'élément neutre e du groupe G, l'ensemble AB contient $ee = e$, il n'est donc pas vide.
- Montrons la stabilité de AB pour le produit : on considère a_1b_1 et a_2b_2 dans AB, avec :

$$(a_1, a_2) \in A^2 \text{ et } (b_1, b_2) \in B^2.$$

On a $b_1a_2 \in BA \subset AB$, donc il existe $(a', b') \in A \times B$ tel que $b_1a_2 = a'b'$. Alors :

$$(a_1b_1)(a_2b_2) = a_1(b_1a_2)b_2 = a_1(a'b')b_2 = (a_1a')(b'b_2).$$

Avec $a_1a' \in A$ et $b'b_2 \in B$, il vient $(a_1b_1)(a_2b_2) \in AB$.

- Montrons aussi la stabilité de AB pour l'inversion.

On considère $ab \in AB$, avec $(a, b) \in A \times B$. On a $(ab)^{-1} = b^{-1}a^{-1} \in BA$.
Avec $BA = AB$, il vient $(ab)^{-1} \in AB$, ce qui prouve que AB est stable pour l'inversion.

- En conclusion, si $AB = BA$, alors AB est un sous-groupe de G.

b) On suppose que AB est un sous-groupe de G.

> Noter qu'il n'est pas supposé que BA est un sous-groupe. Ce sera une conséquence venant de la conclusion $AB = BA$ attendue.

- Montrons que AB est inclus dans BA.

Considérons $x \in AB$. Comme AB est un sous-groupe, on a $x^{-1} \in AB$ et x^{-1} s'écrit :

$$x^{-1} = ab, \quad \text{avec } (a, b) \in A \times B.$$

On en déduit $x = b^{-1}a^{-1}$. Comme A et B sont des sous-groupes, on a $a^{-1} \in A$ et $b^{-1} \in B$, ce qui montre que x est dans BA. Il s'ensuit que $AB \subset BA$.

- Montrons que BA est inclus dans AB.

Tout $x \in BA$ s'écrit $x = ba$ avec $(a, b) \in A \times B$.
Comme on a $(a^{-1}, b^{-1}) \in A \times B$, il s'ensuit que $x^{-1} = a^{-1}b^{-1}$ est dans AB.
Comme AB est un sous-groupe, donc stable par inversion, il vient $x \in AB$, ce qui prouve que :

$$BA \subset AB.$$

- En conclusion, si AB est un sous-groupe alors on a $AB = BA$.

Ex. 20

Montrer que l'application identité sur $\mathbb{N}$ est la seule application de $\mathbb{N}$ dans lui-même telle que :

$$\forall n \in \mathbb{N}, \ f(n+1) > f\big(f(n)\big) \quad (1).$$

Pour tout $p \in \mathbb{N}$, on pourra considérer l'ensemble M_p des nombres entiers supérieurs ou égaux à p.

> Il est immédiat que $\mathrm{Id}_{\mathbb{N}}$ convient. Le seul problème est de montrer que c'est la seule solution.
> Commençons par chercher des informations sur une fonction solution.
> Sans l'indication fournie, le sujet deviendrait bien difficile !
> Un objectif raisonnable serait que f est croissante.

Soit f une application qui répond au problème.
On peut espérer montrer que, pour tout $p \in \mathbb{N}$, le sous-ensemble M_p est stable par f.
Il est immédiat que $M_0 = \mathbb{N}$ est stable par f.

Supposons que M_p soit stable par f et considérons $k \geqslant p+1$.
Avec $k \geqslant p$, on a $f(k) \geqslant p$ par hypothèse de récurrence.
L'objectif est de prouver que l'on a $f(k) \geqslant p+1$, c'est-à-dire que $f(k) \neq p$.
À cet effet, supposons que $f(k) = p$.
Avec la propriété (**1**), il vient $f \circ f(k-1) < f(k)$, donc $f \circ f(k-1) < p \quad (*)$.
Or on a $k-1 \geqslant p$, donc $f(k-1) \geqslant p$ par stabilité de M_p.
Un nouvel appel à la stabilité de M_p donne $f \circ f(k-1) \geqslant p$, ce qui est contradictoire avec (*) et on en déduit que $f(k) \neq p$, donc $f(k) \geqslant p+1$.
On a ainsi prouvé que la stabilité de M_p par f implique celle de M_{p+1}
et, en première conclusion, tous les sous-ensembles M_p sont stables par f.

> Gardons à l'esprit qu'un objectif raisonnable est la croissance de f.

La stabilité de M_p par f donne en particulier $f(p) \geqslant p$ pour tout $p \in \mathbb{N}$.
On a donc aussi $f\big(f(p)\big) \geqslant f(p)$.
Avec $f(p+1) > f\big(f(p)\big)$, il vient $f(p+1) > f(p)$ et la stricte croissance de f en découle.

> La solution connue $\mathrm{Id}_{\mathbb{N}}$ est strictement croissante. On vient de voir qu'il en est de même pour toute solution f.
> On arrive au bout. Il reste à prouver que $f(p) = p$ pour tout p.

On a déjà établi que $f(p) \geqslant p$.
Pour prouver que $f(p) = p$, il suffit donc de montrer qu'on a $f(p) < p+1$.
Si on avait $p+1 \leqslant f(p)$, la croissance de f donnerait $f(p+1) < f\big(f(p)\big)$, ce qui est en contradiction avec (**1**).
En conclusion, f est l'application identité sur $\mathbb{N}$.

Ex. 21

Soit E un ensemble non vide. L'ensemble E^E des applications de E dans E est muni de la loi $\circ$ de composition des applications.
On considère un élément u de E^E.

1) Montrer l'équivalence des trois propositions suivantes :

a) u est régulier à gauche, *c'est-à-dire* $\forall (f, g) \in E^E,\ u \circ f = u \circ g \Rightarrow f = g$;

b) u est une injection ;

c) u admet un symétrique à gauche, *c'est-à-dire* $(\exists v \in E^E,\ v \circ u = \mathrm{Id}_E)$.

2) Montrer l'équivalence des trois propositions suivantes :

a) u est régulier à droite,

b) u est une surjection,

c) u admet un symétrique à droite.

1)

> Deux démarches sont envisageables :
> - montrer que a) $\Rightarrow$ b) $\Rightarrow$ c) $\Rightarrow$ a), ou
> - montrer que a) $\Longleftrightarrow$ b) et b) $\Longleftrightarrow$ c).
>
> Montrer que a) $\Longleftrightarrow$ b) peut se scinder en deux :
> - u non injective $\Rightarrow$ u non régulier à gauche, et
> - u injective $\Rightarrow$ u régulier à gauche.

- Supposons u non injective.

Il existe a et b dans E tels que $a \neq b$ et $u(a) = u(b)$.

Soit f et g les applications constantes, égales à a et b. Il est immédiat que $u \circ f = u \circ g$ et pourtant $f \neq g$. Ainsi u n'est pas régulier à gauche.

- Supposons u injective.

Soit f et g telles que $u \circ f = u \circ g$.

Pour tout $x \in E$, on a $u\big(f(x)\big) = u\big(g(x)\big)$ et l'injectivité de u donne $f(x) = g(x)$.

Il s'ensuit $f = g$, ce qui prouve que u est régulier à gauche..

- On a ainsi établi l'équivalence u régulier à gauche $\iff$ u injective.

> Pour montrer l'équivalence b) $\iff$ c),
> - pour b) $\Rightarrow$ c), il faut construire une application v convenable ;
> - pour c) $\Rightarrow$ b), un résultat ultra classique suffit.

- b) $\Rightarrow$ c)

Posons $A = u(E)$. Pour tout $y \in A$, il existe un x unique dans E tel que $u(x) = y$.

Soit v l'application définie par $\begin{cases} v(y) = x & \text{si } y \in A, \text{ avec } u(x) = y \\ v(y) = y & \text{si } y \notin A \end{cases}$

Pour tout $x \in E$, on a $v\big(u(x)\big) = x$ d'où $v \circ u = \mathrm{Id}_E$.

- c) $\Rightarrow$ b)

Id_E étant injective, $v \circ u = \mathrm{Id}_E$ implique classiquement que u est injective.

- On a ainsi établi l'équivalence u injective $\iff$ u est régulier à gauche.

2)

> Une démarche possible est de montrer que a) $\Rightarrow$ b) $\Rightarrow$ c) $\Rightarrow$ a).

- a) $\Rightarrow$ b)

Supposons u non surjective : $u(E) = A \neq E$. Soit f et g des applications qui ont la même restriction à A et ont des restrictions à $\overline{A}$ différentes.

On a $f \circ u = g \circ u$ et cependant $f \neq g$.

- b) $\Rightarrow$ c)

Pour tout x de E, il existe y tel que $u(y) = x$.

Pour avoir $u \circ v = \mathrm{Id}_E$, c'est-à-dire $u\big(v(x)\big) = x$ pour tout x de E, il suffit de prendre v définie par $v(x) = y$.

> On pourrait montrer directement l'implication c) $\Rightarrow$ b).
> En effet, Id_E étant surjective, $u \circ v = \mathrm{Id}_E$ implique classiquement que u est surjective.

- c) $\Rightarrow$ a) est immédiat : $f \circ u = g \circ u \Rightarrow f \circ u \circ v = g \circ u \circ v \Rightarrow f = g$.

Ex. 22

On considère l'ensemble $\mathbb{S}$ des sommes de deux carrés de nombres rationnels non simultanément nuls.
Montrer que $\mathbb{S}$ est un sous-groupe de $\left(\mathbb{R}_+^*, \times\right)$.

> Sans que ce soit la seule démarche, on peut se baser sur une remarque :
> si a et b sont des réels, on peut interpréter $a^2 + b^2$ dans un contexte de nombres complexes.
> En posant $r = a + ib$, on a $u = a^2 + b^2 = |r|^2$.

- $1 = 1^2 + 0^2$ est dans $\mathbb{S}$.
- Montrons que $\mathbb{S}$ est stable pour le produit.

Soit u et v dans $\mathbb{S}$. Il existe a, b, c, d rationnels tels que $u = a^2 + b^2$, $v = c^2 + d^2$.

Avec $r = a + ib$ et $s = c + id$, on a $uv = |r|^2 |s|^2 = |rs|^2$. Avec $rs = (ac - bd) + (ad + bc)i$, il vient :

$$uv = (ac - bd)^2 + (ad + bc)^2 \in \mathbb{S}$$

puisque $ac - bd$ et $ad + bc$ sont rationnels.

- Montrons que l'inverse d'un élément de $\mathbb{S}$ est dans $\mathbb{S}$.

Soit $u = a^2 + b^2$, avec a et b rationnels :

$$\frac{1}{u} = \frac{a^2 + b^2}{(a^2 + b^2)^2} = \left(\frac{a}{a^2 + b^2}\right)^2 + \left(\frac{b}{a^2 + b^2}\right)^2.$$

Comme $\dfrac{a}{a^2 + b^2}$ et $\dfrac{b}{a^2 + b^2}$ sont rationnels, on a bien $\dfrac{1}{u} \in \mathbb{S}$.

Ex. 23

Soit E un ensemble fini, muni d'une loi de composition interne (notée $*$) associative pour laquelle tout élément est régulier. Montrer que $(E, *)$ est un groupe.

> La régularité : $a * x = a * y \Rightarrow x = y$ et $x * a = y * a \Rightarrow x = y$ invite à considérer les applications de E dans E définies par $\varphi_a(x) = a * x$ et $\psi_a(x) = x * a$.
>
> Ce sera l'occasion d'utiliser le fait que E est fini.

Pour $a \in E$, les applications $\varphi_a : x \mapsto a * x$ et $\psi_a : x \mapsto x * a$ sont injectives, en utilisation de la régularité.

Applications injectives d'un ensemble fini dans lui-même, φ_a et ψ_a sont surjectives.

Il existe en particulier u_a et v_a dans E tels que $a * u_a = a$ et $v_a * a = a$.

> C'est un premier pas vers l'existence d'un élément neutre.
>
> Un objectif est d'établir que $u_a = v_a$ puis que, pour tout $b \in E$, on a $u_b = u_a$. On aura ainsi prouvé l'existence d'un élément neutre.
>
> Un intermédiaire est envisageable : $u_a * u_a = u_a$.
>
> L'autre (et la seule autre !) information est que l'opération est associative. Le passage par des produits de trois termes est incontournable.

De $a * a = a * (v_a * a) = (a * v_a) * a$ on déduit, par régularité (à droite), $a = a * v_a$.

Et de $a = a * v_a$ et $a * u_a = a$, on déduit $v_a = u_a$ à nouveau par régularité (à gauche).

Examinons alors $u_a * a = u_a * (u_a * a) = (u_a * u_a) * a$. Par régularité, il vient $u_a * u_a = u_a$.

Soit aussi $b \in E$. On dispose alors de $u_b \in E$ tel que $u_b * b = b = b * u_b$ et $u_b * u_b = u_b$.

On a $u_a * u_b = (u_a * u_a) * u_b$ et aussi $u_a * u_b = u_a * (u_b * u_b) = (u_a * u_b) * u_b$.

Alors $(u_a * u_a) * u_b = (u_a * u_b) * u_b$ et la régularité donne $u_a * u_a = u_a * u_b$, donc $u_a = u_b$.

En conclusion, il existe $u \in E$ tel que, pour tout $x \in E$, $u * x = x * u = x$. C'est le terme u_a qui est indépendant de a.

$(E, *)$ admet ainsi un élément neutre. Avec l'associativité, c'est un monoïde.

> Il reste à examiner si tout élément de E admet un symétrique.
>
> Il est classique que, dans un monoïde, un inverse à droite et un inverse à gauche sont égaux.

Pour $x \in E$, la surjectivité de φ_x et de ψ_x donne l'existence de x' et x'' dans E tel que $x * x' = u$ et $x'' * x = u$

Alors $x'' = x'' * u = x'' * (x * x') = (x'' * x) * x' = u * x' = x'$ montre que x est inversible.

> Rétrospectivement, la principale question est de montrer que $(E, *)$ admet un élément neutre.

Ex. 24

On considère l'ensemble $E = \mathbb{R}^* \times \mathbb{R}$ et une application φ de $\mathbb{R}^*$ dans $\mathbb{R}$. On munit alors E de la loi de composition interne définie par $(x, y) * (x', y') = \big(xx', yx' + y' \varphi(x)\big)$.

Quelles sont les applications φ telles que $(E, *)$ soit un groupe ?

> $(x, y) * (x', y')$ est défini à l'aide des opérations usuelles de $\mathbb{R}$.
>
> Il est immédiat qu'il s'agit d'une loi de composition interne dans $E = \mathbb{R}^* \times \mathbb{R}$.
>
> Notons que la présence de $yx' + y' \varphi(x)$ laisse peu d'espoirs pour la commutativité éventuelle.

- Élément neutre. $(u, v) \in E$ est neutre si et seulement si, pour tout $(x, y) \in E$,

$\big(ux, vx + y\varphi(u)\big) = (x, y)$ et $\big(ux, uy + v\varphi(x)\big) = (x, y)$. Ce qui a lieu si et seulement si :

$$ux = x, \quad vx + y\varphi(u) = y \text{ et } uy + v\varphi(x) = y.$$

La condition $\forall x \in \mathbb{R}^*$, $ux = x$, donne $u = 1$. Les autres conditions sont alors :

$$\forall (x, y) \in E, vx + y\varphi(1) = y \text{ et } v\varphi(x) = 0.$$

$\varphi(1) = 0$ imposerait alors $\forall (x, y) \in E$, $vx = y$, ce qui est exclu, donc $\varphi(1) \neq 0$.

$v\varphi(1) = 0$ donne alors $v = 0$ puis la dernière condition $\forall y \in \mathbb{R}$, $y\varphi(1) = y$ donne $\varphi(1) = 1$.

En première conclusion, l'élément neutre est $(1, 0)$ et φ doit vérifier $\varphi(1) = 1$.

- Associativité. Soit (x, y), (x', y') et (x'', y'') dans E.

$$\begin{aligned}\big((x, y) * (x', y')\big) * (x'', y'') &= \big(xx', yx' + y'\varphi(x)\big) * (x'', y'')\\ &= \big(xx'x'', (yx' + y'\varphi(x))x'' + y''\varphi(xx')\big)\\ &= \big(xx'x'', yx'x'' + x''y'\varphi(x) + y''\varphi(xx')\big)\end{aligned}$$

$$\begin{aligned}(x, y) * \big((x', y') * (x'', y'')\big) &= (x, y) * \big(x'x'', y'x'' + y''\varphi(x')\big)\\ &= \big(xx'x'', yx'x'' + (y'x'' + y''\varphi(x'))\varphi(x)\big)\\ &= \big(xx'x'', yx'x'' + y'x''\varphi(x) + y''\varphi(x')\varphi(x)\big).\end{aligned}$$

Alors on a $\big((x, y) * (x', y')\big) * (x'', y'') = (x, y) * \big((x', y') * (x'', y'')\big)$ dans tous les cas si et seulement si $\varphi(xx') = \varphi(x)\varphi(x')$ pour tous x et x' dans $\mathbb{R}^*$.

> Avant d'examiner l'inversibilité d'un élément de E, examinons les applications φ obtenues.
>
> Notons que l'application nulle de $\mathbb{R}^*$ dans $\mathbb{R}$ vérifie $\varphi(xy) = \varphi(x)\varphi(y)$ pour tout couple d'éléments de $\mathbb{R}^*$. La condition $\varphi(1) = 1$ écarte ce cas.

Soit $\varphi : \mathbb{R}^* \to \mathbb{R}$ telle que : $\forall (x, y) \in (\mathbb{R}^*)^2$, $\varphi(xy) = \varphi(x)\varphi(y)$ et $\varphi(1) = 1$.

Alors $\varphi(x^{-1})\varphi(x) = \varphi(1) = 1$ donne $\varphi(x^{-1}) = \big(\varphi(x)\big)^{-1}$.

S'il existe $c \in \mathbb{R}^*$ tel que $\varphi(c) = 0$, alors pour tout $x \in \mathbb{R}^*$ on a :

$$\varphi(x) = \varphi\left(c\,\frac{x}{c}\right) = \varphi(c)\,\varphi\left(\frac{x}{c}\right) = 0.$$

Avec $\varphi(1) = 1$, il vient que φ est une application à valeurs dans $\mathbb{R}^*$.

φ est ainsi un endomorphisme du groupe $(\mathbb{R}^*, \times)$ et la condition $\varphi(1) = 1$ est alors vraie.

En conclusion, à ce stade, les applications φ qui conviennent sont des endomorphismes du groupe $(\mathbb{R}^*, \times)$.

> Terminons enfin par l'inversibilité des éléments de E.
>
> Rappelons que φ ne prend pas la valeur 0.

$(x, y) \in E$ admet (x', y') pour inverse si et seulement si :

$$(x, y) * (x', y') = (1, 0) \text{ et } (x', y') * (x, y) = (1, 0),$$

c'est-à-dire $\left(xx', yx' + y' \varphi(x)\right) = (1, 0)$ et $\left(xx', y'x + y \varphi(x')\right) = (1, 0)$ ce qui équivaut à :

$$xx' = 1, \quad yx' + y' \varphi(x) = 0 \text{ et } y'x + y \varphi(x') = 0.$$

La première relation donne $x' = x^{-1}$, puis la seconde donne :

$$y' \varphi(x) = -x^{-1} y, \text{ c'est-à-dire } y' = -\frac{y}{x \varphi(x)}.$$

Pour conclure à l'inversibilité de (x, y), il reste à voir si ces valeurs de x' et y' vérifient la troisième relation.

$y'x + y \varphi(x') = -\dfrac{y}{\varphi(x)} + y \varphi\left(\dfrac{1}{x}\right)$ et on obtient effectivement 0 en notant que, pour un endomorphisme φ de $(\mathbb{R}^*, \times)$, on a $\varphi\left(\dfrac{1}{x}\right) = \dfrac{1}{\varphi(x)}$.

En conclusion, $(E, *)$ est un groupe si et seulement si l'application φ est un endomorphisme du groupe $(\mathbb{R}^*, \times)$.

Ex. 25

On considère un anneau $(A, +, \times)$ dont tout élément est idempotent.

Montrer que si on a $\operatorname{Card} A \geqslant 3$, alors A admet des diviseurs de 0_A.

Dans ce but, pour $(a, b) \in A^2$, on pourra former $ab(a + b)$.

> Avant de s'attaquer à l'objectif, examinons d'un peu plus près l'hypothèse principale : pour tout $a \in A$, $a^2 = a$.

- Pour tout $a \in A$, on a $a^2 = a$ et $(1_A + a)^2 = 1_A + a$. On a aussi $(1_A + a)^2 = 1_A + a + a + a^2$ et il s'ensuit $0_A = a + a$.
- Étant donné $(a, b) \in A^2$, on a $a^2 = a$, $b^2 = b$ et $(a + b)^2 = a + b$. Mais on a aussi :

$$(a + b)^2 = a^2 + ab + ba + b^2$$

et il s'ensuit $ab + ba = 0_A$.

- Or on a $ab + ab = 0_A$ d'après la première propriété établie.

Alors $ab + ab = 0_A$ et $ab + ba = 0_A$ donne $ab = ba$. L'anneau est ainsi commutatif.

> Dans la perspective de diviseurs de 0_A, il faut mettre en évidence un produit nul.

Étant donné $(a, b) \in A^2$, on considère $ab(a + b)$. En développant, on a $ab(a + b) = aba + ab^2$. La commutativité donne $aba = a^2 b$ et, en utilisant $a^2 = a$ et $b^2 = b$, il vient :

$$ab(a + b) = ab + ab$$

et la première propriété établie donne alors :

$$ab(a + b) = 0_A.$$

> Il ne reste plus qu'à choisir a et b pour avoir $ab \neq 0_A$ et $a + b \neq 0_A$.
> Quand l'anneau A n'est pas réduit à un élément, on a en particulier $0_A \neq 1_A$.

On choisit $a = 1_A$: pour tout $b \in A$, on a $b(1_A + b) = 0_A$.

> Pour tout $a \in A$, $a + a = 0_A$ donne $a = -a$. En particulier, on a $1_A = -1_A$.

$1_A + b = 0_A$ donne $b = -1_A$ donc $b = 1_A$.

Avec $\operatorname{Card} A \geqslant 3$, il existe $b \notin \{0_A, 1_A\}$. Et on a alors $b \neq 0_A$ et $1_A + b \neq 0_A$, ce qui montre que tout $b \notin \{0_A, 1_A\}$ est un diviseur de 0_A.

C Ensembles finis, dénombrement

Ex. 26

Soit n et p des entiers naturels tels que $2p \leqslant n$. Montrer que $\dfrac{(n-p)!}{p!} \leqslant \left(\dfrac{n+1}{2}\right)^{n-2p}$.

On pourra distinguer les cas : n pair et n impair.

Avec $(n-p)! = \dfrac{n!}{\prod_{k=1}^{p}(n+1-k)}$ il vient $\dfrac{(n-p)!}{p!} = \dfrac{n!}{p!\prod_{k=1}^{p}(n+1-k)} = \dfrac{n!}{\prod_{k=1}^{p}k(n+1-k)}$.

> Un objectif peut être d'exprimer $n!$ en expression de même allure que $\prod_{k=1}^{p}k(n+1-k)$.
>
> L'indication fournie invite à examiner n pair : $n = 2q$.

- Si n est pair, on pose $n = 2q$. Alors $(2q)! = \prod_{k=1}^{q}k\prod_{k=q+1}^{2q}k = \prod_{k=1}^{q}k\prod_{j=1}^{q}(q+j)$.

Le changement d'indice défini par $j = q+1-k$ donne $k \in [\![1, q]\!]$ et $\prod_{j=1}^{q}(q+j) = \prod_{k=1}^{q}(2q+1-k)$

d'où $n! = (2q)! = \prod_{k=1}^{q}k(2q+1-k) = \prod_{k=1}^{q}k(n+1-k)$. On a donc :

$$\frac{(n-p)!}{p!} = \frac{\prod_{k=1}^{q}k(n+1-k)}{\prod_{k=1}^{p}k(n+1-k)} = \prod_{k=p+1}^{q}k(n+1-k).$$

$x \mapsto x(n+1-x)$ atteint son maximum en $\dfrac{n+1}{2}$ et elle est donc majorée par $\left(\dfrac{n+1}{2}\right)^2$.

Il s'ensuit que $\dfrac{(n-p)!}{p!} \leqslant \prod_{k=p+1}^{q}\left(\dfrac{n+1}{2}\right)^2 = \left(\dfrac{n+1}{2}\right)^{2(q-p)} = \left(\dfrac{n+1}{2}\right)^{n-2p}$.

- Si n est impair, on pose $n = 2q+1$.

> On exprime $n! = (2q+1)!$ dans le même esprit qui a guidé la formation de l'expression de $(2q)!$ utilisée dans le cas précédent.

On met à part le terme médian du produit : $(2q+1)! = (q+1)\prod_{k=1}^{q}k\prod_{k=q+2}^{2q+1}k$.

Avec successivement $\prod_{k=q+2}^{2q+1}k = \prod_{j=1}^{q}(j+q+1)$ puis, avec le changement de variable défini par $j = q+1-k$:

$$\prod_{j=1}^{q}(j+q+1) = \prod_{k=1}^{q}(2q+2-k) = \prod_{k=1}^{q}(n+1-k).$$

En définitive, on obtient : $n! = (2q+1)! = (q+1)\prod_{k=1}^{q} k(n+1-k)$.

En notant que $q+1 = \dfrac{n+1}{2}$ et avec la majoration de $k(n+1-k)$ par $\left(\dfrac{n+1}{2}\right)^2$, il vient :

$$\frac{(n-p)!}{p!} = \frac{n+1}{2}\prod_{k=p+1}^{q} k(n+1-k) \leqslant \left(\frac{n+1}{2}\right)^{2(q-p)+1} = \left(\frac{n+1}{2}\right)^{n-2p}.$$

Ex. 27

Soit E un ensemble fini et on note n son nombre cardinal. On note $\mathcal{P}(E)$ l'ensemble des parties de E.

1) Calculer la somme des cardinaux de tous les sous-ensembles de E.

2) Calculer la somme des cardinaux des sous-ensembles :

a) $X \cap Y$ où X et Y décrivent $\mathcal{P}(E)$;

b) $X \cup Y$ où X et Y décrivent $\mathcal{P}(E)$.

Le cas où $n = 0$ est sans grand intérêt, les trois sommes étant égales à 0.
On suppose dorénavant $n \neq 0$.

1)

> C'est un sujet banal dont on peut donner deux solutions.
> L'une met davantage l'accent sur des propriétés classiques des coefficients binomiaux.
> L'autre attire l'attention sur une méthode fructueuse : à $X \subset E$ on associe son complémentaire $\overline{X}$.

a) Pour tout $p \in [\![0, n]\!]$, il y a C_n^p parties de cardinal égal à p. La somme des cardinaux de ces parties est alors pC_n^p et la somme des cardinaux de toutes les parties de E est alors :

$$U = \sum_{p=0}^{n} pC_n^p \text{ ou aussi } U = \sum_{p=1}^{n} pC_n^p.$$

La relation classique : pour $p \in [\![1, n]\!]$, $pC_n^p = nC_{n-1}^{p-1}$ donne $U = n\sum_{p=1}^{n} C_{n-1}^{p-1} = n\sum_{p=0}^{n-1} C_{n-1}^{p}$.

Une autre relation classique : pour $m \in \mathbb{N}$, on a $\sum_{p=0}^{m} C_m^p = 2^m$. Il vient alors $U = n2^{n-1}$.

b) $X \mapsto \overline{X}$ est une bijection de $\mathcal{P}(E)$. L'ensemble des parties X de E est égal à l'ensemble des complémentaires $\overline{X}$ de ces parties.

Avec $U = \sum_{X \subset E} \operatorname{Card} X$, on a aussi $U = \sum_{X \subset E} \operatorname{Card} \overline{X}$, d'où $2U = \sum_{X \subset E} \left(\operatorname{Card} X + \operatorname{Card} \overline{X}\right)$.

Il y a 2^n sous-ensembles $X \in \mathcal{P}(E)$ et, pour chacun d'eux, on a $\operatorname{Card} X + \operatorname{Card} \overline{X} = n$.
On en déduit $2U = n2^n$ d'où $U = n2^{n-1}$.

2) a)

> Avec un sous-ensemble X, il a suffit d'utiliser $\overline{X}$.
> Avec X et Y dans $\mathcal{P}(E)$, on a besoin de plusieurs sous-ensembles, dont $X \cap Y$, pour une partition de E.

Soit $V = \sum_{X,Y} \operatorname{Card}(X \cap Y)$ où la somme porte sur tous les $(X, Y) \in \mathcal{P}(E) \times \mathcal{P}(E)$.

La bijection qu'est le passage au complémentaire permet d'écrire que :

$$V = \sum_{X,Y} \operatorname{Card}(\overline{X} \cap Y),\ V = \sum_{X,Y} \operatorname{Card}(X \cap \overline{Y}),\ V = \sum_{X,Y} \operatorname{Card}(\overline{X} \cap \overline{Y}).$$

Il s'ensuit que $4V = \sum_{X,Y} \left(\operatorname{Card}(X \cap Y) + \operatorname{Card}(\overline{X} \cap Y) + \operatorname{Card}(X \cap \overline{Y}) + \operatorname{Card}(\overline{X} \cap \overline{Y})\right)$.

Les quatre parties $X \cap Y, \overline{X} \cap Y, X \cap \overline{Y}$ et $\overline{X} \cap \overline{Y}$ sont deux-à-deux disjointes et leur réunion est égale à E. On a donc $\operatorname{Card}(X \cap Y) + \operatorname{Card}(\overline{X} \cap Y) + \operatorname{Card}(X \cap \overline{Y}) + \operatorname{Card}(\overline{X} \cap \overline{Y}) = \operatorname{Card} E = n$.

Avec $\operatorname{Card} \mathcal{P}(E) = 2^n$, on obtient $\operatorname{Card}\left(\mathcal{P}(E) \times \mathcal{P}(E)\right) = (2^n)^2 = 4^n$.

Il vient alors $4V = n4^n$ d'où $V = n4^{n-1}$.

b)

> Pour X et Y dans $\mathcal{P}(E)$, on sait que $\operatorname{Card}(X \cap Y) + \operatorname{Card}(X \cup Y) = \operatorname{Card} X + \operatorname{Card} Y$.
>
> La dernière somme demandée est de ce fait étroitement liée aux sommes U et V calculées précédemment.

Posons $W = \sum_{X,Y} \operatorname{Card}(X \cup Y)$.

On a $V + W = \sum_{X,Y} \left(\operatorname{Card}(X \cap Y) + \operatorname{Card}(X \cup Y)\right)$, donc $V + W = \sum_{X,Y} \left(\operatorname{Card} X + \operatorname{Card} Y\right)$, ou encore $V + W = \sum_{X,Y} \operatorname{Card} X + \sum_{X,Y} \operatorname{Card} Y$ ou aussi $V + W = 2 \sum_{X,Y} \operatorname{Card} X$.

On a $\sum_{X,Y} \operatorname{Card} X = \sum_{Y} \left(\sum_{X} \operatorname{Card} X\right)$ d'où $V + W = 2 \times 2^n \sum_{X} \operatorname{Card} X = 2 \times 2^n U = n4^n$.

Avec $V + W = n4^n$, il vient $V + W = 4V$, d'où finalement $W = 3V = 3n4^{n-1}$.

Ex. 28

Pour $n \in \mathbb{N}$, $n \geqslant 2$, montrer que $\displaystyle\sum_{p=1}^{n-1} \frac{p}{(n-p)^2} \geqslant \frac{2}{n(n-1)} \left(\sum_{p=1}^{n-1} \frac{p}{n-p}\right)^2$.

L'inégalité proposée équivaut à $\displaystyle\left(\sum_{p=1}^{n-1} \frac{p}{n-p}\right)^2 \leqslant \frac{n(n-1)}{2} \sum_{p=1}^{n-1} \frac{p}{(n-p)^2}$.

> La première urgence est de chercher une piste d'approche. Deux éléments peuvent donner une orientation : d'abord la présence de carrés et ensuite :
>
> $$\frac{n(n-1)}{2} = \sum_{p=1}^{n-1} p = \sum_{p=1}^{n-1} (\sqrt{p})^2.$$

L'inégalité souhaitée équivaut alors à $\displaystyle\left(\sum_{p=1}^{n-1} \frac{p}{n-p}\right)^2 \leqslant \sum_{p=1}^{n-1} (\sqrt{p})^2 \sum_{p=1}^{n-1} \frac{p}{(n-p)^2}$ c'est-à-dire :

$$\left(\sum_{p=1}^{n-1} \sqrt{p}\,\frac{\sqrt{p}}{n-p}\right)^2 \leqslant \sum_{p=1}^{n-1} (\sqrt{p})^2 \sum_{p=1}^{n-1} \left(\frac{\sqrt{p}}{n-p}\right)^2.$$

Pour conclure, il reste à établir une inégalité usuelle, connue classiquement sous le nom d'inégalité de Cauchy-Schwarz :

étant donné des réels positifs $a_1, \dots, a_q, b_1, \dots, b_q$, on a : $\left(\sum_{k=1}^{q} a_k b_k\right)^2 \leqslant \sum_{k=1}^{q} a_k^2 \sum_{k=1}^{q} b_k^2.$

C'est un résultat, dont le contexte est celui de produit scalaire, qui est basé sur l'inégalité :

$$(u|v)^2 \leqslant \| u \|^2 \| v \|^2.$$

On peut en donner une preuve «élémentaire» par récurrence sur q.

Le résultat est évidemment vrai lorsque $q = 1$.

Montrons que, s'il est vrai pour q, alors il est vrai pour $q + 1$.

Soit $a_1, \dots, a_q, a_{q+1}, b_1, \dots, b_q, b_{q+1}$ des réels positifs.

Posons $A_q = \sum_{k=1}^{q} a_k^2$, $B_q = \sum_{k=1}^{q} b_k^2$ et $M_q = \sum_{k=1}^{q} a_k b_k$. Notons que le réel M_q est positif.

Avec l'hypothèse de récurrence, on a $M_q^2 \leqslant A_q B_q$.

L'objectif est de montrer que $\left(M_q + a_{q+1}b_{q+1}\right)^2 \leqslant \left(A_q + a_{q+1}^2\right)\left(B_q + b_{q+1}^2\right)$.

On a $\left(A_q b_{q+1}^2 + B_q a_{q+1}^2\right)^2 - 4M_q^2 a_{q+1}^2 b_{q+1}^2 \geqslant \left(A_q b_{q+1}^2 + B_q a_{q+1}^2\right)^2 - 4A_q B_q a_{q+1}^2 b_{q+1}^2$ donc :

$$\left(A_q b_{q+1}^2 + B_q a_{q+1}^2\right)^2 - 4M_q^2 a_{q+1}^2 b_{q+1}^2 \geqslant \left(A_q b_{q+1}^2 - B_q a_{q+1}^2\right)^2 \geqslant 0$$

et il vient :

$$A_q b_{q+1}^2 + B_q a_{q+1}^2 \geqslant 2M_q a_{q+1} b_{q+1}.$$

On en déduit :

$$\left(M_q + a_{q+1}b_{q+1}\right)^2 = M_q^2 + a_{q+1}^2 b_{q+1}^2 + 2M_q a_{q+1} b_{q+1} \leqslant A_q B_q + a_{q+1}^2 b_{q+1}^2 + A_q b_{q+1}^2 + B_q a_{q+1}^2.$$

Ex. 29

Étant donné un entier $n \in \mathbb{N}^*$, on se munit d'un alphabet de n caractères. On forme alors tous les mots qui ne contiennent pas deux fois la même lettre. Calculer le nombre M_n de mots ainsi formés en fonction de $n!$ et de e (nombre de Néper).

Un mot contient au moins une lettre et n au plus.

On s'attache d'abord aux mots de p lettres, avec $1 \leqslant p \leqslant n$.

Pour $p \in [\![1, n]\!]$, pour former un mot de p lettres différentes, on choisit ces p lettres parmi les n puis on les dispose dans un certain ordre.

Le nombre $M_{n,p}$ de mots de p lettres est alors égal à $M_{n,p} = p!\, C_n^p$.

Compte tenu de $M_n = \sum_{p=1}^{n} M_{n,p}$, on a donc $M_{n,p} = \sum_{p=1}^{n} p!\, C_n^p$.

La seconde étape est de réduire cette somme.

Avec $C_n^p = \dfrac{n!}{(n-p)!p!}$, on a $M_{n,p} = \dfrac{n!}{(n-p)!}$, donc $M_n = n! \sum_{p=1}^{n} \dfrac{1}{(n-p)!}$.

Quand p décrit $[\![1, n]\!]$, l'entier $n - p$ décrit $[\![0, n-1]\!]$ et on obtient $M_n = n! \sum_{p=0}^{n-1} \dfrac{1}{p!}$.

Techniquement, il est aussi naturel de considérer des sommes portant sur $p \in [\![0, n]\!]$.

On peut aussi écrire M_n sous la forme $M_n = n! \sum_{p=0}^{n} \frac{1}{p!} - 1$.

Classiquement, la somme de terme général $\sum_{p=0}^{n} \frac{1}{p!}$ est convergente, de limite e.

En notant $u_n = \sum_{p=0}^{n} \frac{1}{p!}$ et $v_n = u_n + \frac{1}{n!}$, il est classique que les suites (u_n) et (v_n) sont adjacentes, de limite e.

On a donc, pour tout $n \in \mathbb{N}^*$, $u_n < e < v_n$, d'où $n!u_n < n!e < n!u_n + 1$.

On constate ainsi que $n!u_n$ est la partie entière de $n!e$.

En conclusion, pour tout $n \in \mathbb{N}^*$, on a $M_n = E(n!e)$.

Ex. 30

Pour tout $p \in \mathbb{N}$, on pose :

$$E_p = [\![1, 2p+1]\!],$$
$$\mathscr{E}_p = \{X \subset E_p \mid \operatorname{Card} X \geqslant p+1\}$$
$$\text{et} \quad \mathscr{E}'_p = \{X \subset E_p \mid \operatorname{Card} X = p+1\}.$$

Pour $n \in [\![0, p]\!]$, on considère le sous-ensemble $\mathscr{P}_{n,p}$ de $\mathscr{E}'_p$ formé des parties dont le plus grand élément est $n+p+1$.

Quels sont les cardinaux de $\mathscr{E}_p$? de $\mathscr{E}'_p$? de $\mathscr{P}_{n,p}$?

On considère l'application $f : \mathscr{E}_p \to \mathscr{E}'_p$ qui à $X \in \mathscr{E}_p$ associe la partie $f(X)$ dont les éléments sont, pour l'ordre naturel sur $\mathbb{N}$, les $p+1$ premiers éléments de X.

Donner le cardinal de $f^{-1}(\mathscr{P}_{n,p})$ et en déduire la valeur de $\sum_{k=p}^{2p} \frac{1}{2^k} C_k^p$

Pour celui de $\mathscr{E}_p$, remarquons que $p+1$ est au milieu de $[\![0, 2p+1]\!]$.

La relation $C_m^r = C_m^{m-r}$ s'obtient classiquement en utilisant la bijection qui, à un sous-ensemble, associe son complémentaire. On peut s'en inspirer.

- L'application φ de $\mathscr{P}(E_p)$ dans $\mathscr{P}(E_p)$ qui à X associe son complémentaire $\overline{X}$ est une bijection.

Elle induit une bijection de $\mathscr{E}_p$ sur son image $\varphi(\mathscr{E}_p)$. On a donc :

$$\operatorname{Card} \mathscr{E}_p = \operatorname{Card} \varphi(\mathscr{E}_p).$$

Cette image est formée des parties de E_p qui sont de cardinal inférieur ou égal à p. Comme $\mathscr{E}_p$ et $\varphi(\mathscr{E}_p)$ forment une partition de $\mathscr{P}(E_p)$, on obtient :

$$2 \operatorname{Card} \mathscr{E}_p = \operatorname{Card} E_p = 2^{2p+1}$$

et finalement, $\operatorname{Card} \mathscr{E}_p = 2^{2p}$.

Le cardinal de $\mathscr{E}'_p$ est banal. Quant à $\mathscr{P}_{n,p}$, il suffit de lire sa description pour en donner le cardinal.

- $\mathscr{E}'_p$ est de cardinal C_{2p+1}^{p+1}.

Le sous-ensemble $\mathscr{P}_{n,p}$ de $\mathscr{E}'_p$ a son plus grand élément fixé ; ses p autres éléments sont choisis parmi les $n+p$ éléments de $\mathbb{N}^*$ strictement inférieurs à $n+p+1$.

On a donc Card $\mathcal{P}_{n,p} = \mathrm{C}_{n+p}^{p}$.

> Pour préciser $f^{-1}(Y)$ pour $Y \in \mathcal{E}'_p$, la question précédente invite à examiner le plus grand élément de Y de cardinal $p+1$.
>
> Ce plus grand élément est supérieur ou égal à $p+1$.
>
> La fonction f n'est pas usuelle. Une lecture attentive de sa description est une clé.

Soit $Y \in \mathcal{E}'_p$: notons $n+p+1$ son plus grand élément, avec $n \in [\![0, p]\!]$.

Les éléments du sous-ensemble $f^{-1}(Y)$ sont les parties formées de l'union de Y et de tout sous-ensemble de $[\![n+p+2, 2p+1]\!]$. Le cardinal de $f^{-1}(Y)$ est donc 2^{p-n}.

Les $\mathcal{P}_{n,p}$, pour $n \in [\![0, p]\!]$, forment une partition de l'ensemble $\mathcal{E}'_p$.

Alors, de $\mathcal{E}_p = f^{-1}(\mathcal{E}'_p) = f^{-1}\Big(\bigcup_{n\in[\![0,p]\!]} \mathcal{P}_{n,p}\Big)$.

> L'image réciproque d'une réunion est la réunion des images réciproques.

On déduit que :

$$2^{2p} = \sum_{n=0}^{p} \mathrm{Card} f^{-1}(\mathcal{P}_{n,p}) = \sum_{n=0}^{p} 2^{p-n}\,\mathrm{C}_{n+p}^{p}$$

d'où $1 = \sum_{n=0}^{p} \frac{1}{2^{n+p}}\mathrm{C}_{n+p}^{p}$ et finalement $1 = \sum_{k=p}^{2p} \frac{1}{2^k}\mathrm{C}_{k}^{p}$.

D Arithmétique des entiers

Ex. 31

Soit a et b entiers naturels non nuls et $n \in \mathbb{N}$.

Former la division euclidienne de $ab^n - 1$ par b^{n+1} en utilisant la division euclidienne de $a-1$ par b.

Soit q et r les quotient et reste dans la division euclidienne de $a-1$ par b :

$$a - 1 = bq + r, \quad r < b.$$

> La manière la plus simple de faire apparaître ab^n est de multiplier par b^n les deux membres de l'égalité écrite.

On en déduit $ab^n - b^n = b^{n+1}q + rb^n$, ou encore $ab^n - 1 = b^{n+1}q + (r+1)b^n - 1$.

> Pour s'assurer que l'on a écrit la division euclidienne de $ab^n - 1$ par b^{n+1}, il suffit de vérifier que $0 \leqslant (r+1)b^n - 1 < b^{n+1}$.

Avec $0 \leqslant r < b$, il vient $1 \leqslant r+1 \leqslant b$ puis $b^n \leqslant (r+1)b^n \leqslant b^{n+1}$, et enfin :

$$0 \leqslant b^n - 1 \leqslant (r+1)b^n - 1 < b^{n+1}.$$

Dans la division euclidienne de $ab^n - 1$ par b^{n+1}, le quotient est q, le reste est $(r+1)b^n - 1$.

Ex. 32

Montrer que tout nombre entier impair peut être écrit comme différence de deux carrés d'entiers. En est-il de même pour les nombres entiers pairs ?

> Examinons en premier lieu une différence de deux carrés : $m^2 - p^2 = (m-p)(m+p)$.
> Pour avoir $m^2 - p^2$ impair, il est nécessaire et suffisant que $m-p$ et $m+p$ soient tous les deux impairs. Comme $m-p$ et $m+p$ ont même parité, il est en fait nécessaire et suffisant que $m-p$ soit impair.

Étant donné m et p entiers, avec $m^2 - p^2 = (m-p)(m+p)$, on choisit $m = p+1$ et il vient :

$$m^2 - p^2 = 2p + 1.$$

Notons que $2p+1 = (p+1)^2 - p^2$ n'est pas difficile à imaginer !

De la sorte, tout entier impair est la différence de deux carrés d'entiers.

> Pour avoir $m^2 - p^2$ pair, il est nécessaire et suffisant que $m-p$ soit pair.

Soit m et p des entiers tels que m^2-p^2 soit pair. Alors $m-p$ et $m+p$ sont pairs, donc $(m-p)(m+p)$ est un multiple entier de 4.

Pour qu'un entier n pair soit la différence de deux carrés, il est donc nécessaire que n soit un multiple de 4.

Étant donné p entier et $m = p+2$, on a $m^2 - p^2 = 4p+4$ et, lorsque p décrit l'ensemble des entiers, $4p+4$ décrit l'ensemble des multiples de 4.

En conclusion, un entier pair est la différence de deux carrés si et seulement si c'est un multiple de 4.

Ex. 33

Soit $\overline{aabb}$ l'écriture en base dix d'un entier n. Déterminer parmi ces entiers n ceux qui sont des carrés d'entiers.

> Dans une écriture décimale, le premier chiffre n'est pas 0.

$n = (10^3 + 10^2)a + (10+1)b = 1100a + 11b = 11(100a + b)$.

> Pour que n soit un carré, il faut que $100a + b$ soit divisible par 11.

On a $1 \leqslant a \leqslant 9$ et $0 \leqslant b \leqslant 9$, d'où $100 \leqslant 100a + b \leqslant 909$.

En notant que $100a + b = 99a + a + b$, il vient que $100a+b$ est un multiple de 11 si et seulement si $a+b$ est un multiple de 11.

Les couples (a, b) possibles sont donc $(2, 9)$, $(3, 8)$, $(4, 7)$, $(5, 6)$, $(6, 5)$, $(7, 4)$, $(8, 3)$ et $(9, 2)$.

Il faut donc que $100a + b$ soit dans $E = \{209, 308, 407, 506, 605, 704, 803, 902\}$.

E est aussi l'ensemble de nombres $209 + 99k = 11(19 + 9k)$ pour $k \in [\![0, 7]\!]$.

En examinant les cas, on voit que, pour $k \in [\![0, 7]\!]$, l'entier $19 + 9k$ est un carré si et seulement si $k = 5$ et on a $19 + 9 \times 5 = 8^2$

L'unique solution est donc $11^2 \times 8^2 = 7\,744$.

Ex. 34

Montrer que, pour tout $n \in \mathbb{N}^*$, l'entier $2^{4n+2}+1$ est divisible par 5.

Montrer que, pour $n \geqslant 2$, l'entier $\frac{1}{5}\left(2^{4n+2}+1\right)$ n'est pas premier.

Les factorisations de a^p-1 et $a^{2p+1}+1$ sont classiques. C'est ici la seconde qui est d'actualité.

$a^{2p+1}+1=(a+1)\sum_{k=0}^{2p}(-1)^k a^k$ s'applique ici pour $2^{4n+2}+1=4^{2n+1}+1=5\sum_{k=0}^{2n}(-1)^k 4^k$.

En vue de décomposer $\frac{1}{5}\left(2^{4n+2}+1\right)$, il est sage de commencer par factoriser $2^{4n+2}+1$ qui apparaît naturellement dans $\left(2^{2n+1}+1\right)^2$.

Avec $\left(2^{2n+1}+1\right)^2=2^{4n+2}+1+2^{2n+2}$, il vient $2^{4n+2}+1=\left(2^{2n+1}+1\right)^2-\left(2^{n+1}\right)^2$ d'où :

$$2^{4n+2}+1=\left(2^{2n+1}+1+2^{n+1}\right)\left(2^{2n+1}+1-2^{n+1}\right).$$

Divisant le produit de $2^{2n+1}+1+2^{n+1}$ par $2^{2n+1}+1-2^{n+1}$, le nombre premier 5 divise au moins l'un d'eux.

On en déduit une factorisation de $\frac{1}{5}\left(2^{4n+2}+1\right)$ en produit d'entiers par :

$$\frac{1}{5}\left(2^{4n+2}+1\right)=\frac{2^{2n+1}+1+2^{n+1}}{5}\left(2^{2n+1}+1-2^{n+1}\right)$$

$$\text{ou}\quad \frac{1}{5}\left(2^{4n+2}+1\right)=\frac{2^{2n+1}+1-2^{n+1}}{5}\left(2^{2n+1}+1+2^{n+1}\right).$$

Pour montrer que le nombre n'est pas premier, il faut s'assurer que les deux termes sont différents de 1. C'est probablement le rôle de l'hypothèse $n \geqslant 2$.

Le plus petit des quatre facteurs utiles est $\dfrac{2^{2n+1}+1-2^{n+1}}{5}$.

On a $2^{2n+1}+1-2^{n+1}=2^{n+1}(2^n-1)+1$ et, avec $n \geqslant 2$, il vient $2^{2n+1}+1-2^{n+1} \geqslant 25$, d'où :

$$\frac{2^{2n+1}+1-2^{n+1}}{5} \geqslant 5,$$

ce qui achève la preuve que $\frac{1}{5}\left(2^{4n+2}+1\right)$ n'est pas premier.

Ex. 35

Montrer que, pour tout $n \in \mathbb{N}^*$, la partie entière de $\left(\sqrt{3}+1\right)^{2n+1}$ est divisible par 2^{n+1}.

$\sqrt{3}$ n'est pas entier et il est souhaitable de s'en dégager par élévation à des puissances paires. Un moyen est d'utiliser le «conjugué» $\sqrt{3}-1$ de $\sqrt{3}+1$.

En développant par la formule du binôme, on obtient :

$$E_n=\left(\sqrt{3}+1\right)^{2n+1}-\left(\sqrt{3}-1\right)^{2n+1}=2\sum_{k=1}^{n}3^k C_{2n+1}^{2k}.$$

Un premier objectif est atteint : E_n est un nombre entier.

On a $0 \leqslant \sqrt{3}-1<1$, donc $0 \leqslant \left(\sqrt{3}-1\right)^{2n+1}<1$.

Alors $\left(\sqrt{3}+1\right)^{2n+1} = E_n + \left(\sqrt{3}-1\right)^{2n+1} < E_n + 1$ permet de dire que :

$$E_n \text{ est la partie entière de } \left(\sqrt{3}+1\right)^{2n+1}.$$

> Examinons d'un peu plus près les nombres $\left(\sqrt{3}+1\right)^{2n+1}$ et $\left(\sqrt{3}-1\right)^{2n+1}$ en mettant en évidence $\sqrt{3}$ accompagné de nombres entiers.

On a $\left(\sqrt{3}+1\right)^{2n+1} = \sum_{k=0}^{2n+1} (\sqrt{3})^k \mathrm{C}_{2n+1}^k = \sum_{p=0}^{n} 3^p \mathrm{C}_{2n+1}^{2p} + \sqrt{3}\sum_{p=0}^{n} 3^p \mathrm{C}_{2n+1}^{2p+1}.$

Il existe donc a_n et b_n dans $\mathbb{N}^*$ tels que $\left(\sqrt{3}+1\right)^{2n+1} = a_n + \sqrt{3}\, b_n$.

$\left(\sqrt{3}-1\right)^{2n+1} = -\sum_{p=0}^{n} 3^p \mathrm{C}_{2n+1}^{2p} + \sqrt{3}\sum_{p=0}^{n} 3^p \mathrm{C}_{2n+1}^{2p+1}$ donne alors $\left(\sqrt{3}-1\right)^{2n+1} = -a_n + \sqrt{3}b_n$.

Il s'ensuit que $E_n = 2a_n$.

> Il suffit maintenant de montrer que a_n est divisible par 2^n.
> Pour cela, on peut procéder par récurrence.

On a $a_0 = 1$ et $b_0 = 1$ en regardant $\sqrt{3}+1$.

> Il est aisé d'établir que l'égalité $\alpha + \sqrt{3}\beta = \alpha' + \sqrt{3}\beta'$ avec α, α', β et β' entiers implique $\alpha = \alpha'$ et $\beta = \beta'$.

Pour $n \geqslant 1$, on a $\left(\sqrt{3}+1\right)^{2n+1} = \left(\sqrt{3}+1\right)^2\left(\sqrt{3}+1\right)^{2n-1}$. Avec :

$$\left(\sqrt{3}+1\right)^{2n+1} = a_n + \sqrt{3}b_n \quad \text{et} \quad \left(\sqrt{3}+1\right)^{2n-1} = a_{n-1} + \sqrt{3}b_{n-1},$$

il vient $a_n + \sqrt{3}b_n = \left(4+2\sqrt{3}\right)(a_{n-1} + \sqrt{3}b_{n-1})$, c'est-à-dire :

$$a_n + \sqrt{3}b_n = 2\left(2a_{n-1} + 3b_{n-1}\right) + 2\sqrt{3}\left(a_{n-1} + 2b_{n-1}\right).$$

Il s'ensuit que $\begin{cases} a_n = 2\left(2a_{n-1} + 3b_{n-1}\right) \\ b_n = 2\left(a_{n-1} + 2b_{n-1}\right) \end{cases}$

Avec $a_0 = b_0 = 1$, il vient $a_1 = 10$ et $b_1 = 6$, donc a_1 et b_1 sont divisibles par 2.

Si a_n et b_n sont divisibles par 2^n, alors $2a_n + 3b_n$ et $a_n + 2b_n$ sont divisibles par 2^n, donc :

$$a_{n+1} = 2\left(2a_n + 3b_n\right) \text{ et } b_{n+1} = 2\left(a_n + 2b_n\right) \text{ sont divisibles par } 2^{n+1}.$$

On a ainsi prouvé par récurrence que, pour tout $n \in \mathbb{N}^*$, a_n est divisible par 2^n.

Et finalement, pour tout $n \in \mathbb{N}^*$, l'entier E_n est divisible par 2^{n+1}.

Ex. 36

Prouver qu'il y a une infinité de nombres composés (c'est-à-dire non premiers) que l'on ne peut pas transformer en nombre premier en changeant un seul chiffre dans leurs écritures décimales.

Pour cela, on pourra considérer les entiers $n = 2\,310k - 210$, avec $k \in \mathbb{N}^*$.

> $2\,310k - 210$ est composé car $2\,310k - 210 = 10 \times 3 \times 7 \times (11k - 1)$.
> Tout nombre pair plus grand que 2 est composé.

Pour tenter d'obtenir un nombre premier à partir de $n = 2\,310k - 210$ en changeant un seul chiffre, il faut nécessairement modifier le chiffre des unités (qui est 0) en le remplaçant par 1, 3, 5, 7 ou 9.

Cette substitution revient à considérer $n + 1$ ou $n + 3$ ou $n + 5$ ou $n + 7$ ou $n + 9$.
Notons que, avec $k \geqslant 1$, on a $n \geqslant 2\,200$ et que $2\,310 = 2 \times 5 \times 3 \times 7 \times 11$.

$n + 1 = 2\,310k - 209$ est divisible par 11,

$n + 3 = 2\,310k - 207$ est divisible par 3,

$n + 5 = 2\,310k - 205$ est divisible par 5,

$n + 7 = 2\,310k - 203$ est divisible par 7,

$n + 9 = 2\,310k - 201$ est divisible par 3.

De la sorte aucune des modifications envisageables ne convient et les entiers $n = 2\,310k - 210$, $k \in \mathbb{N}^*$, donnent une réponse au problème.

Ex. 37

Déterminer les nombres entiers x tels que $x^2 - 2x + 2$ soit divisible par 17.

> Une bonne mise en route consiste à examiner quelques valeurs simples de x. Dans un problème «ouvert», il est souvent utile de mettre en évidence une solution particulière.

En posant $f(x) = x^2 - 2x + 2$, on obtient $f(1) = 1, f(2) = 2, f(3) = 5, f(4) = 10, f(5) = 17$.
5 est donc une solution.
Alors $f(x)$ est divisible par 17 si et seulement si $f(x) - f(5)$ est divisible par 17.
On a $f(x) - f(5) = (x^2 - 2x + 2) - (5^2 - 2 \times 5 + 2) = (x^2 - 5^2) - 2(x - 5) = (x - 5)(x + 3)$.
17 étant un nombre premier, $f(x) - f(5)$ est divisible par 17 si et seulement si $x - 5$ est divisible par 17 ou si $x + 3$ est divisible par 17.
Les solutions sont donc, avec $k \in \mathbb{N}$, les nombres $17k + 5$ ou $17k - 3$.

> Par exemple, 14 est solution, ce que l'on explicite avec $f(14) = 170 = 17 \times 10$.

Ex. 38

Déterminer les entiers naturels n tels que les restes dans les divisions de $21\,685$ et de $33\,509$ par n soient 37 et 53 respectivement.

> Commençons par exploiter les divisions euclidiennes en faisant apparaître les quotients.

Si n est solution, il existe p et q entiers naturels tels que :

$$21\,685 = np + 37 \text{ avec } 37 < n \quad \text{et} \quad 33\,509 = nq + 53 \text{ avec } 53 < n,$$

c'est-à-dire $np = 21\,648$ et $nq = 33\,456$ avec $n > 53$.
Divisant $21\,648$ et $33\,456$, n divise leur différence $11\,808$.

Mais $11\,808$ n'est pas un diviseur de $21\,648$

Divisant $21\,648$ et $11\,808$, n divise leur différence $9\,840$.

Mais $9\,840$ n'est pas un diviseur de $21\,648$

Divisant $11\,808$ et $9\,840$, n divise leur différence $1\,968$.

> Cette information permet, avec $n > 53$, de préciser les solutions possibles.

Avec $1\,968 = 2^4 \times 3 \times 41$, on voit que $1\,968$ admet 20 diviseurs et, compte-tenu de $n > 53$, il vient $n \in \{41 \times 2, 41 \times 2^2, 41 \times 2^3, 41 \times 2^4, 41 \times 3, 41 \times 2 \times 3, 41 \times 2^2 \times 3, 41 \times 2^3 \times 3, 41 \times 2^4 \times 3\}$, c'est-à-dire 9 solutions possibles.

Il reste à préciser celles qui conviennent.

Réciproquement, soit n est l'un de ces 9 nombres.

Avec $21\,648 = 11 \times 1\,968$ et $33\,456 = 17 \times 1\,968$, puisque n divise 1 968, il divise aussi 21 648 et 33 456.

Il existe alors p et q tels que $np = 21\,648$ et $nq = 33\,456$, c'est-à-dire $21\,685 = np + 37$ et $33\,509 = nq + 53$, avec $53 < n$.

Il s'ensuit que n est solution du problème.

Ex. 39

Déterminer les couples (x, y) d'entiers relatifs tels que $13x - 8y = 1$.

Dans ce type de problème, il est indispensable de trouver une solution particulière.

Si (x, y) convient, $13x = 8y + 1$ montre que x est nécessairement impair.

On teste des valeurs simples de x impair et on examine si $13x - 1$ est un multiple de 8.

- $x = 1$, $13x - 1 = 12$ ne convient pas.
- $x = 3$, $13x - 1 = 38$ ne convient pas.
- $x = 5$, $13x - 1 = 64$ convient, avec $y = 8$.

On s'appuie ensuite sur cette solution $(5, 8)$ pour obtenir toutes les autres.
Le fait que 13 est premier et ne divise pas 8 est la clé finale.

Avec $13 \times 5 - 8 \times 8 = 1$, l'équation $13x - 8y = 1$ équivaut à $13(x - 5) = 8(y - 8)$.

Si (x, y) est solution, comme 13 est premier et ne divise pas 8, ce nombre 13 qui divise $8(y - 8)$ divise également $y - 8$.

Il existe donc un entier relatif k tel que $y - 8 = 13k$.

Réciproquement, étant donné $y = 13k + 8$, $13(x - 5) = 8(y - 8)$ donne $13(x - 5) = 8 \times 13k$ donc $x - 5 = 8k$, ou encore $x = 8k + 5$.

En conclusion, les solutions sont les couples $(8k + 5, 13k + 8)$, avec $k \in \mathbb{Z}$.

Thèmes d'étude - Problèmes

1 Quelques sujets de trigonométrie

1) Préliminaire : somme de termes de certaines suites.

Soit $(u_n)_{n\in\mathbb{N}}$ une suite pour laquelle il existe une suite $(v_n)_{n\in\mathbb{N}}$ telle que :

$$\forall n \in \mathbb{N},\ v_{n+1} - v_n = u_n.$$

Exprimer $\Sigma_n = \sum_{k=0}^{n-1} u_k$ à l'aide de v_n et v_0.

C'est un calcul de somme par télescopage.

2) Vérifier, quand elle a un sens, la relation : $\operatorname{cotan} x - 2\operatorname{cotan} 2x = \tan x$.

On rappelle que $\operatorname{cotan} x = \dfrac{\cos x}{\sin x}$.

En déduire une expression réduite de $\sum_{k=0}^{n} 2^k \tan(2^k x)$.

3) Exprimer, quand cela a un sens, $\tan p - \tan q$ à l'aide de $\sin(p-q)$, $\cos p$ et $\cos q$.

En déduire une expression réduite de $\sum_{k=1}^{n} \dfrac{1}{\cos kx\ \cos(k+1)x}$.

4) Vérifier, quand elle a un sens, la relation : $\tan 2x - 2\tan x = \tan^2 x \tan 2x$.

En déduire une expression réduite de $\sum_{k=1}^{n} 2^{k-1} \tan \dfrac{x}{2^{k-1}} \tan^2 \dfrac{x}{2^k}$.

Calculer la limite de cette somme quand n tend vers $+\infty$.

5) Vérifier que $\sin x = 3\sin\dfrac{x}{3} - 4\sin^3\dfrac{x}{3}$. Réduire la somme $\sum_{k=1}^{n} 3^{k-1}\sin^3\dfrac{x}{3^k}$.

6) Vérifier, quand elle a un sens, la relation $1 + \dfrac{1}{\cos 2x} = \dfrac{\tan 2x}{\tan x}$.

Réduire le produit $\prod_{k=1}^{n}\left(1 + \dfrac{1}{\cos\left(2^k x\right)}\right)$.

7) Vérifier que $\cos a + \cos b = \dfrac{\cos 2a - \cos 2b}{2(\cos a - \cos b)}$.

En déduire une expression réduite de $\prod_{k=1}^{n}\left(\cos\dfrac{x}{2^k} + \cos\dfrac{y}{2^k}\right)$.

Solution

1) $\Sigma_n = \sum_{k=0}^{n-1} u_k = \sum_{k=0}^{n-1}(v_{k+1} - v_k) = \sum_{k=0}^{n-1} v_{k+1} - \sum_{k=0}^{n-1} v_k = \sum_{k=1}^{n} v_k - \sum_{k=0}^{n-1} v_k = v_n - v_0$.

2) $\operatorname{cotan} x$ est défini pour $x \not\equiv 0 \bmod \pi$, $\tan x$ est défini pour $x \not\equiv \frac{\pi}{2} \bmod \pi$ et $\operatorname{cotan} 2x$ est défini pour $x \not\equiv 0 \bmod \frac{\pi}{2}$, donc $\operatorname{cotan} x - 2\operatorname{cotan} 2x = \tan x$ a un sens pour $x \not\equiv 0 \bmod \frac{\pi}{2}$,

$$\operatorname{cotan} x - 2\operatorname{cotan} 2x = \frac{\cos x}{\sin x} - 2\frac{\cos 2x}{\sin 2x} = \frac{\cos x}{\sin x} - \frac{\cos 2x}{\sin x \cos x} = \frac{\cos^2 x - \cos 2x}{\sin x \cos x}$$

et il vient $\operatorname{cotan} x - 2\operatorname{cotan} 2x = \dfrac{1-\cos^2 x}{\sin x \cos x} = \dfrac{\sin^2 x}{\sin x \cos x} = \tan x$.

On en déduit $\tan 2^k x = \operatorname{cotan} 2^k x - 2\operatorname{cotan} 2^{k+1} x$, ce qui donne :

$$2^k \tan 2^k x = 2^k \operatorname{cotan} 2^k x - 2^{k+1}\operatorname{cotan} 2^{k+1} x.$$

Il s'ensuit finalement $\displaystyle\sum_{k=0}^{n} 2^k \tan 2^k x = \operatorname{cotan} x - 2^{n+1}\operatorname{cotan} 2^{n+1} x$.

3) Pour p et q différents de $\frac{\pi}{2} \bmod \pi$, on a :

$$\tan p - \tan q = \frac{\sin p}{\cos p} - \frac{\sin q}{\cos q} = \frac{\sin p \cos q - \cos p \sin q}{\cos p \cos q} = \frac{\sin(p-q)}{\cos p \cos q}$$

donc, avec de plus $p \not\equiv q \bmod \pi$, il vient $\dfrac{1}{\cos p \cos q} = \dfrac{1}{\sin(p-q)}\big(\tan p - \tan q\big)$.

Ainsi, lorsque $x \not\equiv 0 \bmod \pi$, et $x \not\equiv \frac{\pi}{2k} \bmod \frac{\pi}{k}$ pour $1 \leqslant k \leqslant n+1$, on a :

$$\frac{1}{\cos kx \cos(k+1)x} = \frac{1}{\sin x}\big(\tan(k+1)x - \tan kx\big)$$

et il s'ensuit : $\displaystyle\sum_{k=1}^{n} \frac{1}{\cos kx \cos(k+1)x} = \frac{1}{\sin x}\big(\tan(n+1)x - \tan x\big)$ d'où :

$$\sum_{k=1}^{n} \frac{1}{\cos kx \cos(k+1)x} = \frac{1}{\sin x}\,\frac{\sin nx}{\cos(n+1)x \cos x} = \frac{2}{\sin 2x}\,\frac{\sin nx}{\cos(n+1)x}.$$

4) En posant $t = \tan x$, il vient $\tan 2x - 2\tan x = \dfrac{2t}{1-t^2} - 2t$ c'est-à-dire :

$$\tan 2x - 2\tan x = 2t\Big(\frac{1}{1-t^2} - 1\Big) = t^2\frac{2t}{1-t^2} = \tan^2 x \tan 2x.$$

Avec $\tan^2 \dfrac{x}{2^k} \tan \dfrac{x}{2^{k-1}} = \tan \dfrac{x}{2^{k-1}} - 2\tan \dfrac{x}{2^k}$, on a :

$$2^{k-1}\tan^2 \frac{x}{2^k} \tan \frac{x}{2^{k-1}} = 2^{k-1}\tan \frac{x}{2^{k-1}} - 2^k \tan \frac{x}{2^k},$$

d'où :

$$\sum_{k=1}^{n} 2^{k-1}\tan^2 \frac{x}{2^k} \tan \frac{x}{2^{k-1}} = \tan x - 2^n \tan \frac{x}{2^n}.$$

Nous avons $2^n \tan \dfrac{x}{2^n} = x\,\dfrac{\tan(x/2^n)}{x/2^n}$.

Avec $\lim\limits_{n\to+\infty} \frac{x}{2^n} = 0$ et $\lim\limits_{X\to 0} \frac{\tan X}{X} = 1$, il vient $\lim\limits_{n\to+\infty} \left(\tan x - 2^n \tan \frac{x}{2^n}\right) = \tan x - x.$

5) $\sin 3a = 3\sin a - 4\sin^3 a$ est classique (en développant $\sin(2a + a)$), donc :

$$\sin x = 3\sin\frac{x}{3} - 4\sin^3\frac{x}{3}$$

et il s'ensuit $\sin^3\frac{x}{3} = \frac{1}{4}\left[3\sin\frac{x}{3} - \sin x\right]$ d'où :

$$\sin^3\frac{x}{3^k} = \frac{1}{4}\left[3\sin\frac{x}{3^k} - \sin\frac{x}{3^{k-1}}\right] \text{ et } 3^{k-1}\sin^3\frac{x}{3^k} = \frac{1}{4}\left[3^k\sin\frac{x}{3^k} - 3^{k-1}\sin\frac{x}{3^{k-1}}\right].$$

On en déduit $\sum\limits_{k=1}^{n} 3^{k-1}\sin^3\frac{x}{3^k} = \frac{1}{4}\left[3^n\sin\frac{x}{3^n} - \sin x\right].$

6) $\tan x \neq 0$ nécessite $x \not\equiv 0 \mod \frac{\pi}{2}$, l'existence de $\tan 2x$ nécessite $2x \not\equiv \frac{\pi}{2} \mod \pi$, donc $x \not\equiv \frac{\pi}{4} \mod \frac{\pi}{2}$, et $\cos 2x \neq 0$ nécessite $2x \neq \frac{\pi}{2} \mod \pi$, donc $x \not\equiv \frac{\pi}{4} \mod \frac{\pi}{2}$.

La relation proposée a donc un sens pour $x \not\equiv 0 \mod \frac{\pi}{4}$.

Avec $\tan x = \frac{\sin x}{\cos x}$ et $\tan 2x = \frac{\sin 2x}{\cos 2x}$, il vient $\frac{\tan 2x}{\tan x} = \frac{\sin 2x \cos x}{\cos 2x \sin x} = \frac{2\sin x\cos^2 x}{\sin x \cos 2x}$ donc :

$$\frac{\tan 2x}{\tan x} = \frac{2\cos^2 x}{\cos 2x} = \frac{1+\cos 2x}{\cos 2x} = 1 + \frac{1}{\cos 2x}.$$

On en déduit que $1 + \frac{1}{\cos\left(2^{k-1}x\right)} = \frac{\tan\left(2^{k-1}x\right)}{\tan\left(2^{k-2}x\right)}$ lorsque cette expression a un sens.

> Pour les produits par télescopage, on procède comme pour les sommes.

d'où $\prod\limits_{k=1}^{n}\left(1 + \frac{1}{\cos\left(2^{k-1}x\right)}\right) = \frac{\tan\left(2^{n-1}x\right)}{\tan\frac{x}{2}}.$

7) De $\cos 2a = 2\cos^2 a - 1$, on déduit $\cos 2a - \cos 2b = 2(\cos^2 a - \cos^2 b)$ puis :

$$\frac{\cos 2a - \cos 2b}{\cos a - \cos b} = 2(\cos a + \cos b),$$

ceci nécessitant $\cos a \neq \cos b$, c'est-à-dire $a \not\equiv b \mod 2\pi$ et $a \not\equiv -b \mod 2\pi$, soit aussi :

$$a + b \not\equiv 0 \text{ modulo } 2\pi \text{ et } a - b \not\equiv 0 \text{ modulo } 2\pi.$$

Il vient donc $\cos\frac{x}{2^k} + \cos\frac{y}{2^k} = \frac{1}{2}\,\frac{\cos\frac{x}{2^{k-1}} - \cos\frac{y}{2^{k-1}}}{\cos\frac{x}{2^k} - \cos\frac{y}{2^k}}$ quand cette expression a un sens, d'où :

$$\prod_{k=1}^{n}\left(\cos\frac{x}{2^k} + \cos\frac{y}{2^k}\right) = \frac{1}{2^n}\,\frac{\cos x - \cos y}{\cos\frac{x}{2^n} - \cos\frac{y}{2^n}}.$$

2 Somme des cubes des n premiers entiers

1) On suppose qu'il existe une suite $(x_n)_{n\in\mathbb{N}}$ de réels telle que :

$$\forall n \in \mathbb{N}, \quad \sum_{k=0}^{n} x_k^3 = \left(\sum_{k=0}^{n} x_k\right)^2.$$

Pour tout $n \in \mathbb{N}$, on pose $S_n = \sum_{k=0}^{n} x_k$.

a) Montrer que, pour tout $n \in \mathbb{N}$, $x_{n+1}^3 = 2S_n x_{n+1} + x_{n+1}^2$.

b) En déduire que, pour tout entier $n \in \mathbb{N}$, il existe $m \in \mathbb{N}$ tel que $S_n = \dfrac{m(m+1)}{2}$.

c) Déterminer la suite $(x_n)_{n\in\mathbb{N}}$ qui vérifie $x_0 = 0$ et $\forall n \in \mathbb{N}^*$, $x_n > 0$.

2) Pour n et p dans $\mathbb{N}^*$, on pose $S_{n,p} = \sum_{k=1}^{n} k^p$.

On étudie l'ensemble des éléments $p \in \mathbb{N}^*$ tels que, pour tout $n \in \mathbb{N}^*$, le nombre $S_{n,p}$ soit le carré d'un entier.

a) Vérifier que 3 convient.

b) Préciser s'il y a d'autre solutions en étudiant $S_{2,p}$.

Solution

1) a) Avec $\sum_{k=0}^{n} x_k^3 = S_n^2$ et $\sum_{k=0}^{n+1} x_k^3 = S_{n+1}^2$, il vient $x_{n+1}^3 = S_{n+1}^2 - S_n^2$. On en déduit :

$$x_{n+1}^3 = (S_{n+1} - S_n)(S_{n+1} + S_n) = x_{n+1}(2S_n + x_{n+1}) = 2S_n x_{n+1} + x_{n+1}^2.$$

b) Procédons par récurrence pour prouver la propriété $\mathcal{P}(n) : \exists m \in \mathbb{N},\ S_n = \dfrac{m(m+1)}{2}$.

- Pour $n = 0$, l'égalité $x_0^3 = x_0^2$ implique $x_0 = 0$ ou $x_0 = 1$.

Pour $x_0 = 0$, $m = 0$ convient et pour $x_0 = 1$, $m = 1$ convient. Donc $\mathcal{P}(0)$ est vraie.

- Établissons que $\mathcal{P}(n) \Rightarrow \mathcal{P}(n+1)$.

On a $x_{n+1}^3 = x_{n+1}^2 + 2S_n x_{n+1}$. Avec $S_n = \dfrac{m(m+1)}{2}$, il vient $x_{n+1}^3 = x_{n+1}^2 + m(m+1)x_{n+1}$, c'est-à-dire $x_{n+1}\left(x_{n+1}^2 - x_{n+1} - m(m+1)\right) = 0$ ou aussi $x_{n+1}(x_{n+1} + m)(x_{n+1} - m - 1) = 0$.

Pour $x_{n+1} = 0$, on a $S_{n+1} = S_n$ donc $S_{n+1} = \dfrac{m(m+1)}{2}$ et m convient.

Dans le cas où $x_{n+1} \neq 0$, on a $x_{n+1} = -m$ ou $x_{n+1} = m + 1$, avec $m \neq 0$, donc $m > 0$.

Pour $x_{n+1} = -m$, alors $S_{n+1} = S_n - m = \dfrac{m(m+1)}{2} - m = \dfrac{(m-1)m}{2}$ et $m - 1$ convient.

Pour $x_{n+1} = m + 1$, on a $S_{n+1} = \dfrac{m(m+1)}{2} + m + 1 = \dfrac{(m+1)(m+2)}{2}$ et $m + 1$ convient.

On a donc $\mathcal{P}(n) \Rightarrow \mathcal{P}(n+1)$.

- En conclusion, la propriété $\mathcal{P}(n)$ est vraie pour tout $n \in \mathbb{N}$.

c) L'hypothèse $\forall n \in \mathbb{N}^*$, $x_n > 0$ et l'étude ci-dessus de $\mathcal{P}(n) \Rightarrow \mathcal{P}(n+1)$ impose de choisir, à chaque étape, $x_{n+1} = m + 1$.

Montrons alors que, pour tout $n \in \mathbb{N}$, on a $x_n = n$.

Soit $\mathcal{Q}(n)$ la propriété : $\forall k \in [\![0, n]\!]$, $x_k = k$. La propriété $\mathcal{Q}(0)$ est vraie par hypothèse.

Avec $\mathcal{Q}(n)$, on a $S_n = \sum_{k=0}^{n} k = \frac{n(n+1)}{2}$, donc $m = n$ et la valeur strictement positive de x_{n+1} ne peut être que $m + 1 = n + 1$, ce qui prouve la propriété $\mathcal{Q}(n + 1)$.

Il reste à vérifier que la suite $(n)_{n \in \mathbb{N}}$ convient, c'est-à-dire que, pour tout $n \in \mathbb{N}$, on a :

$$\sum_{k=0}^{n} k^3 = \left(\sum_{k=0}^{n} k \right)^2 = \left(\frac{n(n+1)}{2} \right)^2 .$$

On procède par récurrence. Si on a $\sum_{k=0}^{n} k^3 = \left(\frac{n(n+1)}{2} \right)^2$, alors :

$$\sum_{k=0}^{n+1} k^3 = \frac{n^2(n+1)^2}{4} + (n+1)^3 = \frac{(n+1)^2\left(n^2 + 4n + 4\right)}{4} = \left(\frac{(n+1)(n+2)}{2} \right)^2 .$$

2) a) Le résultat précédent se lit aussi $\forall n \in \mathbb{N}^*$, $S_{n,3} = \sum_{k=0}^{n} k^3 = \left(\frac{n(n+1)}{2} \right)^2$.

La propriété est vraie lorsque $p = 3$.

b) Si p convient, alors $S_{2,p}$ est un carré : il existe $q \in \mathbb{N}^*$ tel que $1 + 2^p = q^2$.

$2^p = q^2 - 1 = (q-1)(q+1)$ donne qu'il existe $(u, v) \in (\mathbb{N}^*)^2$, $u + v = p$ et $q - 1 = 2^u$, $q + 1 = 2^v$.

Alors $q + 1 = q - 1 + 2$ donne $2^v = 2^u + 2$ puis $2^{v-1} = 2^{u-1} + 1$, ce qui impose $u = 1$ puis $v = 2$ et donc $p = 3$.

En conclusion, $S_{n,p}$ n'est un carré pour tout n que pour $p = 3$.

3 Dénombrabilité de $\mathbb{N} \times \mathbb{N}$

1) *Préliminaire*

a) Justifier que, pour tout $(x, y) \in \mathbb{N}^2$, on a $\frac{(x+y)(x+y+1)}{2} \in \mathbb{N}$.

On considère alors l'application f de $\mathbb{N} \times \mathbb{N}$ dans $\mathbb{N}$ définie par :

$$\forall (x, y) \in \mathbb{N}^2, \quad f(x, y) = y + \frac{(x+y)(x+y+1)}{2} .$$

b) Quelques calculs numériques : dans le tableau de gauche, figurent quelques éléments de $\mathbb{N}^2$; porter dans le tableau de droite les valeurs prises par f pour les couples précisés à gauche.

Ces résultats ne sont qu'une indication pour la suite.

Couples (x, y)

	0	1	2	3	4
0	$(0,0)$	$(0,1)$	$(0,2)$	$(0,3)$	$(0,4)$
1	$(1,0)$	$(1,1)$	$(1,2)$	$(1,3)$	
2	$(2,0)$	$(2,1)$	$(2,2)$		
3	$(3,0)$	$(3,1)$			
4	$(4,0)$				

$f(x, y)$

	0	1	2	3	4
0					
1					
2					
3					
4					

2) a) Étant donné (x, y) et (x', y') dans $\mathbb{N}^2$ tels que $x + y \geqslant x' + y' + 1$, montrer que :

$$f(x, y) > f(x', y').$$

b) En déduire que $f(x, y) = f(x', y') \Rightarrow x + y \leqslant x' + y'$ puis que :

$$f(x, y) = f(x', y') \Rightarrow x + y = x' + y'.$$

c) En déduire que f est injective.

3) a) Étant donné $(x, y) \in \mathbb{N}^2$ tel que $x \geqslant 1$, comparer $f(x - 1, y + 1)$ et $f(x, y)$.

b) Étant donné $y \in \mathbb{N}$, comparer $f(y + 1, 0)$ et $f(0, y)$.

c) Montrer que f est surjective.

On a ainsi établi qu'il existe une bijection de $\mathbb{N}^2$ sur $\mathbb{N}$.

La suite du problème a pour but de déterminer l'antécédant d'un entier p.

4) Montrer que, pour tout $(x, y) \in \mathbb{N}^2$, $\dfrac{(x + y)(x + y + 1)}{2} \leqslant f(x, y) < \dfrac{(x + y + 1)(x + y + 2)}{2}$.

5) Étant donné $k \in \mathbb{N}^*$, on note $S(n)$ la somme des entiers compris entre 1 et n.

a) Montrer que, pour tout p entier naturel non nul, il existe un unique entier $n \in \mathbb{N}^*$ tel que :

$$S(n) \leqslant p < S(n + 1).$$

b) Justifier que l'équation $x \in \mathbb{R}$, $\dfrac{x(x + 1)}{2} = p$ a une racine réelle positive et une seule, notée α. Montrer alors que $\alpha - 1 < n \leqslant \alpha$.

c) En déduire que si $f(x, y) = p$, alors $x + y = n$ et $y = p - S(n)$.

6) Exemple numérique : déterminer le couple (x, y) tel que $f(x, y) = 10\,000$.

Résultat numérique utile : $\sqrt{80\,001} = 282{,}84$ *à* 10^{-2} *près.*

Solution

1) a) $\dfrac{(x + y)(x + y + 1)}{2}$ est la somme des entiers compris entre 0 et $x + y$, c'est donc un nombre entier naturel. On peut aussi remarquer qu'un des entiers $x + y$ ou $x + y + 1$ est pair.

b) Couples (x, y) $\qquad$ $f(x, y)$

	0	1	2	3	4
0	$(0,0)$	$(0,1)$	$(0,2)$	$(0,3)$	$(0,4)$
1	$(1,0)$	$(1,1)$	$(1,2)$	$(1,3)$	
2	$(2,0)$	$(2,1)$	$(2,2)$		
3	$(3,0)$	$(3,1)$			
4	$(4,0)$				

	0	1	2	3	4
0	0	2	5	9	14
1	1	4	8	13	
2	3	7	12		
3	6	11			
4	10				

2) a) De $x + y \geqslant x' + y' + 1$, on déduit $x + y + 1 \geqslant x' + y' + 2$.

On multiplie membre à membre puis on divise par 2 et on ajoute y ; il vient :

$$\frac{(x+y)(x+y+1)}{2} + y \geqslant \frac{(x'+y'+1)(x'+y'+2)}{2} + y,$$

d'où $f(x, y) \geqslant \dfrac{(x'+y'+1)(x'+y')}{2} + x' + y' + 1 + y$, c'est-à-dire :

$$f(x, y) \geqslant f(x', y') + x' + y + 1$$

et enfin $f(x, y) > f(x', y')$ car $x' + y + 1 > 0$. On a donc :

$$x + y \geqslant x' + y' + 1 \ \Rightarrow\ f(x, y) > f(x', y').$$

b) La contraposée de cette proposition est :

$$f(x, y) \leqslant f(x', y') \ \Rightarrow\ x + y < x' + y' + 1.$$

On a donc en particulier :

$$f(x, y) = f(x', y') \ \Rightarrow\ x + y \leqslant x' + y'.$$

En permutant les couples (x, y) et (x', y'), on obtient :

$$f(x, y) = f(x', y') \ \Rightarrow\ x' + y' \leqslant x + y.$$

Finalement, on a $f(x, y) = f(x', y') \ \Rightarrow\ x' + y' = x + y$.

c) Avec $f(x, y) = f(x', y')$ et donc $x + y = x' + y'$, il vient :

$$\frac{(x+y)(x+y+1)}{2} + y = \frac{(x+y)(x+y+1)}{2} + y',$$

d'où $y = y'$, puis $x = x'$, donc $(x, y) = (x', y')$. Ainsi f est injective.

3) a) Avec $x \geqslant 1$, on a $(x - 1, y + 1) \in \mathbb{N}^2$ et $f(x - 1, y + 1) = \dfrac{(x+y)(x+y+1)}{2} + y + 1$, c'est-à-dire $f(x - 1, y + 1) = f(x, y) + 1$.

b) On a $(y + 1, 0) \in \mathbb{N}^2$ et $f(y + 1, 0) = \dfrac{(y+1)(y+2)}{2} = \dfrac{y(y+1)}{2} + y + 1 = f(0, y) + 1$.

c) Pour $n \in \mathbb{N}$, soit $\mathcal{P}(n)$ la proposition $\exists (x, y) \in \mathbb{N}^2, f(x, y) = n$.

On a $f(0, 0) = 0$, donc $\mathcal{P}(0)$ est vraie.

Soit $(x, y) \in \mathbb{N}^2$ tel que $f(x, y) = n$.

Si $x \geqslant 1$, alors $f(x - 1, y + 1) = n + 1$, et si $x = 0$, alors $f(y + 1, 0) = n + 1$.

On a donc $\mathcal{P}(n) \ \Rightarrow\ \mathcal{P}(n + 1)$.

On en déduit que $\mathcal{P}(n)$ est vraie pour tout $n \in \mathbb{N}$, c'est-à-dire que f est surjective.

4) $y \geqslant 0$ donne $f(x,y) \geqslant \dfrac{(x+y)(x+y+1)}{2}$.

$\dfrac{(x+y+1)(x+y+2)}{2} = \dfrac{(x+y+1)(x+y)}{2} + x + y + 1$ donne $f(x,y) < \dfrac{(x+y+1)(x+y+2)}{2}$.

5) a) La suite $\left(S(k)\right)_{k\in\mathbb{N}}$ est strictement croissante car $S(k+1) = S(k) + k + 1 > S(k)$ pour tout $k \in \mathbb{N}$.

L'ensemble $E_p = \{k \in \mathbb{N}, S(k) \leqslant p\}$ est une partie de $\mathbb{N}$ non vide ($0 \in E_p$) et majorée ; en effet $p \leqslant S(p)$ montre que $k \in E_p \ \Rightarrow\ k \leqslant p$.

Soit n le plus grand élément de E_p : il vérifie $S(n) \leqslant p < S(n+1)$.

b) L'équation $x \in \mathbb{R}$, $x^2 + x - 2p = 0$ a deux racines réelles distinctes. Leur produit $-2p$ est strictement négatif, elles sont donc de signes contraires.

Soit $\alpha > 0$ tel que $\dfrac{\alpha(\alpha+1)}{2} = p$.

Notons que $g\ :\ \mathbb{R} \to \mathbb{R}, t \mapsto \dfrac{t(t+1)}{2}$ est strictement croissante.

Alors :

$$\frac{n(n+1)}{2} = S(n) \leqslant p = \frac{\alpha(\alpha+1)}{2} \quad \text{donne} \quad n \leqslant \alpha.$$

$$\text{et} \quad \frac{\alpha(\alpha+1)}{2} = p < S(n+1) = \frac{(n+1)(n+2)}{2} \quad \text{donne} \quad \alpha < n+1.$$

c) Avec $S(x+y) \leqslant f(x,y) < S(x+y+1)$, si $f(x,y) = p$, alors d'après le a), on a $n = x + y$ puis $f(x,y) = S(n) + y$ donne $y = p - S(n)$.

6) La racine positive de $x^2 + x - 20\,000 = 0$ est $\alpha = \dfrac{-1+\sqrt{80\,001}}{2} \approx 140.92$ donc $n = 140$ puis $S(n) = 70 \times 141 = 9\,870$.

On a donc $y = 10\,000 - 9\,870 = 130$ puis $x = n - y = 10$. Soit $f(10,130) = 10\,000$.

4 Un sous-groupe fini de nombres complexes

Soit b et c des entiers relatifs qui vérifient $b^2 - 4c < 0$.

On considère le polynôme $P(X) = X^2 - bX + c$ et on désigne par α et $\overline{\alpha}$ ses racines (complexes conjuguées).

On note $\mathbb{Z}_\alpha$ l'ensemble des nombres complexes de la forme $p + q\alpha$, où p et q décrivent l'ensemble $\mathbb{Z}$.

De même, on considère $\mathbb{Z}_{\overline{\alpha}} = \{p + q\overline{\alpha}, (p,q) \in \mathbb{Z}^2\}$.

1) a) Montrer que $\mathbb{Z}_\alpha$ est un sous-anneau de $\mathbb{C}$, muni de ses opérations usuelles $+$ et $\times$.

b) Montrer que l'ensemble G_α des éléments de $\mathbb{Z}_\alpha$ dont l'inverse appartient aussi à $\mathbb{Z}_\alpha$ est un groupe.

2) a) Montrer que $\mathbb{Z}_{\overline{\alpha}} = \mathbb{Z}_\alpha$.

b) Étant donné $z = p + q\alpha$, montrer que $z = 0$ si et seulement si $p = q = 0$.

3) Soit l'application $\begin{cases} f : & \mathbb{Z}_\alpha & \to & \mathbb{N} \\ & z & \mapsto & |z|^2 \end{cases}$ où $|z|$ désigne le module de z.

a) Vérifier que pour $z = p + q\alpha$, $(p, q) \in \mathbb{Z}^2$, on a $f(z) = p^2 + bpq + cq^2$.

b) Quelle est l'image par f du groupe G_α ?

c) En déduire que, pour $z = p + q\,\alpha \in G_\alpha$, on a $0 \leqslant q^2(4c - b^2) \leqslant 4$.

4) En discutant suivant les valeurs possibles de $b^2 - 4c$, déterminer les éléments du groupe G_α.
On vérifiera que tout $n \in \mathbb{Z}$, il existe $k \in \mathbb{Z}$ tel que $n^2 = 4k$ ou $n^2 = 4k + 1$.

Solution

1) a) $\mathbb{Z}_\alpha$ contient évidemment $\mathbb{Z}$, il est donc non vide.
Étant donné $z = p + q\alpha$ et $z' = p' + q'\alpha$ dans $\mathbb{Z}_\alpha$, on a $z - z' = (p - p') + (q - q')\,\alpha \in \mathbb{Z}_\alpha$.
$\mathbb{Z}_\alpha$ est donc un sous-groupe de $(\mathbb{C}, +)$.
$zz' = pp' + qq'\alpha^2 + (pq' + p'q)\alpha$ et $\alpha^2 = b\alpha - c$ donnent $zz' = pp' - cqq' + (pq' + p'q + bqq')\alpha \in \mathbb{Z}_\alpha$.
$\mathbb{Z}_\alpha$ est un sous-groupe de $(\mathbb{C}, +)$ stable par $\times$. De plus, $\mathbb{Z}_\alpha$ contient l'unité 1 de l'anneau $(\mathbb{C}, +, \times)$, c'est donc un sous-anneau de $\mathbb{C}$ muni de ses opérations usuelles.

b) Il est classique que l'ensemble des éléments inversibles d'un anneau est un groupe pour la seconde opération.

2) a) En examinant la somme des racines de P, on voit que $\alpha + \overline{\alpha} = b$.
Étant donné $z = p + q\,\alpha \in \mathbb{Z}_\alpha$, il vient $z = p + q(b - \overline{\alpha}) = p + qb - q\overline{\alpha} \in \mathbb{Z}_{\overline{\alpha}}$ ce qui prouve que $\mathbb{Z}_\alpha \subset \mathbb{Z}_{\overline{\alpha}}$. On a de même $\mathbb{Z}_{\overline{\alpha}} \subset \mathbb{Z}_\alpha$ et donc $\mathbb{Z}_\alpha = \mathbb{Z}_{\overline{\alpha}}$.

b) Si $q \neq 0$, alors $z = 0$ donne $\alpha = -\dfrac{p}{q} \in \mathbb{R}$, contrairement au fait que α n'est pas réel.
On a donc $q = 0$, puis $p = 0$. La réciproque est immédiate.

3) a) Pour $z = p + q\,\alpha \in \mathbb{Z}_\alpha$, on a $|z|^2 = z\overline{z} = (p + q\alpha)(p + q\overline{\alpha})$ et il s'ensuit que :

$$|z|^2 = p^2 + pq(\alpha + \overline{\alpha}) + q^2\,|\alpha|^2 = p^2 + bpq + cq^2.$$

b) Étant donné z_1 et z_2 dans $\mathbb{Z}_\alpha$, on a $f(z_1z_2) = z_1z_2\overline{z_1z_2} = z_1\overline{z_1}z_2\overline{z_2} = f(z_1)f(z_2)$ et il est clair que $f(1) = 1$.
Si z est dans G_α, on a $z^{-1} \in G_\alpha$ et $1 = f(1) = f(zz^{-1}) = f(z)f(z^{-1})$.
On en déduit $f(z) = 1$ (seul élément inversible de $\mathbb{N}$) et l'image de G_α par f est $\{1\}$.

c) Étant donné $z = p + q\,\alpha \subset G_\alpha$, on a $f(z) = 1$ c'est-à-dire $p^2 + bpq + cq^2 = 1$.

Supposons $q \neq 0$. Il vient $\left(\dfrac{p}{q}\right)^2 + b\dfrac{p}{q} + c = \dfrac{1}{q^2}$.

Le minimum de $x^2 + bx + c$, pour x réel, est obtenu en $-\dfrac{b}{2}$; ce minimum vaut $\dfrac{1}{4}(4c - b^2)$.

On en déduit $\dfrac{1}{4}(4c - b^2) \leqslant \dfrac{1}{q^2}$, c'est-à-dire $q^2(4c - b^2) \leqslant 4$.

Par ailleurs, on a $4c - b^2 > 0$ par hypothèse. En conclusion, $0 \leqslant q^2(4c - b^2) \leqslant 4$.
Et ce résultat est encore vrai si $q = 0$ (c'est-à-dire $p^2 = 1$, soit $p = \pm 1$).

4) Si $q = 0$, on a vu que $p = \pm 1$. Par suite des éléments de G_α sont -1 et 1.

Avec $q \neq 0$, on a $0 < 4c - b^2 < \frac{4}{q^2} \leqslant 4$, donc $4c - b^2 \in \{1, 2, 3, 4\}$.

Pour tout $n \in \mathbb{Z}$, on a $n^2 = (2r)^2 \in 4\mathbb{Z}$ ou $n^2 = (2r+1)^2 \in 4\mathbb{Z} + 1$.

- $4c - b^2 = 1$ donne $b^2 = 4c - 1$, ce qui n'est pas possible.
- $4c - b^2 = 2$ donne $b^2 = 4c - 2$, ce qui n'est pas possible.
- $4c - b^2 = 4$ donne $b^2 = 4(c-1)$; b^2 est nécessairement pair et b aussi.

Il existe donc $u \in \mathbb{Z}$ tel que $b = 2u$ et donc $c = u^2 + 1$.

$p^2 + bpq + cq^2 = 1$ se lit alors $p^2 + 2upq + q^2u^2 + q^2 = 1$ ou encore $(p + qu)^2 + q^2 = 1$

Cette égalité, avec p et q entiers est vraie dans chacun des cas suivants :

$q = 0$ d'où $p^2 = 1$, ce qui donne les éléments $z_1 = 1$ et $z_2 = -1$;

$q = 1$ d'où $p = -u$, ce qui donne l'élément $z_3 = -u + \alpha$;

$q = -1$ d'où $p = u$, ce qui donne l'élément $z_4 = u - \alpha = -z_3$.

Compte-tenu de $\alpha^2 - 2\alpha u + u^2 + 1 = 0$, on vérifie alors que $z_3 z_4 = 1$, ce qui assure que z_3 et z_4 sont éléments de G_α.

On a donc finalement $G_\alpha = \{1, -1, -u + \alpha, u - \alpha\}$: le groupe G_α est d'ordre 4.

- $4c - b^2 = 3$ donne $b^2 = 4c - 3$; b^2 est nécessairement impair et b aussi.

Il existe donc $u \in \mathbb{Z}$ tel que $b = 2u + 1$ et donc $c = u^2 + u + 1$.

$p^2 + bpq + cq^2 = 1$ se lit alors $p^2 + (2u+1)pq + (u^2 + u + 1)q^2 = 1$ c'est-à-dire :

$$(p + qu)^2 + q(p + uq) + q^2 = 1.$$

Pour b et c donnés, on a vu que, pour tout (p, q) dans $\mathbb{N}^2$, $p^2 + bpq + cq^2 \geqslant \frac{q^2}{4}(4c - b^2)$.

Avec ici $4c - b^2 = 3$, il s'ensuit $\frac{3q^2}{4} \leqslant 1$ ou encore $3q^2 \leqslant 4$ d'où $q \in \{0, 1, -1\}$.

L'égalité $(p + qu)^2 + q(p + uq) + q^2 = 1$, avec p et q entiers, est alors vraie dans chacun des trois cas suivants :

$q = 0$ d'où $p^2 = 1$, ce qui donne $z_1 = 1$ et $z_2 = -1$;

$q = 1$, ce qui donne $(p + u)^2 + (p + u) = 0$ d'où $p = -u$ ou $p = -u - 1$ pour les éléments

$$z_3 = -u + \alpha \text{ et } z_4 = -u - 1 + \alpha ;$$

$q = -1$, ce qui donne $(p - u)^2 - (p - u) = 0$ d'où $p = u$ ou $p = u + 1$ pour les éléments

$$z_5 = u - \alpha \text{ et } z_6 = u + 1 - \alpha.$$

Il reste à vérifier, en utilisant $\frac{1}{z_3} = z_6$ et $\frac{1}{z_4} = z_5$, que ces six éléments appartiennent bien à G_α pour conclure que $G_\alpha = \{1, -1, -u + \alpha, u - \alpha, -u - 1 + \alpha, u + 1 - \alpha\}$: le groupe G_α est maintenant d'ordre 6.

5 Valeurs exactes de quelques cosinus

1) a) Soit (E) l'équation : $z \in \mathbb{C},\ z^5 - 1 = 0$.
Résoudre (E) en donnant le module et l'argument de chacune des solutions.

b) Résoudre l'équation (E') : $z \in \mathbb{C},\ z^4 + z^3 + z^2 + z + 1 = 0$ en calculant les parties réelles et imaginaires des racines à l'aide de racines carrées de nombres réels positifs.
Indication : pour cela, on pourra remarquer que 0 n'est pas solution et déterminer, en intermédiaire, les nombres $Z = z + \frac{1}{z}$ *pour lesquels z est solution de* (E').

2) De la question précédente, déduire les valeurs, à l'aide de radicaux, de :

$$\cos\frac{2\pi}{5},\quad \cos\frac{4\pi}{5},\quad \cos\frac{\pi}{5},\quad \sin\frac{2\pi}{5},\quad \sin\frac{4\pi}{5} \text{ et } \sin\frac{\pi}{5}.$$

3) On considère deux nombres réels a et h, et n un entier naturel non nul. Calculer :

$$C(a,h) = \sum_{k=0}^{n-1} \cos(a+kh)\ ,\ \text{et}\ \ S(a,h) = \sum_{k=0}^{n-1} \sin(a+kh).$$

4) Dans cette question et dans les suivantes, θ désigne le réel $\frac{\pi}{17}$.
On ne demande pas de valeurs approchées des racines de nombres réels qui apparaissent au cours des calculs. On pose :

$$x_1 = \cos 3\,\theta + \cos 5\,\theta + \cos 7\,\theta + \cos 11\theta,\ x_2 = \cos\theta + \cos 9\,\theta + \cos 13\,\theta + \cos 15\theta.$$

a) Montrer que $x_1 > 0$.

b) Calculer $(x_1 + x_2)$ à l'aide de la question 3). (C'est un rationnel très simple.)

c) Calculer le produit $x_1.x_2$. *Pour cela, on pourra développer le produit des deux sommes* x_1 *et* x_2 *et transformer en sommes les produits de la forme* $\cos p.\cos q$.

d) Déduire de ce qui précède les expressions de x_1 et x_2 à l'aide de racines carrées.

5) On pose maintenant :

$$y_1 = \cos 3\,\theta + \cos 5\theta\ ;\ \ y_2 = \cos 7\,\theta + \cos 11\theta\ ;\ \ y_3 = \cos\theta + \cos 13\theta\ ;\ \ y_4 = \cos 9\,\theta + \cos 15\theta?$$

a) Calculer, en s'inspirant de la question précédente, les produits $y_1.y_2$ et $y_3.y_4$.

b) En déduire des expressions de y_1 , y_2 , y_3 et y_4 à l'aide de racines carrées, éventuellement superposées.

6) Déduire enfin de ce qui précède une expression de $\cos\theta$ à l'aide de racines carrées.

Solution

1) a)

> Ce début n'est qu'une simple mise en appétit.

Les solutions sont les racines cinquièmes de 1 ; ce sont $e^{2ik\pi/5}$ avec $k \in [\![0, 4]\!]$.

b) 0 n'étant pas racine de (E'), ses racines z sont les solutions de $z^2 + \frac{1}{z^2} + z + \frac{1}{z} + 1 = 0$.

Avec $z^2 + \frac{1}{z^2} = \left(z + \frac{1}{z}\right)^2 - 2$, en posant $Z = z + \frac{1}{z}$, on est ramené à l'équation $Z^2 + Z - 1 = 0$ dont les solutions sont :

$$Z_1 = \frac{-1+\sqrt{5}}{2} \text{ et } Z_2 = \frac{-1-\sqrt{5}}{2}.$$

Il reste à résoudre en z l'équation $z + \frac{1}{z} = Z$ c'est-à-dire $z^2 - zZ + 1 = 0$ pour chacune des valeurs Z_1 et Z_2 de Z.

On a $Z_1^2 = 1 - Z_1$ donc $Z_1^2 - 4 = -3 - Z_1 = -\frac{5+\sqrt{5}}{2}$ et de même $Z_2^2 - 4 = -\frac{5-\sqrt{5}}{2}$.

Les racines de $z^2 - zZ_1 + 1 = 0$ et de $z^2 - zZ_2 + 1 = 0$ sont alors respectivement :

$$z_1 = \frac{1}{2}\left(\frac{-1+\sqrt{5}}{2} + i\sqrt{\frac{5+\sqrt{5}}{2}}\right) \quad \text{et} \quad z_2 = \frac{1}{2}\left(\frac{-1+\sqrt{5}}{2} - i\sqrt{\frac{5+\sqrt{5}}{2}}\right),$$

$$z_3 = \frac{1}{2}\left(\frac{-1-\sqrt{5}}{2} + i\sqrt{\frac{5-\sqrt{5}}{2}}\right) \quad \text{et} \quad z_4 = \frac{1}{2}\left(\frac{-1-\sqrt{5}}{2} - i\sqrt{\frac{5-\sqrt{5}}{2}}\right).$$

2) On a $z^5 - 1 = (z-1)\left(z^4 + z^3 + z^2 + z + 1\right)$, donc les racines de $z^4 + z^3 + z^2 + z + 1 = 0$ sont les racines autres que 1 de $z^5 - 1 = 0$. Ce sont donc :

$$e^{2i\frac{\pi}{5}} = \cos\frac{2\pi}{5} + i\sin\frac{2\pi}{5},$$

$$e^{4i\frac{\pi}{5}} = \cos\frac{4\pi}{5} + i\sin\frac{4\pi}{5},$$

$e^{6i\frac{\pi}{5}}$ qui est le conjugué de $e^{4i\frac{\pi}{5}}$ et $e^{8i\frac{\pi}{5}}$ qui est le conjugué de $e^{2i\frac{\pi}{5}}$.

En examinant le signe de $\cos\frac{2k\pi}{5}$ et celui de $\sin\frac{2k\pi}{5}$ pour $k \in [\![1, 4]\!]$, il vient que :

$$e^{2i\frac{\pi}{5}} = z_1 \text{ et } e^{4i\frac{\pi}{5}} = z_3,$$

c'est-à-dire :

$$\cos\frac{2\pi}{5} = \frac{-1+\sqrt{5}}{4} \quad \text{et} \quad \sin\frac{2\pi}{5} = \frac{1}{2}\sqrt{\frac{5+\sqrt{5}}{2}},$$

$$\cos\frac{4\pi}{5} = -\frac{1+\sqrt{5}}{4} \quad \text{et} \quad \sin\frac{4\pi}{5} = \frac{1}{2}\sqrt{\frac{5-\sqrt{5}}{2}}.$$

Avec $\frac{\pi}{5} = \pi - \frac{4\pi}{5}$, il vient enfin :

$$\cos\frac{\pi}{5} = \frac{1+\sqrt{5}}{4} \quad \text{et} \quad \sin\frac{\pi}{5} = \frac{1}{2}\sqrt{\frac{5-\sqrt{5}}{2}}.$$

3) On a $C(a,h) + iS(a,h) = \sum_{k=0}^{n-1} e^{i(a+kh)} = e^{ia}\sum_{k=0}^{n-1}(e^{ih})^k$. Il faut alors comparer e^{ih} et 1.

On sait que $e^{ih} = 1$ équivaut à $h \equiv 0 \mod 2\pi$.

- Dans le cas où $h \equiv 0 \mod 2\pi$, on obtient $C(a,h) + iS(a,h) = ne^{ia}$ d'où :

$$C(a,h) = n\cos a \quad \text{et} \quad S(a,h) = n\sin a.$$

- Dans le cas où $h \not\equiv 0 \mod 2\pi$, on a $e^{ih} \neq 1$, donc $\sum_{k=0}^{n-1} (e^{ih})^k = \frac{e^{inh} - 1}{e^{ih} - 1}$.

Avec $e^{inh} - 1 = e^{i\frac{nh}{2}}\left(e^{i\frac{nh}{2}} - e^{-i\frac{nh}{2}}\right) = 2ie^{i\frac{nh}{2}} \sin\frac{nh}{2}$ et $e^{ih} - 1 = 2ie^{i\frac{h}{2}} \sin\frac{h}{2}$ on en déduit que :

$$C(a, h) + iS(a, h) = e^{ia} e^{i\frac{(n-1)h}{2}} \frac{\sin\frac{nh}{2}}{\sin\frac{h}{2}}$$

et il vient finalement :

$$C(a, h) = \frac{\sin\frac{nh}{2}}{\sin\frac{h}{2}} \cos\left(a + (n-1)\frac{h}{2}\right) \quad \text{et} \quad S(a, h) = \frac{\sin\frac{nh}{2}}{\sin\frac{h}{2}} \sin\left(a + (n-1)\frac{h}{2}\right).$$

4) a)

> Parmi les quatre termes de la somme x_1, seul $\cos 11\theta$ est négatif. On tourne la difficulté en employant $\cos p + \cos q = 2\cos\frac{p+q}{2}\cos\frac{p-q}{2}$.

On a $\cos 3\theta + \cos 11\theta = 2\cos 7\theta \cos 4\theta$. Les nombres 4θ, 5θ et 7θ sont dans l'intervalle $]0, \pi/2[$, donc de cosinus strictement positifs.

Il s'ensuit que $x_1 = \cos 5\theta + \cos 7\theta + 2\cos 7\theta \cos 4\theta$ est strictement positif.

b) On remarque que $x_1 + x_2 = \sum_{k=0}^{7} \cos(\theta + 2k\theta)$.

Comme on a $\sin\theta \neq 0$, la formule de calcul de $C(a, h)$ donne ici $x_1 + x_2 = \frac{\sin(8\theta)}{\sin\theta}\cos(8\theta)$.

Avec $\sin(8\theta)\cos(8\theta) = \frac{1}{2}\sin(16\theta)$ et $16\theta = \frac{16\pi}{17} = \pi - \frac{\pi}{17} = \pi - \theta$, il vient $\sin(16\theta) = \sin\theta$ et finalement, $x_1 + x_2 = \frac{1}{2}$.

c) Pour calculer :

$$x_1 x_2 = (\cos 3\theta + \cos 5\theta + \cos 7\theta + \cos 11\theta)(\cos\theta + \cos 9\theta + \cos 13\theta + \cos 15\theta),$$

on utilise la formule $\cos p \cos q = \frac{1}{2}\left(\cos(p+q) + \cos(p-q)\right)$.

$$2\cos 3\theta\cos\theta = \cos 4\theta + \cos 2\theta \;,\; 2\cos 3\theta\cos 9\theta = \cos 12\theta + \cos 6\theta,$$

$$2\cos 3\theta\cos 13\theta = \cos 16\theta + \cos 10\theta \;,\; 2\cos 3\theta\cos 15\theta = \cos 18\theta + \cos 12\theta,$$

$$2\cos 5\theta\cos\theta = \cos 6\theta + \cos 4\theta \;,\; 2\cos 5\theta\cos 9\theta = \cos 14\theta + \cos 4\theta,$$

$$2\cos 5\theta\cos 13\theta = \cos 18\theta + \cos 8\theta \;,\; 2\cos 5\theta\cos 15\theta = \cos 20\theta + \cos 10\theta,$$

$$2\cos 7\theta\cos\theta = \cos 8\theta + \cos 6\theta \;,\; 2\cos 7\theta\cos 9\theta = \cos 16\theta + \cos 2\theta,$$

$$2\cos 7\theta\cos 13\theta = \cos 20\theta + \cos 6\theta \;,\; 2\cos 7\theta\cos 15\theta = \cos 22\theta + \cos 8\theta,$$

$$2\cos 11\theta\cos\theta = \cos 12\theta + \cos 10\theta \;,\; 2\cos 11\theta\cos 9\theta = \cos 20\theta + \cos 2\theta,$$

$$2\cos 11\theta\cos 13\theta = \cos 24\theta + \cos 2\theta \;,\; 2\cos 11\theta\cos 15\theta = \cos 26\theta + \cos 4\theta.$$

Il vient donc :

$$2x_1x_2 = 4(\cos 2\theta + \cos 4\theta + \cos 6\theta) + 3(\cos 8\theta + \cos 10\theta + \cos 12\theta + \cos 20\theta) + 2(\cos 16\theta + \cos 18\theta) + \cos 14\theta + \cos 22\theta + \cos 24\theta + \cos 26\theta.$$

On a :

$$\cos 16\theta = \cos \frac{16\pi}{17} = \cos\left(\pi - \frac{\pi}{17}\right) = -\cos\frac{\pi}{17} = -\cos\theta$$

$$\text{et} \quad \cos 18\theta = \cos \frac{18\pi}{17} = \cos\left(\pi + \frac{\pi}{17}\right) = -\cos\frac{\pi}{17} = -\cos\theta.$$

En procédant de même, il vient :

$$\cos 2\theta = -\cos 15\theta \qquad \cos 4\theta = -\cos 13\theta,$$
$$\cos 6\theta = -\cos 11\theta \qquad \cos 8\theta = -\cos 9\theta,$$
$$\cos 10\theta = -\cos 7\theta \qquad \cos 12\theta = -\cos 5\theta,$$
$$\cos 14\theta = -\cos 3\theta \qquad \cos 20\theta = -\cos 3\theta,$$
$$\cos 22\theta = -\cos 5\theta \qquad \cos 24\theta = -\cos 7\theta,$$
$$\cos 26\theta = -\cos 9\theta.$$

Il s'ensuit :

$$2x_1x_2 = -4(\cos\theta + \cos 3\theta + \cos 5\theta + \cos 7\theta + \cos 9\theta + \cos 11\theta + \cos 13\theta + \cos 15\theta)$$

c'est-à-dire $2x_1x_2 = -4(x_1 + x_2)$, et finalement, $x_1x_2 = -1$.

d) x_1 et x_2 sont alors les racines de $X^2 - \frac{1}{2}X - 1$, d'où, compte tenu de $x_1 > 0$,

$$x_1 = \frac{1}{4}\left(1 + \sqrt{17}\right) \quad \text{et} \quad x_2 = \frac{1}{4}\left(1 - \sqrt{17}\right).$$

5) On a $y_1 + y_2 = x_1$ et $y_1y_2 = \cos 3\theta\cos 7\theta + \cos 3\theta \cos 11\theta + \cos 5\theta\cos 7\theta + \cos 5\theta\cos 11\theta$.
En linéarisant les produits de deux cosinus, on obtient :

$$2y_1y_2 = \cos 2\theta + \cos 4\theta + \cos 6\theta + \cos 8\theta + \cos 10\theta + \cos 12\theta + \cos 14\theta + \cos 16\theta$$

ou aussi :

$$2y_1y_2 = -\cos 15\theta - \cos 13\theta - \cos 11\theta - \cos 9\theta - \cos 7\theta - \cos 5\theta - \cos 3\theta - \cos\theta = -(x_1 + x_2),$$

d'où $y_1y_2 = -\frac{1}{4}$, donc y_1 et y_2 sont les racines de :

$$X^2 - \frac{1}{4}(1 + \sqrt{17})X - \frac{1}{4}.$$

Avec $y_1 > 0$, il vient :

$$y_1 = \frac{1}{8}\left(1 + \sqrt{17} + \sqrt{34 + 2\sqrt{17}}\right)$$

$$\text{et} \quad y_2 = \frac{1}{8}\left(1 + \sqrt{17} - \sqrt{34 + 2\sqrt{17}}\right).$$

De même, on a $y_3 + y_4 = x_2$ et on obtient :

$$y_3y_4 = -\frac{1}{2}(x_1 + x_2) = -\frac{1}{4},$$

donc y_3 et y_4 sont les racines de $X^2 - \frac{1}{4}(1-\sqrt{17}) - \frac{1}{4}$. Notons que l'on a :

$$y_3 = \cos\theta + \cos 13\theta = 2\cos 7\theta \cos 6\theta > 0.$$

Il s'ensuit :

$$y_3 = \frac{1}{8}\left(1 - \sqrt{17} + \sqrt{34 - 2\sqrt{17}}\right)$$

$$\text{et} \quad y_4 = \frac{1}{8}\left(1 - \sqrt{17} - \sqrt{34 - 2\sqrt{17}}\right).$$

6) On a $\cos\theta + \cos 13\theta = y_3$ et $y_1 = \cos 3\theta + \cos 5\theta = 2\cos\theta\cos 4\theta = -2\cos\theta\cos 13\theta$.

Ainsi $\cos\theta$ et $\cos 13\theta$ sont les racines de $X^2 - y_3 X - \frac{1}{2}y_1$.

Avec $\cos\theta > 0$, il vient :

$$\cos\frac{\pi}{17} =$$

$$\frac{1}{16}\left(\sqrt{34 - 2\sqrt{17}} + 1 - \sqrt{17} + \sqrt{68 + 12\sqrt{17} + 2(1-\sqrt{17})\sqrt{34 - 2\sqrt{17}} + 16\sqrt{34 + 2\sqrt{17}}}\right)$$

CHAPITRE 2

Réels, suites, limites
Continuité, dérivation
Formule de Taylor
Développements limités

Sujets d'oraux 56

A. Borne supérieure et partie entière 56
B. Suites réelles, limites 59
C. Continuité, limite 69
D. Dérivation 81
E. Fonctions usuelles 85
F. Formule de Taylor 90
G. Développements limités, comparaison 92

Thèmes d'étude – Problèmes 100

1. Partie entière et densité 100
2. Suites extraites monotones 102
3. Suites de Cauchy 103
4. Inégalité des moyennes 104
5. Suites et séries 105
6. Construction de fonction à l'aide de la suite harmonique 107
7. Approximation 111
8. Théorèmes classiques et applications 114
9. Autour de la fonction exponentielle 118
10. Fonctions à dérivées successives positives 120
11. Majoration des dérivées successives 123
12. Majoration de fonction pseudo-additive 128

Sujets d'oraux

(A) Borne supérieure et partie entière

Ex. 1

Soit $f : [0, 1] \to [0, 1]$ une fonction croissante. Montrer qu'elle admet un point fixe.

> Il s'agit uniquement d'un problème d'existence, sans objectif de calcul.
>
> La notion de borne supérieure est un cas typique de ce genre de problème.
>
> On peut alors considérer la partie $A = \{x \in [0, 1] \,|\, f(x) \geqslant x\}$ et, bien que cela ne constitue pas une preuve, un dessin peut permettre de voir que la borne supérieure de A est un point fixe de f.
>
> La question clé est de voir comment utiliser la croissance de f.

Si $f(0) = 0$ ou $f(1) = 1$, alors f admet un point fixe. *Rappelons que* *un* *est à prendre au sens de un au moins.*

On se place maintenant dans le cas où $f(0) > 0$ et $f(1) < 1$.

Considérons alors l'ensemble $A = \{x \in [0, 1] \,|\, f(x) \geqslant x\}$. Il est non vide (il contient 0) et il est majoré (par 1). Ainsi A admet une borne supérieure ; notons-la s.

> On peut espérer avoir $f(s) = s$ et pour l'établir, on peut montrer par l'absurde que $f(0) \leqslant 0$ et $f(0) \geqslant 0$.

- Supposons que $f(s) > s$ et posons $r = f(s) - s > 0$. On a $s + r = f(s) \leqslant 1$.

Il vient alors $\varnothing \neq]s, s + r[\subset [0, 1]$. Par croissance de f, on a $f(y) \geqslant f(s)$ pour tout $y \in]s, s + r[$.

Pour tout $y < s + r$, on a aussi $y < f(s)$, d'où $y < f(y)$ pour tout $y \in]s, s + r[$.

Alors $\varnothing \neq]s, s + r[\subset A$, avec $r > 0$, est contradictoire avec $s = \sup A$. Il s'ensuit $f(s) \leqslant s$.

- Supposons que $f(s) < s$ et posons $r = s - f(s) > 0$. On a $s - r = f(s) \geqslant 0$.

Il vient alors $\varnothing \neq]f(s), s[\subset [0, 1]$. Par croissance de f, on a $f(z) \leqslant f(s)$ pour tout $z \in]f(s), s]$.

Avec $f(s) < z$ pour tout $z \in]f(s), s]$, il vient $\varnothing \neq]f(s), s] \subset \overline{A}$, ce qui est en contradiction avec $s = \sup A$ et il s'ensuit $f(s) \geqslant s$. Finalement, on a $f(s) = s$ et f admet s pour point fixe.

Ex. 2

Étant donné x réel, on considère la suite $(u_n)_{n \in \mathbb{N}^*}$ définie par $u_n = \dfrac{1}{n^2} \displaystyle\sum_{k=1}^{n} E(2kx)$.

Montrer qu'elle est convergente, de limite x.

> Deux pistes sont à explorer face à un problème concernant la fonction partie entière :
>
> - la définition $E(x) \leqslant x < E(x) + 1$ ou sa variante $x - 1 < E(x) \leqslant x$,
> - $x \mapsto E(x)$ est caractérisée par $\forall x \in [0, 1[, E(x) = 0$ et $\forall x \in \mathbb{R}, E(x + 1) = E(x) + 1$.

Pour tout $k \in [\![1, n]\!]$, on a $2kx - 1 < E(2kx) \leqslant 2kx$ et, avec $2x \sum_{k=1}^{n} k = \frac{n(n+1)}{2}$, il vient :

$$2x \sum_{k=1}^{n} k - n < \sum_{k=1}^{n} E(2kx) \leqslant 2x \sum_{k=1}^{n} k$$

puis $\frac{n+1}{n}x - \frac{1}{n} < u_n \leqslant \frac{n+1}{n}x$. Alors $\frac{x-1}{n} < u_n - x \leqslant \frac{x}{n}$.

Encadrée par des suites de limite 0, la suite $\left(u_n - x\right)_{n \in \mathbb{N}^*}$ converge vers 0, d'où $\lim u_n = x$.

Ex. 3

Étant donné $x \in \mathbb{R}$, simplifier l'expression $E\left(\frac{x}{2}\right) + E\left(\frac{x+1}{2}\right)$.

Il s'agit principalement d'un problème de fonction définie sur $\mathbb{R}$.

Soit f la fonction définie sur $\mathbb{R}$ par $f(x) = E\left(\frac{x}{2}\right) + E\left(\frac{x+1}{2}\right)$.

Pour $0 \leqslant x < 1$, on a $0 \leqslant \frac{x}{2} < 1$ et $0 \leqslant \frac{x+1}{2} < 1$, d'où $f(x) = 0$.

Pour tout $x \in \mathbb{R}$, on a $f(x+1) = E\left(\frac{x+1}{2}\right) + E\left(\frac{x+2}{2}\right) = E\left(\frac{x+1}{2}\right) + E\left(\frac{x}{2} + 1\right)$.

Avec $E(y+1) = E(y) + 1$ pour tout $y \in \mathbb{R}$, il vient $f(x+1) = f(x) + 1$ et la caractérisation de la fonction partie entière donne $f = E$, c'est-à-dire $E\left(\frac{x}{2}\right) + E\left(\frac{x+1}{2}\right) = E(x)$.

Ex. 4

Étant donné $n \in \mathbb{N}^*$, montrer que la partie entière de $(2+\sqrt{3})^n$ est un entier impair.
On pourra vérifier qu'il existe a_n et b_n dans $\mathbb{N}^*$ tels que $(2+\sqrt{3})^n = a_n + b_n\sqrt{3}$.

La formule du binôme donne : $A_n = (2+\sqrt{3})^n = \sum_{k=0}^{n} \mathrm{C}_n^k (\sqrt{3})^k 2^{n-k}$.

Dans cette somme on sépare les k pairs des k impairs pour obtenir a_n et b_n.

On a donc $A_n = \sum_{0 \leqslant 2k \leqslant n} \mathrm{C}_n^{2k}\, 3^k 2^{n-2k} + \sqrt{3} \sum_{1 \leqslant 2k+1 \leqslant n} \mathrm{C}_n^{2k+1}\, 3^k 2^{n-2k-1}$, qui est de la forme :

$a_n + b_n\sqrt{3}$, avec a_n et b_n entiers naturels.

La clé du problème est d'utiliser $(2-\sqrt{3})^n$ qui est dans $]0,1[$ et qui s'exprime également en fonction de a_n et de b_n.

On a $B_n = (2-\sqrt{3})^n = \sum_{k=0}^{n} \mathrm{C}_n^k (-\sqrt{3})^k 2^{n-k}$ ou aussi :

$$B_n = \sum_{0 \leqslant 2k \leqslant n} \mathrm{C}_n^{2k}\, 3^k 2^{n-2k} - \sqrt{3} \sum_{1 \leqslant 2k+1 \leqslant n} \mathrm{C}_n^{2k+1}\, 3^k 2^{n-2k-1},$$

donc $B_n = a_n - b_n\sqrt{3}$.

On a $A_n + B_n = (2+\sqrt{3})^n + (2-\sqrt{3})^2 = 2a_n$.

Et, de $0 < 2 - \sqrt{3} < 1$, donc $0 < B_n < 1$, on déduit $A_n < A_n + B_n < A_n + 1$.

Alors $A_n = (2+\sqrt{3})^n$ vérifie $A_n < 2a_n < A_n + 1$, c'est-à-dire $2a_n - 1 < A_n < 2a_n$, ce qui montre que la partie entière de $(2+\sqrt{3})^n$ est $2a_n - 1$, qui est effectivement un entier impair.

Ex. 5

Comparer $E(\sqrt{n}+\sqrt{n+1})$ et $E(\sqrt{4n+2})$ pour $n \in \mathbb{N}^*$.

Une première indication vient de la comparaison de $\sqrt{n}+\sqrt{n+1}$ et $\sqrt{4n+2}$.

$\left(\sqrt{4n+2}\right)^2 - \left(\sqrt{n}+\sqrt{n+1}\right)^2 = 2n+1-2\sqrt{n(n+1)}$ et $\left(2\sqrt{n(n+1)}\right)^2 = 4n^2+4n < (2n+1)^2$ montre que $\sqrt{n}+\sqrt{n+1} < \sqrt{4n+2}$. On en déduit que :

$$E\left(\sqrt{n}+\sqrt{n+1}\right) \leqslant E\left(\sqrt{4n+2}\right).$$

On peut raisonnablement envisager que cette inégalité pourrait être une égalité.

Un moyen est de prouver que l'inégalité stricte est interdite.

Procédons pour cela par l'absurde.

Supposons que l'on ait $E\left(\sqrt{n}+\sqrt{n+1}\right) < E\left(\sqrt{4n+2}\right)$ et notons $p = E\left(\sqrt{4n+2}\right)$.

Dans $\mathbb{N}$, $E\left(\sqrt{n}+\sqrt{n+1}\right) < p$ équivaut à $E\left(\sqrt{n}+\sqrt{n+1}\right) \leqslant p-1$.

On a $\left(\sqrt{n}+\sqrt{n+1}\right) - 1 < E\left(\sqrt{n}+\sqrt{n+1}\right) \leqslant p-1$ donc $\sqrt{n}+\sqrt{n+1} < p$.

Et avec $p = E\left(\sqrt{4n+2}\right) \leqslant \sqrt{4n+2}$, il vient alors $\sqrt{n}+\sqrt{n+1} < p \leqslant \sqrt{4n+2}$.

Éliminons les racines carrées par élévation au carré.

On a donc $2n+1+2\sqrt{n(n+1)} < p^2 \leqslant 4n+2$, ou encore :

$$2\sqrt{n(n+1)} < p^2-2n-1 \leqslant 2n+1.$$

En posant $q = p^2-2n-1 \geqslant 0$, une nouvelle élévation au carré donne :

$$4n^2+4n < q^2 \leqslant 4n^2+4n+1.$$

Il n'y a pas d'entier strictement compris entre deux entiers consécutifs.

donc, dans un contexte d'entiers, $q^2 = 4n^2+4n+1$.

Alors $q^2 = (2n+1)^2$ donne $q = 2n+1$ puis $p^2 = 4n+2$, ce qui montre que le reste de la division euclidienne de p^2 par 4 est 2.

La contradiction attendue ne semble pas encore apparue. Cependant une dernière remarque permet de conclure.

Or tout carré d'entier ne peut avoir que 0 ou 1 pour reste dans la division enclidienne par 4. Il suffit en effet d'examiner :

$$(2k)^2 = 4k^2 \text{ et } (2k+1)^2 = 4k(k+1)+1.$$

En conséquence l'hypothèse $E\left(\sqrt{n}+\sqrt{n+1}\right) < E\left(\sqrt{4n+2}\right)$ est contradictoire, et en conclusion, pour tout $n \in \mathbb{N}^*$, on a :

$$E\left(\sqrt{n}+\sqrt{n+1}\right) = E\left(\sqrt{4n+2}\right).$$

(B) Suites réelles, limites

Ex. 6

On considère des suites réelles (u_n) et (v_n), toutes deux de limite 0. On suppose en outre (v_n) strictement décroissante. Montrer que si la suite $\left(\frac{u_n - u_{n+1}}{v_n - v_{n+1}}\right)$ est convergente, de limite ℓ, alors la suite $\left(\frac{u_n}{v_n}\right)$ est de limite ℓ.

> La décroissance stricte de (v_n) donne $v_n - v_{n+1} > 0$. Étant en outre de limite 0, elle est strictement positive.
> Cela donne un sens aux deux suites formées à partir de (u_n) et (v_n).
> De plus, cela permet de multiplier des inégalités par $v_n - v_{n+1}$ sans en changer le sens.

Pour tout $\alpha > 0$, il existe $N \in \mathbb{N}$ tel que, pour tout $n \geqslant N$, on a $\ell - \alpha < \frac{u_n - u_{n+1}}{v_n - v_{n+1}} < \ell + \alpha$.

On en déduit $(\ell - \alpha)(v_n - v_{n+1}) < u_n - u_{n+1} < (\ell + \alpha)(v_n - v_{n+1})$.

Pour tout $p > n$, on forme la somme $\sum_{k=n}^{p}$ des inégalités ainsi obtenues. Il vient :

$$(\ell - \alpha)(v_n - v_{p+1}) < u_n - u_{p+1} < (\ell - \alpha)(v_n - v_{p+1}).$$

> C'est le moment d'utiliser que (u_n) et (v_n) sont de limite 0.

En fixant n quelconque, $n \geqslant N$, on passe à la limite pour p tendant vers $+\infty$ et on obtient :

$$(\ell - \alpha)v_n \leqslant u_n \leqslant (\ell - \alpha)v_n.$$

Et il reste à diviser par $v_n > 0$ pour obtenir en final :

$$\forall \alpha > 0,\ \exists N \in \mathbb{N},\ \forall n \in \mathbb{N},\ n \geqslant N \Rightarrow \ \ell - \alpha \leqslant \frac{u_n}{v_n} \leqslant \ell + \alpha,$$

ce qui établit $\lim \frac{u_n}{v_n} = \ell$.

Ex. 7

Pour $n \in \mathbb{N}^*$, on considère la fonction f_n de $\mathbb{R}$ dans $\mathbb{R}$ définie par $f_n(x) = -1 + \sum_{k=1}^{n} x^k$.

Montrer qu'il existe un unique réel positif, noté a_n, tel que $f_n(a_n) = 0$.
Montrer que la suite (a_n) est décroissante et étudier sa convergence.

On a $f_n(0) = -1$ et $f_n(1) = n - 1 \geqslant 0$. Le théorème des valeurs intermédiaires (avec la continuité de f_n) donne l'existence de $a_n \in]0, 1]$ tel que $f_n(a_n) = 0$.
L'unicité de a_n provient de la monotonie stricte de f_n sur $[0, +\infty[$.

> Dans ce type de suite, la monotonie s'étudie en examinant le signe de $f_{n+1}(a_n)$ et avec le sens de variation de f_{n+1}.

On a $f_{n+1}(x) = f_n(x) + x^{n+1}$. En particulier, $f_{n+1}(a_n) = a_n^{n+1} > 0$.
Par définition de a_{n+1}, on a $f_{n+1}(a_{n+1}) = 0$, donc $f_{n+1}(a_{n+1}) < f_{n+1}(a_n)$.
Avec la croissance stricte de f_{n+1}, il s'ensuit $a_{n+1} < a_n$.

La convergence de la suite (a_n) est immédiate. On peut s'attacher à préciser la limite.

Décroissante et minorée (par 0), la suite (a_n) est convergente.

Sa limite ℓ vérifie $0 \leqslant \ell < a_2$ et $f_2(x) = -1 + x + x^2$ donne $a_2 = \dfrac{\sqrt{5}-1}{2} < 0,8$.

Pour $n \geqslant 2$, on a $0 = f_n(a_n) = -1 + a_n \dfrac{1 - a_n^n}{1 - a_n}$ d'où :

$$1 - a_n = a_n - a_n^{n+1}, \quad \text{ou encore } a_n = \frac{1}{2}(1 + a_n^{n+1}).$$

Avec $0 < a_n < a_2$, il vient $0 < a_n^{n+1} < a_2^{n+1}$ et $\lim a_2^{n+1} = 0$ donne $\lim a_n^{n+1} = 0$.

On en déduit que $\ell = \lim a_n = \dfrac{1}{2}$.

Ex. 8

Soit $0 < a < b$ et les suites (u_n) et (v_n) définies par :

$$u_0 = a,\ v_0 = b, \text{ et } \forall n \in \mathbb{N},\ u_{n+1} = \frac{u_n^2}{u_n + v_n},\ v_{n+1} = \frac{v_n^2}{u_n + v_n}.$$

Étudier les suites (u_n) et (v_n). En déduire, pour $0 < x < 1$, la limite de $\displaystyle\prod_{k=0}^{n}\left(1 + x^{2^k}\right)$.

1)

Il est aisé de voir que l'on a $u_n > 0$ et $v_n > 0$ et que $u_n < v_n$ pour tout n.
Il est aussi aisé de vérifier que (u_n) et (v_n) sont strictement décroissantes.

On a $u_0 > 0$ et $v_0 > 0$. Il est immédiat que, si on a $u_n > 0$ et $v_n > 0$, alors, avec :

$$u_{n+1} = \frac{u_n^2}{u_n + v_n} \text{ et } v_{n+1} = \frac{v_n^2}{u_n + v_n},$$

il vient $u_{n+1} > 0$ et $v_{n+1} > 0$.
En conclusion, on a $u_n > 0$ et $v_n > 0$ pour tout n.

Pour tout $n \in \mathbb{N}$, on a $v_{n+1} - u_{n+1} = \dfrac{v_n^2 - u_n^2}{u_n + v_n} = v_n - u_n$, ce qui montre que la suite $(v_n - u_n)$ est constante. D'où $\forall n \in \mathbb{N}$, $v_n = u_n + b - a$, et en particulier, $a < b$ donne $v_n > u_n$.

On a $u_{n+1} - u_n = \dfrac{u_n^2}{u_n + v_n} - u_n = -\dfrac{u_n v_n}{u_n + v_n}$, d'où la stricte décroissance de (u_n).
La relation $v_n = u_n + b - a$ montre qu'il est est alors de même pour (v_n).

Décroissantes et minorées (par 0), les deux suites sont convergentes. Attachons-nous à la détermination de leurs limites.

Avec $u_n < v_n$ et $u_{n+1} = \dfrac{u_n^2}{u_n + v_n}$, il vient $u_{n+1} < \dfrac{1}{2} u_n$ d'où, pour tout n, $u_{n+1} < \dfrac{1}{2^n} u_0$.

Alors $0 < u_n < \dfrac{a}{2^n}$ donne $\lim u_n = 0$. Et ensuite, $v_n = u_n + b - a$ donne $\lim v_n = b - a$.

2)

L'urgence est d'établir un lien entre les deux questions pour donner un sens à l'indication explicite : «en déduire. . . ».

On a, pour tout n, $\dfrac{u_{n+1}}{v_{n+1}} = \dfrac{u_n^2}{v_n^2}$ et il s'ensuit $\dfrac{u_n}{v_n} = \left(\dfrac{u_0}{v_0}\right)^{2^n} = \left(\dfrac{a}{b}\right)^{2^n}$.

Avec $0 < a < b$, on pose $x = \dfrac{a}{b}$ et on a $0 < x < 1$.

Alors $1 + \dfrac{u_n}{v_n} = 1 + x^{2^n}$, et $P_n = \displaystyle\prod_{k=0}^{n}\left(1 + x^{2^k}\right)$ se lit aussi $P_n = \displaystyle\prod_{k=0}^{n}\left(1 + \frac{u_k}{v_k}\right)$.

À défaut d'avoir conclu, on est revenu aux suites (u_n) et (v_n) bien maîtrisées.

N'oublions pas que les produits de quotients se réduisent aisément par télescopage lorsque ceux-ci sont formés avec des termes d'indices consécutifs d'une suite.

Notons que l'on a $1 + \dfrac{u_k}{v_k} = \dfrac{u_k + v_k}{v_k} = v_k \dfrac{u_k + v_k}{v_k^2} = \dfrac{v_k}{v_{k+1}}$ et il s'ensuit que $P_n = \dfrac{v_0}{v_{n+1}}$.

Avec $\lim v_n = b - a$, il vient $\lim P_n = \dfrac{b}{b-a} = \dfrac{1}{1 - a/b}$ et finalement, $\lim P_n = \dfrac{1}{1-x}$.

On est parti de l'examen des suites (u_n) et (v_n), c'est-à-dire de a et b, pour faire aparaître le quotient x de a par b.

Il faut, pour conclure, partir de x et installer des a et b convenables.

Étant donné x réel, $0 < x < 1$, on note que $0 < x^2 < x$ et on construit les suites (u_n) et (v_n) à partir de $a = x^2$ et $b = x$.
L'étude précédente montre que tout autre choix de a et b vérifiant $0 < a$, $0 < b$ et $a = bx$ permet de conclure.

Ex. 9

Pour $n \in \mathbb{N}$, $n \geqslant 2$, montrer que le polynôme $P_n = X^n - 5X + 1$ admet un unique zéro a_n dans $]0, 1[$. Étudier la suite (a_n).

L'existence de a_n vient du théorème des valeurs intermédiaires. Pour l'unicité, il faut étudier les variations de la fonction polynôme P_n.

La fonction polynôme P_n est continue sur $[0, 1]$.
Avec $P_n(0) = 1$ et $P_n(1) = -3$, le théorème des valeurs intermédiaires montre l'existence de $a_n \in]0, 1[$ tel que $P_n(a_n) = 0$.

$P_2(X) = X^2 - 5X + 1$ admet pour racines les réels $a_2 = \dfrac{5 - \sqrt{21}}{2} \in]0, 1[$ et $b_2 = \dfrac{5 + \sqrt{21}}{2} > 1$.

On étudie maintenant le cas où $n > 2$. Avec $P''(x) = n(n-1)x^{n-2}$, la fonction P'_n est strictement croissante sur $[0, +\infty[$.
On a $P'_n(x) = nx^{n-1} - 5$, donc $P'_n(0) = -5$ et $P'_n(1) = n - 5$. Pour $2 \leqslant n \leqslant 5$, on a donc $P'_n(x) < 0$ pour $x \in]0, 1[$, donc P_n est strictement décroissante sur $[0, 1]$.
Alors a_n est l'unique valeur d'annulation de P_n sur $]0, 1[$.
Pour $n > 5$, la fonction P'_n admet une unique valeur d'annulation r_n sur $]0, 1[$ en conséquence de la continuité et de la croissance stricte de P'_n sur cet intervalle.
On a ensuite $P'_n(x) < 0$ pour $x \in [0, r_n[$ et $P'_n(x) > 0$ pour $x > r_n$.
Par suite, P_n est strictement décroissante sur $[0, r_n]$ et strictement croissante sur $[r_n, 1]$.
Avec $P_n(1) = -3$, il vient $P_n(x) < 0$ pour $x \in [r_n, 1]$.
Il s'ensuit qu'il y a au plus une valeur d'annulation sur $]0, 1[$.

L'étude d'une suite a pour objectif principal de se prononcer sur sa convergence éventuelle. La monotonie de la suite $(a_n)_{n \geqslant 2}$ sera un excellent argument.

En conséquence, on a $P_n(x) > 0$ pour tout $x \in [0, a_n[$ et $P_n(x) < 0$ pour tout $x \in]a_n, 1]$.
Comparons alors a_n et a_{n+1} ; on a $a_n^n = 5a_n - 1$ et $a_n > 0$ donne $5a_n - 1 > 0$.
Par ailleurs, $P_{n+1}(a_n) = a_n^{n+1} - 5a_n + 1 = a_n(a_n^n - 5a_n + 1) + a_n(5a_n - 1)$, donc :

$$P_{n+1}(a_n) = a_n(5a_n - 1)$$

et de $P_{n+1}(a_n) > 0$ on déduit que $a_n < a_{n+1}$.

Croissante et majorée, la suite (a_n) est convergente.

> Il y a lieu pour terminer de calculer cette limite. a_n^n est vraisemblablement «petit» et on conclut avec $a_n^n = 5a_n - 1$.

Avec $0 < a_n < 1$, il vient $5a_n - 1 = a_n^n < 1$ et il s'ensuit $0 < a_n < \dfrac{2}{5}$.

On a donc $0 < a_n^n < \left(\dfrac{2}{5}\right)^n$, d'où $\lim a_n^n = 0$. Et finalement il vient $\lim a_n = \dfrac{1}{5}$.

Ex. 10

Soit r un réel, $0 < r < 1$. On considère la suite (u_n) définie par

$$0 < u_0 < u_1 \quad \text{et} \quad \forall n \in \mathbb{N},\ u_{n+2} = u_{n+1} + r^{n+1} u_n.$$

Montrer que cette suite est convergente.

Compte tenu de $u_0 > 0$, $u_1 > 0$ et de $r > 0$, on voit que $\forall n \in \mathbb{N},\ u_n > 0$.
Et on en déduit que (u_n) est strictement croissante.

> Pour que la suite (u_n) soit convergente, il suffit alors qu'elle soit majorée.
> En utilisant $u_n \leqslant u_{n+1}$, on réduira la comparaison à deux termes de (u_n).

Avec $u_n \leqslant u_{n+1}$, il vient $u_{n+2} \leqslant (1 + r^{n+1})u_{n+1}$, c'est-à-dire $u_{n+1} \leqslant (1 + r^n)u_n$ pour $n \geqslant 1$.

Les u_n étant strictement positifs, on en déduit $u_{n+1} \leqslant u_1 \displaystyle\prod_{k=1}^{n}(1 + r^k)$.

Il suffit alors de majorer l'ensemble des $p_n = \displaystyle\prod_{k=1}^{n}(1 + r^k)$.

Et pour cela, il suffit de majorer les $s_n = \ell n\, p_n = \displaystyle\sum_{k=1}^{n} \ell n(1 + r^k)$.

L'inégalité classique $\ell n(1 + x) \leqslant x$ pour $x \geqslant 0$ donne $\displaystyle\sum_{k=1}^{n} \ell n(1 + r^k) \leqslant \sum_{k=1}^{n} r^k$.

Pour $r \neq 1$, on a $\displaystyle\sum_{k=1}^{n} r^k = \frac{1 - r^n}{1 - r}$ et $0 < r < 1$ donne $\dfrac{1 - r^n}{1 - r} \leqslant \dfrac{1}{1 - r}$.

Les nombres s_n étant majorés par $\dfrac{1}{1 - r}$, la suite (u_n) est majorée.

Ex. 11

On considère la suite $(u_n)_{n \in \mathbb{N}^*}$ définie par $u_n = \dfrac{\ell n\, n!}{n}$.

Montrer que la suite extraite (u_{2n}) est de limite $+\infty$.

En comparant u_{2n+1} et u_{2n}, montrer que (u_n) est de limite $+\infty$.

Montrer que la suite $(v_n)_{n \geqslant 2}$ définie par $v_n = \dfrac{1}{\ell n\, n!} \displaystyle\sum_{k=1}^{n} E(\ell n\, k)$ est convergente.

En donner la limite. (Ici, E est la fonction partie entière.)

Une clé est de noter que $\ell n\, n! = \sum_{k=1}^{n} \ell n\, k$. Pour montrer que $\lim u_{2n} = +\infty$, on peut chercher à minorer u_{2n} par un terme de limite infinie, par exemple $\ell n\, n$.

Décomposons u_{2n} en $\frac{1}{2n}\sum_{k=1}^{2n} \ell n\, k = \frac{1}{2n}\sum_{k=1}^{n} \ell n\, k + \frac{1}{2n}\sum_{k=n+1}^{2n} \ell n\, k$. On a $\frac{1}{2n}\sum_{k=1}^{n} \ell n\, k \geqslant 0$, et, pour $k \in [\![n+1, 2n]\!]$, on a $\ell n\, k \geqslant \ell n\, n$ donc $\sum_{k=n+1}^{2n} \ell n\, k \geqslant n\, \ell n\, n$.

On en déduit que $u_{2n} \geqslant \frac{1}{2}\ell n\, n$, et il s'ensuit $\lim u_{2n} = +\infty$.

Une démarche analogue permettrait d'aboutir au même résultat pour (u_{2n+1}). La comparaison demandée de u_{2n+1} et u_{2n} oriente vraisemblablement vers $u_{2n+1} \sim u_{2n}$.

Rappelons une règle fondamentale : si on a $x_n = \alpha_n + \beta_n$ avec $\beta_n = o(\alpha_n)$, alors $x_n \sim \alpha_n$.

On a $u_{2n+1} = \frac{\ell n(2n+1)!}{2n+1} = \frac{\ell n(2n)!}{2n+1} + \frac{\ell n(2n+1)}{2n+1}$. Notons que $\frac{\ell n(2n)!}{2n+1} = \frac{2n}{2n+1}u_{2n} \sim u_{2n}$.

$\frac{\ell n(2n+1)}{2n+1}$ est de limite 0, donc négligeable devant u_{2n} qui est de limite infinie.

Il s'ensuit que $u_{2n+1} \sim u_{2n}$.

Il reste à conclure pour la suite (u_n) à partir du comportement de chacune des deux suites extraites (u_{2n}) et (u_{2n+1}).

(u_{2n}) étant de limite $+\infty$, il en est alors de même pour (u_{2n+1}) et on en déduit finalement que (u_n) est de limite $+\infty$.

S'il y a un lien entre les deux parties du texte, c'est probablement en faisant apparaître $\frac{n}{\ell n\, n!} = \frac{1}{u_n}$ qui est de limite 0.

Pout tout $k \in \mathbb{N}^*$, on a $\ell n\, k - 1 < E(\ell n\, k) \leqslant \ell n\, k$.

En sommant pour $k \in [\![1, n]\!]$, il vient $\ell n\, n! - n < \sum_{k=1}^{n} E(\ell n\, k) \leqslant \ell n\, n!$.

Il s'ensuit que $1 - \frac{1}{u_n} < v_n \leqslant 1$ et $\lim \frac{1}{u_n} = 0$ donne alors $\lim v_n = 0$.

Ex. 12

Soit $(a_n)_{n\in\mathbb{N}}$ et $(b_n)_{n\in\mathbb{N}}$ des suites réelles convergentes, de limites respectives α et β.

On note $(c_n)_{n\in\mathbb{N}^*}$ la suite définie par : $\forall n \geqslant 1,\ c_n = \frac{1}{n}\left(\sum_{k=1}^{n} a_k b_{n-k}\right)$.

Montrer que la suite (c_n) converge vers $\alpha\beta$.

Une démarche usuelle consiste à étudier le cas particulier $\alpha = 0$. Il s'agit alors de montrer que la suite (c_n) converge vers 0.

Convergente, la suite (b_n) est bornée.

Soit $B > 0$ un majorant des $|b_n|$. On obtient alors $|c_n| \leqslant \frac{B}{n}\sum_{k=1}^{n}|a_k|$.

Comme la suite $(|a_n|)$ converge vers 0, le théorème de Cesaro donne $\lim \frac{1}{n}\sum_{k=1}^{n}|a_k| = 0$.

$(|c_n|)$ est donc majorée par une suite de limite nulle et il vient $\lim |c_n| = 0$, d'où $\lim c_n = 0$.

> Dans le cas général, on se ramène au cas précédent en posant $a_n = \alpha + d_n$.

Soit (d_n) la suite définie par : $a_n = \alpha + d_n$ pour tout $n \in \mathbb{N}$. Nous avons $\lim d_n = 0$.

Pour tout $n \geqslant 1$, $c_n = \frac{1}{n}\sum_{k=1}^{n} d_k b_{n-k} + \frac{\alpha}{n}\sum_{k=1}^{n} b_{n-k}$.

Le cas particulier donne $\lim \left(\frac{1}{n}\sum_{k=1}^{n} d_k b_{n-k}\right) = 0$.

Avec $\sum_{k=1}^{n} b_{n-k} = \sum_{k=0}^{n-1} b_k$, le théorème de Cesaro nous donne $\lim \left(\frac{1}{n}\sum_{k=1}^{n} b_{n-k}\right) = \beta$.

En conclusion, $\lim c_n = \alpha\beta$.

Ex. 13

Soit $(u_n)_{n\in\mathbb{N}}$ une suite de réels définie par $u_0 \in \mathbb{R}^*$ et $\forall n \in \mathbb{N}$, $u_{n+1} = u_n + u_n^2$.

On suppose $u_0 \in \left]-\frac{1}{2}, 0\right[$. Montrer que $u_n \sim -\frac{1}{n}$.

On suppose $u_0 > 0$. Montrer que la suite (v_n), définie par $v_n = \frac{1}{2^n}\ell n\, u_n$, est convergente.
On note λ sa limite.
Montrer que : $\forall n \in \mathbb{N}$, $\ell n\, u_n \leqslant 2^n\lambda \leqslant \ell n(1 + u_n)$ et donner un équivalent de u_n.

Donner un équivalent de u_n dans le cas où $u_0 \in \left]-\infty, -\frac{1}{2}\right] \setminus \{-1\}$.

> Examinons des cas particuliers en utilisant $u_{n+1} = u_n(1+u_n)$ ainsi que la monotonie et utilisant $u_{n+1} - u_n$.

On a $u_{n+1} = f(u_n)$ avec $f : x \mapsto x(1+x)$ qui admet 0 pour seul point fixe.
S'il existe p tel que $u_p = 0$, alors $u_n = 0$ pour tout $n \geqslant p$.
Et s'il existe q tel que $u_q = -1$, alors $u_{q+1} = 0$ et la suite est nulle à partir du rang $q+1$.

Dans tous les autres cas, on a $u_n \neq 0$ pour tout n et alors $u_{n+1} - u_n = u_n^2 > 0$ montre que (u_n) est strictement croissante.

- On suppose $-\frac{1}{2} < u_0 < 0$. L'intervalle $\left]-\frac{1}{2}, 0\right[$ est stable par f, donc on a $u_n \in \left]-\frac{1}{2}, 0\right[$; en particulier, la suite (u_n) est bornée, donc convergente.

Sa limite ℓ appartient à $\left[-\frac{1}{2}, 0\right]$, donc f est continue en ℓ et ℓ est un point fixe de f, donc $\ell = 0$.

> Une des techniques efficaces, quand faire se peut, est de mettre en évidence une fraction que l'on décompose en somme.
> Une autre clé est l'utilisation du théorème des moyennes de Cesaro.

En écrivant $u_{n+1} = u_n(1+u_n)$ sous la forme $\dfrac{1}{u_{n+1}} = \dfrac{1}{u_n(1+u_n)}$, il vient $\dfrac{1}{u_{n+1}} = \dfrac{1}{u_n} - \dfrac{1}{1+u_n}$.

Alors $\dfrac{1}{u_{n+1}} - \dfrac{1}{u_n} = -\dfrac{1}{1+u_n}$ est de limite -1.

Donc, avec $\displaystyle\sum_{k=0}^{n-1}\left(\frac{1}{u_{k+1}} - \frac{1}{u_k}\right) = \frac{1}{u_n} - \frac{1}{u_0}$, puis $\displaystyle\frac{1}{n}\sum_{k=0}^{n-1}\left(\frac{1}{u_{k+1}} - \frac{1}{u_k}\right) = \frac{1}{nu_n} - \frac{1}{nu_0}$, le théorème de Cesaro donne alors : $\lim \dfrac{1}{nu_n} = -1$, c'est-à-dire :

$$\frac{1}{nu_n} \sim -1 \quad \text{ou encore} \quad u_n \sim -\frac{1}{n}.$$

▪ On suppose $u_0 > 0$. La croissance de (u_n) assure que $u_n > u_0 > 0$ pour tout n.

L'absence de point fixe supérieur à u_0 suffit pour affirmer que $\lim u_n = +\infty$.

Formons $v_{n+1} - v_n = \dfrac{1}{2^{n+1}}\left(\ell n\, u_{n+1} - \ell n\, u_n^2\right)$. Alors $u_{n+1} - u_n^2 = u_n > 0$ donne $\ell n\, u_{n+1} > \ell n\, u_n^2$, donc $v_{n+1} - v_n > 0$ et (v_n) est strictement croissante.

Avec $u_{n+1} = u_n(1+u_n)$, on a $\dfrac{u_{n+1}}{u_n^2} = \dfrac{1+u_n}{u_n}$, d'où $\ell n\, u_{n+1} - \ell n\, u_n^2 = \ell n\left(1 + \dfrac{1}{u_n}\right)$, et il s'ensuit :

$$v_{n+1} - v_n = \frac{1}{2^{n+1}}\,\ell n\left(1+\frac{1}{u_n}\right) < \frac{1}{2^{n+1}}\frac{1}{u_n} < \frac{1}{2^{n+1}}\frac{1}{u_0}.$$

Par suite, $\displaystyle v_n = v_0 + \sum_{k=1}^{n}(v_k - v_{k-1}) < v_0 + \frac{1}{u_0}\sum_{k=1}^{n}\frac{1}{2^k} < v_0 + \frac{1}{u_0}$ et (v_n) est majorée.

En conclusion, croissante et majorée, la suite (v_n) est convergente, de limite $\lambda > 0$.

> Dans la double inégalité demandée, l'une est immédiate. Pour l'autre, il est envisageable d'étudier la suite de terme général $\dfrac{1}{2^n}\,\ell n(1+u_n)$ pour la comparer à λ.

La suite (v_n) étant croissante, on a $v_n \leqslant \lambda$, c'est-à-dire $\ell n\, u_n \leqslant 2^n\lambda$.

Soit $(w_n)_{n\in\mathbb{N}}$ la suite définie par $w_n = \dfrac{1}{2^n}\,\ell n(1+u_n)$. On a $w_n - v_n = \dfrac{1}{2^n}\,\ell n\left(1+\dfrac{1}{u_n}\right)$ d'où :

$$0 < w_n - v_n < \frac{1}{2^n}\frac{1}{u_n}.$$

Il s'ensuit que $\lim(w_n - v_n) = 0$ et $\lim w_n = \lambda$.

On a $w_{n+1} - w_n = \dfrac{1}{2^{n+1}}\left(\ell n(1+u_{n+1}) - \ell n(1+u_n)^2\right)$.

En remarquant que $(1+u_n)^2 = 1 + 2u_n + u_n^2 = 1 + u_{n+1} + u_n > 1 + u_{n+1}$, on obtient $w_{n+1} - w_n < 0$, donc (w_n) est strictement décroissante. On en déduit alors $\lambda < w_n$.

En conclusion, on a $\ell n\, u_n < 2^n\lambda < \ell n(1+u_n)$.

> Il reste maintenant à en déduire un équivalent en passant d'abord aux exponentielles.
>
> Attention, il serait désastreux de partir de $\ell n\, u_n \sim 2^n\lambda$.

De l'inégalité précédente on déduit $u_n \leqslant \exp\left(2^n \lambda\right) \leqslant 1 + u_n$.

Avec $\lim u_n = +\infty$, il s'ensuit $u_n \sim \exp\left(2^n \lambda\right)$.

> Les cas qui n'ont pas encore été envisagés se ramènent à un cas qui est connu en examinant u_1 et en considérant la suite (v_n) avec $v_n = u_{n+1}$.

Pour $u_0 < -1$, on a $v_0 = u_1 > 0$, donc $v_n \sim \exp(2^n \lambda)$, puis $u_n \sim \exp\left(2^{n-1}\lambda\right)$.

Pour $u_0 \in \left]-1, -\frac{1}{2}\right[$, on a $v_0 = u_1 \in \left]-\frac{1}{2}, 0\right[$, donc $v_n \sim -\frac{1}{n}$ puis $u_n \sim -\frac{1}{n-1} \sim -\frac{1}{n}$.

Ex. 14

Soit (s_n) une suite réelle de limite 0. et telle que $s_n + s_{n+1} \sim \frac{1}{n}$.

Montrer que, si (s_n) est décroissante, alors $s_n \sim \frac{1}{2n}$.

Montrer que ce résultat est en défaut dans le cas où (s_n) n'est plus supposée décroissante.

On pourra étudier (s_n) définie par $s_n = \frac{1}{2n} + \frac{(-1)^n}{\sqrt{n}}$.

> Avec (s_n) décroissante et de limite 0, la suite (s_n) est à termes positifs.
> L'hypothèse peut se lire $\lim n(s_n + s_{n+1}) = 1$.
> La décroissance de (s_n) risque d'être davantage utilisée. Un objectif peut être d'encadrer $(2ns_n)$ par des suites de limite 1.

Considérons la suite (a_n) définie par $a_n = n(s_n + s_{n+1})$.
La décroissance de (s_n) donne $s_{n+1} \leqslant s_n$, d'où $a_n \leqslant 2ns_n$.
On a aussi $s_n \geqslant s_{n-1}$, d'où, avec $a_{n-1} = (n-1)(s_{n-1} + s_n)$, $a_{n-1} \geqslant 2(n-1)s_n$.

On en déduit $a_n \leqslant 2ns_n \leqslant \frac{n}{n-1}a_{n-1}$. Il s'ensuit $\lim 2ns_n = 1$, d'où $s_n \sim \frac{1}{2n}$.

> Le rôle de la décroissance de (s_n) s'est révélé essentiel. Notons que l'on n'a pas utilisé la positivité de (s_n).
> Étudions deux situations à titre de contre-exemples.

Considérons la suite définie par $s_n = \frac{1}{2n} + \frac{(-1)^n}{\sqrt{n}}$.

$$s_n + s_{n+1} = (-1)^n\left(\frac{1}{\sqrt{n}} - \frac{1}{\sqrt{n+1}}\right) + \frac{1}{2n} + \frac{1}{2(n+1)} = \frac{(-1)^n}{\sqrt{n(n+1)}(\sqrt{n}+\sqrt{n+1})} + \frac{2n+1}{2n(n+1)}.$$

Avec $\frac{(-1)^n}{\sqrt{n(n+1)}\left(\sqrt{n}+\sqrt{n+1}\right)} \sim \frac{(-1)^n}{2n\sqrt{n}}$, $\frac{2n+1}{2n(n+1)} \sim \frac{1}{n}$ et $\frac{(-1)^n}{2n\sqrt{n}} = o\left(\frac{1}{n}\right)$, il vient $s_n + s_{n+1} \sim \frac{1}{n}$.

Cependant, avec $\frac{1}{2n} = o\left(\frac{1}{\sqrt{n}}\right)$, on a $s_n \sim \frac{(-1)^n}{\sqrt{n}}$.

> Dans ce contre-exemple, la suite (s_n) n'était pas positive et on peut craindre d'avoir une situation peu convaincante. Abordons un autre contre-exemple avec (s_n) positive.

Considérons la suite (s_n) définie par $s_{2n} = \frac{1}{2n}$ et $s_{2n+1} = e^{-n}$. Notons $a_n = s_n + s_{n+1}$.

Avec $e^{-n} = o\left(\frac{1}{2n}\right)$, on a $a_{2n} \sim \frac{1}{2n}$, et de même, $a_{2n+1} \sim \frac{1}{2n+2}$ donc $a_{2n+1} \sim \frac{1}{2n+1}$.

En final, on a bien $s_n + s_{n+1} \sim \frac{1}{n}$.

On a bien $2ns_{2n} \sim 1$ mais $\lim(2n+1)s_{2n+1} = 0$ interdit à s_n d'être équivalent à $\frac{1}{n}$.

Ex. 15

On considère une suite (u_n) de réels et on note $\Delta u_n = u_n - u_{n+1}$, $\Delta^2 u_n = \Delta u_n - \Delta u_{n+1}$.

On suppose que $\forall n \in \mathbb{N}$, $\Delta^2 u_n \geqslant 0$ et que la suite (u_n) est bornée.

Montrer que la suite (Δu_n) est convergente puis que (u_n) est décroissante et convergente.

Montrer que la suite $(n\,\Delta\, u_n)$ est de limite 0. *On pourra majorer* $n\,\Delta\, u_{2n}$ *par* $\displaystyle\sum_{k=n+1}^{2n} \Delta u_k$.

En déduire que la suite (S_n) définie par $S_n = \displaystyle\sum_{k=0}^{n-1} (k+1)\,\Delta^2 u_k$ est convergente.

> La première information est $\forall n \in \mathbb{N}$, $\Delta^2 u_n \geqslant 0$. Commençons par l'expliciter.

$\Delta^2 u_n = \Delta u_n - \Delta u_{n+1} \geqslant 0$ se lit $\Delta u_n \geqslant \Delta u_{n+1}$.

> Cette inégalité met en évidence une suite décroissante.

La suite (Δu_n) est donc décroissante.

Soit M un majorant de $(|u_n|)$. Alors $|\Delta u_n| \leqslant |u_n| + |u_{n+1}| \leqslant 2M$ montre que (Δu_n) est bornée.

Il s'ensuit que la suite (Δu_n) est convergente. Notons ℓ sa limite.

> Dire que (u_n) est décroissante équivaut à dire que tous les Δu_n sont positifs ou nuls.
>
> Il suffit donc de prouver que ℓ est positive ou nulle.

Supposons que l'on ait $\ell < 0$.

Il existe alors $p \in \mathbb{N}$ tel que $\Delta u_p < \ell/2 < 0$, donc pour tout $n \geqslant p$, on a $\Delta u_n < 0$.

Pour tout $n \geqslant p$, $u_n - u_{n+1} < 0$ montre que la suite $(u_n)_{n \geqslant p}$ est croissante.

Étant en outre bornée, elle est convergente.

Ainsi (u_n) est convergente et on en déduit que $\Delta u_n = u_n - u_{n+1}$ est de limite 0.

De la contradiction constatée, on déduit que $\ell \geqslant 0$.

> On peut maintenant conclure pour la suite (u_n).
>
> L'objectif que $(n\,\Delta\, u_n)$ soit de limite 0 rend nécessaire que ℓ soit nul.

Par suite, on a $\Delta u_n \geqslant 0$ pour tout n, c'est-à-dire $u_n \geqslant u_{n+1}$ et la suite (u_n) est décroissante.

Étant en outre bornée, elle est convergente. Notons λ sa limite.

Il s'ensuit que $\Delta u_n = u_n - u_{n+1}$ est de limite 0.

> Qu'une suite (α_n) décroissante soit de limite 0 ne suffit pas à dire que $(n\alpha_n)$ est de limite 0. Un exemple en est donné par la suite $(1/n)$.
>
> L'indication est à étudier de plus près.

On a $\Delta u_{2n} \leqslant \Delta u_{n+k}$ pour $n + k \leqslant 2n$, donc $n\,\Delta\, u_{2n} \leqslant \displaystyle\sum_{k=n+1}^{2n} \Delta u_k$.

Or $\displaystyle\sum_{k=n+1}^{2n} \Delta u_k = u_{n+1} - u_{2n}$ et la convergence de (u_n) donne $\lim(u_{n+1} - u_{2n}) = 0$.

Il s'ensuit $\lim 2n\,\Delta\,u_{2n} = 0$.

De même, on a $\Delta u_{2n+1} \leqslant \Delta u_{n+k}$ pour $n + k \leqslant 2n + 1$, donc $n\,\Delta\,u_{2n+1} \leqslant \displaystyle\sum_{k=n+2}^{2n+1} \Delta u_k$ et avec :

$$\sum_{k=n+2}^{2n+1} \Delta u_k = u_{n+2} - u_{2n+1},$$

il s'ensuit $\lim n\,\Delta\,u_{2n+1} = 0$, puis $\lim(2n+1)\,\Delta\,u_{2n+1} = 0$.

Les suites extraites $\left(2n\,\Delta\,u_{2n}\right)$ et $\left((2n+1)\,\Delta\,u_{2n+1}\right)$ étant de limite nulle, la suite $(n\,\Delta\,u_n)$ est convergente, de limite 0.

> Avec $w_n = (n+1)\,\Delta^2\,u_n$, notre premier souci est de simplifier S_n en faisant apparaître une somme télescopique.

On a par définition : $S_n = \displaystyle\sum_{k=0}^{n-1}(k+1)\,\Delta^2\,u_k$.

Avec $(k+1)\,\Delta^2\,u_k = (k+1)(\Delta u_k - \Delta u_{k+1}) = k\,\Delta\,u_k - (k+1)\,\Delta\,u_{k+1} + \Delta u_k$, il vient :

$$S_n = -n\,\Delta\,u_n + \sum_{k=0}^{n-1} \Delta u_k.$$

Puis avec $\displaystyle\sum_{k=0}^{n-1} \Delta u_k = \sum_{k=0}^{n-1}(u_k - u_{k+1}) = u_0 - u_n$, on obtient finalement :

$$S_n = -n\,\Delta\,u_n + u_0 - u_n.$$

Alors $\lim n\,\Delta\,u_n = 0$ et $\lim u_n = \lambda$ donne $\lim S_n = u_0 - \lambda$.

Ex. 16

Pour $n \in \mathbb{N}^*$, on pose $u_n = \displaystyle\sum_{k=1}^{n} e^{\frac{k}{n^2}}\,\ell n\left(1 + \frac{1}{k}\right)$.

Donner la limite de (v_n) définie par $v_n = \displaystyle\sum_{k=1}^{n} \ell n\left(1 + \frac{1}{k}\right)$. En déduire celle de (u_n).

En étudiant $u_n - v_n$, montrer que l'on a $u_n \sim v_n$. En déduire que $u_n \sim \ell n\, n$.

> L'étude de v_n est immédiate en réduisant la somme par télescopage aisé.
> Et on voit facilement que $u_n \geqslant v_n$.

$\ell n\left(1 + \dfrac{1}{k}\right) = \ell n\,\dfrac{k+1}{k} = \ell n(k+1) - \ell n\,k$ donne $\displaystyle\sum_{k=1}^{n} \ell n\left(1 + \frac{1}{k}\right) = \ell n(n+1) - \ell n\,1 = \ell n(n+1)$

et il s'ensuit que $\lim v_n = +\infty$.

Avec $e^{\frac{k}{n^2}} > 1$, on a $e^{\frac{k}{n^2}}\,\ell n\left(1 + \dfrac{1}{k}\right) > \ell n\left(1 + \dfrac{1}{k}\right)$ puis $u_n > v_n$ donc $\lim u_n = +\infty$.

Avec $\ell n(n+1) = \displaystyle\sum_{k=1}^{n} \ell n\left(1 + \frac{1}{k}\right)$, on a $u_n - \ell n(n+1) = \displaystyle\sum_{k=1}^{n} \left(e^{\frac{k}{n^2}} - 1\right)\ell n\left(1 + \frac{1}{k}\right) > 0$.

Pour $k \in [\![1, n]\!]$, on a $0 < e^{\frac{k}{n^2}} - 1 \leqslant e^{\frac{1}{n}} - 1$ et $\ell n\left(1 + \dfrac{1}{k}\right) > 0$, donc :

$$0 \leqslant u_n - \ell n(1+n) < \left(e^{\frac{1}{n}} - 1\right) \sum_{k=1}^{n} \ell n\left(1 + \frac{1}{k}\right) = (e^{\frac{1}{n}} - 1)\, \ell n(n+1).$$

$u_n \sim v_n$ s'exprime par $u_n - v_n = o(v_n)$.

Alors $\lim \left(e^{\frac{1}{n}} - 1\right) = 0$ donne $u_n - v_n = o(v_n)$, c'est-à-dire $u_n \sim v_n$.

Avec $u_n \sim \ell n(n+1)$ et $\ell n(n+1) \sim \ell n\, n$, il vient enfin $u_n \sim \ell n\, n$.

C Continuité, limite

Ex. 17

Déterminer les applications f continues non nulles de $]0, +\infty[$ dans $]0, +\infty[$ telles que :

(1) pour tous x et y strictement positifs, $f\big(xf(y)\big) = yf(x)$,

et (2) f est de limite 0 en $+\infty$.

En prenant les images par f des deux membres de (1), on a $f \circ f\big(xf(y)\big) = f\big(yf(x)\big)$. Alors, avec (1), il vient $f \circ f\big(xf(y)\big) = xf(y)$. Tout $xf(y)$ est donc invariant par $f \circ f$.

Avec $x \in]0, +\infty[$ quelconque et y fixé tel que $f(y) \neq 0$, on obtient $f \circ f = \mathrm{Id}$.

La fonction $x \mapsto 1/x$ en est un exemple usuel. Sans la condition de limite 0 en $+\infty$, la fonction Id conviendrait aussi. Cette condition joue donc un rôle clé.

En prenant la limite en $+\infty$ dans $f\big(f(x)\big) = x$, et avec $\lim_{x \to +\infty} f(x) = 0$, on voit qu'il est nécessaire que f ait pour limite $+\infty$ en 0.

Avec $y = x$, la relation (1) donne $\forall x > 0,\ f\big(xf(x)\big) = xf(x)$.

- Pour $x > 0$, posons $u = xf(x)$. Ce réel est invariant par f.

La question devient alors : $xf(x)$ est-il toujours égal à 1 ?

Pour $u > 1$, les puissances de u tendent vers $+\infty$ et on peut utiliser l'hypothèse de limite nulle pour f. Une priorité est donc d'examiner les images par f des puissances de u.

Montrons par récurrence la propriété $\mathcal{P}(n)$: pour tout $n \in \mathbb{N}^*$, $f(u^n) = u^n$.

Avec $f(u) = u$, la propriété $\mathcal{P}(1)$ est vraie.

Supposons que $\mathcal{P}(n)$ soit vraie, avec $n \in \mathbb{N}^*$ et formons $f\big(u^{n+1}\big)$.

On a $u^{n+1} = u^n u = xu^n f(x)$. D'après (1), on obtient $f\big(u^{n+1}\big) = xf\big(xu^n\big)$.

Or $f(u^n) = u^n$, donc toujours d'après (1), $f(xu^n) = f\big(xf(u^n)\big) = u^n f(x)$ et finalement :

$$f\big(u^{n+1}\big) = xu^n f(x) = u^{n+1}.$$

La propriété $\mathcal{P}$ est donc héréditaire et, puisque $\mathcal{P}(1)$ est vraie, il vient que $\mathcal{P}(n)$ est vraie pour tout $n \in \mathbb{N}^*$.

Remarquons alors que $f \circ f = \mathrm{Id}$ donne $f\big(f(1)\big) = 1$ et, d'après (1) :

$$f\big(f(1)\big) = f\big(1f(1)\big) = 1f(1) = f(1), \quad \text{d'où } f(1) = 1.$$

Avec $1 = \frac{1}{u^n} u^n = \frac{1}{u^n} f(u^n)$ et, en appliquant **(1)**, il vient pour tout $n \in \mathbb{N}^*$:

$$f(1) = u^n f\left(\frac{1}{u^n}\right) \text{ donc } f\left(\frac{1}{u^n}\right) = \frac{1}{u^n}.$$

- Pour $u > 1$, de $\lim u^n = +\infty$, on déduit $\lim f\left(u^n\right) = 0$ et on voit une contradiction à partir de $f\left(u^n\right) = u^n$.

De même, pour $u < 1$, on a $\lim \frac{1}{u^n} = +\infty$ donc $\lim f\left(\frac{1}{u^n}\right) = 0$, pour une nouvelle contradiction.

- En conséquence, et cela pour tout $x > 0$, on a $u = 1$, c'est-à-dire $\forall x > 0, f(x) = \frac{1}{x}$. Et on a déjà remarqué que cette fonction convient, c'est donc l'unique solution du problème.

Ex. 18

Un train omnibus parcourt 120 km en trois heures. Montrer qu'il existe un intervalle d'une heure durant lequel il a parcouru 40 km exactement.

> La distance parcourue est une fonction continue du temps de parcours.
>
> La priorité est d'installer une fonction qui indique la distance parcourue en une heure, et d'examiner pourquoi cette fonction peut prendre la valeur 40.

Soit f la fonction qui à $t \in [0, 3]$, associe la distance (exprimée en kilomètres) parcourue jusqu'à l'instant t (exprimé en heures).
$g : [0, 2] \to \mathbb{R}, t \mapsto f(t + 1) - f(t)$ est la distance parcourue en une heure à partir de l'instant t.
Avec $f(0) = 0$ et $f(3) = 120$, il vient :

$$g(2) = 120 - f(2), g(1) = f(2) - f(1) \text{ et } g(0) = f(1).$$

En ajoutant, on obtient $120 = g(0) + g(1) + g(2)$, ou aussi $40 = \frac{1}{3}\left(g(0) + g(1) + g(2)\right)$.

> Le problème, avec cette analyse, est ainsi ramené à la formulation ci-avant.
>
> Il reste à justifier que cette égalité est possible, en mettant en œuvre la continuité qui n'a pas encore été exploitée.

Soit m et M les bornes de g continue sur $[0, 2]$. On a $m \leqslant \frac{1}{3}\left(g(0) + g(1) + g(2)\right) \leqslant M$, et il reste à appliquer le théorème des valeurs intermédiaires pour conclure.

Ex. 19

Déterminer l'ensemble des fonctions $f \in \mathcal{C}\left([0, 1], \mathbb{R}\right)$ telles que $f \circ f = f$.

Préciser cet ensemble lorsque l'on suppose en outre f de classe $\mathcal{C}^1$ sur $[0, 1]$.

> Les fonctions constantes sont évidemment solutions.

1)

> L'égalité $f \circ f(x) = f(x)$ se lit $f\left(f(x)\right) = f(x)$, donc tout $f(x)$ est invariant par f.
>
> Elle est vraie plus généralement pour tous les points fixes par f. Étudions cet ensemble.

Notons $\mathcal{I}_f$ l'ensemble des points invariants par f.

Pour tout $x \in [0, 1]$, on a $f\left(f(x)\right) = f(x)$, donc $\mathrm{Im} f \subset \mathcal{I}_f$.

Réciproquement, pour $x \in \mathcal{I}_f$, on a $f(x) = x$, donc $x \in \operatorname{Im} f$.
Finalement, l'ensemble $\mathcal{I}_f$ est égal à $\operatorname{Im} f$.

> Il reste à examiner si cette propriété est suffisante pour obtenir $f \circ f = f$.
> Notons que $\operatorname{Im} f = \mathcal{I}_f$ montre que f est une fonction de $[0, 1]$ dans $[0, 1]$.

Soit $f : [0, 1] \to [0, 1]$, continue et telle que $\mathcal{I}_f = \operatorname{Im} f$.
f étant continue sur $[0, 1]$, son image est un intervalle fermé borné $[a, b]$, avec $0 \leqslant a \leqslant b \leqslant 1$.
Pour tout $x \in [a, b]$, $f(x) = x$ donne $f \circ f(x) = f(x)$.
Pour tout $x \in [0, a[\cup]b, 1]$, on a $f(x) \in \operatorname{Im} f$, donc $f(x) \in \mathcal{I}_f$, c'est-à-dire $f\big(f(x)\big) = f(x)$.
La fonction f vérifie donc $f \circ f = f$.

2)

> On se limite aux fonctions non constantes pour lesquelles l'hypothèse de classe $\mathcal{C}^1$ n'apporte rien.

L'image de $[0, 1]$ par f est $J = [a, b]$, avec $0 \leqslant a < b \leqslant 1$. ($a < b$ provient de f non constante.)

- L'application f_J induite par f sur J est Id_J.

On a donc $f'(x) = 1$ pour tout $x \in]a, b[$. Comme f' est continue, on a nécessairement :

$$f'(a) = 1 \text{ et } f'(b) = 1.$$

- Supposons que l'on ait $0 < a$.

Avec $f([0, a[) \subset f([0, 1]) = J$, on a en particulier $f(x) \geqslant a$ pour tout $x \in [0, a[$.
La fonction f présente alors un minimum local en $a \in]0, 1[$, donc $f'(a) = 0$, ce qui est contradictoire avec $f'(a) = 1$. On a donc $a = 0$.
On montre de même que $b = 1$.
En conclusion, f est l'identité sur $[0, 1]$.
Les fonctions de classe $\mathcal{C}^1$ sur $[0, 1]$ telles que $f \circ f = f$ sont finalement $\operatorname{Id}_{[0,1]}$ et les fonctions constantes sur $[0, 1]$.

Ex. 20

Soit $f \in \mathcal{C}(\mathbb{R}, \mathbb{R})$ telle que tout $y \in \mathbb{R}$ admet au plus deux antécédents par f.
Montrer qu'il existe un réel qui admet un antécédent et un seul par f.

> Toute application injective convient. On peut se limiter à l'étude du cas où f continue n'est pas injective.
> Notons que f n'est constante sur aucun segment $[a, b]$ tel que $a \neq b$.

Si f n'est pas injective, il existe $(a, b) \in \mathbb{R}^2$, $a < b$, tel que $f(a) = f(b)$.
Notons y_0 cette valeur commune.

> On étudie la restriction de f au segment $[a, b]$.

Puisque f est continue sur $[a, b]$, il existe $(m, M) \in \mathbb{R}^2$, $m \leqslant M$, tel que $f([a, b]) = [m, M]$, et comme f n'est pas constante sur $[a, b]$, on a $m < M$.

> On peut examiner si y_0 n'est pas un élément particulier de $[m, M]$.

Supposons que y_0 appartient à $]m, M[$, c'est-à-dire $y_0 \notin \{m, M\}$.
Il existe alors c et d dans $]a, b[$ tels que $f(c) = m$ et $f(d) = M$, puis, par le théorème des valeurs intermédiaires, il existe $x_0 \in]c, d[$ tel que $f(x_0) = y_0$.

Avec $[c, d] \subset]a, b[$, y_0 aurait alors trois antécédents distincts, ce qui est exclu.

On en déduit que y_0 est égal à m ou à M.

> Étudions le cas où $y_0 = m$. Le cas où $y_0 = M$ ne devrait pas être bien différent.
> Le minimum de f sur $[a, b]$ est atteint en a et en b, et on a $M > m$.
> Il faut garder présent à l'esprit que $y \in [m, M]$ peut avoir un antécédent en dehors de $[a, b]$.

On suppose que $y_0 = m$ et on considère $d \in]a, b[$ tel que $f(d) = M$.

Supposons qu'il existe $d' \in \mathbb{R}$, $d' \neq d$, tel que $f(d') = M$.

Avec $M \neq m$, on a nécessairement $d' \notin \{a, b\}$.

- Si $d' < a$, tout $t \in]m, M[$ admet par f un antécédent dans chacun des trois intervalles disjoints $]d', a[$, $]a, d[$ et $]d, b[$. Et c'est contraire à l'hypothèse sur f.
- $d' > b$ est à écarter pour la même raison : d' aurait un antécédent dans chacun des intervalles $]a, d[$, $]d, b[$ et $]b, d'[$.
- Pour le cas $a < d' < b$, posons $\alpha = \inf\{d, d'\}$ et $\beta = \sup\{d, d'\}$.

Tout $t \in f(]\alpha, \beta[)$ admet trois antécédents distincts : un dans $]a, \alpha[$, un dans $]\alpha, \beta[$ et un dans $]\beta, b[$. Ce dernier cas est à écarter lui aussi.

En conclusion d est le seul antédédent de M par f.

> Plutôt que de faire une démonstration tout à fait voisine dans le cas où $y_0 = M$, on se ramène au cas déjà étudié.

Dans le cas où $y_0 = M$, on considère la fonction $g = -f$.

Le maximum de g sur $[a, b]$ est $M' = -m$ et son minimum est $m' = -M$.

L'étude précédente montre que M' admet un antécédent unique par g, c'est-à-dire que m admet un antécédent unique par f.

Ex. 21

Soit $f \in \mathscr{C}(\mathbb{R}, \mathbb{R})$ telle que $\forall (x, y) \in \mathbb{R}^2$, $f\left(\dfrac{x+y}{2}\right) = \dfrac{f(x)+f(y)}{2}$ (1).

Montrer que f est affine : il existe $(a, b) \in \mathbb{R}^2$ tel que $\forall x \in \mathbb{R}$, $f(x) = ax + b$.

On commencera par étudier le cas où $f(0) = f(1) = 0$.

1)

> On examine le cas où $f(0) = f(1) = 0$. On applique alors la propriété (1) avec $y = 0$ puis avec $y = 1$.

Supposons $f(0) = f(1) = 0$.

Avec $f(x) + f(y) = 2f\left(\dfrac{x+y}{2}\right)$, il vient :

$$f(x) = 2f\left(\frac{x}{2}\right) \quad \text{en choisissant } y = 0,$$

$$\text{et} \quad f(x) = 2f\left(\frac{x+1}{2}\right) \quad \text{en choisissant } y = 1.$$

On a donc $f\left(\dfrac{x}{2}\right) = f\left(\dfrac{x+1}{2}\right)$, c'est-à-dire $f\left(\dfrac{x}{2}\right) = f\left(\dfrac{x}{2} + \dfrac{1}{2}\right)$ pour tout $x \in \mathbb{R}$.

Ainsi f admet $\dfrac{1}{2}$ pour période et il suffit de l'étudier sur $\left[0, \dfrac{1}{2}\right]$.

Continue sur $\left[0, \frac{1}{2}\right]$, f est bornée et elle atteint ses bornes sur ce segment.

Soit M la plus grande valeur prise sur $\left[0, \frac{1}{2}\right]$ par la fonction f qui est continue sur $\left[0, \frac{1}{2}\right]$. Ce maximum est atteint en un point $c \in \left[0, \frac{1}{2}\right]$.

En appliquant la propriété $f(x) = 2f\left(\frac{x}{2}\right)$ à $2c$, il vient $f(2c) = 2f(c) = 2M$.

Or la périodicité de f assure que M est aussi le maximum de f sur $[0, 1]$ et $c \in \left[0, \frac{1}{2}\right]$ donne $2c \in [0, 1]$, donc $f(2c) \leqslant M$. Il s'ensuit que $2M \leqslant M$, c'est-à-dire $M \leqslant 0$.

On procède de même pour le minimum m de f sur $\left[0, \frac{1}{2}\right]$, atteint en $d \in \left[0, \frac{1}{2}\right]$. L'égalité $f(2d) = 2f(d) = 2m$ et $f(2d) \geqslant m$ donne $m \geqslant 0$.

$0 \leqslant m \leqslant M \leqslant 0$ donne enfin $m = M = 0$, donc f est nulle sur $\left[0, \frac{1}{2}\right]$.
La périodicité permet alors de dire que f est la fonction nulle sur $\mathbb{R}$.

2)

Il y a une fonction affine (et une seule) qui prend des valeurs données en 0 et en 1.
Et toute fonction affine vérifie la propriété **(1)**.

Soit f une fonction continue sur $\mathbb{R}$ qui vérifie la propriété **(1)**.
On considère la fonction affine g définie par $g(0) = f(0)$ et $g(1) = f(1)$.
La fonction $h = f - g$ est continue sur $\mathbb{R}$ et vérifie encore la propriété **(1)** et on a $h(0) = h(1) = 0$.
La première question donne $h = 0$, d'où $f = g$, donc f est affine.

Ex. 22

Trouver les fonctions $f \in \mathcal{C}(\mathbb{R}, \mathbb{R})$ telles que :

$$\forall (x, y) \in \mathbb{R}^2, \quad f(x+y)f(x-y) = f^2(x)f^2(y) \quad \textbf{(1)}$$

Dans un contexte de fonction f à valeurs réelles, $f^2(x)$ est mis pour $\big(f(x)\big)^2$.
Dans ce type de problème, on commence par préciser les solutions constantes sur $\mathbb{R}$ (qui sont évidemment continues).

Les solutions constantes $f = c \in \mathbb{R}$ sont celles qui vérifient $c^2 = c^4$. Ce sont donc les constantes $c \in \{0, 1, -1\}$.
Dans la suite, on se limite à la recherche des solutions non constantes.

On examine maintenant des situations particulières pour obtenir quelques informations sur une solution.

En prenant $y = 0$, il vient $f^2(x) = f^2(x)f^2(0)$ pour tout $x \in \mathbb{R}$.
Si f n'est pas constante, donc $f \neq 0$, il existe $u \in \mathbb{R}$ tel que $f(u) \neq 0$ et $\big(1 - f^2(0)\big)f^2(u) = 0$ donne :

$$f(0) = 1 \quad \text{ou} \quad f(0) = -1.$$

Si f est solution, il est immédiat de vérifier que $-f$ l'est aussi.
On peut donc se limiter à la recherche des solutions f telles que $f(0) = 1$.

Le cas particulier $x = 0$, c'est-à-dire $f(y)f(-y) = f^2(y)$ donnerait une autre information sous réserve que $f(y)$ soit différent de 0. Examinons si cela est possible.

Supposons qu'il existe $v \in \mathbb{R}$ tel que $f(v) = 0$. Notons que nécessairement on a $v \neq 0$.

En prenant $x = y = \frac{v}{2}$, il vient $f(v)f(0) = f^4\left(\frac{v}{2}\right)$ et on en déduit $f\left(\frac{v}{2}\right) = 0$.

Il s'ensuit que, pour tout $n \in \mathbb{N}$, $f\left(\frac{v}{2^n}\right) = 0$.

Avec $\lim\limits_{n \to +\infty} \frac{v}{2^n}$ et la continuité de f en 0, il vient $f(0) = 0$, en contradiction avec $f(0) = 1$.

En première conclusion, une solution non constante ne prend pas la valeur 0 sur $\mathbb{R}$.

Le théorème des valeurs intermédiaires nous assure alors que f est de signe constant, donc, les solutions telles que $f(0) = 1$ sont strictement positives sur $\mathbb{R}$.

Le cas particulier $x = 0$ donne $f(y)f(-y) = f^2(0)f^2(y) = f^2(y)$.

Avec $f(y) \neq 0$, il vient $f(-y) = f(y)$, et cela pour tout $y \in \mathbb{R}$. Ainsi une solution est nécessairement paire.

> Un premier bilan : les solutions telles que avec $f(0) = 1$ sont strictement positives et elles sont paires.
>
> Puisque l'on recherche des solutions qui sont strictement positives, on passe au logarithme.

$f > 0$ est solution de **(1)** si et seulement si $\varphi = \ell n \circ f \in \mathcal{C}(\mathbb{R}, \mathbb{R})$ est solution de l'équation :

$$\text{pour tout } (x, y) \in \mathbb{R}^2,\ \ \varphi(x + y) + \varphi(x - y) = 2\big(\varphi(x) + \varphi(y)\big) \quad \textbf{(2)}.$$

Avec $f(0) = 1$, on a nécessairement $\varphi(0) = 0$.

La parité de f implique que φ est paire, et la continuité de f donne celle de φ.

Pour f non constante, la fonction φ n'est pas constante, donc il existe w tel que $\varphi(w) \neq 0$.

Si φ vérifie **(2)**, alors pour tout $\lambda \in \mathbb{R}$, la fonction $\lambda\varphi$ vérifie **(2)**.

> Cette situation est plus simple dans la mesure où on en connaît une solution particulière.

La fonction φ_0 définie sur $\mathbb{R}$ par $\varphi_0(x) = x^2$ convient. En effet, $(x + y)^2 + (x - y)^2 = 2(x^2 + y^2)$.

> Le rêve serait que ce soit la seule à une constante multiplivative près.
>
> Commençons par établir que, pour $n \in \mathbb{N}^*$, $\varphi(n)$ est un multiple constant de n^2.

En prenant $x = y = 1$, il vient $\varphi(2) + \varphi(0) = 4\,\varphi(1)$, c'est-à-dire $\varphi(2) = 2^2\,\varphi(1)$.

En posant $\lambda = \varphi(1)$, on suppose que $\varphi(k) = \lambda k^2$ pour tout $k \in \mathbb{N}^*$, avec $k \leqslant n$.

En prenant $x = n$ et $y = 1$, il vient $\varphi(n + 1) + \varphi(n - 1) = 2\big(\varphi(n) + \lambda\big)$.

Avec $\varphi(n - 1) = \lambda(n - 1)^2$ et $\varphi(n) = \lambda n^2$, on obtient $\varphi(n + 1) = \lambda\big(2n^2 + 2 - (n - 1)^2\big)$, d'où :

$$\varphi(n + 1) = \lambda(n^2 + 2n + 1) = \lambda(n + 1)^2.$$

En conséquence, on a $\varphi(n) = \lambda n^2$ pour tout $n \in \mathbb{N}^*$.

> On a $\varphi(n \times 1) = n^2\,\varphi(1)$. Plus généralement on peut espérer que $\varphi(nx) = n^2\,\varphi(x)$.
>
> Comme φ est paire on a aussi $\varphi(-n) = \lambda n^2$ et enfin, avec $\varphi(0) = 0$, on a $\varphi(n) = \lambda n^2$ pour tout $n \in \mathbb{Z}$.

Une simple transcription de la preuve précédente, en remplaçant $\varphi(k)$ par $\varphi(kx)$ et $\varphi(1)$ par $\varphi(x)$ permet d'obtenir $\varphi(nx) = n^2\,\varphi(x)$ pour tout $x \in \mathbb{R}$ et tout $n \in \mathbb{N}^*$.

> On est maintenant en mesure d'exprimer $\varphi(r)$ pour tout $r \in \mathbb{Q}$.

Pour $r \in \mathbb{Q}$, avec $r = \frac{p}{q}$, $p \in \mathbb{Z}$ et $q \in \mathbb{N}^*$, on utilise $qr = p$. Avec $\varphi(qr) = q^2\,\varphi(r)$ et $\varphi(p) = \lambda p^2$, on déduit $\varphi(r) = \lambda r^2$.

Pour achever cette analyse, il reste à exprimer que tout réel est limite d'une suite de rationnels.

Pour tout $x \in \mathbb{R}$, il existe une suite (x_n) de rationnels de limite x.

On a d'une part $\varphi(x_n) = \lambda x_n^2$ et d'autre part $\lim \varphi(x_n) = \varphi(x)$ par continuité de φ.

On en déduit alors que $\varphi(x) = \lambda x^2$.

Il est immédiat de vérifier que les fonctions $x \mapsto \lambda x^2$, avec $\lambda \in \mathbb{R}$, vérifient **(2)**.

Les solutions de **(1)** sont donc, outre la fonction nulle, les fonctions $x \mapsto e^{\lambda x^2}$ et les fonctions $x \mapsto -e^{\lambda x^2}$ pour tout $\lambda \in \mathbb{R}$.

Ex. 23

Trouver toutes les fonctions réelles définies sur $\mathbb{R}$, continues en 0 et telles que :

$$\forall x \in \mathbb{R},\ f(2x) = f(x)\cos x.$$

On pourra montrer que, pour tout $n \in \mathbb{N}^*$ et tout $x \not\equiv 0 \bmod \pi$, $\displaystyle\prod_{k=1}^{n} \cos\frac{x}{2^k} = \frac{\sin x}{2^n \sin\frac{x}{2^n}}$.

Si x n'est pas un multiple entier de π, il en est de même pour $\frac{x}{2^n}$.

Vérifions par récurrence la formule proposée.

On considère $x \not\equiv 0 \bmod \pi$.

Notons $P_n(x) = \displaystyle\prod_{k=1}^{n} \cos\frac{x}{2^k}$ et $(\mathbf{r}_n)$ la propriété $P_n(x) = \dfrac{\sin x}{2^n \sin\frac{x}{2^n}}$.

La propriété $(\mathbf{r}_1)$ se lit $\cos\dfrac{x}{2} = \dfrac{\sin x}{2\sin\frac{x}{2}}$ et elle est vraie.

On a $P_{n+1}(x) = P_n(x)\cos\dfrac{x}{2^{n+1}}$ et, avec $(\mathbf{r}_n)$ et $(\mathbf{r}_1)$, il vient :

$$P_{n+1}(x) = \frac{\sin x}{2^n \sin\frac{x}{2^n}}\,\frac{\sin\frac{x}{2^n}}{2\sin\frac{x}{2^{n+1}}} \quad \text{c'est-à-dire} \quad P_{n+1}(x) = \frac{\sin x}{2^{n+1}\sin\frac{x}{2^{n+1}}}.$$

Ainsi, $(\mathbf{r}_n)$ implique $(\mathbf{r}_{n+1})$, donc $(\mathbf{r}_n)$ est vraie pour tout $n \in \mathbb{N}^*$.

Conformément à l'indication (généreusement !) fournie, il y a lieu d'exprimer $f(x)$ en fonction de $P_n(x)$. Après avoir fait apparaître $P_1(x)$ pour exprimer la définition de $f(x)$, on cherche à faire apparaître $P_2(x)$.

$\forall x \in \mathbb{R}, f(2x) = f(x)\cos x$ donne :

$$f(x) = f\left(\frac{x}{2}\right)\cos\frac{x}{2} = f\left(\frac{x}{2}\right)P_1(x) \quad \text{et aussi} \quad f\left(\frac{x}{2}\right) = f\left(\frac{x}{2^2}\right)\cos\frac{x}{2^2}$$

et il vient alors $\quad f(x) = f\left(\dfrac{x}{2^2}\right)\cos\dfrac{x}{2}\cos\dfrac{x}{2^2} = f\left(\dfrac{x}{2^2}\right)P_2(x).$

On voit alors aisément que, pour tout $n \in \mathbb{N}^*, f(x) = f\left(\dfrac{x}{2^n}\right)P_n(x)$.

Le passage de l'expression de $f(x)$ à l'aide de $P_1(x)$ à celle de $f(x)$ à l'aide de $P_2(x)$ est assez clair pour qu'il s'adapte immédiatement du rang n au rang $n+1$.

- Soit $x \neq 0$, $x \equiv 0 \bmod \pi$: $x = k\pi$, $k \in \mathbb{Z}^*$.

On décompose k en $k = 2^q(2p+1)$ avec $q \in \mathbb{N}$ et $p \in \mathbb{Z}$.

On a donc $\cos \dfrac{x}{2^{q+1}} = \cos\left(p + \dfrac{1}{2}\right)\pi = 0$. Donc, $n \geqslant q+1$ donne $P_n(x) = 0$, et il s'ensuit que, dans le cas étudié, on a $f(x) = 0$.

- Pour tout $x \not\equiv 0$, on a, pour tout $n \in \mathbb{N}^*$, $P_n(x) = \dfrac{\sin x}{2^n \sin \dfrac{x}{2^n}}$. Alors, $f(x) = f\left(\dfrac{x}{2^n}\right)\dfrac{\sin x}{2^n \sin \dfrac{x}{2^n}}$.

On écrit alors $f(x)$ sous la forme $f(x) = f\left(\dfrac{x}{2^n}\right)\dfrac{\sin x}{x}\dfrac{\dfrac{x}{2^n}}{\sin \dfrac{x}{2^n}}$.

> Avec $\lim\limits_{n \to +\infty} \dfrac{x}{2^n} = 0$, on peut utiliser la continuité de f en 0.
>
> La limite de $\dfrac{\sin X}{X}$ quand X tend vers 0 est également utilisée.

En prenant la limite pour $n \to +\infty$, il vient $f(x) = f(0)\dfrac{\sin x}{x}$.

- En conclusion, la seule solution possible est la fonction f définie par :

$$f(x) = f(0)\frac{\sin x}{x} \text{ pour } x \not\equiv \pi \text{ et } f(x) = 0 \text{ pour } x \neq 0,\ x \equiv 0 \bmod \pi.$$

> La distinction de deux cas conduit à deux résultats partiels.
>
> Il n'est pas difficile d'en donner une formulation commune.

Ces deux formules se résument en une seule : $f(x) = f(0)\dfrac{\sin x}{x}$ pour tout $x \neq 0$.

Cette fonction est continue en 0, en conséquence de $\lim\limits_{x \to 0} \dfrac{\sin x}{x} = 1$.

Et, pour $x \neq 0$, on a $f(2x) = f(0)\dfrac{\sin 2x}{2x} = f(0)\dfrac{\cos x \sin x}{x} = f(0)\dfrac{\sin x}{x}\cos x$, ce qui montre que :

$$f(2x) = f(x)\cos x \text{ pour } x \neq 0,$$

et cette égalité est évidemment vraie pour $x = 0$.

En conclusion, le problème a pour solutions les fonctions définies par leur valeur en 0 et, pour $x \neq 0$, par $f(x) = f(0)\dfrac{\sin x}{x}$. Ce sont les fonctions $x \mapsto \lambda\dfrac{\sin x}{x}$ avec $\lambda \in \mathbb{R}$.

Ex. 24

Soit f une fonction réelle définie sur un intervalle I de $\mathbb{R}$. On suppose que f est continue et injective. Montrer qu'elle est strictement monotone.

Existe-t-il une bijection continue de $[0, 1[$ sur $\mathbb{R}$?

> On peut procéder par contraposée : soit f continue ; si elle n'est pas strictement monotone, alors elle n'est pas injective.
>
> Le premier point est d'exprimer que f n'est pas strictement monotone.

f est strictement monotone lorsque, pour tout $(a, b, c) \in I^3$, $a < b < c$, le réel $f(b)$ est entre $f(a)$ et $f(c)$. Il est aisé d'écrire la négation de cette propriété :

f n'est pas strictement monotone quand il existe $(a, b, c) \in I^3$, $a < b < c$, tel que $f(b)$ ne soit pas entre $f(a)$ et $f(c)$. Ou encore quand :

$$\exists (a, b, c) \in I^3,\ a < b < c \text{ et } \big(f(a) \leqslant f(b) \text{ et } f(b) \geqslant f(c)\big) \text{ ou } \big(f(b) \leqslant f(c) \text{ et } f(a) \geqslant f(b)\big).$$

Si on a $f(a) = f(b)$, ou si $f(b) = f(c)$, alors f n'est évidement pas injective.

Sinon, dans le premier cas, $f(a) < f(b)$ et $f(c) < f(b)$ montre que tout t strictement compris entre $\max\{f(a), f(c)\}$ et $f(b)$ a un antécédent dans $[a, b[$ et un autre dans $]b, c]$. Alors f n'est pas injective. On conclut de même dans le second cas.

> Une injection continue de $[0, 1[$ dans $\mathbb{R}$ est strictement monotone. Le texte de l'énoncé laisse soupçonner qu'une telle fonction n'est pas surjective.

Supposons que f, continue, soit injective de $[0, 1[$ dans $\mathbb{R}$. Le résultat précédent montre qu'elle est strictement croissante ou strictement décroissante.

Dans le premier cas, on a $f(x) > f(0)$ pour tout $x \in [0, 1[$. Son image n'est donc pas $\mathbb{R}$.

On conclut de même dans le second cas.

Ex. 25

Quelles sont les fonctions $f \in \mathcal{C}\big([a, b], [a, b]\big)$, avec $a < b$, telles que $f \circ f \circ f = \mathrm{Id}_{[a,b]}$.

> Classiquement, $f \circ f \circ f$ bijective donne f injective et surjective.
> f étant continue et injective, on peut utiliser le résultat établi dans le sujet précédent.

$f \circ f \circ f = \mathrm{Id}_{[a,b]}$ implique que f est injective. Comme elle est continue, avec l'exercice précédent, on peut en déduire que f est strictement monotone.

> La fonction f étant surjective, si elle est strictement croissante, on a $f(a) = a$ et $f(b) = b$. Les valeurs sont échangées si f est strictement décroissante.

- Examinons le cas où f est strictement croissante.

> On peut imaginer que f est l'identité. Dans ce but, on peut chercher une contradiction dans le cas contraire. Ici, $f^2(c)$ par exemple, est mis pour $f \circ f(c)$.

Supposons qu'il existe $c \in [a, b]$ tel que $f(c) \neq c$, par exemple $f(c) > c$.

On a $c = f^3(c)$ et, avec la croissance stricte de f, de $f(c) > c$ on déduit $f^2(c) > f(c)$, donc $f^2(c) > c$, puis $f^3(c) > f(c)$. Il s'ensuit $f^3(c) > c$, c'est-à-dire une contradiction.

En conclusion, la seule solution strictement croissante est l'identité sur $[a, b]$.

- Examinons maintenant le cas où f est strictement décroissante.

> Examinons d'abord la double condition $f(a) = b$ et $f(b) = a$.

$f(a) = b$ donne $f^2(a) = f(b) = a$ puis $f^3(a) = f(a) = b$. Il n'y a donc pas de fonction strictement décroissante surjective.

- En conclusion, $\mathrm{Id}_{[a,b]}$ est la seule solution au problème.

> Le problème serait tout autre pour $f^n = \mathrm{Id}$ avec n pair.

Ex. 26

Soit f et g, continues de $[0, 1]$ dans $[0, 1]$, telles que $f \circ g = g \circ f$. Montrer qu'il existe $x_0 \in [0, 1]$ tel que $f(x_0) = g(x_0)$.

Le résultat reste-t-il vrai pour des fonctions f et g dans $\mathcal{C}(\mathbb{R}, \mathbb{R})$?

> On peut procéder par l'absurde en espérant une contradiction qui viendrait de :
> $$\forall x \in [0, 1], f(x) \neq g(x).$$
> Le premier objectif est d'exploiter cette hypothèse.

Supposons que $\forall x \in [0, 1], f(x) \neq g(x)$. En application du théorème des valeurs intermédiaires, on a :

- ou bien $\forall x \in [0, 1], f(x) > g(x)$;
- ou bien $\forall x \in [0, 1], f(x) < g(x)$.

La symétrie des rôles permet de supposer que $\forall x \in [0, 1], f(x) > g(x)$.

La fonction $f - g$ est continue sur $[0, 1]$, elle atteint son minimum m et on a donc $m > 0$.

Par suite, $\forall x \in [0, 1], f(x) \geqslant g(x) + m$.

> On n'a pas encore utilisé $f \circ g = g \circ f$. On cherche un lien entre $f^n(x)$ et $g^n(x)$.
> Pour commencer, comparons $f^2(x)$ et $g^2(x)$ comme on a pu comparer $f(x)$ et $g(x)$.

- On a $f^2(x) = f\big(f(x)\big) \geqslant g\big(f(x)\big) + m$ et $g\big(f(x)\big) = f\big(g(x)\big) \geqslant g\big(g(x)\big) + m$ et il s'ensuit :
$$f^2(x) \geqslant g^2(x) + 2m.$$

> Le passage de $f(x) \geqslant g(x) + m$ à $f^2(x) \geqslant g^2(x) + 2m$ donne une bonne idée de la récurrence à prouver.

- On prouve de même que, pour $n \in \mathbb{N}^*$, si on a $f^n(x) \geqslant g^n(x) + nm$, alors :
$$f^{n+1}(x) \geqslant g^{n+1}(x) + (n+1)m.$$

> On est maintenant en mesure de conclure en prenant la limite pour n infini.

Avec $g^n(x) \geqslant 0$ et $\lim\limits_{n \to +\infty} nm = +\infty$, on a $\lim\limits_{n \to +\infty} \big(g^n(x) + nm\big) = +\infty$, ce qui est contradictoire avec $f^n(x) \in [0, 1]$.

> Dans le cas de fonctions continues sur $\mathbb{R}$, supposons que $\forall x \in [0, 1], f(x) \neq g(x)$. On peut encore se ramener au cas où $\forall x \in \mathbb{R}, f(x) > g(x)$. Toutefois, la borne inférieure de $f - g$ peut ne pas être atteinte et être nulle.

Pour avoir $f \circ g = g \circ f$, avec $f(x) \neq g(x)$ pour tout $x \in \mathbb{R}$, il suffit de choisir $g = \mathrm{Id}_{\mathbb{R}}$ et de prendre pour f une fonction dont le graphe est strictement au-dessus de la première bissectrice, par exemple $f = \exp$.

> Une nouvelle fois, les fonctions continues sur un segment ont des propriétés qui ne sont pas conservées en passant à un intervalle moins particulier qu'un segment.

Ex. 27

On se propose de déterminer l'ensemble E des fonctions f continues de $\mathbb{R}$ dans $\mathbb{R}$ telles que :

$$\forall (x,y) \in \mathbb{R}^2,\ f(x+y) = \frac{f(x)+f(y)}{1+f(x)f(y)}.$$

1) Préciser les fonctions constantes qui sont dans E. Soit $f \in E$, montrer que, s'il existe $a \in \mathbb{R}$ tel que $f(a) = \pm 1$, alors f est constante.

2) Soit maintenant $f \in E$, non constante.

a) Montrer alors que $f(x) \in]-1,1[$, calculer $f(0)$ et étudier la parité de f.

b) Montrer que, pour $x \in \mathbb{R}$ et $n \in \mathbb{N}$, $\dfrac{1+f(nx)}{1-f(nx)} = \left(\dfrac{1+f(x)}{1-f(x)}\right)^n$.

Exprimer $f(n)$ pour $n \in \mathbb{Z}$ en fonction de n et de $b = \dfrac{1+f(1)}{1-f(1)}$, puis exprimer $f(r)$ pour $r \in \mathbb{Q}$ puis $f(x)$ pour $x \in \mathbb{R}$.

3) Préciser l'ensemble E.

La fonction th est solution. L'objectif est de voir s'il y en a d'autre.

1) Une fonction constante c est solution si et seulement si $c = \dfrac{2c}{1+c^2}$, c'est-à-dire $c = 0$ ou $c^2+1 = 2$, ce qui correspond à $c \in \{-1, 0, 1\}$.
Remarquons que le même calcul donne $f(0) \in \{-1,0,1\}$ pour tout $f \in E$.
Soit $f \in E$ et a tel que $f(a) = \varepsilon$, $\varepsilon = \pm 1$. Alors on a :

$$\forall x \in \mathbb{R},\ f(x+a) = \frac{f(x)+\varepsilon}{1+\varepsilon f(x)} = \frac{f(x)+\varepsilon}{\varepsilon^2+\varepsilon f(x)} = \varepsilon.$$

2) a)

On précise maintenant les solutions non constantes. Pour le signe de $f(x)$, on utilise $x = \dfrac{x}{2}+\dfrac{x}{2}$ et pour la parité, on utilise $0 = x+(-x)$ de manière à pouvoir exploiter la formule $f(x+y) = \ldots$

Pour tout $x \in \mathbb{R}$, $f(x) = f\left(\dfrac{x}{2}+\dfrac{x}{2}\right) = \dfrac{2f(x/2)}{1+f^2(x/2)}$. Or pour tout $y \in \mathbb{R}$, on a $\dfrac{2|y|}{1+y^2} \leqslant 1$, donc avec $f(x) \notin \{-1,1\}$, il s'ensuit $f(x) \in]-1,1[$.
Avec $f(0) \in \{-1,0,1\}$ et $f(0) \notin \{-1,1\}$, on obtient $f(0) = 0$.

On a : $\forall x \in \mathbb{R}$, $0 = f(0) = f(x-x) = \dfrac{f(x)+f(-x)}{1+f(x)f(-x)}$, d'où $f(-x) = -f(x)$, donc f est impaire.

b)

Le résultat demandé pour $\dfrac{1+f(nx)}{1-f(nx)}$ est la clé de la détermination de f non constante.
La démarche est classique : déterminer $f(n)$ pour n entier, puis $f(r)$ pour r rationnel et conclure avec la continuité. L'énoncé ne fait que rappeler cette démarche.

$\dfrac{1+f(nx)}{1-f(nx)} = \left(\dfrac{1+f(x)}{1-f(x)}\right)^n$ est vraie pour $n = 0$.
Pour une preuve par récurrence pour $n \in \mathbb{N}$, c'est-à-dire pour passer du rang n au rang $n+1$, le point essentiel est d'exprimer $\dfrac{1+f((n+1)x)}{1-f((n+1)x)}$ en fonction de $\dfrac{1+f(nx)}{1-f(nx)}$.

$f\big((n+1)x\big) = f(nx+x) = \dfrac{f(nx)+f(x)}{1+f(nx)f(x)}$ donne :

$$1+f((n+1)x) = \frac{1+f(x)+f(nx)+f(x)f(nx)}{1+f(nx)f(x)},$$

d'où $1+f((n+1)x) = \dfrac{\big((1+f(x)\big)\big(1+f(nx)\big)}{1+f(nx)f(x)}$. De même, $1-f((n+1)x) = \dfrac{\big((1-f(x)\big)\big(1-f(nx)\big)}{1+f(nx)f(x)}$.

Il s'ensuit $\dfrac{1+f((n+1)x)}{1-f((n+1)x)} = \dfrac{1+f(x)}{1-f(x)}\,\dfrac{1+f(nx)}{1-f(nx)}$ et la conclusion est immédiate.

c)

> On s'attache à $f(n)$, et pour cela le résultat précédent s'applique avec $x = 1$.

Alors, pour $n \in \mathbb{N}$, $\dfrac{1+f(n)}{1-f(n)} = \left(\dfrac{1+f(1)}{1-f(1)}\right)^n = b^n$ donne $f(n) = \dfrac{b^n-1}{b^n+1}$.

Notons que $-1 < f(1) < 1$ donne $0 < b$.

Pour $n \in \mathbb{Z}_-$, l'imparité donne :

$$f(n) = -f(-n) = -\frac{b^{-n}-1}{b^{-n}+1} = \frac{b^n-1}{b^n+1}.$$

Soit $r = \dfrac{p}{q}$, $p \in \mathbb{N}$, $q \in \mathbb{Z}^*$. Avec :

$$\frac{1+f(qp/q)}{1-f(qp/q)} = \left(\frac{1+f(p/q)}{1-f(p/q)}\right)^q \quad \text{et} \quad \frac{1+f(qp/q)}{1-f(qp/q)} = \frac{1+f(p)}{1-f(p)} = b^p,$$

il vient $\left(\dfrac{1+f(p/q)}{1-f(p/q)}\right)^q = b^p$ d'où $\dfrac{1+f(p/q)}{1-f(p/q)} = b^{\frac{p}{q}}$.

On en déduit $f\left(\dfrac{p}{q}\right) = \dfrac{b^{\frac{p}{q}}-1}{b^{\frac{p}{q}}+1}$, c'est-à-dire $f(r) = \dfrac{b^r-1}{b^r+1}$ pour tout $r \in \mathbb{Q}$.

> La conclusion pour $x \in \mathbb{R}$ fait (enfin ?) intervenir la continuité.

Si f est supposée continue, la densité de $\mathbb{Q}$ dans $\mathbb{R}$ donne $\forall x \in \mathbb{R}, f(x) = \dfrac{b^x-1}{b^x+1}$.

3) Notons que, pour $b \in \mathbb{R}_+^* \setminus \{1\}$, la fonction $f_b : x \mapsto \dfrac{b^x-1}{b^x+1}$ est non constante, alors que pour $b = 1$ on retrouve la fonction nulle.

Il résulte alors des questions précédentes que E est inclus dans la réunion E^* de $\{f_b \mid b \in \mathbb{R}_+^*\}$ et de l'ensemble des fonctions constantes $\{-1, 1\}$.

Réciproquement, pour $b \in \mathbb{R}_+^*$, on pose $\lambda = \dfrac{1}{2}\,\ell n\, b$. On obtient $f_b(x) = \mathrm{th}(\lambda x)$ et les propriétés connues de la fonction th donnent que $f_b \in E$.

Comme les fonctions constantes 1 et -1 sont dans E, on conclut que $E = E^*$.

Finalement, E est formé des fonctions constantes 1 et -1 et des fonctions $x \mapsto \mathrm{th}(\lambda x)$, avec $\lambda \in \mathbb{R}$.

D Dérivation

Ex. 28

1) Soit f une application dérivable de $[0,1]$ dans $\mathbb{R}$ telle que $f(0)=0$ et $f(1)=1$.

Montrer que, pour $n \in \mathbb{N}^*$, il existe des réels distincts $y_1, \ldots, y_n$ dans $[0,1]$ tels que :

$$\sum_{k=1}^{n} f'(y_k) = n.$$

2) Quelle hypothèse peut-on ajouter pour pouvoir conclure à l'existence de $x_1, x_2, \ldots, x_n$ réels deux à deux distincts dans $[0,1]$ tels que $\displaystyle\sum_{k=1}^{n} \frac{1}{f'(x_k)} = n$?

1)

> L'existence de point y_k tels que $f'(y_k) = \ldots$ peut faire penser à la formule des accroissements finis. Et en écrivant $\displaystyle\frac{1}{n}\sum_{k=1}^{n} f'(y_k) = 1$, on a l'occasion d'utiliser $1 = f(1) - f(0)$.
> $\displaystyle\frac{1}{n}f'(y_k)$ apparaît raisonnablement sur un intervalle de longueur $\displaystyle\frac{1}{n}$.

Étant donné $k \in [\![1,n]\!]$, on applique la formule des accroissements finis sur l'intervalle $\left[\frac{k-1}{n}, \frac{k}{n}\right]$: $\quad \exists x_k \in \left]\frac{k-1}{n}, \frac{k}{n}\right[,\ f\left(\frac{k}{n}\right) - f\left(\frac{k-1}{n}\right) = \frac{1}{n} f'(x_k)$.

En sommant ces égalités pour k variant entre 1 et n, il vient :

$$\frac{1}{n}\sum_{k=1}^{n} f'(x_k) = f(1) - f(0) = 1 \text{ c'est-à-dire } \sum_{k=1}^{n} f'(x_k) = n.$$

> Notons qu'il suffit de la dérivabilité sur $]0,1[$ avec la continuité sur $[0,1]$.

2)

> $\displaystyle\frac{1}{f'(x_k)}$ apparaît à l'occasion de la dérivation de la réciproque d'une fonction dérivable dont la dérivée ne s'annule pas.

Supposons f strictement monotone et $\forall x \in]0,1[,\ f'(x) \neq 0$.

f est alors une bijection de $[0,1]$ sur lui-même et sa réciproque f^{-1} est continue sur $[0,1]$ et dérivable sur $]0,1[$.

Notons que $f^{-1}(0) = 0$ et $f^{-1}(1) = 1$, ce qui impose que f soit strictement croissante.

On peut appliquer à f^{-1} le résultat obtenu en première question.

Il existe $y_1, y_2, \ldots, y_n$ deux à deux distincts dans $]0,1[$ tels que $\displaystyle\sum_{k=1}^{n} (f^{-1})'(y_k) = n$.

Pour $k \in [\![1,n]\!]$, posons $x_k = f^{-1}(y_k)$.

Avec $(f^{-1})'(y_k) = \displaystyle\frac{1}{f'(x_k)}$, il vient $\displaystyle\sum_{k=1}^{n} \frac{1}{f'(x_k)} = n$.

Ex. 29

1) Trouver les fonctions f de $\mathbb{R}$ dans $\mathbb{R}$, dérivables en 0 et telles que :
$$\forall x \in \mathbb{R}, f(2x) = 2f(x).$$

2) Trouver les fonctions f de $\mathbb{R}$ dans $\mathbb{R}$, dérivables en 1 et telles que :
$$\forall x \in \mathbb{R}, f(2x) = \big(f(x)\big)^2.$$

1) Soit f définie sur $\mathbb{R}$, dérivable en 0 et telle que $\forall x \in \mathbb{R}, f(2x) = f(x)$.

> En vue d'exploiter la dérivabilité en 0, il y a lieu de considérer $\dfrac{f(x)}{x}$ et l'hypothèse donne :
> $$\frac{f(2x)}{2x} = \frac{f(x)}{x}.$$
> À partir de $\dfrac{f(x)}{x} = \dfrac{f(x/2)}{x/2}$, on utilise alors les $\dfrac{x}{2^n}$ avec $n \in \mathbb{N}$.

Le cas particulier $x = 0$ donne $f(0) = 0$.

Considérons la fonction g définie sur $\mathbb{R}$ par $g(x) = \begin{cases} \dfrac{f(x)}{x} & \text{pour tout } x \neq 0, \\ f'(0) & \text{si } x = 0. \end{cases}$

Cette fonction g est continue en 0, par définition du nombre dérivé en 0.

Pour tout $x \neq 0$, on a $g(2x) = \dfrac{f(2x)}{2x} = \dfrac{2f(x)}{2x} = \dfrac{f(x)}{x} = g(x)$.

Dans le cas où $x = 0$, l'égalité $g(2x) = g(x)$ est immédiate.

Pour tout $x \in \mathbb{R}$, on en déduit (récurrence aisée) pour tout $n \in \mathbb{N}$, $g\left(\dfrac{x}{2^n}\right) = g(x)$.

Avec $\lim\limits_{n \to +\infty} \dfrac{x}{2^n} = 0$ et la continuité de g en 0, on obtient $g(0) = g(x)$, et la fonction g est constante sur $\mathbb{R}$. Ainsi, il existe $a \in \mathbb{R}$ tel que $f(x) = ax$ pour tout $x \in \mathbb{R}$.

Il est immédiat que toutes les fonctions de ce type conviennent.

2) Soit f une fonction définie sur $\mathbb{R}$ et dérivable en 0, telle que :
$$\forall x \in \mathbb{R}, \ f(2x) = f(x)^2.$$

> Avec $f(x)^2 \geqslant 0$, la fonction f ne prend que des valeurs positives ou nulles.
> Il est évident que la fonction nulle sur $\mathbb{R}$ convient et on ne s'intéresse maintenant qu'aux fonctions autres que celle-là.

Remarquons que $f(0) = f(0)^2$ et donc $f(0) \in \{0, 1\}$.

> Pour se ramener au cas précédent, on est tenté d'écrire $\ell n\, f(2x) = 2\, \ell n\, f(x)$, ce qui permettrait de voir que $\ell n\, f$ est de la forme $\ell n\, f(x) = \alpha x$.
> Mais pour cela, il faut s'assurer que f ne prend que des valeurs strictement positives.

- En se limitant à f différente de la fonction nulle sur $\mathbb{R}$, il existe $b \in \mathbb{R}$ tel que $f(b) > 0$.

On a $f(b) = \left(f\left(\dfrac{b}{2}\right)\right)^2$ et $f\left(\dfrac{b}{2}\right) = \left(f\left(\dfrac{b}{2^2}\right)\right)^2$ c'est-à-dire $f(b) = \left(f\left(\dfrac{b}{2^2}\right)\right)^{2^2}$.

Supposons que $f(b) = f\left(\dfrac{b}{2^n}\right)^{2^n}$. Avec $f\left(\dfrac{b}{2^n}\right) = \left(f\left(\dfrac{b}{2^{n+1}}\right)\right)^2$, il vient $f(b) = f\left(\dfrac{b}{2^{n+1}}\right)^{2^{n+1}}$.

On a ainsi établi par récurrence que $f(b) = f\left(\frac{b}{2^n}\right)^{2^n}$ pour tout $n \in \mathbb{N}$. En particulier, il vient :

$$f\left(\frac{b}{2^n}\right)^{2^n} > 0.$$

Il s'ensuit que $\ell n f\left(\frac{b}{2^n}\right) = \frac{1}{2^n} \ell n f(b)$, puis, en prenant la limite pour $n \to +\infty$, que $\ell n f(0) = 0$ et donc que $f(0) = 1$ **(1)**.

- S'il existe $a \neq 0$ tel que $f(a) = 0$, alors $f(a) = f\left(\frac{a}{2^n}\right)^{2^n}$ donne $\forall n \in \mathbb{N}, f\left(\frac{a}{2^n}\right) = 0$.

Avec $\lim\limits_{n \to +\infty} \frac{a}{2^n} = 0$ et la continuité de f en 0, il vient $f(0) = 0$, ce qui est contradictoire avec **(1)**.

Ainsi f ne s'annule pas sur $\mathbb{R}$. Elle ne prend donc que des valeurs strictement positives.

> On peut maintenant passer aux logarithmes à partir de $f(2x) = f^2(x)$.

Considérons alors la fonction g définie sur $\mathbb{R}$ par $g(x) = \ell n f(x)$.

Elle est dérivable en 0 et vérifie : $\forall x \in \mathbb{R},\ g(2x) = 2g(x)$.

Avec la première question, il existe $\alpha \in \mathbb{R}$ tel que : $\forall x \in \mathbb{R},\ g(x) = \alpha x$ et donc $f(x) = e^{\alpha x}$.

> On a établi une condition nécessaire sur la forme de f. Il ne faut pas oublier d'au moins évoquer la réciproque pour conclure.

Il est immédiat que la fonction nulle et les fonctions $x \mapsto e^{\alpha x}$, avec $\alpha \in \mathbb{R}$, conviennent.

Ex. 30

Trouver les fonctions $f \in \mathcal{C}^1(\mathbb{R}, \mathbb{R})$ telles que $\forall x \in \mathbb{R}, f \circ f(x) = 3 + \frac{x}{2}$ **(1)**.

On montrera que, nécessairement, $\forall x \in \mathbb{R},\ f\left(\frac{x}{2} + 3\right) = \frac{f(x)}{2} + 3$.

Et, pour $x \in \mathbb{R}$, on pourra former la suite (u_n) définie par : $u_0 = x$ et $u_{n+1} = \frac{u_n}{2} + 3$.

> Sans indication particulière, le sujet peut laisser perplexe. Exploitons celle qui est proposée pour obtenir des informations.

En prenant les images par f dans **(1)**, il vient :

$$\forall x \in \mathbb{R},\ f\left(\frac{x}{2} + 3\right) = f\big(f \circ f(x)\big) = (f \circ f)\big(f(x)\big) = \frac{f(x)}{2} + 3.$$

En dérivant, on obtient $\forall x \in \mathbb{R},\ \frac{1}{2} f'\left(\frac{x}{2} + 3\right) = \frac{f'(x)}{2}$, c'est-à-dire $f'\left(\frac{x}{2} + 3\right) = f'(x)$.

> L'autre indication est d'utiliser une suite telle que $u_{n+1} = \frac{u_n}{2} + 3$: il est certainement utile d'étudier cette suite.

Si la suite (u_n) est convergente, sa limite ℓ vérifie $\ell = \frac{\ell}{2} + 3$, d'où $\ell = 6$.

On a $u_{n+1} - 6 = \frac{1}{2}(u_n - 6)$ donc $u_n - 6 = \frac{1}{2^n}(u_0 - 6)$ c'est-à-dire $u_n = \frac{1}{2^n}(x - 6) + 6$.

On en déduit que, pour tout $x \in \mathbb{R}$, la suite (u_n) est effectivement de limite 6.

Poursuivons l'étude en regoupant ces deux préliminaires.

$f'(x) = f'\left(\frac{x}{2} + 3\right)$ pour tout $x \in \mathbb{R}$ donne $f'(u_n) = f'\left(\frac{u_n}{2} + 3\right) = f'(u_{n+1})$.

La suite $\left(f'(u_n)\right)$ est constante et, pour tout $n \in \mathbb{N}$, $f'(u_n) = f'(u_0) = f'(x)$.

Avec la continuité de f' et $\lim\limits_{n \to +\infty} u_n(x) = 6$, il vient $f'(x) = f'(6)$.

Toute solution f est donc nécessairement une fonction affine et il reste à étudier s'il y a des fonctions affines qui conviennent.

Si f est une solution, il existe $(a, b) \in \mathbb{R}^2$ tel que $\forall x \in \mathbb{R}$, $f(x) = ax + b$, d'où :

$$f \circ f(x) = af(x) + b = a^2 x + (a+1)b.$$

Les couples (a, b) qui conviennent sont ceux pour lesquels :

$$\forall x \in \mathbb{R},\ a^2 x + (a+1)b = \frac{x}{2} + 3 \quad \text{c'est-à-dire} \quad a^2 = \frac{1}{2} \text{ et } (a+1)b = 3.$$

Notons que $(a^2 - 1)b = 3(a-1)$ donc $b = 6(1-a)$.

Les solutions (a, b) sont $\left(\frac{1}{\sqrt{2}}, 6 - 3\sqrt{2}\right)$ et $\left(-\frac{1}{\sqrt{2}}, 6 + 3\sqrt{2}\right)$.

Finalement, il y a deux solutions : les fonctions affines définies par ces couples (a, b).

Ex. 31

Soit $a \in \mathbb{R} \setminus \{0, 1\}$ et $b \in \mathbb{R}$. Étudier l'ensemble des fonctions réelles, de classe $\mathcal{C}^1$ sur $\mathbb{R}$, telles que pour tout $x \in \mathbb{R}$, $f \circ f(x) = ax + b$ **(1)**.

Ce sujet élargit le cas particulier vu dans l'exercice précédent.

L'indication fournie alors se retrouvera probablement utilisée.

Dans un contexte de composition, on peut prendre les images par f des deux membres de l'égalité **(1)**.

On pourra exploiter alors l'hypoyhèse de deux façons :

- soit en lisant $f\left(f \circ f(x)\right)$,
- soit en lisant $f \circ f\left(f(x)\right)$.

Pour tout $x \in \mathbb{R}$, on a $f \circ f \circ f(x) = f(ax + b)$.

Or $f \circ f \circ f(x) = f \circ f\left(f(x)\right)$ et en appliquant **(1)** à $f(x)$, on a $f \circ f \circ f(x) = af(x) + b$.

On a donc, pour tout x réel : $f(ax + b) = af(x) + b$.

f est supposée dérivable, exploitons cette information.

En dérivant, il vient $af'(ax + b) = af'(x)$, et on obtient donc $f'(ax + b) = f'(x)$ puisque l'on a supposé $a \neq 0$.

f' est probablement constante. Utilisons la fonction affine $\varphi : \mapsto ax + b$, avec $a \neq 1$.

Pour $x \in \mathbb{R}$, soit (x_n) la suite récurrente définie par $x_0 = x$ et, pour tout $n \in \mathbb{N}$, $x_{n+1} = \varphi(x_n)$.

Par récurrence, il vient $f'(x_n) = f'(x)$ pour tout n.

La fonction φ admet pour point fixe $c \in \mathbb{R}$ défini par $c = ac + b$, c'est-à-dire $c = \frac{b}{1-a}$.

On obtient alors $x_{n+1} - c = a(x_n - c)$, donc $x_n = a^n(x - c) + c$.

- Pour $|a| < 1$, on a $\lim x_n = c$ et la continuité de f' donne $\lim f'(x_n) = f'(c)$, et il s'ensuit $f'(x) = f'(c)$, avec c indépendant de x.

f' étant constante, f est affine : il existe $(\lambda, \mu) \in \mathbb{R}^2$ tel que pour tout x, $f(x) = \lambda x + \mu$.

> Après l'examen des solutions possibles pour f, il faut regarder celles qui conviennent.

Avec $f(x) = \lambda x + \mu$, $f \circ f(x) = ax + b$ se lit $\lambda^2 x + \mu + \lambda\mu = ax + b$.

Pour $-1 < a < 0$, il n'y a pas de solution.

Pour $0 < a < 1$, les solutions sont $f_1 : x \mapsto \sqrt{a}x + \dfrac{b}{1+\sqrt{a}}$ et $f_2 : x \mapsto -\sqrt{a}x + \dfrac{b}{1-\sqrt{a}}$.

> Pour $|a| > 1$, on se ramène au cas précédent.

Comme φ est bijective, $f \circ f = \varphi$ donne f bijective et **(1)** donne :

$$f^{-1} \circ f^{-1}(x) = \frac{1}{a}x - \frac{b}{a}.$$

Avec $\dfrac{1}{|a|} < 1$, on est ramené au cas précédent et f^{-1} est affine, donc f est affine, pour les mêmes solutions f_1 et f_2.

> Il reste à examiner le cas où $a = -1$.
> Dans ce qui a été traité, on n'a pas eu l'occasion de dériver la relation $f \circ f(x) = ax + b$. C'est peut être le moment.

- Pour $a = -1$, si f est solution, on a pour tout x réel, $f \circ f(x) = -x + b$, d'où :

$$f'(x)f'\big(f(x)\big) = -1.$$

Si f admettait un point fixe k, on aurait alors $f'^2(k) = -1$, ce qui est contradictoire.

D'autre part, on aurait pour tout x : $f(-x+b) = -f(x) + b$, donc :

$$f\left(\frac{b}{2}\right) = -f\left(\frac{b}{2}\right) + b \text{ soit } f\left(\frac{b}{2}\right) = \frac{b}{2}.$$

Ainsi $\dfrac{b}{2}$ serait point fixe pour f. La contradiction établie permet de dire qu'il n'y a pas de solution dans le cas où $a = -1$.

(E) Fonctions usuelles

Ex. 32

Établir une condition nécessaire et suffisante portant sur $\operatorname{Arctan} x + \operatorname{Arctan} y$ pour que :

$$\operatorname{Arctan} x + \operatorname{Arctan} y = \frac{1}{2}\operatorname{Arcsin}\frac{2(x+y)(1-xy)}{(1+x^2)(1+y^2)}.$$

Exemple : exprimer le nombre $4\operatorname{Arctan} 4$ à l'aide de la fonction Arcsin.

Devant des questions portant sur **Arctan** ou sur **Arcsin**, deux pistes sont classiques : on examine les fonctions dérivées, ou on se ramène à des questions de trigonométrie.

Dans le cas présent, la dérivation laisse prévoir des calculs un peu longs...

$a = \text{Arctan}\, x$ et $b = \text{Arctan}\, y$ sont dans $]-\pi/2, \pi/2[$ et vérifient $x = \tan a$, $y = \tan b$.

- $x + y = \dfrac{\sin a}{\cos a} + \dfrac{\sin b}{\cos b} = \dfrac{\sin a \cos b + \cos a \sin b}{\cos a \cos b} = \dfrac{\sin(a+b)}{\cos a \cos b}$.
- $1 + x^2 = 1 + \tan^2 a = \dfrac{1}{\cos^2 a}$ et $1 + y^2 = \dfrac{1}{\cos^2 b}$.
- $1 - xy = 1 - \dfrac{\sin a}{\cos a}\dfrac{\sin b}{\cos b} = \dfrac{\cos a \cos b - \sin a \sin b}{\cos a \cos b} = \dfrac{\cos(a+b)}{\cos a \cos b}$.

Il s'ensuit que $\dfrac{2(x+y)(1-xy)}{(1+x^2)(1+y^2)} = 2\sin(a+b)\cos(a+b) = \sin 2(a+b)$.

L'égalité $\text{Arctan}\, x + \text{Arctan}\, y = \dfrac{1}{2}\text{Arcsin}\, \dfrac{2(x+y)(1-xy)}{(1+x^2)(1+y^2)}$ équivaut alors à :

$$2(a+b) = \text{Arcsin}\big(\sin 2(a+b)\big).$$

Il reste maintenant à examiner une égalité du type $t = \text{Arcsin}(\sin t)$.

Par définition de la fonction Arcsin, on a $t = \text{Arcsin}(\sin t)$ si et seulement si $|t| \leqslant \dfrac{\pi}{2}$. Il s'ensuit que la relation $\text{Arctan}\, x + \text{Arctan}\, y = \dfrac{1}{2}\text{Arcsin}\, \dfrac{2(x+y)(1-xy)}{(1+x^2)(1+y^2)}$ est vraie si et seulement si :

$$|\text{Arctan}\, x + \text{Arctan}\, y| \leqslant \frac{\pi}{4}.$$

L'application numérique invite à examiner le cas où $y = x$, avec alors $|\text{Arctan}\, x| \leqslant \dfrac{\pi}{8}$.

- Pour $|\text{Arctan}\, x| \leqslant \dfrac{\pi}{8}$, on a $2\,\text{Arctan}\, x = \dfrac{1}{2}\text{Arcsin}\, \dfrac{4x(1-x^2)}{(1+x^2)^2}$.
- Pour $x \geqslant 0$, la condition $\text{Arctan}\, x \leqslant \dfrac{\pi}{8}$ équivaut à $x \leqslant \tan\dfrac{\pi}{8}$.

En utilisant $\tan\dfrac{\pi}{8} = \dfrac{\sin\frac{\pi}{8}}{\cos\frac{\pi}{8}} = \dfrac{2\sin\frac{\pi}{8}\cos\frac{\pi}{8}}{2\cos^2\frac{\pi}{8}} = \dfrac{\sin\frac{\pi}{4}}{1+\cos\frac{\pi}{4}}$, on obtient $\tan\dfrac{\pi}{8} = \sqrt{2} - 1$.

La formule donnant $2\,\text{Arctan}\, x$ est donc applicable pour $|x| \leqslant \sqrt{2} - 1$.

En première étape, on a $4\,\text{Arctan}\, x = \text{Arcsin}\, \dfrac{4x(1-x^2)}{(1+x^2)^2}$ pour tout x tel que $|x| \leqslant \sqrt{2} - 1$.

Pour tout $x > 0$, on a $\text{Arctan}\, x = \dfrac{\pi}{2} - \text{Arctan}\, \dfrac{1}{x}$, ce qui permet d'effacer Arctan 4 au bénéfice de $\text{Arctan}\, \dfrac{1}{4}$.

Avec $\operatorname{Arctan} 4 = \dfrac{\pi}{2} - \operatorname{Arctan} \dfrac{1}{4}$, il vient :

$$4 \operatorname{Arctan} 4 = 2\pi - 4 \operatorname{Arctan} \frac{1}{4},$$

et avec $0 < \dfrac{1}{4} < \sqrt{2} - 1$, on a :

$$4 \operatorname{Arctan} \frac{1}{4} = \operatorname{Arcsin} \frac{1 - 1/16}{(1 + 1/16)^2} = \operatorname{Arcsin} \frac{15 \times 16}{17^2} = \operatorname{Arcsin} \frac{240}{289}.$$

Et finalement, $4 \operatorname{Arctan} 4 = 2\pi - \operatorname{Arcsin} \dfrac{240}{289}$.

Ex. 33

Étudier la limite de $\left(\dfrac{\operatorname{Arctan} n}{\operatorname{Arctan}(n+1)} \right)^{n^2}$ quand n tend vers $+\infty$.

> Étudions d'abord $\dfrac{\operatorname{Arctan} n}{\operatorname{Arctan}(n+1)}$ en considérant $\ell n\big(\operatorname{Arctan} n\big) - \ell n\big(\operatorname{Arctan}(n+1)\big)$.
> La formule des accroissements finis est un bon début.

La fonction $f : x \mapsto \ell n(\operatorname{Arctan} x)$ est dérivable sur $]0, +\infty[$.
Pour $n \in \mathbb{N}^*$, on applique la formule des accroissements finis sur l'intervalle $[n, n+1]$: il existe $c_n \in]n, n+1[$ tel que :

$$f(n+1) - f(n) = \frac{(\operatorname{Arctan})'(c_n)}{\operatorname{Arctan} c_n} = \frac{1}{(1 + c_n^2) \operatorname{Arctan} c_n}.$$

> Étudions le comportement en $+\infty$ de $f(n+1) - f(n)$ en utilisant des équivalents.

Avec $n < c_n < n+1$, on a $c_n \sim n$ et il vient $1 + c_n^2 \sim n^2$.

Et, compte tenu de $\operatorname{Arctan} u \underset{+\infty}{\sim} \dfrac{\pi}{2}$, on a $\operatorname{Arctan} c_n \sim \dfrac{\pi}{2}$. On obtient ainsi :

$$\ell n\big(\operatorname{Arctan}(n+1)\big) - \ell n(\operatorname{Arctan} n) \sim \frac{2}{\pi n^2}.$$

En posant $u_n = \left(\dfrac{\operatorname{Arctan} n}{\operatorname{Arctan}(n+1)} \right)^{n^2}$, on a $\ell n\, u_n = -n^2 \Big(\ell n\big(\operatorname{Arctan}(n+1)\big) - \ell n(\operatorname{Arctan} n) \Big)$.

On en déduit que $\ell n\, u_n \sim -\dfrac{2}{\pi}$, c'est-à-dire $\lim(\ell n\, u_n) = -\dfrac{2}{\pi}$.

Finalement, il vient : $\lim u_n = e^{-2/\pi}$.

Ex. 34

Étudier la fonction f définie par $f(x) = \operatorname{Argth} \dfrac{3x + x^3}{1 + 3x^2} - 3 \operatorname{Argth} x$.

> La fonction Argth est définie sur $]-1, 1[$. Un premier objectif est d'étudier l'ensemble de définition de f.

Soit g la fonction définie sur $\mathbb{R}$ par $g(x) = \dfrac{3x + x^3}{1 + 3x^2}$. Elle est impaire et de classe $\mathcal{C}^\infty$ sur $\mathbb{R}$.

Pour en étudier les variations, on calcule sa dérivée.

On a $g'(x) = \dfrac{3(1+x^2)}{1+3x^2} - \dfrac{6x(3x+x^3)}{(1+3x^2)^2}$ et on obtient $g'(x) = \dfrac{3(x^2-1)^2}{(1+3x^2)^2}$.

La fonction g est alors strictement croissante sur $\mathbb{R}$. En outre, on a $g(-1) = -1$ et $g(1) = 1$.

On a donc $g(x) \in]-1,1[$ si et seulement si $x \in]-1,1[$.

En conclusion, la fonction f est définie sur $]-1,1[$. Elle est de classe $\mathcal{C}^\infty$.

> Pour donner de $f(x)$ une expression différente, on dispose de trois méthodes : expression logarithmique de Argth, utilisation de la dérivée de f, ou aussi trigonométrie hyperbolique.

- *Expression logarithmique*

> Pour tout $y \in]-1,1[$, $\text{Argth}\, y = \dfrac{1}{2} \ln \dfrac{1+y}{1-y}$.

Pour exprimer $f(x) = \text{Argth} \circ g(x) - 3\,\text{Argth}\, x$, calculons $\dfrac{1+g(x)}{1-g(x)}$.

On a $1 + g(x) = \dfrac{1+3x+3x^2+x^3}{1+3x^2} = \dfrac{(1+x)^3}{1+3x^2}$ et $1 - g(x) = \dfrac{1-3x+3x^2-x^3}{1+3x^2} = \dfrac{(1-x)^3}{1+3x^2}$ d'où :

$$\frac{1+g(x)}{1-g(x)} = \frac{(1+x)^3}{(1-x)^3} \text{ puis } \text{Argth}\big(g(x)\big) = \frac{1}{2}\ln\frac{1+g(x)}{1-g(x)} = \frac{3}{2}\ln\frac{1+x}{1-x} = 3\,\text{Argth}\, x.$$

La fonction f est donc la fonction nulle sur $]-1,1[$.

- *Utilisation de la dérivée*

> Pour $y \in]-1,1[$, on a $\text{Argth}'\, y = \dfrac{1}{1-y^2}$.

Pour $x \in]-1,1[$, on a $(\text{Argth} \circ g)'(x) = \dfrac{g'(x)}{1-g^2(x)}$.

Avec $1 + g(x) = \dfrac{(1+x)^3}{1+3x^2}$ et $1 - g(x) = \dfrac{(1-x)^3}{1+3x^2}$, il vient $1 - g^2(x) = \dfrac{(1-x^2)^3}{(1+3x^2)^2}$.

Avec $g'(x) = \dfrac{3(1-x^2)^2}{(1+3x^2)^2}$, il vient $(\text{Argth} \circ g)'(x) = \dfrac{3}{1-x^2} = 3\,\text{Argth}'(x)$.

Ainsi f' est nulle sur $]-1,1[$ et, avec $f(0) = 0$, la fonction f est nulle sur $]-1,1[$.

- *Trigonométrie hyperbolique*

> Étant donné a et b réels, on a $\text{th}(a+b) = \dfrac{\text{th}\, a + \text{th}\, b}{1 + \text{th}\, a\, \text{th}\, b}$.

Pour $x \in]-1,1[$, posons $y = \text{Argth}\, x$, c'est-à-dire $x = \text{th}\, y$.

On a $\text{th}(2y) = \dfrac{2\,\text{th}\, y}{1+\text{th}^2 y}$ puis $\text{th}(3y) = \dfrac{\text{th}\, y + \text{th}(2y)}{1 + \text{th}\, y\, \text{th}(2y)}$ et on obtient $\text{th}(3y) = \dfrac{3\,\text{th}\, y + \text{th}^3 y}{1 + 3\,\text{th}^2 y}$.

Il s'ensuit $3\,\text{Argth}\, x = 3y = \text{Argth}(\text{th}\, 3y) = \text{Argth}\, \dfrac{3\,\text{th}\, y + \text{th}^3 y}{1+3\,\text{th}^2 y} = \text{Argth}\, \dfrac{3x+x^3}{1+3x^2}$.

Ainsi, f est la fonction nulle sur $]-1,1[$.

Ex. 35

On considère la suite (S_n) définie pour $n \in \mathbb{N}^*$ par $S_n = \sum_{k=1}^{n} \text{Arctan}\, \frac{1}{2k^2}$.

Étudier la convergence de (S_n) ; on pourra calculer $\text{Arctan}\, \frac{k}{k+1} - \text{Arctan}\, \frac{k-1}{k}$.

> En trigonométrie : $\tan(a-b) = \frac{\tan a - \tan b}{1 + \tan a \tan b}$ est vrai pour tout couple (a, b) de réels compris entre 0 et $\pi/2$.

Pour tout $k \in \mathbb{N}^*$, les réels $\frac{k}{k+1}$ et $\frac{k-1}{k}$ sont dans $[0, 1]$. On pose alors :

$$a = \text{Arctan}\, \frac{k}{k+1} \quad \text{et} \quad b = \text{Arctan}\, \frac{k-1}{k}.$$

Alors $\tan a = \frac{k}{k+1}$ et $\tan b = \frac{k-1}{k}$ donnent :

$$\tan a - \tan b = \frac{1}{k(k+1)} \quad \text{et} \quad 1 + \tan a \tan b = \frac{2k}{k+1}$$

et il s'ensuit $\tan(a-b) = \frac{1}{2k^2}$.

> L'égalité $\text{Arctan}(\tan x) = x$ n'est vraie que pour $|x| < \frac{\pi}{2}$.

Comme on a $0 \leqslant \frac{k-1}{k} < \frac{k}{k+1} < 1$, il vient $0 \leqslant b < a < \frac{\pi}{4}$, d'où $0 < a - b < \frac{\pi}{4}$

On peut alors écrire $\text{Arctan}\big(\tan(a-b)\big) = a - b$.

On en déduit alors $\text{Arctan}\, \frac{k+1}{k} - \text{Arctan}\, \frac{k-1}{k} = \text{Arctan}\, \frac{1}{2k^2}$.

> Le calcul de S_n est alors immédiat par télescopage.

On peut alors écrire $S_n = \sum_{k=1}^{n} \left(\text{Arctan}\, \frac{k}{k+1} - \text{Arctan}\, \frac{k-1}{k}\right)$ et on en déduit :

$$S_n = \text{Arctan}\, \frac{n}{n+1}.$$

Il vient alors $\lim S_n = \text{Arctan}\, 1$, c'est-à-dire $\lim S_n = \frac{\pi}{4}$.

Ex. 36

1) Calculer $\text{Arctan}\, 2 + \text{Arctan}\, 5 + \text{Arctan}\, 8$.

2) Résoudre l'équation $x \in \mathbb{R}$, $\text{Arctan}(x-3) + \text{Arctan}\, x + \text{Arctan}(x+3) = \frac{5\pi}{4}$.

1)

> Deux points techniques sont utiles : pour tout $x > 0$, on a $\text{Arctan}\, x + \text{Arctan}\, \frac{1}{x} = \frac{\pi}{2}$, et, pour $xy < 1$, on a $\text{Arctan}\, x + \text{Arctan}\, y = \text{Arctan}\, \frac{x+y}{1-xy}$.

On a $\text{Arctan}\, 2 + \text{Arctan}\, 8 = \pi - \text{Arctan}\, \frac{1}{2} - \text{Arctan}\, \frac{1}{8}$ et $\text{Arctan}\, \frac{1}{2} + \text{Arctan}\, \frac{1}{8} = \text{Arctan}\, \frac{2}{3}$

donc $\text{Arctan}\, 2 + \text{Arctan}\, 5 + \text{Arctan}\, 8 = \pi + \text{Arctan}\, 5 - \text{Arctan}\, \frac{2}{3}$.

Avec $\text{Arctan}\, 5 = \frac{\pi}{2} - \text{Arctan}\, \frac{1}{5}$ et $\text{Arctan}\, \frac{2}{3} + \text{Arctan}\, \frac{1}{5} = \text{Arctan}\, 1 = \frac{\pi}{4}$, il vient :

$$\text{Arctan}\, 2 + \text{Arctan}\, 5 + \text{Arctan}\, 8 = \frac{5\pi}{4}.$$

2)

> La fonction Arctan est continue sur $\mathbb{R}$ et strictement croissante.

La fonction réelle définie sur $\mathbb{R}$ par $f(x) = \text{Arctan}(x-3) + \text{Arctan}\, x + \text{Arctan}(x+3)$ est continue et strictement croissante.

Avec $\lim\limits_{x \to -\infty} f(x) = -\frac{3\pi}{2}$ et $\lim\limits_{x \to +\infty} f(x) = \frac{3\pi}{2}$, il vient $f(\mathbb{R}) = \left] -\frac{3\pi}{2}, \frac{3\pi}{2} \right[$.

Tout $x \in \left] -\frac{3\pi}{2}, \frac{3\pi}{3} \right[$ admet donc un antécédent et un seul par f.

> Il suffit alors de remarquer que $\text{Arctan}\, 2 + \text{Arctan}\, 5 + \text{Arctan}\, 8 = f(5)$.

La question précédente a permis de voir que $f(5) = \frac{5\pi}{4}$.

L'équation $x \in \mathbb{R}, f(x) = \frac{5\pi}{4}$ a donc 5 pour unique solution.

F Formule de Taylor

Ex. 37

On considère deux fonctions f et g de classe $\mathcal{C}^3$ sur un intervalle de centre 0.

On suppose que f et g sont impaires et que $g^{(3)}(0) \neq 0$.

Étudier la limite quand x tend vers 0 de $\dfrac{f(x) - 2f(2x) + f(3x)}{g(x) - 2g(2x) + g(3x)}$.

Soit $h : x \mapsto \dfrac{f(x) - 2f(2x) + f(3x)}{g(x) - 2g(2x) + g(3x)}$.

> Comme f et g sont impaires, on a $f(0) = g(0) = 0$. La fonction h n'est pas définie en 0.
>
> La formule de Taylor-Young va permettre de préciser :
>
> $f(x) - 2f(2x) + f(3x)$ et $g(x) - 2g(2x) + g(3x)$ au voisinage de 0.

f et g étant impaires, il en est de même pour f'' et g'', donc $f''(0) = g''(0) = 0$.
Utilisons la formule de Taylor-Young.

Lorsque x tend vers 0, on a : $f(x) = f(0) + xf'(0) + \frac{x^2}{2} f''(0) + \frac{x^3}{6} f'''(0) + o(x^3)$.

f étant impaire, il vient $f(0) = f''(0) = 0$ et donc $f(x) = xf'(0) + \frac{x^3}{6} f'''(0) + o(x^3)$.

On en déduit $f(2x) = 2xf'(0) + \frac{4x^3}{3}f'''(0) + o(x^3)$ et $f(3x) = 3xf'(0) + \frac{9x^3}{2}f'''(0) + o(x^3)$ et enfin :

$$f(x) - 2f(2x) + f(3x) = 2x^3 f'''(0) + o(x^3).$$

Un calcul analogue donne $g(x) - 2g(2x) + g(3x) = 2x^3 g'''(0) + o(x^3)$, d'où :

$$\frac{f(x) - 2f(2x) + f(3x)}{g(x) - 2g(2x) + g(3x)} = \frac{f'''(0) + 0(1)}{g'''(0) + 0(1)}.$$

On en déduit que $\lim\limits_{x \to 0} \frac{f(x) - 2f(2x) + f(3x)}{g(x) - 2g(2x) + g(3x)} = \frac{f'''(0)}{g'''(0)}$.

Ex. 38

Soit f une fonction de $\mathbb{R}$ dans $\mathbb{R}$, de classe $\mathcal{C}^2$.

On suppose que : $\forall (x, y) \in \mathbb{R}^2,\ f(x - y)f(x + y) \leqslant f^2(x)$.

Montrer que, pour tout $x \in \mathbb{R}$, on a $f(x)f''(x) \leqslant f'^2(x)$ **(1)**.

> La conclusion souhaitée ne concerne qu'une variable alors que l'hypothèse porte sur deux variables.
>
> On va donc, pour x fixé quelconque dans $\mathbb{R}$, exploiter l'hypothèse avec un passage à la limite pour y tendant vers 0.
>
> On exprime alors $f(x + y)$ en fonction de $f(x)$, $f'(x)$ et $f''(x)$ en utilisant la formule de Taylor. On a ainsi l'opportunité de faire apparaître ces nombres en vue de **(1)**.

Comme f est de classe $\mathcal{C}^2$ sur $\mathbb{R}$, la formule de Taylor-Young donne, lorsque y tend vers 0 :

$$f(x + y) = f(x) + yf'(x) + \frac{y^2}{2}f''(x) + o(y^2) \text{ et } f(x - y) = f(x) - yf'(x) + \frac{y^2}{2}f''(x) + o(y^2).$$

En multipliant membre à membre ces deux égalités, il vient :

$$f(x + y)f(x - y) = f(x)^2 + y^2\left(f(x)f''(x) - f'(x)^2\right) + o(y^2).$$

On en déduit $\frac{f(x + y)f(x - y) - f(x)^2}{y^2} = f(x)f''(x) - f'(x)^2 + o(1)$, donc aussi :

$$f(x)f''(x) - f'(x)^2 = \lim_{y \to 0} \frac{f(x + y)f(x - y) - f(x)^2}{y^2}.$$

Avec $f(x + y)f(x - y) - f(x)^2 \leqslant 0$, il vient $\lim\limits_{y \to 0} \frac{f(x + y)f(x - y) - f(x)^2}{y^2} \leqslant 0$, et on obtient :

$$f(x)f''(x) - f'(x)^2 \leqslant 0.$$

Ⓖ Développements limités, comparaison

Ex. 39

1) Soit $(u_n)_{n\in\mathbb{N}^*}$ et $(v_n)_{n\in\mathbb{N}^*}$ des suites de $\mathbb{R}_+$. On pose $U_n = \sum_{k=1}^{n} u_k$ et $V_n = \sum_{k=1}^{n} v_k$.

Montrer que si $\lim V_n = +\infty$, et $u_n = o(v_n)$, alors on a $U_n = o(V_n)$.

2) Soit $(a_n)_{n\in\mathbb{N}^*}$ et $(b_n)_{n\in\mathbb{N}^*}$ des suites de réels positifs.

On note $A_n = \sum_{k=1}^{n} a_k$ et $B_n = \sum_{k=1}^{n} b_k$ et on suppose que : (1) $a_n \sim b_n$ et (2) $\lim B_n = +\infty$.

Montrer que $A_n \sim B_n$.

Ce sujet concerne les suites positives, et elles seulement !
C'est cela qu'il faut utiliser pour traduire que $u_n = o(v_n)$.

1) Exprimons que $u_n = o(v_n)$, en utilisant $u_n \geqslant 0$ et $v_n \geqslant 0$.

$$\forall \varepsilon > 0, \exists p \in \mathbb{N}, n \geqslant p \Rightarrow u_n \leqslant \varepsilon v_n.$$

On en déduit $\sum_{k=p+1}^{n} u_k \leqslant \varepsilon \sum_{k=p+1}^{n} v_k$ c'est-à-dire $U_n - U_p \leqslant \varepsilon\big(V_n - V_p\big)$.

Avec $\lim V_n = +\infty$, on a l'existence de $q \in \mathbb{N}$ tel que $n \geqslant q \Rightarrow V_n > 0$.

Il vient alors, pour $n \geqslant \sup(p, q)$, $\dfrac{U_n}{V_n} \leqslant \varepsilon + \dfrac{U_p - \varepsilon V_p}{V_n}$.

Avec $\lim\limits_{n\to+\infty} \dfrac{U_p - \varepsilon V_p}{V_n} = 0$, on a $\exists r \in \mathbb{N}, \forall n \geqslant r, \left|\dfrac{U_p - \varepsilon V_p}{V_n}\right| \leqslant \varepsilon$ et donc $\forall n \geqslant \sup(p, q, r)$,

$0 \leqslant \dfrac{U_n}{V_n} \leqslant 2\varepsilon$. Il s'ensuit $U_n = o(V_n)$.

2) Après avoir exprimé que $a_n \sim b_n$, on utilise la première question.

On a $a_n - b_n = o(b_n)$ et $\lim B_n = +\infty$. En remarquant que $|A_n - B_n| \leqslant \sum_{k=1}^{n} |a_n - b - n|$, la première question donne donc :

$$A_n - B_n = o(B_n) \text{ c'est-à-dire } A_n \sim B_n.$$

Ex. 40

Étudier la suite (x_n) définie par $x_0 > 0$ et $x_{n+1} = x_n + \dfrac{1}{x_n^2}$.

Une suite réelle croissante et strictement positive est ou bien convergente, de limite $\ell > 0$, ou bien de limite $+\infty$.

Si on a $x_n > 0$, il vient $x_{n+1} = x_n + \dfrac{1}{x_n^2} > 0$.

Avec $x_0 > 0$, on en déduit $x_n > 0$ pour tout $n \in \mathbb{N}$.

En outre, $x_{n+1} - x_n = \dfrac{1}{x_n^2}$ assure que (x_n) est strictement croissante.

Si (x_n) admet une limite réelle ℓ, on a nécessairement $\ell > 0$, alors $\lim \left(x_{n+1} - x_n\right) = 0$ et $\lim \dfrac{1}{x_n^2} = \dfrac{1}{\ell^2}$ donne une contradiction.

En conséquence, on a $\lim x_n = +\infty$.

> Pour préciser la vitesse de convergence vers $+\infty$ de cette suite, il est d'usage de chercher un équivalent de x_n en utilisant que $\dfrac{1}{x_n}$ est de limite 0.
>
> Une démarche classique consiste à élever à une puissance α et, au vu des termes significatifs, de choisir α au mieux de nos intérêts.

En élevant $x_{n+1} = x_n\left(1 + \dfrac{1}{x_n^3}\right)$ à la puissance α, on utilise le développement classique :

$$(1+h)^\alpha = 1 + \alpha h + o(h).$$

$$x_{n+1}^\alpha = x_n^\alpha\left(1 + \frac{\alpha}{x_n^3} + o\left(\frac{1}{x_n^3}\right)\right) = x_n^\alpha + \alpha x_n^{\alpha-3} + o\left(x_n^{\alpha-3}\right).$$

En choisissant $\alpha = 3$, il vient $x_{n+1}^3 - x_n^3 = 3 + o(1)$, c'est-à-dire $x_{n+1}^3 - x_n^3 \sim 3$.

> On a vu dans l'exercice précédent que l'on peut ajouter des équivalents lorsque certaines conditions sont réalisées. Il est vivement conseillé de s'y reporter.

Avec le résultat rappelé ci-dessus, on est en droit d'écrire $\displaystyle\sum_{k=0}^{n}(x_{k+1}^3 - x_k^3) \sim \sum_{k=0}^{n} 3 = 3(n+1)$, c'est-à-dire $x_{n+1}^3 - x_0^3 \sim 3(n+1)$ puis $x_{n+1}^3 \sim 3(n+1)$.

Alors $x_n^3 \sim 3n$ donne finalement $x_n \sim \sqrt[3]{3n}$.

Ex. 41

1) E désignant la fonction partie entière, montrer que pour tout $\alpha \in]0,1[$, $e^{E(x)^\alpha}$ et e^{x^α} sont équivalents en $+\infty$,

2) Montrer que, pour $\alpha \geqslant 1$, $e^{E(x)^\alpha}$ et e^{x^α} ne sont pas équivalents en $+\infty$.

> On a $e^{u(x)} \underset{+\infty}{\sim} e^{v(x)}$ si et seulement si $u(x) - v(x)$ est de limite 0 en $+\infty$.
>
> C'est une faute grave d'imaginer que $u(x) \underset{+\infty}{\sim} v(x)$ implique $e^{u(x)} \underset{+\infty}{\sim} e^{v(x)}$!
>
> Examinons en préliminaire deux cas significatifs.

Pour tout $x > 0$, $x - 1 < E(x) \leqslant x$ donne $1 - \dfrac{1}{x} < \dfrac{E(x)}{x} \leqslant 1$, et il vient $\displaystyle\lim_{x\to+\infty} \frac{E(x)}{x} = 1$, c'est-à-dire $E(x) \underset{+\infty}{\sim} x$. On en déduit que $E(x)^\alpha \underset{+\infty}{\sim} x^\alpha$.

- Examinons le cas où $\alpha = \dfrac{1}{2}$. On a $0 \leqslant \sqrt{x} - \sqrt{E(x)} = \dfrac{x - E(x)}{\sqrt{x} + \sqrt{E(x)}} \leqslant \dfrac{1}{2\sqrt{E(x)}}$.

On en déduit que $\displaystyle\lim_{x\to+\infty}\left(\sqrt{x} - \sqrt{E(x)}\right) = 0$, puis que $e^{\sqrt{E(x)}} \underset{+\infty}{\sim} e^{\sqrt{x}}$.

- On examine le cas où $\alpha = 1$. Remarquons que $x - E(x)$ n'est pas de limite 0 en $+\infty$.

En effet, pour tout $n \in \mathbb{N}^*$, on a $\left(n + \frac{1}{2}\right) - E\left(n + \frac{1}{2}\right) = \frac{1}{2}$.

$e^{E(x)}$ et e^x ne sont donc pas équivalents en $+\infty$.

> C'est un des multiples exemples où $e^{u(x)}$ et $e^{v(x)}$ ne sont pas équivalents bien que $u(x)$ et $v(x)$ le soient.

1) Étudions le premier cas global : $\alpha \in]0, 1[$.

Pour $x > 1$, on a $1 \leqslant E(x) \leqslant x$ et $0 \leqslant x - 1 < E(x)$, d'où $E(x)^\alpha \leqslant x^\alpha$ et $E(x)^\alpha > (x-1)^\alpha$.

Il s'ensuit que $0 \leqslant x^\alpha - E^\alpha(x) < x^\alpha - (x-1)^\alpha$.

Or $x^\alpha - (x-1)^\alpha = x^\alpha \left(1 - \left(1 - \frac{1}{x}\right)^\alpha\right)$.

Le développement limité classique $(1-h)^\alpha = 1 - \alpha h + o(h)$ en 0 donne :

$$1 - \left(1 - \frac{1}{x}\right)^\alpha \underset{+\infty}{\sim} \frac{\alpha}{x}$$

et il s'ensuit $x^\alpha - (x-1)^\alpha \underset{+\infty}{\sim} \frac{\alpha}{x^{1-\alpha}}$.

On a donc, pour tout $\alpha \in]0, 1[$, $\lim\limits_{x \to +\infty} \left(x^\alpha - E(x)^\alpha\right) = 0$, c'est-à-dire $e^{E(x)^\alpha} \underset{+\infty}{\sim} e^{x^\alpha}$.

2) Étudions enfin le deuxième cas global : $\alpha \geqslant 1$.

> Dans le cas particulier $\alpha = 1$, on a fait intervenir $n + \frac{1}{2}$ avec $n \in \mathbb{N}^*$. Il est raisonnable de s'en inspirer pour traiter ce dernier cas.

Considérons $x_n = n + \frac{1}{2}$ avec $n \in \mathbb{N}^*$. Alors $E(x_n) = n$ et $x_n^\alpha - E(x_n)^\alpha = \left(pn + \frac{1}{2}\right)^\alpha - n^\alpha$.

$\left(n + \frac{1}{2}\right)^\alpha - n^\alpha = n^\alpha \left(\left(1 + \frac{1}{2n}\right)^\alpha - 1\right)$ et $\left(1 + \frac{1}{2n}\right)^\alpha - 1 \sim \frac{\alpha}{2n}$ donne :

$$\left(n + \frac{1}{2}\right)^\alpha - n^\alpha \sim \frac{\alpha}{2} n^{\alpha - 1}.$$

On en déduit que, pour $\alpha \geqslant 1$, $x_n^\alpha - E(x_n)^\alpha$ n'est pas de limite 0 en $+\infty$, donc que $x^\alpha - E^\alpha(x)$ n'est pas de limite 0 en $+\infty$, c'est-à-dire que $e^{E^\alpha(x)}$ et e^{x^α} ne sont pas équivalents en $+\infty$.

Ex. 42

Soit (u_n) la suite définie par $u_0 = 1$ et $\forall n \in \mathbb{N}$, $u_{n+1} = \frac{1}{1 + nu_n}$.

Prouver que $\forall n \in \mathbb{N}^*$, $\frac{1}{1 + \sqrt{n}} \leqslant u_n$ et donner un équivalent de u_n.

On a $u_n > 0$ pour tout n puis $u_n < 1$ pour tout $n \geqslant 1$.

Avec $1 + nu_n > nu_n$ pour $n \geqslant 1$, il vient $u_n u_{n+1} \leqslant \frac{1}{n}$.

> On peut espérer obtenir $u_n \leqslant \frac{1}{\sqrt{n}}$ et, si cela était, on aurait effectivement $u_n u_{n+1} \leqslant \frac{1}{n}$.
> Pour procéder par récurrence en vue de majorer u_{n+1}, il faudrait une minoration de u_n. Ce sera le rôle de celle qui est proposée.

$u_1 = \frac{1}{2}$ est compris entre $\frac{1}{2}$ et 1.

Supposons que, pour $n \geqslant 1$, on ait $\frac{1}{1+\sqrt{n}} \leqslant u_n \leqslant \frac{1}{\sqrt{n}}$.

- $u_n \leqslant \frac{1}{\sqrt{n}}$ donne $1 + nu_n \leqslant 1 + \sqrt{n}$ et on en déduit $1 + nu_n \leqslant 1 + \sqrt{n+1}$.

Il s'ensuit que $\frac{1}{1+\sqrt{n+1}} \leqslant u_{n+1}$.

- $\frac{1}{1+\sqrt{n}} \leqslant u_n$ donne $1 + \frac{n}{1+\sqrt{n}} \leqslant 1 + nu_n$ puis $u_{n+1} \leqslant \frac{1}{1+\frac{n}{1+\sqrt{n}}}$.

Pour conclure, il suffit de prouver que $\frac{1}{1+\frac{n}{1+\sqrt{n}}} \leqslant \frac{1}{\sqrt{n+1}}$ ce qui équivaut à :

$\sqrt{n+1} \leqslant 1 + \frac{n}{1+\sqrt{n}}$ c'est-à-dire $\sqrt{n+1} - 1 \leqslant \frac{n}{1+\sqrt{n}}$ ou encore $\frac{n}{\sqrt{n+1}+1} \leqslant \frac{n}{1+\sqrt{n}}$, ce qui découle de $\sqrt{n} \leqslant \sqrt{n+1}$.

- En conclusion pour tout $n \in \mathbb{N}^*$, on a $\frac{1}{1+\sqrt{n}} \leqslant u_n \leqslant \frac{1}{\sqrt{n}}$.

Il en découle immédiatement que $u_n \sim \frac{1}{\sqrt{n}}$.

> Une fois envisagé l'éventualité de $u_n \leqslant \frac{1}{\sqrt{n}}$, la suite est assez facile.
>
> La clé de cet exercice réside donc là et c'est ce qui le rend un peu délicat.

Ex. 43

Soit f une fonction réelle définie et deux fois dérivable sur $[0, 1]$.
On suppose que $f(0) = f'(0) = 0$, $f(1) = 1$ et $f'(1) = 0$.
Montrer qu'il existe $\alpha \in]0, 1[$ tel que $|f''(\alpha)| \geqslant 4$.

> On procède par contraposée, en utilisant la formule de Taylor-Lagrange.

Supposons que, pour tout $x \in]0, 1[$, $|f''(x)| < 4$.

f étant deux fois dérivable sur $\left[0, \frac{1}{2}\right]$, il existe $\alpha \in \left]0, \frac{1}{2}\right[$ tel que :

$$f\left(\frac{1}{2}\right) = f(0) + \frac{1}{2}f'(0) + \frac{1}{8}f''(\alpha)$$

en application de la formule de Taylor-Lagrange.

Il s'ensuit, avec les hypothèses sur f et l'hypothèse de travail : $\left|f\left(\frac{1}{2}\right)\right| < \frac{1}{2}$ (1).

En appliquant cette même formule sur l'intervalle $\left[\frac{1}{2}, 1\right]$,

$$\exists\ \beta \in \left]\frac{1}{2}, 1\right[,\ f\left(\frac{1}{2}\right) = f(1) - \frac{1}{2}f'(1) + \frac{1}{8}f''(\beta)$$

et donc, dans les mêmes conditions : $\left|1-f\left(\frac{1}{2}\right)\right|<\frac{1}{2}$ (2).

Avec (1) et (2), on obtient : $1=1-f\left(\frac{1}{2}\right)+f\left(\frac{1}{2}\right)\leqslant\left|1-f\left(\frac{1}{2}\right)\right|+\left|f\left(\frac{1}{2}\right)\right|<1.$

Cette contradiction évidente montre que : $\exists\ \alpha\in]0,1[,\ |f''(\alpha)|\geqslant 4.$

Autre démonstration

Considérons l'application g de $[0,1]$ dans $\mathbb{R}$ définie par $g(x)=f(1-x)-f(x)$.
Elle est deux fois dérivable comme f.
On peut lui appliquer la formule de Taylor-Lagrange :

$$\text{il existe } c\in\left]0,\frac{1}{2}\right[,\ \text{tel que}\quad g\left(\frac{1}{2}\right)=g(0)+\frac{1}{2}g'(0)+\frac{1}{8}g''(c).$$

Avec $g'(x)=-f'(1-x)-f'(x)$ et $g''(x)=f''(1-x)-f''(x)$, il vient :

$$g(0)=1\ ,\ g'(0)=0\ ,\ g\left(\frac{1}{2}\right)=0\ ,\ g''(c)=-8$$

et donc : $$8\leqslant -f''(1-c)+f''(c)\leqslant|f''(1-c)|+|f''(c)|.$$

Pour $\alpha=c$ ou pour $\alpha=1-c$, on a $|f''(\alpha)|\geqslant 4.$

Ex. 44

Soit f une fonction réelle définie et de classe $\mathcal{C}^\infty$ sur un intervalle $[a,b]$.
Pour $n\in\mathbb{N}^*$, la formule de Taylor-Lagrange donne $\forall h\in\mathbb{R}$ tel que $a+h\in[a,b]$,

$$(1)\quad \exists\ \theta_n\in]0,1[,\ f(a+h)=f(a)+\sum_{k=1}^{n-1}\frac{h^k}{k!}f^{(k)}(a)+\frac{h^n}{n!}f^{(n)}\big(a+\theta_n h\big).$$

1) On suppose $f^{(n+1)}(a)\neq 0$. Montrer que $\lim\limits_{h\to 0}\theta_n=\dfrac{1}{n+1}$.
Que dire de θ_n si f est une fonction polynôme de degré au plus égal à $n+1$?

2) On suppose qu'il existe $p\in\mathbb{N}^*$ tel que :

$$f^{(n+1)}(a)=f^{(n+2)}(a)=\ldots=f^{(n+p-1)}(a)=0\qquad\text{et}\qquad f^{(n+p)}(a)\neq 0.$$

Étudier alors la limite de la suite (θ_n).

> On commence par comparer les relations (1) aux ordres n et $n+1$.
> On peut supposer $a<b$ et $0\leqslant h\leqslant b-a$.

1) La comparaison des relations (1) aux ordres n et $n+1$ donne, pour $h>0$:

$$(2):\qquad f^{(n)}(a+\theta_n h)=f^{(n)}(a)+\frac{h}{n+1}f^{(n+1)}(a+\theta_{n+1}h),$$

et, avec la formule des accroissements finis, la relation (2) devient :

$$(3):\qquad \theta_n f^{(n+1)}(a+\lambda\,\theta_n\,h)=\frac{1}{n+1}f^{(n+1)}(a+\theta_{n+1}h)\quad \text{avec } \lambda\in]0,1[.$$

$f^{(n+1)}$ est continue en a et $f^{(n+1)}(a)\neq 0$; donc $\exists\,\alpha>0,\ \forall t\in[a,a+\alpha],\ f^{(n+1)}(t)\neq 0.$

Pour $0<h<\alpha$, la relation (3) donne $\theta_n=\dfrac{1}{n+1}\dfrac{f^{(n+1)}(a+\theta_{n+1}h)}{f^{(n+1)}(a+\lambda\,\theta_n\,h)}$

Puisque l'on a $f^{(n+1)}(a+\theta_{n+1}h) = f^{(n+1)}(a) + o(1)$ et $f^{(n+1)}(a+\lambda\,\theta_n\,h) = f^{(n+1)}(a) + o(1)$, d'après la continuité de $f^{(n+1)}$ en a, il vient :

$$\lim_{h\to 0} \theta_n = \frac{1}{n+1}.$$

Si f est une fonction polynôme de degré $n+1$, sa dérivée d'ordre $n+1$ est constante et la relation (3) donne $\theta_n = \dfrac{1}{n+1}$, indépendamment de h.

2)

> Dans le même esprit, on compare les relations (1) aux ordres n et $n+p$.

La comparaison des relations (1) aux ordres n et $n+p$ donne, pour $h>0$:

$$(4): \quad f^{(n)}(a+\theta_n h) = f^{(n)}(a) + \frac{n!}{(n+p)!}\, h^p f^{(n+p)}(a+\theta_{n+p}h).$$

puis, en appliquant la formule de Taylor à la fonction $f^{(n)}$ à l'ordre p :

$$(5): \quad f^{(n)}(a+\theta_n h) = f^{(n)}(a) + \frac{(\theta_n h)^p}{p!} f^{(n+p)}(a+\lambda\,\theta_n\,h) \quad \text{avec } \lambda \in]0,1[.$$

La comparaison des relations (4) et (5) donne :

$$(6): \quad \theta_n^p f^{(n+p)}(a+\lambda\,\theta_n\,h) = \frac{n!\,p!}{(n+p)!} f^{(n+p)}(a+\theta_{n+p}h).$$

$f^{(n+p)}$ est continue en a et $f^{(n+p)}(a) \neq 0$; donc $\exists \alpha > 0,\ \ \forall t \in [a, a+\alpha],\ f^{(n+p)}(t) \neq 0$.

Avec $f^{(n+p)}(a+\theta_{n+p}h) = f^{(n+p)}(a) + o(1)$ et $f^{(n+p)}(a+\lambda\,\theta_n\,h) = f^{(n+p)}(a) + o(1)$, la relation (6) donne : $\displaystyle\lim_{h\to 0} \theta_n = \sqrt[p]{\frac{n!p!}{(n+p)!}} = \left(C_{n+p}^p\right)^{-\frac{1}{p}}.$

Dans le cas particulier $p=1$, on retrouve bien $\dfrac{1}{n+1}$.

Exemple : $\sin x = x - \dfrac{x^3}{6}\cos(\theta x)$, avec $\theta \in]0,1[$.

Dans ce cas $n=3,\ \ p=2$ et on a donc $\displaystyle\lim_{x\to 0} \theta = \sqrt{\frac{2!3!}{5!}} = \frac{1}{\sqrt{10}}.$

Ex. 45

Étudier la limite, quand x tend vers $+\infty$, de $\left(\operatorname{ch}\sqrt{x+1} - \operatorname{ch}\sqrt{x}\right)^{\frac{1}{\sqrt{x}}}$.

> La fonction f est définie sur $]0,+\infty[$, pour tenir compte de $\sqrt{x}$.
> Et, pour tout $x \geqslant 0$, on a $\operatorname{ch}\sqrt{x+1} - \operatorname{ch}\sqrt{x} > 0$.

Posons $f(x) = \left(\operatorname{ch}\sqrt{x+1} - \operatorname{ch}\sqrt{x}\right)^{\frac{1}{\sqrt{x}}}$ et $\varphi(x) = \ell n\big(f(x)\big)$.

> Un peu de trigonométrie hyperbolique : étant donné u et v réels, on a :
>
> $$\operatorname{ch} u - \operatorname{ch} v = 2\operatorname{sh}\frac{u+v}{2}\operatorname{sh}\frac{u-v}{2}.$$

Avec $\operatorname{ch}\sqrt{x+1} - \operatorname{ch}\sqrt{x} = 2\operatorname{sh}\dfrac{\sqrt{x+1}-\sqrt{x}}{2}\operatorname{sh}\dfrac{\sqrt{x+1}+\sqrt{x}}{2}$, on a :

$$\varphi(x) = \frac{1}{\sqrt{x}}\,\ell n\left(2\operatorname{sh}\frac{\sqrt{x+1}-\sqrt{x}}{2}\operatorname{sh}\frac{\sqrt{x+1}+\sqrt{x}}{2}\right)$$

d'où : $$\varphi(x)=\frac{1}{\sqrt{x}}\ln 2+\frac{1}{\sqrt{x}}\ln\left(\operatorname{sh}\frac{\sqrt{x+1}-\sqrt{x}}{2}\right)+\frac{1}{\sqrt{x}}\ln\left(\operatorname{sh}\frac{\sqrt{x+1}+\sqrt{x}}{2}\right).$$

- Le premier terme est de limite banale : **(1)** $\displaystyle\lim_{x\to+\infty}\frac{\ln 2}{\sqrt{x}}=0.$
- Pour le second terme, on note que $\displaystyle\frac{\sqrt{x+1}-\sqrt{x}}{2}=\frac{1}{2(\sqrt{x+1}+\sqrt{x})}$ donc :

$$\lim_{x\to+\infty}\frac{\sqrt{x+1}-\sqrt{x}}{2}=0.$$

Alors, avec $\operatorname{sh}u\underset{0}{\sim}u$, il vient :

$$\operatorname{sh}\frac{\sqrt{x+1}-\sqrt{x}}{2}\underset{+\infty}{\sim}\frac{1}{2(\sqrt{x+1}+\sqrt{x})}\sim\frac{1}{4\sqrt{x}}.$$

> Une situation usuelle à connaître : lorsque les fonctions u et v sont positives et de limites 0 ou bien de limites $+\infty$, avec $u(x)\sim v(x)$, on a $\ln u(x)\sim\ln v(x)$.

On en déduit $\displaystyle\ln\operatorname{sh}\frac{\sqrt{x+1}-\sqrt{x}}{2}\sim\ln\frac{1}{4\sqrt{x}}$ et, avec $\displaystyle\ln\frac{1}{4\sqrt{x}}=-2\ln 2-\frac{1}{2}\ln x$, il vient :

$$\ln\operatorname{sh}\frac{\sqrt{x+1}-\sqrt{x}}{2}\sim-\frac{1}{2}\ln x\ \text{ puis enfin }\ \frac{1}{\sqrt{x}}\ln\operatorname{sh}\frac{\sqrt{x+1}-\sqrt{x}}{2}\underset{+\infty}{\sim}-\frac{1}{2\sqrt{x}}\ln x.$$

Il en résulte finalement : **(2)** $\displaystyle\lim_{x\to+\infty}\frac{1}{\sqrt{x}}\ln\operatorname{sh}\frac{\sqrt{x+1}-\sqrt{x}}{2}=0.$

- Étudions enfin le troisième terme : $\displaystyle\ln\operatorname{sh}\frac{\sqrt{x}+\sqrt{x+1}}{2}.$

> Rappelons que, pour t tendant vers $+\infty$, on a $\operatorname{sh}t\sim\frac{1}{2}e^t$.

On a $\displaystyle\operatorname{sh}\frac{\sqrt{x}+\sqrt{x+1}}{2}\sim\frac{1}{2}e^{\frac{\sqrt{x}+\sqrt{x+1}}{2}}$ puis, avec $\displaystyle\lim_{x\to+\infty}\operatorname{sh}\frac{\sqrt{x}+\sqrt{x+1}}{2}=+\infty$:

$$\ln\operatorname{sh}\frac{\sqrt{x}+\sqrt{x+1}}{2}\sim\ln\left(\frac{1}{2}e^{\frac{\sqrt{x}+\sqrt{x+1}}{2}}\right)=\ln\frac{1}{2}+\ln\left(e^{\frac{\sqrt{x}+\sqrt{x+1}}{2}}\right).$$

Notons que $\displaystyle\ln\left(e^{\frac{\sqrt{x}+\sqrt{x+1}}{2}}\right)=\frac{\sqrt{x}+\sqrt{x+1}}{2}$ et que $\displaystyle\frac{\sqrt{x}+\sqrt{x+1}}{2}\sim\sqrt{x}.$

On en déduit finalement que **(3)** $\displaystyle\lim_{x\to+\infty}\frac{1}{\sqrt{x}}\ln\operatorname{sh}\frac{\sqrt{x+1}+\sqrt{x}}{2}=1.$

- En regroupant les trois résultats établis, il vient $\displaystyle\lim_{x\to+\infty}\ln f(x)=1$ et donc :

$$\lim_{x\to+\infty}f(x)=e.$$

Ex. 46

Étudier la limite, quand t tend vers $+\infty$, de $\displaystyle\frac{\operatorname{sh}\sqrt{t^2+t}-\operatorname{sh}\sqrt{t^2-t}}{\left(1+\frac{1}{t}\right)^{t^2}-\frac{t^6}{6}\ln^2 t}.$

> On traite séparément le numérateur et le dénominateur en en cherchant des équivalents, avec éventuellement des développements limités en $\frac{1}{t}$.

■ Pour le dénominateur, on a $\left(1+\frac{1}{t}\right)^{t^2}=e^{t^2\ln\left(1+\frac{1}{t}\right)}$.

Avec $\ln\left(1+\frac{1}{t}\right)=t^2\left(\frac{1}{t}-\frac{1}{2t^2}+o\left(\frac{1}{t^2}\right)\right)=t-\frac{1}{2}+o(1)$, il vient que : $t\mapsto \ln\left(1+\frac{1}{t}\right)-\left(t-\frac{1}{2}\right)$ admet 0 pour limite quand t tend vers $+\infty$.

> On utilise alors la règle usuelle $e^u\sim e^v \iff \lim(u-v)=0$.

Il en résulte que : $\left(1+\frac{1}{t}\right)^{t^2}\sim e^{t-\frac{1}{2}}$ quand t tend vers $+\infty$.

> Pour en finir avec le dénominateur, on utilise que, si $u=v+\alpha$ avec $\alpha=o(v)$, alors $u\sim v$.

Par ailleurs, les comparaisons de fonctions usuelles permettent de dire que :

$$t^6\ln^2 t=o(e^t)\ \text{en } +\infty.$$

On obtient donc en première conclusion : $D=\left(1+\frac{1}{t}\right)^{t^2}-\frac{t^6}{6}\ln^2 t\sim e^{t-\frac{1}{2}}$.

■ Étude du numérateur $N=\operatorname{sh}\sqrt{t^2+t}-\operatorname{sh}\sqrt{t^2-t}$.

> Un équivalent s'étudie dans un langage multiplicatif. Le premier soin est de transformer le numérateur en produit : $\operatorname{sh}a-\operatorname{sh}b=2\operatorname{sh}\frac{a-b}{2}\operatorname{ch}\frac{a+b}{2}$.

■ On a $\operatorname{sh}\sqrt{t^2+t}-\operatorname{sh}\sqrt{t^2-t}=2\operatorname{sh}\frac{\sqrt{t^2+t}-\sqrt{t^2-t}}{2}\operatorname{ch}\frac{\sqrt{t^2+t}+\sqrt{t^2-t}}{2}$.

En écrivant $\frac{1}{2}\left(\sqrt{t^2+t}-\sqrt{t^2-t}\right)=\frac{t}{2}\left(\left(1+\frac{1}{t}\right)^{\frac{1}{2}}-\left(1-\frac{1}{t}\right)^{\frac{1}{2}}\right)$, avec :

$$\left(1+\frac{1}{t}\right)^{\frac{1}{2}}=1+\frac{1}{2t}+o\left(\frac{1}{t}\right)\ \text{et}\ \left(1-\frac{1}{t}\right)^{\frac{1}{2}}=1-\frac{1}{2t}+o\left(\frac{1}{t}\right),$$

il vient : $\frac{1}{2}\left(\sqrt{t^2+t}-\sqrt{t^2-t}\right)=\frac{t}{2}\left(\frac{1}{t}+o\left(\frac{1}{t}\right)\right)=\frac{1}{2}+o(1)\sim\frac{1}{2}$ quand t tend vers $+\infty$.

On a donc $\quad \operatorname{sh}\frac{\sqrt{t^2+t}-\sqrt{t^2-t}}{2}\sim\operatorname{sh}\frac{1}{2}$.

> Pour le second terme du produit, on commence au contraire par un équivalent de ch :
>
> $$\operatorname{ch}u\underset{+\infty}{\sim}\frac{1}{2}e^u.$$

■ Quand u tend vers $+\infty$, on a $\lim\limits_{t\to+\infty}\frac{\sqrt{t^2+t}+\sqrt{t^2-t}}{2}=+\infty$, donc :

$$\operatorname{ch}\frac{\sqrt{t^2+t}+\sqrt{t^2-t}}{2}\sim\frac{1}{2}e^{\frac{\sqrt{t^2+t}+\sqrt{t^2-t}}{2}}.$$

De même que ci-dessus, on obtient :

$$\frac{1}{2}\left(\sqrt{t^2+t}+\sqrt{t^2-t}\right)=\frac{t}{2}\left(\left(1+\frac{1}{t}\right)^{\frac{1}{2}}+\left(1-\frac{1}{t}\right)^{\frac{1}{2}}\right)=\frac{t}{2}\left(2+o\left(\frac{1}{t}\right)\right)=t+o(1)$$

et il s'ensuit $e^{\frac{\sqrt{t^2+t}+\sqrt{t^2-t}}{2}}\sim e^t$.

■ Finalement, en deuxième conclusion, $N\sim e^t\operatorname{sh}\frac{1}{2}$.

■ En regroupant ces deux conclusions, on conclut que, quand t tend vers $+\infty$, on a : $\frac{N}{D}\sim e^{\frac{1}{2}}\operatorname{sh}\frac{1}{2}=\frac{1}{2}(e-1)$. La limite cherchée est ainsi $\frac{1}{2}(e-1)$.

B. U. PARIS 13 SCIENCES

Thèmes d'étude - Problèmes

1 Partie entière et densité

Pour tout x réel, on pose $f(x) = x - E(x)$, où $E(x)$ désigne la partie entière de x, et on considère l'ensemble $F_X = \{f(nx), n \in \mathbb{N}^*\}$.

1) a) Vérifier que, pour tout $x \in \mathbb{R}$, on a $0 \leqslant f(x) < 1$.

b) Vérifier que, pour tout $x \in \mathbb{R}$ et pour tout $k \in \mathbb{Z}$, on a $f(x+k) = f(x)$.

c) Montrer que, pour tout $x \in \mathbb{R}$ et pour tout p entier, on a $f(px) = f\big(pf(x)\big)$.

2) a) Montrer qu'un réel x est rationnel si et seulement si il existe un entier q non nul tel que $f(qx) = 0$.

b) Soit x un rationnel : il existe des entiers p et q, $q > 0$, tels que $x = \frac{p}{q}$.
Soit $n \in \mathbb{N}^*$ et r le reste dans la division de n par q, Montrer qu'on a $f(nx) = f(rx)$.
En déduire que l'ensemble F_X est fini.

Dans la suite du problème, on considère un réel x qui n'est pas rationnel.

3) a) Soit x irrationnel. Montrer que F_X admet une borne inférieure, alors notée α.

b) On suppose que $\alpha > 0$.
Justifier que $\{k \in \mathbb{N},\ k\alpha \geqslant 1\}$ admet un plus petit élément.
En notant p ce plus petit élément, vérifier que l'on a $\alpha < \frac{\alpha+1}{p}$.

c) Montrer qu'il existe $n \in \mathbb{N}^*$ tel que $\alpha \leqslant f(nx) < \frac{\alpha+1}{p}$.

d) En déduire que $E\big(pf(nx)\big) \geqslant 1$ et que $f\big(pf(nx)\big) < \alpha$.
Mettre en évidence une contradiction et conclure.

4) a) Justifier que, pour tout réel $\lambda > 0$, il existe $n \in \mathbb{N}^*$ tel que $0 < f(nx) < \lambda$.

b) Montrer que tout intervalle $]a, b[$, $0 < a < b < 1$, contient un élément de F_X.

Solution

1) a) Avec $E(x) \leqslant x < E(x) + 1$, il vient $0 \leqslant x - E(x) < 1$, c'est-à-dire $0 \leqslant f(x) < 1$.

b) $f(x+k) = x + k - E(x+k)$. Or, pour tout $k \in \mathbb{Z}$, on a $E(x+k) = E(x) + k$. Il s'ensuit :

$$f(x+k) = f(x).$$

c) De $x = E(x) + f(x)$ on déduit $px = pE(x) + pf(x)$. Comme $pE(x)$ est un entier, on utilise le résultat ci-dessus pour obtenir :

$$f(px) = f\big(pE(x) + pf(x)\big) = f\big(pf(x)\big).$$

2) *Remarque* : $f(x) = 0$ équivaut à $x = E(x)$, c'est-à-dire $f(x) = 0 \iff x \in \mathbb{Z}$.

a) ▪ Pour x rationnel, il existe p et q entiers, $q \neq 0$, tels que $qx = p$. On a donc $f(qx) = f(p) = 0$.

▪ Supposons qu'il existe q entier non nul tel que $f(qx) = 0$. Alors qx est un entier, donc x est rationnel.

b) La division de n par q se lit $n = bq + r$, avec b entier et $r \in [\![0, q-1]\!]$.

Avec $nx = bqx + rx$ et $qx = p$ entier, donc bqx entier, il vient $f(nx) = f(rx)$.

Il y a q valeurs possibles pour r, donc l'ensemble des rx est fini et il s'ensuit que l'ensemble F_x est fini.

3) a) F_x contient $f(x)$ et il est minoré par 0. Il admet donc une borne inférieure.

b) Avec $\alpha > 0$, l'ensemble H_α des entiers k tels que $k\alpha \geqslant 1$ est non vide (propriété d'Archimède) et ces entiers sont strictement positifs.

Il reste à rappeler que toute partie non vide de $\mathbb{N}$ admet un plus petit élément.

$p-1$ n'est pas dans H_α, donc $(p-1)\alpha < 1$, d'où $p\alpha < \alpha + 1$. Avec $p > 0$, il vient $\alpha < \dfrac{\alpha+1}{p}$.

c) $\dfrac{\alpha+1}{p}$ n'est pas un minorant de F_x donc il existe un élément de F_x qui lui est strictement inférieur. Il existe ainsi $n \in \mathbb{N}^*$ tel que $f(nx) < \dfrac{\alpha+1}{p}$. Et on a bien sûr $\alpha \leqslant f(nx)$.

d) Multiplions par $p > 0$ cette double inégalité : $p\alpha \leqslant pf(nx) < \alpha + 1$.

Avec $1 \leqslant p\alpha$, il vient $1 \leqslant pf(nx)$ donc $E\big(pf(nx)\big) \geqslant 1$.

Alors il vient $f\big(pf(nx)\big) = pf(nx) - E\big(pf(nx)\big) \leqslant pf(nx) - 1$.

Et avec $pf(nx) - 1 < \alpha$, on obtient $f\big(pf(nx)\big) < \alpha$.

Le résultat 1)c) donne $f\big(pf(nx)\big) = f(pnx)$ et finalement on a obtenu $f(pnx) < \alpha$.

Comme pn est un entier naturel non nul, $f(pnx)$ est un élément de F_x et il est strictement inférieur au minorant α de cet ensemble. On a ainsi mis en évidence une contradiction.

Comme les valeurs prises par f sont positives, la borne inférieure α de F_x vérifie $\alpha \geqslant 0$.

L'hypothèse $\alpha > 0$ conduit à une contradiction, elle est donc à rejeter.

En conclusion, on a $\alpha = 0$.

4) a) $\lambda > 0$ n'est pas un minorant de F_x ; il existe donc $n \in \mathbb{N}^*$ tel que $f(nx) < \lambda$.

On a $f(nx) \geqslant 0$ et, avec x irrationnel, on a $f(nx) \neq 0$ (question 2/a). Il s'ensuit finalement :

$$0 < f(nx) < \lambda.$$

b) Avec $b - a > 0$, il existe alors $n \in \mathbb{N}^*$ tel que $0 < f(nx) < b - a$.

Avec $a > 0$ et $f(nx) > 0$, il existe $k \in \mathbb{N}^*$ tel que $kf(nx) > a$ (propriété d'Archimède).

Soit p le plus petit de ces entiers naturels non nuls k.

Alors on a $pf(nx) > a$ et $(p-1)f(nx) \leqslant a$; on en déduit $pf(nx) \leqslant a + f(nx) < a + (b-a) = b$.

On a donc obtenu $a < pf(nx) < b$.

En particulier $0 < pf(nx) < 1$ donne $E\big(pf(nx)\big) = 0$ puis $f\big(pf(nx)\big) = pf(nx)$.

En outre, la propriété 1/c) donne $f\big(pf(nx)\big) = f(pnx)$.

On en déduit que $pf(nx) = f(pnx)$ et il s'ensuit $a < f(pnx) < b$. Il reste donc à dire que $f(pnx) \in F_x$ pour conclure.

2 Suites extraites monotones

Soit $(u_n)_{n\in\mathbb{N}}$ une suite réelle.

1) On considère l'ensemble $E = \{k \in \mathbb{N},\ \forall p \in \mathbb{N},\ \ p > k \ \Rightarrow\ u_p \geqslant u_k\}$.

a) Montrer que, si E est une partie infinie de $\mathbb{N}$, alors (u_n) admet une suite extraite qui est croissante.

b) Montrer que, si E est une partie finie de $\mathbb{N}$, alors (u_n) admet une suite extraite qui est décroissante.

2) En déduire le théorème : de toute suite bornée, on peut extraire une suite convergente.

Solution

> Ce résultat est connu sous le nom de «théorème de Bolzano-Weierstrass».
>
> Une démonstration classique est basée sur la méthode de dichotomie.
>
> Il n'intervient ici qu'à titre de mise en œuvre de la notion de suite extraites.

1) a) Premier cas : E est une partie infinie de $\mathbb{N}$.

Avec $E \subset \mathbb{N}$ et $E \neq \varnothing$, il existe $\varphi(0) = \min E$. Pour $n \in \mathbb{N}$, on construit $\varphi(n)$ par récurrence.

Étant donné $n \in \mathbb{N}$, $E_n = E \setminus [\![0, \varphi(n)]\!]$ est non vide car E est infini. Notons $\varphi(n+1)$ son plus petit élément.

La suite $\big(\varphi(n)\big)$ ainsi définie est strictement croissante, donc $\big(u_{\varphi(n)}\big)$ est extraite de (u_n).

Pour tout $n \in \mathbb{N}$, on a $\varphi(n) \in E$ et $\varphi(n+1) > \varphi(n)$, donc $u_{\varphi(n+1)} \geqslant u_{\varphi(n)}$ et la suite $\big(u_{\varphi(n)}\big)$ est croissante.

b) Second cas : E est une partie finie de $\mathbb{N}$.

L'ensemble M des entiers majorants stricts de E est une partie infinie.

On pose $\varphi(0) = \min M$ et on construit $\varphi(n)$ par récurrence.

Notons que, pour tout élément m de M, il existe $p \in \mathbb{N}$ tel que $p > m$ et $u_p < u_m$.

Étant donné $\varphi(n) \in M$, il existe donc un entier, noté $\varphi(n+1)$ tel que :

$$\varphi(n+1) > \varphi(n) \quad \text{et} \quad u_{\varphi(n+1)} < u_{\varphi(n)}.$$

La suite $\big(u_{\varphi(n)}\big)$ ainsi définie est extraite de (u_n) et elle est (strictement) décroissante.

2) Soit une suite bornée de réels. D'après la question précédente, on peut en extraire une suite monotone.

Extraite d'une suite bornée, elle est bornée. Bornée et monotone, elle est alors convergente.

3 Suites de Cauchy

Le seul théorème qualitatif (et non quantitatif) au programme est celui relatif aux suites ou aux fonctions monotones.
Une notion intuitive de convergence pourrait s'exprimer approximativement par : «une suite est convergente quand la différence entre des termes est aussi petite que l'on veut pourvu que les indices soient assez grands».
Cette situation est formalisée sous l'appellation de «suite de Cauchy».

Définition. On dit qu'une suite réelle (u_n) est de Cauchy lorsque :

$$\forall r > 0,\ \exists p \in \mathbb{N},\ \ \forall (m, n) \in \mathbb{N}^2,\ m \geqslant p \text{ et } n \geqslant p\ \Rightarrow\ |u_n - u_m| < r.$$

1) a) Montrer que toute suite extraite d'une suite de Cauchy est une suite de Cauchy.

b) Montrer que toute suite de Cauchy est bornée puis que, de toute suite de Cauchy, on peut extraire une suite convergente. *Utiliser le problème précédent.*

2) Montrer que toute suite convergente est une suite de Cauchy.
L'objet de la question suivante est d'étudier la réciproque de cette propriété.

3) Soit (u_n) une suite de Cauchy. On suppose qu'il existe une suite extraite $(u_{\varphi(n)})$ convergente, de limite ℓ.
Montrer que (u_n) converge vers ℓ.
Ce théorème est qualitatif ; il n'est pas associé à une recherche ou un calcul explicite de limite. Comme le théorème de la limite monotone, il s'applique aux suites réelles mais, par exemple, il est en défaut pour des suites à valeurs dans $\mathbb{Q}$.

Solution

1) a) Soit $(v_n) = \left(u_{\varphi(n)}\right)$ une suite extraite d'une suite (u_n) de Cauchy.
$\forall r > 0, \exists p \in \mathbb{N}, \forall (m, n) \in \mathbb{N}^2, m \geqslant p$ et $n \geqslant p \Rightarrow |u_m - u_n| < r$. Comme on a $\varphi(m) \geqslant m$ et $\varphi(n) \geqslant n$, il vient $\left|u_{\varphi(m)} - u_{\varphi(n)}\right| < r$ et (v_n) vérifie alors la propriété de Cauchy.

b) Soit (u_n) une suite de Cauchy.
Il existe $p \in \mathbb{N}$ tel que, pour tout $n \geqslant p$, on ait $|u_n - u_p| < 1$, d'où $|u_n| < 1 + |u_p|$.
En posant $A = \max\{|u_k|, k \in [\![0, p]\!]\}$, on obtient $|u_n| \leqslant 1 + A$ pour tout $n \in \mathbb{N}$.
On en déduit *(avec le théorème de Bolzano-Weierstrass vu en thème précédent)* que, de toute suite de Cauchy, on peut extraire une suite convergente.

2) Soit (u_n) une suite de limite $\ell \in \mathbb{R}$: $\forall r > 0, \exists p \in \mathbb{N}, \forall n \in \mathbb{N}, n \geqslant p \Rightarrow |u_n - \ell| < \frac{r}{2}$.

Alors, pour tout $(m, n) \in \mathbb{N}^2$, $m \geqslant p$ et $n \geqslant p \Rightarrow |u_m - \ell| < \frac{r}{2}$ et $|u_n - \ell| < \frac{r}{2}$, d'où $|u_m - u_n| < r$.
Ainsi (u_n) possède la propriété de Cauchy.

3) Soit (u_n) une suite de Cauchy. Il existe une suite $(u_{\varphi(n)})$ extraite convergente *(objet de la question 1)b)*. Notons ℓ sa limite : $\forall r > 0, \exists p \in \mathbb{N}, \forall n \in \mathbb{N}, n \geqslant p \Rightarrow \left|u_{\varphi(n)} - \ell\right| < \frac{r}{2}$ et aussi :

$$\exists q \in \mathbb{N},\ \forall (m, n) \in \mathbb{N}^2,\ m \geqslant q \text{ et } n \geqslant q\ \Rightarrow\ |u_n - u_m| < \frac{r}{2}.$$

Pour $n \geqslant \max\{p, q\} = N$, $\varphi(n) \geqslant n$ donne $\varphi(n) \geqslant N$ puis $|u_n - \ell| \leqslant \left|u_n - u_{\varphi(n)}\right| + \left|u_{\varphi(n)} - \ell\right| < r$.
Il s'ensuit que (u_n) converge vers ℓ.

4 Inégalité des moyennes

On considère $n \in \mathbb{N}^*$ quelconque et $x_1, \dots, x_n$ réels strictement positifs.
L'objet de ce sujet est de montrer l'inégalité : $(x_1 + \dots + x_n)^n \geqslant n^n x_1 \dots x_n \quad (\mathbf{E}_n)$
avec égalité si et seulement si tous les x_i sont égaux.

1) a) Vérifier l'inégalité $(\mathbf{E}_2)$ et examiner le cas d'égalité.

b) Montrer $(\mathbf{E}_n)$ est vraie pour tout $n = 2^p$, avec $p \in \mathbb{N}^*$.

2) Montrer que, si la propriété est vraie pour $n \in \mathbb{N}$, $n \geqslant 2$, alors elle est vraie pour $n - 1$.
En déduire que la propriété est vraie pour tout $n \in \mathbb{N}^*$.

3) Montrer que, pour tous $y_1, \dots, y_n$ dans $\mathbb{R}_+$, on a $\frac{1}{n}(y_1 + \dots + y_n) \geqslant \sqrt[n]{y_1 \dots y_n}$.

Solution

La dernière question justifie le titre de ce sujet : $\frac{1}{n}(y_1 + \dots + y_n)$ est la moyenne arithmétique des n nombres $y_1, \dots, y_n$ et $\sqrt[n]{y_1 \dots y_n}$ en est la moyenne géométrique.
Ce type d'inégalité trouvera un traitement plus systématique et plus simple dans le contexte des fonctions convexes.

1) a) Pour $n = 2$, l'inégalité $(\mathbf{E}_2)$ est $(x_1 + x_2)^2 \geqslant 4x_1x_2$; elle équivaut à : $(x_1 - x_2)^2 \geqslant 0$.
Il y a égalité si et seulement si $x_1 = x_2$.

b)

On examine le cas où $n = 2^2$ et on s'en inspire pour le cas général.
La clé est, pour quatre termes, de se ramener à l'exploitation de $(\mathbf{E}_2)$.

Pour $n = 2^2$, on a $(x_1 + x_2 + x_3 + x_4)^4 = \left(\left((x_1 + x_2) + (x_3 + x_4)\right)^2\right)^2$.

Avec $\left((x_1 + x_2) + (x_3 + x_4)\right)^2 \geqslant 2^2(x_1 + x_2)(x_3 + x_4)$ et $(x_1 + x_2)^2 \geqslant 4x_1x_2$, $(x_3 + x_4)^2 \geqslant 4x_3x_4$, il vient :

$$(x_1 + x_2 + x_3 + x_4)^4 \geqslant 4^4 x_1x_2x_3x_4.$$

Il y a donc égalité si et seulement si chacune des trois inégalités est une égalité, c'est-à-dire quand :

$$x_1 + x_2 = x_3 + x_4,\ x_1 = x_2 \text{ et } x_3 = x_4,$$

ou encore quand les x_i, $1 \leqslant i \leqslant 4$, sont égaux.
De la même façon, on montre que si $(\mathbf{E}_{2^p})$ est vraie, alors $(\mathbf{E}_{2^{p+1}})$ l'est aussi ce qui, avec $(\mathbf{E}_2)$ vraie, établit par récurrence que $(\mathbf{E}_{2^p})$ est vraie pour tout $p \in \mathbb{N}^*$.

2) Pour $n \geqslant 2$, on considère $x_1, \dots, x_{n-1}$ et $x_n = x_1 + \dots + x_{n-1}$.
Alors $n^n x_n (x_1 + \dots + x_{n-1})^{n-1} = n^n (x_1 + \dots + x_{n-1})^n = \left(n(x_1 + \dots + x_{n-1})\right)^n$ d'où :

$$n^n x_n (x_1 + \dots + x_{n-1})^{n-1} = ((n-1)x_1 + \dots (n-1)x_{n-1} + x_n)^n.$$

Avec $\left((n-1)x_1 + \dots (n-1)x_{n-1} + x_n\right)^n \geqslant n^n (n-1)^{n-1} x_1 \dots x_{n-1}x_n$, il vient :

$$(x_1 + \dots + x_{n-1})^{n-1} \geqslant (n-1)^{n-1} x_1 \dots x_{n-1}.$$

Étant donné $N \in \mathbb{N}$, $N \geqslant 2$, il existe $p \in \mathbb{N}^*$, tel que $2^p \geqslant N$. La propriété est vraie pour $n = 2^p$. Elle sera alors vraie pour $n-1$, puis au terme d'un nombre fini d'étapes, vraie pour N.

3) L'inégalité est évidente lorsque l'un (au moins) des y_i est nul.

Lorsque les y_i sont strictement positifs, on observe que $(\mathbf{E}_n)$ donne :

$$\left(\frac{y_1 + \ldots + y_n}{n}\right)^n \geqslant y_1 \ldots y_n \quad \text{donc aussi} \quad \frac{1}{n}\left(y_1 + \cdots + y_n\right) \geqslant \sqrt[n]{y_1 \cdots y_n}.$$

5 Suites et séries

Soit $(u_n)_{n \in \mathbb{N}}$ une suite réelle.

Étudier la série $\sum_{n \in \mathbb{N}} u_n$ c'est étudier la suite (S_n) où $S_n = \sum_{k=0}^{n} u_k$.

On dit que la série $\sum_{n \in \mathbb{N}} u_n$ converge lorsque la suite (S_n) admet une limite dans $\mathbb{R}$.

Cette limite est appelée la somme de la série. Sinon la série $\sum_{n \in \mathbb{N}} u_n$ est qualifiée de divergente.

Étudier la nature d'une série, c'est étudier si elle est convergente ou divergente.

Dans ce problème, on suppose que $\forall n \in \mathbb{N},\ u_n > 0$.

1) On suppose la série $\sum_{n \in \mathbb{N}} u_n$ convergente, de somme S.

On construit les suites (a_n) et (v_n) définies par :

$$a_n = \frac{S - S_n}{u_n} \quad \text{et} \quad v_n = a_n \frac{u_n}{u_{n+1}} - a_{n+1}.$$

Montrer que (a_n) est une suite à termes positifs et que (v_n) a une limite positive.

2) On suppose qu'il existe une suite (b_n) à termes strictement positifs telle que la suite (w_n) définie par $w_n = b_n \frac{u_n}{u_{n+1}} - b_{n+1}$ converge vers un réel strictement positif.

Montrer que la série $\sum_{n \in \mathbb{N}} u_n$ est convergente.

3) a) On suppose que la suite (t_n), définie par $t_n = n\left(\frac{u_n}{u_{n+1}} - 1\right)$, admet une limite $\ell > 1$.

Montrer que la série $\sum_{n \in \mathbb{N}} u_n$ est convergente.

b) Étudier la convergence de la série $\sum_{n \in \mathbb{N}} u_n$ lorsque $u_n = \frac{1.3 \ldots (2n-1)}{2.4 \ldots (2n+2)}$.

4) On suppose qu'il existe une suite (c_n) à termes positifs telle que :

$$\exists N \in \mathbb{N}, \forall n \geqslant N, \ c_n \frac{u_n}{u_{n+1}} - c_{n+1} \leqslant 0.$$

Montrer que, si la série $\sum_{n \in \mathbb{N}} \frac{1}{c_n}$ est divergente, alors la série $\sum_{n \in \mathbb{N}} u_n$ est divergente.

5) a) On suppose que la suite (t_n) définie en 3) admet une limite $\ell < 1$.

Montrer que la série $\sum_{n \in \mathbb{N}} u_n$ est divergente.

b) Étudier la nature de la série $\sum_{n \in \mathbb{N}} u_n$ lorsque $u_n = \frac{1.3 \ldots (2n-1)}{2.4 \ldots (2n)}$.

Solution

1) $\forall n \in \mathbb{N}$, $S_{n+1} - S_n = u_n > 0$ montre que (S_n) est strictement croissante. La limite S de (S_n) est la borne supérieure de $\{S_n, \ n \in \mathbb{N}\}$ et elle n'est pas le plus grand élément de cet ensemble.

On a donc $S - S_n > 0$, d'où $a_n = \frac{S - S_n}{u_n} > 0$.

On a $v_n = a_n \frac{u_n}{u_{n+1}} - a_{n+1} = \frac{S - S_n}{u_{n+1}} - \frac{S - S_{n+1}}{u_{n+1}} = \frac{S_{n+1} - S_n}{u_{n+1}} = 1.$

La suite (v_n) est constante, égale à 1.

2) Soit $\lambda \in \mathbb{R}$ tel que $0 < \lambda < \ell$. En utilisant $\ell = \lim w_n$, il existe $p \in \mathbb{N}$ tel que :

$$\forall n \geqslant p, \ w_n \geqslant \lambda \ \text{ d'où } \ b_n u_n - b_{n+1} u_{n+1} \geqslant \lambda u_{n+1}.$$

On a donc $\sum_{k=p}^{n-1} (b_k u_k - b_{k+1} u_{k+1}) \geqslant \lambda \sum_{k=p}^{n-1} u_{k+1}$, c'est-à-dire :

$$b_p u_p - b_n u_n \geqslant \lambda \sum_{k=p+1}^{n} u_k.$$

Avec $b_n u_n > 0$, il vient $\lambda (S_n - S_p) \leqslant b_p u_p$ puis $S_n \leqslant \frac{b_p u_p}{\lambda} + S_p$, ce qui montre que la suite croissante (S_n) est majorée et donc convergente.

3) a) Nous sommes en présence du cas particulier où $b_n = n$ et donc :

$$w_n = n \frac{u_n}{u_{n+1}} - (n+1) = n\left(\frac{u_n}{u_{n+1}} - 1\right) - 1 = t_n - 1.$$

On en déduit que (w_n) converge, avec $\lim w_n = \ell - 1 > 0$.

En application du résultat obtenu en 2), la série $\sum u_n$ est convergente.

b) $u_n = \frac{1.3 \ldots (2n-1)}{2.4 \ldots (2n+2)}$ donne $\frac{u_n}{u_{n+1}} = \frac{2n+4}{2n+1} = 1 + \frac{3}{2n+1}$ d'où :

$$n\left(\frac{u_n}{u_{n+1}} - 1\right) = \frac{3n}{2n+1}$$

puis $\lim n \left(\frac{u_n}{u_{n+1}} - 1\right) = \frac{3}{2} > 1$. Il s'ensuit la convergence de la série :

$$\sum \frac{1.3 \ldots (2n-1)}{2.4 \ldots (2n+2)}.$$

4) Posons $d_n = \dfrac{1}{c_n}$ et nous ne faisons intervenir que des entiers n tels que $n \geqslant N$.

$$c_n \frac{u_n}{u_{n+1}} - c_{n+1} \leqslant 0 \text{ se lit } \frac{u_n}{u_{n+1}} \leqslant \frac{c_{n+1}}{c_n} \text{ c'est-à-dire } \frac{u_n}{u_{n+1}} \leqslant \frac{d_n}{d_{n+1}}.$$

Il s'ensuit $\displaystyle\prod_{k=N}^{n-1} \frac{u_k}{u_{k+1}} \leqslant \prod_{k=N}^{n-1} \frac{d_k}{d_{k+1}}$ c'est-à-dire $\dfrac{u_N}{u_n} \leqslant \dfrac{d_N}{d_n}$.

Avec $u_n \geqslant \dfrac{u_N}{d_N} d_n$ pour tout $n \geqslant N$, il vient $\displaystyle\sum_{k=N}^{n} u_k \geqslant \frac{u_N}{d_N} \sum_{k=N}^{n} \frac{1}{c_k}$.

Comme $\displaystyle\lim_{n \to +\infty} \sum_{k=N}^{n} \frac{1}{c_k} = +\infty$, il vient $\displaystyle\lim_{n \to +\infty} \sum_{k=N}^{n} u_k = +\infty$, donc $\lim S_n = +\infty$.

5) a) Comme en **3**), posons $w_n = n \dfrac{u_n}{u_{n+1}} - (n+1) = n\left(\dfrac{u_n}{u_{n+1}} - 1\right) - 1 = t_n - 1$.

La suite (w_n) converge et $\lim w_n = \ell - 1 < 0$. Il existe donc $N \in \mathbb{N}$ tel que $\forall n \geqslant N$, $w_n \leqslant 0$.

En posant $c_n = n$, on a $c_n \dfrac{u_n}{u_{n+1}} - c_{n+1} = n\left(\dfrac{u_n}{u_{n+1}} - 1\right) - 1 = t_n - 1 = w_n$ donc, pour $n \geqslant N$, on a :

$$c_n \frac{u_n}{u_{n+1}} - c_{n+1} \leqslant 0.$$

De la divergence de la série $\displaystyle\sum_{n \in \mathbb{N}^*} \frac{1}{n}$ il découle la divergence de la série $\sum u_n$.

b) Avec $u_n = \dfrac{1.3\ldots(2n-1)}{2.4\ldots(2n)}$ on a $\dfrac{u_n}{u_{n+1}} = \dfrac{2n+2}{2n+1} = 1 + \dfrac{1}{2n+1}$.

On en déduit que $\lim n\left(\dfrac{u_n}{u_{n+1}} - 1\right) = \dfrac{1}{2} < 1$.

Il s'ensuit la divergence de la série $\displaystyle\sum \frac{1.3\ldots(2n-1)}{2.4\ldots(2n)}$.

6 Construction de fonction à l'aide de la suite harmonique

Par étapes, on travaille dans $\mathbb{N}^*$ puis dans $\mathbb{Q}_+^*$ pour établir un morphisme de $(\mathbb{Q}_+^*, \times)$ dans $(\mathbb{R}, +)$.

À l'aide de borne supérieure, on travaille enfin dans $\mathbb{R}_+^*$ pour construire une fonction qui ressemble étrangement, par ses qualités et propriétés, à la fonction logarithme népérien.

Ce sujet est une révision des principales démarches d'analyse vues dans les premières semaines.

Soit $(S_n)_{n \in \mathbb{N}^*}$ la suite définie par $S_n = \displaystyle\sum_{k=1}^{n} \frac{1}{k}$. Pour n et p dans $\mathbb{N}^*$, on pose $L_p(n) = S_{np} - S_p$.

1) Dans cette question, n est un entier naturel non nul fixé.

Montrer que la suite $\left(L_p(n)\right)_{p\in\mathbb{N}^*}$ est croissante et majorée par $n-1$.

Justifier qu'elle est convergente et que sa limite, notée $L(n)$, est au plus égale à $n-1$.

Calculer $L(1)$ et montrer que $\forall n\in\mathbb{N}^*,\ n\geqslant 2 \Rightarrow L(n)>0$.

2) a) Montrer que, pour tous m, n, p dans $\mathbb{N}^*$, on a $L_p(mn)=L_{np}(m)+L_p(n)$.

b) Montrer que, pour tous m et n dans $\mathbb{N}^*$, on a $L(mn)=L(m)+L(n)$.

3) a) Montrer que, pour tous n et p dans $\mathbb{N}^*$, on a $L_p(n+1)-L_p(n)\geqslant \dfrac{1}{n+1}$.

b) Montrer que la suite $\left(L(n)\right)_{n\in\mathbb{N}^*}$ est strictement croissante.

4) a) Étant donné p, q, p', q' dans $\mathbb{N}^*$, montrer que $\dfrac{p}{q}=\dfrac{p'}{q'} \Rightarrow L(p)-L(q)=L(p')-L(q')$.

On peut alors considérer la fonction $\ell : \mathbb{Q}_+^*\to\mathbb{R},\ \dfrac{p}{q}\mapsto L(p)-L(q)$.

b) Montrer que, pour tous r et r' dans $\mathbb{Q}_+^*$, on a $\ell(rr')=\ell(r)+\ell(r')$, c'est-à-dire que ℓ est un morphisme du groupe $(\mathbb{Q}_+^*,\times)$ dans le groupe $(\mathbb{R},+)$.

c) Montrer que la fonction ℓ est strictement croissante.

d) Montrer que la suite $\left(\ell\left(1+\dfrac{1}{n}\right)\right)_{n\in\mathbb{N}^*}$ admet 0 pour limite.

5) Étant donné $x\in\mathbb{R}_+^*$, on pose : $A_x=\left\{r\in\mathbb{Q}_+^*,\ r\leqslant x\right\}$.

a) Justifier que A_x est non vide et qu'il admet un majorant dans $\mathbb{Q}$.

b) Étant donné l'ensemble $\ell(A_x)=\left\{\ell(r),\ r\in A_x\right\}$, justifier que $\ell(A_x)$ est une partie non vide et majorée de $\mathbb{R}$.

On peut alors considérer la fonction $f : \mathbb{R}_+^*\to\mathbb{R},\ x\mapsto \sup \ell(A_x)$.

6) a) Vérifier que $\forall r\in\mathbb{Q}_+^*$, on a $f(r)=\ell(r)$, c'est-à-dire que la fonction f prolonge la fonction ℓ.

b) Vérifier que la fonction f est strictement croissante.

c) Montrer que la fonction f est continue sur $\mathbb{R}_+^*$.

d) Montrer f est un morphisme des groupes $(\mathbb{R}_+^*\times)$ et $(\mathbb{R},+)$.

e) Montrer que $\lim\limits_{x\to+\infty} f(x)=+\infty$ et $\lim\limits_{x\to 0,\,x>0} f(x)=-\infty$.

Solution

1) ▪ $L_{p+1}(n)-L_p(n)=S_{n(p+1)}-S_{p+1}-S_{np}+S_p=\displaystyle\sum_{k=np+1}^{n(p+1)}\frac{1}{k}-\frac{1}{p+1}$.

Pour $k\in[\![np+1, n(p+1)]\!]$, on a $\dfrac{1}{k}\geqslant\dfrac{1}{n(p+1)}$ donc $\displaystyle\sum_{k=np+1}^{n(p+1)}\frac{1}{k}\geqslant n\,\frac{1}{n(p+1)}=\frac{1}{p+1}$, et il s'ensuit :

$$L_{p+1}(n) - L_p(n) \geqslant 0.$$

- $L_p(n) = \sum_{k=p+1}^{np} \frac{1}{k}$ et, pour $k \in [\![p+1, np]\!]$, $\frac{1}{k} \leqslant \frac{1}{p+1}$ donne $L_p(n) \leqslant \frac{(n-1)p}{p+1} \leqslant n-1$.
- Croissante et majorée, $\left(L_p(n)\right)_{p\in\mathbb{N}^*}$ converge. Sa limite $L(n)$ en est la borne supérieure donc :

$$L(n) \leqslant n-1.$$

On a $\forall p \in \mathbb{N}^*$, $L_p(1) = 0$, d'où $L(1) = 0$.

Pour $n \geqslant 2$, on a $L_2(n) = \sum_{k=3}^{2n} \frac{1}{k} > 0$. Puis $L(n) \geqslant L_2(n)$ donne $L(n) > 0$.

2) a) $L_p(mn) = \sum_{k=1}^{nmp} \frac{1}{k} - \sum_{k=1}^{p} \frac{1}{k} = \sum_{k=1}^{nmp} \frac{1}{k} - \sum_{k=1}^{np} \frac{1}{k} + \sum_{k=1}^{np} \frac{1}{k} - \sum_{k=1}^{p} \frac{1}{k}$ d'où :

$$L_p(mn) = L_{np}(m) + L_p(n).$$

b) Avec $n \geqslant 1$, $\left(L_{np}(m)\right)_{p\in\mathbb{N}^*}$ est une suite extraite de $\left(L_p(m)\right)_{p\in\mathbb{N}^*}$, donc elle converge vers $L(m)$. Faisons tendre p vers $+\infty$ dans l'égalité précédente : il vient $L(mn) = L(m) + L(n)$.

3) a) Pour $n \in \mathbb{N}^*$, on a $\forall p \in \mathbb{N}^*$, $L_p(n+1) - L_p(n) = \sum_{k=p+1}^{np+p} \frac{1}{k} - \sum_{k=p+1}^{np} \frac{1}{k} = \sum_{k=np+1}^{np+p} \frac{1}{k} \geqslant p\,\frac{1}{np+p}$.

Et il s'ensuit $L_p(n+1) - L_p(n) \geqslant \frac{1}{n+1}$.

b) En prenant la limite pour $p \to +\infty$, il vient $L(n+1) - L(n) \geqslant \frac{1}{n+1}$, donc $L(n+1) > L(n)$ et la suite $\left(L(n)\right)_{n\in\mathbb{N}^*}$ est strictement croissante.

4) a) $\frac{p}{q} = \frac{p'}{q'}$ se lit $pq' = p'q$, d'où $L(pq') = L(p'q)$, soit $L(p) + L(q') = L(p') + L(q)$, et il vient :

$$L(p) - L(q) = L(p') - L(q').$$

b) Soit $r = \frac{p}{q}$ et $r' = \frac{p'}{q'}$, avec p, q, p', q' dans $\mathbb{N}^*$.

On a $\ell(r) + \ell(r') = L(p) - L(q) + L(p') - L(q') = L(pp') - L(qq') = \ell\left(\frac{pp'}{qq'}\right) = \ell(rr')$.

c) Avec les notations précédentes, supposons $r < r'$, c'est-à-dire $pq' < p'q$. Comme L est strictement croissante, il vient $L(pq') < L(p'q)$, soit $L(p) + L(q') < L(p') + L(q)$, d'où :

$$\ell(r) = L(p) - L(q) < L(p') - L(q') = \ell(r').$$

d) Soit $n \in \mathbb{N}^*$. On a $\forall p \in \mathbb{N}^*$, $L_p(n+1) - L_p(n) = \sum_{k=np+1}^{np+p} \frac{1}{k} \leqslant p\,\frac{1}{np} = \frac{1}{n}$.

En prenant la limite pour $p \to +\infty$, il vient $L(n+1) - L(n) \leqslant \frac{1}{n}$.

Alors $L(n+1) - L(n) > 0$ et $\ell\left(1 + \frac{1}{n}\right) = L(n+1) - L(n)$ donne $0 < \ell\left(1 + \frac{1}{n}\right) \leqslant \frac{1}{n}$, et il vient :

$$\lim \ell\left(1 + \frac{1}{n}\right) = 0.$$

5) a) Il existe $r \in \mathbb{Q}$, $0 < r < x$, donc $A_x \neq \varnothing$. Et il existe $s \in \mathbb{N}$ tel que $x \leqslant s$, donc A_x admet un majorant dans $\mathbb{Q}_+^*$.

b) On a $\ell(r) \in \ell(A_x)$, donc $\ell(A_x) \neq \varnothing$. Et, par croissance de ℓ, on a $\forall r \in A_x,\ r \leqslant s \Rightarrow \ell(r) \leqslant \ell(s)$, donc $\ell(A_x)$ est majoré et admet alors une borne supérieure, notée $f(x)$.

6) a) Soit $r \in \mathbb{Q}_+^*$. On a $\forall s \in A_r,\ s \leqslant r$, donc $\ell(s) \leqslant \ell(r)$.

Ainsi $\ell(r)$ est le plus grand élément de $\ell(A_r)$; c'est alors aussi sa borne supérieure. Il s'ensuit :

$$f(r) = \ell(r),$$

b) Soit x et x' dans $\mathbb{R}$ tels que $0 < x < x'$. Il existe des rationnels r et r' tels que $x < r < r' < x'$. Alors, $\forall s \in A_x$, on a $\ell(s) \leqslant \ell(r)$, d'où $f(x) \leqslant \ell(r)$. D'autre part, $r' \in A_{x'}$ donne $\ell(r') \leqslant f(x')$. La croissance stricte de ℓ donne $\ell(r) < \ell(r')$, d'où $f(x) < f(x')$, ce qui montre la croissance stricte de f.

c) Soit $x \in \mathbb{R}_+^*$ et $\varepsilon > 0$. Il existe $n \in \mathbb{N}^*$ tel que $\ell\left(1 + \frac{1}{n}\right) < \varepsilon$ et il existe $r \in \mathbb{Q}_+^*$ tel que :

$$\frac{n}{n+1} x < r < x.$$

En posant $r' = \frac{n+1}{n} r$, cela se lit $r < x < r'$.

On a alors $\ell\left(\frac{r'}{r}\right) = \ell\left(1 + \frac{1}{n}\right) < \varepsilon$, c'est-à-dire $\ell(r') - \ell(r) < \varepsilon$, ou aussi $f(r') - f(r) < \varepsilon$.

Par croissance de f, il vient $\forall t \in \left[r, r'\right],\ |f(t) - f(x)| \leqslant f(r') - f(r) < \varepsilon$.

En posant $\alpha = \inf\left\{x - r, r' - x\right\}$, il vient $\forall t \in \mathbb{R}_+^*,\ |t - x| \leqslant \alpha \Rightarrow |f(t) - f(x)| < \varepsilon$, et par suite f est continue sur $\mathbb{R}_+^*$.

d) Soit x et x' dans $\mathbb{R}_+^*$. Il existe des suites (r_n) et (r'_n) dans $\mathbb{Q}_+^*$ telles que :

$$\lim r_n = x \ \text{ et } \ \lim r'_n = x'.$$

Alors $\lim(r_n r'_n) = xx'$. Par continuité de f, il vient :

$$\lim f\left(r_n\right) = f(x) \ , \ \lim f\left(r'_n\right) = f(x') \ \text{ et } \ \lim f\left(r_n r'_n\right) = f\left(xx'\right).$$

Avec $\ell\left(r_n r'_n\right) = \ell\left(r_n\right) + \ell\left(r'_n\right)$ et $f(s) = \ell(s)$ pour tout $s \in \mathbb{Q}_+^*$, il vient $f(xx') = f(x) + f(x')$, donc f est un morphisme des groupes $(\mathbb{R}_+^*, \times)$ et $(\mathbb{R}, +)$.

e) Pour tout $n \in \mathbb{N}^*$, on a $f\left(2^n\right) = nf(2)$ car f est un morphisme de $(\mathbb{R}_+^*, \times)$ dans $(\mathbb{R}, +)$.

Or $f(2) = \ell(2) = L(2) - L(1) = L(2) > 0$, donc $\lim f\left(2^n\right) = +\infty$. La croissance de f donne alors :

$$\lim_{x \to +\infty} f(x) = +\infty.$$

Pour tout $x > 0$, on a $f\left(\frac{1}{x}\right) = -f(x)$. Il vient alors $\lim\limits_{x \to 0,\, x > 0} f(x) = -\infty$.

7 Approximation

1) On considère la fonction $f \;:\; \mathbb{R} \to \mathbb{R},\; t \mapsto e^{-1-t}$.

a) Montrer que l'équation $t \in \mathbb{R},\, f(t) = t$ a une solution et une seule. On note a cette solution.

b) Montrer que, pour tout couple (x, y) de réels positifs, on a :

$$|f(x) - f(y)| \leqslant \frac{1}{e}\,|x - y|.$$

c) Montrer que $\left[0, \frac{1}{e}\right]$ est stable par f et que a appartient à cet intervalle.

2) On considère la suite $(u_n)_{n\in\mathbb{N}}$ définie par $u_0 = 0$ et $\forall n \in \mathbb{N},\; u_{n+1} = f(u_n)$.

Montrer que, pour tout $n \in \mathbb{N}$, on a $0 \leqslant u_n \leqslant \dfrac{1}{e}$ et $|u_n - a| \leqslant \dfrac{1}{e^{n+1}}$.

3) On considère les suites $\left(v_n\right)_{n\in\mathbb{N}^*}$ et $\left(w_n\right)_{n\in\mathbb{N}^*}$ définies par $v_n = \dfrac{1}{n}\sqrt[n]{n!}$ et $w_n = \dfrac{n^n}{n!}$.

a) Déterminer la limite de la suite $\left(\ell n\, w_{n+1} - \ell n\, w_n\right)_{n\in\mathbb{N}^*}$.

En déduire celle de la suite $\left(\dfrac{1}{n}\,\ell n\, w_n\right)_{n\in\mathbb{N}^*}$.

b) Établir une relation simple entre $\ell n\, w_n$ et $\ell n\, v_n$; en déduire la limite de la suite $\left(v_n\right)$.

4) Pour tout entier $p \in \mathbb{N}$, on définit la fonction $A_p \;:\; \mathbb{R}_+ \to \mathbb{R},\; x \mapsto \displaystyle\sum_{k=0}^{p} (-1)^k \frac{x^k}{k!}$.

a) Montrer que, pour $x > 0$ fixé, il existe un rang $p_1(x)$ à partir duquel la suite $\left(A_{2n}(x)\right)_{n\in\mathbb{N}}$ est décroissante et qu'il existe un rang $p_2(x)$ à partir duquel la suite $\left(A_{2n+1}(x)\right)_{n\in\mathbb{N}}$ est croissante.

b) Montrer que, pour tout $x \geqslant 0$, les suites $\left(A_{2n}(x)\right)_{n\in\mathbb{N}}$ et $\left(A_{2n+1}(x)\right)_{n\in\mathbb{N}}$ sont convergentes et de même limite.
On admettra que cette limite commune est e^{-x}.

5) a) Exprimer la dérivée de la fonction A_{p+1} à l'aide de la fonction A_p.

b) Prouver que, pour tout $n \in \mathbb{N}^*$, la fonction A_{2n-1} est strictement décroissante et que l'équation $x \geqslant 0,\; A_{2n-1}(x) = 0$ admet une solution et une seule ; on notera x_n cette solution.
On admettra que, pour tout $n \in \mathbb{N}^*$, on a $x_n \leqslant n$.

c) Montrer que $A_{2n+1}(x_n) > 0$ et en déduire que la suite $(x_n)_{n\in\mathbb{N}^*}$ est strictement croissante.

6) a) À l'aide de $A_{2n+1}(x) \leqslant e^{-x} \leqslant A_{2n}(x)$ et de $x_n \leqslant n$, établir que $1 \leqslant \dfrac{x_n^{2n}}{(2n)!}e^{x_n} \leqslant 2$.

b) En posant $y_n = \dfrac{x_n}{2n}$, montrer que $v_{2n} \leqslant y_n e^{y_n} \leqslant 2^{1/2n} v_{2n}$ et que $\lim y_n e^{y_n} = \dfrac{1}{e}$.

c) En conclure que x_n est équivalent à $2an$.
On pourra pour cela utiliser la fonction : $\mathbb{R}_+ \to \mathbb{R},\; y \mapsto y e^y$.

Solution

1) a) $h\ :\ t \mapsto f(t) - t$ est continue, strictement décroissante (par exemple avec h').

On a $h(0) = \dfrac{1}{e}$ et $h(1) = \dfrac{1}{e^2} - 1 < 0$.

Il s'ensuit que f a un point fixe et un seul, et qu'il est dans $]0, 1[$.

b) On a $f(x) - f(y) = \dfrac{1}{e}(e^{-x} - e^{-y})$.

La fonction $\varphi : x \mapsto e^{-x}$ a sa dérivée majorée par 1 sur $[0, +\infty[$.

Elle est donc 1-lipschitzienne et il vient alors $|\varphi(x) - \varphi(y)| \leqslant |x - y|$. Il s'ensuit :

$$|f(x) - f(y)| \leqslant \frac{1}{e}\,|x - y|.$$

c) $h\left(\dfrac{1}{e}\right) = \dfrac{1}{e}\left(e^{-\frac{1}{e}} - 1\right) < 0$ justifie que a est dans $E = \left[0, \dfrac{1}{e}\right]$ et que $f\left(\dfrac{1}{e}\right) \leqslant \dfrac{1}{e}$.

Avec $f > 0$ décroissante et $f(0) = \dfrac{1}{e}$, il vient que $E = \left[0, \dfrac{1}{e}\right]$ est stable par f.

2) Avec $u_0 = 0 \in E$ et E stable par f, on a $u_n \in E$ pour tout $n \in \mathbb{N}$.

Pour tout $n \in \mathbb{N}$, on a $|f(u_n) - f(a)| \leqslant \dfrac{1}{e}\,|u_n - a|$, c'est-à-dire $|u_{n+1} - a| \leqslant \dfrac{1}{e}\,|u_n - a|$.

Il s'ensuit, pour tout $n \in \mathbb{N}$, $|u_n - a| \leqslant \left(\dfrac{1}{e}\right)^n |u_0 - a|$. Avec $|u_0 - a| = a \leqslant \dfrac{1}{e}$, il vient :

$$|u_n - a| \leqslant \frac{1}{e^{n+1}}.$$

3) a) De $\dfrac{w_{n+1}}{w_n} = \left(1 + \dfrac{1}{n}\right)^n$, on déduit $\ell n\, w_{n+1} - \ell n\, w_n = n\,\ell n\left(1 + \dfrac{1}{n}\right)$, puis :

$$\lim(\ell n\, w_{n+1} - \ell n\, w_n) = 1.$$

Il s'ensuit, avec le théorème des moyennes de Cesaro, que $\lim \dfrac{1}{n}\,\ell n\, w_n = 1$.

b) En formant $\ell n\, v_n$ et $\ell n\, w_n$, on voit que $\ell n\, v_n + \dfrac{1}{n}\,\ell n\, w_n = 0$.

On en déduit que $\lim \ell n(v_n) = -1$ puis que $\lim v_n = \dfrac{1}{e}$.

4) a) On a $A_{p+2}(x) - A_p(x) = (-1)^{p+1}\dfrac{x^{p+1}}{(p+1)!} + (-1)^{p+2}\dfrac{x^{p+2}}{(p+2)!} = \dfrac{(-1)^{p+1}x^{p+1}}{(p+2)!}\big(p + 2 - x\big)$.

En particulier :

$$A_{2(n+1)}(x) - A_{2n}(x) = \frac{x^{2n+1}}{(2n+2)!}\big(x - 2(n+1)\big),$$

donc $\big(A_{2n}(x)\big)$ décroît à partir de p_1 tel que $p_1 \geqslant E\left(\dfrac{x}{2}\right)$, et :

$$A_{2n+3}(x) - A_{2n+1}(x) = \frac{x^{2n+2}}{(2n+3)!}\big(2n + 3 - x\big),$$

ce qui montre que $\big(A_{2n+1}(x)\big)$ croît à partir de p_2 tel que $p_2 \geqslant E\left(\dfrac{x-1}{2}\right)$.

b) $A_{2n}(x) - A_{2n+1}(x) = \dfrac{x^{2n+1}}{(2n+1)!}$ est de limite 0, par la croissance comparée de suites classiques.

Soit $X \geqslant E\left(\dfrac{x}{2}\right)$ un entier. $\left(A_{2n}(x)\right)_{n \geqslant X}$ est décroissante, $\left(A_{2n+1}(x)\right)_{n \geqslant X}$ est croissante.
Adjacentes, ces suites ont même limite.
Avec la limite (admise) e^{-x}, on a en particulier $A_{2n}(x) \geqslant e^{-x}$.

5) a) De $A_{p+1}(x) = 1 + \displaystyle\sum_{k=1}^{p+1} (-1)^k \frac{x^k}{k!}$, on déduit :

$$A'_{p+1}(x) = \sum_{k=1}^{p+1} (-1)^k \frac{x^{k-1}}{(k-1)!} = \sum_{k=0}^{p} (-1)^{k-1} \frac{x^k}{k!} = -\sum_{k=0}^{p} (-1)^k \frac{x^k}{k!} = -A_p(x).$$

b) Pour tout $x \geqslant 0$, on a $A_{2n-2}(x) \geqslant e^{-x} > 0$ et il s'ensuit que A_{2n-1} est strictement décroissante sur $[0, +\infty[$.

La limite en $+\infty$ de A_{2n-1} est celle de $-\dfrac{x^{2n-1}}{(2n+1)!}$, c'est donc $-\infty$, et on a $A_{2n-1}(0) = 1$. Le théorème des valeurs intermédiaires donne alors l'existence de x_n, l'unicité étant garantie par la stricte décroissance de A_{2n-1}.

c) $A_{2n+1}(x_n) = A_{2n-1}(x_n) + \dfrac{x_n^{2n}}{(2n+1)!}\left(2n + 1 - x_n\right)$, $A_{2n-1}(x_n) = 0$ et $x_n \leqslant n$ donnent :

$$A_{2n+1}(x_n) > 0.$$

Or $A_{2n+1}(x_{n+1}) = 0$ par définition de x_{n+1} d'où $A_{2n+1}(x_n) > A_{2n+1}(x_{n+1})$.
La décroissance stricte de A_{2n+1} donne alors $x_{n+1} > x_n$.

6) a) De $A_{2n}(x_n) = \dfrac{x_n^{2n}}{(2n)!}$ et $e^{-x_n} \leqslant A_{2n}(x_n)$ on déduit $1 \leqslant \dfrac{x_n^{2n}}{(2n)!} e^{x_n}$.

De $A_{2n+1}(x_n) = \dfrac{x_n^{2n}}{(2n+1)!}(2n+1-x_n)$ et $A_{2n+1}(x_n) \leqslant e^{-x_n}$, on déduit $\dfrac{2n+1-x_n}{2n+1} \dfrac{x_n^{2n}}{(2n)!} e^{x_n} \leqslant 1$.

Avec $x_n \leqslant n$, il vient $\dfrac{2n+1-x_n}{2n+1} \geqslant \dfrac{1}{2}$ puis $\dfrac{x_n^{2n}}{(2n)!} e^{x_n} \leqslant 2$.

b) En remplaçant x_n par $2ny_n$ dans la double inégalité précédente, il vient :

$$\frac{(2n)!}{(2n)^{2n}} \leqslant (y_n e^{y_n})^{2n} \leqslant 2 \frac{(2n)!}{(2n)^{2n}}$$

et, avec $v_{2n} = \dfrac{\sqrt[2n]{(2n)!}}{2n}$, il vient $v_{2n} \leqslant y_n e^{y_n} \leqslant 2^{1/2n} v_{2n}$.

On a vu que $\lim v_n = \dfrac{1}{e}$ et on a $\lim 2^{1/2n} = 1$, il s'ensuit $\lim y_n e^{y_n} = \dfrac{1}{e}$.

c) $g : [0, +\infty[\to \mathbb{R}$, $y \mapsto ye^y$, est continue, strictement croissante, de limite $+\infty$.
C'est une bijection de $[0, +\infty[$ sur $[0, +\infty[$. Alors $z_n = y_n e^{y_n} = g(y_n)$ donne $y_n = g^{-1}(z_n)$.

De $\lim z_n = e^{-1}$ on déduit (par continuité de g^{-1}) que (y_n) a pour limite $\ell = g^{-1}\left(\dfrac{1}{e}\right)$, puis il vient $x_n \sim 2\,\ell\, n$.
$e^{-1} = g(\ell)$ se lit $e^{-1} = \ell e^{\ell}$ ou encore $\ell = e^{-1-\ell}$; ℓ n'est autre que le point fixe a de f, et finalement on a $x_n \sim 2an$.

8 Théorèmes classiques et applications

Ce sujet a pour objectif principal un tour d'horizon sur les premiers théorèmes classiques tels que celui de Rolle, la formule des accroissements finis et la formule de Taylor.
Des mises en situations sans difficulté particulière sont l'occasion de les mettre en pratique.

Partie I

Préliminaire. Énoncer le théorème de Rolle.

Soit g une fonction réelle définie et continue sur $[a, b]$, a et b réels, $a < b$, et dérivable sur $[a, b[$. On suppose que $g(a) = g(b) = 0$ et $g'(a) = 0$.

Montrer qu'il existe $c \in]a, b[$ tel que $g'(c) = \dfrac{g(c)}{c - a}$.

Partie II

Préliminaire. Soit f une fonction réelle définie et dérivable sur un intervalle I de $\mathbb{R}$ et a, b deux éléments de I. Énoncer la formule des accroissements finis qui permet de comparer $f(a)$ et $f(b)$.

Dans cet exercice, f est une fonction réelle, définie et dérivable sur $\mathbb{R}+$.
On suppose que f' est strictement décroissante sur $\mathbb{R}_+$ et que : $\forall x \in \mathbb{R}_+,\ f'(x) \geqslant 0$.

1) Montrer que : $\forall x \in [1, +\infty[,\quad f(x+1) - f(x) < f'(x) < f(x) - f(x-1)$.

2) Montrer que la suite (s_n) définie par : $\forall n \in \mathbb{N}^*,\quad s_n = \displaystyle\sum_{k=1}^{n} f'(k)$ est convergente si et seulement si f a une limite réelle (notée ℓ) en $+\infty$.

Application. Étude des suites définies par :

$$\forall n \in \mathbb{N}^*,\quad u_n = \sum_{k=1}^{n} \frac{1}{1+k^2}\ ;\ v_n = \sum_{k=1}^{n} \frac{1}{\sqrt{1+k}}.$$

Partie III

Préliminaire. Soit f une fonction réelle définie et deux fois dérivable sur un intervalle I de $\mathbb{R}$ et a, b deux éléments de I. Énoncer la formule de Taylor-Lagrange qui permet de comparer $f(a)$ et $f(b)$.

Soit f une fonction réelle, définie et dérivable jusqu'à l'ordre 2 sur $\mathbb{R}$.
On suppose que f et f'' sont bornées et on pose $M_0 = \sup\limits_{x \in \mathbb{R}} |f(x)|$ et $M_2 = \sup\limits_{x \in \mathbb{R}} |f''(x)|$.

1) Soit $x \in \mathbb{R}$. Montrer que, pour tout $h \in \mathbb{R}$, on a :

$$-f(x) \leqslant M_0 + hf'(x) + \frac{h^2}{2} M_2 \quad \text{et} \quad f(x) \leqslant M_0 + hf'(x) + \frac{h^2}{2} M_2.$$

On pourra appliquer la formule de Taylor entre x et $x+h$ d'une part et entre x et $x-h$ d'autre part.

2) En déduire que f' est bornée (sur $\mathbb{R}$) et que, en posant $M_1 = \sup\limits_{x \in \mathbb{R}} |f'(x)|$, on a :

$$M_1^2 \leqslant 2M_0M_2.$$

Partie IV

1) Soit α, β réels, $\alpha < \beta$, et $g : [\alpha, \beta] \to \mathbb{R}$ de classe $\mathcal{C}^2$.

a) Soit $\varphi : [\alpha, \beta] \to \mathbb{R}$, $t \longmapsto g(t) - g(\alpha) - (t-\alpha)g'(\alpha) - \lambda(t-\alpha)^2$, avec λ défini par $\varphi(\beta) = 0$.
Montrer qu'il existe $c \in]\alpha, \beta[$ tel que $\varphi''(c) = 0$.

En déduire que $g(\beta) = g(\alpha) + (\beta - \alpha)g'(\alpha) + \dfrac{(\beta-\alpha)}{2} g''(c)$.

b) On suppose : $\forall x \in [\alpha, \beta]$, $g(x) \geqslant 0$ et $g''(x) \leqslant 0$.
Montrer que, s'il existe $\gamma \in]\alpha, \beta[$ tel que $g(\gamma) = 0$, alors g est nulle sur $[\alpha, \beta]$.

c) On suppose : $\forall x \in [\alpha, \beta]$, $g(x) \geqslant 0$ et $g''(x) \leqslant 0$.
Montrer que, si $g(\alpha) = g'(\alpha) = 0$, alors g est la fonction nulle sur $[\alpha, \beta]$.

2) Soit a et b réels, $a < b$, et $f : [a, b] \to \mathbb{R}$, de classe $\mathcal{C}^2$ sur $[a, b]$, telle que $f(a) = f(b) = 0$.
On pose $M = \sup\limits_{x \in [a,b]} |f''(x)|$ et on suppose $M > 0$.

a) Pour $x \in]a, b[$, montrer qu'il existe $c \in]a, b[$ tel que $f(x) = \dfrac{(x-a)(x-b)}{2} f''(c)$.

b) Montrer que $\forall x \in [a, b]$, $|f(x)| \leqslant M \dfrac{(x-a)(b-x)}{2}$.

En déduire $|f'(a)| \leqslant M \dfrac{b-a}{2}$, $|f'(b)| \leqslant M \dfrac{b-a}{2}$ et $\sup\limits_{x \in [a,b]} |f(x)| \leqslant M \dfrac{(b-a)^2}{8}$.

c) On suppose qu'il existe $x_0 \in]a, b[$ tel que $f(x_0) = M \dfrac{(x_0-a)(x_0-b)}{2}$.

Montrer que $\forall x \in [a, b]$, $f(x) = M \dfrac{(x-a)(x-b)}{2}$. *On pourra utiliser 1)b).*

Que peut-on dire s'il existe $x_0 \in]a, b[$ tel que $f(x_0) = M \dfrac{(x_0-a)(b-x_0)}{2}$?

Solution

Partie I

Soit h la fonction définie sur $]a, b]$ par $f(x) = \dfrac{g(x) - g(a)}{x-a} = \dfrac{g(x)}{x-a}$ et prolongée par continuité en a par $h(a) = g'(a) = 0$.
h est continue sur $[a, b]$, dérivable sur $]a, b[$ et $h(a) = h(b) = 0$.
Il existe donc $c \in]a, b[$ tel que $h'(c) = 0$, c'est-à-dire $\dfrac{g'(c)}{c-a} - \dfrac{g(c)}{(c-a)^2} = 0$, d'où $g'(c) = \dfrac{g(c)}{c-a}$.

Partie II

1) Pour $x \in [1, +\infty[$, la formule des accroissements finis sur $[x, x+1]$ donne l'existence de $y \in]x, x+1[$ tel que $f(x+1) = f(x) + f'(y)$.
Avec f' strictement décroissante, on a $f'(y) < f'(x)$ d'où $f(x+1) - f(x) < f'(x)$.

La formule des accroissements finis sur $[x-1, x]$ donne l'existence de $z \in]x-1, x[$ tel que :

$$f(x-1) = f(x) - f'(z).$$

Avec f' strictement décroissante, on a $f'(z) > f'(x)$ d'où :

$$f'(x) < f(x) - f(x-1).$$

2) Comme f' est positive, la suite (s_n) est croissante.
Elle est convergente si et seulement si elle est majorée.
Pour tout $k \in \mathbb{N}^*$, on a $f(k+1) - f(k) < f'(k) < f(k) - f(k-1)$, d'où :

$$f(n+1) - f(1) < s_n < f(n) - f(0).$$

On en déduit que si l'une des suites $\big(f(n)\big)$ et (s_n) est majorée, alors l'autre l'est aussi.
f étant croissante, $\big(f(n)\big)$ est majorée si et seulement si la fonction f a une limite réelle en $+\infty$.
En conclusion (s_n) est convergente si et seulement si f a une limite réelle en $+\infty$.

Application.

a) Arctan est dérivable sur R_+ et, pour $x \geqslant 0$, $\text{Arctan}'(x) = \dfrac{1}{1+x^2}$.
On en déduit que Arctan$'$ est positive et strictement décroissante sur $\mathbb{R}_+$.
Comme Arctan a une limite réelle en $+\infty$, on a la convergence de (u_n).

b) La fonction $f\ :\ x \mapsto 2\sqrt{1+x}$ est dérivable sur $\mathbb{R}_+$, avec $f'(x) = \dfrac{1}{\sqrt{1+x}}$ donc f' est positive, strictement décroissante sur $\mathbb{R}_+$.
Avec $\lim\limits_{x\to+\infty} f(x) = +\infty$, la suite $\big(v_n\big)$ est divergente.

Partie III

1) Appliquons la formule de Taylor entre x et $x+h$: il existe $c \in]x, x+h[$ tel que :

$$f(x+h) = f(x) + hf'(x) + \frac{h^2}{2}f''(c),$$

d'où $-f(x) = -f(x+h) + hf'(x) + \dfrac{h^2}{2}f''(c)$, puis $-f(x) \leqslant |f(x+h)| + hf'(x) + \dfrac{h^2}{2}\left|f''(c)\right|$ et il s'ensuit :

$$-f(x) \leqslant M_0 + hf'(x) + \frac{h^2}{2}M_2.$$

Appliquons aussi la formule de Taylor entre x et $x-h$: il existe $d \in]x-h, x[$ tel que :

$$f(x-h) = f(x) - hf'(x) + \frac{h^2}{2}f''(d).$$

Comme précédemment, il vient $f(x) \leqslant M_0 + hf'(x) + \dfrac{h^2}{2}M_2$.

2) On a donc, pour tout $x \in \mathbb{R}$ et tout $h \in \mathbb{R}$, $|f(x)| \leqslant M_0 + hf'(x) + \dfrac{h^2}{2}M_2$.

$M_0 + hf'(x) + \dfrac{h^2}{2}M_2$ est un polynôme en h positif pour tout $h \in \mathbb{R}$, donc de discriminant négatif :

$$\big(f'(x)\big)^2 \leqslant 2M_0M_2.$$

On en déduit que f' est bornée et que $M_1^2 \leqslant 2M_0M_2$.

Partie IV

1) a) C'est la démonstration classique de la formule de Taylor.

b) g présente un minimum en $\gamma \in]\alpha, \beta[$, d'où $g'(\gamma) = 0$.

g' étant décroissante, on a $g'(x) \geqslant 0$ sur $[\alpha, \gamma]$ et $g'(x) \leqslant 0$ sur $[\gamma, \beta]$.

Avec $g(\gamma) = 0$, il vient $g(x) \leqslant 0$ tant sur $[\alpha, \gamma]$ que sur $[\gamma, \beta]$. Avec $g \geqslant 0$, il vient $g = 0$.

c) g' est décroissante sur $[\alpha, \beta]$. Avec $g'(\alpha) = 0$, il vient $g' \leqslant 0$ et g est décroissante.

Avec $g(\alpha) = 0$, il vient $g \leqslant 0$; alors $g \geqslant 0$ donne $g = 0$.

2) a) Soit $\varphi\ :\ [a, b] \to \mathbb{R}, t \mapsto f(t) - \dfrac{\lambda}{2}(t-a)(t-b)$. On a $\varphi(a) = \varphi(b) = 0$.

On définit λ par $\varphi(x) = 0$.

φ est continue sur $[a, x]$ et dérivable sur $]a, x]$. Il existe donc $u \in]a, x[$ tel que $\varphi'(u) = 0$.

De même, il existe $v \in]x, b[$ tel que $\varphi'(v) = 0$.

φ' étant de classe $\mathcal{C}^1$ sur $[u, v]$, il existe $c \in]u, v[\subset]a, b[$ tel que $\varphi''(c) = 0$.

Avec $\varphi''(t) = f''(t) - \lambda$, on obtient : $\lambda = \varphi''(c)$ et $\varphi(x) = 0$ se lit $f(x) = \dfrac{1}{2}(x-a)(x-b)f''(c)$.

b) Pour $x = a$ ou $x = b$, l'inégalité est immédiate et pour $x \in]a, b[$, elle découle du résultat précédent.

Avec le a), on a, pour $x > a$, $\left|\dfrac{f(x) - f(a)}{x - a}\right| \leqslant M\dfrac{b - x}{2}$.

Par la limite pour $x \to a$, il vient $|f'(a)| \leqslant M\dfrac{b-a}{2}$. Et de même $|f'(b)| \leqslant M\dfrac{b-a}{2}$.

$x \mapsto (x-a)(b-x)$ est positive sur $[a, b]$ et son maximum, en $\dfrac{a+b}{2}$, vaut $\dfrac{(b-a)^2}{4}$. Il s'ensuit :

$$\sup_{x \in [a,b]} |f(x)| \leqslant M\frac{(b-a)^2}{8}.$$

c) Soit $g\ :\ [a, b] \to \mathbb{R}, x \mapsto f(x) - \dfrac{M}{2}(x-a)(x-b)$.

Avec 2)b), il vient $g(x) = f(x) + \dfrac{M}{2}(x-a)(b-x) \geqslant 0$.

Avec $g''(x) = f''(x) - M \leqslant 0$, et $g(x_0) = 0$, d'après 1)b), il vient $g = 0$. On en déduit :

$$\forall x \in [a, b],\ f(x) = \frac{M}{2}(x-a)(x-b).$$

En considérant $h\ :\ [a, b], x \mapsto \dfrac{M}{2}(x-a)(b-x) - f(x)$, on a de même $h \geqslant 0$ et $h'' \leqslant 0$ puis, avec $h(x_0) = 0$, il vient $h = 0$.

9 Autour de la fonction exponentielle

1) Soit $(P_n)_{n\in\mathbb{N}}$ la suite de polynômes définie par $P_0 = 1$, $P'_{n+1} = P_n$ et $P_{n+1}(0) = 1$:

$$\forall n \in \mathbb{N},\ \forall x \in \mathbb{R},\quad P_n(x) = \sum_{p=0}^{n} \frac{x^p}{p!}.$$

a) Étant donné $x > 0$, montrer qu'il existe $q \in \mathbb{N}$ tel que $\forall p \geqslant q,\ \dfrac{x^p}{p!} \leqslant \dfrac{1}{2^p}$.

b) Montrer que, pour $x > 0$, la suite $\left(P_n(x)\right)_{n\in\mathbb{N}}$ est convergente.

c) Montrer que, pour $x \in \mathbb{R}$, la suite $\left(\displaystyle\sum_{2p\leqslant n} \frac{x^{2p}}{(2p)!}\right)_{n\in\mathbb{N}}$ est convergente.

En déduire la convergence de la suite $\left(P_n(x)\right)_{n\in\mathbb{N}}$ pour $x < 0$.

Notation. On note E la fonction définie sur $\mathbb{R}$ par $E(x) = \lim\limits_{n\to+\infty} P_n(x)$.

2) Dérivation de la fonction E

a) Pour x fixé dans $\mathbb{R}$ et $|h| \leqslant 1$, on pose : $\delta_n(h) = P_n(x+h) - P_n(x) - hP_{n-1}(x)$.
Exprimer $\delta(h) = \lim\limits_{n\to+\infty} \delta_n(h)$ à l'aide de la fonction E.

b) En notant que $\delta'_n(h) = P_{n-1}(x+h) - P_{n-1}(x)$, montrer que, pour tout $n \in \mathbb{N}$, on a :

$$\left|\delta'_n(h)\right| \leqslant |h|\, E(|x|+1).$$

c) En déduire que $|\delta_n(h)| \leqslant \dfrac{1}{2}E(|x|+1)h^2$ puis que $|\delta(h)| \leqslant \dfrac{1}{2}E(|x|+1)h^2$.

d) En déduire que E est dérivable en x et que $E'(x) = E(x)$.

3) a) En considérant $F : \mathbb{R} \to \mathbb{R},\ x \mapsto E(x)E(-x)$, montrer que $\forall x \in \mathbb{R},\ E(x)E(-x) = 1$.

b) Soit $a \in \mathbb{R}$. En considérant $G_a : \mathbb{R} \to \mathbb{R},\ x \mapsto E(x+a)E(-x)$, montrer que :

$$\forall x \in \mathbb{R},\quad E(x+a) = E(x)E(a).$$

4) Montrer que la fonction E n'est pas une fonction polynôme.

5) Montrer que, pour tout $x > 0$, on a $E(x) > 1$ et, pour tout $x \leqslant 0$, $0 < E(x) \leqslant 1$.

6) Montrer que $\lim\limits_{x\to+\infty} E(x) = +\infty$ et que $\lim\limits_{x\to-\infty} E(x) = 0$.

Solution

1) a) Pour tout $x \in \mathbb{R}$ fixé, la comparaison classique de puissance et de factorielle donne :

$$\lim \frac{2^n x^n}{n!} = 0.$$

Il existe donc $q \in \mathbb{N}$ tel que $\forall p \geqslant q,\ \dfrac{2^p x^p}{p!} \leqslant 1$, c'est-à-dire $\dfrac{x^p}{p!} \leqslant \dfrac{1}{2^p}$.

b) Pour $x > 0$, la suite $\left(P_n(x)\right)_{n\in\mathbb{N}}$ est croissante.

Pour $n \geqslant q$, on a $P_n(x) = \sum_{p=0}^{q} \frac{x^p}{p!} + \sum_{p=q+1}^{n} \frac{x^p}{p!} \leqslant \sum_{p=0}^{q} \frac{x^p}{p!} + \sum_{p=q+1}^{n} \frac{1}{2^p} \leqslant \sum_{p=0}^{q} \frac{x^p}{p!} + 1.$

La suite $\left(P_n(x)\right)_{n\in\mathbb{N}}$ est donc majorée.

Croissante et majorée, la suite $\left(P_n(x)\right)$ est convergente.

c) La suite $\left(\sum_{2p\leqslant n} \frac{x^{2p}}{(2p)!}\right)_{n\in\mathbb{N}}$ est croissante et $\sum_{2p\leqslant n} \frac{x^{2p}}{(2p)!} \leqslant \sum_{p\leqslant n} \frac{(x^2)^p}{(2p)!} \leqslant \sum_{p\leqslant n} \frac{(x^2)^p}{p!} = P_n(x^2).$

Elle est majorée car $\left(P_n(x)\right)$ est majorée pour tout $x > 0$; sa convergence en découle.

Pour tout x, on a $P_n(x) + P_n(-x) = 2 \sum_{2p\leqslant n} \frac{x^{2p}}{(2p)!}$.

Pour $x < 0$, la convergence de $\left(P_n(-x)\right)$ entraîne alors celle de $\left(P_n(x)\right)$.

2) a) En passant à la limite (pour n infini) dans $\delta_n(h) = P_n(x+h) - P_n(x) - hP_{n-1}(x)$ on obtient :

$$\delta(h) = E(x+h) - E(x) - hE(x).$$

b) On a $\delta'_n(h) = P_{n-1}(x+h) - P_{n-1}(x)$ et, en appliquant la formule des accroissements finis, il existe $\theta \in]0,1[$ tel que $\delta'_n(h) = hP_{n-2}(x+\theta h)$. Or, pour tout entier $n \in \mathbb{N}$:

$$|P_n(x+\theta h)| \leqslant P_n(|x+\theta h|) \leqslant P_n(|x|+1) \leqslant E(|x|+1),$$

et il vient donc $\left|\delta'_n(h)\right| \leqslant |h|\, E(|x|+1)$.

c) Compte tenu de $\delta_n(0) = 0$, l'inégalité des accroissements finis donne :

$$|\delta_n(h)| \leqslant \frac{1}{2}E(|x|+1)h^2.$$

En prenant la limite pour $n \to +\infty$, il vient $|\delta(h)| \leqslant \frac{1}{2}E(|x|+1)h^2$.

d) On a donc $\left|\frac{E(x+h)-E(x)}{h} - E(x)\right| \leqslant \frac{1}{2}E(|x|+1)\,|h|$, d'où :

$$\lim_{h\to 0} \frac{E(x+h)-E(x)}{h} = E(x) \text{ c'est-à-dire } E'(x) = E(x).$$

3) a) On a $F'(x) = 0$, donc F est constante. En notant que $F(0) = 1$, il vient :

$$E(x)E(-x) = 1 \text{ pour tout } x \in \mathbb{R}.$$

b) On a $G'_a(x) = 0$ et G_a est constante. En remarquant que $G_a(0) = E(a)$, il vient :

$$E(x+a)E(-x) = E(a).$$

Alors, avec a), il obtient : $E(x+a) = E(x)E(a)$.

4) Si E était une fonction polynôme Q, de degré $q \in \mathbb{N}$, on aurait $D^{q+1}Q = 0$.

Or $D^{q+1}E = E$ et E n'est pas la fonction nulle puisque $E(0) = 1$.

5) Pour $x > 0$ et $n \in \mathbb{N}$, on a $P_n(x) > 1$ et par suite $E(x) > 1$ puisque $\left(P_n(x)\right)$ est croissante.

Pour $x \leqslant 0$, $E(x)E(-x) = 1$ montre que $0 < E(x) \leqslant 1$.

6) Pour tout $x > 0$, on a $1 + x \leqslant E(x)$, donc $\lim_{x\to+\infty} E(x) = +\infty$.

Avec $E(x)E(-x) = 1$, il vient $\lim_{x\to-\infty} E(x) = 0$.

10 Fonctions à dérivées successives positives

Soit $f \in \mathcal{C}^{\infty}(I, \mathbb{R})$, où I est un intervalle non vide, non réduit à un point.
On dit que f est de type (AM) lorsque $\forall n \in \mathbb{N}$, $f^{(n)} \geqslant 0$, en notant $f^{(n)}$ sa dérivée d'ordre $n \in \mathbb{N}$, avec $f^{(0)} = f$.

1) a) Soit f et g des fonctions réelles définies et de type (AM) sur I.
Montrer que $f + g$ et fg sont de type (AM).

b) Montrer que f est de type (AM) si et seulement si $f \geqslant 0$ et f' est de type (AM).

c) On suppose que f est de type (AM) sur I et que g, définie sur un intervalle $J \supset f(I)$, est de type (AM). Montrer que $g \circ f$ est de type (AM) sur I.

2) a) La fonction T définie par $T(x) = \dfrac{1}{2} \ell n \dfrac{1+x}{1-x}$, est-elle de type (AM) sur $[0, 1[$?

b) La fonction L définie par $L(x) = -\ell n(-x)$ est-elle de type (AM) sur $]-\infty, 0[$?

c) Étant donné $b \in \mathbb{R}$, on considère la fonction réelle H définie sur $I =]-\infty, b[$ par :

$$H(x) = \frac{\lambda x + \mu}{x - b}, \text{ avec } (\lambda, \mu) \in \mathbb{R}^2.$$

Donner une condition nécessaire et suffisante sur (λ, μ) pour que la fonction H soit de type (AM).

Dans la suite, l'intervalle I est $I = [a, b[$, avec $a < b$, et la fonction f est de type (AM) *sur $[a, b[$.*

3) Pour $n \in \mathbb{N}$ et $x \in [a, b[$, on pose $u_n(x) = \dfrac{(x-a)^n}{n!} f^{(n)}(a)$ et $S_n(x) = \displaystyle\sum_{k=0}^{n} u_k(x)$.

a) Montrer que $\forall n \in \mathbb{N}$, $\forall x \in [a, b[$, $S_n(x) \leqslant f(x)$.

b) Montrer que, pour tout $x \in [a, b[$, la suite $\left(S_n(x)\right)_{n \in \mathbb{N}}$ est convergente et que sa limite $S(x)$ vérifie $S(x) \leqslant f(x)$.

4) Pour $n \in \mathbb{N}$, on définit $h_n :]a, b[\to \mathbb{R}$, $x \mapsto h_n(x)$ par $f(x) = S_n(x) + (x-a)^n h_n(x)$.

a) Montrer que h_n est dérivable sur $]a, b[$.

On définit alors g_n sur $[a, b[$ par $g_n(a) = 0$ et, pour $x \in]a, b[$, $h'_n(x) = \dfrac{g_n(x)}{(x-a)^{n+1}}$.

Expliciter $g_n(x)$ à l'aide de $f(x)$, $f'(x)$ et des $f^{(k)}(a)$ avec $k \in [\![0, n]\!]$.

b) Étudier le signe de $g_1(x)$ et en déduire le sens de variation de h_1.
Étudier le signe de $g'_2(x)$ et en déduire le sens de variation de $h_2(x)$.

c) Avec la formule de Taylor-Young, montrer que $g_n(x) = o\left((x-a)^n\right)$.
Qu'en déduire pour $g^{(k)}(a)$, $k \in [\![0, n]\!]$?
Montrer que $g_n^{(n)} \geqslant 0$ et en déduire que $g_n \geqslant 0$ puis que h_n est croissante.

5) Pour $x \in]a, b[$ on pose $R_n(x) = (x-a)^n h_n(x)$.

a) Étant donné $x_0 \in]a, b[$ et $c \in]x_0, b[$, montrer que $0 \leqslant R_n(x_0) \leqslant \left(\dfrac{x_0 - a}{c - a}\right)^n f(c)$.

En déduire que $S(x_0) = f(x_0)$.

b) Montrer que f est constante ou bien strictement croissante sur $]a, b[$.

c) Que peut-on dire de f quand il existe $x_0 \in]a, b[$ tel que $f(x_0) = 0$?

d) Que peut-on dire de f quand il existe $x_0 \in]a, b[$ et $n \in \mathbb{N}^*$ tels que $f^{(n)}(x_0) = 0$?

Solution

1) a) f et g étant $\mathcal{C}^\infty$ sur I, il en est de même pour $f + g$ et pour fg.

- Pour tout $n \in \mathbb{N}$, on a $(f+g)^{(n)} = f^{(n)} + g^{(n)}$, $f^{(n)} \geqslant 0$ et $g^{(n)} \geqslant 0$, donc $(f+g)^{(n)} \geqslant 0$.
- $\forall n \in \mathbb{N}$, $(fg)^{(n)} = \sum_{k=0}^{n} \mathrm{C}_n^k f^{(k)} g^{(n-k)}$ et $\forall k \in [\![0, n]\!]$, $f^{(k)} \geqslant 0$ et $g^{(n-k)} \geqslant 0$, donc $(fg)^{(n)} \geqslant 0$.

b) f étant $\mathcal{C}^\infty$ sur I, il en est de même pour f'. Pour tout $n \in \mathbb{N}$, on a $(f')^{(n)} = f^{(n+1)}$, donc :

$$(f')^{(n)} \geqslant 0.$$

Si f' est $\mathcal{C}^\infty$ sur I, il en est de même pour f.

Avec $f \geqslant 0$ et $f^{(n+1)} = (f')^{(n)} \geqslant 0$, il vient : $\forall n \in \mathbb{N}$, $f^{(n)} \geqslant 0$.

c) f et g étant $\mathcal{C}^\infty$ sur I et J respectivement, il en est de même pour $g \circ f$.

Avec $g \geqslant 0$ sur J, il vient $g \circ f \geqslant 0$ sur I, c'est-à-dire $(g \circ f)^{(0)} \geqslant 0$.

Pour prouver que $g \circ f$ est de type **(AM)** sur I, il nous suffit de prouver la propriété $\mathcal{P}(n)$: pour toutes fonctions u et v de type **(AM)** sur I et J respectivement, avec $u(I) \subset J$, on a :

$$\forall k \in [\![0, n]\!], (v \circ u)^{(k)} \geqslant 0.$$

On procède par récurrence.

Avec $v \geqslant 0$ sur J, on a $v \circ u \geqslant 0$ sur I, donc $\mathcal{P}(0)$ est vraie.

Avec $\left(v \circ u\right)^{(n+1)} = \left((v' \circ u)u'\right)^{(n)} = \sum_{k=0}^{n} \mathrm{C}_n^k (v' \circ v)^{(k)} v'^{(n-k)}$, il vient aisément que $\mathcal{P}(n)$ implique $\mathcal{P}(n+1)$.

Ainsi $\mathcal{P}(n)$ est vraie pour tout $n \in \mathbb{N}$, et on en déduit que $g \circ f$ est de type **(AM)** sur I.

2) a) T est $\mathcal{C}^\infty$ sur $[0, 1[$ et $\forall x \in [0, 1[$, $2T(x) = \ell n(1+x) - \ell n(1-x)$.

Sur $I = [0, 1[$, $x \mapsto \dfrac{1+x}{1-x}$ est minimum en 0 et son minimum est 1, donc $T(x) \geqslant 0$ sur I.

$2T'(x) = \dfrac{1}{1+x} + \dfrac{1}{1-x}$ donne $\forall n \in \mathbb{N}^*$, $2T^{(n)}(x) = \dfrac{(-1)^{n-1}(n-1)!}{(1+x)^n} + \dfrac{(n-1)!}{(1-x)^n}$.

Il s'ensuit $\dfrac{2}{(n-1)!}(1-x)^n T^{(n)}(x) = 1 + (-1)^{n-1} \dfrac{(1-x)^n}{(1+x)^n}$.

$0 < 1 - x \leqslant 1 + x$ donne $0 < \dfrac{1-x}{1+x} \leqslant 1$ puis $1 + (-1)^{n-1}\dfrac{(1-x)^n}{(1+x)^n} \geqslant 0$ et enfin $T^{(n)}(x) \geqslant 0$.

Ainsi, T est de type **(AM)**.

b) On a $L(-e) = -1$ et L n'est pas positive sur $]-\infty, 0[$.

Elle n'est donc pas de type **(AM)** sur $]-\infty, 0[$.

c) H est $\mathcal{C}^\infty$ sur $I =]-\infty, b[$.

- On a $\lim\limits_{x \to -\infty} H = \lambda$, alors $H \geqslant 0$ sur I implique $\lambda \geqslant 0$.

$H'(x) = -\dfrac{\mu + b\lambda}{(x-b)^2}$ et $H' \geqslant 0$ implique $\mu + b\lambda \leqslant 0$.

▪ Si ces conditions sont réalisées, alors H est croissante, de limite positive en $-\infty$, donc positive.

Pour $n \in \mathbb{N}^*$, on a $H^{(n)}(x) = -(\mu + b\lambda)\dfrac{n!}{(b-x)^{n+1}} \geqslant 0$ donc H est de type (**AM**) sur I.

3) a) Avec la formule de Taylor-Lagrange : $\exists c \in]a, x[, f(x) = S_n(x) + \dfrac{(x-a)^{n+1}}{(n+1)!} f^{(n+1)}(c)$.

Alors $f^{(n+1)} \geqslant 0$ donne $f(x) \geqslant S_n(x)$.

b) En outre, $\forall n \in \mathbb{N}$, $S_{n+1}(x) - S_n(x) = \dfrac{(x-a)^n}{n!} f^{(n)}(a) \geqslant 0$, donc $\big(S_n(x)\big)$ est convergente, de limite $S(x) \leqslant f(x)$, et tant que suite croissante majorée par $f(x)$.

4) a) $h_n :]a, b[, x \mapsto \dfrac{f(x) - S_n(x)}{(x-a)^n}$ est $\mathcal{C}^\infty$.

$$h_n'(x) = \frac{-n}{(x-a)^{n+1}}\left(f(x) - \sum_{k=0}^{n} \frac{(x-a)^k}{k!} f^{(k)}(a)\right) + \frac{1}{(x-a)^n}\left(f'(x) - \sum_{k=0}^{n-1} \frac{(x-a)^k}{k!} f^{(k+1)}(a)\right),$$

et on pose $g_n(x) = (x-a)\left(f'(x) - \displaystyle\sum_{k=0}^{n-1} \frac{(x-a)^k}{k!} f^{(k+1)}(a)\right) - n\left(f(x) - \displaystyle\sum_{k=0}^{n} \frac{(x-a)^k}{k!} f^{(k)}(a)\right)$.

Notons que, sous cette forme, on voit que $g_n(a) = 0$.

b) ▪ $g_1(x) = (x-a)\big(f'(x) - f'(a)\big) - \big(f(x) - f(a) - (x-a)f'(a)\big) = (x-a)f'(x) - f(x) + f(a)$.

Par la formule de Taylor : $\exists c \in]a, x[$, $f(a) = f(x) + (a-x)f'(x) + \dfrac{1}{2}(a-x)^2 f''(c)$, et il s'ensuit :

$$g_1(x) = \frac{1}{2}(a-x)^2 f''(c) \geqslant 0.$$

En conséquence, on a $h_1' \geqslant 0$ sur $]a, b[$, donc h_1 est croissante sur $[a, b[$.

▪ $g_2(x) = (x-a)\big(f'(x) - f'(a) - (x-a)f''(a)\big) - 2\big(f(x) - f(a) - (x-a)f'(a) - \dfrac{1}{2}(x-a)^2 f''(a)\big)$
c'est-à-dire $g_2(x) = (x-a)\big(f'(x) + f'(a)\big) - 2\big(f(x) - f(a)\big)$, et on obtient :

$$g_2'(x) = (x-a)f''(x) - f'(x) + f'(a).$$

Par la formule de Taylor : $\exists d \in]a, x[, f'(a) = f'(x) + (a-x)f''(x) + \dfrac{1}{2}(a-x)^2 f'''(d)$, donc :

$$g_2'(x) = \frac{1}{2}(a-x)^2 f'''(d) \geqslant 0.$$

Ainsi, g_2 est croissante sur $[a, b[$ et, avec $g_2(a) = 0$, on a $g_2 \geqslant 0$, puis h_2 croissante.

c) En appliquant la formule de Taylor-Young, on a :

$$f'(x) - \sum_{k=0}^{n-1} \frac{(x-a)^k}{k!} f^{(k+1)}(a) = o\big((x-a)^{n-1}\big) \quad \text{et} \quad f(x) - \sum_{k=0}^{n} \frac{(x-a)^k}{k!} f^{(k)}(a) = o\big((x-a)^n\big).$$

On en déduit $g_n(x) = o\big((x-a)^n\big)$ et il s'ensuit $\forall k \in [\![0, n]\!]$, $g_n^{(k)}(a) = 0$.

On obtient facilement $g_n^{(n)}(x) = (x-a)f^{(n+1)}(x) \geqslant 0$.

Supposons que, pour $k \in [\![1, n]\!]$, on ait $g_n^{(k)} \geqslant 0$. Avec $g_n^{(k-1)}(a) = 0$, il vient $g_n^{(k-1)} \geqslant 0$.

Ainsi, $\forall k \in [\![0, n]\!]$, on a $g_n^{(k)} \geqslant 0$. En particulier $g_n \geqslant 0$ et h_n est croissante.

5) a) La formule de Taylor-Young appliquée à f montre que $\lim\limits_{x \to a} h_n(x) = 0$.

On en déduit $h_n \geqslant 0$ puis $0 \leqslant h_n(x_0) \leqslant h_n(c)$.

Alors $0 \leqslant \frac{R_n(x_0)}{(x_0-a)^n} \leqslant \frac{R_n(c)}{(c-a)^n}$ donc $0 \leqslant R_n(x_0) \leqslant \left(\frac{x_0-a}{c-a}\right)^n R_n(c)$.

En outre, $S_n(x) \geqslant 0$ donne $R_n(x) \leqslant f(x)$.

Il s'ensuit $0 \leqslant R_n(x_0) \leqslant \left(\frac{x_0-a}{c-a}\right)^n f(c)$ puis $\lim_{n\to+\infty} R_n(x_0) = 0$ car $0 \leqslant \frac{x_0-a}{c-a} < 1$.

Enfin $f(x_0) = S_n(x_0) + R_n(x_0)$ et $\lim_{n\to+\infty} S_n(x_0) = S(x_0)$ donne $f(x_0) = S(x_0)$.

b) Supposons que $\forall n \in \mathbb{N}^*, f^{(n)}(a) = 0$. Alors, $\forall x \in [a, b[, \forall n \in \mathbb{N}, S_n(x) = f(a)$, d'où $\forall x \in [a, b[$, $S(x) = f(a)$ et, avec a), il vient $f(x) = f(a)$.

Ainsi f est constante si et seulement si $\forall n \in \mathbb{N}^*, f^{(n)}(a) = 0$.

- Si f n'est pas constante, il existe $n \in \mathbb{N}^*$ tel que $f^{(n)}(a) > 0$.

La croissance de $f^{(n)}$ donne $\forall x \in [a, b[, f^{(n)}(x) > 0$.

Alors, pour tout $\varepsilon > 0$, $x + \varepsilon < b$, on a $f(x+\varepsilon) \geqslant f(x) + \frac{\varepsilon^n}{n!} f^{(n)}(x) > f(x)$, donc f est strictement croissante.

c) $f(x_0) = 0$, avec $x_0 - a > 0$, donne $S(x_0) = 0$ puis, avec $0 \leqslant S_n(x_0) \leqslant S(x_0)$, $\forall n \in \mathbb{N}, S_n(x_0) = 0$, donc $f^{(n)}(a) = 0$.

Il s'ensuit que f est la constante nulle.

d) Avec $f^{(n)}$ de type (**AM**) sur I, $f^{(n)}(x_0) = 0$ implique $f^{(n)} = 0$ sur $[a, b[$.

Alors f est une fonction polynomiale de degré au plus $n - 1$.

11 Majoration des dérivées successives

Pour $n \in \mathbb{N}^*$, on note $\mathscr{E}_n$ le $\mathbb{R}$-espace vectoriel des fonctions de $\mathcal{C}^n(\mathbb{R}, \mathbb{R})$ qui sont bornées sur $\mathbb{R}$ et dont les dérivées jusqu'à l'ordre n sont bornées sur $\mathbb{R}$.

On pose $M_0 = \sup_{x\in\mathbb{R}} |f(x)|$ et, pour $k \in [\![1, n]\!]$, $M_k = \sup_{x\in\mathbb{R}} \left|f^{(k)}(x)\right|$.

1) Dans cette question, on suppose $n \geqslant 2$ et on considère $f \in \mathscr{E}_2$.

Justifier l'inégalité, pour tout $x \in \mathbb{R}$ et pour tout $h \in \mathbb{R}$,

$$(1) : \quad \left|f(x+h) - f(x) - hf'(x)\right| \leqslant \frac{M_2 h^2}{2}.$$

En appliquant (1) à $f(x+h)$ et à $f(x-h)$, montrer que pour tout $x \in \mathbb{R}$ et tout $h > 0$, on a :

$$\left|f'(x)\right| \leqslant \frac{M_0}{h} + \frac{M_2 h}{2}.$$

En déduire que (2) : $M_1 \leqslant \sqrt{2}\sqrt{M_0 M_2}$.

2) Dans cette question, on suppose $n \geqslant 3$ et on considère $f \in \mathscr{E}_3$.

a) En appliquant (2) aux fonctions f et f', majorer M_2 en fonction de M_1 et de M_3, puis majorer M_1 en fonction de M_0 et M_2.

En déduire des majorations de M_1 et de M_2 à l'aide de M_0 et de M_3.

b) Seconde majoration de M_1 et M_2 à l'aide de M_0 et M_3.

En appliquant l'inégalité de Taylor-Lagrange à $f(x+h)$ et à $f(x-h)$, montrer que, pour tout $x \in \mathbb{R}$ et tout $h > 0$, on a :

$$|f'(x)| \leqslant \frac{M_3 h^3}{6} + \frac{M_0}{h} \quad \text{et} \quad |f''(x)| \leqslant \frac{M_3 h}{3} + \frac{4M_0}{h^2}.$$

En déduire de nouvelles majorations de M_1 et M_2 à l'aide de M_0 et M_3.

3) a) On suppose $n \geqslant 2$ et on considère $f \in \mathscr{E}_n$. En appliquant (2) à la fonction $f^{(n-2)}$, majorer M_{n-1} en fonction de M_{n-2} et de M_n.

b) En déduire l'existence d'une suite $(a_n)_{n \in \mathbb{N}^*}$ de réels telle que :

$$\forall n \in \mathbb{N}^*, \ \forall f \in \mathscr{E}_n, \ M_{n-1} \leqslant a_n M_0^{\frac{1}{n}} M_n^{1-\frac{1}{n}} \quad \text{avec} \quad a_n^n \leqslant 2^{n-1} a_{n-1}^{n-1} \text{ pour } n \geqslant 2.$$

c) Montrer que pour tout $f \in \mathscr{E}_n$, $M_{n-1} \leqslant 2^{\frac{n-1}{2}} M_0^{\frac{1}{n}} M_n^{\frac{n-1}{n}}$.

d) Montrer que pour tout $f \in \mathscr{E}_n$: $\forall k \in [\![0, n]\!]$, $M_k \leqslant 2^{\frac{k(n-k)}{2}} M_0^{\frac{n-k}{n}} M_n^{\frac{k}{n}}$.

Étude d'un exemple

Pour $p \in \mathbb{N}^*$, on considère la fonction w_p définie par :

$$w_p(x) = 2 \quad \text{pour } 0 \leqslant x < 1 - \frac{1}{2p}\ ; \quad w_p(x) = 2\sin\big(p\,\pi\,(1-x)\big) \quad \text{pour } 1 - \frac{1}{2p} \leqslant x \leqslant 1\ ;$$
$$w_p(-x) = w_p(x) \quad \text{et} \quad w_p(x+2) = -w_p(x) \quad \text{pour tout } x \in \mathbb{R}.$$

4) Étudier la continuité et la périodicité de w_p.

5) Soit v_p la primitive de w_p telle que $v_p(0) = 0$.
Donner l'expression de $v_p(x)$ pour $0 \leqslant x \leqslant 1$.
Exprimer $v_p(-x)$ et $v_p(x+2)$ en fonction de $v_p(x)$.

6) Soit u_p la primitive de v_p telle que $u_p(1) = 0$.
Donner l'expression de $u_p(x)$ pour $0 \leqslant x \leqslant 1$.
Exprimer $u_p(-x)$ et $u_p(x+2)$ en fonction de $u_p(x)$.

7) a) Déterminer : $M_0(p) = \sup\limits_{x \in \mathbb{R}} |u_p(x)|$; $M_1(p) = \sup\limits_{x \in \mathbb{R}} |u_p'(x)|$; $M_2(p) = \sup\limits_{x \in \mathbb{R}} |u_p''(x)|$.

b) Donner les limites de $M_0(p)$, $M_1(p)$ et $M_2(p)$ quand p tend vers $+\infty$?
Qu'en déduire pour l'inégalité (2) ?

8) Soit U_p la primitive de u_p telle que $U_p(0) = 0$.
Montrer à l'aide de cette fonction que les majorations (3) de M_1 et de M_2 sont optimales.

Solution

1) Si $M_2 = 0$, il existe $(a, b) \in \mathbb{R}^2$ tel que $\forall x \in \mathbb{R}, f(x) = ax + b$.
Alors l'hypothèse f bornée implique $a = 0$.
Dans ce cas, on a $M_1 = 0$ et les inégalités (1) ou (2) sont triviales.
On suppose maintenant $M_2 \neq 0$.
f étant de classe $\mathcal{C}^2$ sur $\mathbb{R}$, avec f'' bornée sur $\mathbb{R}$, l'inégalité de Taylor-Lagrange s'applique, pour tout $x \in \mathbb{R}$ et pour tout $h \in \mathbb{R}$,

$$(1): \quad \left|f(x+h)-f(x)-hf'(x)\right| \leqslant \frac{M_2 h^2}{2}.$$

Pour $x \in \mathbb{R}$ et $h > 0$, on a :

$$\left|f(x+h)-f(x)-hf'(x)\right| \leqslant \frac{M_2 h^2}{2} \quad \text{et} \quad \left|f(x-h)-f(x)+hf'(x)\right| \leqslant \frac{M_2 h^2}{2}.$$

Il s'ensuit $\left|2hf'(x)-f(x+h)+f(x-h)\right| \leqslant M_2 h^2$, puis $\left|f'(x)\right| \leqslant \dfrac{|f(x+h)-f(x-h)|}{2h} + \dfrac{M_2 h}{2}$, d'où :

$$\left|f'(x)\right| \leqslant \frac{M_0}{h} + \frac{M_2 h}{2}.$$

La fonction $\psi : \mathbb{R}_+^* \to \mathbb{R}$, $h \mapsto \dfrac{M_0}{h} + \dfrac{M_2 h}{2}$ est dérivable, et présente un minimum en $h_1 = \sqrt{\dfrac{2M_0}{M_2}}$.

Ce minimum vaut $\sqrt{2M_0M_2}$. Il s'ensuit :

$$(2): \quad M_1 \leqslant \sqrt{2}\sqrt{M_0 M_2}.$$

2) Si $M_3 = 0$, alors il existe $(a, b, c) \in \mathbb{R}^3$ tel que $\forall x \in \mathbb{R}, f(x) = ax^2 + bx + c$.

Alors l'hypothèse f bornée implique $a = b = 0$.

Dans ce cas, on a $M_1 = M_2 = 0$ et toute majoration de M_1 ou M_2 est triviale.

Si $M_1 = 0$, alors f est constante et il vient $M_3 = 0$.

Dans la suite, on suppose $M_3 \neq 0$.

a) Puisque f est dans $\mathscr{C}_3$, on a $f' \in \mathscr{C}_2$ et $f \in \mathscr{C}_2$.

Par application de **(2)** aux fonctions f' et f, il vient $M_2 \leqslant \sqrt{2M_1M_3}$ et $M_1 \leqslant \sqrt{2M_0M_2}$.

Avec $M_1^4 \leqslant 4M_0^2M_2^2$ et $M_2^2 \leqslant 2M_1M_3$, il vient $M_1^4 \leqslant 8M_0^2M_1M_3$, d'où $M_1^3 \leqslant 8M_0^2M_3$.

Avec $M_2^6 \leqslant 8M_1^3M_3^3$, il vient alors $M_2^6 \leqslant 64M_0^2M_3^4$ d'où $M_2^3 \leqslant 8M_0M_3^2$.

D'où, finalement, **(3)** : $M_1 \leqslant 2M_0^{\frac{2}{3}}M_3^{\frac{1}{3}}$ et $M_2 \leqslant 2M_0^{\frac{1}{3}}M_3^{\frac{2}{3}}$.

b) f étant de classe $\mathcal{C}^3$ sur $\mathbb{R}$, avec $f^{(3)}$ bornée sur $\mathbb{R}$, l'inégalité de Taylor-Lagrange donne pour tout $x \in \mathbb{R}$ et tout $h > 0$:

$$\left|f(x-h)-f(x)+hf'(x)-\frac{h^2}{2}f''(x)\right| \leqslant \frac{M_3h^3}{6}$$

$$\text{et} \quad \left|f(x+h)-f(x)-hf'(x)-\frac{h^2}{2}f''(x)\right| \leqslant \frac{M_3h^3}{6}.$$

On en déduit $\left|f(x+h)-f(x-h)-2hf'(x)\right| \leqslant \dfrac{M_3h^3}{3}$, puis :

$$\left|f'(x)\right| \leqslant \frac{|f(x+h)-f(x-h)|}{2h} + \frac{M_3h^2}{6} \leqslant \frac{M_3h^2}{6} + \frac{M_0}{h}$$

$$\text{et} \quad \left|f(x+h)+f(x-h)-2f(x)-h^2f''(x)\right| \leqslant \frac{M_3h^3}{3}$$

donc $\left|f''(x)\right| \leqslant \dfrac{|f(x+h)+f(x-h)-2f(x)|}{h^2} + \dfrac{M_3h}{3} \leqslant \dfrac{M_3h}{3} + \dfrac{4M_0}{h^2}$.

La fonction $\varphi : \mathbb{R}_+^* \to \mathbb{R}$, $h \mapsto \dfrac{M_3h^2}{6} + \dfrac{M_0}{h}$ est dérivable et présente un minimum en $h_0 = \sqrt[3]{\dfrac{3M_0}{M_3}}$.

Ce minimum vaut $\dfrac{1}{2}3^{\frac{2}{3}}M_0^{\frac{2}{3}}M_3^{\frac{1}{3}}$. C'est un majorant de M_1.

La fonction $\psi : \mathbb{R}_+^* \to \mathbb{R}$, $h \mapsto \dfrac{M_3 h}{3} + \dfrac{4M_0}{h^2}$ est dérivable et présente un minimum en :

$$h_1 = 2\sqrt[3]{\frac{3M_0}{M_3}}.$$

Ce minimum vaut $3^{\frac{1}{3}} M_0^{\frac{1}{3}} M_3^{\frac{2}{3}}$. C'est un majorant de M_2.

3) a) $f^{(n-2)}$ est de classe $\mathcal{C}^2$ puisque f est dans $\mathscr{E}_n$.
En appliquant (2) à la fonction $f^{(n-1)}$, il vient $M_{n-1} \leqslant \sqrt{2M_{n-2}M_n}$.

b) Étant donné $n \in \mathbb{N}^*$, soit $\mathscr{P}(n)$ la propriété :

$$\exists a_n \in \mathbb{R}_+,\ \forall f \in \mathscr{E}_n,\ M_{n-1} \leqslant a_n M_o^{\frac{1}{n}} M_n^{1-\frac{1}{n}} \quad \text{avec } a_n^n \leqslant 2^{n-1} a_{n-1}^{n-1} \text{ si } n \geqslant 2.$$

D'après les questions précédentes, les propriétés $\mathscr{P}(1)$, $\mathscr{P}(2)$ et $\mathscr{P}(3)$ sont vraies, avec :

$$a_1 = 1,\ a_2 = \sqrt{2},\ a_3 = 2.$$

Supposons alors que $\mathscr{P}(n-1)$ soit vraie et soit $f \in \mathscr{E}_n$.

Il existe donc a_{n-1} tel que $M_{n-2} \leqslant a_{n-1} M_0^{\frac{1}{n-1}} M_{n-1}^{1-\frac{1}{n-1}}$, d'où $\quad M_{n-2}^{n-1} \leqslant a_{n-1}^{n-1} M_0 M_{n-1}^{n-2}$.
Avec $M_{n-1}^{2(n-1)} \leqslant 2^{n-1} M_{n-2}^{n-1} M_n^{n-1}$, il vient :

$$M_{n-1}^{2(n-1)} \leqslant 2^{n-1} a_{n-1}^{n-1} M_0 M_{n-1}^{n-2} M_n^{n-1} \quad \text{soit} \quad M_{n-1}^{n} \leqslant 2^{n-1} a_{n-1}^{n-1} M_0 M_n^{n-1}.$$

On en déduit l'existence de a_n tel que :

$$M_{n-1} \leqslant a_n M_0^{\frac{1}{n}} M_n^{1-\frac{1}{n}}, \text{ c'est-à-dire } M_{n-1}^n \leqslant a_n^n M_0 M_n^{n-1} \quad \text{avec} \quad a_n^n \leqslant 2^{n-1} a_{n-1}^{n-1}.$$

Ainsi la propriété $\mathscr{P}(n)$ est récurrente et elle est donc vraie pour tout $n \in \mathbb{N}^*$, ce qui prouve l'existence de la suite $(a_n)_{n\in\mathbb{N}^*}$.

c) Soit $\mathscr{Q}(n)$ la propriété $a_n \leqslant 2^{\frac{n-1}{2}}$. Avec $a_1 = 1$, la propriété $\mathscr{Q}(1)$ est vraie.
Supposons que la propriété $\mathscr{Q}(n-1)$ soit vraie.
On a alors $a_{n-1} \leqslant 2^{\frac{n-2}{2}}$, donc $a_{n-1}^{n-1} \leqslant 2^{\frac{(n-1)(n-2)}{2}}$, puis $a_n^n \leqslant 2^{n-1} \times 2^{\frac{(n-1)(n-2)}{2}} = 2^{(n-1)\frac{n}{2}}$

et il s'ensuit $a_n \leqslant 2^{\frac{n-1}{2}}$. Il en résulte que pour tout $f \in \mathscr{E}_n$: $\quad M_{n-1} \leqslant 2^{\frac{n-1}{2}} M_0^{\frac{1}{n}} M_n^{\frac{n-1}{n}}$.

d) Soit $\mathscr{R}(k)$ la propriété $M_k \leqslant 2^{\frac{k(n-k)}{2}} M_0^{\frac{n-k}{n}} M_n^{\frac{k}{n}}$ pour $0 \leqslant k \leqslant n$.
$\mathscr{R}(n)$ est évidente et $\mathscr{R}(n-1)$ est vraie d'après le c).
Supposons que $\mathscr{R}(k)$ soit vraie, avec $1 \leqslant k \leqslant n$. D'après le c), on a :

$$M_{k-1} \leqslant 2^{\frac{k-1}{2}} M_0^{\frac{1}{k}} M_k^{\frac{k-1}{k}}$$

et $\mathscr{R}(k)$ donne $M_k^{\frac{k-1}{k}} \leqslant 2^{\frac{(k-1)(n-k)}{2}} M_0^{\frac{(k-1)(n-k)}{kn}} M_n^{\frac{k-1}{n}}$ donc :

$$M_{k-1} \leqslant 2^{\frac{(k-1)(n-k+1)}{2}} M_0^{\frac{n-k+1}{n}} M_n^{\frac{k-1}{n}},$$

ce qui montre que $\mathscr{R}(k-1)$ est vraie.
La propriété $\mathscr{R}(k)$ est ainsi établie par récurrence descendante.

Étude d'un exemple

4) Soit $I_p = [1 - 1/2p, 1]$. On a $w_{p|I_p}$ continue et de valeur 2 en $1 - \dfrac{1}{2p}$, donc $w_{p|]0,1[}$ est continue et par parité, w_p est continue sur $]-1,1[$.

Avec $w_p(1) = w_p(-1) = 0$, la condition $w_p(x+2) = -w_p(x)$ permet de définir w_p sur $[1, 3]$, sans ambiguïté en 1 et $w_p(3) = -w_p(1) = 0$, donc w_p est continue sur $]-1, 3[$.

Pour $x \in \mathbb{R}$, $w_p(x+4) = -w_p(x+2) = w_p(x)$ et w_p est de période 4. Il y a raccordement continu en -1 et en 3, donc w_p est continue sur $\mathbb{R}$.

5) Étant la primitive nulle en 0 de w_p continue, paire et de période 4, la fonction v_p est impaire.

- Sur $[0, 1 - 1/2p]$, on a $v_p(x) = 2x$,
- et sur $[1 - 1/2p, 1]$, on a $v_p(x) = 2 - \frac{1}{p} + \int_{1-\frac{1}{2p}}^{x} 2\sin\big(p\,\pi\,(1-t)\big)\,dt$ donc :

$$v_p(x) = 2 - \frac{1}{p} + \frac{2}{p\pi}\cos\big(p\,\pi\,(1-x)\big).$$

Par imparité, on connaît v_p sur $[-1, 1]$.

- $v_p(x+2) = \int_0^{x+2} w_p = \int_0^1 w_p + \int_1^2 w_p + \int_2^{x+2} w_p.$

Or $\int_1^2 w_p = \int_{-1}^0 w_p(2+t)\,dt = -\int_{-1}^0 w_p(t)\,dt = -\int_0^1 w_p(t)\,dt$ par parité de w_p et :

$$\int_2^{x+2} w_p(t)\,dt = \int_0^x w_p(2+t)\,dt = -\int_0^x w_p(t)\,dt.$$

Il s'ensuit $v_p(x+2) = -v_p(x)$ puis la période 4 pour v_p.

6) Primitive de v_p impaire, la fonction u_p est paire : $u_p(-x) = u_p(x)$.

- Sur $[1 - 1/2p, 1]$, on a :

$$u_p(x) = \int_1^x \left(2 - \frac{1}{p} + \frac{2}{p\pi}\cos\big(p\,\pi\,(1-t)\big)\right)dt = \left(\frac{1}{p} - 2\right)(1-x) - \frac{2}{p^2\pi^2}\sin p\,\pi\,(1-x)$$

et $u_p\left(1 - \frac{1}{2p}\right) = \left(\frac{1}{p} - 2\right)\frac{1}{2p} - \frac{2}{p^2\pi^2}.$

- Sur $[0, 1 - 1/2p]$, on a :

$$u_p(x) = \int_1^{1-\frac{1}{2p}} v_p(t)\,dt + \int_{1-\frac{1}{2p}}^{x} v_p(t)\,dt = u_p\left(1 - \frac{1}{2p}\right) + \int_{1-\frac{1}{2p}}^{x} 2t\,dt$$

$$\text{donc } u_p(x) = \left(\frac{1}{p} - 2\right)\frac{1}{2p} + x^2 - \left(1 - \frac{1}{2p}\right)^2 - \frac{2}{p^2\pi^2}.$$

- $u_p(x+2) = \int_1^{x+2} v_p(t)\,dt = \int_{-1}^{x} v_p(t+2)\,dt = -\int_{-1}^{x} v_p(t)\,dt = -\int_{-1}^{1} v_p(t)\,dt - \int_1^x v_p(t)\,dt$

donc $u_p(x+2) = -u_p(x)$ puisque v_p est impaire.

7) a) $M_2(p) = \sup_{x\in\mathbb{R}} |w_p(x)| = 2$; $\quad M_1(p) = \sup_{x\in\mathbb{R}} |v_p(x)| = v_p(1) = \frac{2}{p\pi} + 2\left(1 - \frac{1}{2p}\right)$;

$$M_0(p) = \sup_{x\in\mathbb{R}} |u_p(x)| = -u_p(0) = \frac{2}{p^2\pi^2} + \left(1 - \frac{1}{2p}\right)^2 + \left(2 - \frac{1}{p}\right)\frac{1}{2p}.$$

b) $M_0 = \lim_{p\to+\infty} M_0(p) = 1$, $M_1 = \lim_{p\to+\infty} M_1(p) = 2$ et $M_2 = \lim_{p\to+\infty} M_2(p) = 2$

On a donc $M_1 = \sqrt{2M_0M_2}$ et l'inégalité **(2)** est optimale, en ce sens qu'un coefficient plus petit que 2 devant M_0M_2 donnerait une inégalité fausse pour p assez grand.

8) $U_p(x) = \int_0^x u_p(t)\,\mathrm{d}t$. Il suffit de calculer $U_p(x)$ pour $x \in [0, 1]$.

- Sur $[0, 1 - 1/2p]$, $U_p(x) = \dfrac{x^3}{3} + \left(\left(\dfrac{1}{p} - 2\right)\dfrac{1}{2p} - \dfrac{2}{p^2\pi^2} - \left(1 - \dfrac{1}{2p}\right)^2\right)x.$
- Sur $[1 - 1/2p, 1]$, $U_p(x) = U_p\left(1 - \dfrac{1}{2p}\right) + \displaystyle\int_{1-\frac{1}{2p}}^{x} u_p(t)\,\mathrm{d}t.$
- $\lim\limits_{p\to+\infty} M_0(U_p) = \lim\limits_{p\to+\infty} -U_p(1) = \lim\limits_{p\to+\infty} -U_p\left(1 - \dfrac{1}{2p}\right) = \dfrac{2}{3}.$
- $\lim\limits_{p\to+\infty} M_3(U_p) = 2.$
- $\lim\limits_{p\to+\infty} M_1(U_p) = \lim\limits_{p\to+\infty} M_0(u_p) = 1$ et $\lim\limits_{p\to+\infty} M_2(U_p) = \lim\limits_{p\to+\infty} M_1(u_p) = 2.$

Il s'ensuit $\lim\limits_{p\to+\infty} \dfrac{1}{2}3^{\frac{2}{3}} M_0(u_p)^{\frac{2}{3}} M_3(u_p)^{\frac{1}{3}} = \dfrac{1}{2}3^{\frac{2}{3}}\left(\dfrac{2}{3}\right)^{\frac{2}{3}} 2^{\frac{1}{3}} = 1 = \lim\limits_{p\to+\infty} M_1(u_p)$ et la majoration est optimale.

De même, $\lim\limits_{p\to+\infty} 3^{\frac{1}{3}} M_0(u_p)^{\frac{1}{3}} M_3(u_p)^{\frac{2}{3}} = 3^{\frac{1}{3}}\left(\dfrac{2}{3}\right)^{\frac{1}{3}} 2^{\frac{2}{3}} = 2 = \lim\limits_{p\to+\infty} M_2(u_p)$ et la majoration est optimale.

12 Majoration de fonction pseudo-additive

Soit a un réel positif et f une fonction réelle continue sur $\mathbb{R}_+$ et telle que :

$$\forall (u, v) \in \mathbb{R}_+^2,\ |f(u + v) - f(u) - f(v)| \leqslant a. \quad (1)$$

1) Établir que $\forall u \in \mathbb{R}_+, \forall n \in \mathbb{N}^*,\ |f(nu) - nf(u)| \leqslant (n - 1)a. \quad (2)$

2) a) Montrer que $\forall x \geqslant 1,\ \exists (u, n) \in [1, 2] \times \mathbb{N}^*,\ x = nu.$

En déduire que $\forall x \geqslant 1,\ |f(x)| \leqslant x\left[a + \sup\limits_{u\in[1,2]} |f(u)|\right].$

b) On pose $A = \sup\limits_{u\in[1,2]} |f(u)|$ et $B = \sup\limits_{u\in[0,1]} |f(u)|$.

Montrer que $\forall x \geqslant 0,\ |f(x)| \leqslant (A + a)x + B.$

3) Soit u et x réels, $1 \leqslant u \leqslant x$, et $m = E\left(\dfrac{x}{u}\right)$.

a) Montrer que $|f(x) - mf(u) - f(x - mu)| \leqslant ma.$

b) Montrer qu'il existe $c_0 \geqslant 0$ tel que : $\forall (u, x),\ 1 \leqslant u \leqslant x,\ \left|\dfrac{f(x)}{x} - \dfrac{f(u)}{u}\right| \leqslant \dfrac{c_0 u}{x} + \dfrac{a}{u}.$

4) Montrer qu'il existe $c \geqslant 0$ tel que, pour tout (u, x), $1 \leqslant u \leqslant \sqrt{x}$, $\left|\dfrac{f(x)}{x} - \dfrac{f(u)}{u}\right| \leqslant \dfrac{c}{u}.$

5) Soit g_1 et g_2, h_1 et h_2 les fonctions définies sur $[1, +\infty[$ par :

$$g_1(u) = \frac{1}{u}\big(f(u) - c\big),\quad g_2(u) = \frac{1}{u}\big(f(u) + c\big),\quad h_1(x) = \sup_{u\in[1,\sqrt{x}]} g_1(u),\quad h_2(x) = \inf_{u\in[1,\sqrt{x}]} g_2(u).$$

Montrer que :

a) $\forall x \in [1, \sqrt{x}]$, $h_1(x) \geqslant \frac{1}{\sqrt{x}}\left(f(\sqrt{x})-c\right)$, $h_2(x) \leqslant \frac{1}{\sqrt{x}}\left(f(\sqrt{x})+c\right)$ et $h_1(x) \leqslant \frac{1}{x}f(x) \leqslant h_2(x)$;

b) h_1 est croissante et h_2 est décroissante ;

c) h_1 et h_2 ont une limite quand x tend vers $+\infty$ et que $\lim\limits_{+\infty} h_1 = \lim\limits_{+\infty} h_2 = \lim\limits_{x \to +\infty} \frac{f(x)}{x}$.

On note ℓ cette limite.

6) Montrer que, pour tout $x \geqslant 0$, $|f(x) - \ell x| \leqslant a$.

Solution

1) L'inégalité est vraie si $n = 1$. Supposons la vraie pour $n \in \mathbb{N}^*$.
On a $f[(n+1)u] - (n+1)f(u) = f[(n+1)u] - f(nu) - f(u) + f(nu) - nf(u)$.
Avec **(1)** et l'hypothèse de récurrence, il vient $|f[(n+1)u] - (n+1)f(u)| \leqslant na$.
On a ainsi prouvé **(2)** par récurrence.

2) a) Soit $n = E(x)$ la partie entière de x. Avec $x \geqslant 1$, on a $n \in \mathbb{N}^*$. Avec $n \leqslant x < n+1 \leqslant 2n$, il reste à poser $u = \frac{x}{n}$ pour conclure.

Avec 1), on a $\left|f(x) - \frac{x}{u}f(u)\right| \leqslant na$ d'où $|f(x)| \leqslant \frac{x}{u}(|f(u)| + a) \leqslant x\left(a + \sup\limits_{u \in [1,2]} |f(u)|\right)$.

b) Pour $x \geqslant 1$, on a $|f(x)| \leqslant (a+A)x$. Pour $x \in [0, 1]$, on a $|f(x)| \leqslant B$.
Par suite, pour tout $x \geqslant 0$, $|f(x)| \leqslant (a+A)x + B$.

3) a) Avec $\frac{x}{u} \geqslant 1$, c'est-à-dire $m \geqslant 1$, on applique les propriétés **(1)** et **(2)** à :

$$f(x) - mf(u) - f(x - mu) = [f(x) - f(mu) - f(x - mu)] + [f(mu) - mf(u)]$$

et on obtient :

$$|f(x) - mf(u) - f(x - mu)| \leqslant a + (m-1)a = ma.$$

b) Posons $y = \frac{x}{u} - m$. On a $0 \leqslant y < 1$ et $x - mu = uy$.

$$\frac{f(x)}{x} - \frac{f(u)}{u} = \frac{1}{x}\left(f(x) - \frac{x}{u}f(u)\right) = \frac{1}{x}\left(f(x) - mf(u) - yf(u)\right)$$

ce qui s'écrit aussi : $\frac{f(x)}{x} - \frac{f(u)}{u} = \frac{1}{x}\left(f(x) - mf(u) - f(x - mu) + f(uy) - yf(u)\right)$ d'où, avec la majoration du a) :

$$\left|\frac{f(x)}{x} - \frac{f(u)}{u}\right| \leqslant \frac{1}{x}\left(ma + |f(uy) - yf(u)|\right).$$

Avec $|f(uy)| \leqslant (a+A)uy + B \leqslant (a+A)uy + Bu$ et $|f(u)| \leqslant (a+A)u + B \leqslant (a+A+B)u$, et avec $0 \leqslant y \leqslant 1$, on obtient alors :

$$\left|\frac{f(x)}{x} - \frac{f(u)}{u}\right| \leqslant \frac{m}{x}a + \frac{2u}{x}\left(a + A + B\right).$$

En remarquant que $\frac{m}{x} \leqslant \frac{1}{u}$, et en posant $c_0 = 2(a+A+B)$, on obtient $\left|\frac{f(x)}{x} - \frac{f(u)}{u}\right| \leqslant \frac{a}{u} + \frac{uc_0}{x}$.

4) Avec $1 \leqslant u \leqslant \sqrt{x}$ et $\sqrt{x} \leqslant x$, la majoration précédente s'applique.

On a $x \geqslant u^2$ donc $\dfrac{u}{x} \leqslant \dfrac{1}{u}$ et il s'ensuit $\dfrac{a}{u} + \dfrac{uc_0}{x} \leqslant (a + c_0)\dfrac{1}{u}$.

On conclut en posant $c = a + c_0$.

5) a) On a $h_1(x) \geqslant g_1(\sqrt{x}) = \dfrac{1}{\sqrt{x}}(f(\sqrt{x}) - c)$ et $h_2(x) \leqslant g_2(\sqrt{x}) = \dfrac{1}{\sqrt{x}}(f(\sqrt{x}) + c)$.

Pour $u \in [1, \sqrt{x}]$, on a $-\dfrac{c}{u} \leqslant \dfrac{f(x)}{x} - \dfrac{f(u)}{u} \leqslant \dfrac{c}{u}$ d'où $\dfrac{1}{u}(f(u) - c) \leqslant \dfrac{f(x)}{x} \leqslant \dfrac{1}{u}(f(u) + c)$, c'est-à-dire :

$$g_1(u) \leqslant \frac{f(x)}{x} \leqslant g_2(u).$$

Il s'ensuit $h_1(x) \leqslant \dfrac{f(x)}{x} \leqslant h_2(x)$.

b) Pour $1 \leqslant x_1 \leqslant x_2$, on a $[1, \sqrt{x_1}] \subset [1, \sqrt{x_2}]$ d'où $h_1(x_1) \leqslant h_1(x_2)$ et $h_2(x_1) \geqslant h_2(x_2)$.

c) On a $h_1(1) \leqslant h_1(x) \leqslant \dfrac{f(x)}{x} \leqslant h_2(x) \leqslant h_2(1)$.

La fonction h_1 est croissante et majorée. Elle admet donc une limite en $+\infty$.

La fonction h_2 est décroissante et minorée. Elle admet donc une limite en $+\infty$.

Avec $h_1(x) \geqslant g_1(\sqrt{x})$, on a $0 \leqslant \dfrac{f(x)}{x} - h_1(x) \leqslant \dfrac{f(x)}{x} - \dfrac{f(\sqrt{x})}{\sqrt{x}} + \dfrac{c}{\sqrt{x}} \leqslant \dfrac{2c}{\sqrt{x}}$ avec 4).

Il vient alors $\lim\limits_{x \to +\infty} \dfrac{f(x)}{x} = \lim\limits_{x \to +\infty} h_1(x)$.

De même, $0 \leqslant h_2(x) - \dfrac{f(x)}{x} \leqslant \dfrac{2c}{\sqrt{x}}$ donne $\lim\limits_{x \to +\infty} \dfrac{f(x)}{x} = \lim\limits_{x \to +\infty} h_2(x)$.

6) Soit $g(x) = f(x) - lx$. On a $\lim\limits_{x \to +\infty} \dfrac{g(x)}{x} = 0$.

Supposons qu'il existe $x_0 \geqslant 0$ tel que $g(x_0) > a$.

$|f(x + x_0) - f(x) - f(x_0)| \leqslant a$ donne $|g(x + x_0) + (x + x_0)\ell - g(x) - x\ell - g(x_0) - x_0\ell| \leqslant a$,

c'est-à-dire $|g(x + x_0) - g(x) - g(x_0)| \leqslant a$

Il vient alors $g(x + x_0) - g(x) \geqslant g(x_0) - a > 0$. On a donc $x_0 \neq 0$.

Par récurrence, $g(x + nx_0) - g(x) \geqslant n[g(x_0) - a]$, et en particulier, avec $x = 0$, on obtient :

$$\frac{g(nx_0)}{nx_0} \geqslant \frac{g(0)}{nx_0} + \frac{g(x_0) - a}{x_0}.$$

En prenant la limite pour n, il vient $0 \geqslant \dfrac{g(x_0) - a}{x_0} > 0$, ce qui est contradictoire.

On en déduit $\forall x \geqslant 0, g(x) \leqslant a$. On montre de même que $\forall x \geqslant 0, g(x) \geqslant -a$. Ainsi :

$$\forall x \geqslant 0, |f(x) - \ell x| \leqslant a.$$

CHAPITRE 3

Espaces vectoriels Applications linéaires Polynômes Dimension finie

Sujets d'oraux 132

A. Espaces vectoriels, applications linéaires 132
B. Polynômes 140
C. Dimension finie 159

Thèmes d'étude – Problèmes 173

1. Une famille de polynômes 173
2. Polynômes d'interpolation de Lagrange 175
3. Équation de degré 3 177
4. Polynômes de Tchebychev 181
5. Images itérées et endomorphisme nilpotent 183
6. Un sous-espace vectoriel de polynômes 184

Sujets d'oraux

A Espaces vectoriels, applications linéaires

Ex. 1

Soit E un espace vectoriel, p un projecteur et u un endomorphisme de E. Montrer que $p \circ u = u \circ p$ si et seulement si $\operatorname{Ker} p$ et $\operatorname{Im} p$ sont stables par u.

Comme souvent dans une équivalence de proposition, les preuves de la condition nécessaire et de la condition suffisante s'établissent avec des arguments différents.

Pour montrer que si p et u commutent, alors $\operatorname{Ker} p$ et $\operatorname{Im} p$ sont stables par u, il n'est pas utile de supposer que p est un projecteur.

On peut évidemment se limiter au problème particulier mais il est aussi simple de prouver que si deux endomorphismes commutent, alors le noyau et l'image de l'un sont stables par l'autre.

Soit p et u des endomorphismes de E qui commutent.
Pour tout $x \in \operatorname{Ker} p$, on a $p(x) = 0_E$, donc $u \circ p(x) = 0_E$ puis $p \circ u(x) = 0_E$ donc $u(x) \in \operatorname{Ker} p$. On a donc $u(\operatorname{Ker} p) \subset \operatorname{Ker} p$.
Pour tout $x \in \operatorname{Im} p$, il existe $y \in E$, $x = p(y)$. Alors $u(x) = u \circ p(y) = p \circ u(y) \in \operatorname{Im} p$.
On a donc $u(\operatorname{Im} p) \subset \operatorname{Im} p$.

Pour la réciproque, la stabilité de $\operatorname{Ker} p$ et de $\operatorname{Im} p$ rend intéressant que, pour un projecteur, on ait $\operatorname{Ker} p \oplus \operatorname{Im} p = E$.

Pour un projecteur, $\operatorname{Im} p = \operatorname{Inv} p$ facilite bien la tâche.

En outre une application linéaire est caractérisée par ses restrictions à des sous-espaces supplémentaires.

Supposons que $\operatorname{Ker} p$ et $\operatorname{Im} p$ sont stables par u. Comme p est un projecteur, on a :

$$\operatorname{Ker} p \oplus \operatorname{Im} p = E$$

et il suffit de comparer les restrictions des endomorphismes $u \circ p$ et $p \circ u$ aux sous-espaces $\operatorname{Ker} p$ et $\operatorname{Im} p$.
Pour tout $x \in \operatorname{Ker} p$, on a $p(x) = 0_E$ donc $u \circ p(x) = 0_E$.
Et avec la stabilité, on a aussi $u(x) \in \operatorname{Ker} p$ donc $p \circ u(x) = 0_E$.
En conséquence, les restrictions $p \circ u_{|\operatorname{Ker} p}$ et $u \circ p_{|\operatorname{Ker} p}$ sont égales.
Pour tout $x \in \operatorname{Im} p$, on a $p(x) = x$, donc $u \circ p(x) = u(x)$.
Et avec la stabilité, on a aussi $u(x) \in \operatorname{Im} p$ donc $p \circ u(x) = u(x)$.
En conséquence, les restrictions $p \circ u_{|\operatorname{Im} p}$ et $u \circ p_{|\operatorname{Im} p}$ sont égales.
En conclusion, ayant mêmes restrictions aux sous-espaces supplémentaires $\operatorname{Ker} p$ et $\operatorname{Im} p$, les applications $u \circ p$ et $p \circ u$ sont égales.

Ex. 2

Soit u et v des endomorphismes d'un $\mathbb{K}$-espace vectoriel.
Montrer que $\operatorname{Ker}(vu) = \operatorname{Ker} u$ si et seulement si $\operatorname{Im} u \cap \operatorname{Ker} v = \{0_E\}$.
Montrer que $\operatorname{Im}(vu) = \operatorname{Im} v$ si et seulement si $\operatorname{Im} u + \operatorname{Ker} v = E$.

vu est usuellement mis pour $v \circ u$.

> L'inclusion $\operatorname{Ker} u \subset \operatorname{Ker}(vu)$ et l'inclusion $\operatorname{Im}(vu) \subset \operatorname{Im} v$ sont vraies sans hypothèse particulière. De ce fait, seules les inclusions contraires sont à examiner.

1) Examinons l'équivalence $\operatorname{Ker}(vu) \subset \operatorname{Ker} u \iff \operatorname{Im} u \cap \operatorname{Ker} v = \{0_E\}$.

- Supposons que $\operatorname{Ker}(vu) \subset \operatorname{Ker} u$ et considérons $x \in \operatorname{Im} u \cap \operatorname{Ker} v$.

Il existe $y \in E$ tel que $x = u(y)$ et on a $v(x) = 0_E$.

On en déduit $vu(y) = 0_E$, c'est-à-dire $y \in \operatorname{Ker} vu$.

Il s'ensuit (hypothèse de travail) que $y \in \operatorname{Ker} u$, c'est-à-dire $u(y) = 0_E$, donc $x = 0_E$ et on en déduit $\operatorname{Im} u \cap \operatorname{Ker} v = \{0_E\}$.

- Supposons que $\operatorname{Im} u \cap \operatorname{Ker} v = \{0_E\}$ et considérons $x \in \operatorname{Ker}(vu)$.

$vu(x) = 0_E$ donne $u(x) \in \operatorname{Ker} v$. Par ailleurs on a $u(x) \in \operatorname{Im} u$. Il s'ensuit (hypothèse de travail) que $u(x) = 0_E$, c'est-à-dire $x \in \operatorname{Ker} u$ et on en déduit $\operatorname{Ker}(vu) \subset \operatorname{Ker} u$.

2)

> Pour le second point, l'appel à $\operatorname{Im} u$ et à l'endomorphisme vu incite à considérer la restriction de v à $\operatorname{Im} u$.

Examinons l'équivalence $\operatorname{Im} v \subset \operatorname{Im}(vu) \iff \operatorname{Im} u + \operatorname{Ker} v = E$.

- Supposons que $\operatorname{Im} v \subset \operatorname{Im}(vu)$ et considérons $x \in E$.

> Face à x quelconque, on considère $v(x)$ pour avoir un élément de $\operatorname{Im} v$ et être en mesure d'exploiter $\operatorname{Im} v \subset \operatorname{Im}(vu)$.

Avec $v(x) \in \operatorname{Im} v$, on a (hypothèse de travail) $v(x) \in \operatorname{Im}(vu)$.

Il existe donc $y \in E$ tel que $v(x) = vu(y)$.

On a ainsi $v\big(x - u(y)\big) = 0$, c'est-à-dire $x - u(y) \in \operatorname{Ker} v$.

Il reste à écrire $x = u(y) + \big(x - u(y)\big)$ pour voir que $x \in \operatorname{Im} u + \operatorname{Ker} v$.

Il s'ensuit que $E \subset \operatorname{Im} u + \operatorname{Ker} v$, c'est-à-dire $E = \operatorname{Im} u + \operatorname{Ker} v$.

- Supposons que $E = \operatorname{Im} u + \operatorname{Ker} v$ et considérons $x \in \operatorname{Im} v$.

Il existe $y \in E$ tel que $x = v(y)$.

Avec $E = \operatorname{Im} u + \operatorname{Ker} v$, il existe $z \in \operatorname{Im} u$ et $t \in \operatorname{Ker} v$ tels que $y = z + t$.

On a donc $x = v(z)$ puisque $v(t) = 0_E$.

Alors, avec $z \in \operatorname{Im} u$, il vient $x \in \operatorname{Im}(vu)$ et il s'ensuit $\operatorname{Im} v \subset \operatorname{Im}(vu)$.

Ex. 3

Soit E un espace vectoriel réel, f un endomorphisme tel que $f^3 = \mathrm{Id}_E$, $a \in \mathbb{R}$ et $u \in E$. Chercher les vecteurs x de E tels que $x + af(x) = u$.

L'équation se lit $\varphi(u) = u$, où $\varphi = \mathrm{Id}_E + af$ est un endomorphisme de E.

$\mathrm{Id}_E + af$ apparaît dans la factorisation de $(1 + a^3)\,\mathrm{Id}_E = \mathrm{Id}_E + a^3 f^3$:

$$(1 + a^3)\,\mathrm{Id}_E = \mathrm{Id}_E + a^3 f^3 = (\mathrm{Id}_E + af) \circ (\mathrm{Id}_E - af + a^2 f^2) = (\mathrm{Id}_E - af + a^2 f^2) \circ (\mathrm{Id}_E + af).$$

> La mise en évidence d'une factorisation de $(1 + a^3)\,\mathrm{Id}_E$ par $\mathrm{Id}_E + af$ invite à distinguer le cas général $a \neq -1$ du cas particulier $a = -1$.

- Si on a $a \neq -1$, alors φ est bijective, d'inverse $\varphi^{-1} = \dfrac{1}{1 + a^3}\big(\mathrm{Id}_E - af + a^2 f^2\big)$.

$u \in E$ admet alors un antécédent unique $x = \dfrac{1}{1 + a^3}\big(u - af(u) + a^2 f^2(u)\big)$.

Dans le cas général où $a \neq -1$, on a une solution et une seule.

Attachons-nous maintenant au cas particulier $a = -1$.

Pour orienter les calculs, notons que $f^3 - \mathrm{Id}_E = 0$ se lit $(f - \mathrm{Id}_E) \circ (f^2 + f + \mathrm{Id}_E) = 0$.

- Cas où $a = -1$. Une solution x éventuelle vérifie nécessairement $x - f(x) = u$ **(1)** puis, en prenant les images par f, $f(x) - f^2(x) = f(u)$ **(2)** et $f^2(x) - f^3(x) = f^2(u)$, c'est-à-dire :

$$f^2(x) - x = f^2(u) \quad \textbf{(3)}.$$

En ajoutant membres à membres, on en déduit que $u + f(u) + f^2(u) = 0$.

Notons $\psi = \mathrm{Id}_E + f + f^2$. Il n'y a pas de solution quand $u \notin \mathrm{Ker}\,\psi$.

Examinons enfin le cas où $u + f(u) + f^2(u) = 0$.

Pour étudier une solution de l'équation, ou peut s'inspirer de la solution obtenue dans le cas :

$$a \neq -1 \text{ qui est } \frac{1}{1+a^3}\left(u - af(u) + a^2 f^2(u)\right).$$

Avec $a = -1 + h$, on aura peut-être une idée d'une solution possible.

Considérons $v = \dfrac{1}{1+a^3}\left(u - af(u) + a^2 f^2(u)\right)$ pour $a \neq -1$ et posons $a = -1 + h$.

On a $1 + a^3 = (1+a)(1 - a + a^2) = h(3 - 3h + h^2)$ et :

$$u - af(u) + a^2 f^2(u) = u + f(u) + f^2(u) - hf(u) - 2hf^2(u) + h^2 f^2(u),$$

c'est-à-dire $u - af(u) + a^2 f^2(u) = -hf(u) - 2hf^2(u) + h^2 f^2(u)$ puisque $u + f(u) + f^2(u) = 0$.

Notons que $u + f(u) + f^2(u) = 0$ donne aussi $-f(u) - 2f^2(u) = 2u + f(u)$.

Alors $v = \dfrac{1}{3 - 3h + h^2}\left(2u + f(u) + hf^2(u)\right)$.

Avec maintenant $h = 0$, on est conduit à envisager $x_0 = \dfrac{1}{3}\left(2u + f(u)\right)$.

On a $f(x_0) = \dfrac{1}{3}\left(2f(u) + f^2(u)\right)$ puis $x_0 - f(x_0) = \dfrac{1}{3}\left(2u - f(u) - f^2(u)\right)$.

Avec $u + f(u) + f^2(u) = 0$, il vient $x_0 - f(x_0) = u$, ce qui montre que x_0 est solution de l'équation.

Il reste enfin à décrire l'ensemble des solutions, en s'appuyant sur cette solution particulière.

Compte tenu de $\varphi(x_0) = u$, l'équation $\varphi(x) = u$ équivaut à $\varphi(x - x_0) = 0$, c'est-à-dire $x - x_0 \in \mathrm{Ker}\,\varphi$. L'ensemble des solutions est donc $x_0 + \mathrm{Ker}(\mathrm{Id}_E - f)$ ou encore $x_0 + \mathrm{Inv}\,f$.

Ex. 4

Pour tout $P \in \mathbb{R}[X]$, on pose $\varphi(P) = XP' - P$. Quels sont les éléments propres de φ ?

Les valeurs propres de l'endomorphisme φ sont les réels λ pour lesquels il existe $P \in \mathbb{R}[X]$ non nul tel que $\varphi(P) = \lambda P$.

On dit alors que P est un vecteur propre associé à λ.

$\varphi(P) = \lambda P$ est équivalent à $XP' = (\lambda + 1)P$ **(1)**.

- Cas particulier : $\lambda = -1$. Alors **(1)** se lit $XP' = 0$, c'est-à-dire $P' = 0$. Les polynômes qui conviennent sont les polynômes constants.

De la sorte, -1 est valeur propre pour φ et les vecteurs propres associés à -1 sont les éléments de $\mathbb{R}^*$.

- Pour $\lambda \neq -1$, **(1)** montre que P' divise P.

> Rappel d'un résultat classique : les polynômes non constants qui sont divisibles par leur polynôme dérivé sont les $P = a(X-\alpha)^n$, avec $a \in \mathbb{R}^*$, $\alpha \in \mathbb{R}$ et $n \in \mathbb{N}^*$.

$P = a(X-\alpha)^n$ est vecteur propre pour $\lambda \neq -1$ si et seulement si :

$$anX(X-\alpha)^{n-1} = (\lambda+1)a(X-\alpha)^n \text{ c'est-à-dire avec } a \neq 0,\ nX = (\lambda+1)(X-\alpha).$$

Cette égalité est vraie si et seulement si $\alpha = 0$ et $n = \lambda + 1$.

Les valeurs propres de φ autres que -1 sont donc les réls $n-1$, avec $n \in \mathbb{N}^*$.

Les vecteurs propres associés à $n-1$ sont les polynômes aX^n, avec $a \in \mathbb{R}^*$.

Ex. 5

Soit E un espace vectoriel et $u \in \mathscr{L}(E)$ tel que $\operatorname{Im} u = \operatorname{Im} u^2$. Que peut-on dire de u ?

> La question «que peut-on dire de u ?» est assez ouverte. Sans autre piste plus ou moins suggérée, il est classique de chercher des informations sur le noyau et l'image de u.
>
> Pour tout $f \in \mathscr{L}(E)$, on a $\operatorname{Im} f^2 \subset \operatorname{Im} f$. Alors l'hypothèse $\operatorname{Im} u = \operatorname{Im} u^2$ équivaut à $\operatorname{Im} u \subset \operatorname{Im} u^2$.

- Supposons que $\operatorname{Im} u \subset \operatorname{Im} u^2$.

Pour tout $x \in E$, on a $u(x) \in \operatorname{Im} u$, donc $u(x) \in \operatorname{Im} u^2$. Il existe alors $t \in E$ tel que $u(x) = u^2(t)$.

On en déduit $u\big(x - u(t)\big) = 0$ donc $x - u(t) \in \operatorname{Ker} u$.

En écrivant $x = u(t) + \big(x - u(t)\big)$, il vient $x \in \operatorname{Im} u + \operatorname{Ker} u$, d'où $E \subset \operatorname{Im} u + \operatorname{Ker} u$, c'est-à-dire :

$$E = \operatorname{Im} u + \operatorname{Ker} u.$$

- Supposons que $E = \operatorname{Im} u + \operatorname{Ker} u$ et considérons $x \in \operatorname{Im} u$.

Il existe $y \in E$ tel que $x = u(y)$ puis il existe $(z, t) \in \operatorname{Ker} u \times \operatorname{Im} u$ tel que $y = z + t$.

On en déduit $u(y) = u(z) + u(t)$, c'est-à-dire $u(y) = u(t) = u^2(t')$, où t' est un antécédent de t par u.

On a donc $x = u^2(t')$ et il s'ensuit que $\operatorname{Im} u \subset \operatorname{Im} u^2$.

- En conclusion, on a $\operatorname{Im} u = \operatorname{Im} u^2$ si et seulement si $E = \operatorname{Ker} u + \operatorname{Im} u$.

> Confronté à $E = \operatorname{Ker} u + \operatorname{Im} u$, il est légitime d'examiner si on ne pourrait pas affiner l'information : $\operatorname{Ker} u$ et $\operatorname{Im} u$ ne seraient-ils pas supplémentaires dans E ?

Soit E le $\mathbb{R}$-espace vectoriel des fonctions réelles de classe $\mathcal{C}^\infty$ sur $\mathbb{R}$.

La dérivation est un endomorphisme u de E. Tout $f \in E$ admet une primitive qui est dans E.

Autrement dit, u est surjectif et on a donc $\operatorname{Im} u^2 = \operatorname{Im} u = E$.

Toutefois $\operatorname{Ker} u$ est l'ensemble des fonctions constantes sur $\mathbb{R}$.

$\{0_E\} \neq \operatorname{Ker} u = \operatorname{Ker} u \cap \operatorname{Im} u$ montre que $\operatorname{Ker} u$ et $\operatorname{Im} u$ ne sont pas supplémentaires bien que l'on ait $E = \operatorname{Ker} u + \operatorname{Im} u$.

Ex. 6

Soit E un $\mathbb{C}$-espace vectoriel. On considère $f \in \mathscr{L}(E)$ pour lequel il existe $a \in \mathbb{C}^*$ tel que $f^3 - 3af^2 + a^2 f = 0$. Montrer que $\operatorname{Im} f$ et $\operatorname{Ker} f$ sont supplémentaires.

> Deux situations classiques peuvent guider une démarche.
>
> Projecteurs : $p^2 = p$ se lit $p \circ (\operatorname{Id}_E - p) = 0$ et on a $\operatorname{Ker} p \oplus \operatorname{Ker}(\operatorname{Id}_E - p) = E$.
>
> Involutions : $s^2 = \operatorname{Id}_E$ se lit $(\operatorname{Id}_E - s) \circ (\operatorname{Id}_E + s) = 0$ et on a $\operatorname{Ker}(\operatorname{Id}_E - s) \oplus \operatorname{Ker}(\operatorname{Id}_E + s) = E$.
>
> On peut espérer dans le cas présent que $\operatorname{Ker} f \oplus \operatorname{Ker}\left(a^2 \operatorname{Id}_E - 3af + f^2\right) = E$.

Soit $x \in \operatorname{Ker} f \cap \operatorname{Ker}\left(a^2 \operatorname{Id}_E - 3af + f^2\right)$. Alors $f(x) = 0$ et $a^2x = 3af(x) - f^2(x)$ donne $a^2x = 0$, donc $x = 0$ car $a \neq 0$. Il s'ensuit que $\operatorname{Ker} f \cap \operatorname{Ker}\left(a^2 \operatorname{Id}_E - 3af + f^2\right) = \{0\}$.

> La somme de $\operatorname{Ker} f$ et de $\operatorname{Ker}\left(a^2 \operatorname{Id}_E - 3af + f^2\right)$ est donc directe. Il reste à voir si cette somme est égale à E.

Soit $x \in E$. On cherche $y \in \operatorname{Ker} f$ et $z \in \operatorname{Ker}\left(a^2 \operatorname{Id}_E - 3af + f^2\right)$ tels que $x = y + z$.

On a nécessairement $f(x) = f(z)$ et $f^2(x) = f^2(z)$.

$z \in \operatorname{Ker}\left(a^2 \operatorname{Id}_E - 3af + f^2\right)$ donne $a^2z = 3af(z) - f^2(z) = 3af(x) - f^2(x)$.

La seule solution possible est donc $z = \dfrac{1}{a^2}\left(3af(x) - f^2(x)\right)$ et $y = x - \dfrac{1}{a^2}\left(3af(x) - f^2(x)\right)$.

On a $f(y) = \dfrac{1}{a^2}\left(a^2f(x) - 3af^2(x) + f^3(x)\right) = 0$ car $f^3 - 3af^2 + a^2f = 0$, d'où $y \in \operatorname{Ker} f$.

Pour examiner si $z \in \operatorname{Ker}\left(a^2 \operatorname{Id}_E - 3af + f^2\right)$, formons $a^2z - 3af(z) + f^2(z)$.

Avec $z = \dfrac{1}{a^2}\left(3af(x) - f^2(x)\right)$, on a $f(z) = \dfrac{1}{a^2}\left(3af^2(x) - f^3(x)\right)$.

Avec $f^3(x) = 3af^2(x) - a^2f(x)$, il vient $f(z) = f(x)$, puis $f^2(z) = f^2(x)$.

Il s'ensuit que $a^2z - 3af(z) + f^2(z) = 0$, c'est-à-dire $z \in \operatorname{Ker}\left(a^2 \operatorname{Id}_E - 3af + f^2\right)$.

En première conclusion, les deux sous-espaces $\operatorname{Ker} f$ et $\operatorname{Ker}\left(a^2 \operatorname{Id}_E - 3af + f^2\right)$ sont supplémentaires dans E.

> La question concerne $\operatorname{Ker} f$ et $\operatorname{Im} f$. Une solution consiste alors à examiner si les sous-espaces $\operatorname{Im} f$ et $\operatorname{Ker}\left(a^2 \operatorname{Id}_E - 3af + f^2\right)$ n'auraient pas le bon goût d'être égaux.

- Soit $x \in \operatorname{Ker}\left(a^2 \operatorname{Id}_E - 3af + f^2\right)$: $a^2x = 3af(x) - f^2(x)$ donne $x = f\left(\dfrac{3}{a}x - \dfrac{1}{a^2}f(x)\right) \in \operatorname{Im} f$.

On a donc $\operatorname{Ker}\left(a^2 \operatorname{Id}_E - 3af + f^2\right) \subset \operatorname{Im} f$.

- D'autre part, il est classique que $u \circ v = 0$ donne $\operatorname{Im} v \subset \operatorname{Ker} u$.

Ainsi, puisque $f^3 - 3af^2 + a^2f = 0$ s'écrit $\left(a^2 \operatorname{Id}_E - 3af + f^2\right) \circ f = 0$, il vient :

$$\operatorname{Im} f \subset \operatorname{Ker}\left(a^2 \operatorname{Id}_E - 3af + f^2\right).$$

Finalement, on a $\operatorname{Ker} f \oplus \operatorname{Im} f = E$.

Ex. 7

Soit p_1 et p_2 des projecteurs et $q = p_1 + p_2 - p_2p_1$.

1) Montrer que si $p_1p_2 = p_2p_1$, alors q est un projecteur ; étudier $\operatorname{Im} q$ et $\operatorname{Ker} q$.

2) Montrer que si $p_1p_2 = 0$, alors q est un projecteur ; étudier $\operatorname{Im} q$ et $\operatorname{Ker} q$.

1)

> Dans la mesure où p_1 et p_2 commutent, $q^2 = (p_1 + p_2 - p_2p_1)^2$ se développe comme $(a+b+c)^2$ dans $\mathbb{R}$.

$q^2 = (p_1 + p_2 - p_2p_1)^2 = p_1^2 + p_2^2 + p_1^2p_2^2 + 2p_1p_2 - 2p_1^2p_2 - 2p_1p_2^2$ et avec $p_1^2 = p_1$, $p_2^2 = p_2$, il vient :

$$q^2 = p_1 + p_2 + p_1p_2 + 2p_1p_2 - 2p_1p_2 - 2p_1p_2 = p_1 + p_2 - p_1p_2 = q.$$

> Il est naturel de préciser le noyau et l'image de q à l'aide de ceux de p_1 et de p_2.
> Rappelons que, pour tout projecteur p, le sous-espace des vecteurs invariants est égal au sous-espace $\operatorname{Im} p$.

On a $\operatorname{Im} p_1p_2 \subset \operatorname{Im} p_1$ et $\operatorname{Im} q \subset \operatorname{Im} p_1 + \operatorname{Im} p_2 + \operatorname{Im} p_1p_2$ donne $\operatorname{Im} q \subset \operatorname{Im} p_1 + \operatorname{Im} p_2$.
On voit que pour $x \in \operatorname{Ker} p_1 \cap \operatorname{Ker} p_2$, on a $q(x) = 0$, donc $\operatorname{Ker} p_1 \cap \operatorname{Ker} p_2 \subset \operatorname{Ker} q$.

> Ces inclusions sont banales. Il reste à examiner si on peut établir les inclusions contraires.

- Soit $x \in \operatorname{Im} p_1 = \operatorname{Inv} p_1$.

On a $q(x) = p_1(x) + p_2(x) - p_2\big(p_1(x)\big) = x + p_2(x) - p_2(x) = x$, d'où $\operatorname{Im} p_1 \subset \operatorname{Im} q$.
De même, on obtient $\operatorname{Im} p_2 \subset \operatorname{Im} q$ et il s'ensuit $\operatorname{Im} p_1 + \operatorname{Im} p_2 \subset \operatorname{Im} q$ et finalement :

$$\operatorname{Im} p_1 + \operatorname{Im} p_2 = \operatorname{Im} q.$$

- Soit $x \in \operatorname{Ker} q$: $p_1(x) + p_2(x) - p_1p_2(x) = 0$.

En prenant l'image par p_1, et avec $p_1^2(x) = p_1(x)$, il vient $p_1(x) + p_1p_2(x) - p_1p_2(x) = 0$, d'où :

$$x \in \operatorname{Ker} p_1.$$

On obtient de même (avec $p_1p_2 = p_2p_1$) : $x \in \operatorname{Ker} q \Rightarrow x \in \operatorname{Ker} p_2$, et finalement :

$$\operatorname{Ker} q = \operatorname{Ker} p_1 \cap \operatorname{Ker} p_2.$$

2)

> Il faut prendre garde au fait que p_1 et p_2 ne sont pas supposés commuter. Les simplifications dans le développement de q^2 viendont de $p_1p_2 = 0$. Noter que l'on ne sait (provisoirement) rien au sujet de p_2p_1.

On a
$$\begin{aligned} q^2 &= (p_1 + p_2 - p_2p_1)(p_1 + p_2 - p_2p_1) \\ &= p_1^2 + p_1p_2 - p_1p_2p_1 + p_2p_1 + p_2^2 - p_2^2p_1 - p_2p_1^2 - p_2p_1p_2 + p_2p_1p_2p_1 \end{aligned}$$

et avec $p_1^2 = p_1$, $p_2^2 = p_2$ $p_1p_2 = 0$, il vient $q^2 = p_1 + p_2 - p_2p_1 = q$.
Comme en question 1), on a $\operatorname{Im} q \subset \operatorname{Im} p_1 + \operatorname{Im} p_2$ et $\operatorname{Ker} p_1 \cap \operatorname{Ker} p_2 \subset \operatorname{Ker} q$.
Étudions les inclusions contraires.

- Soit $x \in \operatorname{Ker} q$: $q(x) = p_1(x) + p_2(x) - p_2p_1(x) = 0$.

En composant par p_1, il vient :

$$p_1(x) + p_1p_2(x) - p_1p_2p_1(x) = 0$$

et avec $p_1p_2 = 0$, il vient $p_1(x) = 0$, d'où $\operatorname{Ker} q \subset \operatorname{Ker} p_1$.
En reportant dans $p_1(x) + p_2(x) - p_2p_1(x) = 0$, on a $p_2(x) = 0$ d'où $\operatorname{Ker} q \subset \operatorname{Ker} p_2$, puis $\operatorname{Ker} q \subset \operatorname{Ker} p_1 \cap \operatorname{Ker} p_2$ et finalement, $\operatorname{Ker} q = \operatorname{Ker} p_1 \cap \operatorname{Ker} p_2$.

- Pour $\operatorname{Im} q$, considérons $z \in \operatorname{Im} p_1 + \operatorname{Im} p_2$.

Il existe alors $x \in \operatorname{Im} p_1$ et $y \in \operatorname{Im} p_2$ tel que $z = p_1(x) + p_2(y)$.
On vérifie sans peine que $qp_1 = p_1$ et $qp_2 = p_2$, d'où $q(z) = qp_1(x) + qp_2(y) = p_1(x) + p_2(y) = z$, donc $\operatorname{Im} q \supset \operatorname{Im} p_1 + \operatorname{Im} p_2$ et finalement, $\operatorname{Im} q = \operatorname{Im} p_1 + \operatorname{Im} p_2$.

Ex. 8

Soit E un $\mathbb{C}$-espace vectoriel non nul. On considère des projecteurs f et g non nuls, distincts et tels qu'il existe $(\lambda, \mu) \in \mathbb{C}^2$ tels que $fg - gf = \lambda f + \mu g$ **(1)**.

1) On suppose $\lambda \notin \{0, 1\}$.
Montrer que, pour tout $x \in E$, on a $fg(x) \in \operatorname{Im} g$ et que $\operatorname{Im} f \subset \operatorname{Im} g$.
Montrer que $gf = f$ et $\lambda + \mu = 0$ et en déduire que $fg = g$ et $\lambda = -1$.

2) On suppose $\lambda \notin \{0, -1\}$.
Montrer que le noyau de g est inclus dans celui de f.
Montrer que $fg = f$ et $\lambda + \mu = 0$ et en déduire que $gf = g$ et $\lambda = 1$.

Comme usuel, on convient de noter fg la composée $f \circ g$.

1)

Pour faire apparaître $fg(x)$, on peut évidemment utiliser **(1)** directement pour x.

Dans le souci d'utiliser que g est un projecteur, on note que $fg(x) = fgg(x)$ et on peut appliquer **(1)** à $g(x)$.

Soit $x \in E$. Appliquons **(1)** à $g(x)$. Il vient $fgg(x) - gfg(x) = \lambda fg(x) - \mu gg(x)$.

Avec $g^2 = g$, on obtient **(2)** $fg(x) - gfg(x) = \lambda fg(x) + \mu g(x)$, c'est-à-dire :

$$(1 - \lambda)fg(x) = g\big(fg(x) + \mu x\big).$$

Avec $\lambda \neq 1$, il s'ensuit $fg(x) = \dfrac{1}{1-\lambda} g\big(fg(x) + \mu x\big)$, d'où $fg(x) \in \operatorname{Im} g$. **(2)**

Avec $fg(x) \in \operatorname{Im} g$, on peut directement appliquer **(1)** à x en isolant $f(x)$.

Pour tout $x \in E$, on a $fg(x) - gf(x) = \lambda f(x) + \mu g(x)$ d'où avec $\lambda \neq 0$:

$$f(x) = \frac{1}{\lambda}\big(fg(x) - g[f(x) + \mu x]\big).$$

Avec **(2)**, il vient $fg(x) - g\big(f(x) + \mu x\big) \in \operatorname{Im} g$, puis $f(x) \in \operatorname{Im} g$ et $\operatorname{Im} f \subset \operatorname{Im} g$.

Une qualité utile d'un projecteur p est que $\operatorname{Im} p$ est le sous-espace des vecteurs invariants.

On a vu que $\forall x \in E$, $f(x) \in \operatorname{Im} g$. En notant que $\operatorname{Im} g = \operatorname{Inv} g$, il vient $gf(x) = f(x)$ c'est-à-dire $gf = f$. On a donc $fg - f = \lambda f + \mu g$.

En composant à droite par f, il vient $fgf - f = \lambda f + \mu gf$.

Avec $gf = f$ et donc $fgf = f^2 = f$, on obtient $0 = (\lambda + \mu)f$ puis $\lambda + \mu = 0$ puisque $f \neq 0$.

En composant à droite $fg - f$ on obtient 0 en utilisant $g^2 = g$.

Avec $\lambda + \mu = 0$, la relation **(1)** devient $fg - f = \lambda(f - g)$. En composant à droite par g, il vient $0 = \lambda(fg - g)$ d'où $fg = g$ puisque $\lambda \neq 0$.

La relation **(1)** devient alors $g - f = \lambda(f - g)$. Avec $f \neq g$, il s'ensuit $\lambda = -1$.

2)

Pour exploiter $x \in \operatorname{Ker} g$, on peut utiliser directement **(1)**.

Soit $x \in \operatorname{Ker} g$. Alors **(1)** donne $-gf(x) = \lambda f(x)$.

En composant à gauche par g, il vient $-gf(x) = \lambda gf(x)$.

Avec $\lambda \neq -1$, on a $gf(x) = 0$ et donc $\lambda f(x) = 0$ puis $f(x) = 0$ car $\lambda \neq 0$. Ainsi, $\operatorname{Ker} g \subset \operatorname{Ker} f$.

Pour tout x, on a $g(x) = g^2(x)$, donc $x - g(x)$ est dans le noyau de g. Il est donc dans celui de f. On peut alors exploiter $\operatorname{Ker} g \subset \operatorname{Ker} f$.

$\forall x \in E$, $x - g(x) \in \operatorname{Ker} g$ donne $x - g(x) \in \operatorname{Ker} f$, d'où $f(x) = fg(x)$, c'est-à-dire $f = fg$.

On a donc, en reportant dans **(1)**, $f - gf = \lambda f + \mu g$.

En composant à gauche par f, il vient $f - fgf = \lambda f + \mu fg$, c'est-à-dire $0 = (\lambda + \mu)f$ et donc :

$$\lambda + \mu = 0.$$

(1) s'écrit alors $f - gf = \lambda(f - g)$.

En composant à gauche par g, il vient $0 = \lambda(gf - g)$, d'où $gf = g$.

On a alors $f - g = \lambda(f - g)$, et avec $f - g \neq 0$, il vient $\lambda = 1$.

Ex. 9

Soit E un $\mathbb{K}$-espace vectoriel et f, g des endomorphismes de E.

1) Montrer que, si $\mathrm{Id}_E - f \circ g$ est injectif, alors $\mathrm{Id}_E - g \circ f$ est injectif.
Montrer que, si $\mathrm{Id}_E - f \circ g$ est surjectif, alors $\mathrm{Id}_E - g \circ f$ est surjectif.

2) Montrer que :

$$\mathrm{Ker} f \circ g = \mathrm{Ker}\, g \iff \mathrm{Ker} f \cap \mathrm{Im}\, g = \{0_E\},$$

et que $$\mathrm{Im} f \circ g = \mathrm{Im} f \iff \mathrm{Ker} f + \mathrm{Im}\, g = E.$$

En déduire que $f \circ g$ est bijectif si et seulement si :

$$\mathrm{Im} f = E,\ \mathrm{Ker}\, g = \{0_E\} \text{ et } \mathrm{Ker} f \oplus \mathrm{Im}\, g = E.$$

3) Montrer que, si $\mathrm{Id}_E - f \circ g$ est inversible à gauche, alors $\mathrm{Id}_E - g \circ f$ l'est aussi et que, si $\mathrm{Id}_E - f \circ g$ est inversible à droite, alors $\mathrm{Id}_E - g \circ f$ l'est aussi.

> Ce sujet porte sur une étude sous plusieurs aspects du composé de deux morphismes.
> Les différentes questions sont largement indépendantes.

1)

> La démarche est simple : partir de $x = g \circ f(x)$ et faire apparaître un élément de $\mathrm{Ker}(\mathrm{Id}_E - f \circ g)$.

Soit $x \in \mathrm{Ker}(\mathrm{Id}_E - g \circ f)$, c'est-à-dire $x = g \circ f(x)$.
On en déduit $f(x) = f \circ g \circ f(x)$, c'est-à-dire $f(x) = f \circ g\big(f(x)\big)$.
Cette relation exprime que $f(x)$ est dans le noyau de $\mathrm{Id}_E - f \circ g$.
Il vient alors $f(x) = 0$ puis $g \circ f(x) = 0$, ce qui, avec $x = g \circ f(x)$, donne $x = 0$.

> Pour le second point, en partant de $y \in E$, avec x tel que $y = x - f \circ g(x)$, on peut espérer un x' tel que $y = x' - g \circ f(x')$. On obtient $g(y) = g(x) - g \circ f\big(g(x)\big)$ ou $f(y) = f(x) - f \circ f\big(g(x)\big)$, mais alors on perd y ! Pour faire apparaître simultanément $g \circ f$ et $f \circ g$, on exprime que $f(y)$ admet un antécédent par $\mathrm{Id}_E - f \circ g$. On prend ainsi une longueur d'avance. On verra ensuite !

Soit $y \in E$. Alors $f(y) \in E$ admet un antécédent x: $f(y) = x - f \circ g(x)$.
On en déduit $g \circ f(y) = g(x) - g \circ f\big(g(x)\big)$ ou encore : $g \circ f(y) = (\mathrm{Id}_E - g \circ f)\big(g(x)\big)$.
En étape intermédiaire, on vient d'obtenir $g \circ f(y) \in \mathrm{Im}(\mathrm{Id}_E - g \circ f)$.
Pour conclure, il suffit de remarquer que $y = (\mathrm{Id}_E - g \circ f)(y) + g \circ f(y)$ pour voir que y est la somme de deux éléments de $\mathrm{Im}(\mathrm{Id}_E - g \circ f)$.

2)

> Il est vrai que $\mathrm{Ker}\, g \subset \mathrm{Ker} f \circ g$. De ce fait la première équivalence se réduit à :
> $$\mathrm{Ker} f \circ g \subset \mathrm{Ker}\, g \iff \mathrm{Ker} f \cap \mathrm{Im}\, g = \{0\}.$$
> Ce que l'on note **(1)** $\iff$ **(2)**.

- Soit $y \in \mathrm{Ker} f \cap \mathrm{Im}\, g$. Il existe x tel que $y = g(x)$ et $f(y) = 0$. Il s'ensuit $f \circ g(x) = 0$, c'est-à-dire $x \in \mathrm{Ker} f \circ g$. L'hypothèse **(1)** donne alors $g(x) = 0$, donc $y = 0$.

Ce qui établit $\mathrm{Ker} f \circ g \subset \mathrm{Ker}\, g \Rightarrow \mathrm{Ker} f \cap \mathrm{Im}\, g = \{0\}$.

- Soit $x \in \mathrm{Ker} f \circ g$. On a $f \circ g(x) = 0$, d'où $g(x) \in \mathrm{Ker} f$ et $g(x) \in \mathrm{Im}\, g$.

L'hypothèse **(2)** donne alors $g(x) = 0$, c'est-à-dire $x \in \mathrm{Ker}\, g$.
Ce qui établit $\mathrm{Ker} f \cap \mathrm{Im}\, g = \{0\} \Rightarrow \mathrm{Ker} f \circ g \subset \mathrm{Ker}\, g$.

> Il est vrai que $\mathrm{Im} f \circ g \subset \mathrm{Im} f$ et que $\mathrm{Ker} f + \mathrm{Im}\, g \subset E$. De ce fait la seconde équivalence se réduit à :
> $$\mathrm{Im} f \subset \mathrm{Im} f \circ g \iff E \subset \mathrm{Ker} f + \mathrm{Im}\, g.$$
> Ce que l'on note **(3)** $\iff$ **(4)**.

■ Soit $x \in E$; on a $f(x) \in \operatorname{Im} f$ et **(3)** donne $f(x) \in \operatorname{Im} f \circ g$.
Il existe $t \in E$ tel que $f(x) = f \circ g(t)$, donc $x - g(t) \in \operatorname{Ker} f$. Avec $g(t) \in \operatorname{Im} g$, on a :

$$x = \big(x - g(t)\big) + g(t) \in \operatorname{Ker} f + \operatorname{Im} g.$$

Ce qui établit $\operatorname{Im} f \subset \operatorname{Im} f \circ g \ \Rightarrow\ E \subset \operatorname{Ker} f + \operatorname{Im} g$.

■ Soit $y \in \operatorname{Im} f$. Il existe $x \in E$ tel que $y = f(x)$. Avec **(4)**, il existe $u \in \operatorname{Ker} f$ et $v \in \operatorname{Im} g$ tel que :

$$x = u + v.$$

Alors on a $y = f(v)$ et, avec $t \in E$ tel que $v = g(t)$, $y = f\big(g(t)\big)$ donne :

$$y \in \operatorname{Im} f \circ g.$$

Ce qui établit $E \subset \operatorname{Ker} f + \operatorname{Im} g \ \Rightarrow\ \operatorname{Im} f \subset \operatorname{Im} f \circ g$.

> Pour le troisième point, on a besoin de :
> $$f \circ g \text{ injectif implique } g \text{ injectif},$$
> et de : $f \circ g$ surjectif implique f surjectif.

■ Si $f \circ g$ est bijectif, alors f est surjectif et g est injectif.
On a donc $\operatorname{Im} f \circ g = \operatorname{Im} f = E$, et $\operatorname{Ker}(f \circ g) = \operatorname{Ker} g = \{0\}$. Avec les points précédents, on en déduit que $E = \operatorname{Ker} f + \operatorname{Im} g$ et $\operatorname{Ker} f \cap \operatorname{Im} g = \{0\}$, donc $E = \operatorname{Ker} f \oplus \operatorname{Im} g$.

■ Réciproquement, supposons que $\operatorname{Im} f = E$, $\operatorname{Ker} g = \{0\}$ et $E = \operatorname{Ker} f \oplus \operatorname{Im} g$.
$E = \operatorname{Ker} f + \operatorname{Im} g$ implique $\operatorname{Im} f \subset \operatorname{Im} f \circ g$, et avec $\operatorname{Im} f = E$, il vient $\operatorname{Im} f \circ g = E$.
$\operatorname{Ker} f \cap \operatorname{Im} g = \{0\}$ implique $\operatorname{Ker} f \circ g \subset \operatorname{Ker} g$, et avec $\operatorname{Ker} g = \{0\}$, il vient $\operatorname{Ker} f \circ g = \{0\}$.
On en déduit alors que $f \circ g$ est bijectif.

3) ■ Supposons que $\operatorname{Id}_E - f \circ g$ admet un inverse à gauche h : $h \circ (\operatorname{Id}_E - f \circ g) = \operatorname{Id}_E$.
On a :

$$\begin{aligned}\big(\operatorname{Id}_E + g \circ h \circ f\big) \circ \big(\operatorname{Id}_E - g \circ f\big) &= \operatorname{Id}_E - g \circ f + g \circ h \circ f - g \circ h \circ f \circ g \circ f\\ &= \operatorname{Id}_E - g \circ f + g \circ h \circ \big(\operatorname{Id}_E - f \circ g\big) \circ f\end{aligned}$$

et, avec $h \circ (\operatorname{Id}_E - f \circ g) = \operatorname{Id}_E$, il vient $(\operatorname{Id}_E + g \circ h \circ f) \circ (\operatorname{Id}_E - g \circ f) = \operatorname{Id}_E$, ce qui prouve que $\operatorname{Id}_E - g \circ f$ est inversible à gauche.

> C'est un peu un lapin sorti du chapeau d'un prestidigitateur, mais ça marche !

■ On vérifie de même que, si $\operatorname{Id}_E - f \circ g$ admet un inverse à droite h, alors $\operatorname{Id}_E + g \circ h \circ f$ est inverse à droite de $\operatorname{Id}_E - g \circ f$.

■ En conclusion de cette analyse, il vient évidemment que si $\operatorname{Id}_E - f \circ g$ est inversible, d'inverse h, alors $\operatorname{Id}_E - g \circ f$ est inversible, d'inverse $\operatorname{Id}_E + g \circ h \circ f$.

B Polynômes

Ex. 10

Soit $P \in \mathbb{R}[X]$, de degré $n \geqslant 2$.

1) Montrer que s'il est scindé à racines simples, alors P' est scindé à racines simples.

2) Montrer que s'il est scindé, alors P' est scindé.

Deux résultats sont d'usage relativement fréquents dans des problèmes de polynômes.

Autant les traiter à part dès le départ en préliminaire, au cas où...

Tout polynôme (réel ou complexe) est scindé sur $\mathbb{C}$ (c'est le théorème de d'Alembert). L'énoncé prend en compte que ce n'est pas nécessairement le cas dans $\mathbb{R}[X]$!

L'outil efficace est le théorème de Rolle.

1) La fonction polynôme P admet n racines distinctes. Dans chacun des $n-1$ intervalles limités par ces racines, il y a une racine de P'. Ainsi P' est de degré $n-1$ et admet $n-1$ racines réelles distinctes. Il est donc scindé à racines simples.

2)

La différence avec la première question est que les n racines réelles de P ne sont plus supposées simples. Il faut tenir compte des ordres de multiplicité.

On dispose d'une propriété efficace pour les racines multiples : si a est une racine de P d'ordre de multiplicité $\alpha \geqslant 2$, alors a est une racine de P' d'ordre de multiplicité $\alpha - 1$.

Soit $x_1, \ldots, x_r$ les racines multiples de P, d'ordres de multiplicité respectifs $n_1, \ldots, n_r$.
Chaque racine étant comptée un nombre de fois égal à son ordre de multiplicité, $x_1, \ldots, x_r$ représentent $m = n_1 + \cdots + n_r$ racines de P ; il reste donc $q = n - m$ racines simples : $y_1, \ldots, y_q$.
Alors P' admet les racines $x_1, \ldots, x_r$ d'ordres de multiplicité respectifs $n_1 - 1, \ldots, n_r - 1$ et cela nous fait prendre en compte $m - r$ racines de P'.
En appliquant le théorème de Rolle, les $r + q$ racines distinctes de P donnent $r + q - 1$ racines de P' qui ne sont aucune des racines de P.
On connaît alors $(m - r) + r + q - 1 = n - 1$ racines réelles de P' qui est de degré $n - 1$.
Il s'ensuit que P' est scindé.

En corollaire, si P est scindé à racines simples, alors tous ses polynômes dérivés successifs sont scindés à racines simples.

Et si P est scindé, alors tous ses polynômes dérivés successifs sont scindés.

Ex. 11

Soit P un polynôme réel scindé sur $\mathbb{R}$ et à racines simples et a un réel strictement positif. Montrer que $P^2 + a^2$ a toutes ses racines non réelles et simples.

Pour tout $x \in \mathbb{R}$, on a $P(x) \in \mathbb{R}$ d'où $P^2(x) + a^2 \geqslant a^2 > 0$. Ainsi P n'a pas de racine réelle.

Notons aussi qu'il suffit d'avoir a réel non nul, sans qu'il soit strictement positif.

La vraie question est de montrer que $P^2 + a^2$ n'a pas de racine (au moins) double.

Supposons que $P^2 + a^2$ ait une racine double z : $P^2(z) + a^2 = 0$ et $P(z)P'(z) = 0$.

P et $P^2 + a^2$ n'ont pas de racine commune.

Par ailleurs, P' est scindé sur $\mathbb{R}$ et à racines simples (voir l'exercice précédent).

Alors on a $P'(z) = 0$.
On sait aussi que P' admet $n - 1$ racines réelles. Avec z racine non réelle de P', on dispose alors de n racines pour un polynôme de degré $n - 1$. Cette contradiction avec une propriété connue montre que l'hypothèse de départ est absurde. En conclusion, $P^2 + a^2$ n'a pas de racine double.

Notons qu'il est inutile de supposer que les racines de P sont distinctes. Il suffit que P' soit scindé sur $\mathbb{R}$ et pour cela il suffit que P soit scindé sur $\mathbb{R}$.

Ex. 12

1) Déterminer un polynôme P de degré inférieur ou égal à 7, tel que :

$$(X+1)^4 \text{ divise } P-1 \text{ et } (X-1)^4 \text{ divise } P+1.$$

2) Montrer qu'il existe des polynômes U et V tels que $(X+1)^4U+(X-1)^4V=1$.

1)

> -1 est racine quatrième de $P-1$, donc -1 est racine troisième de $(P-1)'=P'$.
> On va obtenir sur P' des informations utiles.
> Le cadre naturel de travail est $\mathbb{C}[X]$.

-1 est racine quatrième de $P-1$ et 1 est racine quatrième de $P+1$.
On en déduit que -1 est racine troisième de P' et que 1 est racine troisième de P'.
Il s'ensuit que P' est divisible par $(X+1)^3(X-1)^3$.
Comme P' est de degré au plus égal à 6, il existe $\alpha \in \mathbb{C}$ tel que $P'=\alpha(X+1)^3(X-1)^3$.
$P'=\alpha\left(X^2-1\right)^3=\alpha\left(X^6-3X^4+3X^2-1\right)$ donne :

$$P=\alpha\left(\frac{1}{7}X^7-\frac{3}{5}X^5+X^3-X\right)+\beta, \text{ avec } \beta \in \mathbb{C}.$$

> Il reste à exploiter que -1 est racine de $P-1$ et que 1 est racine de $P+1$ pour obtenir les valeurs de α et β.

Exprimons que $P-1$ prend la valeur 0 en -1 et $P+1$ prend la valeur 0 en 1 :

$$\frac{16}{35}\alpha+\beta=1 \text{ et } \frac{16}{35}\alpha-\beta=1 \text{ donnent } \alpha=\frac{35}{16} \text{ et } \beta=0.$$

Finalement, on obtient $P=\frac{1}{16}(5X^6-21X^4+35X^2-35X)$.

2)

> On peut exprimer que $(X+1)^4$ divise $P-1$ et que $(X+1)^4$ divise $P-1$.

Il existe des polynômes R et S tels que $P-1=(X+1)^4R$ et $P+1=(X-1)^4S$.
On peut noter que R et S sont de degré 3.
En retranchant membre à membre ces deux égalités, il vient :

$$2=(X-1)^4S-(X+1)^4R.$$

En posant $U=-\frac{1}{2}R$ et $V=\frac{1}{2}S$, on obtient :

$$(X+1)^4U+(X-1)^4V=1.$$

Ex. 13

Étudier les conditions pour qu'un polynôme P admette -1 et 2 pour racines et que $P+4$ soit divisible par $(X-1)^2$.

> On exprime que P admet -1 et 2 pour racines et que 1 est racine double de $P+4$.

P est divisible par $X+1$ et par $X-2$, donc divisible par leur produit.
Il existe alors un polynôme Q tel que $P=(X+1)(X-2)Q$.
De plus, 1 est racine double de $P+4$ s'exprime par $P(1)+4=0$ et $P'(1)=0$, c'est-à-dire :

$Q(1) = 2$ et, avec $P' = (X-2)Q + (X+1)Q + (X-2)(X+1)Q'$, $Q(1) = 2Q'(1)$.

On a donc $Q(1) = 2$ et $Q'(1) = 1$.

On peut alors utiliser la formule de Taylor pour préciser les polynômes Q.

Les polynômes Q convenables sont donc définis, avec $n \geqslant 2$ quelconque, par :

$$Q = 2 + (X-1) + \sum_{k=2}^{n} a_k (X-1)^k, \text{ où les } a_k \text{ sont des scalaires quelconques.}$$

Ex. 14

On considère le polynôme $P(X) = X^3 + \dfrac{1+i\sqrt{7}}{2} X^2 + \dfrac{-1+i\sqrt{7}}{2} X - 1$.

Former le polynôme unitaire Q dont les racines sont les carrés des racines de P et en déduire une factorisation de P.

On détermine les fonctions symétriques élémentaires des racines de Q à l'aide des fonctions symétriques élémentaires des racines de P.

Notons a, b et c les racines de P. Les fonctions symétriques élémentaires de a, b et c sont :

$$a + b + c = -\frac{1+i\sqrt{7}}{2}, \ bc + ca + ab = \frac{-1+i\sqrt{7}}{2} \text{ et } abc = 1.$$

On en déduit :

$$a^2b^2c^2 = (abc)^2 = 1,$$

$$a^2 + b^2 + c^2 = (a+b+c)^2 - 2(bc+ca+ab) = -\frac{1+i\sqrt{7}}{2},$$

$$\begin{aligned} b^2c^2 + c^2a^2 + a^2b^2 &= (bc+ca+ab)^2 - 2(a^2bc + b^2ca + c^2ab) \\ &= (bc+ca+ab)^2 - 2(abc)(a+b+c), \end{aligned}$$

d'où : $$b^2c^2 + c^2a^2 + a^2b^2 = \left(\frac{-1+i\sqrt{7}}{2}\right)^2 + 2\frac{1+i\sqrt{7}}{2} = \frac{-1+i\sqrt{7}}{2}.$$

Ainsi les polynômes P et Q sont unitaires et leurs racines ont les mêmes fonctions symétriques élémentaires, ils sont donc égaux.

Ce n'est pas l'expression de Q qui va permettre de factoriser P, mais c'est du fait que les ensembles $\{a, b, c\}$ et $\{a^2, b^2, c^2\}$ sont égaux que devrait venir une aide efficace.

Notons que, dans $\mathbb{C}[X]$, la factorisation de P revient à la détermination de ses racines.

$a^2 = a$ imposerait $a = 0$ ou $a = 1$; or $abc \neq 0$ et $P(1) = i\sqrt{7}$ montre que ni 0 ni 1 n'est racine de P. Ainsi on a $a^2 \neq a$ et de même $b^2 \neq b$ et $c^2 \neq c$. On a donc $a^2 = b$ ou $a^2 = c$.

Il serait judicieux d'examiner si P a une racine double. Si ce n'est pas le cas, a, b et c sont deux à deux distincts et il en est alors de même pour a^2, b^2 et c^2. Toutefois, il n'est pas indispensable de procéder à cette vérification.

Quitte à échanger b et c, on peut se limiter au cas où $a^2 = b$.

Si on avait $b^2 = a$, il viendrait $a^4 = a$, donc $a^3 = 1$, d'où $a \in \{j, j^2\}$ puisqu'on a $a \neq 1$.

Rappelons que $j = \dfrac{-1+i\sqrt{3}}{2}$ et j^2 sont les racines non réelles de $X^3 - 1$.

On a $P(j) = -\frac{i}{2}(\sqrt{7}+\sqrt{3}) \neq 0$ et $P(j^2) = -\frac{i}{2}(\sqrt{7}-\sqrt{3}) \neq 0$.

Ainsi, avec $b^2 \neq b$ et $b^2 \neq a$, il reste $b^2 = c$. Et on obtient de même $c^2 = a$.
Avec $a^2 = b$, $b^2 = c$ et $c^2 = a$, les racines de P sont alors a, $b = a^2$ et $c = a^4$.
$c^2 = a$ donne $a^8 = a$, donc $a^7 = 1$ car $a \neq 0$. De même, $b^7 = 1$ et $c^7 = 1$.
Posons alors $\omega = e^{\frac{2i\pi}{7}}$. Avec $a \neq 1$, il existe $k \in [\![1, 6]\!]$ tel que $a = \omega^k$.
Examinons les différentes situations possibles, en notant que $\omega^7 = 1$.

- $a = \omega$, d'où $b = \omega^2$ et $c = \omega^4$,
- $a = \omega^2$, d'où $b = \omega^4$ et $c = \omega$.
- $a = \omega^3$, d'où $b = \omega^6$ et $c = \omega^5$,
- $a = \omega^4$, d'où $b = \omega$ et $c = \omega^2$.
- $a = \omega^5$, d'où $b = \omega^3$ et $c = \omega^6$,
- $a = \omega^6$, d'où $b = \omega^5$ et $c = \omega^3$.

À l'ordre près, il n'y a donc que deux ensembles de solutions $\{\omega, \omega^2, \omega^4\}$ et $\{\omega^3, \omega^5, \omega^6\}$.

> Il est confirmé que les racines de P sont deux à deux distinctes.
> Les racines de P sont l'un et l'un seulement des ensembles obtenus comme possibles. Il ne reste donc plus qu'à préciser quel est celui qui convient.
> Une information peut nous permettre de faire le choix entre les deux, c'est la somme dont les parties réelle et imaginaire sont strictement négatives.

Les éléments de $\{\omega, \omega^2, \omega^4\}$ sont les conjugués de ceux de $\{\omega^3, \omega^5, \omega^6\}$. Les sommes ont donc des parties imaginaires opposées. Or la somme des racines est $-\dfrac{1+i\sqrt{7}}{2}$.
Une représentation graphique des racines 7èmes de 1 permet de voir que c'est la partie imaginaire de $\omega^3 + \omega^5 + \omega^6$ qui est le plus vraisemblablement négative.

> Numériquement, on a $\cos\frac{2\pi}{7} + \cos\frac{4\pi}{7} + \cos\frac{8\pi}{7} = \cos\frac{6\pi}{7} + \cos\frac{10\pi}{7} + \cos\frac{12\pi}{7} \approx -0,5$,
> $\sin\frac{2\pi}{7} + \sin\frac{4\pi}{7} + \sin\frac{8\pi}{7} \approx 1,32$ et $\sin\frac{6\pi}{7} + \sin\frac{10\pi}{7} + \sin\frac{12\pi}{7} \approx -1,32$.

Les racines de P sont finalement $\{\omega^3, \omega^5, \omega^6\}$.

Ex. 15

Trouver tous les polynômes réels P tels que $P(0) = 1$, $P(1) = 1$, $P'(0) = 0$ et $P'(1) = -1$.

> Une première étape peut être de trouver une solution particulière. Avec quatre conditions imposées, on cherche une solution de degré 3.

Soit $S = aX^3 + bX^2 + cX + d \in \mathbb{R}[X]$. Avec $S' = 3aX^2 + 2bX + c$, les conditions :

$$S(0) = 1,\ S(1) = 1,\ S'(0) = 0 \text{ et } S'(1) = -1$$

sont remplies si et seulement si $d = 1$, $a + b + c + d = 1$, $c = 0$ et $3a + 2b + c = -1$.
Ce qui équivaut à $d = 1$, $c = 0$, $a + b = 0$ et $3a + 2b = -1$.
L'unique solution est $(a, b, c, d) = (-1, 1, 0, 1)$, ce qui donne $S = -X^3 + X^2 + 1$.

> On fait un changement d'inconnue $P = Q + S$ pour faire apparaître un polynôme qui a deux racines doubles 0 et 1.

P est solution si et seulement si $Q = P - S$ vérifie $Q(0) = Q'(0) = 0$ et $Q(1) = Q'(1) = 0$, c'est-à-dire si et seulement si Q admet 0 et 1 pour racines doubles. Les polynômes Q qui conviennent sont donc ceux qui sont divisibles par $X^2(X-1)^2$.
En conclusion, les solutions sont $P(X) = -X^3 + X^2 + 1 + X^2(X-1)^2R(X)$, avec $R \in \mathbb{R}[X]$.

Ex. 16

Déterminer les polynômes $P \in \mathbb{C}[X]$ tels que $\forall x \in \mathbb{R},\ P(x) \in \mathbb{R}$.

> Les polynômes $P \in \mathbb{R}[X]$ conviennent. $P(x) \in \mathbb{R}$ s'exprime par $\overline{P(x)} = P(x)$.

Soit $P \in \mathbb{C}[X]$, de degré $n \in \mathbb{N}$: $P = \sum_{k=0}^{n} a_k X^k$. Pour tout $x \in \mathbb{R}$, on a $\overline{P(x)} = \sum_{k=0}^{n} \overline{a_k} x^k$ et $P(x) \in \mathbb{R}$ équivaut alors à $\sum_{k=0}^{n} (a_k - \overline{a_k}) x^k = 0$.

Le polynôme $\sum_{k=0}^{n} (a_k - \overline{a_k}) X^k$ admet une infinité de racines, c'est donc le polynôme nul. Cela équivaut à $\forall k \in [\![0, n]\!],\ a_k = \overline{a_k}$, c'est-à-dire $a_k \in \mathbb{R}$, ou encore à $P \in \mathbb{R}[X]$.

> La tâche est assez simple dans la mesure où, pour $x \in \mathbb{R}$, on a $\overline{x} = x$.
> Elle risque d'être moins aisée si on cherche à exprimer que $\forall z \in \mathbb{C},\ P(z) \in \mathbb{R}$.
> C'est l'objet du sujet suivant.

Ex. 17

Déterminer les polynômes $P \in \mathbb{C}[X]$ tels que $\forall z \in \mathbb{C},\ P(z) \in \mathbb{R}$.

> Il est nécessaire que $\forall x \in \mathbb{R},\ P(x) \in \mathbb{R}$. Le sujet précédent montre que l'on a $P \in \mathbb{R}[X]$.
> Mais, de là à dire que tous les polynômes réels conviennent, il y a un pas que personne n'oserait franchir. Il faut donc tout reprendre sous un autre angle.
> Notons que les nombres complexes d'emploi facile sont les racines de l'unité.

On considère $P \in \mathbb{R}[X]$, de degré $n \in \mathbb{N}$ et, pour $p \in \mathbb{N}^*$, $\omega_p = e^{2i\pi/p}$, racine p^{e} de 1.

> Avec $P = \sum_{k=0}^{n} a_k X^k$, $P(\omega_p) \in \mathbb{R}$ équivaut à $\sum_{k=0}^{n} a_k \left(\omega_p^k - \overline{\omega_p}^k \right) = 0$.
> On se prive d'une forme polynomiale qui serait plus efficace. Il faut ajuster le tir.

Pour tout $x \in \mathbb{R}$, on exprime que $P(x\omega_p)$ est réel : $\sum_{k=0}^{n} a_k \left(\omega_p^k - \overline{\omega_p}^k \right) x^k = 0$.

$\sum_{k=0}^{n} a_k \left(\omega_p^k - \overline{\omega_p}^k \right) X^k$ est alors le polynôme nul, d'où $\forall k \in [\![0, n]\!],\ a_k \left(\omega_p^k - \overline{\omega_p}^k \right) = 0$.

> Les racines complexes de 1 sont de module 1 : $\omega_p^p = 1$ implique $|\omega_p|^p = 1$ donc :
> $$|\omega_p| = 1 \quad \text{c'est-à-dire} \quad \omega_p \overline{\omega_p} = 1.$$
> Pour $q \in \mathbb{N}$, on a $\omega_p^q = 1$ si et seulement si q est un multiple entier de p.

$\overline{\omega_p} = \omega_p^{-1}$ donne $\omega_p^k - \overline{\omega_p}^k = 0$ si et seulement si $\omega_p^{2k} = 1$, c'est-à-dire $2k \in p\mathbb{N}$.

Il suffit alors de choisir $p > 2n$ pour avoir $\forall k \in [\![1, n]\!],\ \omega_p^k - \overline{\omega_p}^k \neq 0$, donc $a_k = 0$.

En conclusion les polynômes constants réels sont les seuls qui vérifient :

$$\forall z \in \mathbb{C},\ P(z) \in \mathbb{R}.$$

Ex. 18

Soit $P \in \mathbb{R}[X]$. Montrer que la proposition : $\forall x \in \mathbb{R},\ P(x) \geqslant 0$ équivaut à l'existence de Q et R dans $\mathbb{R}[X]$ tels que $P = Q^2 + R^2$.

> Le cas où P est de degré 2 est familier, il sert de base d'appui.
> Les polynômes visés sont de degré pair, il suffit d'une justification rapide.
> Notons que $P = Q^2 + R^2$, avec Q et R dans $\mathbb{R}[X]$, vérifie $\forall x \in \mathbb{R},\ P(x) \geqslant 0$.
> L'objet de cet exercice est donc l'étude de la réciproque.
> Le polynôme nul convient évidemment et on se limite tout naturellement à l'examen des polynômes non nuls.

1) ▪ Soit $P \in \mathbb{R}[X]$, $\deg P = 2$: $P = aX^2 + 2bX + c$, $a \neq 0$. On a $P = a\left(X + \dfrac{b}{a}\right)^2 + \dfrac{ac - b^2}{a}$.

$P(x)$ est positif pour tout $x \in \mathbb{R}$ si et seulement si $a > 0$ et $b^2 - ac \leqslant 0$.

Dans ce cas, $P = \left(\sqrt{a}\left(X + \dfrac{b}{a}\right)\right)^2 + \left(\dfrac{\sqrt{ac - b^2}}{a}\right)^2$ est la somme des carrés de deux polynômes réels.

▪ Soit $P \in \mathbb{R}[X]$, de degré impair $n \in \mathbb{N}$ et de coefficient dominant a_n.
Pour $x \in \mathbb{R}$, on a $P(x) \underset{\pm\infty}{\sim} a_n x^n$ et $P(x)$ a $+\infty$ et $-\infty$ pour limite en $+\infty$ et en $-\infty$ (dans cet ordre ou dans l'ordre contraire suivant le signe de a_n).
Les polynômes cherchés sont donc nécessairement de degré pair.
Et dans ce cas, $P(x) \underset{\pm\infty}{\sim} a_n x^n$ montre qu'il faut aussi $a_n > 0$.

2)

> Le cas des polynômes de degré 2 donne une assise à une démonstration par récurrence.

Soit $\mathcal{P}_n$ la proposition :
si $P_n \in \mathbb{R}[X]$, $n \in \mathbb{N}^*$, $\deg P_n = 2n$, $\operatorname{dom} P_n = a_n > 0$, vérifie $\forall x \in \mathbb{R},\ P_n(x) > 0$, alors il existe des polynômes réels Q_n et R_n tels que $P_n = Q_n^2 + R_n^2$.
La proposition $\mathcal{P}_1$ est vraie.

> Pour passer du rang n au rang $n + 1$, il suffit de factoriser par un polynôme de degré 2.

Soit $P_{n+1} \in \mathbb{R}[X]$, $\deg P_{n+1} = 2(n + 1)$ et tel que $\forall x \in \mathbb{R},\ P_{n+1}(x) \geqslant 0$.

▪ Si P_{n+1} admet une racine réelle α, cette racine est nécessairement d'ordre pair, faute de quoi P_{n+1} ne serait pas de signe constant.

P_{n+1} est alors divisible par $(X - \alpha)^2$ et le polynôme U_n tel que $P_{n+1} = (X - \alpha)^2 U_n$ est de degré $2n$ et, pour tout $x \in \mathbb{R}$, on a $U_n(x) \geqslant 0$.

▪ Si P_{n+1} admet une racine complexe $\beta \notin \mathbb{R}$, alors il admet aussi $\overline{\beta} \neq \beta$ pour racine. Il est donc divisible par le polynôme $(X - \beta)(X - \overline{\beta}) \in \mathbb{R}[X]$.

Le polynôme U_n tel que $P_{n+1} = (X - \beta)(X - \overline{\beta})U_n$ est de degré $2n$ et vérifie $\forall x \in \mathbb{R},\ U_n(x) \geqslant 0$.

▪ Dans les deux cas, on a $P_{n+1} = VU_n$, avec V de degré 2 à valeurs positives, et U_n de degré $2n$ à valeurs $U_n(x)$ positives pour x réel.

> Pour conclure, il reste à mettre en œuvre l'hypothèse de récurrence.

On a $V = A^2 + B^2$ et $U_n = Q_n^2 + R_n^2$, avec A, B, Q_n et R_n dans $\mathbb{R}[X]$.
Il s'ensuit $P_{n+1} = \left(A^2 + B^2\right)\left(Q_n^2 + R_n^2\right)) = \left(A^2 Q_n^2 + B^2 R_n^2\right) + \left(A^2 R_n^2 + B^2 Q_n^2\right)$ et il vient alors :

$$P_{n+1} = \left(AQ_n + BR_n\right)^2 + \left(AR_n - BQ_n\right)^2,\ \text{avec } AQ_n + BR_n \text{ et } AR_n - BQ_n \text{ dans } \mathbb{R}[X].$$

En conclusion la propriété $\mathcal{P}_n$ est vraie pour tout $n \in \mathbb{N}^*$.

Ex. 19

On pose $P_k(x) = (-1)^k e^{x^2} \left(e^{-x^2}\right)^{(k)}$. Montrer que P_k est un polynôme de degré k.

Montrer que $P_{k+2} = 2XP_{k+1} - 2(k+1)P_k$ et que $P_k'' - 2XP_k' + 2kP_k = 0$.

> L'objectif de la première partie est de montrer que la dérivée k^{e} de e^{-x^2} est le produit de e^{-x^2} par un polynôme de degré k qui sera alors P_k lui-même au signe près.

On a $\left(e^{-x^2}\right)^{(0)} = e^{-x^2}$ et $\left(e^{-x^2}\right)' = -2xe^{-x^2}$, ce qui donne $P_0(x) = 1$ et $P_1(x) = 2x$.

Supposons que, pour $k \in \mathbb{N}^*$, $\left(e^{-x^2}\right)^{(k)} = (-1)^k P_k(x) e^{-x^2}$, où P_k est un polynôme de degré k.

Alors $\left(e^{-x^2}\right)^{(k+1)} = \left((-1)^k P_k(x) e^{-x^2}\right)' = \left((-1)^{k+1} 2xP_k(x) + (-1)^k P_k'(x)\right) e^{-x^2}$.

$P_{k+1}(x) = 2xP_k(x) - P_k'(x)$ est une fonction polynôme de degré $k+1$, puisque c'est la somme d'un polynôme de degré $k+1$ et d'un polynôme de degré $k-1$.

On a ainsi établi par récurrence que, pour tout $k \in \mathbb{N}$, P_k est un polynôme de degré k.

> On a en fait établi un résultat qui peut se révéler utile : $P_{k+1} = 2XP_k - P_k'$.

Comme on vient de voir que $P_{k+2} = 2XP_{k+1} - P_{k+1}'$, la preuve du résultat attendu :

$$P_{k+2} = 2XP_{k+1} - 2(k+1)P_k$$

revient à celle de $P_{k+1}' = 2(k+1)P_k$.

Avec $P_{k+1}(x) = (-1)^{k+1} e^{x^2} \left(e^{-x^2}\right)^{(k+1)}$, d'où $P_{k+1}'(x) = (-1)^{k+1} \left(e^{x^2} \left(e^{-x^2}\right)^{(k+1)}\right)'$, il vient :

$$P_{k+1}'(x) = (-1)^{k+1} e^{x^2} \left(2x\left(e^{-x^2}\right)^{(k+1)} + \left(e^{-x^2}\right)^{(k+2)}\right).$$

On a $\left(e^{-x^2}\right)^{(k+2)} = \left(-2xe^{-x^2}\right)^{(k+1)}$ et la formule de Leibniz donne :

$$\left(-2xe^{-x^2}\right)^{(k+1)} = -2x\left(e^{-x^2}\right)^{(k+1)} - 2(k+1)\left(e^{-x^2}\right)^{(k)}.$$

Il vient donc $P_{k+1}'(x) = 2(k+1)(-1)^k e^{x^2} \left(e^{-x^2}\right)^{(k)}$, c'est-à-dire $P_{k+1}'(x) = 2(k+1)P_k(x)$.

> Pour la dernière relation, on reprend $P_{k+1} = 2XP_k - P_k'$, en tenant compte de la relation précédente $P_{k+1}'(x) = 2(k+1)P_k(x)$.

De $P_{k+1} = 2XP_k - P_k'$, on déduit $P_{k+1}' = 2P_k + 2XP_k' - P_k''$ et avec $P_{k+1}'(x) = 2(k+1)P_k(x)$, il vient :

$$2(k+1)P_k(x) = 2P_k + 2XP_k' - P_k'' \quad \text{ce qui donne} \quad P_k'' - 2XP_k' + 2kP_k = 0.$$

Ex. 20

Soit P unitaire de degré n et $Q = \prod_{k=0}^{n} (X - k)$. Décomposer $\frac{P}{Q}$ en éléments simples et montrer qu'il existe $k \in [\![0, n]\!]$ tel que $|P(k)| \geqslant n!/2^n$.

> Q est scindé, à racines simples et de degré $n+1$. La décomposition en éléments simples de $\frac{P}{Q}$ est alors $\sum_{k=0}^{n} \frac{P(k)}{Q'(k)(X-k)}$. Et on a $Q'(k) = \prod_{q \neq k} (k - q)$.

On a $\dfrac{P}{Q} = \displaystyle\sum_{k=0}^{n} \frac{\lambda_k}{X-k}$, avec $\lambda_k = \dfrac{P(k)}{\displaystyle\prod_{q\neq k, q=0}^{n} (k-q)} = \dfrac{P(k)}{(-1)^{n-k} k!(n-k)!} = \dfrac{(-1)^{n-k}}{n!} \mathrm{C}_n^k P(k)$.

> Les coefficients binomiaux C_n^k incitent à en faire apparaître la somme et, dans ce but, on peut examiner la somme des λ_k.

- $\dfrac{XP(X)}{Q(X)}$ est le quotient de polynômes normalisés et de même degré.

Il vient alors $\displaystyle\lim_{x\to+\infty} \frac{xP(x)}{Q(x)} = 1$. Par ailleurs, on a $\dfrac{XP(X)}{Q(X)} = \displaystyle\sum_{k=0}^{n} \frac{\lambda_k X}{X-k}$ et $\displaystyle\lim_{x\to+\infty} \frac{\lambda_k x}{x-k} = \lambda_k$.

On en déduit $1 = \displaystyle\sum_{k=0}^{n} \lambda_k$.

> Pour une information concernant, de façon analogue, tous les $P(k)$, il est judicieux de procéder par l'absurde. Rappelons que $\displaystyle\sum_{k=0}^{n} \mathrm{C}_n^k = 2^n$.

- Supposons que, pour tout $k \in [\![0, n]\!]$, on ait $|P(k)| < n!/2^n$.

Alors $\lambda_k = \dfrac{(-1)^{n-k}}{n!} \mathrm{C}_n^k P(k)$ donne $\displaystyle\sum_{k=0}^{n} |\lambda_k| \leqslant \sum_{k=0}^{n} \frac{1}{n!} \mathrm{C}_n^k |P(k)| < \frac{1}{2^n} \sum_{k=0}^{n} \mathrm{C}_n^k = 1$.

Et ce résultat est en contradiction avec $1 = \displaystyle\sum_{k=0}^{n} \lambda_k$.

En conclusion, il existe $k \in [\![0, n]\!]$ tel que $|P(k)| \geqslant \dfrac{n!}{2^n}$.

Ex. 21

$P \in \mathbb{R}[X]$ admet $n \in \mathbb{N}^*$ racines réelles strictement positives, chacune étant simple.
On considère alors $Q(X) = (X^2+1)P(X)P'(X) + X\left(P^2(X) + P'^2(X)\right)$.
Montrer que si 1 n'est pas racine de Q, alors Q admet au moins $2n-1$ racines réelles positives distinctes.

> L'objectif des racines de Q incite à exprimer Q en produit de polynômes.
> La présence de PP' et de P^2, P'^2 laisse des espoirs raisonnables.
> On peut développer $(aP + bP')(cP + dP')$ et comparer à Q.

Q se factorise en $Q = (P + XP')(XP + P')$. On pose $A = P + XP'$ et $B = XP + P'$.
Les racines de Q sont celles de A et celles de B.
Notons que $A = (XP)'$.

> Il n'y a pas de remarque aussi simple au sujet de B. On commence alors par s'intéresser aux racines de A. Avec les racines de XP, le théorème de Rolle donne des informations sur celles de $(XP)'$.
> Comme les n racines de P sont simples, elles sont deux à deux distinctes.

XP admet $n+1$ racines réelles positives distinctes (les n racines strictement positives de P et la racine 0).

Le théorème de Rolle assure alors l'existence de (au moins) n racines strictement positives distinctes pour $(XP)'$.

> Pour le polynôme B, on est dans un contexte de dérivation de fonction réelle de la forme $f(x) = u(x)e^{v(x)}$ pour laquelle on a $f'(x) = \big(u(x)v'(x) + u'(x)\big)e^{v(x)}$.

La fonction réelle $x \mapsto \big(xP(x) + P'(x)\big)e^{x^2/2}$ est la dérivée $f : x \mapsto P(x)e^{x^2/2}$.

Les racines de f sont celles de P, donc f admet n racines réelles strictement positives distinctes. Le théorème de Rolle assure que f' admet (au moins) $n-1$ racines réelles strictement positives.

Les racines réelles de f' étant celles de $XP(X) + P'(X)$, il vient que B admet (au moins) $n-1$ racines réelles strictement positives.

> Il reste maintenant à examiner si les racines de A et celles de B sont distinctes.
>
> C'est probablement là qu'interviendra l'hypothèse encore inutilisée $Q(1) \neq 0$.
>
> On n'a pas non plus encore utilisé que les racines strictement positives de P sont simples.

Supposons que A et B aient une racine commune strictement positive a, c'est-à-dire que :

$$P(a) + aP'(a) = 0 \text{ et } P'(a) + aP(a) = 0.$$

$P(a) + aP'(a) = P'(a) + aP(a)$ donne $(1-a)\big(P(a) - P'(a)\big) = 0$.

$a \neq 1$ donne $P(a) = P'(a)$, d'où $(1+a)P(a) = 0$. Alors $a > 0$ donne $a + 1 \neq 0$ donc $P(a) = 0$.

Il s'ensuit que a est racine commune à P et à P', ce qui impose que a est racine double de P, ce qui est contraire à l'hypothèse qui considère que les racines strictement positives sont simples.

Ex. 22

Soit $P \in \mathbb{C}[X]$, $\deg P = n \in \mathbb{N}^*$, tel que $P(0) = 1$ et $P(1) = 0$.

Montrer que $\sup\{|P(z)| \ , \ |z| = 1\} \geqslant 1 + \dfrac{1}{n}$.

> Avant d'envisager la borne supérieure d'une partie de $\mathbb{R}$, il est indispensable de vérifier que cette partie est majorée.

Avec $P = \sum_{k=0}^{n} a_k X^k$, on a $P(z) = \sum_{k=0}^{n} a_k z^k$ puis $|P(z)| \leqslant \sum_{k=0}^{n} |a_k| \, |z^k|$.

Avec $|z| = 1$, on a $|z^k| = 1$ puis $|P(z)| \leqslant \sum_{k=0}^{n} |a_k|$, ce qui montre que $\{|P(z)| \ , \ |z| = 1\}$ est une partie non vide et majorée de $\mathbb{R}$.

> Un énoncé équivalent est $n + 1 \leqslant n \sup\{|P(z)| \ , \ |z| = 1\}$.
>
> Dans l'ensemble $\mathbb{U}$ des complexes de module 1, il y a les racines de tous ordres de 1.

Avec $P = \sum_{k=0}^{n} a_k X^k$, une hypothèse est $a_0 = 1$. On notera $M = \sup\{|P(z)| \ , \ |z| = 1\}$.

Étant donné $u_1, \ldots, u_n$ de $\mathbb{U}$, et en notant $u_0 = 1$, on a $\left|\sum_{p=0}^{n} P(u_p)\right| \leqslant \sum_{p=1}^{n} |P(u_p)| \leqslant nM$.

> Il reste à trouver des u_k convenables pour avoir $n + 1 \leqslant \left|\sum_{k=0}^{n} P(u_k)\right|$.

Pour tout $u_p \in \mathbb{U}$, on a $P(u_p) = \sum_{k=0}^{n} a_k u_p^k$ d'où $\sum_{p=0}^{n} P(u_p) = \sum_{k=0}^{n} a_k \left(\sum_{p=0}^{n} u_p^k \right)$.

Avec $u = e^{2i\pi/N}$, on choisit $u_p = u^p$. On a alors $\sum_{p=0}^{n} u_p^k = \sum_{p=0}^{n} (u^p)^k$.

Si $u^k \neq 1$, on obtient $\sum_{p=0}^{n} (u^p)^k = \sum_{p=0}^{n} (u^k)^p = \dfrac{1-(u^k)^{n+1}}{1-u^k} = \dfrac{1-(u^{n+1})^k}{1-u^k}$.

En prenant $N = n+1$, on a $u^{n+1} = 1$ et $u^k \neq 1$ pour tout $k \in [\![1, n]\!]$, et il vient $\sum_{p=0}^{n} (u^p)^k = 0$.

$\sum_{p=0}^{n} P(u_p)$ se réduit alors à $a_0 \left(\sum_{p=0}^{n} u_p^0 \right) = (n+1)a_0$ en n'oubliant pas que $a_0 = 1$.

En conclusion, $u = e^{2i\pi/(n+1)}$ donne $\sum_{p=0}^{n} P(u^p) = n+1$, d'où :

$$n+1 = \left| \sum_{p=0}^{n} P(u^p) \right| \leqslant \sum_{k=1}^{n} \left| P(u^p) \right| \leqslant nM,$$

ce qui donne la conclusion attendue $n+1 \leqslant nM$.

Ex. 23

Soit $n \in \mathbb{N}$, $n \geqslant 2$, $a \in \mathbb{R}$ et $b \in \mathbb{R}^*$. Déterminer $P \in \mathbb{R}[X]$ tels que $nP = (X-a)P' + bP''$.

> Le cas où $b = 0$ est celui où P' divise P. Il est classique que les solutions sont les multiples scalaires de $(X-a)^n$.
>
> Dans le cas général $b \neq 0$, on peut se restreindre aux polynômes normalisés. Il est utile d'examiner le degré d'une solution éventuelle.

Puisque $P \mapsto nP - (X-a)P' - bP''$ est linéaire, il suffit de déterminer les solutions P qui sont des polynômes normalisés.

> On est dans un contexte de dérivation et un objectif peut être de déterminer les dérivées successives en a, en vue d'utiliser la formule de Taylor.
>
> Pour dériver $(X-q)P'$, la formule de Leibniz est d'actualité.

Pour tout $k \in \mathbb{N}$, on a $nP^{(k)} = (X-a)P^{(k+1)} + kP^{(k)} + bP^{(k+2)}$, c'est-à-dire :

$$(n-k)P^{(k)} = (X-a)P^{(k+1)} + bP^{(k+2)},$$

d'où il vient $(n-k)P^{(k)}(a) = bP^{(k+2)}(a)$ **(1)**.

Un examen de l'équation montre facilement que toute solution est de degré n.

$P^{(n)} = n!$ donne $P^{(n)}(a) = n!$ et, avec **(1)**, $P^{(n+1)} = 0$ donne $P^{(n-1)}(a) = 0$ **(2)**.

Avec (**1**) et (**2**), il s'ensuit que $P^{(k)}(a) = 0$ pour tout k de même parité que $n-1$.

En utilisant (**1**) pour $k = n - 2q$, on a $2qP^{(n-2q)}(a) = bP^{(n-2q+2)}(a)$ (**1'**).

On multiplie membre à membre ces égalités pour $q \in [\![1, k]\!]$ et il vient :

$2^k k! P^{(n-2k)}(a) = b^k P^{(n)}(a)$ c'est-à-dire $\quad 2^k k! P^{(n-2k)}(a) = b^k n!$ (**3**).

> Pour utiliser la formule de Taylor en a, on distingue les cas n pair et n impair.

La formule de Taylor est $P(X) = \sum_{k=0}^{n} \frac{P^{(k)}(a)}{k!}(X-a)^k$.

- Cas où n est pair, $n = 2p$. On a $P(X) = \sum_{k=0}^{p} \frac{P^{(2k)}(a)}{(2k)!}(X-a)^{2k}$ puisque les dérivées d'ordre impair s'annulent en a.

Avec (**3**), on a $2^k(k!)P^{(2p-2k)}(a) = (2p)!b^k$, ou encore $2^{p-k}(p-k)!P^{(2k)}(a) = (2p)!b^{p-k}$.

Finalement, $P(X) = (2p)! \sum_{k=0}^{p} \left(\frac{b}{2}\right)^{p-k} \frac{(X-a)^{2k}}{(2k)!(p-k)!}$.

- n est impair, $n = 2p+1$. On a $P(X) = \sum_{k=0}^{p} \frac{P^{(2k+1)}(a)}{(2k+1)!}(X-a)^{2k+1}$, puisque les dérivées d'ordre pair s'annulent en a.

Avec (**3**), on a $2^k k! P^{(2p+1-2k)}(a) = (2p+1)!b^k$, d'ou $2^{p-k}(p-k)!P^{(2k+1)}(a) = (2p+1)!b^{p-k}$.

Finalement, $P(X) = (2p+1)! \sum_{k=0}^{p} \left(\frac{b}{2}\right)^{p-k} \frac{(X-a)^{2k+1}}{(2k+1)!(p-k)!}$.

La vérification du fait que ces polynômes conviennent est aisée.

Ex. 24

Trouver tous les polynômes $P \in \mathbb{R}[X]$ tels que $(X+4)P(X) = XP(X+1)$.

> Dans ce type de problème, on commence par préciser les solutions constantes, chercher des informations sur le degré et sur le coefficient dominant.

$P = a \in \mathbb{R}$ est solution si et seulement si $a(X+4) = aX$, c'est-à-dire $a = 0$.

Les polynômes $(X+4)P(X)$ et $XP(X+1)$ ayant même degré et même coefficient dominant, il n'y a pas d'information utile qui en découle.

> Pour une solution P non constante, il faut dégager des informations sur les racines.

De $(X+4)P(X) = XP(X+1)$, on déduit $4P(0) = 0$ et $0 = -4P(-3)$.

On peut aussi noter que $3P(-1) = -P(0)$ et que $P(-3) = -3P(-2)$.

Ainsi, $0, -1, -2$ et -3 sont racines de P.

Une solution non constante est divisible par $X(X+1)(X+2)(X+3)$, donc P est de la forme :

$$P(X) = X(X+1)(X+2)(X+3)Q(X) \text{ avec } Q \neq 0.$$

> On cherche maintenant des informations sur Q.

$(X+4)P(X) = XP(X+1)$ se lit alors :

$$(X+4)X(X+1)(X+2)(X+3)Q(X) = X(X+1)(X+2)(X+3)(X+4)Q(X+1),$$

c'est-à-dire $Q(X) = Q(X+1)$.

Il reste à déterminer les polynômes Q tels que $Q(X) = Q(X+1)$. Les polynômes constants conviennent. Sont-ils les seuls ?

Pour tout $x \in \mathbb{R}$, $Q(x) = Q(x+1)$ donne $Q(n) = Q(0)$ pour tout $n \in \mathbb{N}$.
Admettant une infinité de racines, le polynôme $Q(X) - Q(0)$ est nul, d'où $Q(X) = Q(0) \in \mathbb{R}$.
On a donc nécessairement $P(X) = \lambda X(X+1)(X+2)(X+3)$, $\lambda \in \mathbb{R}$, et avec :

$$P(X+1) = \lambda(X+1)(X+2)(X+3)(X+4),$$

il vient $(X+4)P(X) = XP(X+1)$, c'est-à-dire que ces polynômes conviennent.

Ex. 25

Déterminer les polynômes P tels que $P(X^2) = P(X+1)P(X-1)$.

Le texte est évasif sur le corps de base : on se place dans le contexte naturel de $\mathbb{C}[X]$.
Comme d'usage, on cherche les solutions constantes avant de chercher des informations sur le degré et sur le coefficient dominant.

Un polynôme constant $P = a \in \mathbb{C}$ est solution si et seulement si $a = a^2$. Les solutions constantes sont donc $P = 0$ et $P = 1$.
Avec la relation $\deg P(X^2) = \deg P(X-1)P(X+1)$ vraie pour tout $P \neq 0$, il n'y a pas d'information utile provenant de l'étude du degré.
Si a est le coefficient dominant d'une solution $P \neq 0$, on a $a = a^2$, donc $a = 1$ et toute solution est un polynôme normalisé (ou unitaire).

Pour orienter la suite des démarches on peut examiner les cas particuliers où $\deg P = 1$ et $\deg P = 2$.

- $P(X) = X + k$ vérifie $P(X^2) = P(X+1)P(X-1)$ si et seulement si :

$$X^2 + k = (X+1+k)(X-1+k) = X^2 + 2kX + k^2 - 1$$

et le système $2k = 0$, $k^2 - 1 = k$ n'a pas de solution. Il n'y a donc pas de solution de degré 1.
- $P(X) = X^2 + aX + b$ vérifie $P(X^2) = P(X+1)P(X-1)$ si et seulement si :

$$X^4 + aX^2 + b = \big((X+1)^2 + a(X+1) + b\big)\big((X-1)^2 + a(X-1) + b\big),$$

c'est-à-dire $X^4 + aX^2 + b = X^4 + 2aX^3 + (a^2 + 2b - 2)X^2 + 2a(b-1)X + 1 + 2b + b^2 - a^2$. Il est alors nécessaire que $a = 0$ et il reste $0 = 2(b-1)$ et $1 + b + b^2 = 0$ qui sont incompatibles. Il n'y a donc pas de solution de degré 2.

Il semble plus raisonnable de s'orienter sur l'absence de solution non constante.
On analyse pour cela des informations sur les racines complexes d'une solution.

Pour toute racine z de P, on a $P\big((z+1)^2\big) = P(z+2)P(z) = 0$, donc $(z+1)^2$ est racine de P.
De même, pour toute racine z de P, $(z-1)^2$ est racine de P.
Les racines d'une solution étant en nombre fini, on peut en distinguer une, z_0, de module maximum.
On a donc $\left|(z_0+1)^2\right| \leqslant |z_0|$ et $\left|(z_0-1)^2\right| \leqslant |z_0|$. En posant $z_0 = re^{i\theta}$, $r \in \mathbb{R}$, on a :

$$(r\cos\theta + 1)^2 + r^2\sin^2\theta \leqslant r \quad \text{et} \quad (r\cos\theta - 1)^2 + r^2\sin^2\theta \leqslant r,$$

c'est-à-dire $r^2 + 2r\cos\theta + 1 \leqslant r$ et $r^2 - 2r\cos\theta + 1 \leqslant r$, d'où $r^2 + 1 \leqslant r$.
Or on a $r^2 - r + 1 > 0$ pour tout $r \in \mathbb{R}$.
Cette contradiction prouve qu'il n'y a pas de solution non constante.

Ex. 26

Soit $P \in \mathbb{R}[X]$, de degré $n \in \mathbb{N}^*$, avec $P(0) \neq 0$, admettant n racines $(x_k)_{k \llbracket 1,n \rrbracket}$ réelles et deux à deux distinctes. Montrer que $\sum_{k=1}^{n} \frac{1}{x_k P'(x_k)} = -\frac{1}{P(0)}$.

Une décomposition de fraction rationnelle à dénominateur scindé et de racines simples est d'actualité. La partie polaire de $\frac{A}{B}$ relative à un pôle simple a est $\frac{A(a)}{B'(a)(X-a)}$.

La fraction rationnelle $F(X) = \frac{1}{P(X)}$ se décompose en $F(X) = \sum_{k=1}^{n} \frac{\lambda_k}{X - x_k}$.

Comme x_k est racine simple, on a $\lambda_k = \frac{1}{P'(x_k)}$.

Pour obtenir le résultat, il suffit de considérer $F(0)$.

Ce résultat reste vrai pour un polynôme $P \in \mathbb{C}[X]$ ou des racines non réelles.

Ex. 27

Déterminer $\lambda \in \mathbb{C}$ pour que l'équation $x \in \mathbb{C},\ x^4 - 2x^2 + \lambda x + 3 = 0$ ait deux racines de produit égal à 1. Résoudre l'équation dans ce cas.

On utilise les fonctions symétriques élémentaires des racines x_1, x_2, x_3 et x_4 de l'équation :

$$\sigma_1 = x_1 + x_2 + x_3 + x_4.$$

$$\sigma_2 = x_1x_2 + x_1x_3 + x_1x_4 + x_2x_3 + x_2x_4 + x_3x_4.$$

$$\sigma_3 = x_2x_3x_4 + x_3x_4x_1 + x_4x_1x_2 + x_1x_2x_3.$$

$$\sigma_4 = x_1x_2x_3x_4.$$

Soit x_1 et x_2 des racines de produit égal à 1, et x_3, x_4 les autres. Avec $\sigma_4 = 3$, il vient $x_3x_4 = 3$.

On a $0 = \sigma_1 = (x_1 + x_2) + (x_3 + x_4)$ **(1)**

et $-2 = \sigma_2 = x_1x_2 + x_3x_4 + (x_1 + x_2)(x_3 + x_4)$ donne $(x_1 + x_2)(x_3 + x_4) = -6$ **(2)**.

$-\lambda = \sigma_3 = x_3x_4(x_1 + x_2) + x_1x_2(x_3 + x_4)$ donne aussi $3(x_1 + x_2) + (x_3 + x_4) = -\lambda$ **(3)**.

Avec **(1)** et **(3)**, il vient $x_1 + x_2 = -\frac{\lambda}{2}$ et $x_3 + x_4 = \frac{\lambda}{2}$.

(2) montre que λ convient si et seulement si $\lambda^2 = 24$, c'est-à-dire $\lambda = 2\,\varepsilon\sqrt{6}$, $\varepsilon \in \{-1, 1\}$.

Dans ce cas, x_1 et x_2 vérifient $x_1x_2 = 1$ et $x_1 + x_2 = -\,\varepsilon\sqrt{6}$.

Ce sont les racines de $x \in \mathbb{C}$, $x^2 + \varepsilon\sqrt{6}\,x + 1 = 0$, c'est-à-dire $\frac{-\varepsilon\sqrt{6} - \sqrt{2}}{2}$ et $\frac{-\varepsilon\sqrt{6} + \sqrt{2}}{2}$.

De même, x_3 et x_4 vérifient $x_3x_4 = 3$ et $x_3 + x_4 = \varepsilon\sqrt{6}$. Ce sont $\frac{\varepsilon\sqrt{6} - i\sqrt{6}}{2}$ et $\frac{\varepsilon\sqrt{6} + i\sqrt{6}}{2}$.

Ex. 28

Soit $P = \sum_{k=0}^{n} a_k X^k \in \mathbb{R}[X]$, de degré $n \geqslant 2$ et admettant n racines réelles distinctes.

Montrer que :

$$\text{pour tout } t \in \mathbb{R},\ P'^2(t) - P(t)P''(t) > 0$$

$$\text{et que}\quad \text{pour tout } k \in [\![1, n-1]\!],\ a_{k-1}a_{k+1} < a_k^2.$$

> $P'^2(t) - P(t)P''(t)$ apparaît naturellement dans la dérivation de $\frac{P'}{P}$ et la décomposition en éléments simples de $\frac{P'}{P}$, avec P scindé à racines simples, doit être connue.

Notons x_r, $1 \leqslant r \leqslant n$, les n racines réelles distinctes. On a $\frac{P'}{P} = \sum_{k=1}^{n} \frac{1}{X - x_k}$.

En dérivant, il vient $\frac{P''P - P'^2}{P^2} = -\sum_{k=1}^{n} \frac{1}{(X - x_k)^2}$ et il s'ensuit $P'^2(t) - P(t)P''(t) > 0$ pour tout $t \in \mathbb{R} \setminus \{x_1, \ldots, x_n\}$.

> Cette preuve ne concerne que les réels t qui ne sont pas racine de P. Pour les racines, il y a lieu de tenir compte qu'elles sont simples.

Pour $t \in \{x_1, \ldots, x_n\}$, on a $P(t) = 0$ et $P'(t) \neq 0$, donc $P'^2(t) - P(t)P''(t) > 0$.

> Pour en tirer une information sur les coefficients de P, la formule de Taylor lie a_k et $P^{(k)}(0)$.

$P(0) = a_0$, $P'(0) = a_1$, $\frac{1}{2}P''(0) = a_2$ et $P'^2(0) - P(0)P''(0) > 0$ donne $a_1^2 > 2a_2a_0$.

Il s'ensuit $a_0a_2 < \frac{a_1^2}{2} \leqslant a_1^2$ d'où $a_0a_2 < a_1^2$.

> Remarquons que l'inégalité demandée $a_0a_2 < a_1^2$ découle en fait d'une inégalité plus fine.
>
> Pour passer de $a_0a_2 < a_1^2$ à $a_{k-1}a_{k+1} < a_k^2$, il est raisonnable d'exploiter les dérivées successives de P en 0.

Pour tout $k \in [\![1, n-2]\!]$, le polynôme réel $P^{(k)}$ est scindé, de racines simples.

> Le polynôme dérivé d'un polynôme scindé réel, dont toutes les racines sont simples, est réel, scindé et toutes ses racines sont simples. C'est une des applications classiques du théorème de Rolle.

On applique alors à $P^{(k)}$ la propriété établie pour P : $\left(P^{(k+1)}(0)\right)^2 - P^{(k+2)}(0)P^{(k)}(0) > 0$.

Puis on utilise $a_j = \frac{1}{j!}P^{(j)}(0)$ pour en déduire $\left((k+1)!a_{k+1}\right)^2 > (k+2)!k!a_ka_{k+2}$, et il s'ensuit :

$$a_ka_{k+2} < \frac{k+1}{k+2}a_{k+1}^2 \leqslant a_{k+1}^2.$$

Pour $k \in [\![1, n-1]\!]$, on a donc $a_{k-1}a_{k+1} < a_k^2$.

Ex. 29

Calculer $\sum_{k=1}^{n-1} \frac{1}{1-e^{i\frac{2k\pi}{n}}}$.

Une solution consiste à former un polynôme dont les racines sont les $\frac{1}{1-e^{i\frac{2k\pi}{n}}}$.

Il sera alors aisé d'en déduire la somme.

Posons $\omega = e^{i\frac{2\pi}{n}}$. Alors $\omega^k = e^{i\frac{2k\pi}{n}}$, et en particulier : $\omega^n = 1$.

Les ω^k, $1 \leqslant k \leqslant n-1$, sont les racines autres que 1 de $X^n - 1$.

Les $\omega^k - 1$, $1 \leqslant k \leqslant n$, sont les racines autres que 0 de $(X+1)^n - 1$, c'est-à-dire de :

$$X^n + nX^{n-1} + \ldots + \frac{n(n-1)}{2}X^2 + nX.$$

Ce sont donc les racines de $X^{n-1} + nX^{n-2} + \ldots + \frac{n(n-1)}{2}X + n$.

Leurs inverses sont les racines de l'équation : $nx^{n-1} + \frac{n(n-1)}{2}x^{n-2} + \ldots + nx + 1 = 0$.

Leur somme est donc $-\frac{n-1}{2}$, c'est-à-dire $\sum_{k=1}^{n-1} \frac{1}{\omega^k - 1} = -\frac{n-1}{2}$ d'où $\sum_{k=1}^{n-1} \frac{1}{1-\omega^k} = \frac{n-1}{2}$.

Autre solution. Avec $P = X^n - 1$, de racines ω^k, $k \in [\![1, n]\!]$, on a $\sum_{k=1}^{n} \frac{1}{X-\omega^k} = \frac{P'}{P}$.

Notons que $\sum_{k=1}^{n-1} \frac{1}{1-\omega^k}$ est la valeur en 1 de $\sum_{k=1}^{n-1} \frac{1}{X-\omega^k}$.

Avec $\frac{P'}{P} = \frac{nX^{n-1}}{X^n - 1}$, on a $\sum_{k=1}^{n-1} \frac{1}{X-\omega^k} = \frac{nX^{n-1}}{X^n-1} - \frac{1}{X-1}$.

Le problème revient à trouver la limite quand x tend vers 1 de $\frac{nx^{n-1}}{x^n-1} - \frac{1}{x-1}$.

Une bonne façon de trouver cette limite est d'utiliser des développements limités en 1.

En posant $h = x - 1$, on a $n(h+1)^{n-1} = n\big(1 + (n-1)h + o(h)\big)$ et :

$$x^n - 1 = (1+h)^n - 1 = nh + \frac{n(n-1)}{2}h^2 + o(h^2) = nh\Big(1 + \frac{n-1}{2}h + o(h)\Big).$$

Il s'ensuit $\frac{nx^{n-1}}{x^n-1} = \frac{1}{h}\,\frac{1+(n-1)h+o(h)}{1+\frac{n-1}{2}h+o(h)} = \frac{1}{h}\big(1+(n-1)h+o(h)\big)\Big(1 - \frac{n-1}{2}h + o(h)\Big)$.

On en déduit $\frac{nx^{n-1}}{x^n-1} = \frac{1}{h}\Big(1 + \frac{n-1}{2}h + o(h)\Big) = \frac{1}{h} + \frac{n-1}{2} + o(1)$.

Finalement, on a $\frac{nx^{n-1}}{x^n-1} - \frac{1}{x-1} = \frac{n-1}{2} + o(1)$ d'où $\lim_{x\to 1} \frac{nx^{n-1}}{x^n-1} - \frac{1}{x-1} = \frac{n-1}{2}$ et en conclusion :

$$\sum_{k=1}^{n-1} \frac{1}{1-\omega^k} = \frac{n-1}{2}.$$

Ex. 30

Trouver les racines de $P = \sum_{k=0}^{n} C_n^k \cos(ka) X^k$. Montrer qu'elles sont réelles.

La forme du sujet est d'un type souvent rencontré dans un contexte de trigonométrie. Il est classique d'introduire les e^{ika} ou l'analogue de P avec des $\sin(ka)$.

$\cos(ka)$ est la partie réelle de e^{ika}, donc P est la partie réelle de $A = \sum_{k=0}^{n} C_n^k e^{ika} X^k$.

On a $A = \sum_{k=0}^{n} C_n^k \left(e^{ia}X\right)^k = (1 + e^{ia}X)^n$ et son conjugué est $\overline{A} = (1 + e^{-ia}X)^n$.

Il s'ensuit que $P = \frac{1}{2}(A + \overline{A}) = \frac{1}{2}\left((1 + e^{ia}X)^n + (1 + e^{-ia}X)^n\right)$. Les racines de P sont les solutions de $z \in \mathbb{C}$, $(1 + e^{ia}z)^n + (1 + e^{-ia}z)^n = 0$.

Pour $1 + e^{-ia}z = 0$, c'est-à-dire $z = -e^{ia}$, on a $1 + e^{ia}z = 1 - e^{2ia}$ et l'égalité $1 - e^{2ia} = 0$ est vraie si et seulement si $a \in \pi\mathbb{Z}$.

- Soit $a \in \pi\mathbb{Z}$: $a = p\pi$. Alors $\cos(ka) = \cos(kp\pi) = (-1)^{kp}$ d'où :

$$P = \sum_{k=0}^{n} C_n^k \left((-1)^p X\right)^k = (1 + (-1)^p X)^n$$

donc P admet $(-1)^{p+1}$ pour racine d'ordre n.

- On considère $a \notin \pi\mathbb{Z}$. Alors $-e^{ia}$ n'est pas racine de P et les racines de P sont les solutions de :

$$z \in \mathbb{C} \setminus \{-e^{ia}\},\ \left(\frac{1 + e^{ia}z}{1 + e^{-ia}z}\right)^n = -1.$$

Les racines $n^{\text{èmes}}$ de -1 sont les $\omega_k = e^{(2k+1)\frac{i\pi}{n}}$ pour $k \in [\![0, n-1]\!]$.

$\frac{1 + e^{ia}z}{1 + e^{-ia}z} = \omega_k$ équivaut à $z = \frac{1 - \omega_k}{\omega_k e^{-ia} - e^{ia}}$, donc les n racines de P sont les :

$$z_k = \frac{1 - \omega_k}{\omega_k e^{-ia} - e^{ia}},\ \text{pour } k \in [\![0, n-1]\!].$$

Il reste à prouver que les z_k sont réels.

Pour $k \in [\![0, n-1]\!]$, on a $z_k = \frac{(1 - \omega_k)(1 - \overline{\omega_k})}{(\omega_k e^{-ia} - e^{ia})(1 - \overline{\omega_k})} = \frac{2 - \omega_k - \overline{\omega_k}}{\omega_k e^{-ia} + \overline{\omega_k} e^{ia} - e^{ia} - e^{-ia}}$ donc :

$$z_k = \frac{2 - 2\,\mathrm{Re}(\omega_k)}{2\,\mathrm{Re}(\omega_k e^{-ia}) - 2\,\mathrm{Re}(e^{ia})} = \frac{1 - \cos\frac{(2k+1)\pi}{n}}{\cos\left(\frac{(2k+1)\pi}{n} - a\right) - \cos a}$$

ce qui montre que les racines de P sont réelles.

Ex. 31

Pour $n \in \mathbb{N}^*$, quel est le reste de la division euclidienne de $(X^n + 1)^2$ par $(X + 1)^2$?

Quand n est impair, on sait factoriser $X^n + 1$ par $X + 1$.
Seul le cas où n est pair demande une étude plus fine.

- Quand n est impair, X^n+1 est un multiple de $X+1$, donc $(X^n+1)^2$ est divisible par $(X+1)^2$: le reste est nul.
- Quand n est pair, on écrit la division euclidienne de $(X^n+1)^2$ par $(X+1)^2$: il existe $Q \in \mathbb{R}[X]$ et $(a, b) \in \mathbb{R}^2$ tels que $(X^n+1)^2 = (X+1)^2 Q(X) + aX + b$. La valeur en -1 donne $4 = -a + b$. En dérivant, on a $2nX^{n-1}(X^n+1) = (X+1)\big(2Q(X) + (X+1)Q'(X)\big) + a$.

La valeur en -1 donne $-4n = a$. Le reste est donc $-4nX + 4(1-n)$.

Ex. 32

Soit $P(X) = \sum_{k=0}^{n} a_k X^k \in \mathbb{C}[X]$. Soit $M \in \mathbb{R}_+$ tel que $\forall z \in \mathbb{C},\ |z| \leq 1 \Rightarrow |P(z)| \leq M$.

Montrer que $|a_k| \leq M$ pour tout k.

> Parmi les $z \in \mathbb{C}$, $|z| \leq 1$, il y a en particulier toutes les racines de tout ordre de 1.
> Une clé de la démarche pourrait être de choisir des racines de 1 qui rendent service.
> Pour ω racine de l'unité et $P = \sum_{q=0}^{n} a_q X^q$, on a $P(\omega) = \sum_{q=0}^{n} a_q \omega^q$. Pour «isoler» a_r, il est judicieux de multiplier par ω^{-r} : $\omega^{-r} P(\omega) = \sum_{q=0}^{n} a_q \omega^{q-r} = a_r + \sum_{q \neq r} a_q \omega^{q-r}$.
> Pour «isoler» chacun des a_r, $0 \leq r \leq n$, on a besoin de $n+1$ racines de l'unité, ce qui conduit au choix de $\omega = e^{\frac{2i\pi}{n+1}}$.

Posons $\omega = e^{\frac{2i\pi}{n+1}}$ et $\omega_k = \omega^k$ pour $k \in [\![0, n]\!]$. On a $|P(\omega_k)| \leq M$ pour tout $k \in [\![0, n]\!]$.

Pour tout $r \in [\![0, n]\!]$, on a $\left| \sum_{k=0}^{n} \omega_k^{-r} P(\omega_k) \right| \leq \sum_{k=0}^{n} \left|\omega_k^{-r}\right| \, |P(\omega_k)| \leq M \sum_{k=0}^{n} \left|\omega_k^{-r}\right| = (n+1)M$.

> Après cette information globale, faisons apparaître «l'isolement» de a_r.

$P = \sum_{q=0}^{n} a_q X^q$ donne $\omega_k^{-r} P(\omega_k) = \sum_{q=0}^{n} a_q \omega_k^{q-r}$ puis $\sum_{k=0}^{n} \omega_k^{-r} P(\omega_k) = \sum_{k=0}^{n} \left(\sum_{q=0}^{n} a_q\, \omega_k^{q-r} \right)$

ou encore : $\sum_{k=0}^{n} \omega_k^{-r} P(\omega_k) = \sum_{q=0}^{n} \left(\sum_{k=0}^{n} a_q\, \omega_k^{q-r} \right) = \sum_{q=0}^{n} a_q \left(\sum_{k=0}^{n} \omega_k^{q-r} \right)$.

Isolons a_r dans le résultat précédent : $\sum_{q=0}^{n} a_q \left(\sum_{k=0}^{n} \omega_k^{q-r} \right) = (n+1)a_r + \sum_{q \neq r, q=0}^{n} a_q \left(\sum_{k=0}^{n} \omega_k^{q-r} \right)$.

> Avec $\left| \sum_{k=0}^{n} \omega_k^{-r} P(\omega_k) \right| \leq (n+1)M$, il serait agréable que $\sum_{k=0}^{n} \omega_k^{-r} P(\omega_k) = (n+1)a_r$ pour en déduire $|a_r| \leq M$.

On a $\omega_k^{q-r} = \omega^{k(q-r)} = (\omega^{q-r})^k$ et $\omega^{q-r} \neq 1$ pour $q \neq r$ d'où $\sum_{k=0}^{n} \omega_k^{q-r} = \dfrac{1 - (\omega^{q-r})^{n+1}}{1 - \omega^{q-r}}$.

Avec $(\omega^{q-r})^{n+1} = (\omega^{n+1})^{q-r} = 1$, il vient finalement $\sum_{k=0}^{n} \omega_k^{-r} P(\omega_k) = (n+1)a_r$ et pour conclure,

$\left| \sum_{k=0}^{n} \omega_k^{-r} P(\omega_k) \right| \leq (n+1)M$ et $\sum_{k=0}^{n} \omega_k^{-r} P(\omega_k) = (n+1)a_r$ donne $|a_r| \leq M$.

Ex. 33

Trouver les nombres complexes a, b, c, de module 1 et tels que :

$$a+b+c=1 \quad \text{et} \quad abc=1.$$

> On donne deux des trois des fonctions symétriques élémentaires des racines du polynôme $P=(X-a)(X-b)(X-c)$.
>
> Il manque la troisième $bc+ca+ab$. Et pour cela, on donne $|a|=|b|=|c|=1$.
>
> On a $|z|=1$ si et seulement si $z \neq 0$ et $\dfrac{1}{z}=\overline{z}$.

Avec $abc=1$, on a $bc+ca+ab=\dfrac{bc+ca+ab}{abc}=\dfrac{1}{a}+\dfrac{1}{b}+\dfrac{1}{c}$.

Il vient alors $bc+ca+ab=\overline{a}+\overline{b}+\overline{c}=\overline{a+b+c}=1$

Ainsi a, b, c sont les racines de $P=X^3-X^2+X-1$, polynôme qui se factorise aisément :

$$P=(X-1)(X^2+1).$$

On a donc $\{a, b, c\}=\{1, i, -i\}$.

Ex. 34

Trouver les racines du polynôme $X^4-5X^3+9X^2-15X+18$, sachant que deux d'entre elles ont un produit égal à 6.

> Cet exercice est une occasion de tester quelques acquis sur les fonctions symétriques élémentaires des racines d'un polynôme. Ne boudons pas notre plaisir !
>
> Il y a peut-être une solution plus expéditive, gardons-la pour la fin.

Soit x_1 et x_2 des racines de produit égal à 6.

Les fonctions symétriques élémentaires des racines x_1, x_2, x_3, x_4 donnent :

$$\begin{cases} (x_1x_2)(x_3x_4)=18 \\ (x_1+x_2)+(x_3+x_4)=5 \\ x_1x_2+x_3x_4+(x_1+x_2)(x_3+x_4)=9 \\ (x_1x_2)(x_3+x_4)+(x_3x_4)(x_1+x_2)=15 \end{cases}$$

Posons $P_1=x_1x_2$, $S_1=x_1+x_2$, $P_2=x_3x_4$, $S_2=x_3+x_4$.

Alors $P_1=6$ donne $P_2=3$ et $\begin{cases} S_1+S_2=5 \\ S_1S_2=0 \\ S_1+2S_2=5 \end{cases}$

ce qui a pour solution unique $P_1=6$, $S_1=5$, $P_2=3$, $S_2=0$.

Les racines de X^2-5X+6 sont 2 et 3. Celles de X^2+3 sont $i\sqrt{3}$ et $-i\sqrt{3}$.

Les racines de $X^4-5X^3+9X^2-15X+18$ sont donc $2, 3, i\sqrt{3}, -i\sqrt{3}$.

> Après coup pour certains, on peut s'arracher les cheveux !
>
> Bien sûr, 2 est racine raisonnablement apparente.
>
> Par ailleurs, $x_1x_2=6$ incite à tester si 2 ou 3 ne serait pas racine.
>
> Miracle, tous deux conviennent !

On constate que 2 et 3 sont racines (distinctes) de P.

Alors P est divisible par $(X-2)(X-3)$.

On factorise alors par X^2-5X+6, pour le quotient X^2+3.

(C) Dimension finie

Ex. 35

Soit E un $\mathbb{K}$-espace vectoriel de dimension finie $n \geqslant 2$. On considère un sous-espace vectoriel F de dimension p, avec $0 < p < n$ et G un supplémentaire de F.

1) Soit $a \in F$ et $(e_i)_{i \in [\![1,r]\!]}$ une base de G.

a) Montrer que la famille $(a + e_i)_{i \in [\![1,r]\!]}$ est libre.

b) Montrer que le sous-espace G_a engendré par $(a + e_i)_{i \in [\![1,r]\!]}$ est un supplémentaire de F dans E.

2) a) Soit a et b des éléments de F. Montrer que $G_a = G_b \Rightarrow a = b$.

b) En déduire que F admet une infinité de supplémentaires dans E.

Le corps $\mathbb{K}$ est $\mathbb{R}$ ou $\mathbb{C}$.

En dimension finie, le théorème de la base incomplète permet d'établir que tout sous-espace vectoriel admet un supplémentaire.

L'objet de ce sujet est de montrer l'existence d'une infinité de supplémentaires, sauf cas exceptionnels : en dimension 1 ou sous-espaces triviaux.

1)

L'existence en dimension finie d'un supplémentaire d'un sous-espace est seulement rappelée. Il serait prudent de vous assurer que vous êtes en mesure de le prouver sans hésitation.

a) Pour $(\lambda_i)_{i \in [\![1,r]\!]} \in \mathbb{K}^r$, $\sum_{i=1}^{r} \lambda_i(a + e_i) = 0$, s'écrit aussi $\left(\sum_{i=1}^{r} \lambda_i\right) a + \sum_{i=1}^{r} \lambda_i e_i = 0$.

On a $\left(\sum_{i=1}^{r} \lambda_i\right) a \in F$ et $\sum_{i=1}^{r} \lambda_i e_i \in G$. De $F \cap G = \{0\}$, on déduit en particulier :

$$\sum_{i=1}^{r} \lambda_i e_i = 0, \text{ puis } \forall i \in [\![1, r]\!], \lambda_i = 0.$$

La famille $(a + e_i)_{i \in [\![1,r]\!]}$ est donc libre.

b)

Pour que F et G_a soient supplémentaires, il suffit que $\dim F + \dim G_a = \dim E$ et que $F \cap G_a = \{0_E\}$.

- On a $\dim G_a = r$ et donc $\dim F + \dim G_a = n$.
- Soit $f \in F \cap G_a$. Il existe $(\lambda_i)_{i \in [\![1,r]\!]} \in \mathbb{K}^r$ tel que :

$$f = \sum_{i=1}^{r} \lambda_i(a + e_i) \text{ ou encore } f - \left(\sum_{i=1}^{r} \lambda_i\right) a = \sum_{i=1}^{r} \lambda_i e_i.$$

$F \cap G = \{0\}$ donne $\sum_{i=1}^{r} \lambda_i e_i = 0$, d'où $\forall i \in [\![1, r]\!], \lambda_i = 0$ puis $f = 0$.

En conclusion, on a $F \oplus G_a = E$.

2) a) Supposons que $G_a = G_b$; avec $b + e_1 \in G_b$, on a $b + e_1 \in G_a$.

Il existe alors $(\lambda_i)_{i\in[\![1,r]\!]} \in \mathbb{K}^r$ tel que $b + e_1 = \sum_{k=1}^{r} \lambda_k(a + e_i)$. On en déduit :

$b - \left(\sum_{k=1}^{r} \lambda_k\right) a = (\lambda_1 - 1)e_1 + \sum_{k=2}^{r} \lambda_k e_k$, avec $b - \left(\sum_{k=1}^{r} \lambda_k\right) a \in F$ et $(\lambda_1 - 1)e_1 + \sum_{k=2}^{r} \lambda_k e_k \in G$.

Avec $F \cap G = \{0\}$, il vient $\lambda_1 = 1$ et $\lambda_k = 0$ pour tout $k > 1$.

Alors $b - \left(\sum_{k=1}^{r} \lambda_k\right) a = 0$ donne $b = a$.

> On peut aussi lire ce résultat en disant que l'application qui à $a \in F$ associe le sous-espace G_a est injective.

b) L'application qui à $f \in F$ associe G_f est injective.

F contient un élément a non nul ($\dim F \geqslant 1$) et $\mathbb{K}$ est infini. La droite $\mathbb{K}a$ est donc infinie et les $G_f, f \in F$, sont alors en nombre infini.

En conclusion, F admet donc une infinité de supplémentaires.

Ex. 36

Soit n un entier naturel, $n \geqslant 2$, et $E = \mathbb{R}_n[X]$ l'espace vectoriel des polynômes réels de degrés au plus égaux à n.

On considère l'application $f : E \to E$ définie par :

$$\forall P \in E,\ f(P) = P(X+1) + P(X-1) - 2P(X).$$

1) a) Montrer qu'une famille $(Q_k)_{k\in[\![1,r]\!]}$ de polynômes tous non nuls et qui vérifient :

$$\forall k \in [\![1, r-1]\!],\ \deg Q_k < \deg Q_{k+1},$$

est une famille libre.

b) Vérifier que f est linéaire.

2) Déterminer le sous-espace $\mathrm{Im} f$ (en précisant $\mathrm{rg} f$) et le sous-espace $\mathrm{Ker} f$.

On pourra former $f(X^k)$ pour $k \in [\![0, n]\!]$ et préciser son degré.

3) Soit $Q \in \mathrm{Im} f$. Montrer qu'il existe un unique élément P de E tel que :

$$f(P) = Q \text{ et } P(0) = P'(0) = 0.$$

1) a)

> Cette première question est une modeste entrée en matière. Il est classique que toute famille de polynômes de degrés échelonnés est libre ; c'est une petite question de cours.

Soit $\sum_{k=0}^{r} \lambda_k Q_k = 0$ une combinaison linéaire nulle des Q_k.

Supposons que les λ_k ne soient pas tous nuls et posons $p = \max\{k \in [\![0, r]\!], \lambda_k \neq 0\}$.

On a alors $-\lambda_p Q_p = \sum_{k=0}^{p-1} \lambda_k Q_k$.

Avec $\lambda_p \neq 0$ on a $\deg(\lambda_p Q_p) = \deg Q_p$. Or, pour tout $k \in [\![0, p-1]\!]$, on a $\deg Q_k < \deg Q_p$ donc :

$$\deg\left(\sum_{k=0}^{p-1} \lambda_k Q_k\right) < \deg Q_p,$$

ce qui fait apparaître une contradiction.

Il s'ensuit que tous les λ_k sont nuls, c'est-à-dire que la famille $(Q_k)_{k\in[\![1,r]\!]}$ est libre.

b) Pour tout $(P,Q)\in E^2$ et $\lambda\in\mathbb{R}$, on a :

$$\begin{aligned}f(\lambda P+Q) &= (\lambda P+Q)(X+1)+(\lambda P+Q)(X-1)-2(\lambda P+Q)(X)\\ &= \lambda\big(P(X+1)+P(X-1)-2P(X)\big)+Q(X+1)+Q(X-1)-2Q(X),\end{aligned}$$

d'où $f(\lambda P+Q)=\lambda f(P)+f(Q)$.

2) Notons que $f(1)=f(X)=0$.
Pour $p\in[\![2,n]\!]$, on a $f(X^p)=(X+1)^p+(X-1)^p-2X^p$.

La formule du binôme, donne $f(X^p)=\displaystyle\sum_{k=0}^{p}\mathrm{C}_p^k X^{p-k}+\sum_{k=0}^{p}(-1)^k\mathrm{C}_p^k X^{p-k}-2X^p$ et on a donc :

$$f(X^p)=2\,\mathrm{C}_p^2X^{p-2}+R(X)=p(p-1)X^{p-2}+R(X),\text{ avec }\deg R<p-2.$$

Ainsi, pour $p\in[\![2,n]\!]$, on a $\deg f(X^p)=p-2$.
$\operatorname{Im}f$ est le sous-espace $\operatorname{Im}f=\operatorname{Vect}\big(f(X^p)\big)_{p\in[\![0,n]\!]}$.
Avec $f(1)=f(X)=0$, on a $\operatorname{Im}f=\operatorname{Vect}\big(f(X^p)\big)_{p\in[\![2,n]\!]}$.
Le résultat de la question 1)a) permet de dire que la famille $\big(f(X^p)\big)_{p\in[\![2,n]\!]}$ est libre.
Il s'ensuit $\dim\operatorname{Im}f=n-1$ et finalement $\operatorname{Im}f=\mathbb{R}_{n-2}[X]$.
On a $1\in\operatorname{Ker}f$ et $X\in\operatorname{Ker}f$, donc $\operatorname{Vect}(1,X)\subset\operatorname{Ker}f$.
Avec $\dim E=n+1$ et $\dim\operatorname{Im}f=n-1$, le théorème du rang donne $\dim\operatorname{Ker}f=2$
et il s'ensuit $\operatorname{Ker}f=\operatorname{Vect}(1,X)$.

3) ▪ *Existence*
Soit $Q\in\operatorname{Im}f$. Il existe $A\in E$, $Q=f(A)$.
Par la formule de Taylor, il existe $B\in\mathbb{R}[X]$, $\deg B\leqslant n-2$, tel que $A=A(0)+XA'(0)+X^2B$.
Posons $P=X^2B$. On a $\deg P\leqslant n$ et $P(0)=P'(0)=0$.
En outre, $Q=f(A)=A(0)f(1)+A'(0)f(X)+f(P)$, c'est-à-dire $Q=f(P)$.
▪ *Unicité*
Soit P_1 et P_2 dans E, tels que $Q=f(P_1)$ et $Q=f(P_2)$, avec $P_1(0)=P_1'(0)=0$ et $P_2(0)=P_2'(0)=0$.
Alors $f(P_1)=f(P_2)$ donne $P_2-P_1\in\operatorname{Ker}f$, donc il existe $(\lambda,\mu)\in\mathbb{R}^2$ tels que $P_2-P_1=\lambda X+\mu$.
Et $(P_2-P_1)(0)=0$ et $(P_2-P_1)'(0)=0$ donnent $\lambda=\mu=0$, donc $P_2=P_1$.

Ex. 37

Soit $Q\in\mathbb{C}_3[X]$. Montrer qu'il existe un unique polynôme P tel que $Q=P+P'+P''$.
Expliciter P lorsque $Q=1+X+X^2+X^3$.

> $\varphi : P\mapsto P+P'+P''$ est linéaire. On s'attend à ce qu'elle soit injective.
> Alors, dans un contexte de dimension finie, elle sera bijective.

Pour tout P, on a $\deg(P+P'+P'')=\deg P$.
Alors $Q=P+P'+P''$ donne nécessairement $\deg P=\deg Q$, d'où $P\in\mathbb{C}_3[X]$.
Soit $\varphi:\mathbb{C}_3[X]\to\mathbb{C}_3[X]$, $P\mapsto P+P'+P''$. C'est un endomorphisme de $\mathbb{C}_3[X]$.
$P+P'+P''=0$ implique aisément $P=0$, donc φ est injective.
Endomorphisme d'un espace de dimension finie 4, φ est bijective.
Ainsi pour tout $Q\in\mathbb{C}_3[X]$, il existe un unique $P\in\mathbb{C}_3[X]$ tel que $Q=P+P'+P''$.
En conclusion, pour tout $Q\in\mathbb{C}_3[X]$, il existe un unique $P\in\mathbb{C}[X]$ tel que $Q=P+P'+P''$.

Ce résultat s'étend immédiatement à tout $Q \in \mathbb{C}[X]$. Avec $n = \deg Q$, on a nécessairement $\deg P = n$ et $\varphi : P \mapsto P + P' + P''$ est un endomorphisme injectif de $\mathbb{C}_n[X]$.

La détermination de P vient de $\operatorname{dom} P = \operatorname{dom} Q$ et d'un système linéaire échelonné.

Pour $Q = 1 + X + X^2 + X^3$, on pose $P = X^3 + aX^2 + bX + c$.

On a $Q = P + P' + P''$ si et seulement si $a + 3 = 1$, $2a + b + 6 = 1$ et $2a + b + c = 1$, c'est-à-dire :

$$a = -2,\ b = -1 \text{ et } c = 6.$$

Ainsi, $P = X^3 - 2X^2 - X + 6$.

Ex. 38

Soit E un espace vectoriel de dimension finie et F, G des sous-espaces vectoriels de E. Montrer que F et G admettent un supplémentaire commun si et seulement si ils ont même dimension.

Comme bien souvent, un des deux volets (condition nécessaire ou condition suffisante) est assez simple. Le lien entre les dimensions de deux sous-espaces supplémentaires est ici une clé.

Si F et G ont un supplémentaire commun S, alors on a :

$$\dim F + \dim S = \dim E \text{ et } \dim G + \dim S = \dim E,$$

et il s'ensuit $\dim F = \dim G$.

Pour aborder la réciproque, on peut commencer par l'étude de cas particuliers.

Dans un supplémentaire commun non réduit à $\{0_E\}$, il y a un élément qui n'est pas dans $F \cup G$.

Le sujet est trivial si $\dim E = 1$, puisque les seuls sous-espaces sont $\{0_E\}$ et E.

On se place dorénavant dans le cas où $\dim E = n > 1$.

Si $\dim F = \dim G = n$, alors $F = G = E$ et ils ont $\{0_E\}$ pour supplémentaire commun.

Si $\dim F = \dim G = n - 1$, la réunion de F et G n'est pas égale à E.

Soit $a \neq 0_E$ un élément de $E \setminus (F \cup G)$ et on considère la droite vectorielle $S = \mathbb{K}a$.

On a $F \cap S = \{0_E\}$ et $\dim F + \dim S = \dim E$, donc $F \oplus S = E$ et de même $G \oplus S = E$.

On a ainsi prouvé que deux hyperplans de E ont un supplémentaire commun.

Si F est de dimension p, tout supplémentaire de F est de dimension $n - p$.

Ce nombre $n - p$ est en général appelé la *codimension* de F.

La proposition visée peut alors s'exprimer par :

deux sous-espaces de même codimension ont un supplémentaire commun.

On vient de voir que des sous-espaces de codimension 0 ou de codimension 1 ont un supplémentaire commun.

Une preuve par récurrence finie, portant sur la codimension de F et G, semble prendre corps.

Notons $\mathcal{P}(p)$ la proposition : des sous-espaces de même codimension p ont un supplémentaire commun.

Les propositions $\mathcal{P}(0)$ et $\mathcal{P}(1)$ sont vraies.

Pour conclure, il reste à montrer que, pour $p \in [\![0, n-1]\!]$, on a $\mathcal{P}(p) \Rightarrow \mathcal{P}(p+1)$.

Soit F et G des sous-espaces de même codimension $p + 1 \leqslant n$.

On a $\dim F = \dim G = n - p - 1 \in [\![0, n-1]\!]$, donc ni F ni G ne sont égaux à E.

Leur réunion n'est donc pas égale à E et il existe $a \in E \setminus (F \cup G)$.

Les sous-espaces $U = F \oplus \mathbb{K}a$ et $V = G \oplus \mathbb{K}a$ sont de dimension $n - p$.

Ils ont même codimension p et l'hypothèse de récurrence $\mathcal{P}(p)$ donne alors l'existence d'un sous-espace T, supplémentaire commun à U et V.

Posons $S = \mathbb{K}a + T$; avec $a \notin T$, on a $S = \mathbb{K}a \oplus T$ donc S est de dimension $p+1$.

On a $U \oplus T = E$, donc $F + \mathbb{K}a + T = E$ puis $F + S = E$, avec $\dim F = n - p - 1$ et $\dim S = p+1$, d'où $F \oplus S = E$. De même, $G \oplus S = E$, ce qui montre que $\mathcal{P}(p) \Rightarrow \mathcal{P}(p+1)$.

Ex. 39

Soit E un $\mathbb{K}$-espace vectoriel de dimension finie, f et g dans $\mathcal{L}(E)$. Montrer l'équivalence de

(1) $\mathrm{rg}(f+g) = \mathrm{rg} f + \mathrm{rg}\, g$ et de (2) $\mathrm{Im} f \cap \mathrm{Im}\, g = \{0_E\}$ et $E = \mathrm{Ker} f + \mathrm{Ker}\, g$.

Commençons par analyser la proposition **(1)**.

Il est classique que $\mathrm{rg}(f+g) \leqslant \mathrm{rg} f + \mathrm{rg}\, g$. La proposition **(1)** en est le cas d'égalité.

- On a $\mathrm{Im}(f+g) \subset \mathrm{Im} f + \mathrm{Im}\, g$ d'où $rg(f+g) \leqslant \dim(\mathrm{Im} f + \mathrm{Im}\, g)$.

Par ailleurs, on a $\dim(\mathrm{Im} f + \mathrm{Im}\, g) = \mathrm{rg} f + \mathrm{rg}\, g - \dim(\mathrm{Im} f \cap \mathrm{Im}\, g)$.

Avec $rg(f+g) = \mathrm{rg} f + \mathrm{rg}\, g$, il vient donc $\mathrm{rg} f + \mathrm{rg}\, g \leqslant \mathrm{rg} f + \mathrm{rg}\, g - \dim(\mathrm{Im} f \cap \mathrm{Im}\, g)$.

Il s'ensuit $\dim(\mathrm{Im} f \cap \mathrm{Im}\, g) = 0$, c'est-à-dire $\mathrm{Im} f \cap \mathrm{Im}\, g = \{0_E\}$.

Mettons en œuvre le théorème du rang pour obtenir d'autres informations.

On a $\mathrm{rg}(f+g) + \dim \mathrm{Ker}(f+g) = \dim E$ donc, avec **(1)**, $\mathrm{rg} f + \mathrm{rg}\, g + \dim \mathrm{Ker}(f+g) = \dim E$.

On déduit $\dim E - \dim \mathrm{Ker} f + \dim E - \dim \mathrm{Ker}\, g + \dim \mathrm{Ker}(f+g) = \dim E$, c'est-à-dire :

$$\dim E + \dim \mathrm{Ker}(f+g) = \dim \mathrm{Ker} f + \dim \mathrm{Ker}\, g.$$

Par ailleurs, avec $\mathrm{Ker} f \cap \mathrm{Ker}\, g \subset \mathrm{Ker}(f+g)$, il vient $\dim \mathrm{Ker}(f+g) \geqslant \dim(\mathrm{Ker} f \cap \mathrm{Ker}\, g)$.

On en déduit $\dim \mathrm{Ker} f + \dim \mathrm{Ker}\, g - \dim(\mathrm{Ker} f \cap \mathrm{Ker}\, g) \geqslant \dim E$, c'est-à-dire :

$$\dim(\mathrm{Ker} f + \mathrm{Ker}\, g) \geqslant \dim E$$

et il s'ensuit $\mathrm{Ker} f + \mathrm{Ker}\, g = E$.

Pour étudier l'implication réciproque, il est vraisemblable que les outils de travail mis en œuvre ci-dessus vont à nouveau être mis à contribution.

$\mathrm{Im} f \cap \mathrm{Im}\, g = \{0_E\}$ donne $\mathrm{rg} f + \mathrm{rg}\, g = \dim(\mathrm{Im} f + \mathrm{Im}\, g)$.

Soit $x \in E = \mathrm{Ker} f + \mathrm{Ker}\, g$: $x = y + z$ avec $y \in \mathrm{Ker} f$ et $z \in \mathrm{Ker}\, g$.

On a $f(x) = f(z)$ et, avec $0_E = g(z)$, il vient $f(x) = (f+g)(z)$.

Il s'ensuit que $\mathrm{Im} f \subset \mathrm{Im}(f+g)$ et, de même, $\mathrm{Im}\, g \subset \mathrm{Im}(f+g)$.

On a donc $\mathrm{Im} f + \mathrm{Im}\, g \subset \mathrm{Im}(f+g)$ et, en regardant les dimensions, il vient :

$$\mathrm{rg} f + \mathrm{rg}\, g = \mathrm{rg}(f+g).$$

Ex. 40

Soit E un espace vectoriel de dimension 4 et f un endomorphisme nilpotent dont l'indice est égal à 3. Calculer $\mathrm{rg} f$.

Les hypothèses nous donnent $\mathrm{rg} f^3 = 0$ et $\mathrm{rg} f^2 \geqslant 1$.

On est dans des termes de rang de composées d'endomorphismes.

Étudions au préalable un encadrement du rang de la composée de deux endomorphismes.

Soit u et v des endomorphismes d'un espace vectoriel E de dimension finie.

- $v(E) \subset E$ donne $uv(E) \subset u(E)$, d'où $\mathrm{rg}(uv) \leqslant \mathrm{rg}\, u$.

Soit $\overline{u}$ la restriction de u à $\mathrm{Im}\, v$. Alors $uv(E) = u(\mathrm{Im}\, v) = \mathrm{Im}\, \overline{u}$, d'où $\mathrm{rg}(uv) = \mathrm{rg}\, \overline{u}$.

Le noyau de $\overline{u}$ étant $\mathrm{Ker}\, u \cap \mathrm{Im}\, v$, le théorème du rang appliqué à $\overline{u}$ donne :

$$\mathrm{rg}\, \overline{u} = \dim(\mathrm{Im}\, v) - \dim(\mathrm{Ker}\, u \cap \mathrm{Im}\, v), \text{ ce qui montre que } \mathrm{rg}\, \overline{u} \leqslant \mathrm{rg}\, v.$$

En conclusion, on a $\mathrm{rg}(uv) \leqslant \inf\{\mathrm{rg}\, u, \mathrm{rg}\, v\}$.

- Reprenons $\mathrm{rg}(uv) = \mathrm{rg}\, v - \dim(\mathrm{Ker}\, u \cap \mathrm{Im}\, v)$.

On a $\dim(\mathrm{Ker}\, u \cap \mathrm{Im}\, v) \leqslant \dim \mathrm{Ker}\, u$ et $\dim \mathrm{Ker}\, u = \dim E - \mathrm{rg}\, u$ et il s'ensuit :

$$\mathrm{rg}(uv) \geqslant \mathrm{rg}\, u + \mathrm{rg}\, v - \dim E.$$

En conclusion, on a $\mathrm{rg}\, u + \mathrm{rg}\, v - \dim E \leqslant \mathrm{rg}(uv) \leqslant \inf\{\mathrm{rg}\, u, \mathrm{rg}\, v\}$.

> Appliquons ce résultat dans le cas où $\dim E = 4$ à $f^3 = f^2 f$ et $f^2 = ff$.
> Notons que $f^2 \neq 0$ implique $f \neq 0$, donc $\mathrm{rg} f \geqslant 1$.

Avec $f^3 = 0$, on a $0 = \mathrm{rg} f^3 = \mathrm{rg} f^2 f \geqslant \mathrm{rg} f^2 + \mathrm{rg} f - 4$ et $\mathrm{rg} f^2 \geqslant 2\, \mathrm{rg} f - 4$.

On en déduit $3\, \mathrm{rg} f \leqslant 8$, d'où $\mathrm{rg} f \in \{1, 2\}$.

L'indice de nilpotence de f étant égal à 3, les inclusions $\{0_E\} \subset \mathrm{Im} f^2 \subset \mathrm{Im} f$ sont strictes.

> On pourra se reporter au sujet d'écrit 5, ci-après, consacré aux endomorphismes nilpotents.

Avec $0 < \mathrm{rg} f^2 < \mathrm{rg} f$, l'éventualité $\mathrm{rg} f = 1$ est à écarter et finalement, on a $\mathrm{rg} f = 2$.

Ex. 41

Soit E un $\mathbb{K}$-espace vectoriel de dimension finie n et $f \in \mathcal{L}(E)$.

Montrer que $\mathrm{Ker} f \oplus \mathrm{Im} f = E \iff \mathrm{Im} f = \mathrm{Im} f^2$.

Que peut-on dire si E n'est pas de dimension finie ?

> En dimension finie, on dispose du théorème du rang : $\dim(\mathrm{Im} f) + \dim(\mathrm{Ker} f) = \dim E$.
> Alors $\mathrm{Ker} f \oplus \mathrm{Im} f = E$ équivaut à $\mathrm{Ker} f + \mathrm{Im} f = E$.
> Pour tout $f \in \mathcal{L}(E)$, sans considération de dimension, on a toujours $\mathrm{Im} f^2 \subset \mathrm{Im} f$.
> Alors $\mathrm{Im} f = \mathrm{Im} f^2$ équivaut à $\mathrm{Im} f \subset \mathrm{Im} f^2$.
> En dimension finie, l'énoncé équivaut donc à $\mathrm{Ker} f + \mathrm{Im} f = E \iff \mathrm{Im} f \subset \mathrm{Im} f^2$.

- Supposons que $\mathrm{Ker} f + \mathrm{Im} f = E$ et considérons $y \in \mathrm{Im} f$.

Il existe $x \in E$ tel que $y = f(x)$.

Il existe $u \in \mathrm{Ker} f$ et $v \in \mathrm{Im} f$ tels que $x = u + v$ et il existe $t \in E$ tel que $v = f(t)$.

Il s'ensuit $y = f(u) + f^2(t) = f^2(t)$, d'où $y \in \mathrm{Im} f^2$, et il vient $\mathrm{Im} f \subset \mathrm{Im} f^2$.

- Supposons que $\mathrm{Im} f \subset \mathrm{Im} f^2$ et considérons $z \in E$.

Alors $f(z) \in \mathrm{Im} f$, donc il existe $y \in E$ tel que $f(z) = f^2(y)$.

De $f\big(z - f(y)\big) = 0$ on déduit $z - f(y) \in \mathrm{Ker} f$.

Avec $z = \big(z - f(y)\big) + f(y)$, il vient $z \in \mathrm{Ker} f + \mathrm{Im} f$, d'où $E = \mathrm{Ker} f + \mathrm{Im} f$.

> On vient en fait de prouver que $\mathrm{Ker} f + \mathrm{Im} f = E \iff \mathrm{Im} f \subset \mathrm{Im} f^2$ ne fait pas intervenir d'argument de dimension. En particulier, $\mathrm{Ker} f \oplus \mathrm{Im} f = E \Rightarrow \mathrm{Im} f \subset \mathrm{Im} f^2$ est toujours vrai. Il est toujours vrai aussi que $\mathrm{Im} f \subset \mathrm{Im} f^2 \Rightarrow \mathrm{Ker} f + \mathrm{Im} f = E$, et il ne reste qu'à examiner, hors dimension finie, si cette somme est toujours directe ou non.

Pour un contre-exemple de $\mathrm{Im} f \subset \mathrm{Im} f^2 \Rightarrow \mathrm{Ker} f \oplus \mathrm{Im} f = E$, il suffit d'exhiber un endomorphisme surjectif et de noyau non nul. On aura ainsi $\mathrm{Im} f \cap \mathrm{Ker} f = \mathrm{Ker} f \neq \{0_E\}$.

Un exemple simple en est la dérivation sur $\mathbb{K}[X]$.

Ex. 42

1) Soit $f \in \mathcal{L}(\mathbb{R}^n)$. On suppose qu'il existe $g \in \mathcal{L}(\mathbb{R}^n)$ tel que $fg = gf$, $fgf = f$ et $gfg = g$. Soit $h = fg$. Comparer $\operatorname{Ker} f$ et $\operatorname{Ker} h$, $\operatorname{Im} f$ et $\operatorname{Im} h$.
En déduire que $\mathbb{R}^n = \operatorname{Ker} f \oplus \operatorname{Im} f$.

2) Réciproquement, si $\mathbb{R}^n = \operatorname{Ker} f \oplus \operatorname{Im} f$, trouver g vérifiant les conditions précédentes.

1)

> Soit u, v, w des endomorphismes d'un espace vectoriel E tels que $u = vw$.
> Alors $\operatorname{Im} u \subset \operatorname{Im} v$ et $\operatorname{Ker} w \subset \operatorname{Ker} u$ doivent être utilisés sans hésitation.

$h = fg$ donne $\operatorname{Im} h \subset \operatorname{Im} f$ et $h = gf$ donne $\operatorname{Ker} f \subset \operatorname{Ker} h$.
$ffg = fgf = f$ se lit aussi $f = fh$ et $f = hf$. On en déduit $\operatorname{Ker} h \subset \operatorname{Ker} f$ et $\operatorname{Im} f \subset \operatorname{Im} h$.
On a ainsi établi que $\operatorname{Ker} f = \operatorname{Ker} h$ et $\operatorname{Im} f = \operatorname{Im} h$.

> Une somme directe d'un noyau et d'une image se présente naturellement pour un projecteur.

De $fgf = f$ on déduit $fgfg = fg$, c'est-à-dire $h^2 = h$, ou encore que h est un projecteur.
De $\operatorname{Ker} h \oplus \operatorname{Im} h = \mathbb{R}^n$ on déduit alors $\operatorname{Ker} f \oplus \operatorname{Im} f = \mathbb{R}^n$.

> Notons que ceci ne nécessite en rien d'être dans un contexte de dimension finie.

2)

> Il semble raisonnable de construire g tel que $h = fg$ soit un projecteur. Qu'il vérifie les conditions demandées sera donné par surcroît !
> C'est peut-être le moment d'utiliser le cadre de dimension finie.
> Il est classique que $\operatorname{Ker} f + \operatorname{Im} f = \mathbb{R}^n$ si et seulement si $\operatorname{Im} f = \operatorname{Im} f^2$. (Voir l'exercice précédent.)
> En dimension finie, il est équivalent de dire que :
> $$\operatorname{Ker} f + \operatorname{Im} f = \mathbb{R}^n \text{ ou que } \operatorname{Ker} f \oplus \operatorname{Im} f = \mathbb{R}^n.$$
> Il suffit de définir les restrictions de g à $\operatorname{Ker} f$ et à $\operatorname{Im} f$.

Avec $\operatorname{Ker} f + \operatorname{Im} f = \mathbb{R}^n$, on a $\operatorname{Im} f = \operatorname{Im} f^2$, c'est-à-dire $f(\operatorname{Im} f) = \operatorname{Im} f$.
On peut alors considérer l'endomorphisme $\overline{f}$ de $F = \operatorname{Im} f$ induit par f.
Comme $\overline{f}$ est un endomorphisme surjectif, il est bijectif car $\operatorname{Im} f$ est de dimension finie.
Soit $\overline{g}$ l'automorphisme réciproque de $\overline{f}$. Alors $\overline{f}\,\overline{g} = \overline{g}\,\overline{f} = \mathrm{Id}_F$.
Soit g l'endomorphisme nul sur $\operatorname{Ker} f$ et dont la restriction à F est $\overline{g}$.
Pour tout $x \in \operatorname{Ker} f$, on a $gf(x) = g(0) = 0_{\mathbb{R}^n}$ et pour tout $x \in \operatorname{Im} f$, $gf(x) = fg(x) = x$, ce qui donne $gf = fg$. En notant $h = fg$, on a bien $h^2 = h$.
Pour $x \in \operatorname{Ker} f$, on a $fgf(x) = 0$ et pour $x \in \operatorname{Im} f$, on a $fgf(x) = f\big(gf(x)\big) = f(x)$, d'où $fgf = f$.
Pour $x \in \operatorname{Ker} f$, on a $g(x) = 0_E$ d'où $gfg(x) = 0_E$, et pour $x \in \operatorname{Im} f$, on a $fg(x) = x$ d'où $gfg(x) = g(x)$, et il s'ensuit $gfg = g$.

Ex. 43

Soit u et v des endomorphismes d'un espace vectoriel de dimension finie. Montrer que :
$$|\operatorname{rg} u - \operatorname{rg} v| \leqslant \operatorname{rg}(u+v) \leqslant \operatorname{rg} u + \operatorname{rg} v.$$

> Pour guider une preuve, on peut s'inspirer d'un résultat classique dans $\mathbb{C}$:
> $$\text{pour } (u,v) \in \mathbb{C}^2, \text{ on a } \big|\,|u| - |v|\,\big| \leqslant |u+v| \leqslant |u| + |v|.$$
> $|z|$ donne la «taille» de $z \in \mathbb{C}$, de même que $\operatorname{rg} u$ donne la «taille» de $u \in \mathcal{L}(E)$.

- $\mathrm{rg}(u+v) \leqslant \mathrm{rg}\, u + \mathrm{rg}\, v$ est un résultat classique.

Cela résulte de $(u+v)(E) \subset u(E) + v(E)$, où u et v sont des applications (pas nécessairement linéaires) de E dans E (ou dans un autre ensemble), et de $\dim(F+G) \leqslant \dim F + \dim G$, pour des sous-espaces d'un espace vectoriel de dimension finie.

- On a $v = (u+v) - u$ d'où, avec l'inégalité ci-dessus, $\mathrm{rg}\, v \leqslant \mathrm{rg}(u+v) + \mathrm{rg}(-u) = \mathrm{rg}(u+v) + \mathrm{rg}\, u$. Il s'ensuit $\mathrm{rg}\, v - \mathrm{rg}\, u \leqslant \mathrm{rg}(u+v)$.

De même, avec $u = (u+v) - v$, on obtient $\mathrm{rg}\, u - \mathrm{rg}\, v \leqslant \mathrm{rg}(u+v)$.

On en déduit alors $|\mathrm{rg}\, u - \mathrm{rg}\, v| \leqslant \mathrm{rg}(u+v)$.

Ex. 44

Soit E un espace vectoriel de dimension n et f, g des endomorphismes de E tels que $f+g$ soit bijectif et $f \circ g = 0$. Que vaut $\mathrm{rg} f + \mathrm{rg}\, g$?

> Cet exercice est fort classique. Il met en œuvre quelques situations simples mais fondamentales en dimension finie.

$f \circ g = 0$ équivaut à $\mathrm{Im} f \subset \mathrm{Ker}\, g$. On a donc $\mathrm{rg} f \leqslant \dim(\mathrm{Ker}\, g)$, d'où $\mathrm{rg} f \leqslant n - \mathrm{rg}\, g$ ou encore, en première information, $\mathrm{rg} f + \mathrm{rg}\, g \leqslant n$.

Par ailleurs $(f+g)(E) \subset f(E) + g(E)$ et $\dim(U+V) \leqslant \dim U + \dim V$ donne $\mathrm{rg}(f+g) \leqslant \mathrm{rg} f + \mathrm{rg}\, g$.

Comme $f+g$ est bijective, on a $\mathrm{rg}(f+g) = n$, d'où $n \leqslant \mathrm{rg} f + \mathrm{rg}\, g$.

Finalement, on a $\mathrm{rg} f + \mathrm{rg}\, g = n$.

Ex. 45

Étant donné $a \in \mathbb{R}^*$ et $A \in \mathbb{R}_n[X]$, montrer qu'il existe un unique $P \in \mathbb{R}[X]$ tel que :

$$P(X+a) + P(X) = A(X).$$

> On compare le degré et le coefficient dominant de $P(X+a) + P(X)$ à ceux de $A(X)$.

$P(X+a)$ et $P(X)$ ont même degré p et même coefficient dominant b_p. Alors $P(X+a) + P(X)$ et de degré p et de coefficient dominant $2b_p$. On a donc $p = \deg A$ et $b_p = \frac{1}{2} \operatorname{dom} A$.

> La question porte sur l'existence et l'unicité de P. En outre on donne seulement $\deg A \leqslant n$ sans le préciser davantage.
>
> Il est constructif d'envisager une bijection de $\mathbb{R}_n[X]$ vers lui-même.

L'application φ de $\mathbb{R}_n[X]$ dans $\mathbb{R}_n[X]$ définie par $\varphi(P) = P(X+a) + P(X)$ est linéaire.

On a $\varphi(P) = 0$ si et seulement si $P(X+a) + P(X) = 0$, ce qui, en examinant le degré de P, implique $P = 0$, donc l'endomorphisme φ est injectif.

> Ceci garantit l'unicité demandée.
>
> Pour la question d'existence, c'est la surjectivité de φ qui est nécessaire.

En dimension finie, tout endomorphisme injectif est surjectif.

En conclusion, tout $A \in \mathbb{R}_n[X]$ admet un antécédent P et un seul.

Ex. 46

Soit E un $\mathbb{K}$-espace vectoriel de dimension finie et $u \in \mathcal{L}(E)$.
Montrer que $\dim(\operatorname{Ker} u^2) \leqslant 2 \dim \operatorname{Ker} u$.

> On a $\operatorname{Ker} u \subset \operatorname{Ker} u^2$ pour tout $u \in \mathcal{L}(E)$, d'où $\dim \operatorname{Ker} u \leqslant \dim \operatorname{Ker} u^2$ en dimension finie.
> Pour une majoration de $\dim \operatorname{Ker} u^2$ par $2 \dim \operatorname{Ker} u$, on peut chercher un énoncé équivalent grâce au théorème du rang et a $\operatorname{Im} u^2 \subset \operatorname{Im} u$.

Notons $n = \dim E$. Le théorème du rang donne :

$$\dim \operatorname{Ker} u^2 = n - \dim \operatorname{Im} u^2 \quad \text{et} \quad \dim \operatorname{Ker} u = n - \dim \operatorname{Im} u.$$

Un énoncé équivalent est donc $n - \operatorname{rg} u^2 \leqslant 2(n - \operatorname{rg} u)$, ou encore $\operatorname{rg} u - \operatorname{rg} u^2 \leqslant n - \operatorname{rg} u = \dim \operatorname{Ker} u$ ou aussi $\operatorname{rg} u \leqslant \operatorname{rg} u^2 + \dim \operatorname{Ker} u$.

> On a $\operatorname{Im} u^2 = u(\operatorname{Im} u)$ et $\operatorname{Im} u$ est stable par u.

Soit φ l'endomorphisme de $\operatorname{Im} u$ induit par u. On a $\operatorname{Im} u^2 = \operatorname{Im} \varphi$.
Le théorème du rang appliqué à φ donne $\operatorname{rg} \varphi + \dim \operatorname{Ker} \varphi = \dim \operatorname{Im} u$, c'est-à-dire :

$$\operatorname{rg} u = \operatorname{rg} u^2 + \dim \operatorname{Ker} \varphi.$$

> Il reste à examiner la majoration de $\dim \operatorname{Ker} \varphi$ par $\dim \operatorname{Ker} u$.
> Pour cela on utilise la description du noyau de φ.

Or on a $\operatorname{Ker} \varphi = \operatorname{Im} u \cap \operatorname{Ker} u$ et il s'ensuit $\dim \operatorname{Ker} \varphi \leqslant \dim \operatorname{Ker} u$.
En conclusion, on a établi la majoration $\dim(\operatorname{Ker} u^2) \leqslant 2 \dim \operatorname{Ker} u$.

Ex. 47

Soit u un endomorphime de $\mathbb{R}^3$ tel que $u^2 = 0$.
Montrer qu'il existe $a \in \mathbb{R}^3$ et f une forme linéaire sur $\mathbb{R}^3$ tels que :

$$\forall x \in \mathbb{R}^3, \; u(x) = f(x)a.$$

> Une variante de ce sujet est :
> Déterminer le rang de u. Que dire de $\operatorname{Im} u$ et $\operatorname{Ker} u$?

Si u est l'endomorphisme nul, une solution est de choisir $a = 0_E$ ou de choisir pour f la forme nulle sur E.
On peut alors se limiter à $u \neq 0$.

> Pour des endomorphimes f et g d'un espace vectoriel E (de dimension finie ou non), on a :
> $$f \circ g = 0 \iff \operatorname{Im} g \subset \operatorname{Ker} f.$$

$u^2 = 0$ équivaut à $\operatorname{Im} u \subset \operatorname{Ker} u$. On a donc nécessairement $0 < \operatorname{rg} u \leqslant \dim \operatorname{Ker} u$.
Il s'ensuit, avec le théorème du rang, $\operatorname{rg} u \leqslant 3 - \operatorname{rg} u$ d'où, avec $\operatorname{rg} u > 0$, $\operatorname{rg} u = 1$.
Soit $a \neq 0_E$ un générateur de $\operatorname{Im} u$. Pour tout $x \in E$, il existe $\lambda_x \in \mathbb{K}$ tel que $u(x) = \lambda_x a$.

> Il reste alors à montrer que $f : x \mapsto \lambda_x$ est linéaire.

$a \neq 0_E$ donne $\lambda_x a = \mu_x a \Rightarrow \lambda_x = \mu_x$, donc $x \mapsto \lambda_x$ est bien une application de $\mathbb{R}^3$ dans $\mathbb{R}$.
$u(x+y) = u(x) + u(y)$ donne $\lambda_{x+y} a = \lambda_x a + \lambda_y a = (\lambda_x + \lambda_y) a$ donc $f(x+y) = f(x) + f(y)$.
Avec $\alpha \in \mathbb{R}$, $u(\alpha x) = \alpha u(x)$ donne $\lambda_{\alpha x} a = \alpha \lambda_x a$ donc $f(\alpha x) = \alpha f(x)$.
En conclusion, il existe $a \in \mathbb{R}^3$ et $f \in \mathcal{L}(\mathbb{R}^3, \mathbb{R})$ tels que $u(x) = f(x)a$ pour tout $x \in \mathbb{R}^3$.

> $u^2 = 0$ et $E = \mathbb{R}^3$ servent uniquement à dire que $\operatorname{rg} u = 1$. L'existence de $a \neq 0_E$ et f pour $u \neq 0$ ne dépendent que de cette propriété $\operatorname{rg} u = 1$.

Ex. 48

Soit E un $\mathbb{K}$-espace vectoriel et u un endomorphisme de rang 1.
Pour $n \in \mathbb{N}$, $n \geqslant 2$, exprimer u^n en fonction de u.

> L'exercice précédent a permis de voir qu'il existe $a \in E$, $a \neq 0_E$, et une forme linéaire f non nulle telle que $u(x) = f(x)a$ pour tout $x \in E$ sous la seule hypothèse $\operatorname{rg} u = 1$.

On utilise $u(x) = f(x)a$ pour avoir $u^2(x) = u\big(f(x)a\big) = f(x)u(a)$.

Or $u(a) = f(a)a$ donne $u^2(x) = f(a)f(x)a$ et il s'ensuit $u^2(x) = f(a)u(x)$, d'où $u^2 = f(a)u$.

> On étudie u^3 pour préciser une forme éventuelle de u^n par récurrence.

Si $f(a) = 0_{\mathbb{K}}$, alors u^2 est l'endomorphisme nul et par suite $u^n = 0$ pour $n \geqslant 2$.

Si $f(a) \neq 0_{\mathbb{K}}$, on pose $\lambda = f(a)$. Alors $u^2 = \lambda u$ donne $u^3 = \lambda u^2 = \lambda^2 u$.

Pour $n \geqslant 2$, on considère la proposition $u^n = \lambda^{n-1}u$. Elle est vraie pour $n = 2$.

Et $u^n = \lambda^{n-1}u$ implique $u^{n+1} = \lambda^{n-1}u^2 = \lambda^n u$, ce qui montre que la propriété étudiée est récurrente.

En conclusion, on a $u^n = \lambda^{n-1}u$ pour tout $n \geqslant 2$.

C'est évidemment encore vrai si $\lambda = 0$.

Notons que cette formule reste vraie dans le cas où $n = 1$ à condition que $\lambda = f(a) \neq 0_{\mathbb{K}}$.

Ex. 49

Soit E un $\mathbb{K}$-espace vectoriel de dimension n et $f \in \mathscr{L}(E)$ telle que $f^2 = \mathrm{Id}_E$. On considère :

$$g = \mathrm{Id}_E - f \text{ et } h = \mathrm{Id}_E + f.$$

Montrer que $\operatorname{Im} g$ et $\operatorname{Im} h$ sont stables par f et supplémentaires.

> Étudions d'abord la stabilité de $\operatorname{Im} g$ et de $\operatorname{Im} h$ par f.
> Ce problème d'inclusion ne devrait pas faire appel à la dimension.

Soit $y \in \operatorname{Im} g$: il existe $r \in E$ tel que $y = r - f(r)$.

Alors $f(y) = f(r) - f^2(r) = f(r) - r = -y \in \operatorname{Im} g$.

Il s'ensuit que $\operatorname{Im} g$ est stable par f. Notons que $f(y) + y = 0_E$ donne $\operatorname{Im} g \subset \operatorname{Ker} h$.

Soit $z \in \operatorname{Im} h$: il existe $s \in E$ tel que $z = s + f(s)$.

Alors $f(z) = f(s) + f^2(s) = f(s) + s = z \in \operatorname{Im} h$.

Il s'ensuit que $\operatorname{Im} h$ est stable par f. Notons que $f(z) - z = 0_E$ donne $\operatorname{Im} h \subset \operatorname{Ker} g$.

> f est une involution. $\operatorname{Ker} g$ est le sous-espace des vecteurs invariants par f et $\operatorname{Ker} h$ est celui des vecteurs changés en leur opposé. Il est classique que ces deux sous-espaces sont supplémentaires dans E, hors toute considération de dimension.

Avec $\operatorname{Ker} g \oplus \operatorname{Ker} h = E$, il vient $\dim \operatorname{Ker} g + \dim \operatorname{Ker} h = \dim E$.

Avec le théorème du rang pour g et pour h, il s'ensuit $\dim(\operatorname{Im} g) + \dim(\operatorname{Im} h) = \dim E$.

Dans l'étude de la stabilité de $\operatorname{Im} g$ et de $\operatorname{Im} h$ par f, on a constaté que $\operatorname{Im} g \subset \operatorname{Ker} h$ et $\operatorname{Im} h \subset \operatorname{Ker} g$.

Avec $\operatorname{Ker} g \cap \operatorname{Ker} h = \{0_E\}$, il vient $\operatorname{Im} g \cap \operatorname{Im} h = \{0_E\}$.

En conclusion, on a bien $\operatorname{Im} g \oplus \operatorname{Im} h = E$.

Dans la mesure où $\operatorname{Ker} g \oplus \operatorname{Ker} h = E$ ne fait pas appel à la dimension de E, il est raisonnable d'examiner s'il en est de même pour $\operatorname{Im} g$ et $\operatorname{Im} h$. Deux orientations : trouver une preuve indépendante de la dimension ou bien trouver un contre-exemple.

Soit $U = \operatorname{Inv} f = \operatorname{Ker} g$ et $V = \operatorname{Opp} f = \operatorname{Ker} h$.

On considère la projection p sur U parallèlement à V.

On sait que $f = 2p - \operatorname{Id}$. Alors $g = 2(\operatorname{Id} - p)$ et $h = 2p$.

On sait aussi que $q = \operatorname{Id} - p$ est la projection sur V parallèlement à U.

On a $\operatorname{Im} h = \operatorname{Im} 2p = U$ et $\operatorname{Im} g = \operatorname{Im} 2q = V$. Alors $U \oplus V = E$ donne $\operatorname{Im} g \oplus \operatorname{Im} h = E$.

On remarque que la solution «générale» est aisée si on examine le lien entre involutions et projecteurs. On peut imaginer que l'objectif du sujet tel que posé est de privilégier l'usage de la dimension, tant à travers le théorème du rang que pour une caractérisation des sous-espaces supplémentaires.

Ex. 50

Soit E un $\mathbb{K}$-espace vectoriel de dimension finie n et $u \in \mathscr{L}(E)$. On suppose qu'il existe $x_0 \in E$ tel que $\big(u(x_0), u^2(x_0), \dots, u^n(x_0)\big)$ soit une famille libre.

Montrer que $\big(x_0, u(x_0), \dots, u^{n-1}(x_0)\big)$ est une base de E et que u est bijectif.

Une famille libre de cardinal n est une base de E.

Seul le caractère libre de $\big(x_0, u(x_0), \dots, u^{n-1}(x_0)\big)$ est utile. On sait que l'image d'une famille libre par une application injective est une famille libre. C'est une réciproque de cette propriété qui est ici à l'étude.

Pour $(\lambda_1, \dots, \lambda_n) \in \mathbb{K}^n$, $\displaystyle\sum_{k=1}^{n} \lambda_k u^{k-1}(x_0) = 0_E$ donne par linéarité de u : $\displaystyle\sum_{k=1}^{n} \lambda_k u^{k}(x_0) = 0_E$.

La famille $\big(u(x_0), u^2(x_0), \dots, u^n(x_0)\big)$ étant libre, il vient $\lambda_1 = \dots = \lambda_n = 0$, donc la famille $\big(x_0, u(x_0), \dots, u^{n-1}(x_0)\big)$ est libre. De cardinal n, c'est une base de E.

L'image par u d'une base $\big(x_0, u(x_0), \dots, u^{n-1}(x_0)\big)$ étant $\big(u(x_0), u^2(x_0), \dots, u^n(x_0)\big)$ qui est elle-même une base, u est un automorphisme de E.

Ex. 51

Étant donné $P \in \mathbb{R}[X]$, montrer qu'il existe un unique $Q \in \mathbb{R}[X]$ tel que :

$$P(X) = Q(X) - Q(X-1) \text{ et } Q(0) = 0.$$

Il s'agit d'un problème d'existence et d'unicité.

Une piste raisonnable est de mettre en évidence une application bijective.

Soit φ l'application de $\mathbb{R}[X]$ dans lui-même définie par $\varphi : Q \mapsto Q(X) - Q(X-1)$.

Cette application est linéaire. On a $\varphi(Q) = 0$ si et seulement si $Q(X) - Q(X-1) = 0$.

Pour tout $n \in \mathbb{N}^*$, on a $Q(n) = Q(n-1)$, donc $Q(n) = Q(0)$. ALors $Q - Q(0)$ admet une infinité de racines, c'est donc le polynôme nul et Q est une constante. Ainsi $\operatorname{Ker} \varphi = \mathbb{R}$.

L'hypothèse $Q(0) = 0$ est à mettre en œuvre.

$E = \{Q \in \mathbb{R}[X] \mid Q(0) = 0\}$ est un sous-espace vectoriel. Soit f la restriction de φ à E.

Le noyau de f est $E \cap \operatorname{Ker} \varphi = E \cap \mathbb{R} = \{0\}$ donc f est injective.

> Le passage de l'injectivité à la surjectivité se passe bien pour une application linéaire d'un espace de dimension finie dans un espace de même dimension. F et $\mathbb{R}[X]$ n'étant pas de dimension finie, il serait bon de s'y ramener en jouant sur le degré de P.

Si $P = 0$, alors $Q = 0$ vérifie $P = Q(X) - Q(X-1)$.
Si $\deg P = 0$, $P = a \in \mathbb{R}^*$. Le polynôme $Q = aX$ vérifie $Q(X) - Q(X-1) = a$ et $Q(0) = 0$.
Soit Q de degré $q \in \mathbb{N}^*$, alors $Q(X) - Q(X-1)$ est de degré $q-1$.

> Pour avoir $f(Q) = P$, avec $\deg P \leqslant n$, il est nécessaire de considérer les polynômes Q au moins jusqu'au degré $n+1$.

On considère alors $E_n = \mathbb{R}_{n+1}[X] \cap E$.
L'application f_n de E_n dans $\mathbb{R}_n[X]$ induite par φ est linéaire et injective.
Rappelons que $\mathbb{R}_n[X]$ est de dimension $n+1$.
Avec $\mathbb{R}_{n+1}[X] = \mathbb{R} \oplus E_n$ et $\dim \mathbb{R}_{n+1}[X] = n+2$, il vient $\dim E_n = n+1$.
On en déduit que f_n est bijective. Par suite tout polynôme P de degré au plus égal à n admet un antécédent Q, et un seul, celui qui appartient à $\mathbb{R}_{n+1}[X]$.

Ex. 52

Soit E un $\mathbb{R}$-espace vectoriel de dimension finie $n \geqslant 1$ et $u \in \mathscr{L}(E)$ tel que $u^3 + u = 0$.
On pose $F = \operatorname{Ker} u$ et $G = \operatorname{Ker}(u^2 + \operatorname{Id}_E)$.

1) Montrer que F et G sont stables par u, que $G = \operatorname{Im} u$, $F = \operatorname{Im}(u^2 + \operatorname{Id}_E)$ et que $F \oplus G = E$.

2) On suppose $u \neq 0$ et $u^2 + \operatorname{Id}_E \neq 0$. Montrer que l'on a $n \geqslant 3$.

1)

> $u^3 + u = u \circ (u^2 + \operatorname{Id}_E) = (u^2 + \operatorname{Id}_E) \circ u$ est de la forme $u \circ v$, avec u et v qui commutent. On note classiquement uv en lieu de $u \circ v$.

$\operatorname{Ker} u$ est évidemment stable par u.
Avec $v = u^2 + \operatorname{Id}_E$, soit $x \in G = \operatorname{Ker} v$. alors $v(x) = 0_E$ implique $uv(x) = 0_E$ puis $vu(x) = 0_E$ puisque u et v commutent.
On a donc $u(x) \in \operatorname{Ker} v$ et par suite $u(G) \subset G$.
Montrons maintenant que $\operatorname{Ker} v = \operatorname{Im} u$ et que $\operatorname{Ker} u = \operatorname{Im} v$.

> $vu = 0$ donne $\operatorname{Im} u \subset \operatorname{Ker} v$, et $uv = 0$ donne $\operatorname{Im} v \subset \operatorname{Ker} u$. On peut utiliser la dimension de ces sous-espaces ou établir que $\operatorname{Ker} v \subset \operatorname{Im} u$ et $\operatorname{Ker} u \subset \operatorname{Im} v$.

- Pour $x \in \operatorname{Ker} u$, on a $u(x) = 0_E$ d'où $u^2(x) = 0_E$ et $x = (u^2 + \operatorname{Id}_E)(x) \in \operatorname{Im} v$. Ainsi $\operatorname{Ker} u \subset \operatorname{Im} v$.
- Soit $x \in \operatorname{Ker} v$. Alors $u^2(x) + x = 0_E$ donne $x = u\big(-u(x)\big) \in \operatorname{Im} u$. Ainsi $\operatorname{Ker} v \subset \operatorname{Im} u$.

> Tout ce qui précède est indépendant de toute hypothèse de dimension finie. Il reste à examiner le rôle de cette hypothèse.

- Soit $x \in \operatorname{Ker} u \cap \operatorname{Ker} v$. De $u(x) = 0_E$ et $u^2(x) + x = 0_E$, on déduit $\operatorname{Ker} u \cap \operatorname{Ker} v = \{0_E\}$. Avec $\operatorname{Ker} v = \operatorname{Im} u$ le théorème de la dimension donne $\dim \operatorname{Ker} u + \dim \operatorname{Ker} v = n$ et on en déduit que :

$$F \oplus G = E.$$

2) On écarte les cas $u = 0$ et $v = 0$ (c'est-à-dire $u^2 = -\operatorname{Id}_E$) qui conviennent sans hypothèse sur n. Dans les autres cas, on a $\dim \operatorname{Im} u \geqslant 1$ et $\dim \operatorname{Im} v \geqslant 1$.

- Si $n = 1$, alors u et v sont bijectives.

Alors $uv = 0$ donne $u = 0$ et $v = 0$, ce qui est contradictoire. On a donc $n \geqslant 2$.

- Si $n = 2$, alors on a deux cas à examiner : $\text{rg}\, v = 2$ ou $\text{rg}\, v = 1$.
  - Si $\text{rg}\, v = 2$, alors v est bijective puis $uv = 0$ donne $u = 0$, ce qui est exclu.
  - Si $\text{rg}\, v = 1$, donc $\dim \text{Ker}\, v = 1$, alors on a $\text{rg}\, u = 1$, donc $\dim \text{Ker}\, u = 1$.

Premier cas : $\text{Im}\, u = \text{Ker}\, u = \mathbb{R}a$, $a \neq 0$.

Alors $u^2 = 0$ donc $\text{Id}_E + u^2 = \text{Id}_E$, ce qui donne une contradiction avec $\text{rg}\, v = 1$.

Deuxième cas : $\text{Im}\, u = \mathbb{R}a$ et $\text{Ker}\, u = \mathbb{R}b$ avec a et b indépendants.

Alors $(\text{Id} + u^2)(b) = b$ et, avec $u(a) = \lambda a$, il vient $(\text{Id} + u^2)(a) = (1 + \lambda^2)a$, donc $\text{rg}(v) = 2$, ce qui est contradictoire.

Finalement, pour $u \neq 0$ et $u^2 \neq -\text{Id}_E$, on a nécessairement $n \geqslant 3$, donc, pour $n \leqslant 2$, il n'y a pas d'autre solution que $u = 0$ ou $u^2 = -\text{Id}_E$.

Ex. 53

Soit E un $\mathbb{R}$-espace vectoriel, et f, g des endomorphismes de E.
Soit $\lambda \neq 0$ une valeur propre de $f \circ g$. Montrer que λ est valeur propre de $g \circ f$.
Montrer que, si E est de dimension finie, alors le résultat reste vrai pour $\lambda = 0$.

> $\lambda \in \mathbb{R}$ est valeur propre de $u \in \mathcal{L}(E)$ lorsqu'il existe $x \in E$, $x \neq 0_E$, tel que $u(x) = \lambda x$.
> C'est vrai si et seulement si $(u - \lambda\, \text{Id}_E)(x) = 0_E$ avec $x \neq 0_E$, ou encore si et seulement si $\text{Ker}(u - \lambda\, \text{Id}_E) \neq \{0_E\}$ ou encore si et seulement si $u - \lambda\, \text{Id}_E$ n'est pas injective.

Soit $x \in E$, $x \neq 0_E$, tel que $fg(x) = \lambda x$.

Supposons que λ ne soit pas valeur propre de gf : alors $\forall y \in E$, $gf(y) = \lambda y \Rightarrow y = 0_E$.

Alors, en formant $gfg(x)$, avec $fg(x) = \lambda x$, il vient $gfg(x) = g(\lambda x) = \lambda g(x)$, ce qui donne :

$$gf\big(g(x)\big) = \lambda g(x).$$

L'hypothèse sur gf donne alors $g(x) = 0_E$. Il s'ensuit $fg(x) = 0_E$.

Or $x \neq 0_E$ et $\lambda \neq 0$ implique $\lambda x \neq 0_E$. Ce qui est en contradiction avec $fg(x) = \lambda x$.

En conclusion, si $\lambda \neq 0$ est valeur propre de fg, alors λ est valeur propre de gf.

> Dire que 0 est valeur propre de $u \in \mathcal{L}(E)$ équivaut à dire que $\text{Ker}\, u \neq \{0_E\}$. Autrement dit, 0 est valeur propre de u si et seulement si u n'est pas injectif.
> En dimension finie, dire que 0 est valeur propre de u équivaut à dire que u n'est pas bijectif.

Plaçons-nous en dimension finie et supposons que 0 ne soit pas valeur propre de gf.

Alors l'endomorphisme gf est bijectif, ce qui a pour conséquence que f et g sont tous deux bijectifs.

On en déduit que fg est bijectif, donc n'admet pas 0 pour valeur propre.

On a ainsi prouvé, par contraposition, que si fg admet 0 pour valeur propre, alors gf admet 0 pour valeur propre.

> En dimension finie, on peut donner une preuve qui ne distingue pas $\lambda \neq 0$ de $\lambda = 0$.
> En effet, $\text{Ker}(u - \lambda\, \text{Id}_E) \neq \{0_E\}$ équivaut à $\det(u - \lambda\, \text{Id}_E) = 0$.
> Pour les questions de déterminant, on pourra se reporter au chapitre 5.

Le problème revient à montrer que si $\det(fg - \lambda\, \text{Id}_E) = 0$, alors $\det(gf - \lambda\, \text{Id}_E) = 0$.

Il est par ailleurs vrai que $\det(fg - \lambda\, \text{Id}_E) = \det(gf - \lambda\, \text{Id}_E)$. Toutefois ce résultat, classique en Spéciales, ne sera pas envisagé ici.

Ex. 54

Étant donné A et B dans $\mathbb{R}[X]$ et $a \in \mathbb{R}$, trouver les polynômes :

$$P \in \mathbb{R}[X] \text{ tels que } P(X) + P(a)A(X) = B(X).$$

- Si $A = 0$, alors $P = B$ est solution unique. Dans la suite, on suppose $A \neq 0$.

> L'étude des degrés permet de limiter le travail à un espace de dimension finie.

Avec $P = B - P(a)A$, on pose $n = \sup(\deg B, \deg A)$ et on a $\deg P \leqslant n$.
Le problème se place alors dans le contexte de $\mathbb{R}_n[X]$.

> On examine l'application $\varphi : P \mapsto P + P(a)A$ pour étudier les solutions de $\varphi(P) = B$.

L'application $\varphi : P \mapsto P + P(a)A$ est linéaire. C'est un endomorphisme de $\mathbb{R}_n[X]$.
On étudie son noyau en résolvant $P + P(a)A = 0$.
La seule solution qui vérifie $P(a) = 0$ est $P = 0$.
Si $P(a)$ n'est pas nul, $P(a) + P(a)A(a) = 0$ implique $A(a) = -1$. En conséquence,

- si on a $A(a) \neq -1$, le noyau de φ est réduit au polynôme nul.

L'endomorphisme φ de $\mathbb{R}_n[X]$ est alors bijectif et B admet un antécédent et un seul.

- Étudions maintenant $\operatorname{Ker} \varphi$ lorsque $A(a) = -1$. Notons que A est alors non nul.

> $P = -P(a)A$ montre que $\operatorname{Ker} \varphi$ est soit $\{0\}$ soit le sous-espace de dimension 1 engendré par A.

Tout $P \in \operatorname{Ker} \varphi$ est un multiple scalaire de A.
Réciproquement, pour $P = \lambda A$, $\lambda \in \mathbb{R}$, avec $A(a) = -1$, on a $P(a) = -\lambda$ donc $P + P(a)A = 0$.
Ainsi, dans le cas où $A(a) = -1$, $\operatorname{Ker} \varphi$ est la droite engendrée par A.

- En résumé : si $A(a) \neq -1$, φ est bijective et si $A(a) = -1$, $\operatorname{Ker} \varphi = \mathbb{R}A$.

> Il reste alors à préciser les solutions de $\varphi(P) = B$, ce qui est l'objectif explicite du sujet.

- Solution dans le cas où $A(a) \neq -1$.

B admet un antécédent unique P par φ. La solution est définie par $P(X) = B(X) - P(a)A(X)$.

On a $P(a) = B(a) - P(a)A(a)$, donc $P(a) = \dfrac{B(a)}{1 + A(a)}$, d'où $P(X) = B(X) - \dfrac{B(a)}{1 + A(a)}A(X)$.

- Solutions dans le cas où $A(a) = -1$.

> φ n'est pas surjective ; il peut ne pas y avoir d'antécédent de B par φ.

Avec $P(X) + P(a)A(X) = B(X)$, on a nécessairement $B(a) = 0$.

• Lorsqu'on a $B(a) \neq 0$, il n'y a pas de solution.

• Dans le cas où $B(a) = 0$, on dispose alors d'une solution particulière, à savoir $P = B$, au problème $P + P(a)A = B$.

Comme $\big(P - B\big) + \big(P(a) - B(a)\big)A = 0$ équivaut $P - B \in \operatorname{Ker} \varphi$, les solutions sont alors les polynômes $P = B + \lambda A$, avec $\lambda \in \mathbb{R}$.

Thèmes d'étude - Problèmes

1 Une famille de polynômes

On considère la suite $(a_k)_{k\in\mathbb{N}}$ d'éléments de $\mathbb{K}$ (qui est $\mathbb{R}$ ou $\mathbb{C}$) définie par :

$$a_0 = 1 \text{ et, pour tout } n \geqslant 2,\ \sum_{k=0}^{n-1} \frac{a_k}{(n-k)!} = 0.$$

Pour $n \in \mathbb{N}$, on pose $\quad A_n = \displaystyle\sum_{k=0}^{n} \frac{a_k}{(n-k)!} X^{n-k}$, élément de $\mathbb{K}[X]$.

1) Calculer a_1, a_2, a_3 et a_4. Expliciter les polynômes A_0, A_1, A_2, A_3 et A_4.

2) Montrer que la suite $(A_n)_{n\in\mathbb{N}}$ est l'unique suite de polynômes vérifiant :

(a) $P_0 = 1$,

(b) pour tout n entier naturel, $P'_{n+1} = P_n$,

(c) pour tout n entier, $n \geqslant 2$, $P_n(0) = P_n(1)$.

3) En utilisant la question précédente, montrer que :

a) pour tout $n \in \mathbb{N}$, $\quad A_n(1-X) = (-1)^n A_n(X)$,

b) pour tout $n \in \mathbb{N}^*$, $\quad A_n(X+1) - A_n(X) = \dfrac{1}{(n-1)!} X^{n-1}$.

4) On considère n entier impair : $n = 2p+1$, $p \in \mathbb{N}^*$.

a) Montrer que le polynôme A_{2p+1} est divisible par $X(X-1)(2X-1)$.

b) En déduire que $a_{2p+1} = 0$.

c) Écrire explicitement les polynômes A_5, A_6 et A_7.

5) Pour $n \in \mathbb{N}^*$ et $m \in \mathbb{N}^*$, on pose $S_n(m) = \displaystyle\sum_{k=1}^{m} k^n$.

a) Exprimer $S_n(m)$ au moyen de m, $A_{n+1}(m)$ et a_{n+1}.

b) Donner l'expression générale de $S_n(m)$ pour $n \in [\![1, 4]\!]$ en factorisant en tant que polynôme en m dans chacun des quatre cas.

Solution

1) $\dfrac{a_0}{2} + a_1 = 0$ d'où $a_1 = -\dfrac{1}{2}$; $\qquad \dfrac{a_0}{6} + \dfrac{a_1}{2} + a_2 = 0$ d'où $a_2 = \dfrac{1}{12}$;

$\dfrac{a_0}{24} + \dfrac{a_1}{6} + \dfrac{a_2}{2} + a_3 = 0$ d'où $a_3 = 0$; $\quad \dfrac{a_0}{120} + \dfrac{a_1}{24} + \dfrac{a_2}{6} + \dfrac{a_3}{2} + a_4 = 0$ d'où $a_4 = -\dfrac{1}{720}$.

On en déduit :

$$A_0 = 1\ ,\quad A_1 = X - \frac{1}{2}\ ,\quad A_2 = \frac{1}{2}X^2 - \frac{1}{2}X + \frac{1}{12}.$$

$$A_3 = \frac{1}{6}X^3 - \frac{1}{4}X^2 + \frac{1}{12}X \ \text{ et } \ A_4 = \frac{1}{24}X^4 - \frac{1}{12}X^3 + \frac{1}{24}X^2 - \frac{1}{720}.$$

2) On a $A_0 = 1$; pour $n \in \mathbb{N}$, $A'_{n+1} = \sum_{k=0}^{n} \frac{a_k}{(n+1-k)!}(n+1-k)X^{n-k} = \sum_{k=0}^{n} \frac{a_k}{(n-k)!}X^{n-k}$.

On remarque alors que $A'_{n+1} = A_n$.

Enfin, on obtient $A_n(0) = a_n = A_n(1)$ en utilisant $\sum_{k=0}^{n-1} \frac{a_k}{(n-k)!} = 0$.

Soit $(P_n)_{n\in\mathbb{N}}$ une suite de polynômes qui vérifie (a), (b) et (c).
Montrons par récurrence que $P_n = A_n$.
Avec (a), on a $A_0 = P_0$. Supposons $P_n = A_n$, avec $n \geqslant 0$.
Avec (b), on a $P'_{n+1} = P_n$ et $A'_{n+1} = A_n$ d'où $A'_{n+1} = P'_{n+1}$ puis $P_{n+1} = A_{n+1} + c$, avec $c \in \mathbb{K}$.
Avec (b) encore, $P'_{n+2} = P_{n+1}$ et $A'_{n+2} = A_{n+1}$ donne $(P_{n+2} - A_{n+2})' = c$.
Il s'ensuit $(P_{n+2} - A_{n+2})(1) - (P_{n+2} - A_{n+2})(0) = c$.
Avec (c), on a $P_{n+2}(1) = P_{n+2}(0)$ et $A_{n+2}(1) = A_{n+2}(0)$, donc $c = 0$ et finalement, $P_{n+1} = A_{n+1}$.

3) a) Posons $B_n(X) = (-1)^n A_n(1-X)$. On a $B_0 = A_0(1-X) = 1$ donc (B_n) vérifie (a).
Pour $n \geqslant 1$, $B'_n = (-1)^{n+1}A'_n(1-X) = (-1)^{n+1}A_{n-1}(1-X) = (-1)^{n-1}A_{n-1}(1-X) = B_{n-1}$ donc (B_n) vérifie (b).
Enfin, pour $n \geqslant 2$, $B_n(1) = (-1)^n A_n(0) = (-1)^n A_n(1) = B_n(0)$ donc (B_n) vérifie (c).
Ainsi $B_n = A_n$ puis $A_n(1-X) = (-1)^n A_n(X)$.

b) On a $A_1(X) = X - \frac{1}{2}$ d'où $A_1(1+X) - A_1(X) = 1 = \frac{1}{0!}X^0$.
Supposons la propriété vraie pour $n \geqslant 1$.

Avec $\big(A_{n+1}(1+X) - A_{n+1}(X)\big)' = A_n(1+X) - A_n(X) = \frac{1}{(n-1)!}X^{n-1}$, on obtient :

$$A_{n+1}(1+X) - A_{n+1}(X) = \frac{1}{n!}X^n + c,\ \ c \in \mathbb{K}.$$

Or $n + 1 \geqslant 2$ implique $A_{n+1}(1) - A_{n+1}(0) = 0$, donc $c = 0$ puis $A_{n+1}(1+X) - A_{n+1}(X) = \frac{1}{n!}X^n$.

4) a) On a (question 3)a) $A_{2p+1}(1-X) = -A_{2p+1}(X)$, donc $A_{2p+1}(1/2) = -A_{2p+1}(1/2)$ et il s'ensuit $A_{2p+1}(1/2) = 0$.
On a aussi $A_{2p+1}(1) = -A_{2p+1}(0)$. Or (question 2)c), $A_{2p+1}(1) = A_{2p+1}(0)$.
Il s'ensuit $A_{2p+1}(0) = 0$ et $A_{2p+1}(1) = 0$.
Il en découle que A_{2p+1} est divisible par $X(X-1)(2X-1)$.

b) Il suffit de remarquer que $a_{2p+1} = A_{2p+1}(0) = 0$.

c) Avec $A'_5 = A_4$ et 4)b), il vient $A_5 = \frac{1}{120}X^5 - \frac{1}{48}X^4 + \frac{1}{72}X^3 - \frac{1}{720}X$.

$A'_6 = A_5$ donne $A_6 = \frac{1}{720}X^6 - \frac{1}{240}X^5 + \frac{1}{288}X^4 - \frac{1}{1\,440}X^2 + c$ avec $c \in \mathbb{K}$.

Puis $A_7 = \frac{1}{5\,040}X^7 - \frac{1}{1\,440}X^6 + \frac{1}{1\,440}X^5 - \frac{1}{4\,320}X^3 + cX$ compte-tenu de $a_7 = 0$.

Avec $A_7(1) = A_7(0)$, il vient $\frac{1}{5\,040} - \frac{1}{1\,440} + \frac{1}{1\,440} - \frac{1}{4\,320} + c = 0$ d'où $c = \frac{1}{30\,240}$.

5) a) On a $S_n(m) = \sum_{k=1}^{m} k^n = \sum_{k=0}^{m} k^n$. Utilisons $A_{n+1}(X+1) - A_{n+1}(X) = \frac{1}{n!}X^n$.

Alors $k^n = n!\big(A_{n+1}(k+1) - A_{n+1}(k)\big)$. Il s'ensuit $S_n(m) = n!\big(A_{n+1}(m+1) - A_{n+1}(0)\big)$.

$A_{n+1}(m+1) = A_{n+1}(m) + \frac{m^n}{n!}$ et $A_{n+1}(0) = a_{n+1}$ donne $S_n(m) = n!\big(A_{n+1}(m) - a_{n+1}\big) + m^n$.

b) $S_1(m) = \dfrac{m^2}{2} - \dfrac{m}{2} + m = \dfrac{1}{2}(m^2 + m) = \dfrac{1}{2}m(m+1).$

$S_2(m) = 2\Big(\dfrac{m^3}{6} - \dfrac{m^2}{4} + \dfrac{m}{12}\Big) + m^2 = \dfrac{m^3}{3} + \dfrac{m^2}{2} + \dfrac{m}{6} = \dfrac{1}{6}(2m^3 + 3m^2 + m) = \dfrac{1}{6}\, m(m+1)(2m+1).$

$S_3(m) = 6\Big(\dfrac{m^4}{24} - \dfrac{m^3}{12} + \dfrac{m^2}{24}\Big) + m^3 = \dfrac{m^4}{4} + \dfrac{m^3}{2} + \dfrac{m^2}{4} = \dfrac{m^2}{4}(m^2 + 2m + 1) = \dfrac{m^2(m+1)^2}{4}.$

$S_4(m) = 24\Big(\dfrac{m^5}{120} - \dfrac{m^4}{48} + \dfrac{m^3}{72} - \dfrac{m}{720}\Big) + m^4 = \dfrac{m^5}{5} + \dfrac{m^4}{2} + \dfrac{m^3}{3} - \dfrac{m}{30} = \dfrac{m}{30}(6m^4 + 15m^3 + 10m^2 - 1).$

On observe que $S_4(m) = -4!A_5(-m)$ et on sait que $A_5(X)$ est divisible par $X(X-1)(2X-1)$. Alors $S_4(m)$ est divisible aussi par $(m+1)(2m+1)$. Il vient alors :

$$S_4(m) = \frac{m(m+1)(2m+1)(3m^2+3m-1)}{30}.$$

Notons que $3X^2 + 3X - 1$ n'a pas de racine rationnelle et on laisse $S_4(m)$ sous la forme ci-dessus.

2 Polynômes d'interpolation de Lagrange

1) Soit $n \in \mathbb{N}^*$ et $(x_0, \dots, x_n)$ une famille de $n+1$ éléments d'un corps $\mathbb{K}$ ($\mathbb{R}$ ou $\mathbb{C}$), deux à deux distincts.

a) Montrer que, pour tout $i \in [\![0, n]\!]$, $L_i = \displaystyle\prod_{0 \leqslant k \leqslant n,\ k \neq i} \frac{X - x_k}{x_i - x_k}$ est l'unique élément de $\mathbb{K}[X]$ qui vérifie les propriétés :

(1) $\deg L_i \leqslant n$, (2) $L_i(x_i) = 1$, et (3) $\forall j \in [\![0, n]\!] \setminus \{i\}$, $L_i(x_j) = 0$.

> Les polynômes L_i sont les polynômes d'interpolation de Lagrange relatifs à la famille $(x_0, \dots, x_n) \in \mathbb{K}^{n+1}$.
>
> Chaque polynôme L_i est de degré égal à n.

b) Montrer que, pour tout $(b_0, \dots, b_n) \in \mathbb{K}^{n+1}$, il existe un unique $L \in \mathbb{K}[X]$ tel que :

$$\deg L \leqslant n \quad \text{et} \quad \forall k \in [\![0, n]\!],\ L(x_k) = b_k.$$

c) Quels sont les polynômes $P \in \mathbb{K}[X]$ tels que $\forall k \in [\![0, n]\!]$, $P(x_k) = b_k$?

2) Étant donné a, b, c deux à deux distincts dans $\mathbb{K}$, simplifier :

$$\frac{(X-a)(X-b)}{(c-a)(c-b)} + \frac{(X-a)(X-c)}{(b-a)(b-c)} + \frac{(X-c)(X-b)}{(a-c)(a-b)}.$$

3) Soit $p \in \mathbb{N}$, $(x_1, \dots, x_n) \in \mathbb{K}^n$ une famille d'éléments deux à deux distincts et (L_i) les polynômes de Lagrange associés à cette famille.

Montrer que $L = \displaystyle\sum_{k=1}^{n} x_k^p L_k$ est le reste dans la division de X^p par $\displaystyle\prod_{k=1}^{n}(X - x_k)$.

4) Soit E le $\mathbb{R}$-espace vectoriel $\mathbb{R}^{[0,1]}$, $(a_i)_{i \in [\![1, n]\!]}$ une famille de n éléments deux à deux distincts dans $[0,1]$ et F le sous-espace vectoriel $\{f \in E, \forall i \in [\![1, n]\!], f(a_i) = 0\}$.

Déterminer un supplémentaire de F dans E.

Solution

> La question d'approximation d'une fonction par une fonction polynôme est importante. Les polynômes de Lagrange en donnent une solution simple.
>
> Le texte proposé montre leur efficacité dans des domaines variés.
>
> Dans toute question d'unicité de polynôme, deux points sont à examiner en priorité :
>
> - $\deg(P - Q) < 0 \Rightarrow P = Q$,
> - $\deg P \leqslant n$ et P admet au moins $n + 1$ racines distinctes $\Rightarrow P = 0$.

1) a) Si L_i et M_i vérifient les propriétés (1), (2) et (3), leur différence est de degré au plus n et prend la valeur 0 en $n + 1$ éléments distincts, c'est donc le polynôme nul.

Il est immédiat que L_i prend la valeur 1 en x_i et la valeur 0 en x_j pour $j \neq i$.

b) L'unicité de L se prouve comme celle des L_i.

Le polynôme $b_k L_k$ prend la valeur b_k en x_k et la valeur 0 en $x_j, j \neq k$.

Alors $L = \sum_{k=0}^{n} b_k L_k$ convient : on a bien $\deg L \leqslant n$.

> Une utilisation de ce résultat : soit P un polynôme de degré inférieur ou égal à n. On choisit $b_k = P(x_k)$; le polynôme L ci-dessus est alors P lui-même, d'où $P = \sum_{k=0}^{n} P(x_k) L_k$.

c) Soit $P \in \mathbb{K}[X]$ un tel polynôme. $P - L$ prend la valeur 0 en tout x_k, $k \in [\![0, n]\!]$.

> Soit $a \in \mathbb{K}$, $Q \in \mathbb{K}[X]$ est divisible par $X - a$ si et seulement si $Q(a) = 0$.
>
> Ce théorème s'étend dans le cas de plusieurs racines distinctes.

Alors $P - L$ est un multiple de $\prod_{k=0}^{n}(X - x_k)$. On a établi une condition nécessaire.

Il est clair que tout polynôme $P = L + Q(X)\prod_{k=0}^{n}(X - x_k)$, avec $Q \in \mathbb{K}[X]$ convient.

2) C'est un polynôme de degré au plus 2, et qui prend la valeur 1 et a, en b et en c ; c'est donc le polynôme constant 1.

3)

> On utilise la première question pour exprimer X^p à l'aide des polynômes de Lagrange associés à la famille $(x_0, x_1, \dots, x_n)$.

Il existe un polynôme Q tel que $X^p = \sum_{k=1}^{n} x_k^p L_k + Q(X)\prod_{k=1}^{n}(X - x_k)$.

Le degré de $\sum_{k=1}^{n} x_k^p L_k$ est inférieur ou égal à $n - 1$ et celui de $\prod_{k=1}^{n}(X - x_k)$ est égal à n. On est alors en présence de la division euclidienne de X^p par $\prod_{k=1}^{n}(X - x_k)$.

Le reste dans cette division est donc $R = \sum_{k=0}^{n} x_k^p L_k$.

> Extension : le reste dans la division de P par $\prod_{k=0}^{n}(X - x_k)$ est $R = \sum_{k=0}^{n} P(x_k)L_k$.

4) Soit $(L_i)_{1 \leqslant i \leqslant n}$ la famille des polynômes interpolateurs de $(a_1, \ldots, a_n)$ et G le sous-espace vectoriel engendré par les fonctions polynômes L_i, $1 \leqslant i \leqslant n$.
On identifie classiquement un polynôme et la fonction polynôme associée.

- Soit $f \in F \cap G$. Il existe $(\lambda_i)_{1 \leqslant i \leqslant n} \in \mathbb{R}^n$ tel que $f = \sum_{1 \leqslant i \leqslant n} \lambda_i L_i$.

Pour tout $j \in [\![1, n]\!]$, $f \in G$ donne $f(x_j) = \lambda_j$ et $f \in F$ donne $f(x_j) = 0$. On a donc $\lambda_i = 0$.
Alors $f = 0$ et $F \cap G = \{0\}$.

- Soit $h \in E$. On considère la fonction $f = h - \sum_{1 \leqslant i \leqslant n} h(x_i)L_i$.

Pour tout $j \in [\![1, n]\!]$, on a $f(x_j) = h(x_j) - \sum_{1 \leqslant i \leqslant n} h(x_i)L_i(x_j) = 0$ puisque $L_i(x_j) = \delta_{ij}$.

δ_{ij} est le symbole de Kronecker : $\delta_{ii} = 1$ et $\delta_{ij} = 0$ pour $i \neq j$.

Alors f est dans F. Avec $g = \sum_{1 \leqslant i \leqslant n} h(x_i)L_i \in G$ et $h = f + g$, il vient $h = f + g \in F + G$.

On a donc $E = F + G$ et finalement $E = F \oplus G$.

3 Équation de degré 3

1) Justifier que l'étude d'un polynôme $X^3 + aX^2 + bX + c$ se ramène à celle d'un polynôme $X^3 + pX + q$ et que l'on peut se limiter dorénavant au cas où $pq \neq 0$.

2) On considère x_1, x_2, x_3 dans $\mathbb{C}$. Usuellement, on note $j = \exp \frac{2i\pi}{3}$.

a) Vérifier que l'ensemble des six nombres $\left(x_\alpha + jx_\beta + j^2x_\gamma\right)^3$, α, β, γ deux à deux distincts dans $[\![1, 3]\!]$ se réduit à $\left\{ \left(x_1 + jx_2 + j^2x_3\right)^3, \left(x_1 + jx_3 + j^2x_2\right)^3 \right\}$.

b) On pose $\varphi_1 = \left(x_1 + jx_2 + j^2x_3\right)^3$ et $\varphi_2 = \left(x_1 + jx_3 + j^2x_2\right)^3$. Exprimer $\varphi_1\varphi_2$ et $\varphi_1 + \varphi_2$ à l'aide des fonctions symétriques élémentaires des racines x_1, x_2, x_3 de $X^3 + pX + q$.
Former un polynôme Q unitaire de degré 2 dont les racines sont φ_1 et φ_2.

3) a) Étant donné $(U, V) \in \mathbb{C}^2$, résoudre le système :

$$\left(x_1, x_2, x_3\right) \in \mathbb{C}^3, \quad \begin{cases} x_1 + x_2 + x_3 = 0 \\ x_1 + jx_2 + j^2x_3 = U \\ x_1 + j^2x_2 + jx_3 = V \end{cases}$$

b) En posant $u = \frac{U}{3}$ et $v = \frac{V}{3}$, montrer que $u + v$, $ju + j^2v$ et $j^2u + jv$ sont les racines de $P = X^3 + pX + q$ si et seulement si $uv = -\frac{p}{3}$ et $u^3 + v^3 = -q$.

On déduit de ce qui précède une méthode de résolution de P.

Méthode. u^3 et v^3 sont alors les racines de $R = X^2 + qX - \frac{p^3}{27}$. On prend pour valeur de u une des racines cubiques d'une racine de R et on forme $v = -\frac{p}{3u}$. Les racines de P sont alors :

$$u + v,\ ju + j^2 v \text{ et } j^2 u + jv.$$

4) *Exemples.*

a) Résoudre les équations : $x \in \mathbb{C}$,

$$(1)\ x^3 - 3x^2 + 2x - 1 = 0, \quad (2)\ 2x^3 - 12x^2 + 18x + 19 = 0,$$

$$(3)\ x^3 + x^2 + 1 = 0, \quad (4)\ x^3 - 3x - 1 = 0.$$

b) Simplifier $\sqrt[3]{5\sqrt{2} + 7} - \sqrt[3]{5\sqrt{2} - 7}$, en vérifiant qu'il est racine de $X^3 + 3X - 14$.

5) a) *Discriminant*

Former une condition nécessaire et suffisante portant sur p et q pour que $X^3 + pX + q$ ait une racine double.

b) Déterminer $\lambda \in \mathbb{C}$ pour que l'équation $x \in \mathbb{C}$, $x^3 - 8x^2 + (13 - \lambda)x - 6 - 2\lambda = 0$ ait une racine double et achever la résolution.

c) On se place dans le cas où p et q sont dans $\mathbb{R}$. Montrer que, si $4p^3 + 27q^2 \leqslant 0$, alors les racines de P sont réelles, et que, pour $4p^3 + 27q^2 > 0$, il y a deux racines complexes conjuguées et une racine réelle.

6) *Méthode trigonométrique* dans le cas de racines réelles distinctes.

a) Justifier que les racines de $X^2 + qX - \frac{p^3}{27}$ sont complexes conjuguées.

b) En posant $u = re^{i\theta}$, $r > 0$, montrer que $r = \sqrt{-\frac{p}{3}}$ et $\cos 3\theta = -\frac{q}{2r^3}$.

c) Résoudre algébriquement et trigonométriquement $x \in \mathbb{R}$, $x^3 - 3x + 1 = 0$.

Solution

1)

> L'utilisation de la formule de Taylor est à préférer aux calculs par identification.

Le coefficient de $(X + h)^2$ dans $P(X + h)$ est $\frac{1}{6}P''(h)$. Avec $P'' = 6X + 2a$, on choisit $h = -\frac{a}{3}$ et il vient :

$$P\left(X - \frac{a}{3}\right) = X^3 + \left(b - \frac{a^2}{3}\right)X + \frac{2}{27}a^2 - \frac{1}{3}ab + c.$$

Les cas $p = 0$ ou $q = 0$ sont immédiats.

2) a) On a $x_2 + jx_3 + j^2x_1 = j^2(x_1 + jx_2 + j^2x_3)$, $x_3 + jx_1 + j^2x_2 = j(x_1 + jx_2 + j^2x_3)$: donc :

$$(x_2 + jx_3 + j^2x_1)^3 = (x_3 + jx_1 + j^2x_2)^3 = (x_1 + jx_2 + j^2x_3)^3.$$

Et de même $x_2 + jx_1 + j^2x_3 = j(x_1 + jx_3 + j^2x_2)$, $x_3 + jx_2 + j^2x_1 = j^2(x_1 + jx_3 + j^2x_2)$: d'où :

$$(x_2 + jx_1 + j^2x_3)^3 = (x_3 + jx_2 + j^2x_1)^3 = (x_1 + jx_3 + j^2x_2)^3.$$

b) Soit $A = x_1 + jx_2 + j^2x_3$ et $B = x_1 + jx_3 + j^2x_2$. Avec $1 + j + j^2 = 0$, il vient :

$$A + B = 2x_1 + \left(j + j^2\right)x_2 + \left(j + j^2\right)x_3 = 2x_1 - x_2 - x_3,$$

d'où $A + B = 3x_1$ grâce à $x_1 + x_2 + x_3 = 0$.

$AB = x_1^2 + x_2^2 + x_3^2 - \left(x_1x_2 + x_2x_3 + x_3x_1\right)$, donc $AB = \left(x_1 + x_2 + x_3\right)^2 - 3\left(x_1x_2 + x_2x_3 + x_3x_1\right) = -3p$.

Il s'ensuit $\varphi_1\varphi_2 = -27p^3$.

$\varphi_1 + \varphi_2 = A^3 + B^3 = (A + B)^3 - 3AB(A + B) = 27x_1^3 + 27px_1 = -27q$, car $x_1^3 + px_1 = -q$.

φ_1 et φ_2 sont les racines de $X^2 - (\varphi_1 + \varphi_2)X + \varphi_1\varphi_2$, d'où $Q = X^2 + 27qX - 27p^3$.

3) a) $(E_1) + (E_2) + (E_3)$ donne : $3x_1 = U + V$. $(E_1) + j^2(E_2) + j(E_3)$ donne : $3x_2 = j^2U + jV$.
Et $(E_1) + j(E_2) + j^2(E_3)$ donne : $3x_3 = jU + j^2V$.
Il est immédiat que ces nombres conviennent.

b) $\left(X - (u + v)\right)\left(X - (ju + j^2v)\right)\left(X - (j^2u + jv)\right) = X^3 - 3uvX - (u^3 + v^3)$.

$u + v$, $ju + j^2v$ et $j^2u + jv$ sont donc les racines de $X^3 + pX + q$ si et seulement si :

$$uv = -\frac{p}{3} \quad \text{et} \quad u^3 + v^3 = -q.$$

4) a) (1) : $A = X^3 - 3X^2 + 2X - 1$, $A(X + 1) = X^3 - X - 1$. $R = X^2 - X + \dfrac{1}{27}$ admet $\alpha = \dfrac{9 + \sqrt{69}}{18}$ pour racine. Soit u la racine cubique réelle de α et $v = \dfrac{1}{3u}$.

Les racines de (1) sont $1 + u + v$, $1 + ju + j^2v$ et $1 + j^2u + jv$.

(2) : $B = X^3 - 6X^2 + 9X + \dfrac{19}{2}$, $B(X + 2) = X^3 - 3X + \dfrac{23}{2}$. Soit $R = X^2 + \dfrac{23}{2}X + 7 \times 49$, de racine $\alpha = \dfrac{-23 + 3\sqrt{57}}{4}$. On pose alors $u = -\sqrt[3]{-\alpha}$ et $v = \dfrac{1}{u}$.

Les racines de (2) sont $2 + u + v$, $2 + ju + j^2v$ et $2 + j^2u + jv$.

(3) : $C = X^3 + X^2 + 1$, $C\left(X - \dfrac{1}{3}\right) = X^3 - \dfrac{X}{3} + \dfrac{29}{27}$. Soit $R = X^2 + \dfrac{29}{27}X + \dfrac{1}{27 \times 27}$, de racine $\alpha = \dfrac{-29 + 3\sqrt{93}}{54}$. On pose $u = -\sqrt[3]{-\alpha}$ et $v = \dfrac{1}{9u}$.

Les racines de (3) sont $-\dfrac{1}{3} + u + v$, $-\dfrac{1}{3} + ju + j^2v$ et $-\dfrac{1}{3} + j^2u + jv$.

(4) : l'équation $x^2 - x + 1 = 0$, admet $\alpha = e^{i\frac{\pi}{3}}$ pour racine. On conclut avec $u = e^{i\frac{\pi}{9}}$.

b) Avec $c = \sqrt[3]{5\sqrt{2} + 7} - \sqrt[3]{5\sqrt{2} - 7}$, on a $c^3 = 14 - 3c$.
L'équation $x^3 + 3x - 14 = 0$ a 2 pour racine, d'où $X^3 + 3X - 14 = (X - 2)(X^2 + 2X + 7)$.
Comme $X^2 + 2X + 7$ n'a pas de racine réelle, il vient $c = 2$.

5)

> P a une racine double si et seulement si une racine de P' est aussi racine de P.
> On exploite les fonctions symétriques élémentaires des racines de P', sans calculer ces racines.

a) $P = X^3 + pX + q$, $P' = 3X^2 + p$ de racines r et s.

Avec $r + s = 0$ et $rs = \dfrac{p}{3}$, il vient $r^2 + s^2 = (r + s)^2 - 2rs = -\dfrac{2p}{3}$ et $r^3 + s^3 = (r + s)^3 - 3rs(r + s) = 0$.

Alors $P(r)P(s) = \dfrac{4p^3 + 27q^2}{27}$ donc P a une racine double si et seulement si $4p^3 + 27q^2 = 0$.

b) $P = X^3 - 8X^2 + (13 - \lambda)X - 6 - 2\lambda$: $P\left(X + \dfrac{8}{3}\right) = X^3 - \dfrac{1}{3}\left(3\lambda + 25\right)X - \dfrac{2}{27}(63\lambda + 125)$.

Il y a une racine double si et seulement si $-\dfrac{4}{27}\left(3\lambda + 25\right)^3 + \dfrac{4}{27}(63\lambda + 125)^2 = 0$, c'est-à-dire :

$$\lambda^3 - 122\lambda^2 - 375\lambda = 0, \text{ ou encore } \lambda \in \{0, -3, 125\}.$$

Pour $\lambda = 0$, $P = X^3 - 8X^2 + 13X - 6$ et $Q = P\left(X + \dfrac{8}{3}\right) = X^3 - \dfrac{25}{3}X - \dfrac{250}{27}$.

Les racines de $Q' = 3X^2 - \dfrac{25}{3}$ sont $\pm\dfrac{5}{3}$.

La racine double de Q est $-\dfrac{5}{3}$ et il vient que l'autre est $\dfrac{10}{3}$; les racines de P sont alors 1 (double) et 6.

Pour $\lambda = -3$, $P = X^3 - 8X^2 + 16X = X(X - 4)^2$. Les racines de P sont 4 (double) et 0.

Pour $\lambda = 125$, $P = X^3 - 8X^2 - 112X - 256$ et $Q = P\left(X + \dfrac{8}{3}\right) = X^3 - \dfrac{400}{3}X - \dfrac{1\,600}{27}$.

Avec $Q' = 3X^2 - \dfrac{400}{3}$, on voit que la racine double de Q est $-\dfrac{20}{3}$, l'autre est $\dfrac{40}{3}$.

Finalement, les racines de P sont -4 (double) et 16.

c) P a une racine réelle au moins.

Pour $\Delta = 4p^3 + 27q^2 > 0$, les racines de R sont réelles ; on choisit u réel, donc :

$$v = -\frac{p}{3u} \text{ réel et } u - v \in \mathbb{R}^*.$$

Alors $u + v \in \mathbb{R}$; les autres racines $-\dfrac{1}{2}\left(u + v + i\sqrt{3}(u - v)\right)$ et $-\dfrac{1}{2}\left(u + v - i\sqrt{3}(u - v)\right)$ sont conjuguées non réelles.

Pour $\Delta < 0$, u^3 et v^3 sont conjugués non réels. Avec u tel que $v = \overline{u}$, on a $u + \overline{u}, ju + \overline{ju}$ et $j^2u + \overline{j^2u}$ réels.

6) a) Avec l'analyse précédente, on a $4p^3 + 27q^2 < 0$ (donc $p < 0$) et les racines de R sont conjugées non réelles.

b) Avec $u = re^{i\theta}$, on a $u\overline{u} = -\dfrac{p}{3}$, donc $r = \sqrt{-\dfrac{p}{3}}$.

u^3 étant racine de $R = X^2 + qX - \dfrac{p^3}{27}$, on a $2\,\mathrm{Re}\,u^3 = -q$, c'est-à-dire $\cos 3\theta = -\dfrac{q}{2r^3}$.

c) En application numérique, $4p^3 + 27q^2 = -54 < 0$,

$r = 1$ et $\cos 3\theta = -\dfrac{1}{2}$ c'est-à-dire $\theta = \dfrac{2\pi}{9} \bmod \dfrac{2\pi}{3}$ ou $\theta = \dfrac{4\pi}{9} \bmod \dfrac{2\pi}{3}$.

Les racines sont $2\cos\dfrac{2\pi}{9}$; $2\cos\dfrac{4\pi}{9}$ et $-2\cos\dfrac{\pi}{9}$.

Algébriquement, les racines de $R = X^2 + X + 1$ sont $j = e^{\frac{2i\pi}{3}}$ et j^2.

Une racine cubique de j est $e^{\frac{2i\pi}{9}}$, pour la même conclusion.

4 Polynômes de Tchebychev

n est un entier naturel non nul.

1) Montrer qu'il existe un polynôme et un seul T_n tel que :

$$\forall t \in \mathbb{R}, \quad T_n(\cos t)) = \cos nt$$

et qu'il existe un polynôme et un seul S_n tel que $\forall t \in \mathbb{R}, \quad \sin t\, S_n(\cos t)) = \sin nt$.

Montrer que T_n et S_n sont dans $\mathbb{Z}[X]$. Préciser leurs degrés et coefficients dominants.

> Les polynômes T_n et S_n sont les polynômes de Tchebychev, respectivement de première et de deuxième espèce.
> Pour uniformiser les notations, on pourra poser $T_0 = 1$ et $S_0 = 0$.

2) a) Trouver un lien simple entre S_n et T'_n.

b) Montrer que T_n est solution de l'équation différentielle :

$$(X^2 - 1)P'' + XP' = n^2 P \quad (1).$$

c) Montrer que S_n est solution de l'équation $(X^2 - 1)P'' + 3XP' = (n^2 - 1)P \quad (2)$.

3) En exploitant l'équation différentielle (1), calculer les coefficients de T_n.

En utilisant le lien entre T'_n et S_n, calculer les coefficients de S_n.

4) a) Soit $Q = X^n T_n\left(\frac{1}{2}\left(X + \frac{1}{X}\right)\right)$. Montrer que $Q = \frac{1}{2}(X^{2n} + 1)$.

b) En déduire que, pour tout $t \in \mathbb{R}, \quad T_n(\operatorname{ch} t) = \operatorname{ch}(nt)$.

c) En considérant $X^n\left(X - \frac{1}{X}\right)S_n\left(\frac{1}{2}\left(X - \frac{1}{X}\right)\right)$, montrer que $\operatorname{sh} t\, S_n(\operatorname{ch} t) = \operatorname{sh}(nt)$.

Solution

1) On connaît $T_n(\cos t)$ et $S_n(\sin t)$ pour $t \in]0, \pi/2[$, c'est-à-dire $T_n(x)$ et $S_n(x)$ pour $x \in]0, 1[$ et ceci garantit leur unicité.

Formule de Moivre : $(\cos t + i \sin t)^n = \cos nt + i \sin nt$; on développe et on sépare les parties réelles et imaginaires. Il vient alors :

$$\cos(nt) = \sum_{0 \leqslant 2k \leqslant n} (-1)^k C_n^{2k} \cos^{n-2k} t \sin^{2k} t = \sum_{0 \leqslant 2k \leqslant n} (-1)^k C_n^{2k} \cos^{n-2k} t (1 - \cos^2 t)^k,$$

$$\sin(nt) = \sum_{1 \leqslant 2k+1 \leqslant n} (-1)^k C_n^{2k+1} \cos^{n-2k-1} t \sin^{2k+1} t, \text{ ce qui s'écrit aussi}$$

$$\sin(nt) = \sin t \sum_{1 \leqslant 2k+1 \leqslant n} (-1)^k C_n^{2k+1} \cos^{n-2k-1} t (1 - \cos^2 t)^k,$$

d'où $T_n = \displaystyle\sum_{0 \leqslant 2k \leqslant n} C_n^{2k} X^{n-2k}(X^2 - 1)^k$ et $S_n = \displaystyle\sum_{1 \leqslant 2k+1 \leqslant n} C_n^{2k+1} X^{n-2k-1}(X^2 - 1)^k$.

Notons que $\deg T_n = n$ et $\deg S_n = n - 1$. Ce sont en effet des sommes de polynômes de degrés n et $n - 1$ respectivement, avec des coefficients dominants tous positifs.

T_n est la somme de polynômes de coefficients dominants C_n^{2k} et $\displaystyle\sum_{0 \leqslant 2k \leqslant n} C_n^{2k} = 2^{n-1}$.

De même, le coefficient dominant de S_n est $\displaystyle\sum_{1\leqslant 2k+1\leqslant n} C_n^{2k+1} = 2^{n-1}$.

On note également que T_n et S_n sont des sommes de polynômes à coefficients entiers, ce sont donc des polynômes à coefficients entiers.

2) a) En dérivant $T_n(\cos t) = \cos nt$ par rapport à t, il vient :

$$-\sin t\, T_n'(\cos t) = -n\sin(nt) = -n\sin t\, S_n(\cos t),$$

donc $T_n'(\cos t) = nS_n(\cos t)$ pour $\sin t \neq 0$.

L'égalité des fonctions polynomiales sur $]0,1[$ donne $T_n' = nS_n$.

b) En dérivant $\sin t\, S_n(\cos t) = \sin nt$ par rapport à t, il vient :

$$\cos t\, S_n(\cos t) - \sin^2 t\, S_n'(\cos t) = n\cos nt = nT_n(\cos t),$$

d'où $\cos t\, S_n(\cos t) + (\cos^2 t - 1)S_n'(\cos t) = nT_n(\cos t)$ et il s'ensuit :

$$XS_n + (X^2-1)S_n' = nT_n$$

puis $XnS_n + n(X^2-1)S_n' = n^2T_n$ et enfin, avec $nS_n = T_n'$ et $nS_n' = T_n''$:

$$(X^2-1)T_n'' + XT_n' = n^2T_n.$$

c) En dérivant $XS_n + (X^2-1)S_n' = nT_n$, il vient $3XS_n' + S_n + (X^2-1)S_n'' = nT_n' = n^2S_n$, d'où :

$$(X^2-1)S_n'' + 3XS_n' = (n^2-1)S_n.$$

3) On écrit T_n sous la forme $T_n = \displaystyle\sum_{0\leqslant 2k\leqslant n} (-1)^k a_k X^{n-2k}$. On sait que $a_0 = 2^{n-1}$.

$T_n' = \displaystyle\sum_{0\leqslant 2k<n} (-1)^k(n-2k)a_kX^{n-2k-1}$ donne $XT_n' = \displaystyle\sum_{0\leqslant 2k\leqslant n-1} (-1)^k(n-2k)a_kX^{n-2k}$

Puis $T_n'' = \displaystyle\sum_{0\leqslant 2k\leqslant n-2} (-1)^k(n-2k)(n-2k-1)a_kX^{n-2k-2}$ donne :

$$X^2T_n'' = \sum_{0\leqslant 2k\leqslant n-2} (-1)^k(n-2k)(n-2k-1)a_kX^{n-2k}$$

et aussi $T_n'' = -\displaystyle\sum_{2\leqslant 2k\leqslant n} (-1)^k(n-2k+2)(n-2k+1)a_{k-1}X^{n-2k}$.

Par comparaison des termes en X^{n-2k} dans $(X^2-1)T_n'' + XT_n' = n^2T_n$, on obtient :

$$\left(n^2-(n-2k)^2\right)a_k = (n-2k+1)(n-2k+2)a_{k-1}$$

c'est-à-dire $a_k = \dfrac{(n-2k+1)(n-2k+2)}{4k(n-k)}a_{k-1}$ et on obtient :

$$a_k = 2^{n-2k-1}\frac{n!(n-k-1)!}{(n-2k)!k!(n-1)!} = 2^{n-2k-1}\frac{n(n-k-1)!}{k!(n-2k)!}.$$

Avec $T_n' = nS_n$ et $S_n = \displaystyle\sum_{1\leqslant 2k+1\leqslant n} (-1)^k b_kX^{n-2k-1}$, il vient $nb_k = (n-2k)a_k$, soit :

$$b_k = 2^{n-2k-1}\frac{(n-k-1)!}{(n-2k-1)!k!}.$$

On peut remarquer que $a_k = \dfrac{n}{n-2k}b_k$.

4) a) Pour $t\in\mathbb{R}$, on a $T_n\left(\dfrac{e^{it}+e^{-it}}{2}\right) = \dfrac{e^{int}+e^{-int}}{2}$ et par suite :

$$T_n\left(\frac{1}{2}\left(z+\frac{1}{z}\right)\right) = \frac{1}{2}\left(z^n+\frac{1}{z^n}\right) \text{ pour tout } z\in\mathbb{U}.$$

On considère alors $Q = X^n T_n\left(\frac{1}{2}\left(X + \frac{1}{X}\right)\right)$.

Pour tout $z \in \mathbb{U}$, on a $Q(z) = \dfrac{z^{2n}+1}{2}$ donc $Q = \frac{1}{2}(X^{2n}+1)$.

b) En particulier, pour tout réel t, $e^{nt} T_n\left(\dfrac{e^t + e^{-t}}{2}\right) = \dfrac{e^{2nt}+1}{2}$, c'est-à-dire :

$$T_n(\operatorname{ch} t) = \operatorname{ch}(nt).$$

c) De même, on obtient $X^n\left(X - \frac{1}{X}\right) S_n\left(\frac{1}{2}\left(X + \frac{1}{X}\right)\right) = X^{2n} - 1$ et on en déduit :

$$S_n(\operatorname{ch} t) = \frac{\operatorname{sh}(nt)}{\operatorname{sh} t},$$

ce qui donne les valeurs de $T_n(x)$ et $S_n(x)$ pour $x \subset]1, +\infty[$.

5 Images itérées et endomorphisme nilpotent

> Un endomorphisme est qualifié de nilpotent lorsqu'il existe $p \in \mathbb{N}^*$ tel que $f^p = 0$.
> En dimension finie $n \in \mathbb{N}^*$, on utilise souvent $f^n = 0$ et c'est ce résultat qui est visé.
> On utilise ici des inclusions entre les images des f^k pour argumenter cette preuve.

Soit E un $\mathbb{K}$-espace vectoriel de dimension finie $n \in \mathbb{N}^*$ et f un endomorphisme de E.

> Pour $k \in \mathbb{N}$, f^k désigne l'endomorphisme composé de k fois f par lui-même, avec la convention classique : $f^0 = \mathrm{Id}_E$ et $f^1 = f$.

1) Montrer que, pour tout $k \in \mathbb{N}$, $\operatorname{Im}(f^{k+1}) \subset \operatorname{Im}(f^k)$.

2) On suppose qu'il existe $q \in \mathbb{N}$ tel que $\operatorname{Im}(f^{q+1}) = \operatorname{Im}(f^q)$.
Montrer que, $\forall j \in \mathbb{N}, j \geqslant q \Rightarrow \operatorname{Im}(f^j) = \operatorname{Im}(f^q)$.

3) On suppose que f est nilpotent : $\exists p \in \mathbb{N}^*, f^p = 0$. On note $r = \inf\{k \in \mathbb{N}^*, f^k = 0\}$.
Montrer que $r \leqslant n$ et en déduire que $f^n = 0$.

Solution

1)

> Cette question naïve n'a pour objet que de rentrer dans la démarche proposée.

$f^{k+1} = f^k f$ donne $\operatorname{Im}(f^{k+1}) = f^{k+1}(E) = f^k\big(f(E)\big) = f^k(\operatorname{Im} f) \subset \operatorname{Im} f^k$.

2)

> On commence par vérifier que $\operatorname{Im}(f^j) \subset \operatorname{Im}(f^q)$ est vrai pour tout $j \geqslant q$.
> De la sorte, $\operatorname{Im}(f^j) = \operatorname{Im}(f^q)$ équivaut à $\operatorname{Im}(f^j) \supset \operatorname{Im}(f^q)$.

- $\operatorname{Im}(f^j) \subset \operatorname{Im}(f^q)$ est vrai pour $j = q$.

Pour $j \geqslant q$, considérons la proposition $\operatorname{Im}(f^j) \subset \operatorname{Im}(f^q)$.
La question précédente donne $\operatorname{Im}(f^{j+1}) \subset \operatorname{Im}(f^j)$ et il vient $\operatorname{Im}(f^{j+1}) \subset \operatorname{Im}(f^q)$.

La propriété est donc récurrente, ce qui montre que $\forall j \geqslant q$, $\mathrm{Im}(f^j) \subset \mathrm{Im}(f^q)$.

- Supposons que $\mathrm{Im}(f^{q+1}) = \mathrm{Im}(f^q)$, c'est-à-dire $\mathrm{Im}(f^{q+1}) \supset \mathrm{Im}(f^q)$.

Hypothèse de récurrence : supposons que, pour $k \in \mathbb{N}$, $\mathrm{Im}(f^{q+k+1}) \supset \mathrm{Im}(f^{q+k})$.

Alors $\mathrm{Im}(f^{q+k+2}) = f\left(\mathrm{Im}(f^{q+k+1})\right)$ et $f\left(\mathrm{Im}(f^{q+k+1})\right) \supset f\left(\mathrm{Im}(f^{q+k})\right) = \mathrm{Im}(f^{q+k+1})$ donne :

$$\mathrm{Im}(f^{q+k+2}) \supset \mathrm{Im}(f^{q+k+1}).$$

La suite des $\mathrm{Im}(f^{q+k})$ est ainsi croissante (pour l'inclusion).

On a donc $\forall j \geqslant q$, $\mathrm{Im}(f^j) \supset \mathrm{Im}(f^q)$, ce qui donne en définitive $\mathrm{Im}(f^j) = \mathrm{Im}(f^q)$.

> Cette première partie ne fait pas intervenir la dimension de E.
> Les résultats ainsi établis sont vrais pour tout endomorphisme de tout espace vectoriel.

3)

> À l'aide de la question précédente, les inclusions $\mathrm{Im}(f^{k+1}) \subset \mathrm{Im}(f^k)$ sont strictes pour $k \in [\![0, r-1]\!]$. Si f était surjective, on aurait $\mathrm{Im}(f^k) = E$ pour tout $k \in \mathbb{N}^*$.

S'il existait $k \in [\![0, r-1]\!]$ tel que $\mathrm{Im}(f^{k+1}) = \mathrm{Im}(f^k)$, alors on aurait $\mathrm{Im}(f^k) = \mathrm{Im}(f^r) = \{0_E\}$.
Ce serait en contradiction avec la caractérisation de r.

> L'entier r est appelé l'indice de nilpotence de l'endomorphisme nilpotent f.

Les inclusions $\mathrm{Im}(f^{k+1}) \subset \mathrm{Im}(f^k)$ sont donc strictes pour $k \in [\![0, r-1]\!]$.

En notant $d_k = \dim\left(\mathrm{Im}(f^k)\right)$, on a donc $0 < d_{r-1} < \ldots d_1$.

En outre, on a $d_1 < n$ puisque f n'est pas surjective et $d_{r-1} > 0$ puisque $f^{r-1} \neq 0$.

$d_1 \leqslant n-1$ et $d_k < d_{k-1}$ pour $k \in [\![1, r-1]\!]$ donnent $d_{r-1} \leqslant n-r+1$.

Avec $1 \leqslant d_{r-1}$, il vient alors $1 \leqslant n-r+1$ c'est-à-dire $n \geqslant r$.

La première question donne alors $\mathrm{Im}(f^n) \subset \mathrm{Im}(f^r) = \{0\}$ et donc $f^n = 0$.

6 Un sous-espace de polynômes

$\mathbb{K}[X]$ est l'ensemble des polynômes sur $\mathbb{K}$. Un polynôme est dit normalisé – ou unitaire – quand il est non nul et que son coefficient dominant est 1. On considère l'application :

$$\begin{cases} f : & \mathbb{K}[X] & \to & \mathbb{K}[X] \\ & P & \mapsto & (3X+8)P + (X^2-5X)P' + (X^2-X^3)P'' \end{cases}$$

où P' et P'' sont les premiers polynômes dérivés de P.

1) a) Vérifier que f est linéaire.

b) Préciser $f(1)$, $f(X)$, $f(X^2)$ et $f(X^3)$.

2) Préciser le degré de $f(P)$ selon le degré de P. On examinera en particulier le cas où P est de degré 3.

3) a) f est-elle surjective ?

b) Dans quel sous-espace de $\mathbb{K}[X]$ doit-on chercher le noyau de f ? Déterminer ce noyau.

c) On considère l'ensemble V_f des polynômes P pour lesquels il existe un scalaire λ tel que $f(P) = \lambda P$. Montrer que V_f contient quatre polynômes normalisés.

4) On note H l'ensemble des polynômes dont l'image par f est de degré 3.

a) Justifier que H n'est pas vide et n'est pas un sous-espace vectoriel de $\mathbb{K}[X]$.

b) Exprimer les éléments de H et leurs images à l'aide des quatre polynômes normalisés de V_f.

c) On se place dans le cas où $\mathbb{K} = \mathbb{C}$. Étant donné $Q \in H$, normalisé, soit x_1, x_2 et x_3 les racines de $f(Q)$.
On pose $S_1 = x_1 + x_2 + x_3$, $S_2 = x_1x_2 + x_1x_3 + x_2x_3$ et $S_3 = x_1x_2x_3$. Déterminer entre S_1, S_2 et S_3 une relation indépendante des coefficients de Q.

Solution

1) a) La linéarité de f découle de la linéarité de la dérivation et de la distributivité de la multiplication par rapport à l'addition.

b) $f(1) = 8 + 3X, \quad f(X) = 3X + 4X^2, \quad f(X^2) = 3X^3, \quad f(X^3) = -X^3.$

2) Par linéarité, on peut se limiter aux polynômes normalisés.
$P = 0, f(P) = 0$; $\quad f(1) = (8 + 3X)$ donc, si $\deg P = 0$, alors $\deg f(P) = 1$.

- Pour $\deg P = n \geqslant 2$,

$$\deg(8 + 3X)P = n + 1 \text{ et } \operatorname{dom}(8 + 3X)P = 3,$$

$$\deg(X^2 - 5X)P' = n + 1 \text{ et } \operatorname{dom}(X^2 - 5X)P' = n,$$

$$\deg(X^2 - X^3)P'' = n + 1 \text{ et } \operatorname{dom}(X^2 - X^3)P'' = -n(n-1).$$

On a donc $\deg f(P) \leqslant n + 1$. La somme des coefficients dominants est $-(n+1)(n-3)$. Pour $n \neq 3$, on a donc $\deg f(P) = n + 1$.
Soit $P = X^3 + aX^2 + bX + c$.
Avec $f(1), f(X), f(X^2)$ et $f(X^3)$, il vient $f(P) = (3a - 1)X^3 + 4bX^2 + 3(b + c)X + 8c$.
Si $3a \neq 1$, alors $\deg f(P) = 3$. Si $3a = 1$ et $b \neq 0$, alors $\deg f(P) = 2$.
Si $3a = 1$, $b = 0$ et $c \neq 0$, $\deg f\left(X^3 + \frac{X^2}{3} + c\right) = 1$. Et enfin, si $3a = 1$, $b = 0$ et $c = 0$, alors :

$$f\left(X^3 + \frac{X^2}{3}\right) = 0.$$

3) a) Si $\deg P \leqslant 3$, alors $\deg f(P) \leqslant 3$ et si $\deg P \geqslant 4$, alors $\deg f(P) \geqslant 5$.
Il n'y a aucun polynôme de degré 4 dans $\operatorname{Im} f$; ainsi f n'est pas surjective.

b) Si $P \neq 0$ et $\deg P = n \neq 3$, on a $\deg f(P) = n + 1$, donc $P \notin \operatorname{Ker} f$. Par suite, $\operatorname{Ker} f \subset \mathbb{K}_3[X]$.
L'étude des polynômes de degré 3 montre que $\operatorname{Ker} f = \{\mu Q_0, \mu \in \mathbb{K}\}$, avec $Q_0 = 3X^3 + X^2$.

c) Pour $\lambda = 0, f(P) = 0$ caractérise les vecteurs du noyau d'où la solution $X^3 + \frac{1}{3}X^2$.

Pour $\lambda \neq 0$ et $P \neq 0$, $\quad f(P) = \lambda P$ implique $\deg f(P) = \deg P$, d'où $\deg P = 3$.
Avec $P(X) = X^3 + aX^2 + bX + c$ et $f(P) = (3a - 1)X^3 + 4bX^2 + 3(b + c)X + 8c$, on a $f(P) = \lambda P$ si et seulement si :

$$\{3a = 1 + \lambda, \quad 4b = \lambda a, \quad 3c = (\lambda - 3)b, \quad (8 - \lambda)c = 0\}$$

- $c \neq 0 \Rightarrow \lambda = 8$ puis la solution $Q_8 = X^3 + 3X^2 + 6X + 10$;
- $c = 0$ et $b \neq 0$ donne $\lambda = 3$ pour la solution $Q_3 = X^3 + \frac{4}{3}X^2 + X$;
- $c = b = 0$ donne $\lambda a = 0$ donc $a = 0$ puis $\lambda = -1$ pour la solution $Q_{-1} = X^3$ (voir alors 1)a).

4) a) En question 2), on a vu que H est l'ensemble des polynômes de degré 2 ou de la forme $\alpha(X^3 + aX^2 + bX + c)$ avec $\alpha \neq 0$ et $a \neq \frac{1}{3}$; ainsi $H \neq \varnothing$. Notons que $0 \notin H$.

La partie relative aux polynômes de degré 2 a été oubliée.

b) $Q = X^3 + aX^2 + bX + c = xX^3 + y\left(X^3 + \frac{1}{3}X^2\right) + z\left(X^3 + \frac{4}{3}X^2 + X\right) + t\left((X^3 + 3X^2 + 6X + 10\right)$

si et seulement si $\{x + y + z + t = 1,\ y + 4z + 9t = 3a,\ z + 6t = b,\ 10t = c\}$ soit :

$$t = \frac{c}{10},\ z = b - \frac{3c}{5},\ y = 3a - 4b + \frac{3}{2}c \text{ et } x = 1 - 3a + 3b - c.$$

$f(Q) = -x\left(X^3\right) + 3z\left(X^3 + \frac{4}{3}X^2 + X\right) + 8t\left(X^3 + 3X^2 + 6X + 10\right)$ en utilisant les propriétés de Q_8, Q_3, Q_{-1} et Q_0.

Remarque. $f(Q)$ est de degré 3 lorsque $-x + 3z + 8t \neq 0$, soit $3a \neq 1$.

c) Avec $f(Q) = -x\left(X^3\right) + 3z\left((X^3 + \frac{4}{3}X^2 + X\right) + 8t\left(X^3 + 3X^2 + 6X + 10\right)$, on a :

$$f(Q) = (3z - x + 8t)X^3 + 4(z + 6t)X^2 + 3(z + 16t)X + 80t$$

d'où $S_1 = \frac{4(z + 6t)}{x - 3z - 8t}$, $S_2 = \frac{-3(z + 16t)}{x - 3z - 8t}$, $S_3 = \frac{80t}{x - 3z - 8t}$.

On a $4S_2 + 3S_1 = \frac{-120t}{x - 3z - 8t} = -\frac{3}{2}S_3$ ou encore : $6S_1 + 8S_2 + 3S_3 = 0$.

CHAPITRE 4

Intégration
Calcul intégral

Sujets d'oraux 188

A. Intégration sur un segment 188
B. Sommes de Riemann – Intégration par parties 201
C. Changement de variable 210

Thèmes d'étude – Problèmes 220

1. Intégrale de Wallis – Formule de Stirling 220
2. Suites définies par des intégrales 222
3. Limite d'une intégrale de borne variable 225
4. Intégrales et inégalités 227
5. Intégration de $\frac{\sin t}{t}$ 230
6. Primitives et sous-espaces vectoriels 234
7. Limite d'une somme d'intégrales 236
8. Intégrales et équivalents de suites 238
9. Limites de suites d'intégrales 241

Sujets d'oraux

(A) Intégration sur un segment

Ex. 1

Soit f une fonction réelle, continue sur un segment $[a, b]$, $a < b$. On suppose qu'il existe $n \in \mathbb{N}$ tel que $\forall k \in [\![0, n]\!]$, $\int_a^b x^k f(x)\,\mathrm{d}x = 0$. Montrer que f admet au moins $n+1$ valeurs d'annulation distinctes dans $[a, b]$.

> La fonction nulle sur $[a, b]$ convient évidemment. Il est légitime de se limiter à l'étude du cas où f n'est pas la fonction nulle.
>
> Le cas où $n = 0$ invite a montrer que f admet au moins une valeur d'annulation. C'est en réalité un corollaire d'un théorème classique d'intégration.

Si f n'admet pas de valeur d'annulation sur $[a, b]$, alors elle est de signe constant sur $[a, b]$ en application du théorème des valeurs intermédiaires.

La fonction f étant continue, non nulle et de signe constant sur $[a, b]$, on aurait alors :

$$\int_a^b f(x)\,\mathrm{d}x > 0 \text{ ou bien } \int_a^b f(x)\,\mathrm{d}x < 0,$$

ce qui est contraire à l'hypothèse $\int_a^b f(x)\,\mathrm{d}x = 0$.

> Un bon moyen d'utiliser simultanément les $n+1$ informations est de faire intervenir un polynôme de degré au plus égal à n.

Considérons un polynôme $P \in \mathbb{R}_n[X]$, $P = \sum_{k=0}^{n} p_k X^k$. Par linéarité de l'intégrale, on a :

$$\int_a^b P(x) f(x)\,\mathrm{d}x = \sum_{k=0}^{n} p_k \int_a^b x^k f(x)\,\mathrm{d}xv \text{ d'où } \int_a^b P(x) f(x)\,\mathrm{d}x = 0.$$

> On suppose que f admet au plus n valeurs d'annulation distinctes. Il reste alors à construire un polynôme P qui fasse apparaître une contradiction avec les hypothèses.

Supposons que f admette au plus n valeurs d'annulation distinctes, et notons q le nombre de ces zéros distints, avec $1 \leqslant q \leqslant n$.

En les notant $c_1, \ldots, c_q$, on forme alors le polynôme $P = \prod_{k=1}^{q} (X - c_k)$.

> La fonction $x \mapsto P(x) f(x)$ s'annule en chacun de ces q zéros, mais ce n'est pas suffisant pour exploiter le théorème d'intégrale nulle pour une fonction continue.

On va prouver plus précisément que, sous les hypothèses données, f admet au moins $n+1$ valeurs d'annulations telles que $f(x)$ change de signe en chacune d'elles.

Supposons alors que f ait au plus n valeurs d'annulation avec changement de signe, $c_1, \ldots c_q$, avec $1 \leqslant q \leqslant n$.

Alors $x \mapsto P(x)f(x)$ est de signe constant sur $[a, b]$ et, comme elle est continue et non nulle, on a $\displaystyle\int_a^b P(x)f(x)\,dx \neq 0$, ce qui est contraire à l'hypothèse.
On en déduit que f admet au moins $n+1$ valeurs d'annulation.

> On a en fait prouvé que f présente au moins $n+1$ zéros distincts, tels qu'en chacun d'eux, elle change de signe.

Ex. 2

Déterminer les fonctions réelles de classe $\mathcal{C}^1$ sur $[0, 1]$ et telles que :

$$\text{pour tout } (x, y) \in [0, 1]^2, \quad \int_x^y f = \frac{y-x}{2}\big(f(x)+f(y)\big), \qquad f(0) = 0 \text{ et } f'(1) = 0.$$

> Cette expression se lit aussi $\displaystyle\frac{1}{y-x}\int_x^y f = \frac{1}{2}\big(f(x)+f(y)\big)$; c'est-à-dire que la valeur moyenne sur $[x, y]$ (au sens de l'intégrale) est égale à la moyenne des valeurs en x et y.
> Plutôt que de chercher des fonctions générales avant d'injecter les conditions particulières, pourquoi ne pas commencer par exploiter tout de suite $f(0) = 0$?

Avec $f(0) = 0$, une condition nécessaire est : pour tout $x \in [0, 1]$, $\displaystyle\int_0^x f = \frac{1}{2}xf(x)$.

En dérivant, il vient $f(x) = xf'(x)$ et cette équation différentielle admet pour solutions les fonctions $f : x \mapsto \lambda x$, avec $\lambda \in \mathbb{R}$.
On a en particulier $f(1) = \lambda$ et la condition $f'(1) = 0$ donne $\lambda = 0$.
La seule solution possible est la fonction nulle sur $[0, 1]$, et il est immédiat qu'elle convient.

Ex. 3

Soit f et g des fonctions réelles continues sur $[0, 1]$, positives et non nulles, g étant strictement positive. Pour $n \in \mathbb{N}$, on pose $u_n = \displaystyle\int_0^1 f^n g$.

Étudier la suite $\left(\dfrac{u_{n+1}}{u_n}\right)_{n\in\mathbb{N}}$.

On a $u_{n+1} = \displaystyle\int_0^1 f^{n+1}g$ et $u_{n+2} = \displaystyle\int_0^1 f^{n+2}g$, avec $g > 0$.

Comme f et g sont continues, positives et non nulles, il en est de même pour $f^n g$.

On a donc $\displaystyle\int_0^1 f^n g > 0$, c'est-à-dire $u_n > 0$ pour tout $n \in \mathbb{N}$.

> Les nombres u_n sont des intégrales de produit et l'inégalité de Cauchy-Schwarz est un des seuls outils disponibles dans ce contexte.
> Les fonctions f et g sont positives sur $[0, 1]$. On peut alors considérer $\sqrt{f^n g}$.

Appliquons l'inégalité de Cauchy-Schwarz aux fonctions $\sqrt{f^n g}$ et $f\sqrt{f^n g}$.
Leur produit est $f^{n+1}g$ et il vient alors, pour tout $n \in \mathbb{N}$,

$$\left(\int_0^1 f^{n+1}g\right)^2 \leqslant \int_0^1 f^n g \int_0^1 f^{n+2}g.$$

On a ainsi établi que, pour tout $n \in \mathbb{N}$, $u_{n+1}^2 \leqslant u_n u_{n+2}$.

L'inégalité $u_{n+1}^2 \leqslant u_n u_{n+2}$ donne $\dfrac{u_{n+1}}{u_n} \leqslant \dfrac{u_{n+2}}{u_{n+1}}$, donc la suite $\left(\dfrac{u_{n+1}}{u_n}\right)_{n\in\mathbb{N}}$ est croissante.

Il reste alors à examiner si cette suite est majorée.

Continue sur $[0, 1]$, la fonction f est bornée. Soit M sa borne supérieure.

De $f \leqslant M$, on déduit $f^{n+1}g \leqslant Mf^n g$ et il s'ensuit $\int_0^1 f^{n+1}g \leqslant M \int_0^1 f^n g$, c'est-à-dire :

$$u_{n+1} \leqslant M u_n.$$

La suite $\left(\frac{u_{n+1}}{u_n}\right)_{n \in \mathbb{N}}$ est alors majorée par M.

Croissante et majorée, cette suite est convergente, de limite $\ell \leqslant M$.

En complément, on peut s'attacher à la détermination de cette limite.

En application du théorème des moyennes de Cesaro, on établit que, pour une suite (u_n) strictement positive, si la suite $\left(\frac{u_{n+1}}{u_n}\right)_{n \in \mathbb{N}}$ est convergente, de limite ℓ, alors la suite $\left(\sqrt[n]{u_n}\right)_{n \in \mathbb{N}}$ est convergente, avec $\lim \sqrt[n]{u_n} = \ell$.

Dans le cas présent, la détermination de ℓ peut se faire en étudiant la suite $\left(\sqrt[n]{u_n}\right)_{n \in \mathbb{N}}$.

La fonction g, continue sur $[0, 1]$, atteint sa borne inférieure m et on a $m > 0$ puisque g est strictement positive.

La fonction f atteint sa borne supérieure M en un point $c \in [0, 1]$. En exprimant la continuité de f en c, pour tout $0 < \varepsilon < \frac{M}{2}$, il existe $[a, b] \subset [0, 1]$, $a < b$, sur lequel f prend ses valeurs dans $[M - \varepsilon, M]$. On a donc, sur $[a, b]$, $f^n g \geqslant (M - \varepsilon)^n m$ et il vient :

$$\int_0^1 f^n g \geqslant \int_a^b f^n g \geqslant (M - \varepsilon)^n (b - a)m$$

d'où $\sqrt[n]{u_n} \geqslant (M - \varepsilon)\sqrt[n]{(b - a)m}$.

On sait que la suite de terme général $\sqrt[n]{(b - a)m}$ admet 1 pour limite.

Il existe donc $p \in \mathbb{N}$ tel que, pour tout $n \geqslant p$, on a $\sqrt[n]{(b - a)m} \geqslant 1 - \varepsilon$.

Il vient alors $\sqrt[n]{u_n} \geqslant (M - \varepsilon)(1 - \varepsilon) = M - (M + 1)\,\varepsilon + \varepsilon^2 \geqslant M - (M + 1)\varepsilon$.

En prenant la limite pour $n \to +\infty$, il vient $\ell \geqslant M - (M + 1)\varepsilon$.

Et $\ell - M \geqslant -(M + 1)\varepsilon$ pour tout ε tel que $0 < \varepsilon < \frac{M}{2}$, donne $\ell - M \geqslant 0$.

Comme on a déjà $\ell \leqslant M$, il vient finalement $\ell = \sup_{x \in [0,1]} f(x)$.

Ex. 4

Soit $f \in \mathcal{C}([0, 1], \mathbb{R})$ telle que la suite $(u_n)_{n \in \mathbb{N}}$, définie par $u_n = \int_0^1 f^n$, ne prend qu'un nombre fini de valeurs. Montrer que f est constante sur $[0, 1]$.

Une suite qui ne prend qu'un nombre fini de valeurs est nécessairement bornée.

La fonction f ne prend alors certainement pas des valeurs trop grandes. On peut s'en convaincre par contraposition.

Continue sur $[0, 1]$, f est bornée. Soit A la borne supérieure de $|f|$ sur $[0, 1]$.

Montrons que l'on a $A \leqslant 1$. Dans ce but, supposons que $A > 1$.

Il existe $c \in [0, 1]$ tel que $A = |f(c)|$. On considère $\lambda = \frac{1}{2}(1 + A)$; on a $A > \lambda > 1$.

En utilisant la continuité de $|f|$ en c, il existe $[a, b] \subset [0, 1]$, $a < b$, tel que $|f(x)| \geqslant \lambda$ pour tout $x \in [a, b]$.

On en déduit, pour tout $n \in \mathbb{N}$, $u_{2n} = \displaystyle\int_0^1 f^{2n} \geqslant \int_a^b f^{2n} \geqslant (b-a)\lambda^{2n}$.

> L'usage de la suite extraite (u_{2n}) permet d'utiliser $f^{2n} = |f|^{2n}$. On sera alors en mesure de minorer f^{2n} par λ^{2n}.

Avec $\lambda > 1$, on a $\lim u_{2n} = +\infty$, donc la suite (u_n) n'est pas bornée. Elle prend alors un nombre infini de valeurs distinctes.

En conséquence, si la suite (u_n) ne prend qu'un nombre fini de valeurs, alors $A \leqslant 1$.

> Si (u_n) ne prend qu'un nombre fini de valeurs, $n \mapsto u_{2n}$ n'est pas injective.

Avec la condition sur (u_n), il existe des entiers p et q, $p < q$, tels que $u_{2p} = u_{2q}$.

En terme d'intégrale, cela se lit : $\displaystyle\int_0^1 \left(1 - f^{2(q-p)}\right) f^{2p} = 0$.

Or, puisque l'on a $f^{2(q-p)} \leqslant 1$, la fonction $\left(1 - f^{2(q-p)}\right) f^{2p}$ est continue et positive, on en déduit que $\left(1 - f^{2(q-p)}\right) f^{2p}$ est la fonction nulle.

Pour tout $x \in [0, 1]$, on a donc $f(x) = 0$ ou $|f(x)| = 1$.

La fonction f est continue et ne prend qu'au plus trois valeurs.

Le théorème des valeurs intermédiaires montre alors que f est constante.

> f est continue sur $[0, 1]$. Si elle prenait deux valeurs distinctes u et v, elle prendrait toute valeur de l'intervalle $[u, v]$.

Ex. 5

Soit f et g des fonctions continues sur un segment $[a, b]$, $a < b$, et on considère la fonction h définie sur $\mathbb{R}$ par $h(x) = \displaystyle\int_a^b |f(t) + xg(t)|\, \mathrm{d}t$.

Montrer que si f est strictement positive sur $[a, b]$ et si h présente un minimum local en 0, alors on a $\displaystyle\int_a^b g = 0$.

> Le fait que la fonction f est strictement positive assure que son minimum sur $[a, b]$ est strictement positif.

Les fonctions f et $|g|$ sont continues sur $[a, b]$. Elles sont bornées et atteignent leurs bornes. En posant $m = \inf\limits_{t \in [a,b]} f(t)$, on a $m > 0$. Considérons aussi $M = \sup\limits_{t \in [a,b]} |g(t)|$.

Notons que l'on a $h(0) = \displaystyle\int_a^b f(t)\,\mathrm{d}t \geqslant (b-a)m$, donc $h(0) > 0$.

> Une petite difficulté vient de la valeur absolue sous l'intégrale. L'objectif est de trouver un intervalle I sur lequel h soit affine.

Montrons qu'il existe un intervalle I de centre 0 tel que, pour tout $x \in I$, sur lequel on a :

$$f(t) + xg(t) > 0 \text{ pour tout } t \in [a, b].$$

Dans le cas où $M = 0$, la fonction g est nulle et on a $f(t) > 0$ pour tout t, et ceci pour tout $x \in \mathbb{R}$; alors $I = \mathbb{R}$ convient.

Dans le cas où $M > 0$, on considère l'intervalle I, ensemble des $x \in \mathbb{R}$ tels que $|x| < \dfrac{m}{M}$.

Pour $x \in I$, on a $|xg(t)| \leqslant |x|\, M < m$. Alors, avec $f(t) \geqslant m$, il vient $f(t) + xg(t) > 0$.

Dans ce cas, on a $h(x) = \displaystyle\int_a^b f(t)\,\mathrm{d}t + x\int_a^b g(t)\,\mathrm{d}t$.

Étant affine sur I, la fonction h n'a de minimum local en 0 que si $\displaystyle\int_a^b g(t) = 0$.

> L'hypothèse $m > 0$ a joué un rôle essentiel.
>
> En complément, étudions le cas où on a $m = 0$, c'est-à-dire le cas où la fonction positive f n'est pas strictement positive.

Si f est la fonction nulle sur $[a, b]$, on a $h(x) = \displaystyle\int_a^b |xg(t)|\,\mathrm{d}t$.

En prenant pour fonction g la constante 1, on a $h(x) = (b - a)\,|x|$.

La fonction h présente alors un minimum en 0 bien que l'on ait $\displaystyle\int_a^b g(t)\,\mathrm{d}t \neq 0$.

Ex. 6

Soit f une fonction réelle, continue sur $[0, \pi]$ telle que :

$$\int_0^\pi f(x)\sin x\,\mathrm{d}x = \int_0^\pi f(x)\cos x\,\mathrm{d}x = 0.$$

Montrer qu'il existe dans $]0, \pi[$ deux valeurs d'annulation distinctes pour f.

> On a $\sin x \geqslant 0$ pour tout $x \in [0, \pi]$. On met à part le cas où f est de signe constant.
>
> Le théorème des valeurs intermédiaires donnera alors une valeur d'annulation $\alpha \in]0, \pi[$.

Si f est de signe constant sur $[0, \pi]$, alors il en est de même pour $x \mapsto f(x)\sin x$.

Cette fonction étant continue et de signe constant sur $[0, \pi]$, la condition :

$$\int_0^\pi f(x)\sin x\,\mathrm{d}x = 0$$

donne : $$f(x)\sin x = 0 \text{ pour tout } x \in [0, \pi].$$

On en déduit $f(x) = 0$ pour tout $x \in]0, \pi[$ puis, par continuité, $f(x) = 0$ pour tout $x \in [0, \pi]$.

> La fonction nulle vérifie banalement la propriété attendue.

Si f n'est pas nulle sur $[0, \pi]$, on en déduit qu'elle n'est pas de signe constant sur $[0, \pi]$ et il existe alors $a \in]0, \pi[$ tel que $f(a) = 0$ en application du théorème des valeurs intermédiaires.

> On cherche maintenant une valeur d'annulation dans $]0, a[$ ou dans $]a, \pi[$.
>
> $\sin(x - a)$ est négatif sur $[0, a]$ et positif sur $[a, \pi]$.

Supposons que f soit de signe constant sur $[0, a]$ et aussi de signe constant sur $[a, \pi]$.

Il s'agit de signes contraires sur ces deux intervalles.

Alors $h : x \mapsto f(x)\sin(x - a)$ est de signe constant sur $[0, \pi]$. Comme h n'est pas la fonction nulle, on a $\displaystyle\int_0^\pi h(x)\,\mathrm{d}x \neq 0$.

Pour utiliser aussi la seconde hypothèse, il suffit de développer $\sin(x-a)$.

Avec $\sin(x-a) = \sin x \cos a - \sin a \cos x$, d'où $h(x) = \cos a\, f(x) \sin x - \sin a\, f(x) \cos x$, il vient :

$$\int_0^{\pi} h(x)\,\mathrm{d}x = \cos a \int_0^{\pi} f(x) \sin x\,\mathrm{d}x - \sin a \int_0^{\pi} f(x) \cos x\,\mathrm{d}x.$$

Les hypothèses donnent alors $\displaystyle\int_0^{\pi} h(x)\,\mathrm{d}x = 0$.

Ceci contredit le fait que f est de signe constant sur $[0, a]$ et aussi sur $[a, \pi]$.

Il y a donc un de ces deux intervalles sur lequel f n'est pas de signe constant.

Le théorème des valeurs intermédiaires donne alors une valeur d'annulation pour f dans l'intervalle $]0, a[$ ou dans l'intervalle $]a, \pi[$.

Ex. 7

Soit f et g continues, positives sur $[0, 1]$ et telles que $fg \geqslant 1$.

Montrer que $\displaystyle\left(\int_0^1 f\right)\left(\int_0^1 g\right) \geqslant 1.$

L'intégrale ne fait pas bon ménage avec le produit. La règle fondamentable dans un contexte de produit est l'inégalité de Cauchy-Schwarz.

Sans expliciter les conditions d'utilisation, cette règle donne $\displaystyle\left(\int_a^b uv\right)^2 \leqslant \int_a^2 u^2 \int_a^b v^2.$

f et g étant positives, on considère $\sqrt{f}$ et $\sqrt{g}$ pour une minoration du produit étudié.

Avec le théorème de Cauchy-Schwarz, on a $\displaystyle\left(\int_0^1 \sqrt{f}\sqrt{g}\right)^2 \leqslant \left(\int_0^1 f\right)\left(\int_0^1 g\right).$

Il reste à mettre en jeu l'hypothèse $fg > 1$.

Avec $fg \geqslant 1$, il vient $\sqrt{fg} \geqslant 1$ et il s'ensuit que $\displaystyle 1 \leqslant \int_0^1 \sqrt{fg}$ puis $\displaystyle 1 \leqslant \left(\int_0^1 \sqrt{fg}\right)^2$.

Et le résultat proposé en découle.

Ex. 8

Soit a et b réels tels que $0 < a < b$. Montrer que $\displaystyle\int_a^b \frac{\mathrm{d}x}{x} < \frac{b-a}{\sqrt{ab}}.$

Il n'y a guère de souci à se faire, dans la mesure où l'intégrale est un logarithme bien familier. Sans méthode imposée, il est légitime d'aborder la question sous l'aspect de fonctions numériques usuelles.

Un petit doute subsiste : pourquoi donner le texte dans un langage d'intégrale ?...

Y aurait-il autre chose ? Une approche du problème en termes d'intégrale est proposée en seconde solution.

On a $\displaystyle\int_a^b \frac{\mathrm{d}x}{x} = \ell n\, b - \ell n\, a$ et le problème équivaut à

$$0 < a < b \Rightarrow \frac{b-a}{\sqrt{ab}} - \ell n\, b + \ell n\, a > 0.$$

Pour $a > 0$ fixé quelconque, on peut étudier la fonction $f : x \mapsto \dfrac{x-a}{\sqrt{ax}} - \ell n\, x + \ell n\, a$ sur l'intervalle $[a, +\infty[$. Notons que l'on a $f(a) = 0$.

> Pour avoir $x > a \Rightarrow f(x) > 0$, il suffirait que f soit strictement croissante sur $[a, +\infty[$.

On a $f'(x) = \dfrac{1}{\sqrt{ax}} - \dfrac{x-a}{2x\sqrt{ax}} - \dfrac{1}{x} = \dfrac{x+a-2\sqrt{ax}}{2x\sqrt{ax}}$.

Pour étudier le signe de f' sur $[a, +\infty[$, il suffit de connaître celui de $g(x)$, avec :

$$g : x \mapsto x + a - 2\sqrt{ax}.$$

Avec $g(a) = 0$ et $g'(x) = \dfrac{\sqrt{x} - \sqrt{a}}{\sqrt{x}}$, on obtient $g'(x) > 0$ pour $x > a$, donc g est strictement croissante sur $[a, +\infty[$, et on a $g(x) > 0$ pour tout $x > a$.

Finalement, $f'(x) > 0$ pour $x > 0$ donne f strictement croissante sur $[a, +\infty[$, La conclusion en résulte.

> Tout cela est assez facile, mais on peut imaginer que l'objectif n'est pas seulement de déceler votre connaissance de $\ell n\, x$ sous forme d'intégrale.
>
> Il s'agit d'une majoration en terme d'intégrale et le théorème de Cauchy-Schwarz n'est alors pas à négliger. D'autant plus que ce théorème fournit une inégalité stricte lorsque les fonctions utilisées ne sont pas liées (dans le sens de colinéaires).
>
> Le principal écueil est l'absence d'un produit sous l'intégrale. Qu'à cela ne tienne, notons que $\dfrac{1}{x} = 1 \times \dfrac{1}{x}$ et le tour est joué...

La fonction constante 1 et la fonction $x \mapsto \dfrac{1}{x}$ n'étant pas liées, le théorème de Cauchy-Schwarz donne :

$$\left(\int_a^b 1 \times \frac{1}{x}\,\mathrm{d}x\right)^2 < \left(\int_a^b 1^2\,\mathrm{d}x\right)\left(\int_a^b \frac{1}{x^2}\,\mathrm{d}x\right).$$

Il vient alors $\left(\displaystyle\int_a^b \frac{1}{x}\,\mathrm{d}x\right)^2 < (b-a)\left(-\dfrac{1}{b} + \dfrac{1}{a}\right) = \dfrac{(b-a)^2}{ab}$ et le résultat attendu en découle.

Ex. 9

Soit $n \in \mathbb{N}^*$ et $P \in \mathbb{R}[X]$, $\deg P = 2n$. On considère les fonctions réelles F et G définies sur $\mathbb{R}$ par :

$$F : x \mapsto \sum_{k=0}^{n} (-1)^k P^{(2k)}(x) \quad \text{et} \quad G : x \mapsto F'(x)\sin x - F(x)\cos x.$$

Montrer que $\displaystyle\int_0^{\pi} P(x)\sin x\,\mathrm{d}x = F(0) + F(\pi)$.

On suppose que $\pi \in \mathbb{Q}$, $\pi = \dfrac{a}{b}$ avec $(a, b) \in \mathbb{N}^{*2}$ et on considère $P = \dfrac{1}{n!} X^n(a - bX)^n$.

Pour $j \in [\![0, 2n]\!]$, calculer $P^{(j)}(0)$. En déduire qu'on a $F(0) \in \mathbb{Z}$ puis que $F(\pi) \in \mathbb{Z}$.

En posant, pour $n \in \mathbb{N}$, $I_n = \dfrac{1}{n!}\displaystyle\int_0^{\pi} x^n(a - bx)^n \sin x\,\mathrm{d}x$, montrer qu'on a $I_n \in \mathbb{N}^*$.

Montrer que la suite $(I_n)_{n \in \mathbb{N}^*}$ a 0 pour limite et conclure.

> $x \mapsto F(x)\cos x - F'(x)\sin x$ serait la dérivée de $x \mapsto F(x)\sin x$. Pour le rôle de G, il est raisonnable d'examiner G'. Notons que l'on a $G(0) = -F(0)$ et $G(\pi) = F(\pi)$.

On constate aisément que $G'(x) = \big(F(x) + F''(x)\big)\sin x$.

Avec $F(x) = \displaystyle\sum_{k=0}^{n}(-1)^k P^{(2k)}(x)$, il vient $F''(x) = \displaystyle\sum_{k=0}^{n}(-1)^k P^{(2(k+1))}(x) = \sum_{k=1}^{n+1}(-1)^{k-1}P^{(2k)}(x)$

c'est-à-dire $F''(x) = \displaystyle\sum_{k=1}^{n}(-1)^{k-1}P^{(2k)}(x)$, d'où $F(x) + F''(x) = P(x)$ puis $G'(x) = P(x)\sin x$.

Alors $\displaystyle\int_0^{\pi} P(x)\sin x\,\mathrm{d}x = \int_0^{\pi} G'(x)\,\mathrm{d}x = G(\pi) - G(0)$, d'où $\displaystyle\int_0^{\pi} P(x)\sin x\,\mathrm{d}x = F(0) + F(\pi)$.

> Le coefficient de X^j de P se lit de deux manières : d'une part en développant P avec la formule du binôme, d'autre part avec la formule de Taylor.

0 est racine d'ordre n de P. On a donc $\forall j \in \mathbb{N},\ 0 \leqslant j < n \ \Rightarrow\ P^{(j)}(0) = 0$.

Pour $j \in [\![0, n]\!]$, le coefficient de X^{n+j} de P est celui de X^j de $\dfrac{1}{n!}(a - bX)^n$. C'est donc :

$$p_{n+j} = \frac{1}{n!}\,\mathrm{C}_n^j(-1)^j b^j a^{n-j}.$$

Alors $P^{(n+j)}(0) = p_{n+j}(n+j)! = \dfrac{(-1)^j(n+j)!}{n!}\,\mathrm{C}_n^j\, b^j a^{n-j}$ montre que $P^{(n+j)}(0) \in \mathbb{Z}$. Il s'ensuit que :

$$F(0) = \sum_{k=0}^{n}(-1)^k P^{(2k)}(0) \text{ est un entier.}$$

> Pour comparer $P(x)$ et $P(\pi - x)$, on met en évidence $\pi = \dfrac{a}{b}$ dans $x^n(a - bx)^n$.

$P = \dfrac{b^n}{n!}X^n(\pi - X)^n$ montre que $\forall x \in \mathbb{R},\ P(\pi - x) = P(x)$ d'où $\forall k \in \mathbb{N},\ (-1)^k P^{(k)}(\pi - x) = P^{(k)}(x)$.

On a donc $P^{(2k)}(\pi) = P^{(2k)}(0)$. Alors $F(\pi) = F(0)$ et $F(\pi)$ est un entier.

> $I_n > 0$ vient de l'intégration d'une fonction continue, positive et non nulle.

La fonction $x \mapsto \dfrac{b^n}{n!}x^n(\pi - x)^n$ est continue, positive sur $[0, \pi]$.

Comme ce n'est pas la fonction nulle sur $[0, \pi]$, on a $I_n > 0$.

Par ailleurs, on a $I_n = F(0) + F(\pi)$, donc I_n est un entier.

En conclusion, $(I_n)_{n \in \mathbb{N}^*}$ est une suite d'entiers strictement positifs.

> Pour étudier la limite de (I_n), on cherche une majoration de la fonction intégrée.

Sur $[0, \pi]$, $x \mapsto x^n(\pi - x)^n$ a son maximum en $\dfrac{\pi}{2}$ égal à $\left(\dfrac{\pi^2}{4}\right)^n$, donc $0 \leqslant I_n \leqslant \dfrac{\pi}{n!}\left(\dfrac{a^2}{4b}\right)^n$.

La comparaison des suites $(n!)$ et (q^n) montre alors que la suite (I_n) a 0 pour limite.

> Dans $\mathbb{N}$, toute partie non vide admet un plus petit élément.

L'ensemble des I_n admet un plus petit élément, soit I_r.

Pour tout $n \in \mathbb{N}$, on a donc $I_n \geqslant I_r$ et $I_r > 0$, ce qui est contradictoire avec $\lim I_n = 0$.

Cette contradiction, qui découle de $\pi \in \mathbb{Q}$, montre que π n'est pas un nombre rationnel.

Ex. 10

Étudier les limites pour a tendant vers 0, vers 1 et vers $+\infty$ de $\displaystyle\int_a^{a^2} \frac{dt}{\ell n\, t}$.

Il faut préciser sur quel(s) intervalle(s) la fonction à intégrer est continue.

La fonction $f : t \mapsto \dfrac{1}{\ell n\, t}$ est $\mathcal{C}^\infty$ sur $]0, 1[\cup]1, +\infty[$.

Pour $0 < a < 1$, on a $0 < a^2 < 1$, donc $[a, a^2] \subset]0, 1[$ et $F(a) = \displaystyle\int_a^{a^2} \frac{dt}{\ell n\, t}$ est défini.

De même, pour $a > 1$, on a $[a, a^2] \subset]1, +\infty[$ et $F(a)$ est défini.

- Au voisinage de 0 la fonction f est bornée et on a $\lim\limits_{a\to 0}(a^2 - a) = 0$.

Il s'ensuit $\lim\limits_{a\to 0} F(a) = 0$.

- Au voisinage de $+\infty$, la fonction f est bornée et on a $\lim\limits_{a\to+\infty}(a^2 - a) = +\infty$.

Dans ce cas, il est un peu tôt pour se prononcer puisque f est de limite 0. On est en présence d'une forme indéterminée qu'il faut analyser un peu plus finement.

Pour $a > 1$, on a $\dfrac{1}{\ell n\, a^2} \leqslant \dfrac{1}{\ell n\, t}$ pour tout $t \in [a, a^2]$. Il s'ensuit que $F(a) \geqslant \dfrac{a^2 - a}{\ell n\, a^2}$.
Au voisinage de $+\infty$, on a :

$$\frac{a^2 - a}{\ell n\, a^2} \sim \frac{a^2}{\ell n\, a^2}$$

et la croissance comparée des fonctions puissance et logarithme nous donne :

$$\lim_{a\to+\infty} \frac{a^2}{\ell n\, a^2} = +\infty.$$

On en déduit que $\lim\limits_{a\to+\infty} F(a) = +\infty$.

- Étudions la limite de F en 1.

Compte tenu de l'ensemble de définition de F, il faut distinguer l'étude de la limite à droite de 1 et celle de la limite à gauche.

Premier cas : $0 < a < 1$. Notons que l'on a $0 < a^2 < a < 1$ et $\ell n\, t < 0$ pour $t \in [a, a^2]$.

Écrivons $F(a)$ sous la forme $\displaystyle\int_{a^2}^{a} \frac{-1}{\ell n\, t}\, dt$ pour tenir compte de $a^2 < a$.

Sur l'intervalle $[a^2, a] \subset]0, 1[$, la fonction $(-f) : t \mapsto \dfrac{-1}{\ell n\, t}$ est strictement croissante.

On en déduit l'encadrement $\dfrac{a(a-1)}{2\,\ell n\, a} \leqslant F(a) \leqslant \dfrac{a(a-1)}{\ell n\, a} \leqslant \dfrac{a-1}{\ell n\, a}$.

Avec la limite classique $\lim\limits_{a\to 1} \dfrac{a-1}{\ell n\, a} = 1$, il vient que $F(a)$ est encadrée par des fonctions de limites $\dfrac{1}{2}$ et 1 quand a tend vers 1.

On n'est pas en mesure de se prononcer sur la limite de $F(a)$ en 1 avec ces seuls éléments. Il est nécessaire d'explorer une autre piste.
Majorée (sur $]0, 1[$) par une fonction ayant une limite réelle en 1, la fonction F est majorée.

La dérivée sur $]0,1[$ de F est définie par $F'(a) = 2a\dfrac{1}{\ell n\, a^2} - \dfrac{1}{\ell n\, a} = \dfrac{a-1}{\ell n\, a} > 0$.

Croissante sur $]0,1[$ et majorée, F admet une limite quand a tend vers 1 sur $]0,1[$.

> Le problème reste entier : trouver cette limite, avec une avancée, c'est que cette limite existe. Notons en passant que F est majorée par sa dérivée.
>
> Les encadrements de la fonction à intégrer étant inopérants, il faudrait disposer d'une primitive.
>
> On n'en connait pas pour $\dfrac{1}{\ell n\, t}$ mais on en connait une pour $\dfrac{1}{t\,\ell n\, t}$.

On a $F(a) = \displaystyle\int_a^{a^2} t\,\frac{\mathrm{d}t}{t\,\ell n\, t}$ et une primitive de $t \mapsto \dfrac{1}{t\,\ell n\, t}$ est $t \mapsto \ell n\,|\ell n\, t|$.

En encadrant t, il vient $a^2 \displaystyle\int_a^{a^2} \frac{\mathrm{d}t}{t\,\ell n\, t} \leqslant F(a) \leqslant a \int_a^{a^2} \frac{\mathrm{d}t}{t\,\ell n\, t}$.

Avec $\displaystyle\int_a^{a^2} \frac{\mathrm{d}t}{t\,\ell n\, t} = \ell n\left|\ell n\, a^2\right| - \ell n\,|\ell n\, a| = \ell n\, 2$, il vient $a^2\,\ell n\, 2 \leqslant F(a) \leqslant a\,\ell n\, 2$ et finalement :

$$\lim_{a \to 1\ a<1} F(a) = \ell n\, 2.$$

Deuxième cas : $1 < a$. Dans le dernier calcul, il n'y a presque rien à modifier, si ce n'est que l'encadrement devient $a\,\ell n\, 2 \leqslant F(a) \leqslant a^2\,\ell n\, 2$, et on obtient aussi $\ell n\, 2$ pour limite à droite de F en 1.

Ex. 11

Calculer la limite de la suite $(u_n)_{n\in\mathbb{N}^*}$ de terme général $u_n = n\displaystyle\int_0^{\pi} \tan\frac{\sin x}{n}\,\mathrm{d}x$.

Pour $x \in [0,\pi]$, on a $0 \leqslant \sin x \leqslant 1$ donc $0 \leqslant \dfrac{\sin x}{n} \leqslant 1$, donc $x \mapsto \tan\dfrac{\sin x}{n}$ est continue positive sur $[0,1]$.

> La fonction $x \mapsto \tan\dfrac{\sin x}{n}$ n'a pas de primitive connue.
>
> Cherchons alors une suite (v_n) de même limite que (u_n) et dont la limite soit de calcul plus accessible.
>
> Pour $0 \leqslant y < \dfrac{\pi}{2}$, on a usuellement $0 \leqslant \tan y - y \leqslant \dfrac{y^3}{3}$.

Pour $0 \leqslant x \leqslant \pi$, on a $0 \leqslant \tan\dfrac{\sin x}{n} - \dfrac{\sin x}{n} \leqslant \dfrac{\sin^3 x}{n^3} \leqslant \dfrac{1}{n^3}$.

On en déduit que $0 \leqslant \displaystyle\int_0^{\pi} \tan\frac{\sin x}{n}\,\mathrm{d}x - \int_0^{\pi} \frac{\sin x}{n}\,\mathrm{d}x \leqslant \frac{\pi}{n^3}$.

Il s'ensuit $0 \leqslant n\displaystyle\int_0^{\pi} \tan\frac{\sin x}{n}\,\mathrm{d}x - \int_0^{\pi} \sin x\,\mathrm{d}x \leqslant \frac{\pi}{n^2}$.

Avec $\displaystyle\int_0^{\pi} \sin x\,\mathrm{d}x = 2$, on vient de voir que $0 \leqslant u_n - 2 \leqslant \dfrac{\pi}{n^2}$, donc $\lim(u_n - 2) = 0$ et en conclusion, on a $\lim u_n = 2$.

Ex. 12

Soit $(a, b) \in \mathbb{R}^2$, avec $a < b$, et on considère une fonction f de classe $\mathcal{C}^1$ sur $[a, b]$.

On suppose que $f(a) = 0$ et $0 \leqslant f'(x) \leqslant 1$ pour tout $x \in [a, b]$.

Montrer que $\displaystyle\int_a^b f^3 \leqslant \left(\int_a^b f\right)^2$.

Procédons à un premier examen des hypothèses.

Avec $f' \geqslant 0$, la fonction f est croissante. La condition $f(a) = 0$ donne alors $f \geqslant 0$.

Pour bénéficier d'un contexte de dérivabilité, on construit une fonction auxiliaire F.

Soit F la fonction définie sur $[a, b]$ par $F(x) = \displaystyle\int_a^x f^3 - \left(\int_a^x f\right)^2$.

La question se lit alors $F(b) \leqslant 0$.

On a $F(a) = 0$ et, pour avoir $F(b) \leqslant 0$, il suffit de voir si F ne serait pas décroissante.

F est dérivable et on a $F'(x) = f^3(x) - 2f(x)\displaystyle\int_a^x f = f(x)\left(f^2(x) - 2\int_a^x f\right)$.

Comme f est positive, il suffit d'étudier le signe de $G(x) = f^2(x) - 2\displaystyle\int_a^x f$.

La fonction G ainsi définie est dérivable sur $[a, b]$ et on a :

$$G'(x) = 2f(x)f'(x) - 2f(x) \quad \text{c'est-à-dire} \quad G'(x) = 2f(x)\big(f'(x) - 1\big).$$

L'hypothèse $f'(x) \leqslant 1$ donne $G'(x) \leqslant 0$, donc G est décroissante.

L'hypothèse $f(a) = 0$ donne $G(a) = 0$, et par suite G est négative sur $[a, b]$.

Il s'ensuit que F' est négative, puis que F est décroissante, ce qui permet de conclure.

Ex. 13

Étudier la fonction $f : x \mapsto \displaystyle\int_0^{\sin^2 x} \operatorname{Arcsin}\sqrt{t}\,dt + \int_0^{\cos^2 x} \operatorname{Arccos}\sqrt{t}\,dt$.

L'ensemble de définition est à préciser en premier lieu.

Pour tout x réel, on a $0 \leqslant \sin^2 x \leqslant 1$ et $0 \leqslant \cos^2 x \leqslant 1$. Alors $t \mapsto \operatorname{Arcsin}\sqrt{t}$ est continue sur $[0, \sin^2 x]$ et $t \mapsto \operatorname{Arccos}\sqrt{t}$ est continue sur $[0, \cos^2 x]$.

f est donc définie et dérivable sur $\mathbb{R}$.

Des remarques simples premettent de réduire l'intervalle d'étude.

En outre il est immédiat que f est périodique de période π et paire.

Il suffit alors de l'étudier sur $[0, \pi/2]$.

Sans chercher à calculer ces deux intégrales, on peut examiner la dérivée de f.

On a $f'(x) = 2\sin x \cos x \operatorname{Arcsin}(\sin x) - 2\sin x \cos x \operatorname{Arccos}(\cos x)$.

Avec $x \in [0, \pi/2]$, on a $\operatorname{Arcsin}(\sin x) = x$ et $\operatorname{Arccos}(\cos x) = x$.

Il vient alors $f'(x) = 0$ sur $[0, \pi/2]$.

f est donc constante sur $[0, \pi/2]$ puis sur $[-\pi/2, \pi/2]$ par parité puis enfin sur $\mathbb{R}$ tout entier par périodicité.

Pour le calcul de cette constante, il suffit de prendre la valeurs de f en un point particulier.

$f(0) = \int_0^1 \text{Arccos}\sqrt{t}\,dt$ ou $f(1) = \int_0^1 \text{Arcsin}\sqrt{t}\,dt$ demandent un peu de calcul.

On peut aussi tenter d'utiliser $\text{Arcsin}\,u + \text{Arccos}\,u = \pi/2$ pour $u \in [-1, 1]$.

On a $\sin^2 x = \cos^2 x$ pour $x = \frac{\pi}{4}$ et on calcule alors $f\left(\frac{\pi}{4}\right)$.

$f\left(\frac{\pi}{4}\right) = \int_0^{1/2} \text{Arcsin}\sqrt{t}\,dt + \int_0^{1/2} \text{Arccos}\sqrt{t}\,dt$ et il vient alors $f\left(\frac{\pi}{4}\right) = \int_0^{1/2} \frac{\pi}{2}\,dt = \frac{\pi}{4}$.

En conclusion, f est constante sur $\mathbb{R}$, égale à $\frac{\pi}{4}$.

Ex. 14

Montrer que, pour tout $x > 1$, il existe un unique $y > 1$ tel que $\int_x^y \frac{dt}{\ell n\, t} = 1$.

Étudier la fonction $f : x \mapsto y$ ainsi définie et ses limites éventuelles en 1 et en $+\infty$.

Cherchons quelques informations sur $\varphi(x, y) = \int_x^y \frac{dt}{\ell n\, t}$ et sur $\varphi_x : y \mapsto \int_x^y \frac{dt}{\ell n\, t}$.

Pour $t > 1$, on a $\ell n\, t > 0$, donc $\varphi(x, y) < 0$ pour $1 < y < x$, $\varphi(x, y) > 0$ pour $y > x$, et $\varphi(x, x) = 0$.

Pour $x > 1$ fixé, la fonction $\varphi_x : y \mapsto \int_x^y \frac{dt}{\ell n\, t}$ est dérivable sur $]1, +\infty[$ et $\varphi_x'(y) = \frac{1}{\ell n\, y} > 0$.

Comme $t \mapsto \frac{1}{\ell n\, t}$ est décroissante, on a, pour $y > x$, $\varphi_x(y) \geqslant (y - x)\frac{1}{\ell n\, y}$.

Avec $\lim_{y\to+\infty} (y - x)\frac{1}{\ell n\, y} = +\infty$, on obtient $\lim_{y\to+\infty} \varphi_x(y) = +\infty$.

Ainsi, la fonction φ_x continue et strictement croissante définit une bijection de $]1, +\infty[$ sur $\varphi_x(]1, +\infty[)$. Puisque $\varphi_x(]1, +\infty[)$ contient $\varphi_x([x, +\infty[) = [0, +\infty[$, il existe un unique $y > 1$ tel que $\varphi_x(y) = 1$, et on a $y > x$.

Étudions maintenant la fonction f.

La fonction $f :]1, +\infty[\to]1, +\infty[$ est définie par $\int_x^{f(x)} \frac{dt}{\ell n\, t} = 1$.

Avec $\frac{1}{\ell n\, t} > 0$ sur $]1, +\infty[$, on a nécessairement $f(x) > x$, sinon on aurait $\int_x^{f(x)} \frac{dt}{\ell n\, t} \leqslant 0$.

- On vient de voir que $f(x) > x$, donc f est de limite $+\infty$ quand x tend vers $+\infty$.

Il est raisonnable d'espérer que f est dérivable. On est dans un contexte de fonction réciproque sous-jacent.

Avec $\int_x^y \frac{dt}{\ell n\, t} = \int_e^y \frac{dt}{\ell n\, t} - \int_e^x \frac{dt}{\ell n\, t}$, notons $g(x) = \int_e^x \frac{dt}{\ell n\, t}$.

B. U. PARIS SCIENCES

$f(x)$ est l'unique réel y tel que $g(y) = g(x) + 1$, c'est-à-dire $f(x) = g^{-1}\big(g(x) + 1\big)$.

Comme g est dérivable, de dérivée strictement positive sur $]1, +\infty[$, sa réciproque est dérivable et il s'ensuit que f est dérivable.

Par dérivation de la fonction constante $x \mapsto \int_x^{f(x)} \frac{\mathrm{d}t}{\ell n\, t}$, on obtient $\frac{f'(x)}{\ell n f(x)} - \frac{1}{\ell n\, x} = 0$, c'est-à-dire :

$$f'(x) = \frac{\ell n f(x)}{\ell n\, x}.$$

Avec $x > 1$ et $f(x) > 1$, il vient $f'(x) > 0$, et f est strictement croissante.

> Minorée par 1 et croissante, la fonction f admet une limite réelle en 1.
>
> Pour préciser cette limite, encadrons $\int_x^{f(x)} \frac{\mathrm{d}t}{\ell n\, t}$.

Notons ℓ la limite en 1 de $f(x)$.

Sur $[x, f(x)]$, on a $\frac{1}{\ell n f(x)} \leqslant \frac{1}{\ell n\, t} \leqslant \frac{1}{\ell n\, x}$. Il s'ensuit $\frac{f(x) - x}{\ell n f(x)} \leqslant 1 \leqslant \frac{f(x) - x}{\ell n\, x}$.

En passant à la limite, $f(x) \geqslant x + \ell n\, x$ donne $\ell \geqslant 1$.

En passant à la limite dans $f(x) - x \leqslant \ell n f(x)$, il vient $\ell - 1 \leqslant \ell n\, \ell$.

> On a $\ell n\, u \leqslant u - 1$ pour tout $u > 0$ et, pour tout $u > 0$, $u \neq 1$, on a $\ell n\, u < u - 1$.

Alors ℓ vérifie $\ell n\, \ell \leqslant \ell - 1 \leqslant \ell n\, \ell$, donc $\ell n\, \ell = \ell - 1$. On en déduit que $\ell = 1$.

Ex. 15

Étant donné une fonction réelle f continue sur $[0, 1]$, on considère la fonction φ définie sur $\mathbb{R}$ par $\varphi(x) = \int_0^1 f(t) \sin(xt)\, \mathrm{d}t$.

Montrer que φ est continue et montrer qu'elle est dérivable ; on exprimera $\varphi'(x)$ à l'aide d'une intégrale.

> En première année, aucun théorème n'est disponible pour étudier une fonction définie par une intégrale de la forme $\varphi(x) = \int_a^b g(x, t)\, \mathrm{d}t$. Pour la continuité par exemple, il faut passer par l'examen de $\varphi(x_2) - \varphi(x_1)$.
>
> Notons que la dérivabilité dispenserait de se pencher sur la continuité. Le but visé est d'étudier dans un cas particulier des méthodes qui pourront orienter l'étude de cas analogues.

Pour x_1 et x_2 réels, on a $\varphi(x_2) - \varphi(x_1) = \int_0^1 \big(\sin(x_2 t) - \sin(x_1 t)\big) f(t)\, \mathrm{d}t$.

On a classiquement $|\sin u - \sin v| \leqslant |u - v|$, par exemple en utilisant le théorème des accroissements finis.

Il s'ensuit que $|\varphi(x_2) - \varphi(x_1)| \leqslant |x_2 - x_1| \int_0^1 t\, |f(t)|\, \mathrm{d}t$.

Ainsi, la fonction φ est lipschitzienne sur $\mathbb{R}$, elle est donc continue.

> La continuité de φ ne présente ainsi aucune difficulté. En revanche, pour l'étude de la dérivabilité, il n'y a pas d'indication fournie et on est un peu désarmé. Il reste à imaginer un résultat plausible et à le confirmer.
>
> Un tel résultat plausible serait que la dérivée $\varphi'(x)$ soit l'intégrale de la dérivée par rapport à x du terme à intégrer.

La dérivée par rapport à x de $\sin(xt)f(t)$ est $t\cos(xt)f(t)$ et on considère la fonction ψ définie sur $\mathbb{R}$ par :

$$\psi(x) = \int_0^1 t\cos(xt)f(t)\,dt.$$

> Dans l'espoir que $\varphi'(x) = \psi(x)$, on étudie $\dfrac{\varphi(x+h) - \varphi(x)}{h} - \psi(x)$.

Pout tout x réel et $h \neq 0$, formons $\delta(h) = \dfrac{\varphi(x+h) - \varphi(x)}{h} - \psi(x)$:

$$\delta(h) = \frac{1}{h}\int_0^1 \big(\sin(xt + ht) - \sin(xt) - ht\cos(xt)\big)f(t)\,dt.$$

> On voit apparaître $\sin(a + \alpha) = \sin a + \alpha\cos a + \cdots$ et une formule de Taylor semble adaptée pour établir que $\lim\limits_{h\to 0} \delta(h) = 0$, ce qui est l'objectif sous-jacent.

Par la formule de Taylor - reste intégral - il vient : $|\sin(a+\alpha) - \sin a - \alpha\cos a| \leqslant \dfrac{\alpha^2}{2} \leqslant \alpha^2$, ce qui donne ici : $|\sin(xt + ht) - \sin(xt) - ht\cos(xt)| \leqslant h^2t^2$.

On en déduit $|\delta(h)| \leqslant |h|\displaystyle\int_0^1 t^2\,|f(t)|\,dt$, ce qui donne $\lim\limits_{h\to 0}\delta(h) = 0$.

On a ainsi établi que, pour tout x réel, $\varphi'(x) = \psi(x)$.

(B) Sommes de Riemann – Intégration par parties

Ex. 16

Donner un équivalent de $u_n = \displaystyle\sum_{k=0}^{n} \frac{1}{k^2 + (n-k)^2}$.

> Que cet énoncé soit dans cette section est déjà une indication en soi. L'utilisation de sommes de Riemann est fort vraisemblable.

On a $u_n = \dfrac{1}{n^2}\displaystyle\sum_{k=0}^{n} \frac{1}{\left(\frac{k}{n}\right)^2 + \left(1 - \frac{k}{n}\right)^2}$ donc $nu_n = \dfrac{1}{n}\displaystyle\sum_{k=0}^{n} \frac{1}{\left(\frac{k}{n}\right)^2 + \left(1 - \frac{k}{n}\right)^2}$.

En posant $f(x) = \dfrac{1}{x^2 + (1-x)^2}$, on peut écrire alors $nu_n = \dfrac{1}{n}\displaystyle\sum_{k=0}^{n} f\left(\frac{k}{n}\right)$.

La fonction f est continue sur $[0, 1]$ et les $\dfrac{k}{n}$ constituent la subdivision régulière d'ordre n de cet intervalle.

En application du théorème des sommes de Riemann d'une fonction continue, il vient :

$$\lim \frac{1}{n}\sum_{k=1}^{n} f\left(\frac{k}{n}\right) = \int_0^1 f.$$

Notons que $\frac{1}{n}\sum_{k=0}^{n} f\left(\frac{k}{n}\right)$ et $\frac{1}{n}\sum_{k=1}^{n} f\left(\frac{k}{n}\right)$ diffèrent de $\frac{f(0)}{n}$, qui est de limite nulle.

Il vient alors $\lim nu_n = \int_0^1 f$. On notant $I = \int_0^1 f$, on a donc $nu_n \sim I$, puis $u_n \sim \frac{I}{n}$.

Il ne reste plus maintenant qu'à calculer I.

On a $x^2 + (1-x)^2 = 2x^2 - 2x + 1 = 2\left(x - \frac{1}{2}\right)^2 + \frac{1}{2}$ et il vient $I = \frac{1}{2}\int_0^1 \frac{\mathrm{d}x}{\left(x-\frac{1}{2}\right)^2 + \frac{1}{4}}$.

Une primitive de $\frac{1}{(x-\alpha)^2 + \beta^2}$ est classique : c'est $\frac{1}{\beta}\,\mathrm{Arctan}\left(\frac{1}{\beta}(x-\alpha)\right)$.

Il vient enfin $I = \Big[\mathrm{Arctan}(2x-1)\Big]_0^1 = \frac{\pi}{2}$. En conclusion, on a $u_n \sim \frac{\pi}{2n}$.

Ex. 17

Calculer la limite de la suite $(u_n)_{n\in\mathbb{N}^*}$ définie par $u_n = \sum_{k=1}^{n} \sin\frac{k}{n}\sin\frac{k}{n^2}$.

Il semble qu'une somme de Riemann ne soit pas loin, mais ce n'en est pas une !

Pour tout $k \in [\![1, n]\!]$, on a $\frac{k}{n^2} \leqslant \frac{1}{n}$ et on a donc $\sin\frac{k}{n^2} \sim \frac{k}{n^2}$.

Considérons alors la suite $(v_n)_{n\in\mathbb{N}^*}$ définie par $v_n = \sum_{k=1}^{n} \frac{k}{n^2}\sin\frac{k}{n} = \frac{1}{n}\sum_{k=1}^{n}\frac{k}{n}\sin\frac{k}{n}$.

On reconnaît pour (v_n) la suite des sommes de Riemann sur $[0, 1]$ de la fonction continue :

$$f : x \mapsto x\sin x.$$

La limite de (v_n) est alors aisée. La véritable question est de savoir si cette limite nous rend service pour le calcul de la limite de (u_n).

On a $v_n - u_n = \sum_{k=1}^{n}\left(\frac{k}{n^2} - \sin\frac{k}{n^2}\right)\sin\frac{k}{n}$.

Pour $x \in [0, \pi/2]$, on a $0 \leqslant \sin x \leqslant 1$ et $0 \leqslant x - \sin x \leqslant \frac{x^3}{6}$.

Notons que, pour $k \in [\![1, n]\!]$, on a $0 < \frac{k}{n^2} \leqslant 1$, donc $0 \leqslant \frac{k}{n^2} - \sin\frac{k}{n^2} \leqslant \frac{k^3}{6n^6} \leqslant \frac{1}{n^3}$, d'où :

$$0 \leqslant v_n - u_n \leqslant \sum_{k=1}^{n}\frac{1}{n^3}\sin\frac{k}{n} \leqslant \sum_{k=1}^{n}\frac{1}{n^3} = \frac{1}{n^2}.$$

Avec $\lim \frac{1}{n^2} = 0$, il vient $\lim(v_n - u_n) = 0$ puis enfin :

$$\lim u_n = \lim v_n = \int_0^1 x\sin x\,\mathrm{d}x.$$

Et, avec une intégration par parties, on obtient facilement :

$$\int_0^1 x\sin x\,\mathrm{d}x = \sin 1 - \cos 1.$$

Ex. 18

Étant donné a réel, $a > 1$, calculer la valeur moyenne sur $[0, \pi]$ de la fonction :

$$f : x \mapsto \ell n\left(1 - 2a\cos 2x + a^2\right).$$

Pour $x \in \mathbb{R}$, on a $1 - 2a + a^2 \leqslant 1 - 2a\cos 2x + a^2$ et, avec $a > 1$, il vient $0 < 1 - 2a\cos 2x + a^2$. Ainsi f est de classe $\mathcal{C}^\infty$ sur $[0, \pi]$.

> La valeur moyenne $\frac{1}{\pi}\int_0^\pi f$ est la limite de la suite des sommes de Riemann.
>
> En l'absence de primitive connue pour f, ces sommes de Riemann sont une démarche intéressante, si elle se prête bien aux calculs.

Soit $S_n = \frac{1}{n}\sum_{k=1}^{n} \ell n\left(1 - 2a\cos\frac{2k\pi}{n} + a^2\right)$. On est ramené à l'étude de la limite de (S_n).

> La situation paraît encore bien pire. Mais en regardant $1 - 2a\cos\frac{2k\pi}{n} + a^2$ comme polynôme en a, la somme des racines (complexes ?) est $2\cos\frac{2k\pi}{n}$ et leur produit est 1. Un bon point d'attaque se précise.

Avec $e^{2ik\pi/n} + e^{-2ik\pi/n} = 2\cos\frac{2k\pi}{n}$ et $e^{2ik\pi/n}e^{-2ik\pi/n} = 1$, on a :

$$1 - 2a\cos\frac{2k\pi}{n} + a^2 = \left(a - e^{2ik\pi/n}\right)\left(a - e^{-2ik\pi/n}\right).$$

> Les racines du polynôme $X^n - 1$ sont les $e^{2ik\pi/n}$ pour $k \in [\![1, n]\!]$; ce sont aussi leurs conjugués $e^{-2ik\pi/n}$.

On a donc $S_n = \frac{1}{n}\sum_{k=1}^{n} \ell n\left[\left(a - e^{2ik\pi/n}\right)\left(a - e^{-2ik\pi/n}\right)\right] = \frac{1}{n}\ell n \prod_{k=1}^{n}\left(a - e^{2ik\pi/n}\right)\left(a - e^{-2ik\pi/n}\right)$.

Avec $\prod_{k=1}^{n}\left(a - e^{2ik\pi/n}\right) = \prod_{k=1}^{n}\left(a - e^{-2ik\pi/n}\right) = a^n - 1$, il vient $S_n = \frac{1}{n}\ell n(a^n - 1)^2 = \frac{2}{n}\ell n(a^n - 1)$.

Pour $a > 1$, on a $\lim_{n\to+\infty} a^n = +\infty$, donc $\ell n(a^n - 1) \sim \ell n(a^n) = n\,\ell n\, a$.

Il vient alors $S_n \sim 2\,\ell n\, a$, ce qui est la valeur moyenne de f sur $[0, \pi]$.

Ex. 19

On considère les fonctions f et g définies sur $]0, +\infty[$ par :

$$f(x) = \int_1^x \frac{1 + \sin t}{t^2}\,\mathrm{d}t \quad \text{et} \quad g(x) = \int_1^x \frac{\cos t}{t}\,\mathrm{d}t.$$

Montrer que f et g ont chacune une limite réelle en $+\infty$.

> Un cas simple d'existence de limite concerne les fonctions monotones.

La fonction f est dérivable sur $]0, +\infty[$ et, pour tout $x > 0$, $f'(x) = \frac{1 + \sin x}{x^2} \geqslant 0$.

Pour tout $t > 0$, on a $\frac{1 + \sin t}{t^2} \leqslant \frac{2}{t^2}$, d'où, pour tout $x > 1$, $f(x) \leqslant \int_1^x \frac{2}{t^2}\,\mathrm{d}t = 2 - \frac{2}{x} \leqslant 2$.

Croissante et majorée sur $[1, +\infty[$, la fonction f admet une limite réelle ℓ en $+\infty$.

> On n'est pas dans la même situation confortable vis-à-vis de g.
> Mais en notant que $t \mapsto \cos t$ est la dérivée de $t \mapsto 1 + \sin t$, une intégration par parties paraît d'actualité.

Les fonctions $t \mapsto 1 + \sin t$ et $t \mapsto \dfrac{1}{t}$ sont de classe $\mathcal{C}^1$ sur $]0, +\infty[$.

Une intégration par parties donne $f(x) = -\left[\dfrac{1+\sin t}{t}\right]_1^x + \displaystyle\int_1^x \dfrac{\cos t}{t}\,\mathrm{d}t$, et il vient :

$$g(x) = f(x) - 1 - \sin 1 + \frac{1+\sin x}{x}.$$

Comme $x \mapsto 1 + \sin x$ est bornée, on obtient $\displaystyle\lim_{x\to+\infty} \frac{1+\sin x}{x} = 0$, et on en déduit que g admet en $+\infty$ une limite $\ell' = \ell - 1 - \sin 1$.

Ex. 20

Donner une primitive de $\sin(\ell n\, x)$.

La fonction $f : x \mapsto \sin(\ell n\, x)$ est de classe $\mathcal{C}^\infty$ sur $]0, +\infty[$.

> On ne connait pas classiquement de primitive de f. Une intégration par parties peut être tentée.
> Rappelons que $\int f$ désigne une primitive de f, sans se préoccuper de constante d'intégration.

En intégrant par parties, on a $F(x) = \displaystyle\int \sin(\ell n\, x)\,\mathrm{d}x = x\sin(\ell n\, x) - \int x\,\frac{\cos(\ell n\, x)}{x}\,\mathrm{d}x$ d'où :

$$F(x) = x\sin(\ell n\, x) - \int \cos(\ell n\, x)\,\mathrm{d}x.$$

> Comme souvent dans le cas de fonction à base de sinus, l'analogue en cosinus s'invite aux débats.

Posons $g : x \mapsto \cos(\ell n\, x)$ et $G(x) = \displaystyle\int g(x)\,\mathrm{d}x$.

En intégrant par parties, il vient de même $G(x) = x\cos(\ell n\, x) + \displaystyle\int \sin(\ell n\, x)\,\mathrm{d}x$.

Les relations $F(x) + G(x) = x\sin(\ell n\, x)$ et $G(x) - F(x) = x\cos(\ell n\, x)$ donnent alors :

$$F(x) = \frac{x}{2}\big(\sin(\ell n\, x) - \cos(\ell n\, x)\big) \quad \text{et} \quad G(x) = \frac{x}{2}\big(\sin(\ell n\, x) + \cos(\ell n\, x)\big).$$

Ex. 21

Soit $(u_n)_{n\in\mathbb{N}}$ la suite définie par $u_n = \displaystyle\int_0^{\frac{\pi}{2}} x\sin(nx)\cos^n x\,\mathrm{d}x$. On pose $S_n = \displaystyle\sum_{k=1}^{n} \frac{1}{k}$.

On définit la fonction f_n sur $[0, 1]$ par $\forall t \in]0, 1]$, $f_n(t) = \dfrac{1-(1-t)^n}{t}$ et $f_n(0) = n$.

On pose $I_n = \displaystyle\int_0^1 f_n(t)\,\mathrm{d}t$. Prouver que $I_n = \displaystyle\sum_{p=1}^{n} \mathrm{C}_n^p \frac{(-1)^{p-1}}{p}$ et que $I_n = S_n$.

Montrer que, pour tout $p \in \mathbb{N}^*$, $\displaystyle\int_0^{\frac{\pi}{2}} x\sin(2px)\,\mathrm{d}x = (-1)^{p+1}\frac{\pi}{4p}$.

Montrer que $\displaystyle\sum_{p=1}^{n} \mathrm{C}_n^p \sin(2px) = 2^n \sin(nx)\cos^n x$. En déduire que $u_n = \dfrac{\pi}{2^{n+2}} S_n$.

Montrons que f_n est une fonction polynôme sur $[0, 1]$.

$(1-t)^n = \sum_{p=0}^{n} \mathrm{C}_n^p (-1)^p t^p$ donne, pour $t \neq 0$, $\dfrac{1-(1-t)^n}{t} = \sum_{p=1}^{n} \mathrm{C}_n^p (-1)^{p-1} t^{p-1} = \varphi(t)$.

Avec $\varphi(0) = \mathrm{C}_n^1 = n$, il vient que $f_n(t) = \varphi(t)$ sur $[0, 1]$.

I_n est alors l'intégrale d'une fonction polynôme.

$$I_n = \int_0^1 \sum_{p=1}^{n} \mathrm{C}_n^p (-1)^{p-1} t^{p-1}\, \mathrm{d}t = \sum_{p=1}^{n} \mathrm{C}_n^p (-1)^{p-1} \int_0^1 t^{p-1}\, \mathrm{d}t = \sum_{p=1}^{n} \mathrm{C}_n^p \frac{(-1)^{p-1}}{p}.$$

Pour $t \neq 0$, on a $\sum_{k=1}^{n} (1-t)^{k-1} = \dfrac{1-(1-t)^n}{t}$ (suite géométrique de raison $1-t \neq 1$).

D'autre part, avec le changement de variable $t \to 1-t$, on obtient :

$$\int_0^1 (1-t)^{k-1}\, \mathrm{d}t = \int_0^1 t^{k-1}\, \mathrm{d}t = \frac{1}{k}, \text{ et il s'ensuit } I_n = S_n.$$

L'intégration du produit d'une fonction polynôme par une fonction trigonométrique se traite par intégration par parties.

En intégrant par parties, il vient $\int_0^{\frac{\pi}{2}} x \sin(2px)\, \mathrm{d}x = \left[-x\dfrac{\cos(2px)}{2p}\right]_0^{\frac{\pi}{2}} + \dfrac{1}{2p}\int_0^{\frac{\pi}{2}} \cos(2px)\, \mathrm{d}x$ et on en déduit $\int_0^{\frac{\pi}{2}} x \sin(2px)\, \mathrm{d}x = (-1)^{p+1}\dfrac{\pi}{4p}$.

Une somme trigonométrique en sinus est la partie imaginaire de la somme analogue en exponentielle complexe.

$\sum_{p=1}^{n} \mathrm{C}_n^p \sin(2px)$ est la partie imaginaire de $V_n(x) = \sum_{p=1}^{n} \mathrm{C}_n^p e^{2ipx} = -1 + (1+e^{2ix})^n$.

Avec $1 + e^{2ix} = 2e^{ix}\cos x$, il vient $V_n(x) = -1 + 2^n e^{inx}\cos^n x$, dont la partie imaginaire est :

$$2^n \sin(nx)\cos^n x.$$

On a donc $u_n = \dfrac{1}{2^n}\sum_{p=1}^{n} \mathrm{C}_n^p \int_0^{\frac{\pi}{2}} x \sin(2px)\, \mathrm{d}x$.

Il reste enfin à regrouper les différents résultats obtenus.

Il vient alors $u_n = \dfrac{\pi}{2^{n+2}}\sum_{p=1}^{n} \dfrac{(-1)^{p-1}}{p}\mathrm{C}_n^p = \dfrac{\pi}{2^{n+2}} I_n$ et $I_n = S_n$ donne enfin $u_n = \dfrac{\pi}{2^{n+2}} S_n$.

Ex. 22

Étudier la limite de la suite de terme général $s_n = \sum_{k=n}^{2n} \sin^2 \dfrac{1}{\sqrt{k}}$ pour $n \in \mathbb{N}^*$.

En linéarisant : $\sin^2 \dfrac{1}{\sqrt{k}} = \dfrac{1}{2}\left(1 - \cos\dfrac{2}{\sqrt{k}}\right)$, on peut se laisser tenter par une somme de cosinus. Toutefois, ce sont les sommes du type $\sum_k \cos ka$ qui sont classiques, et on en est assez éloigné.

En l'absence de coefficient $\frac{1}{n}$ devant la somme, la perspective de somme de Riemann n'est pas transparente. Examinons plus attentivement les termes de la somme.

Pour $n \leqslant k \leqslant 2n$, on a $0 < \frac{1}{\sqrt{k}} \leqslant \frac{1}{\sqrt{n}}$, donc $\frac{1}{\sqrt{k}}$ est voisin de 0 quand n tend vers l'infini.

Alors $\sin^2 \frac{1}{\sqrt{k}} \sim \frac{1}{k}$ conduit à examiner la somme $t_n = \sum_{k=n}^{2n} \frac{1}{k}$.

L'étude de (t_n) ne présente d'intérêt que si on peut donner la limite ℓ de t_n et si on peut comparer utilement les suites (s_n) et (t_n).

On a $t_n - s_n = \sum_{k=n}^{2n} \left(\frac{1}{k} - \sin^2 \frac{1}{\sqrt{k}}\right) = \sum_{k=n}^{2n} \left(\frac{1}{\sqrt{k}} + \sin \frac{1}{\sqrt{k}}\right)\left(\frac{1}{\sqrt{k}} - \sin \frac{1}{\sqrt{k}}\right)$.

Pour $x \geqslant 0$, $\sin x \leqslant x$ permet d'avoir $\frac{1}{\sqrt{k}} + \sin \frac{1}{\sqrt{k}} \leqslant \frac{2}{\sqrt{k}}$.

Pour $x > 0$, on a classiquement $0 \leqslant x - \sin x \leqslant \frac{1}{6}x^3$, on en déduit $0 \leqslant \frac{1}{\sqrt{k}} - \sin \frac{1}{\sqrt{k}} \leqslant \frac{1}{6k\sqrt{k}}$.

Il s'ensuit $\frac{1}{k} - \sin^2 \frac{1}{\sqrt{k}} \leqslant \frac{1}{3k^2}$ puis, pour $n \leqslant k \leqslant 2n$, $\frac{1}{k} - \sin^2 \frac{1}{\sqrt{k}} \leqslant \frac{1}{3n^2}$.

Il en découle $t_n - s_n \leqslant \frac{n+1}{3n^2}$, et $\lim_{n\to\infty} \frac{n+1}{3n^2} = 0$ donne $\lim(t_n - s_n) = 0$.

Il suffit alors d'étudier la limite de la suite (t_n).

C'est l'occasion d'exploiter la constante d'Euler γ qui apparaît dans l'étude de la suite harmonique (h_n) définie par $h_n = \sum_{k=1}^{n} \frac{1}{k}$. Utilisons alors le résultat classique :

$$h_n = \ell n\, n + \gamma + o(1).$$

$t_n = \sum_{k=1}^{2n} \frac{1}{k} - \sum_{k=1}^{n} \frac{1}{k} + \frac{1}{n}$ donne alors :

$$t_n = \frac{1}{n} + \ell n(2n) - \ell n\, n + o(1) = \ell n\, 2 + \frac{1}{n} + o(1)$$

et on en déduit $\lim t_n = \ell n\, 2$. En conclusion, on a établi que (s_n) admet $\ell n\, 2$ pour limite.

Ex. 23

Calculer la limite pour $n \to +\infty$ de la somme double $S_n = \sum_{i=1}^{n}\sum_{j=1}^{n} \frac{(-1)^{i+j}}{i+j}$.

Par quel bout prendre ce sujet ? Il y a une piste : pour tout $k \in \mathbb{N}^*$, $\frac{1}{k} = \int_0^1 t^{k-1}\,\mathrm{d}t$.

On a $S_n = \sum_{i=1}^{n}\sum_{j=1}^{n}(-1)^{i+j} \int_0^1 t^{i+j-1}\,\mathrm{d}t$.

Par linéarité de l'intégrale, on peut écrire : $S_n = \int_0^1 \sum_{i=1}^{n}\sum_{j=1}^{n}(-1)^{i+j}t^{i+j-1}\,\mathrm{d}t$.

On est un peu avancé, mais cette somme double est encore impressionnante. Si encore il n'y avait qu'une somme !

Notons que, dans $(-1)^{i+j}t^{i+j-1}$, on peut améliorer la symétrie des rôles joués par i et j.

$(-1)^{i+j}t^{i+j-1} = (-1)^i t^{i-1}(-1)^j t^{j-1} t$, donne : $\displaystyle\sum_{j=1}^{n}(-1)^{i+j}t^{i+j-1} = t(-1)^i t^{i-1}\sum_{j=1}^{n}(-1)^j t^{j-1}$ puis :

$$\sum_{i=1}^{n}\sum_{j=1}^{n}(-1)^{i+j}t^{i+j-1} = t\sum_{i=1}^{n}(-1)^i t^{i-1}\sum_{j=1}^{n}(-1)^j t^{j-1} = t\Big(\sum_{k=1}^{n}(-1)^k t^{k-1}\Big)^2$$

et $\displaystyle\sum_{k=1}^{n}(-1)^k t^{k-1}$ est une somme géométrique de raison $-t \neq 1$ et de premier terme 1.

Elle s'écrit $\displaystyle\sum_{k=1}^{n}(-1)^k t^{k-1} = \frac{1-(-t)^n}{1+t}$, et finalement :

$$\sum_{i=1}^{n}\sum_{j=1}^{n}(-1)^{i+j}t^{i+j-1} = t\Big(\frac{1-(-t)^n}{1+t}\Big)^2 \quad \text{puis } S_n = \int_0^1 \Big(\frac{1-(-t)^n}{1+t}\Big)^2 t\,\mathrm{d}t.$$

Développons la fonction à intégrer, puisque sous cette forme, il n'y a pas de primitive familière.

Avec $t\big(1-(-t)^n\big)^2 = t + 2(-1)^{n+1}t^{n+1} + t^{2n+1}$, on a :

$$S_n = \int_0^1 \frac{t}{(1+t)^2}\,\mathrm{d}t + 2(-1)^{n+1}\int_0^1 \frac{t^{n+1}}{(1+t)^2}\,\mathrm{d}t + \int_0^1 \frac{t^{2n+1}}{(1+t)^2}\,\mathrm{d}t.$$

En posant $\displaystyle R_k = \int_0^1 \frac{t^k}{(1+t)^2}\,\mathrm{d}t$, on a $S_n = R_1 + 2(-1)^{n+1}R_{n+1} + R_{2n+1}$.

Avec $t = (1+t) - 1$, donc $\displaystyle\frac{t}{(t+1)^2} = \frac{1}{t+1} - \frac{1}{(t+1)^2}$, on a $\displaystyle R_1 = \Big[\ell n(t+1) + \frac{1}{t+1}\Big]_0^1 = \ell n 2 - \frac{1}{2}$.

On peut espérer que R_{n+1} et R_{2n+1} sont de limite nulle.

Pour $k \in \mathbb{N}^*$, et pour tout $t \in [0, 1]$, on a $\displaystyle 0 \leqslant \frac{t^k}{(1+t)^2} \leqslant t^k$, donc $\displaystyle 0 \leqslant R_k \leqslant \frac{1}{k+1}$.

On en déduit que $\displaystyle\lim_{n\to+\infty} R_{n+1} = 0$ et $\displaystyle\lim_{n\to+\infty} R_{2n+1} = 0$, d'où $\displaystyle\lim_{n\to+\infty} S_n = \ell n 2 - \frac{1}{2}$.

Ex. 24

On considère des fonctions f et g définies sur $\mathbb{R}$. On suppose que f est lipschitzienne et que g est continue et périodique, de période $T > 0$. Montrer que la suite de terme général $\displaystyle u_n = \int_0^T f(x)g(nx)\,\mathrm{d}x$ admet $\displaystyle\frac{1}{T}\int_0^T f\int_0^T g$ pour limite.

Une intégrale sur $[0, nT]$ permet de décomposer en somme d'intégrales sur des intervalles de longueur T et d'utiliser la périodicité de g. Un changement de variable est une clé.

Le changement de variable défini par $t = nx$ donne $u_n = \dfrac{1}{n}\displaystyle\int_0^{nT} f\Big(\frac{t}{n}\Big) g(t)\,\mathrm{d}t$.

La relation de Chasles donne alors $u_n = \dfrac{1}{n}\displaystyle\sum_{k=1}^{n}\int_{(k-1)T}^{kT} f\Big(\frac{t}{n}\Big) g(t)\,\mathrm{d}t$.

Par le changement de variable défini par $t = (k-1)T + v$, il vient :

$$\int_{(k-1)T}^{kT} f\Big(\frac{t}{n}\Big) g(t)\,\mathrm{d}t = \int_0^T f\Big(\frac{(k-1)T+v}{n}\Big) g\big((k-1)T+v\big)\,\mathrm{d}v.$$

La périodicité de g donne ensuite $\displaystyle\int_{(k-1)T}^{kT} f\Big(\frac{t}{n}\Big) g(t)\,\mathrm{d}t = \int_0^T f\Big(\frac{(k-1)T+v}{n}\Big) g(v)\,\mathrm{d}v$.

Ces diverses transformations donnent $u_n = \dfrac{1}{n}\displaystyle\sum_{k=1}^{n}\int_0^T f\Big(\frac{(k-1)T+v}{n}\Big) g(v)\,\mathrm{d}v$.

> Il est particulièrement tentant d'isoler $\dfrac{1}{n}\displaystyle\sum_{k=1}^{n} f\Big(\frac{(k-1)T}{n}\Big)$ qui est une somme de Riemann pour f sur $[0, T]$.

On considère la suite de terme général $s_n = \Big(\dfrac{1}{n}\displaystyle\sum_{k=1}^{n} f\Big(\frac{(k-1)T}{n}\Big)\Big)\int_0^T g(v)\,\mathrm{d}v$.

> Si la limite de (s_n) est immédiate, cette suite ne se révélera utile que si on peut estimer la différence $(u_n - s_n)$.

En application du théorème des sommes de Riemann pour une fonction continue, on a :

$$\lim_{n\to+\infty}\frac{1}{n}\sum_{k=1}^{n} f\Big(\frac{(k-1)T}{n}\Big) = \frac{1}{T}\int_0^T f$$

et donc, $\lim s_n = \dfrac{1}{T}\displaystyle\int_0^T f \int_0^T g$.

> La limite de (s_n) est celle qui est attendue pour (u_n). Il reste alors à prouver que $(u_n - s_n)$ est de limite 0. Quand on sait où on va, il est plus facile d'orienter les calculs. À ce sujet, l'hypothèse «f lipschitzienne» est encore inutilisée.

En écrivant s_n sous la forme $s_n = \dfrac{1}{n}\displaystyle\sum_{k=1}^{n}\int_0^T f\Big(\frac{(k-1)T}{n}\Big) g(v)\,\mathrm{d}v$, on a :

$$u_n - s_n = \frac{1}{n}\sum_{k=1}^{n}\int_0^T \Big(f\Big(\frac{(k-1)T+v}{n}\Big) - f\Big(\frac{(k-1)T}{n}\Big)\Big) g(v)\,\mathrm{d}v$$

f étant lipschitzienne, il existe $\lambda > 0$ tel que $|f(b) - f(a)| \leqslant \lambda\,|b - a|$ pour a et b dans $\mathbb{R}$.

On a donc $\Big|f\Big(\dfrac{(k-1)T+v}{n}\Big) - f\Big(\dfrac{(k-1)T}{n}\Big)\Big| \leqslant \lambda\dfrac{v}{n} \leqslant \lambda\dfrac{T}{n}$, et il s'ensuit :

$$\left|\int_0^T \Big(f\Big(\frac{(k-1)T+v}{n}\Big) - f\Big(\frac{(k-1)T}{n}\Big)\Big) g(v)\,\mathrm{d}v\right| \leqslant \lambda\frac{T}{n}\int_0^T |g|.$$

Finalement $|u_n - s_n| \leqslant \dfrac{\lambda\,T}{n}\displaystyle\int_0^T |g|$ donne $\lim(u_n - s_n) = 0$, ce qui achève la preuve de la proposition.

Ex. 25

Pour $n \in \mathbb{N}$, on considère la fonction f_n définie sur $\mathbb{R}$ par $f_n(x) = \displaystyle\int_0^1 (1-t^2)^n \cos xt \,\mathrm{d}t$ et on pose $I_n = f_n(0)$. Montrer que f_n est bornée et lipschitzienne sur $\mathbb{R}$.
Donner une relation liant $f_{n+2}(x)$, $f_{n+1}(x)$ et $f_n(x)$. En déduire une expression de I_n.

> La première partie du sujet s'obtient par des majorations usuelles.

Avec $0 \leqslant (1-t^2)^n \leqslant 1$ et $|\cos xt| \leqslant 1$, il vient $|f_n(x)| \leqslant 1$.

Étudions $f_n(u) - f_n(v) = \displaystyle\int_0^1 (1-t^2)^n(\cos ut - \cos vt)\,\mathrm{d}t$.

On a classiquement $|\cos ut - \cos vt| \leqslant |ut - vt| \leqslant |u - v|$, ce qui permet d'obtenir :

$$|f_n(u) - f_n(v)| \leqslant |u - v|$$

et par suite f_n est lipschitzienne.

> Pour une relation entre $f_{n+2}(x)$ et $f_{n+1}(x)$, on peut utiliser une intégration par parties en dérivant $(1-t^2)^{n+2}$. En vue d'une primitive de $\cos xt$, on se place dans le cas $x \neq 0$.

Les fonctions qui interviennent sont de classe $\mathcal{C}^\infty$ donc, dans ce sujet, toute intégration par parties est justifiée.

$$f_{n+2}(x) = \int_0^1 (1-t^2)^{n+2}\cos xt\,\mathrm{d}t = \frac{1}{x}\Big[(1-t^2)^{n+2}\sin xt\Big]_0^1 + \frac{n+2}{x}\int_0^1 2t(1-t^2)^{n+1}\sin xt\,\mathrm{d}t$$

donne : $f_{n+2}(x) = \dfrac{2(n+2)}{x}\displaystyle\int_0^1 t(1-t^2)^{n+1}\sin xt\,\mathrm{d}t$.

> Une nouvelle intégration par parties permet de retrouver $\cos xt$ sous le signe d'intégration. Il faut porter une attention particulière à la dérivée de $t(1-t^2)^{n+1}$ pour l'écrire en combinaison linéaire de puissances de $1-t^2$.

La dérivée de $\varphi(t) = t(1-t^2)^{n+1}$ est $\varphi'(t) = (1-t^2)^{n+1} - 2t^2(n+1)(1-t^2)^n$ et on a :

$$t^2(1-t^2)^n = (1-t^2)^n - (1-t^2)^{n+1}.$$

Il s'ensuit $\varphi'(t) = -2(n+1)(1-t^2)^n + (2n+3)(1-t^2)^{n+1}$.

Avec $-\dfrac{1}{x}\Big[\varphi(t)\cos xt\Big]_0^1 = 0$, on obtient $\displaystyle\int_0^1 t(1-t^2)^{n+1}\sin xt\,\mathrm{d}t = \frac{1}{x}\int_0^1 \varphi'(t)\cos xt\,\mathrm{d}t$, c'est-à-dire :

$$\int_0^1 t(1-t^2)^{n+1}\sin xt\,\mathrm{d}t = \frac{2n+3}{x}f_{n+1}(x) - \frac{2(n+1)}{x}f_n(x)$$

et on obtient : $f_{n+2}(x) = \dfrac{2(n+2)(2n+3)}{x^2}f_{n+1}(x) - \dfrac{4(n+1)(n+2)}{x^2}f_n(x)$.

> Pour en déduire une relation entre les I_k, il faut étudier le comportement en 0 déduit de la relation précédente. C'est le moment de se rappeler que f_{n+2} est bornée.

Dans $x^2 f_{n+2}(x) = 2(n+2)\Big((2n+3)f_{n+1}(x) - 2(n+1)f_n(x)\Big)$, on prend la limite en 0, en tenant compte du fait que f_{n+2} est bornée, et aussi que f_{n+1} et f_n sont continues.

Il vient alors $(2n+3)f_{n+1}(0) - 2(n+1)f_n(0) = 0$, c'est-à-dire $I_{n+1} = \dfrac{2n+2}{2n+3}I_n$.

En observant que $I_0 = 1$ et que $I_{n+1} = \dfrac{2(n+1)}{2(n+1)+1}I_n$, il vient $I_n = \displaystyle\prod_{k=1}^n \frac{2k}{2k+1}$.

En multipliant numérateur et dénominateur par $\displaystyle\prod_{k=1}^n 2k$, il vient $I_n = \dfrac{4^n(n!)^2}{(2n+1)!}$.

Ⓒ Changement de variable

Ex. 26

Existe-t-il une fonction f continue sur $[0, 1]$ telle que :

$$(1) : \int_0^1 f(x)\,\mathrm{d}x = \frac{1}{3} + \int_0^1 f^2(x^2)\,\mathrm{d}x\ ?$$

La formulation n'est pas homogène en terme d'intégrales. Pour y remédier, on exprime $\frac{1}{3}$ en une intégrale sur $[0, 1]$.

Ici, f^2 représente la fonction $u \mapsto \big(f(u)\big)^2$.

Notons, classiquement, que $\frac{1}{3} = \int_0^1 x^2\,\mathrm{d}x$. Un énoncé équivalent est alors :

$$\int_0^1 f(x)\,\mathrm{d}x = \int_0^1 \left(f^2(x^2) + x^2\right)\mathrm{d}x.$$

Le changement de variable bijectif de $[0, 1]$ sur $[0, 1]$ défini par $x = t^2$ permet d'exprimer $\int_0^1 f(x)\,\mathrm{d}x$ en une intégrale avec $f(t^2)$, mieux en rapport avec l'intégrale qui figure au second membre.

Supposons que f soit solution du problème.

Le changement de variable bijectif défini par $x = t^2$, et avec $\mathrm{d}x = 2t\,\mathrm{d}t$ donne :

$$\int_0^1 f(x)\,\mathrm{d}x = \int_0^1 2tf(t^2)\,\mathrm{d}t$$

et la condition devient : $\int_0^1 2xf(x^2)\,\mathrm{d}x = \int_0^1 \left(f^2(x^2) + x^2\right)\mathrm{d}x.$

Par linéarité, cette condition équivaut à $\int_0^1 \left(f^2(x^2) - 2xf(x^2) + x^2\right)\mathrm{d}x$, c'est-à-dire :

$$\int_0^1 \left(f(x^2) - x\right)^2 \mathrm{d}x.$$

Nous voilà en territoire connu : fonction positive, d'intégrale nulle. L'hypothèse de continuité de f devient plus importante que pour la seule intégrabilité.

La fonction $x \mapsto \left(f(x^2) - x\right)^2$ est continue sur $[0, 1]$, positive et d'intégrale nulle. C'est donc la fonction nulle sur $[0, 1]$.

Pour tout $x \in [0, 1]$, on a ainsi $\left(f(x^2) - x\right)^2 = 0$, donc $f(x^2) = x$, d'où $f(x) = \sqrt{x}$.

La fonction $x \mapsto \sqrt{x}$ est la seule solution possible. Il reste à vérifier qu'elle convient.

On a $\int_0^1 \sqrt{x}\,\mathrm{d}x = \frac{2}{3}\left[x^{3/2}\right]_0^1 = \frac{2}{3}$.

Par ailleurs, avec $f(t) = \sqrt{t}$, on a $f^2(t) = t$ et $f^2(x^2) = x^2$, d'où $\int_0^1 f^2(x^2)\,\mathrm{d}x = \frac{1}{3}$.

Il s'ensuit que f définie sur $[0, 1]$ par $f(x) = \sqrt{x}$ est continue et vérifie la propriété **(1)**. C'est donc l'unique solution du problème.

Ex. 27

Étant donné $r > 0$, calculer $\int_{1/r}^{r} \left(\int_{0}^{1} \frac{dy}{x^2 + y^2} \right) dx$.

Il y a lieu de dépoussiérer le sujet. Sous l'apparence d'une intégrale double, $\int_0^1 \frac{dy}{x^2+y^2}$ n'est là que pour effaroucher à bon compte !

Pour $x > 0$, on a $\int \frac{dy}{x^2 + y^2} = \frac{1}{x} \operatorname{Arctan} \frac{y}{x}$, d'où $\int_0^1 \frac{dy}{x^2 + y^2} = \frac{1}{x} \operatorname{Arctan} \frac{1}{x}$.

La véritable question est donc le calcul de $I(r) = \int_{1/r}^{r} \frac{1}{x} \operatorname{Arctan} \frac{1}{x} \, dx$.

Une particularité de la fonction Arctan est que, pour $x > 0$, $\operatorname{Arctan} \frac{1}{x} = \frac{\pi}{2} - \operatorname{Arctan} x$.

On a $I(r) = \frac{\pi}{2} \int_{1/r}^{r} \frac{dx}{x} - \int_{1/r}^{r} \frac{\operatorname{Arctan} x}{x} dx$. Posons $J(r) = \int_{1/r}^{r} \frac{\operatorname{Arctan} x}{x} dx$.

Avec $\int_{1/r}^{r} \frac{dx}{x} = \left[\ln x \right]_{1/r}^{r} = 2 \ln r$, on a $I(r) = \pi \ln r - J(r)$.

Un autre moyen d'éliminer $\frac{1}{x}$ dans $\operatorname{Arctan} \frac{1}{x}$ est de procéder au changement de variable bijectif défini sur $]0, +\infty[$ par $t = \frac{1}{x}$.

Avec $t = \frac{1}{x}$, donc avec $dx = -\frac{1}{t^2}$, on a $I(r) = -\int_{r}^{1/r} \frac{1}{t} \operatorname{Arctan} t \, dt = \int_{1/r}^{r} \frac{1}{t} \operatorname{Arctan} t \, dt$.

On voit alors que $I(r) = J(r)$ et, en reportant dans la première relation entre $I(r)$ et $J(r)$, il vient :

$$I(r) = \frac{\pi}{2} \ln r.$$

Ex. 28

Soit f une fonction réelle, continue et strictement positive sur $[a, b]$. Son graphe dans un repère orthonormal délimite, avec les droites $x = a$, $x = b$ et $y = 0$, un domaine Δ d'aire A. Pour $n \in \mathbb{N}^*$, on forme la subdivision $(c_0, c_1, \ldots, c_n)$ de $[a, b]$ telles que les droites $x = a$, $x = c_1$, $\ldots$, $x = c_{n-1}$, $x = b$ partagent Δ en n parties de même aire A/n.

Étudier la suite (u_n) définie par $u_n = \frac{1}{n} \sum_{k=1}^{n} f(c_k)$.

On a $A = \int_a^b f$. La subdivision $\sigma_n = (c_k)_{k \in [\![0, n]\!]}$ n'est pas régulière et u_n ne s'interprète pas, sous la forme donnée, en une somme de Riemann. Le plus urgent est d'étudier d'un peu plus près cette subdivision.

La fonction F définie par $F(x) = \int_a^x f(t)\,\mathrm{d}t$ est de classe $\mathcal{C}^1$, avec $F'(x) = f(x) > 0$, donc strictement croissante sur $[a, b]$. Compte tenu de $F(a) = 0$ et $F(b) = A$, c'est alors une bijection de $[a, b]$ sur $[0, A]$.

Les points c_k de la subdivision choisie sont définis par $F(c_k) = k\frac{A}{n}$.

> Les points c_k, définis en compréhension, sont maintenant exprimés techniquement.
>
> On est maintenant en mesure d'exprimer u_n sous une nouvelle forme.

Avec $c_k = F^{-1}\left(k\frac{A}{n}\right)$, il vient $u_n = \frac{1}{n}\sum_{k=1}^{n} f \circ F^{-1}\left(k\frac{A}{n}\right)$.

On reconnaît une somme de Riemann de la fonction $f \circ F^{-1}$ sur l'intervalle $[0, A]$.

La limite de u_n est alors $\frac{1}{A}\int_0^A f \circ F^{-1}$.

> Le nombre u_n est *une* moyenne de $f \circ F^{-1}$, dont la limite est *la* valeur moyenne sur $[0, A]$, qui est $\frac{1}{A}\int_0^A f \circ F^{-1}$. Une faute serait d'oublier de diviser l'intégrale par la longueur de l'intervalle d'intégration.

Pour le calcul de $\int_0^A f \circ F^{-1}(t)\,\mathrm{d}t$, on effectue le changement de variable bijectif défini par $x = F^{-1}(t)$, soit $t = F(x)$ et $\mathrm{d}t = f(x)\,\mathrm{d}x$. Compte tenu de $F(a) = 0$ et $F(b) = A$, il vient :

$$\int_0^A f \circ F^{-1}(t)\,\mathrm{d}t = \int_a^b f^2(x)\,\mathrm{d}x, \text{ où } f^2 \text{ représente la fonction } x \mapsto \big(f(x)\big)^2.$$

En notant que $A = \int_a^b f(t)\,\mathrm{d}t$, il vient finalement $\lim u_n = \dfrac{\int_a^b f^2}{\int_a^b f}$.

Ex. 29

Étant donné α réel, $0 \leqslant \alpha < 1$, et $n \in \mathbb{N}$, on pose $I_n(\alpha) = \int_0^\alpha \frac{x^n}{\sqrt{(1-x)(1+3x)}}\,\mathrm{d}x$.

1) Calculer $I_0(\alpha)$ et $I_1(\alpha)$. Montrer que $I_0(\alpha)$ et $I_1(\alpha)$ ont des limites réelles, notées respectivement I_0 et I_1, quand α tend vers 1.

2) Montrer que, pour α fixé, la suite $\big(I_n(\alpha)\big)_{n\in\mathbb{N}}$ est décroissante et que, pour n fixé, la fonction $\alpha \mapsto I_n(\alpha)$ est croissante sur $[0, 1[$.

En déduire que $I_n(\alpha)$ admet une limite, notée I_n, quand α tend vers 1.

Montrer que la suite $(I_n)_{n\in\mathbb{N}}$ est décroissante.

3) Dériver la fonction φ_n définie, pour $n \in \mathbb{N}$, par $\varphi_n(x) = x^n\sqrt{(1-x)(1+3x)}$.

En déduire une relation de récurrence liant I_{n+1}, I_n et I_{n-1}. Calculer I_2 et I_3.

1)

> Pour cette situation, on effectue le changement de variable défini par $t = \sqrt{\dfrac{1-x}{1+3x}}$.

$I_0(\alpha) = \displaystyle\int_0^{\alpha} \frac{\mathrm{d}x}{(1+3x)\sqrt{\dfrac{1-x}{1+3x}}}$. Avec le changement de variable défini par $t = \sqrt{\dfrac{1-x}{1+3x}}$, il vient :

$$x = \frac{1-t^2}{1+3t^2} \text{ puis } 1+3x = \frac{4}{1+3t^2} \text{ et } \mathrm{d}x = -\frac{8t}{(1+3t^2)^2}\,\mathrm{d}t.$$

On pose $\beta = \sqrt{\dfrac{1-\alpha}{1+3\alpha}}$ et il vient :

$$I_0(\alpha) = -2\int_1^{\beta} \frac{\mathrm{d}t}{3t^2+1} = -\frac{2}{\sqrt{3}}\left[\operatorname{Arctan}(\sqrt{3}t)\right]_1^{\beta} = -\frac{2}{\sqrt{3}}\left(\operatorname{Arctan}\sqrt{\frac{3(1-\alpha)}{1+3\alpha}} - \operatorname{Arctan}\sqrt{3}\right).$$

Il vient immédiatement $I_0 = \dfrac{2\pi}{3\sqrt{3}}$ en prenant la limite pour $\alpha \to 1$.

> Le même changement de variable s'impose pour le calcul de $I_1(\alpha)$.

De même, $I_1(\alpha) = 2\displaystyle\int_1^{\beta} \frac{t^2-1}{(3t^2+1)^2}\,\mathrm{d}t = \frac{2}{3}\int_1^{\beta} \frac{3t^2+1-4}{(3t^2+1)^2}\,\mathrm{d}t = -\frac{1}{3}I_0(\alpha) - \frac{8}{3}\int_1^{\beta}\frac{\mathrm{d}t}{(3t^2+1)^2}$.

> Pour $\displaystyle\int \frac{\mathrm{d}t}{(3t^2+1)^2}$, il est classique d'intégrer $\displaystyle\int \frac{\mathrm{d}t}{3t^2+1}$ par parties.

En intégrant par parties, il vient $\displaystyle\int \frac{\mathrm{d}t}{3t^2+1} = \frac{t}{3t^2+1} + 2\int \frac{\mathrm{d}t}{3t^2+1} - 2\int \frac{\mathrm{d}t}{(3t^2+1)^2}$.

On a donc $-2\displaystyle\int_1^{\beta} \frac{\mathrm{d}t}{(3t^2+1)^2} = -\int_1^{\beta}\frac{\mathrm{d}t}{3t^2+1} + \frac{1}{4} - \frac{\beta}{3\,\beta^2+1}$, et il s'ensuit :

$$-\frac{8}{3}\int_1^{\beta}\frac{\mathrm{d}t}{(3t^2+1)^2} = \frac{2}{3}I_0(\alpha) + \frac{1}{3} - \frac{4\beta}{3(3\,\beta^2+1)}.$$

On en déduit $I_1(\alpha) = \dfrac{1}{3}I_0(\alpha) + \dfrac{1}{3} - \dfrac{1}{3}\sqrt{(1-\alpha)(1+3\alpha)}$. et il vient $I_1 = \dfrac{2\pi}{9\sqrt{3}} + \dfrac{1}{3}$.

2)

> Il faut distinguer le comportement de $I_n(\alpha)$ selon que c'est α qui est variable (étude de fonction) ou que c'est n qui est variable (étude de suite).

Pour $x \in [0,1[$, on a $x^{n+1} \leqslant x^n$ d'où $\dfrac{x^{n+1}}{\sqrt{(1-x)(1+3x)}} \leqslant \dfrac{x^n}{\sqrt{(1-x)(1+3x)}}$. En intégrant sur $[0,\alpha]$, il vient $I_{n+1}(\alpha) \leqslant I_n(\alpha)$, donc la suite $\big(I_n(\alpha)\big)_{n\in\mathbb{N}}$ est décroissante.

Pour $0 < \alpha < \alpha' < 1$, on a $I_n(\alpha') = I_n(\alpha) + \displaystyle\int_{\alpha}^{\alpha'} f_n(x)\,\mathrm{d}x$ avec $f_n(x) \geqslant 0$, donc $\alpha \mapsto I_n(\alpha)$ est croissante sur $[0,1[$.

> Le passage de $I_n(\alpha)$ à I_n met en œuvre le théorème de limite d'une fonction monotone.

On a $I_n(\alpha) \leqslant I_0(\alpha)$ et $I_0(\alpha)$ est majorée par sa limite en 1. Ainsi, croissante sur $[0,1[$ et majorée par I_0, la fonction $\alpha \mapsto I_n(\alpha)$ a une limite réelle en 1.
$I_{n+1}\alpha) \leqslant I_n(\alpha)$ donne par passage à la limite, $I_{n+1} \leqslant I_n$. La suite (I_n) est donc décroissante.

3) $\varphi_0(x) = \sqrt{(1-x)(1+3x)}$ a pour dérivée $\varphi_0'(x) = -\dfrac{3x-1}{\sqrt{(1-x)(1-3x)}}$.

Pour $n \geqslant 1$, on a $\varphi_n(x) = x^n\, \varphi_0\,(x)$ d'où $\varphi_n'(x) = nx^{n-1}\sqrt{(1-x)(1+3x)} - \dfrac{x^n(3x-1)}{\sqrt{(1-x)(1+3x)}}$.

Soit encore : $\varphi_n'(x) = \dfrac{-3(n+1)x^{n+1} + (2n+1)x^n + nx^{n-1}}{\sqrt{(1-x)(1+3x)}}$.

En intégrant sur $[0, \alpha]$, il vient $\Big[\,\varphi_n\,(x)\Big]_0^\alpha = -3(n+1)I_{n+1}(\alpha) + (2n+1)I_n(\alpha) + nI_{n-1}(\alpha)$.

On a $\Big[\,\varphi_n\,(x)\Big]_0^\alpha = \alpha^n\sqrt{(1-\alpha)(1+3\alpha)}$ et, en prenant la limite pour $\alpha \to 1$, il vient :

$$3(n+1)I_{n+1} = (2n+1)I_n + nI_{n-1}.$$

On en déduit $I_2 = \dfrac{1}{6}\big(3I_1 + I_0\big) = \dfrac{1}{6} + \dfrac{2\pi}{9\sqrt{3}}$ et $I_3 = \dfrac{1}{9}\big(5I_2 + 2I_1\big) = \dfrac{1}{6} + \dfrac{14\pi}{81\sqrt{3}}$.

Ex. 30

Calculer la primitive nulle en 0 de la fonction φ définie sur $\mathbb{R}$ par :

$$\varphi(x) = \frac{1+\cos^2 x}{(1+\sin^2 x)^2}.$$

On justifiera le choix du changement de variable défini par $u = \tan t$ dans $\displaystyle\int_0^x \varphi(t)\,\mathrm{d}t$.

φ est continue sur $\mathbb{R}$. Pour le calcul de $\Phi(x) = \displaystyle\int_0^x \varphi(t)\,\mathrm{d}t = \int_0^x \frac{1+\cos^2 t}{(1+\sin^2 t)^2}\,\mathrm{d}t$, on note que $\dfrac{1+\cos^2 t}{(1+\sin^2 t)^2}\,\mathrm{d}t$ est invariant par $t \to t+\pi$. Les règles de Bioche proposent alors le changement de variable défini par $u = \tan t$.

Dans un premier temps, on suppose donc que $x \in \left]-\dfrac{\pi}{2}, \dfrac{\pi}{2}\right[$.

> On se met en situation de pouvoir utiliser ce changement de variable, en particulier en faisant apparaître $\dfrac{\mathrm{d}t}{\cos^2 t}$.

En écrivant $\varphi(t)\,\mathrm{d}t = \dfrac{1 + \dfrac{1}{\cos^2 t}}{\left(\dfrac{1}{\cos^2 t} + \tan^2 t\right)^2}\,\dfrac{\mathrm{d}t}{\cos^2 t}$, et en utilisant $\dfrac{1}{\cos^2 t} = 1 + \tan^2 t$, il vient :

$$\Phi(x) = \int_0^{\tan x} \frac{u^2+2}{(2u^2+1)^2}\,\mathrm{d}u = \frac{1}{2}\int_0^{\tan x} \frac{2u^2+1+3}{(2u^2+1)^2}\,\mathrm{d}u.$$

On a donc $\Phi(x) = \dfrac{1}{2}\displaystyle\int_0^{\tan x} \frac{\mathrm{d}u}{2u^2+1} + \frac{3}{2}\int_0^{\tan x} \frac{\mathrm{d}u}{(2u^2+1)^2}$.

Il est usuel que $\displaystyle\int \frac{\mathrm{d}u}{2u^2+1} = \frac{1}{\sqrt{2}}\,\mathrm{Arctan}(u\sqrt{2})$.

> On exprime $\displaystyle\int \frac{\mathrm{d}u}{(2u^2+1)^2}$ à l'aide de $\displaystyle\int \frac{\mathrm{d}u}{2u^2+1}$ avec une intégration par parties.

Il vient $\displaystyle\int \frac{\mathrm{d}u}{2u^2+1} = \frac{u}{2u^2+1} + 2\int \frac{2u^2+1-1}{(2u^2+1)^2} = \frac{u}{2u^2+1} + 2\int \frac{\mathrm{d}u}{2u^2+1} - 2\int \frac{\mathrm{d}u}{(2u^2+1)^2}$, d'où : $$2\int \frac{du}{(2u^2+1)^2} = \frac{u}{2u^2+1} + \int \frac{du}{2u^2+1}.$$

Finalement $\Phi(x) = \dfrac{3\tan x}{4(1+2\tan^2 x)} + \dfrac{5\sqrt{2}}{8}\operatorname{Arctan}(\sqrt{2}\tan x)$ ou aussi :

$$\Phi(x) = \frac{3\sin x\cos x}{4(1+\sin^2 x)} + \frac{5\sqrt{2}}{8}\operatorname{Arctan}(\sqrt{2}\tan x). \quad \textbf{(1)}$$

La fonction Φ est continue en $-\frac{\pi}{2}$ et en $\frac{\pi}{2}$, donc avec la formule **(1)**, valable sur $\left]-\frac{\pi}{2}, \frac{\pi}{2}\right[$, on obtient :

$$\Phi\left(\frac{\pi}{2}\right) = \lim_{x\to\frac{\pi}{2}^-} \Phi(x) = \frac{5\pi\sqrt{2}}{16} \quad \text{et} \quad \Phi\left(-\frac{\pi}{2}\right) = -\frac{5\pi\sqrt{2}}{16}.$$

> On aurait simplifié la tâche en notant que, puisque φ est paire, Φ est impaire.
>
> Dans la suite, nous nous limitons à $x \in \mathbb{R}^+$, et plus précisément à $x \in \left[\frac{\pi}{2}, +\infty\right[$.

Pour tout $x \in \left[\frac{\pi}{2}, +\infty\right[$, il existe $n \in \mathbb{N}^*$ tel que $n\pi \leqslant x + \frac{\pi}{2} < (n+1)\pi$: c'est $n = E\left(\frac{x}{\pi} + \frac{1}{2}\right)$.

La relation de Chasles donne $\Phi(x) = \displaystyle\sum_{k=0}^{n-1} \int_{k\pi}^{(k+1)\pi} \varphi + \int_{n\pi}^{x} \varphi$.

Or φ est π-périodique. On a donc, pour tout $k \in \mathbb{N}$:

$$\int_{k\pi}^{(k+1)\pi} \varphi = \int_{-\frac{\pi}{2}}^{\frac{\pi}{2}} \varphi = \frac{5\pi\sqrt{2}}{8} \quad \text{et} \quad \int_{n\pi}^{x} \varphi = \int_{0}^{x-n\pi} \varphi = \Phi(x-n\pi)$$

avec $\Phi(x - n\pi)$ défini par **(1)** lorsque $n\pi < x + \frac{\pi}{2} < (n+1)\pi$.

Finalement, on obtient :

$$\Phi(x) = n\frac{5\pi\sqrt{2}}{8} + \frac{3\sin x\cos x}{4(1+\sin^2 x)} + \frac{5\sqrt{2}}{8}\operatorname{Arctan}(\sqrt{2}\tan x) \quad \text{pour } n\pi - \frac{\pi}{2} < x < n\pi + \frac{\pi}{2}$$

et $$\Phi\left(n\pi - \frac{\pi}{2}\right) = n\frac{5\pi\sqrt{2}}{8} - \frac{\pi\sqrt{2}}{16}.$$

Ex. 31

Calculer la primitive nulle en 0 de la fonction f définie sur $\mathbb{R}$ par :

$$f(x) = \frac{1+\cos^2 x}{(1+\sin^2 x)^2}\,\frac{\sin x\cos x}{1+2\sin^2 x}.$$

On justifiera le choix du changement de variable défini par $u = \cos 2t$ dans $\displaystyle\int_0^x f(t)\,dt$.

> On examine un changement de variable par l'utilisation des règles de Bioche.
>
> Un peu de trigonométrie permet ensuite de se mettre en situation de mettre en œuvre le changement de variable préconisé.

La fonction f est continue sur $\mathbb{R}$. Pour calculer $F(x) = \displaystyle\int_0^x f(t)\,dt$, on note que $f(t)\,dt$ est invariant par $t \to -t$ et par $t \to t + \pi$.

Les règles de Bioche proposent de poser $u = \cos 2t$.

$\cos t \sin t = \dfrac{1}{2}\sin 2t$, $\cos^2 x = \dfrac{1+\cos 2x}{2}$ et $\sin^2 x = \dfrac{1-\cos 2x}{2}$ donne :

$$f(t)\,\mathrm{d}t = -\frac{1}{2}\frac{3+\cos 2t}{(3-\cos 2t)^2(2-\cos 2t)}(-2\sin 2t)\,\mathrm{d}t$$

d'où $F(x) = -\dfrac{1}{2}\displaystyle\int_1^{\cos 2x} \frac{3+u}{(3-u)^2(2-u)}\,\mathrm{d}u = \frac{1}{2}\int_1^{\cos 2x} \frac{3+u}{(u-3)^2(u-2)}\,\mathrm{d}u.$

> On connaît la forme de la décomposition en éléments simples de la fraction rationnelle à intégrer. Des considérations numériques achèvent la décomposition utile.

Décomposons la fraction $\dfrac{3+u}{(u-3)^2(u-2)}$ en $\dfrac{a}{u-2} + \dfrac{bu+c}{(u-3)^2}$, avec a, b, c réels.

Les valeurs en 2 et 3 donnent $a = 5$ et $3b + c = 6$ et l'étude en $+\infty$ donne alors $a + b = 0$. Ainsi :

$$b = -5 \text{ et } c = 21.$$

Enfin, $\dfrac{-5u+21}{(u-3)^2} = \dfrac{-5(u-3)+6}{(u-3)^2}$ donne la décomposition :

$$\frac{3+u}{(u-3)^2(u-2)} = \frac{5}{u-2} - \frac{5}{u-3} + \frac{6}{(u-3)^2}.$$

Il s'ensuit $F(X) = \dfrac{5}{2}\displaystyle\int_1^{\cos 2x}\frac{\mathrm{d}u}{u-2} - \frac{5}{2}\int_1^{\cos 2x}\frac{\mathrm{d}u}{u-3} + 3\int_1^{\cos 2x}\frac{\mathrm{d}u}{(u-3)^2}$ c'est-à-dire :

$$F(x) = \frac{5}{2}\Big[\ell n(2-u)\Big]_1^{\cos 2x} - \frac{5}{2}\Big[\ell n(3-u)\Big]_1^{\cos 2x} - 3\left[\frac{1}{u-3}\right]_1^{\cos 2x}.$$

Finalement, $F(x) = \dfrac{5}{2}\,\ell n\left(\dfrac{2-\cos 2x}{3-\cos 2x}\right) + \dfrac{3}{3-\cos 2x} + \dfrac{5}{2}\,\ell n\, 2 - \dfrac{3}{2}.$

Ex. 32

Calculer $I = \displaystyle\int_0^1 \operatorname{Arctan}\sqrt{1-x^2}\,\mathrm{d}x.$

> Une intégration par parties permet d'effacer la fonction Arctan. Toutefois, l'intégration par parties de $\displaystyle\int u'v$ se fait dans un contexte de fonctions u et v de classe $\mathcal{C}^1$.
>
> La dérivation de $x \mapsto \sqrt{1-x^2}$ nécessite un intervalle sur lequel on a $x^2 < 1$.
>
> Modifions d'abord le calcul de l'intégrale par un changement de variable.

Effectuons le changement de variable bijectif de $[0, 1]$ sur $[0, \pi/2]$ défini par $t = \operatorname{Arcsin} x$.

On a donc $x = \sin t$, $\sqrt{1-x^2} = \cos t$ et $\mathrm{d}x = \cos t\,\mathrm{d}t$.

Il vient alors $I = \displaystyle\int_0^{\pi/2} \cos t \operatorname{Arctan}(\cos t)\ \mathrm{d}t.$

> Sous cette forme, une intégration par parties est légitime.

En intégrant par parties, il vient $I = \Big[\sin t \operatorname{Arctan}(\cos t)\Big]_0^{\pi/2} + \displaystyle\int_0^{\pi/2} \frac{\sin^2 t}{1+\cos^2 t}\,\mathrm{d}t.$

Il vient $I = \displaystyle\int_0^{\pi/2}\frac{\sin^2 t}{1+\cos^2 t}\,\mathrm{d}t$ et $\sin^2 x = 2 - (1+\cos^2 x)$ donne $I = 2\displaystyle\int_0^{\pi/2}\frac{1}{1+\cos^2 t}\,\mathrm{d}t - \frac{\pi}{2}.$

> Sous cette forme, les règles de Bioche préconisent le changement de variable défini par $t = \operatorname{Arctan} u$, ce qui provoque une difficulté pour la borne $\pi/2$.

Déterminons une primitive sur $[0, \pi/2[$ de $t \mapsto \dfrac{1}{1+\cos^2 t}$ par le changement de variable bijectif $t = \text{Arctan}\, u$ de $[0, +\infty[$ sur $[0, \pi/2[$

On a $\dfrac{dt}{1+\cos^2 t} = \dfrac{1}{1+\frac{1}{\cos^2 t}} \dfrac{dt}{\cos^2 t} = \dfrac{1}{2+\tan^2 t} \dfrac{dt}{\cos^2 t}$, il vient donc $\displaystyle\int \frac{dt}{1+\cos^2 t} = \int \frac{du}{2+u^2}$.

> $J = \displaystyle\int_0^{\pi/2} \frac{1}{1+\cos^2 t} dt$ est la limite pour $\alpha \to \dfrac{\pi}{2}$ de $J(\alpha) = \displaystyle\int_0^{\alpha} \frac{1}{1+\cos^2 t} dt$.

Pour $\alpha \in [0, \pi/2[$, posons $J(\alpha) = \displaystyle\int_0^{\alpha} \frac{1}{1+\cos^2 t} dt$ et $\beta = \tan\alpha$. Il vient alors :

$$J(\alpha) = \int_0^{\beta} \frac{du}{2+u^2} \quad \text{donc } J(\alpha) = \frac{1}{\sqrt{2}} \text{Arctan} \frac{\beta}{\sqrt{2}}.$$

Quand α tend vers $\dfrac{\pi}{2}$, β tend vers $+\infty$, donc $\text{Arctan} \dfrac{\beta}{\sqrt{2}}$ est de limite $\dfrac{\pi}{2}$.

Il s'ensuit $J = \dfrac{\pi}{2\sqrt{2}}$ et $I = 2J - \dfrac{\pi}{2}$ donne finalement $\displaystyle\int_0^1 \text{Arctan}\sqrt{1-x^2}\, dx = (\sqrt{2}-1)\frac{\pi}{2}$.

Ex. 33

Étudier la fonction réelle f définie par $f(x) = \displaystyle\int_x^{2x} \frac{dt}{\ell n(1+t^2)}$.

> Étudions d'abord l'ensemble de définition de f.

Pour tout $x \neq 0$, l'intervalle $[x, 2x]$ ne contient pas 0, donc la fonction $t \mapsto \ell n(1+t^2)$ n'y prend pas la valeur 0.

$t \mapsto \dfrac{1}{\ell n(1+t^2)}$ est alors continue sur $[x, 2x]$. Il s'ensuit que f est définie sur $\mathbb{R}^*$.

> La parité de f permettra de se limiter à l'intervalle $]0, +\infty[$.

Pour tout $x \neq 0$, on a $f(-x) = \displaystyle\int_{-x}^{-2x} \frac{dt}{\ell n(1+t^2)}$. Par le changement de variable bijectif $t \to -t$, il vient $\displaystyle\int_{-x}^{-2x} \frac{dt}{\ell n(1+t^2)} = -\int_x^{2x} \frac{dt}{\ell n(1+t^2)}$, d'où $f(-x) = -f(x)$.
La fonction f est donc impaire et on limite son étude à l'intervalle $]0, +\infty[$.

> Pour la dérivabilité de f, on décompose f en somme d'intégrales du type $\displaystyle\int_1^T$, que l'on sait dériver par rapport à T.

$f(x) = \displaystyle\int_1^{2x} \frac{dt}{\ell n(1+t^2)} - \int_1^{x} \frac{dt}{\ell n(1+t^2)}$ donne $f'(x) = 2\dfrac{1}{\ell n(1+(2x)^2)} - \dfrac{1}{\ell n(1+x^2)}$. On a donc :

$$f'(x) = \frac{1}{\ell n(1+4x^2)\,\ell n(1+x^2)}\, \ell n \frac{(1+x^2)^2}{(1+4x^2)}$$

et on en déduit que le signe de $f'(x)$ est celui de $u(x) = \dfrac{(1+x^2)^2}{1+4x^2} - 1$. Avec $u(x) = \dfrac{x^2(x^2-2)}{(1+4x^2)}$, on voit que f est décroissante sur $\left]0, \sqrt{2}\right]$ et croissante sur $\left[\sqrt{2}, +\infty\right[$.

> Pour étudier la limite en 0 ou en $+\infty$ de f, on peut majorer ou minorer la fonction à intégrer. La longueur de l'intervalle d'intégration est x.

$t \mapsto \ell n(1+t^2)$ est croissante sur $]0,+\infty[$. Sur l'intervalle $[x, 2x]$, on a donc :

$$\frac{1}{\ell n(1+4x^2)} \leqslant \frac{1}{\ell n(1+t^2)} \leqslant \frac{1}{\ell n(1+x^2)} \,;$$

on en déduit $\dfrac{x}{\ell n(1+4x^2)} \leqslant f(x) \leqslant \dfrac{x}{\ell n(1+x^2)}$.

- Au voisinage de 0, on a $\ell n(1+4x^2) \sim 4x^2$, d'où $\dfrac{x}{\ell n(1+4x^2)} \sim \dfrac{1}{4x}$.

Avec $\dfrac{x}{\ell n(1+4x^2)} \leqslant f(x)$ et $\lim\limits_{x\to 0} \dfrac{1}{4x} = +\infty$, il vient $\lim\limits_{x\to 0,\, x>0} f(x) = +\infty$.

- Au voisinage de $+\infty$, on a $\ell n(1+4x^2) \sim \ell n\, 4x^2 \sim \ell n\, x^2 = 2\,\ell n\, x$, d'où $\dfrac{x}{\ell n(1+4x^2)} \sim \dfrac{x}{2\,\ell n\, x}$.

Avec $\dfrac{x}{\ell n(1+4x^2)} \leqslant f(x)$ et $\lim\limits_{x\to+\infty} \dfrac{x}{2\,\ell n\, x} = +\infty$, il vient $\lim\limits_{x\to+\infty} f(x) = +\infty$.

> On peut enfin préciser la direction de la branche infinie en $+\infty$.

$0 \leqslant \dfrac{f(x)}{x} \leqslant \dfrac{1}{\ell n(1+x^2)}$ et $\lim\limits_{x\to+\infty} \dfrac{1}{\ell n(1+x^2)} = 0$ donne $\lim\limits_{x\to+\infty} \dfrac{f(x)}{x} = 0$, et f présente en $+\infty$ une branche parabolique dont la direction a pour équation $y = 0$.

Ex. 34

Calculer l'intégrale $I = \displaystyle\int_0^{\pi/2} \frac{x\cos x \sin x}{\tan^2 x + \text{cotan}^2\, x}\, \mathrm{d}x$.

> La présence de $\tan x$ et de $\text{cotan}\, x$ pose problème en 0 et en $\pi/2$.
> Il faut examiner de plus près la fonction à intégrer et un peu de calcul trigonométrique préalable va permettre une forme moins suspecte.

Pour $0 < x < \dfrac{\pi}{2}$, on a $\tan^2 x + \text{cotan}^2\, x = \dfrac{\sin^4 x + \cos^4 x}{\sin^2 x \cos^2 x} = \dfrac{1 - 2\sin^2 x \cos^2 x}{\sin^2 x \cos^2 x}$.

$\sin x \cos x = \dfrac{1}{2}\sin 2x$ permet alors d'obtenir $\tan^2 x + \text{cotan}^2\, x = 2\,\dfrac{2 - \sin^2 2x}{\sin^2 2x}$ donc :

$$\frac{1}{\tan^2 x + \text{cotan}^2\, x} = \frac{\sin^2 2x}{2(2 - \sin^2 2x)}$$

donne pour $f(x) = \dfrac{x \sin x \cos x}{\tan^2 x + \text{cotan}^2\, x}$ une expression $f(x) = \dfrac{x\sin^3 2x}{4(2 - \sin^2 2x)}$ qui ne pose pas de problème en 0 ou en $\dfrac{\pi}{2}$.

> La forme initiale est trompeuse : elle crée un peu artificiellement des difficultés qui ne sont qu'apparentes. C'est assez fréquent pour des fonctions trigonométriques.
> La fonction f est en fait prolongeable par continuité en 0 et en $\pi/2$, et ce prolongement continu sur $[0, \pi/2]$ est défini par la seconde expression.

Ainsi $I = \dfrac{1}{4}\displaystyle\int_0^{\pi/2} \frac{x\sin^3 2x}{2 - \sin^2 2x}\, \mathrm{d}x$ est l'intégrale d'une fonction continue.

> La présence du terme x empêche l'utilisation des règles classiques de Bioche et il faut tenter de s'y ramener.

Effectuons le changement de variable bijectif $x \mapsto \dfrac{\pi}{2} - x$.

Avec $x = \dfrac{\pi}{2} - t$, on a $\sin 2x = \sin(\pi - 2t) = \sin 2t$ et il vient $I = \dfrac{1}{4}\displaystyle\int_0^{\pi/2} \frac{(\pi/2 - t)\sin^3 2t}{2 - \sin^2 2t}\, \mathrm{d}t$

donc : $I = \dfrac{\pi}{8}\displaystyle\int_0^{\pi/2} \dfrac{\sin^3 2t}{2-\sin^2 2t}\,dt - \dfrac{1}{4}\int_0^{\pi/2} \dfrac{t\sin^3 2t}{2-\sin^2 2t}\,dt = \dfrac{\pi}{8}\int_0^{\pi/2} \dfrac{\sin^3 2t}{2-\sin^2 2t}\,dt - I.$

Il s'ensuit que $I = \dfrac{\pi}{16}\displaystyle\int_0^{\pi/2} \dfrac{\sin^3 2t}{2-\sin^2 2t}\,dt.$

Le changement de variable défini par $u = 2t$ donne $I = \dfrac{\pi}{32}\displaystyle\int_0^{\pi} \dfrac{\sin^3 u}{2-\sin^2 u}\,du.$

> On a une fraction rationnelle en $\sin u$. Donnons-en une forme plus facile à utiliser en vue d'une intégration.

On a $\dfrac{X^3}{2-X^2} = \dfrac{X(X^2-2)+2X}{2-X^2} = -X + \dfrac{2X}{2-X^2}.$

On en déduit que $I = -\dfrac{\pi}{32}\displaystyle\int_0^{\pi} \sin u\,du + \dfrac{\pi}{16}\int_0^{\pi} \dfrac{\sin u}{2-\sin^2 u}\,du.$

> La première intégrale se calcule facilement.
>
> Il ne restera plus qu'une intégrale de la fonction continue $u \mapsto \dfrac{\sin u}{2-\sin^2 u}$.

Avec $\displaystyle\int_0^{\pi} \sin u\,du = 2$, il vient $-\dfrac{\pi}{32}\displaystyle\int_0^{\pi} \sin u\,du = -\dfrac{\pi}{16}.$

> Pour le calcul de la dernière intégrale, les règles de Bioche suggèrent d'utiliser $t = \cos u$.

Avec $\dfrac{\sin u}{2-\sin^2 u} = \dfrac{\sin u}{1+\cos^2 u}$ le changement de variable $t = \cos u$ donne :

$$\int_0^{\pi} \frac{\sin u}{2-\sin^2 u}\,du = \int_{-1}^{1} \frac{dt}{1+t^2} = 2\int_0^{1} \frac{dt}{1+t^2} = 2\Big[\operatorname{Arctan} t\Big]_0^1 = \frac{\pi}{2}.$$

En regroupant ces deux résultats, il vient finalement $I = \dfrac{\pi^2}{32} - \dfrac{\pi}{16}.$

Ex. 35

Calculer l'intégrale $I = \displaystyle\int_0^{\pi} \dfrac{dx}{2-\sin x}.$

> Pour ce calcul de cette intégrale, les règles de Bioche préconisent d'utiliser $t = \tan \dfrac{x}{2}$, ce qui pose un problème en π.
>
> Commençons par la détermination d'une primitive sur $[0, \pi[$.

Sur $[0, \pi[$, considérons le changement de variable bijectif défini par $x = 2\operatorname{Arctan} t$.

Alors $2 - \sin x = 2 - \dfrac{2t}{1+t^2} = \dfrac{2(t^2-t+1)}{t^2+1}$ et $dx = \dfrac{2\,dt}{1+t^2}$ donne $\displaystyle\int \dfrac{dx}{2-\sin x} = \int \dfrac{dt}{t^2-t+1}.$

Avec $t^2 - t + 1 = \left(t - \dfrac{1}{2}\right)^2 + \dfrac{3}{4}$, on a $\displaystyle\int \dfrac{dt}{t^2-t+1} = \dfrac{2}{\sqrt{3}}\operatorname{Arctan}\left(\dfrac{2t-1}{\sqrt{3}}\right).$

$\displaystyle\int_0^{\pi} \dfrac{dx}{2-\sin x}$ est la limite pour α tendant vers π de $\displaystyle\int_0^{\alpha} \dfrac{dx}{2-\sin x}.$

Et on a $\displaystyle\int_0^{\alpha} \dfrac{dx}{2-\sin x} = \int_0^{\tan(\alpha/2)} \dfrac{dt}{t^2-t+1} = \dfrac{2}{\sqrt{3}}\left[\operatorname{Arctan}\left(\dfrac{2t-1}{\sqrt{3}}\right)\right]_0^{\tan(\alpha/2)}$, d'où :

$$\int_0^{\alpha} \frac{dx}{2-\sin x} = \frac{2}{\sqrt{3}}\operatorname{Arctan}\left(\frac{2\tan(\alpha/2)-1}{\sqrt{3}}\right) + \frac{\pi}{3\sqrt{3}}.$$

En prenant la limite pour α tendant vers π, il vient alors $\displaystyle\int_0^{\pi} \dfrac{dx}{2-\sin x} = \dfrac{4\pi}{3\sqrt{3}}.$

Thèmes d'étude - Problèmes

1 Intégrales de Wallis – Formule de Stirling

Intégrales de Wallis : $I_n = \displaystyle\int_0^{\pi/2} \sin^n x \,\mathrm{d}x.$

1) Pour $n \geqslant 2$, par intégration par parties, établir une relation entre I_n et I_{n-2}.
Justifier que $I_n > 0$ et calculer I_0 et I_1.

En déduire que $I_{2n} = \dfrac{(2n)!}{\left(2^n n!\right)^2}\dfrac{\pi}{2}$ et $I_{2n+1} = \dfrac{\left(2^n n!\right)^2}{(2n+1)!}$.

2) Montrer que $\forall n \in \mathbb{N}^*,\ nI_nI_{n-1} = I_1I_0 = \dfrac{\pi}{2}$ et que la suite (I_n) est décroissante.

Montrer que $I_{n-1} \underset{+\infty}{\sim} I_n$ puis que $I_n \sim \sqrt{\dfrac{\pi}{2n}}$.

3) Considérons f et F définies sur $[0,1]$ par $f(x) = \ell n(1+x)$ et $F(x) = \displaystyle\int_0^x \ell n(1+t)\,\mathrm{d}t$.

Montrer qu'il existe une liste $(c_1, c_2, \dots, c_k)$ d'éléments de $[0,1]$ telle que :

$$2n\int_0^1 f(t)\,\mathrm{d}t = 2\sum_{k=0}^{n-1} \ell n\left(1+\frac{k}{n}\right) + \frac{1}{n}\sum_{k=0}^{n-1} f'(c_k).$$

En posant $u_n = \dfrac{(2n)!}{n^n.n!}$, montrer que $\ell n\, u_n = \left(2n+\dfrac{1}{2}\right)\ell n\, 2 - n + o(1)$ puis que $u_n \sim 2^{2n+\frac{1}{2}}\, e^{-n}$
et enfin que $\dfrac{(2n)!}{n!} \sim n^n\, 2^{2n+\frac{1}{2}}\, e^{-n}$. **(1)**

4) En utilisant l'intégrale de Wallis I_{2n} montrer que $\dfrac{(2n)!}{(n!)^2} \sim \dfrac{2^{2n}}{\sqrt{n\pi}}$. **(2)**

En déduire la formule de Stirling $n! \sim \left(\dfrac{n}{e}\right)^n \sqrt{2\,\pi\, n}$.

Solution

1) Pour $n \geqslant 2$, intégrons par parties $I_n = \displaystyle\int_0^{\frac{\pi}{2}} \sin x \sin^{n-1} x \,\mathrm{d}x$.

Une primitive de sin est $-\cos$ et la dérivée de $\sin^{n-1}$ est $(n-1)\cos\sin^{n-2}$.

Alors : $I_n = \displaystyle\int_0^{\frac{\pi}{2}} \sin x \sin^{n-1} x\,\mathrm{d}x = \Big[-\cos x \sin^{n-1} x\Big]_0^{\frac{\pi}{2}} + (n-1)\int_0^{\frac{\pi}{2}} \cos^2 x \sin^{n-2} x\,\mathrm{d}x.$

Avec $\cos^2 x = 1 - \sin^2 x$, on obtient : $I_n = (n-1)\left(\displaystyle\int_0^{\frac{\pi}{2}} \sin^{n-2} x\,\mathrm{d}x - \int_0^{\frac{\pi}{2}} \sin^n x\,\mathrm{d}x\right)$ c'est-à-dire :

$$I_n = (n-1)\left(I_{n-2} - I_n\right) \quad \text{ou} \quad I_n = \frac{n-1}{n} I_{n-2}.$$

La fonction $\sin^n$ est continue, positive et non nulle sur $\left[0, \frac{\pi}{2}\right]$ et donc $I_n \neq 0$.

$I_0 = \frac{\pi}{2}$ et $I_{2n} = \frac{2n-1}{2n} I_{2n-2}$ donne $I_{2n} = I_0 \prod_{k=1}^{n} \frac{I_{2k}}{I_{2k-2}} = \frac{\pi}{2} \prod_{k=1}^{n} \frac{2k-1}{2k} = \frac{(2n)!}{\left(2^n n!\right)^2} \frac{\pi}{2}$.

$I_1 = 1$ et $I_{2n+1} = \frac{2n}{2n+1} I_{2n-1}$ donne $I_{2n+1} = \prod_{k=1}^{n} \frac{I_{2k+1}}{I_{2k-1}} = \prod_{k=1}^{n} \frac{2k}{2k+1} = \frac{\left(2^n n!\right)^2}{(2n+1)!}$.

2) De $nI_nI_{n-1} = (n-1)I_{n-1}I_{n-2}$, on déduit : $\forall n \in \mathbb{N}^*, \quad nI_nI_{n-1} = I_1I_0 = \frac{\pi}{2}$

Avec $0 \leqslant \sin^{n+1} x \leqslant \sin^n x$, pour tout $x \in \left[0, \frac{\pi}{2}\right]$, il vient $0 \leqslant I_{n+1} \leqslant I_n$.

$I_n \leqslant I_{n-1} \leqslant I_{n-2}$ s'écrit aussi $1 \leqslant \frac{I_{n-1}}{I_n} \leqslant \frac{I_{n-2}}{I_n}$.

Sachant que $\frac{I_{n-2}}{I_n} = \frac{n}{n-1}$ tend vers 1, il vient $\lim\limits_{n \to +\infty} \frac{I_{n-1}}{I_n} = 1$ donc $I_{n-1} \underset{+\infty}{\sim} I_n$.

On a alors $I_nI_{n-1} \sim I_n^2$ c'est-à-dire $\frac{\pi}{2n} \sim I_n^2$ d'où $I_n \sim \sqrt{\frac{\pi}{2n}}$.

3) On a, pour $x \in [0, 1]$, $F(x) = \int_0^x \ell n(1+t)\,\mathrm{d}t = (1+x)\,\ell n(1+x) - x$, donc $F(1) = 2\,\ell n 2 - 1$.

Pour tout $k \in [\![0, n-1]\!]$, avec la formule de Taylor-Lagrange, il existe $c_k \in \left]\frac{k}{n}, \frac{k+1}{n}\right[$ tel que :

$$F\left(\frac{k+1}{n}\right) - F\left(\frac{k}{n}\right) = \frac{1}{n} f\left(\frac{k}{n}\right) + \frac{1}{2n^2} f'(c_k).$$

En sommant, il vient $2n \int_0^1 f(t)\,\mathrm{d}t = 2 \sum_{k=0}^{n-1} \ell n\left(1 + \frac{k}{n}\right) + \frac{1}{n} \sum_{k=0}^{n-1} f'(c_k)$.

Le dernier terme $\frac{1}{n} \sum_{k=0}^{n-1} f'(c_k)$ a pour limite $\int_0^1 f'(t)\,\mathrm{d}t = f(2) - f(1) = \ell n 2$.

En posant $u_n = \frac{(2n)!}{n^n . n!} = \prod_{k=1}^{n} \left(1 + \frac{k}{n}\right)$, on a $\sum_{k=0}^{n-1} \ell n\left(1 + \frac{k}{n}\right) = \ell n\, u_n - \ell n 2$.

En première conclusion, on a $2n(2\,\ell n 2 - 1) = 2(\ell n\, u_n - \ell n 2) + \ell n 2 + o(1)$ c'est-à-dire :

$$\ell n\, u_n = \left(2n + \frac{1}{2}\right) \ell n 2 - n + o(1) \quad \text{ce qui donne } u_n = 2^{2n+\frac{1}{2}}\, e^{-n}\, e^{o(1)}.$$

Il vient alors $u_n \sim 2^{2n+\frac{1}{2}}\, e^{-n}$ et finalement $\frac{(2n)!}{n!} \sim n^n\, 2^{2n+\frac{1}{2}}\, e^{-n}$. **(1)**

4) On a vu (intégrales de Wallis) que $I_{2n} = \frac{(2n)!}{(2^n\, n!)^2} \frac{\pi}{2}$.

L'étude d'équivalent a donné $I_{2n} \sim \sqrt{\frac{\pi}{4n}}$ d'où $\frac{(2n)!}{(n!)^2} \sim \frac{2^{2n}}{\sqrt{n\pi}}$. **(2)**

Le quotient des équivalents (1) et (2) donne finalement la **Formule de Stirling** :

$$n! \sim \left(\frac{n}{e}\right)^n \sqrt{2\pi n}.$$

2 Suites définies par des intégrales

Notations. On pose, pour $n \in \mathbb{N}$, $W_n = \int_0^{\pi/2} \cos^{2n} t \,\mathrm{d}t$ et $J_n = \int_0^{\pi/2} t^2 \cos^{2n} t \,\mathrm{d}t$,

et pour $n \in \mathbb{N}^*$, $S_n = \sum_{p=1}^{n} \frac{1}{p^2}$.

1) a) Montrer que : $\forall n \in \mathbb{N},\ W_n > 0$ et $(2n+2)W_{n+1} = (2n+1)W_n$.

b) Montrer que : $\forall n \in \mathbb{N},\ J_{n+1} - J_n = -\frac{1}{2n+1} J_{n+1} - \frac{2}{2n+1} \int_0^{\pi/2} t \sin t \cos^{2n+1} t \,\mathrm{d}t$.

c) En déduire :

$$\left(\frac{2n+2}{2n+1}\right) J_{n+1} - J_n = \frac{-2}{(2n+1)(2n+2)} W_{n+1} \quad \text{puis} \quad \frac{J_{n+1}}{W_{n+1}} - \frac{J_n}{W_n} = -\frac{2}{(2n+2)^2}.$$

d) En déduire, pour $n \in \mathbb{N}^*$, une expression de S_n en fonction de $\frac{J_n}{W_n}$ et de $\frac{J_0}{W_0}$; donner la valeur de $\frac{J_0}{W_0}$.

2) a) Justifier que, pour $t \in [0, \pi/2]$, on a $t \leqslant \frac{\pi}{2} \sin t$.

En déduire que, pour tout $n \in \mathbb{N}$, $0 < J_n \leqslant \frac{\pi^2}{4}(W_n - W_{n+1}) = \frac{\pi^2 W_n}{8(n+1)}$.

b) En déduire que la suite $(S_n)_{n \in \mathbb{N}^*}$ est convergente et calculer sa limite S.

c) Pour $n \in \mathbb{N}^*$, on pose : $S'_n = \sum_{p=1}^{n} \frac{(-1)^{p+1}}{p^2}$.

Exprimer S'_{2n+1} en fonction de S_n et S_{2n+1} et S'_{2n} en fonction de S_{2n} et S_n.

d) En déduire que la suite $(S'_n)_{n \in \mathbb{N}^*}$ est convergente, de limite $S' = \frac{\pi^2}{12}$.

3) a) Montrer que : $\forall x \geqslant 0,\ \forall q \in \mathbb{N}^*,\ \left| \ell n(1+x) - \sum_{p=1}^{q} (-1)^{p+1} \frac{x^p}{p} \right| \leqslant \frac{x^{q+1}}{q+1}$.

b) Pour $x \in \mathbb{R}$, on pose $\Sigma_q(x) = \sum_{p=1}^{q} (-1)^{p+1} \frac{x^p}{p}$.

Montrer que, pour tout $x \in [0, 1]$, la suite $\left(\Sigma_q(x)\right)_{q \in \mathbb{N}^*}$ est convergente et préciser sa limite, usuellement notée $\sum_{p=1}^{+\infty} (-1)^{p+1} \frac{x^p}{p}$.

4) Soit $\varphi \in \mathcal{C}\left([0, 1], \mathbb{R}\right)$ la fonction définie par :

$$\varphi(0) = 1 \text{ et, pour } x \in]0, 1],\ \varphi(x) = \frac{\ell n(1+x)}{x}.$$

En utilisant la question 3)a) et la question 2), donner la valeur de $\int_0^1 \varphi(x)\,\mathrm{d}x$.

5) a) Montrer que, étant donné $n \in \mathbb{N}^*$, la suite $(T_q)_{q\in\mathbb{N}^*}$ définie par :

$$T_q = \sum_{p=1}^{q} \frac{(-1)^{p-1}}{p(np+1)}$$

est convergente et que $n \int_0^1 \ell n(1+x^n)\,\mathrm{d}x = \sum_{p=1}^{+\infty} \frac{(-1)^{p-1}n}{p(np+1)}$, *où* $\sum_{p=1}^{+\infty} \frac{(-1)^{p-1}}{p(np+1)}$ *désigne la limite de* (T_q).

b) Montrer qu'il existe $C \in \mathbb{R}$ tel que $\left| \sum_{p=1}^{+\infty} \frac{(-1)^{p-1}n}{p(np+1)} - \sum_{p=1}^{+\infty} \frac{(-1)^{p-1}}{p^2} \right| \leqslant \frac{C}{n}$ et en déduire que :

$$\int_0^1 \ell n(1+x^n)\,\mathrm{d}x \underset{n\to+\infty}{\sim} \frac{\pi^2}{12n}.$$

6) a) Avec, pour $n \in \mathbb{N}^*$, $u_n = \int_0^1 \frac{\mathrm{d}x}{x^n+1}$, montrer que la suite $(u_n)_{n\in\mathbb{N}^*}$ est convergente.

b) Exprimer $\int_0^1 \ell n(1+x^n)\,\mathrm{d}x$ en fonction de u_n et n, et en déduire que :

$$u_n = 1 - \frac{\ell n\, 2}{n} + \frac{\pi^2}{12n^2} + o\left(\frac{1}{n^2}\right).$$

Solution

1) a) $\cos^{2n} t$ est continue positive, non nulle sur $[0, \pi/2]$, d'où $W_n > 0$.

$(2n+2)W_{n+1} = (2n+1)W_n$ est la classique relation de Wallis.

b) Intégration par parties en dérivant $\sin t \cos^{2n+1} t$:

$$\int_0^{\pi/2} t \sin t \cos^{2n+1} t\,\mathrm{d}t$$

$$= \frac{1}{2}\left[t^2 \sin t \cos^{2n+1} t\right]_0^{\pi/2} - \frac{1}{2}\int_0^{\pi/2} t^2\left(\cos^{2n+2} t - (2n+1)\sin^2 t \cos^{2n} t\right)\mathrm{d}t$$

$$= \frac{2n+1}{2}\int_0^{\pi/2} t^2 \cos^{2n} t\,\mathrm{d}t - \frac{2n+2}{2}\int_0^{\pi/2} t^2 \cos^{2n+2} t\,\mathrm{d}t = \frac{2n+1}{2}J_n - \frac{2n+2}{2}J_{n+1}.$$

d'où $\forall n \in \mathbb{N}$, $J_{n+1} - J_n = -\frac{1}{2n+1}J_{n+1} - \frac{2}{2n+1}\int_0^{\pi/2} t \sin t \cos^{2n+1} t\,\mathrm{d}t.$

c) Une autre intégration par parties, en intégrant $\sin t \cos^{2n+1} t$, donne :

$$\int_0^{\pi/2} t \sin t \cos^{2n+1} t\,\mathrm{d}t = \left[-\frac{t}{2n+2}\cos^{2n+2} t\right]_0^{\pi/2} + \frac{1}{2n+2}W_{n+1} = \frac{1}{2n+2}W_{n+1}.$$

On en déduit :

$$\left(\frac{2n+2}{2n+1}\right)J_{n+1} - J_n = \frac{-2}{(2n+1)(2n+2)}W_{n+1} \quad \text{puis} \quad \frac{J_{n+1}}{W_{n+1}} - \frac{J_n}{W_n} = -\frac{2}{(2n+2)^2} = -\frac{1}{2}\frac{1}{(n+1)^2}.$$

d) En additionnant, $\frac{J_n}{W_n} - \frac{J_0}{W_0} = -\frac{1}{2}S_n$. Notons que $\frac{J_0}{W_0} = \frac{\pi^2}{12}$.

2) a) Il s'agit là d'une classique inégalité de convexité. La fonction sin est concave sur $\left[0, \frac{\pi}{2}\right]$ d'où, pour tout $t \in \left[0, \frac{\pi}{2}\right]$: $\sin t \geqslant \frac{2}{\pi} t$.

En tant qu'intégrale d'une fonction positive non nulle, on a $J_n > 0$, et l'inégalité précédente donne, pour tout $n \in \mathbb{N}$, $\quad J_n \leqslant \frac{\pi^2}{4} \int_0^{\pi/2} \sin^2 t \cos^{2n} t \, dt = \frac{\pi^2}{4}(W_n - W_{n+1})$.

Or, avec 1)a), on a $W_n - W_{n+1} = \frac{W_n}{2(n+1)}$ donc $J_n \leqslant \frac{\pi^2 W_n}{8(n+1)}$.

b) Il vient alors $\lim \frac{J_n}{W_n} = 0$ puis, avec le 1)d), $\lim S_n = 2\frac{J_0}{W_0} = \frac{\pi^2}{6}$.

c) On a $S'_{2n+1} = S_{2n+1} - \frac{1}{2} S_n$ et $S'_{2n} = S_{2n} - \frac{1}{2} S_n$.

d) Il s'ensuit $\lim S'_{2n+1} = \lim S'_{2n} = \frac{1}{2} \lim S_n$, donc (S'_n) converge vers $S' = \frac{\pi^2}{12}$.

3) a) On a $\frac{1}{1+x} - \sum_{p=0}^{q-1} (-1)^p x^p = (-1)^q \frac{x^q}{1+x}$, d'où $\left| \frac{1}{1+x} - \sum_{p=0}^{q-1} (-1)^p x^p \right| \leqslant x^q$.

Avec l'inégalité des accroissements finis, il vient $\left| \ell n(1+x) - \sum_{p=1}^{q} (-1)^{p+1} \frac{x^p}{p} \right| \leqslant \frac{x^{q+1}}{q+1}$.

b) $\ell n(1+x) - \frac{x^{q+1}}{q+1} \leqslant \Sigma_q(x) \leqslant \ell n(1+x) + \frac{x^{q+1}}{q+1}$ donne $\sum_{p=1}^{+\infty} (-1)^{p+1} \frac{x^p}{p} = \ell n(1+x)$.

4) Avec 3)a), il vient $\left| \frac{\ell n(1+x)}{x} - \sum_{p=1}^{q} (-1)^{p+1} \frac{x^{p-1}}{p} \right| \leqslant \frac{x^q}{q+1}$.

$\sum_{p=1}^{q} (-1)^{p+1} \frac{x^{p-1}}{p} - \frac{x^q}{q+1} \leqslant \varphi(x) \leqslant \sum_{p=1}^{q} (-1)^{p+1} \frac{x^{p-1}}{p} + \frac{x^q}{q+1}$ donne, en intégrant sur $[0, 1]$:

$$\sum_{p=1}^{q} (-1)^{p+1} \frac{1}{p^2} - \frac{1}{(q+1)^2} \leqslant \int_0^1 \varphi(x) \, dx \leqslant \sum_{p=1}^{q} (-1)^{p+1} \frac{1}{p^2} + \frac{1}{(q+1)^2}.$$

En prenant la limite pour q infini, il vient (fin de question 2), $\int_0^1 \varphi(x) \, dx = \lim S'_q = \frac{\pi^2}{12}$.

5) a) Avec 3)a), on a $\left| \ell n(1+x^n) - \sum_{p=1}^{q} (-1)^{p+1} \frac{x^{np}}{p} \right| \leqslant \frac{x^{n(q+1)}}{q+1}$, ce qui s'écrit aussi :

$$\ell n(1+x^n) - \frac{x^{n(q+1)}}{q+1} \leqslant \sum_{p=1}^{q} (-1)^{p+1} \frac{x^{np}}{p} \leqslant \ell n(1+x^n) + \frac{x^{n(q+1)}}{q+1}$$

et en intégrant sur $[0, 1]$, on obtient :

$$\int_0^1 \ell n(1+x^n) \, dx - \frac{1}{(q+1)(nq+n+1)} \leqslant \sum_{p=1}^{q} \frac{(-1)^{p+1}}{p(np+1)} \leqslant \int_0^1 \ell n(1+x^n) \, dx + \frac{1}{(q+1)(nq+n+1)}$$

d'où, en prenant la limite pour $q \to +\infty$, $\sum_{p=1}^{+\infty} \frac{(-1)^{p-1}}{p(np+1)} = \int_0^1 \ell n(1+x^n) \, dx$.

b) On a $\dfrac{n}{p(np+1)} - \dfrac{1}{p^2} = -\dfrac{1}{p^2(np+1)}$, d'où :

$$\left|nT_q - S'q\right| \leqslant \sum_{p=1}^{q} \frac{1}{p^2(np+1)} \leqslant \frac{1}{n} S_q \leqslant \frac{\pi^2}{6n},$$

puis, en prenant la limite pour $q \to +\infty$:

$$\left|\sum_{p=1}^{+\infty} \frac{(-1)^{p-1} n}{p(np+1)} - \sum_{p=1}^{+\infty} \frac{(-1)^{p-1}}{p^2}\right| \leqslant \frac{\pi^2}{6n}$$

c'est-à-dire $\left|n \displaystyle\int_0^1 \ell n(1+x^n)\,\mathrm{d}x - \frac{\pi^2}{12}\right| \leqslant \dfrac{\pi^2}{6n}$, et il s'ensuit :

$$\int_0^1 \ell n(1+x^n)\,\mathrm{d}x \underset{n\to+\infty}{\sim} \frac{\pi^2}{12n}.$$

6) a) Pour $x \in [0, 1]$, $x^{n+1} \leqslant x^n$, d'où $\dfrac{1}{1+x^{n+1}} \leqslant \dfrac{1}{1+x^n}$ puis $u_{n+1} \leqslant u_n$. La suite est décroissante et positive, donc convergente.

b) En intégrant par parties, $\displaystyle\int_0^1 \ell n(1+x^n)\,\mathrm{d}x = \Big[x\,\ell n(1+x^n)\Big]_0^1 - \int_0^1 \frac{nx^n}{1+x^n}\,\mathrm{d}x$. Il vient alors :

$$\int_0^1 \ell n(1+x^n)\,\mathrm{d}x = \ell n\, 2 + n(u_n - 1).$$

c) $u_n = 1 - \dfrac{\ell n\, 2}{n} + \dfrac{1}{n}\displaystyle\int_0^1 \ell n(1+x^n)\,\mathrm{d}x$ et le résultat 5)b), donne :

$$u_n = 1 - \frac{\ell n\, 2}{n} + \frac{\pi^2}{12n^2} + o\left(\frac{1}{n^2}\right).$$

3 Limite d'une intégrale de borne variable

Soit f la fonction définie sur $\mathbb{R}$ par $f(x) = \displaystyle\int_0^1 \frac{e^{-(1+t^2)x}}{1+t^2}\,\mathrm{d}t$.

1) a) Pour $x \in \mathbb{R}$ fixé et pour tout $h \in \mathbb{R}$, former $f(x+h) - f(x)$ en terme d'intégrale sur $[0, 1]$ et justifier que $e^{-(1+t^2)h} = 1 - (1+t^2)h + (1+t^2)h\,\varphi\big((1+t^2)h\big)$ où φ est une fonction continue de limite 0 en 0.

En déduire une expression de $\dfrac{f(x+h) - f(x)}{h}$ à l'aide d'intégrales.

b) En déduire que f est dérivable sur $\mathbb{R}$ et que $f'(x) = -\displaystyle\int_0^1 e^{-(1+t^2)x}\,\mathrm{d}t$.

Cette question n'est pas la plus facile et le résultat peut être admis.

2) a) Calculer $f(0)$.

b) En majorant $e^{-x(1+t^2)}$, justifier que $\lim\limits_{x\to+\infty} f(x) = 0$ et que $\lim\limits_{x\to+\infty} f'(x) = 0$.

3) Soit g la fonction définie sur $\mathbb{R}$ par $g(x) = f(x^2)$.

a) Montrer que $g'(x) = -2e^{-x^2} \displaystyle\int_0^x e^{-t^2}\, dt$.

b) Montrer que la fonction $\varphi : \mathbb{R} \to \mathbb{R}$, $x \mapsto g(x) + \left(\displaystyle\int_0^x e^{-t^2}\, dt \right)^2$ est constante et préciser cette constante.

c) En déduire la limite quand x tend vers $+\infty$ de $\displaystyle\int_0^x e^{-t^2}\, dt$, notée $\displaystyle\int_0^{+\infty} e^{-t^2}\, dt$.

Solution

1) a) Pour $h \in \mathbb{R}$, on a $f(x+h) = \displaystyle\int_0^1 \frac{e^{-(x+h)(1+t^2)}}{1+t^2}\, dt = \int_0^1 \frac{e^{-x(1+t^2)} e^{-h(1+t^2)}}{1+t^2}\, dt$.

Le développement limité à l'ordre 1 au voisinage de 0 de la fonction exp donne l'existence de φ, fonction continue de limite 0 en 0, telle que $e^X = 1 + X + \varphi(X)$, et il vient :

$$e^{-h(1+t^2)} = 1 - h(1+t^2) + (1+t^2)h\, \varphi\big((1+t^2)h\big).$$

La fonction à intégrer pour le calcul de $f(x+h)$ s'écrit donc :

$$\frac{e^{-(x+h)(1+t^2)}}{1+t^2} = \frac{e^{-x(1+t^2)}}{1+t^2} - he^{-x(1+t^2)} + he^{-x(1+t^2)}\, \varphi\big((1+t^2)h\big).$$

En intégrant sur $[0,1]$, on a :

$$f(x+h) = f(x) - h\int_0^1 e^{-x(1+t^2)}\, dt + h\int_0^1 e^{-x(1+t^2)}\, \varphi\big((1+t^2)h\big)\, dt$$

et il vient :

$$\frac{f(x+h) - f(x)}{h} = -\int_0^1 e^{-x(1+t^2)}\, dt + \int_0^1 e^{-x(1+t^2)}\, \varphi\big((1+t^2)h\big)\, dt.$$

b) On a donc $\left| \dfrac{f(x+h) - f(x)}{h} + \displaystyle\int_0^1 e^{-x(1+t^2)}\, dt \right| \leqslant \displaystyle\int_0^1 e^{-x(1+t^2)} \left|\varphi\big((1+t^2)h\big)\right| dt$.

$1 \leqslant 1 + t^2 \leqslant 2$ donne $(1+t^2)h \in [h, 2h]$ et, φ étant bornée sur $[h, 2h]$, nous posons alors :

$$\varepsilon(h) = \sup_{u \in [h,2h]} |\varphi(u)|,$$

et il vient :

$$\left| \frac{f(x+h) - f(x)}{h} + \int_0^1 e^{-x(1+t^2)}\, dt \right| \leqslant \varepsilon(h) \int_0^1 e^{-x(1+t^2)}\, dt.$$

En remarquant que $\displaystyle\lim_{X \to 0} \varphi(X) = 0$ s'exprime par $\displaystyle\lim_{h \to 0} \varepsilon(h) = 0$, on en déduit que la limite quand h tend vers 0 de $\dfrac{f(x+h) - f(x)}{h} + \displaystyle\int_0^1 e^{-x(1+t^2)}\, dt$ est nulle.

En conséquence, f est dérivable en x, avec $f'(x) = -\displaystyle\int_0^1 e^{-x(1+t^2)}\, dt$.

2) a) $f(0) = \displaystyle\int_0^1 \frac{dt}{1+t^2} = \text{Arctan}\, 1 = \frac{\pi}{4}$.

$1 + t^2 \geqslant 1$ donne, pour $x \geqslant 0$, $-x(1+t^2) \leqslant -x$. Il s'ensuit :

$$0 \leqslant \frac{e^{-x(1+t^2)}}{1+t^2} \leqslant e^{-x} \text{ et } 0 \leqslant e^{-x(1+t^2)} \leqslant e^{-x},$$

puis : $$0 \leqslant f(x) \leqslant \int_0^1 e^{-x}\,\mathrm{d}t = e^{-x} \quad \text{et} \quad 0 \leqslant -f'(x) \leqslant \int_0^1 e^{-x}\,\mathrm{d}t = e^{-x},$$

ce qui entraîne $\lim\limits_{x\to+\infty} f(x) = 0$ et $\lim\limits_{x\to+\infty} f'(x) = 0$.

3) a) $f'(x) = \int_0^1 e^{-x(1+t^2)}\,\mathrm{d}t$ et $g'(x) = 2xf'(x^2)$ donnent :

$$g'(x) = -2x\int_0^1 e^{-x^2(1+t^2)}\,\mathrm{d}t \quad \text{c'est-à-dire} \quad g'(x) = -2xe^{-x^2}\int_0^1 e^{-x^2t^2}\,\mathrm{d}t.$$

Pour $x \neq 0$, le changement de variable défini par $u = tx$ donne :

$$g'(x) = -2e^{-x^2}\int_0^x e^{-u^2}\,\mathrm{d}u.$$

b) D'après le a), la fonction φ définie par $\varphi(x) = g(x) + \left(\int_0^x e^{-t^2}\,\mathrm{d}t\right)^2$ est dérivable et de dérivée nulle. Elle est donc constante et $\varphi(0) = g(0) = f(0) = \frac{\pi}{4}$ donne :

$$g(x) + \left(\int_0^x e^{-t^2}\,\mathrm{d}t\right)^2 = \frac{\pi}{4}.$$

c) Avec $\lim\limits_{x\to+\infty} f(x) = 0$ et donc $\lim\limits_{x\to+\infty} g(x) = 0$, il vient, en prenant la limite pour $x \to +\infty$:

$$\left(\int_0^{+\infty} e^{-u^2}\,\mathrm{d}u\right)^2 = \frac{\pi}{4} \quad \text{puis} \quad \int_0^{+\infty} e^{-u^2}\,\mathrm{d}u = \frac{\sqrt{\pi}}{2}.$$

4 Intégrales et inégalités

1) Pour $(a, b) \in \mathbb{R}^2$, montrer que $2|ab| \leqslant a^2 + b^2$ et $(a+b)^2 \leqslant 2(a^2+b^2)$. Cas d'égalité ?
Soit $I = [0, 1]$, $(x_1, x) \in I^2$ et $f \in \mathcal{C}(I, \mathbb{R})$. Montrer que :

$$\left(\int_{x_1}^x f(t)\,\mathrm{d}t\right)^2 \leqslant (x - x_1)\int_{x_1}^x f^2(t)\,\mathrm{d}t.$$

2) Soit f de classe $\mathcal{C}^1$ sur $I = [0, 1]$ et x, x_1 dans I.

a) Montrer que : $f(x) = f(x_1) + \int_{x_1}^x f'(t)\,\mathrm{d}t$ et $f^2(x) \leqslant 2f^2(x_1) + 2(x - x_1)\int_{x_1}^x f'^2(t)\,\mathrm{d}t$. **(A)**

b) Soit x dans I et $x_1 \in \left[\frac{1}{3}, \frac{2}{3}\right]$. Montrer l'inégalité :

$$f^2(x) \leqslant 2f^2(x_1) + \frac{4}{3}\int_0^1 f'^2(t)\,\mathrm{d}t.$$

c) Soit x dans I. Montrer l'inégalité : $\frac{1}{3}f^2(x) \leqslant 2\int_{1/3}^{2/3} f^2(t)\,\mathrm{d}t + \frac{4}{9}\int_0^1 f'^2(t)\,\mathrm{d}t.$ **(B)**

d) Établir l'inégalité : $\int_0^1 f^2(t)\,dt \leqslant 6\int_{1/3}^{2/3} f^2(t)\,dt + \frac{4}{3}\int_0^1 f'^2(t)\,dt.$ **(I)**

e) Pour quelles fonctions f, de classe $\mathcal{C}^1$ sur I, l'inégalité **(I)** est-elle une égalité ?

3) Cette question a pour but d'obtenir une généralisation de l'inégalité **(I)**.

On considère $\alpha \in \left[0, \frac{1}{2}\right[$.

a) En suivant la même méthode qu'à la deuxième question, montrer qu'il existe des polynômes P et Q, du premier degré, tels que :

$$P\left(\frac{1}{3}\right) = \frac{1}{6} \;,\; Q\left(\frac{1}{3}\right) = \frac{4}{3}$$

et pour tout $f \in \mathcal{C}^1([0,1],\mathbb{R})$:

$$\int_0^1 f^2(t)\,dt \leqslant \frac{1}{P(\alpha)}\int_\alpha^{1-\alpha} f^2(t)\,dt + Q(\alpha)\int_0^1 f'^2(t)\,dt. \qquad \textbf{(II)}$$

b) Pour quelles fonctions f de classe $\mathcal{C}1$ sur I l'inégalité **(II)** est-elle une égalité ?

Solution

1) $2|ab| \leqslant a^2 + b^2$ **(i)** équivaut à $\left(|a| - |b|\right)^2 \geqslant 0$; elle est donc vraie.
Il y a égalité si et seulement si $|a| = |b|$.
$(a+b)^2 \leqslant 2\left(a^2 + b^2\right)$ **(ii)** équivaut à $(a-b)^2 \geqslant 0$; elle est donc vraie.
Il y a égalité si et seulement si $a = b$.

L'inégalité de Schwarz donne $\left(\int_{x_1}^x f(t)\,dt\right)^2 \leqslant \int_{x_1}^x 1^2\,dt \int_{x_1}^x f^2(t)\,dt$, c'est-à-dire :

$$\left(\int_{x_1}^x f(t)\,dt\right)^2 \leqslant (x - x_1)\int_{x_1}^x f^2(t)\,dt. \quad \textbf{(iii)}$$

2) a) Avec $\int_{x_1}^x f'(t)\,dt = f(x) - f(x_1)$, on a :

$$f(x) = f(x_1) + \int_{x_1}^x f'(t)\,dt \text{ puis } f^2(x) = \left(f(x_1) + \int_{x_1}^x f'(t)\,dt\right)^2.$$

En utilisant **(ii)**, il vient :

$$f^2(x) \leqslant 2f^2(x_1) + 2\left(\int_{x_1}^x f'(t)\,dt\right)^2,$$

puis avec **(iii)**, on obtient :

$$f^2(x) \leqslant 2f^2(x_1) + 2(x - x_1)\int_{x_1}^x f'^2(t)\,dt. \qquad \textbf{(A)}$$

b) Avec $x \in [0,1]$ et $x_1 \in \left[\frac{1}{3}, \frac{2}{3}\right]$, on a $|x - x_1| \leqslant \frac{2}{3}$ et $\left|\int_{x_1}^x f'^2(t)\,dt\right| \leqslant \int_0^1 f'^2(t)\,dt$.
Donc **(A)** donne :

$$f^2(x) \leqslant 2f^2(x_1) + \frac{4}{3}\int_0^1 f'^2(t)\,dt.$$

c) Alors, en intégrant par rapport à x_1 sur $\left[\frac{1}{3}, \frac{2}{3}\right]$ les deux membres de l'inégalité précédente, on obtient :

$$\frac{1}{3}f^2(x) \leq 2\int_{1/3}^{2/3} f^2(t)\,dt + \frac{4}{9}\int_0^1 f'^2(t)\,dt \qquad \textbf{(B)}$$

d) En intégrant sur $[0, 1]$, $f^2(x) \leq 6\int_{1/3}^{2/3} f^2(t)\,dt + \frac{4}{3}\int_0^1 f'^2(t)\,dt$, on a :

$$\int_0^1 f^2(t)\,dt \leq 6\int_{1/3}^{2/3} f^2(t)\,dt + \frac{4}{3}\int_0^1 f'^2(t)\,dt \qquad \textbf{(I)}$$

e) f^2 est continue sur $[0, 1]$. Elle est donc bornée sur $[0, 1]$ et atteint ses bornes.

Soit alors $y \in [0, 1]$, $f^2(y) = \sup\left\{f^2(t),\ t \in [0, 1]\right\}$. **(B)** donne :

$$\int_0^1 f^2(t)\,dt \leq f^2(y) \leq 6\int_{1/3}^{2/3} f^2(t)\,dt + \frac{4}{3}\int_0^1 f'^2(t)\,dt.$$

L'égalité dans **(I)** impose alors :

$$\int_0^1 f^2(t)\,dt = f^2(y) \text{ c'est-à-dire } \int_0^1 \left(f^2(y) - f^2(t)\right)\,dt = 0.$$

Avec $t \mapsto f^2(y) - f^2(t)$ continue et positive, il vient $f^2(t) = f^2(y)$ pour tout $t \in [0, 1]$, ce qui nous donne que f^2 est constante sur $[0, 1]$.

La continuité, donc la propriété des valeurs intermédiaires, fait que f ne peut pas prendre des valeurs de signes contraires, donc f est une constante C.

L'égalité dans **(I)** donne alors $C^2 = 2C^2$, donc $C = 0$ et la fonction nulle convient. L'inégalité **(I)** est donc une égalité si et seulement si f est nulle sur $[0, 1]$.

3) a) Soit $x \in [0, 1]$ et $x_1 \in [\alpha, 1 - \alpha]$. On a $|x - x_1| \leq 1 - \alpha$. En utilisant **(A)**, on obtient :

$$f^2(x) \leq 2f^2(x_1) + 2(1 - \alpha)\int_{x_1}^{x} f'^2(t)\,dt \text{ puis } f^2(x) \leq 2f^2(x_1) + 2(1 - \alpha)\int_0^1 f'^2(t)\,dt.$$

En intégrant sur $[\alpha, 1 - \alpha]$, il vient :

$$(1 - 2\alpha)f^2(x) \leq 2\int_{\alpha}^{1-\alpha} f^2(t)\,dt + 2(1 - \alpha)(1 - 2\alpha)\int_0^1 f'^2(t)\,dt,$$

puis :

$$f^2(x) \leq \frac{2}{1 - 2\alpha}\int_{\alpha}^{1-\alpha} f^2(t)\,dt + 2(1 - \alpha)\int_0^1 f'^2(t)\,dt.$$

On choisit alors P et Q définis par $P(\alpha) = \frac{1}{2}(1 - 2\alpha)$ et $Q(\alpha) = 2(1 - \alpha)$.

On a bien $P\left(\frac{1}{3}\right) = \frac{1}{6}$ et $Q\left(\frac{1}{3}\right) = \frac{4}{3}$.

Et, en intégrant sur $[0, 1]$, il vient :

$$\int_0^1 f^2(t)\,dt \leq \frac{1}{P(\alpha)}\int_0^{1-\alpha} f^2(t)\,dt + Q(\alpha)\int_0^1 f'^2(t)\,dt \qquad \textbf{(II)}$$

b) Comme en 2)e), l'inégalité **(II)** est une égalité si et seulement si f est la fonction nulle sur $[0, 1]$.

5 Intégration de sin t / t

On ne connait pas de primitive de $x \mapsto \dfrac{\sin x}{x}$ à l'aide de fonctions usuelles.

Soit f le prolongement par continuité de la fonction $x \mapsto \dfrac{\sin x}{x}$ avec $f(0) = 1$.

La primitive F nulle en 0 de f : $F(x) = \displaystyle\int_0^x f$, sera aussi noté $F(x) = \displaystyle\int_0^x \frac{\sin t}{t}\,\mathrm{d}t$.

Partie I

1) Montrer que F est impaire. Dans la suite, on se limitera à $F(x)$ pour $x > 0$.

2) Étudier les variations de F et montrer que, pour tout $n \in \mathbb{N}^*$, F admet un point d'inflexion et un seul sur chacun des intervalles $]n\pi, (n+1)\pi[$.

Partie II

On pose $I_n = F(n\pi) = \displaystyle\int_0^{n\pi} \frac{\sin t}{t}\,dt$ pour $n \in \mathbb{N}$ et $J_k = \displaystyle\int_0^{\pi} \frac{\sin u}{(k-1)\pi + u}\,du$ pour $k \in \mathbb{N}^*$.

1) Montrer que $I_n = \displaystyle\sum_{k=1}^{n} (-1)^{k-1} J_k$.

2) a) Montrer que, pour tout $k \in \mathbb{N}^*$, $J_k > 0$ et que la suite $(J_k)_{k \in \mathbb{N}^*}$ est décroissante.

b) Montrer que (J_k) converge vers 0. (*On pourra majorer* $\dfrac{\sin u}{(k-1)\pi + u}$ *sur* $[0, \pi]$.)

3) Montrer que les suites (I_{2p}) et (I_{2p+1}) sont adjacentes. On notera $\ell = \lim I_n$.

4) Montrer que F admet ℓ pour limite en $+\infty$.

Partie III

1) Pour $k \in \mathbb{N}$ et $x \in \mathbb{R} \setminus 2\pi\mathbb{Z}$, on admet que : $S_k(x) = \dfrac{k}{2} + \displaystyle\sum_{p=1}^{k-1} (k-p)\cos px = \dfrac{1 - \cos kx}{4\sin^2 \frac{x}{2}}$.

Calculer $\displaystyle\int_0^{\pi} S_k(x)\,\mathrm{d}x$.

2) Calculer la limite en 0 de $\left(\dfrac{1}{x^2} - \dfrac{1}{4\sin^2 \frac{x}{2}}\right)$.

3) On pose $M_k = \displaystyle\int_0^{\pi} \left(\frac{1}{x^2} - \frac{1}{4\sin^2 \frac{x}{2}}\right)(1 - \cos kx)\,\mathrm{d}x$. Montrer que $\displaystyle\lim_{k \to +\infty} \frac{M_k}{k} = 0$.

Partie IV

1) a) Montrer que $M_k = k\left(L\left(\frac{k\pi}{2}\right) - \frac{\pi}{2}\right)$, où $L(x)$ est défini par $L(x) = \int_0^x f^2(t)\,\mathrm{d}t$.

b) En déduire la limite de $L\left(\frac{k\pi}{2}\right)$ quand k tend vers $+\infty$ puis celle de $L(B)$ quand B tend vers $+\infty$.

2) a) Montrer que : $L\left(\frac{B}{2}\right) = -\frac{2}{B}\sin^2\frac{B}{2} + \int_0^B \frac{\sin x}{x}\,\mathrm{d}x$.

b) En déduire la valeur de ℓ.

Solution

Partie I

1) f étant paire, le changement de variable $x \mapsto -x$ donne :

$$F(x) = \int_0^x f(t)\,\mathrm{d}t = -\int_0^{-x} f(t)\,\mathrm{d}t = -F(-x)$$

F est impaire.

2) La dérivée de F est f. Avec $n \in \mathbb{N}$, on a $f(x) > 0$ sur $\left]2n\pi, (2n+1)\pi\right[$ et $f(x) < 0$ sur $\left](2n+1)\pi, (2n+2)\pi\right[$, et f s'annule en changeant de signe en $n\pi$, $n \in \mathbb{N}^*$.

Il s'ensuit que F est strictement croissante sur $\left[2n\pi, (2n+1)\pi\right]$ et strictement décroissante sur $\left[(2n+1)\pi, (2n+2)\pi\right]$.

$f'(x) = \dfrac{x\cos x - \sin x}{x^2}$ et $x\cos x - \sin x \underset{0}{\sim} -\dfrac{1}{3}x^3$ donne $\lim\limits_{x\to 0} f'(x) = 0$, d'où $f'(0) = 0$.

F'' s'annule avec changement de signe pour les racines dans $\mathbb{R}^*$ de $x = \tan x$.

F admet donc un point d'inflexion et un seul dans chacun des intervalles $\left]n\pi, (n+1)\pi\right[$ pour $n \in \mathbb{N}^*$.

Partie II

1) La relation de Chasles donne $I_n = \displaystyle\sum_{k=1}^{n} \int_{(k-1)\pi}^{k\pi} \frac{\sin t}{t}\,\mathrm{d}t$. Le changement de variable bijectif défini par $t = u + (k-1)\pi$ donne :

$$\int_{(k-1)\pi}^{k\pi} \frac{\sin t}{t}\,\mathrm{d}t = \int_0^{\pi} \frac{\sin\big(u + (k-1)\pi\big)}{(k-1)\pi + u}\,\mathrm{d}u = (-1)^{k-1}\int_0^{\pi} \frac{\sin u}{(k-1)\pi + u}\,\mathrm{d}u = (-1)^{k-1}J_k.$$

On a donc $I_n = \displaystyle\sum_{k=1}^{n} (-1)^{k-1}J_k$.

2) a) Sur $[0, \pi]$, la fonction $x \mapsto \dfrac{\sin x}{(k-1)\pi + x}$ est continue, positive et non nulle.

Son intégrale J_k sur $[0, \pi]$ est donc strictement positive.
Sur $[0, \pi]$ et pour tout $k \in \mathbb{N}^*$, on a $(k-1)\pi + u \leqslant k\pi + u$ et donc :

$$\frac{\sin u}{(k-1)\pi + u} \geqslant \frac{\sin u}{k\pi + u}.$$

Il s'ensuit $J_k \geqslant J_{k+1}$.

b) Décroissante et positive, la suite (J_k) est convergente.

Pour $k \geqslant 2$ et $u \in [0, \pi]$, on a $\frac{\sin u}{(k-1)\pi + u} \leqslant \frac{1}{(k-1)\pi}$. Il s'ensuit $J_k \leqslant \frac{1}{k-1}$ puis $\lim J_k = 0$.

3) Avec $I_{2p+1} - I_{2p} = J_{2p+1}$, on a $\lim (I_{2p+1} - I_{2p}) = 0$.
$I_{2p+3} - I_{2p+1} = J_{2p+3} - J_{2p+2} \leqslant 0$ montre que (I_{2p+1}) est décroissante.
$I_{2p+2} - I_{2p} = -J_{2p+2} + J_{2p+1} \geqslant 0$ montre que (I_{2p}) est croissante.
Ces deux suites sont donc adjacentes. On note ℓ leur limite commune.

4) Pour $x \geqslant 0$, posons $n_x = E\left(\frac{x}{\pi}\right)$ où $E(y)$ désigne la partie entière du réel y. Alors :

$$F(x) = \int_0^{n_x\pi} f + \int_{n_x\pi}^{x} f.$$

On a $\lim_{x\to+\infty} n_x = +\infty$ et donc $\lim_{x\to+\infty} I_{n_x} = \ell$ et :

$$\left|\int_{n_x\pi}^{x} f\right| \leqslant \int_{n_x\pi}^{x} |f| \leqslant \int_{n_x\pi}^{(n_x+1)\pi} |f| = J_{n_x+1}.$$

Avec $\lim_{x\to+\infty} J_{n_x+1} = 0$, il vient $\lim_{x\to+\infty} F(x) = \ell$.

Partie III

1) $\displaystyle\int_0^{\pi} S_k(x)\,\mathrm{d}x = \frac{k\pi}{2} + \sum_{p=1}^{k-1}(k-p)\int_0^{\pi} \cos px\,\mathrm{d}x = \frac{k\pi}{2} + \sum_{p=1}^{k-1} \frac{k-p}{p}\Big[\sin px\Big]_0^{\pi} = \frac{k\pi}{2}.$

2) En posant $x = 2t$, on cherche la limite en 0 de $\frac{\sin^2 t - t^2}{4t^2 \sin^2 t}$.

$\sin t + t \underset{0}{\sim} 2t$ et $\sin t - t \underset{0}{\sim} -\frac{t^3}{6}$ donnent $\sin^2 t - t^2 \underset{0}{\sim} -\frac{t^4}{3}$.

En outre $4t^2 \sin^2 t \underset{0}{\sim} 4t^4$. Il s'ensuit $\frac{\sin^2 t - t^2}{4t^2 \sin^2 t} \underset{0}{\sim} -\frac{1}{12}$ puis :

$$\lim_{x\to 0}\left(\frac{1}{x^2} - \frac{1}{4\sin^2 \frac{x}{2}}\right) = -\frac{1}{12}.$$

3) La fonction continue sur $]0, \pi]$ $x \mapsto \frac{1}{x^2} - \frac{1}{4\sin^2 \frac{x}{2}}$, prolongée par continuité en 0, est continue sur $[0, \pi]$. Il existe alors $A > 0$ tel que $\left|\frac{1}{x^2} - \frac{1}{4\sin^2 \frac{x}{2}}\right| \leqslant A$ pour tout $x \in [0, \pi]$.

Avec $0 \leqslant 1 - \cos kx \leqslant 2$, il vient $|M_k| \leqslant 2A\pi$. On en déduit que $\lim \frac{M_k}{k} = 0$.

Partie IV

1) a) $x \mapsto S_k(x)$ et $x \mapsto \dfrac{1-\cos kx}{x^2}$ se prolongent par continuité en 0 par $\dfrac{k^2}{2}$.

On a donc $M_k = \displaystyle\int_0^{\pi} \frac{1-\cos kx}{x^2}\,\mathrm{d}x - \int_0^{\pi} S_k(x)\,\mathrm{d}x = \int_0^{\pi} \frac{1-\cos kx}{x^2}\,\mathrm{d}x - \frac{k\pi}{2}.$

Le changement de variable $x \mapsto \dfrac{2t}{k}$ donne :

$$\int_0^{\pi} \frac{1-\cos kx}{x^2}\,\mathrm{d}x = k\int_0^{k\pi/2} \frac{1-\cos 2t}{2t^2}\,\mathrm{d}t$$

puis $\displaystyle\int_0^{\pi} \frac{1-\cos kx}{x^2}\,\mathrm{d}x = k\int_0^{k\pi/2} \frac{\sin^2 t}{t^2}\,\mathrm{d}t = kL\left(\frac{k\pi}{2}\right)$ d'où :

$$M_k = k\left(L\left(\frac{k\pi}{2}\right) - \frac{\pi}{2}\right).$$

b) Avec $\displaystyle\lim_{k\to+\infty} \frac{M_k}{k} = 0$ il vient $\displaystyle\lim_{k\to+\infty} L\left(\frac{k\pi}{2}\right) = \frac{\pi}{2}$.

Soit $k \in \mathbb{N}$ tel que $k\dfrac{\pi}{2} \leqslant B < (k+1)\dfrac{\pi}{2}$, on a :

$$L(B) = L\left(\frac{k\pi}{2}\right) + \int_{k\pi/2}^{B} \frac{\sin^2 x}{x^2}\,\mathrm{d}x.$$

Alors $0 \leqslant \displaystyle\int_{k\pi/2}^{B} \frac{\sin^2 x}{x^2}\,\mathrm{d}x \leqslant \int_{k\pi/2}^{(k+1)\pi/2} \frac{\sin^2 x}{x^2}\,\mathrm{d}x \leqslant \int_{k\pi/2}^{(k+1)\pi/2} \frac{4}{k^2\pi^2}\,\mathrm{d}x = \frac{2}{k^2\pi}$ donne :

$$\lim_{B\to+\infty} \int_{k\pi/2}^{B} \frac{\sin^2 x}{x^2}\,\mathrm{d}x = 0 \quad \text{puis} \quad \lim_{B\to+\infty} L(B) = \frac{\pi}{2}.$$

2) Une intégration par parties donne :

$$L\left(\frac{B}{2}\right) = \left[-\frac{1}{x}\sin^2 x\right]_0^{B/2} + \int_0^{B/2} \frac{\sin 2x}{x}\,\mathrm{d}x,$$

et, avec un changement de variable :

$$L\left(\frac{B}{2}\right) = -\frac{2}{B}\sin^2\frac{B}{2} + \int_0^{B} \frac{\sin t}{t}\,\mathrm{d}t.$$

Avec $\displaystyle\lim_{B\to+\infty} L\left(\frac{B}{2}\right) = \frac{\pi}{2}$ et $\displaystyle\lim_{B\to+\infty} \frac{2}{B}\sin^2\frac{B}{2} = 0$, il vient :

$$\ell = \lim_{B\to+\infty} \int_0^{B} \frac{\sin x}{x}\,\mathrm{d}x = \frac{\pi}{2}.$$

6 Primitives et sous-espaces vectoriels

On considère l'espace vectoriel réel $E = \left\{ f \in \mathcal{C}\big([0,1], \mathbb{R}\big),\ \int_0^1 f(t)\,dt = 0 \right\}$.

On définit sur E l'application Φ par :

$$\forall f \in E,\ \forall x \in [0,1],\ \big(\Phi(f)\big)(x) = \int_0^x f(t)\,dt + \int_0^1 tf(t)\,dt.$$

1) Montrer que Φ est une application linéaire de E dans E.

2) Montrer que $\forall f \in E,\ \forall x \in [0,1],\ \big(\Phi(f)\big)(x) = \int_0^x tf(t)\,dt - \int_x^1 (1-t)f(t)\,dt$.

3) a) Soit f dans E ; montrer que l'on a $\Phi(f) \in \mathcal{C}^1\big([0,1], \mathbb{R}\big)$ et que $\big(\Phi(f)\big)(0) = \big(\Phi(f)\big)(1)$.

b) Réciproquement, soit h dans E, de classe $\mathcal{C}^1$ et vérifiant $h(0) = h(1)$; montrer qu'il existe f dans E telle que $\Phi(f) = h$.

c) Montrer que Φ est injective.

4) On considère les sous-espaces vectoriels E' et E'' de E définis par :

$E' = \{f \in E,\ \forall x \in [0,1],\ f(1-x) = f(x)\}$, $E'' = \{f \in E,\ \forall x \in [0,1],\ f(1-x) = -f(x)\}$.

Montrer que E' et E'' sont supplémentaires dans E, que $\Phi(E')$ est inclus dans E'' et que $\Phi(E'')$ est inclus dans E'.

5) Soit g la fonction définie par $\forall t \in [0,1],\ g(t) = \cos \pi t$.

Vérifier que g appartient à E et exprimer $\Phi(g)$ à l'aide de fonctions usuelles.

6) Pour toute fonction f de E, on pose $\|f\| = \sup\{\,|f(t)|\,,\, t \in [0,1]\}$.

Montrer que, $\forall f \in E,\ \|\Phi(f)\| \leqslant \frac{1}{2}\|f\|$.

Solution

1) La linéariré de Φ découle de la linéarité de l'intégrale.

La fonction f étant continue, $F : x \mapsto \int_0^x f(t)\,dt$ est dérivable, de dérivée f.

On en déduit que $\Phi(f)$ est dérivable et de dérivée égale à f, donc $\Phi(f)$ est de classe $\mathcal{C}^1$ sur $[0,1]$.

Il reste à montrer que $\Phi(f)$ est d'intégrale nulle sur $[0,1]$.

On a $\Phi(f)(x) = F(x) + \int_0^1 tF'(t)\,dt$. Une intégration par parties donne :

$$\int_0^1 F(x)\,dx = \Big[xF(x)\Big]_0^1 - \int_0^1 tF'(x)\,dx = F(1) - \int_0^1 xf(x)\,dx.$$

La condition $F(1) = 0$ donne alors $\int_0^1 \Phi(f)(x)\,dx = 0$.

2) Avec $\int_0^x f(t)\,dt + \int_x^1 f(t)\,dt = \int_0^1 f(t)\,dt = 0$, on a $\int_0^x f(t)\,dt = -\int_x^1 f(t)\,dt$.

Avec $\int_0^1 tf(t)\,dt = \int_0^x tf(t)\,dt + \int_x^1 tf(t)\,dt$, il vient :

$$\Phi(f)(x) = \int_0^x tf(t)\,dt - \int_x^1 (1-t)f(t)\,dt.$$

3) a) On a déjà dit que $\Phi(f)$ est de classe $\mathcal{C}^1$.

Avec la formule de définition de $\Phi(f)$, on a $\Phi(f)(0) = \int_0^1 tf(t)\,dt$, et avec la formule établie en 2), il vient :

$$\Phi(f)(1) = \int_0^1 tf(t)\,dt.$$

b) Si $\Phi(f) = h$, on a nécessairement $f = h'$. Il reste donc à prouver que $\Phi(h') = h$.

$$\Phi(h')(x) = \int_0^x h'(t)\,dt + \int_0^1 th'(t)\,dt = h(x) - h(0) + \int_0^1 th'(t)\,dt.$$

Compte tenu de $\int_0^1 h(t)\,dt = 0$, une intégration par parties donne :

$$\int_0^1 th'(t)\,dt = \Big[th(t)\Big]_0^1 - \int_0^1 h(t)\,dt = h(1).$$

En conclusion, avec $h(0) = h(1)$, il vient $\Phi(h')(x) = h(x)$.

c) Soit $f \in E$ telle que $\Phi(f) = 0$. Il vient $\big(\Phi(f)\big)' = 0$ et, avec $\big(\Phi(f)\big)' = f$, on a $f = 0$.
On obtient donc $\operatorname{Ker}\Phi = \{0\}$.

4) Soit $f \in E' \cap E''$. Pour tout $x \in [0, 1]$, on a $f(x) = f(1-x)$ et $f(x) = -f(1-x)$; d'où $f(x) = 0$.
Il en résulte $E' \cap E'' = \{0\}$.

Pour tout $x \in [0, 1]$, on peut écrire $f(x) = \dfrac{f(x) + f(1-x)}{2} + \dfrac{f(x) - f(1-x)}{2}$.

Posons $g(x) = \dfrac{f(x) + f(1-x)}{2}$ et $h(x) = \dfrac{f(x) - f(1-x)}{2}$.
Il est clair que g et h sont dans E' et E'' respectivement. On a donc $E \subset E' + E''$.

Soit $f \in E$; on a $\Phi(f)(1-x) = \int_0^{1-x} f(t)\,dt + \int_0^1 tf(t)\,dt$.
Le changement de variable défini par $u = 1 - t$ donne :

$$\Phi(f)(1-x) = -\int_1^x f(1-u)\,du + \int_0^1 (1-u)f(1-u)\,du.$$

Si f est dans E', il vient : $\Phi(f)(1-x) = -\int_1^x f(u)\,du + \int_0^1 (1-u)f(u)\,du$ d'où :

$$\Phi(f)(1-x) = -\int_1^0 f(u)\,du - \int_0^x f(u)\,du + \int_0^1 f(u)\,du - \int_0^1 uf(u)\,du = -\Phi(f)(x).$$

Ainsi, $\Phi(E') \subset E''$ et on vérifie de même que $\Phi(E'') \subset E'$.

5) g est continue sur $[0, 1]$ et $\int_0^1 \cos \pi t\,dt = \dfrac{1}{\pi}\Big[\sin \pi t\Big]_0^1 = 0$. Notons que g est dans E''.

Avec $\Phi(g)(x) = \int_0^x \cos \pi t \, dt + \int_0^1 t \cos \pi t \, dt$, une intégration par parties donne :

$$\Phi(g)(x) = \frac{1}{\pi}\Big[\sin \pi t\Big]_0^x + \frac{1}{\pi}\Big[t \sin \pi t\Big]_0^1 - \frac{1}{\pi}\int_0^1 \sin \pi t \, dt,$$

et il vient $\Phi(g)(x) = \frac{1}{\pi} \sin \pi x - \frac{2}{\pi^2}$.

6) Utilisons l'expression $\Phi(f)(x) = \int_0^x tf(t) \, dt - \int_x^1 (1-t)f(t) \, dt$.

On a $|\Phi(f)(x)| \leqslant \int_0^x t\,|f(t)| \, dt + \int_x^1 (1-t)\,|f(t)| \, dt$, d'où :

$$|\Phi(f)(x)| \leqslant \|f\| \Big(\int_0^x t \, dt + \int_x^1 (1-t) \, dt \Big),$$

puis :

$$|\Phi(f)(x)| \leqslant \frac{1}{2}\Big(\Big[t^2\Big]_0^x - \Big[(1-t)^2\Big]_x^1 \Big)\|f\| = \frac{1}{2}\big(x^2 + (1-x)^2\big)\|f\|.$$

En notant que $\frac{1}{2}\big(x^2+(1-x)^2\big) = x^2 - x + \frac{1}{2} = \Big(x - \frac{1}{2}\Big)^2 + \frac{1}{4}$ est majorée par $\frac{1}{2}$ pour $x \in [0, 1]$, il vient $\| \, \Phi(f) \, \| \leqslant \frac{1}{2}\|f\|$.

7 Limite d'une somme d'intégrales

1) Pour tout $n \in \mathbb{N}^*$, on pose $I_n = \int_0^{\pi/4} \tan^n x \, dx$.

a) Montrer que la suite $(I_n)_{n \in \mathbb{N}^*}$ est décroissante et convergente.

b) Calculer la dérivée de la fonction $x \mapsto \tan^{n+1} x$ et en déduire une expression de $I_n + I_{n+2}$ pour tout $n \in \mathbb{N}^*$. En déduire la limite de $(I_n)_{n \in \mathbb{N}^*}$.

2) Pour $t \in \Big]0, \frac{\pi}{4}\Big[$ et pour $n \in \mathbb{N}^*$, on pose $I_n(t) = \int_0^t \tan^n x \, dx$ et $S_n(t) = \sum_{k=1}^{n} I_k(t)$.

a) Pour tout $n \in \mathbb{N}^*$ et pour tout $x \in [0, t]$, vérifier que :

$$\left| \tan x + \tan^2 x + \, . \, . \, . \, + \tan^n x - \frac{\tan x}{1 - \tan x} \right| = \frac{\tan^{n+1} x}{1 - \tan x}$$ et que

$0 \leqslant \frac{\tan^n x}{1 - \tan x} \leqslant \frac{\tan^n t}{1 - \tan t}$.

b) Montrer que, pour tout $n \in \mathbb{N}^*$, on a : $\left| S_n(t) - \int_0^t \frac{\tan x}{1 - \tan x} \, dx \right| \leqslant t \, \frac{\tan^{n+1} t}{1 - \tan t}$.

En déduire que la suite $\big(S_n(t)\big)_{n \in \mathbb{N}^*}$ est convergente.

3) On se propose de trouver une expression de la limite de la suite $\big(S_n(t)\big)_{n \in \mathbb{N}^*}$.

a) Soit f la fonction définie sur $\left[0, \frac{\pi}{4}\right[$ par $f(x) = \ell n(\cos x - \sin x)$.

Montrer que f est dérivable et calculer sa dérivée.

b) On pose $J(t) = \displaystyle\int_0^t \frac{\sin x}{\cos x - \sin x}\, dx$ et $K(t) = \displaystyle\int_0^t \frac{\cos x}{\cos x - \sin x}\, dx$.

Calculer $J(t)$ et $K(t)$. En déduire la limite de la suite $\left(S_n(t)\right)_{n \in \mathbb{N}^*}$.

Solution

1) a) Avec $0 \leqslant \tan x \leqslant 1$ sur $[0, \pi/4]$, donc $\tan^n x \geqslant 0$, il vient $I_n \geqslant 0$.

Et on a aussi $\tan^{n+1} x \leqslant \tan^n x$ sur $[0, \pi/4]$, donc $I_{n+1} \leqslant I_n$.

Décroissante et minorée, (I_n) est convergente.

b) La dérivée de $x \mapsto \tan^{n+1} x$ est $x \mapsto (n+1)(1+\tan^2 x)\tan^n x = (n+1)(\tan^n x + \tan^{n+2} x)$.

Il s'ensuit $\left[\tan^{n+1} x\right]_0^{\pi/4} = (n+1)(I_n + I_{n+2})$, c'est-à-dire $I_n + I_{n+2} = \dfrac{1}{n+1}$.

Alors $I_{n+2} \geqslant 0$ donne $0 \leqslant I_n \leqslant \dfrac{1}{n+1}$, d'où $\lim I_n = 0$.

2) a) L'égalité classique $(1 + u + \cdots + u^{n-1})(1-u) = 1 - u^n$ et $0 \leqslant u < 1$ donne :

$$1 + u + \cdots + u^{n-1} - \frac{1}{1-u} = \frac{-u^n}{1-u}.$$

Avec $0 \leqslant \tan x < 1$, il vient alors :

$$\left|\tan x + \tan^2 x + \cdots + \tan^n x - \frac{\tan x}{1 - \tan x}\right| = \frac{\tan^{n+1} x}{1 - \tan x}.$$

La fonction tan étant croissante sur $\left[0, \frac{\pi}{4}\right]$, on a :

$$0 \leqslant \tan^n x \leqslant \tan^n t \text{ et } 1 - \tan x \geqslant 1 - \tan t > 0 \ \text{ d'où } \ 0 \leqslant \frac{\tan^n x}{1 - \tan x} \leqslant \frac{\tan^n t}{1 - \tan t}.$$

b) Soit φ_n définie par $\varphi_n(x) = \tan x + \tan^2 x + \cdots + \tan^n x$.

On a $\left|\varphi_n(x) - \dfrac{\tan x}{1 - \tan x}\right| \leqslant \dfrac{\tan^{n+1} t}{1 - \tan t}$ pour tout $x \in [0, t]$.

Avec $S_n(t) - \displaystyle\int_0^t \frac{\tan x}{1 - \tan x}\, dx = \int_0^t \left(\varphi_n(x) - \frac{\tan x}{1 - \tan x}\right) dx$, il vient :

$$\left|S_n(t) - \int_0^t \frac{\tan x}{1 - \tan x}\, dx\right| \leqslant t\, \frac{\tan^{n+1} t}{1 - \tan t}.$$

Or $0 \leqslant \tan t < 1$ donne $\lim\limits_{n \to \infty} \tan^n t = 0$, donc la suite $\left(S_n(t)\right)_{n \in \mathbb{N}^*}$ a pour limite :

$$\int_0^t \frac{\tan x}{1 - \tan x}\, dx.$$

3) a) $\varphi \ : \ x \mapsto \cos x - \sin x$ est dérivable sur $\mathbb{R}$. En écrivant $\cos x - \sin x = \sqrt{2}\cos\left(x + \frac{\pi}{4}\right)$,

φ est strictement positive sur $\left[0, \frac{\pi}{4}\right[$. Alors $f = \ell n \circ \varphi$ est dérivable sur cet intervalle.

Avec $\varphi'(x) = -\sin x - \cos x$, il vient $f'(x) = -\dfrac{\sin x + \cos x}{\cos x - \sin x}$.

b) $K(t) - J(t) = t$ et $K(t) + J(t) = -\displaystyle\int_0^t f'(t)\,\mathrm{d}t = f(0) - f(t) = -\ell n(\cos t - \sin t)$ donne :

$$J(t) = -\frac{1}{2}\big(\ell n(\cos t - \sin t) + t\big).$$

La limite de la suite $\big(S_n(t)\big)_{n\in\mathbb{N}^*}$, est $J(t)$ puisque $\dfrac{\sin x}{\cos x - \sin x} = \dfrac{\tan x}{1 - \tan x}$.

8 Intégrales et équivalents de suites

Pour $n \in \mathbb{N}^*$, on pose : $H_n = \displaystyle\sum_{k=1}^{n} \frac{1}{k}$ et $S_n = \displaystyle\sum_{k=1}^{n} \frac{1}{k^2}$.

f_n, p_n et g_n sont les fonctions réelles définies sur $[0, +\infty[$ par :

$$f_n(x) = \sum_{k=1}^{n} \ell n\big(1 + \frac{x}{k}\big),\quad p_n(x) = \prod_{k=1}^{n}(x + k) \quad\text{et}\quad g_n(x) = \frac{n!}{p_n(x)}.$$

On pose $I_n = \displaystyle\int_0^1 g_n(x)\,\mathrm{d}x$, $U_n = \displaystyle\int_0^{1/\sqrt{H_n}} g_n(x)\,\mathrm{d}x$ et $V_n = \displaystyle\int_{1/\sqrt{H_n}}^1 g_n(x)\,\mathrm{d}x$.

E_n est l'espace vectoriel des polynômes réels de degré inférieur ou égal à $n - 1$.

Partie I

1) a) Les suites $(H_n)_{n\in\mathbb{N}^*}$ et $(S_n)_{n\in\mathbb{N}^*}$ sont-elles convergentes ?

b) Prouver, pour tout $x \in \mathbb{R}_+$, les inégalités : $x - \dfrac{x^2}{2} \leqslant \ell n(1 + x) \leqslant x$ (1)

c) En déduire que $H_n \sim \ell n\, n$ quand n tend vers l'infini.

2) a) Exprimer $g_n(x)$ à l'aide de $f_n(x)$ pour tout $x \in \mathbb{R}_+$.

b) En déduire, à l'aide de (1) : $\displaystyle\int_0^{1/\sqrt{H_n}} e^{-xH_n}\,\mathrm{d}x \leqslant U_n \leqslant e^{\frac{S_n}{2H_n}} \int_0^{1/\sqrt{H_n}} e^{-xH_n}\,\mathrm{d}x$.

c) En déduire que $U_n \sim \dfrac{1}{H_n}$ pour $n \to +\infty$.

d) Montrer de façon analogue les inégalités : $0 \leqslant V_n \leqslant e^{-\sqrt{H_n}}\, \dfrac{e^{\frac{1}{2}S_n}}{H_n}$.

e) Montrer que $V_n = o\big(\dfrac{1}{H_n}\big)$ pour $n \to +\infty$.

3) À l'aide des questions précédentes, établir que : $I_n \sim \dfrac{1}{\ell n\, n}$ pour $n \to +\infty$.

Partie II

1) Soit $B = (e_j)_{j\in[\![1,n]\!]}$ la famille de E_n définie par $\forall x \in \mathbb{R}$, $\forall j \in [\![1, n]\!]$, $e_j(x) = \dfrac{p_n(x)}{x + j}$.

a) Montrer que la famille B est libre.

b) En déduire l'existence de $(\lambda_j)_{j\in[\![1,n]\!]} \in \mathbb{R}^n$ tel que $\forall x \in \mathbb{R},\ n! = \sum_{j=1}^{n} \lambda_j e_j(x)$.

c) Calculer λ_j en fonction de n et du coefficient binomial C_{n-1}^{j-1}.

2) Établir la formule : $I_n = n\sum_{k=1}^{n}(-1)^{k+1} C_{n-1}^{k-1}\big(\ell n(k+1) - \ell n\, k\big)$.

3) Utiliser cette dernière égalité et l'équivalent de I_n obtenu dans la partie **t I** pour justifier l'équivalent : $\sum_{k=0}^{n}(-1)^{k+1} C_n^k\, \ell n(k+1) \sim \dfrac{1}{n\,\ell n\, n}$ quand n tend vers l'infini.

Solution

Partie I

1) a) Si la suite $(H_n)_{n\in\mathbb{N}^*}$ était de limite h, alors la suite extraite $(H_{2n})_{n\in\mathbb{N}^*}$ aurait aussi h pour limite, d'où $\lim(H_{2n} - H_n) = 0$. Or on a $H_{2n} - H_n = \sum_{k=n+1}^{2n} \dfrac{1}{k} \geqslant n\dfrac{1}{2n} = \dfrac{1}{2}$.

Ainsi la suite croissante $(H_n)_{n\in\mathbb{N}^*}$ n'est pas convergente, donc elle a $+\infty$ pour limite.

Avec $\dfrac{1}{k^2} \leqslant \dfrac{1}{k-1} - \dfrac{1}{k}$ pour $k \geqslant 2$, il vient $S_n \leqslant 1 + \sum_{k=2}^{n}\left(\dfrac{1}{k-1} - \dfrac{1}{k}\right) = 2 - \dfrac{1}{n} \leqslant 2$.

Majorée, la suite croissante $(S_n)_{n\in\mathbb{N}^*}$ est convergente.

b) $\ell n(1+x) \leqslant x$ découle de la concavité de la fonction ℓn (courbe en dessous de la tangente en 1) **(1)**

La fonction $g\ :\ x \mapsto \ell n(1+x) - x + \dfrac{x^2}{2}$ est dérivable, avec $g(0) = 0$ et $g'(x) = \dfrac{x^2}{x+1} \geqslant 0$ et on a donc $g(x) \geqslant 0$ pour $x \geqslant 0$.

c) Pour tout $k \in \mathbb{N}^*$, $\dfrac{1}{k} - \dfrac{1}{2k^2} \leqslant \ell n\dfrac{k+1}{k} \leqslant \dfrac{1}{k}$ donne $H_n - \dfrac{1}{2}S_n \leqslant \ell n(n+1) \leqslant H_n$ par sommation pour $k \in [\![1, n]\!]$. On a donc $0 \leqslant H_n - \ell n(n+1) \leqslant \dfrac{1}{2}S_n$ et, avec $S_n = o(H_n)$, il vient $H_n - \ell n(n+1) = o(H_n)$. Donc $H_n \sim \ell n(n+1)$, puis $H_n \sim \ell n\, n$.

2) a) Avec $g_n(x) = \prod_{k=1}^{n} \dfrac{k}{x+k}$, on a $\ell n\, g_n(x) = \sum_{k=1}^{n} \ell n\dfrac{k}{x+k} = -f_n(x)$, d'où $g_n(x) = e^{-f_n(x)}$.

b) $\ell n\left(1 + \dfrac{x}{k}\right) \leqslant \dfrac{x}{k}$ donne $f_n(x) \leqslant xH_n$ en sommant pour $k \in [\![1, n]\!]$.

On a donc $g_n(x) \geqslant e^{-xH_n}$ puis $\displaystyle\int_0^{1/\sqrt{H_n}} e^{-xH_n}\,\mathrm{d}x \leqslant U_n$.

$\ell n\left(1 + \dfrac{x}{k}\right) \geqslant \dfrac{x}{k} - \dfrac{x^2}{2k^2}$ donne de même $f_n(x) \geqslant xH_n - \dfrac{x^2}{2}S_n$ d'où $g_n(x) \leqslant e^{\frac{x^2}{2}S_n} e^{-xH_n}$.

Sur $\left[0, 1/\sqrt{H_n}\right]$, on a $x^2 \leqslant \dfrac{1}{H_n}$ donc $\dfrac{x^2}{2}S_n \leqslant \dfrac{S_n}{2H_n}$ et il vient $U_n \leqslant e^{\frac{S_n}{2H_n}} \displaystyle\int_0^{1/\sqrt{H_n}} e^{-xH_n}\,dx$.

c) On a donc $-\dfrac{1}{H_n}\left(e^{-\sqrt{H_n}} - 1\right) \leqslant U_n \leqslant -\dfrac{1}{H_n}\left(e^{-\sqrt{H_n}} - 1\right)e^{\frac{S_n}{2H_n}}$, c'est-à-dire :

$$1 - e^{-\sqrt{H_n}} \leqslant H_n U_n \leqslant \left(1 - e^{-\sqrt{H_n}}\right)e^{\frac{S_n}{2H_n}}.$$

Avec $\lim -\sqrt{H_n} = -\infty$ et $\lim \dfrac{S_n}{2H_n} = 0$, il vient $\lim U_n H_n = 1$ puis $U_n \sim \dfrac{1}{H_n}$.

d) $g_n(x) \geqslant 0$ donne $0 \leqslant V_n$. Avec $g_n(x) \leqslant e^{\frac{x^2}{2}S_n} e^{-xH_n}$ et $\dfrac{x^2}{2}S_n \leqslant \dfrac{1}{2}S_n$ sur $[1/\sqrt{H_n}, 1]$, on a :

$$V_n \leqslant e^{\frac{1}{2}S_n} \int_{1/\sqrt{H_n}}^{1} e^{-xH_n}\,dx = -\frac{e^{\frac{1}{2}S_n}}{H_n}\left(e^{-H_n} - e^{-\sqrt{H_n}}\right) = \frac{e^{\frac{1}{2}S_n}}{H_n}\left(e^{-\sqrt{H_n}} - e^{-H_n}\right) \leqslant e^{-\sqrt{H_n}}\frac{e^{\frac{1}{2}S_n}}{H_n}.$$

e) On a donc $0 \leqslant H_n V_n \leqslant e^{-\sqrt{H_n}} e^{\frac{1}{2}S_n}$. En notant que $e^{\frac{1}{2}S_n}$ est convergente et que $\lim e^{-\sqrt{H_n}} = 0$, il vient $\lim V_n H_n = 0$, donc $V_n = o\left(\dfrac{1}{H_n}\right)$ quand n tend vers l'infini.

3) On a $I_n = U_n + V_n$ donc $I_n H_n = U_n H_n + V_n H_n$; avec $\lim U_n H_n = 1$ et $\lim V_n H_n = 0$, il vient :

$$\lim I_n H_n = 1, \text{ donc } I_n \sim \frac{1}{H_n}.$$

Comme on a établi que $H_n \sim \ell n\, n$, il vient alors $I_n \sim \dfrac{1}{\ell n\, n}$ quand n tend vers l'infini.

Partie II

1) a) Soit $(\lambda_j)_{j \in [\![1, n]\!]}$ une famille de réels telle que $\displaystyle\sum_{j=1}^{n} \lambda_j e_j = 0$.

Pour tout $k \in [\![1, n]\!] \setminus \{j\}$, on a $e_j(-k) = 0$, et par suite $\displaystyle\sum_{j=1}^{n} \lambda_j e_j(-k) = \lambda_k e_k(-k)$.

Alors $\displaystyle\sum_{j=1}^{n} \lambda_j e_j(-k) = 0$ et $e_k(-k) \neq 0$ donne $\lambda_k = 0$; la famille B est donc libre.

b) B est de cardinal n et E_n est de dimension n ; c'est donc une base de E_n.
Le polynôme constant $n!$ est dans E_n ; il est donc combinaison linéaire des vecteurs de B. Ainsi il existe une famille $(\lambda_j)_{j \in [\![1, n]\!]}$ de réels tels que $n! = \displaystyle\sum_{j=1}^{n} \lambda_j e_j$, c'est-à-dire :

$$\forall x \in \mathbb{R},\ n! = \sum_{j=1}^{n} \lambda_j e_j(x).$$

c) À nouveau, pour tout $k \in [\![1, n]\!] \setminus \{j\}$, on a $e_j(-k) = 0$, donc $n! = \lambda_k e_k(-k)$.
Notons que $p_k(x) = \displaystyle\prod_{1 \leqslant j < k} (x + j) \prod_{n \geqslant j > k} (x + j)$.
On a donc $e_k(-k) = \displaystyle\prod_{1 \leqslant j < k} (-k+j) \prod_{n \geqslant j > k} (-k+j) = (-1)^{k-1} \prod_{1 \leqslant j < k} (k-j) \prod_{n \geqslant j > k} (j-k)$ et finalement :

$$e_k(-k) = (-1)^{k-1}(k-1)!(n-k)! = (-1)^{k+1}(k-1)!(n-k)!\,.$$

Ainsi, pour tout $k \in [\![1, n]\!]$, on a $\lambda_k = (-1)^{k+1}\dfrac{n!}{(k-1)!(n-k)!} = (-1)^{k+1} n \dfrac{(n-1)!}{(k-1)!(n-k)!}$ et finalement, $\lambda_k = (-1)^{k+1} n \,\mathrm{C}_{n-1}^{k-1}$.

2) On a $I_n = \displaystyle\int_0^1 g_n(x)\,\mathrm{d}x$ et $g_n(x) = \dfrac{n!}{p_n(x)}$. On vient de voir que, pour tout $x \in [0, 1]$, $n! = \displaystyle\sum_{k=1}^{n} (-1)^{k+1} n\,\mathrm{C}_{n-1}^{k-1} \frac{p_n(x)}{x+k}$ et il vient $g_n(x) = n \displaystyle\sum_{k=1}^{n} (-1)^{k+1}\,\mathrm{C}_{n-1}^{k-1} \frac{1}{x+k}$.

En intégrant sur $[0, 1]$, il s'ensuit : $I_n = n \displaystyle\sum_{k=1}^{n} (-1)^{k+1}\,\mathrm{C}_{n-1}^{k-1}\big(\ell n(k+1) - \ell n\, k\big)$.

3) On a $-\displaystyle\sum_{k=1}^{n} (-1)^{k+1}\,\mathrm{C}_{n-1}^{k-1}\,\ell n\, k = \sum_{k=0}^{n-1} (-1)^{k+1}\,\mathrm{C}_{n-1}^{k}\,\ell n(k+1)$ donc :

$$\frac{1}{n} I_n = (-1)^{n+1}\,\ell n(n+1) + \sum_{k=1}^{n-1} (-1)^{k+1}\,\mathrm{C}_{n-1}^{k-1}\,\ell n(k+1) + \sum_{k=0}^{n-1} (-1)^{k+1}\,\mathrm{C}_{n-1}^{k}\,\ell n(k+1).$$

En remarquant que $\displaystyle\sum_{k=1}^{n-1} (-1)^{k+1}\,\mathrm{C}_{n-1}^{k-1}\,\ell n(k+1) = \sum_{k=0}^{n-1} (-1)^{k+1}\,\mathrm{C}_{n-1}^{k-1}\,\ell n(k+1)$, il vient :

$$\frac{1}{n} I_n = (-1)^{n+1}\,\ell n(n+1) + \sum_{k=0}^{n-1} (-1)^{k+1}\big(\mathrm{C}_{n-1}^{k-1} + \mathrm{C}_{n-1}^{k}\big)\,\ell n(k+1).$$

Avec $\mathrm{C}_{n-1}^{k-1} + \mathrm{C}_{n-1}^{k} = \mathrm{C}_{n}^{k}$, on obtient :

$$\frac{1}{n} I_n = (-1)^{n+1}\,\ell n(n+1) + \sum_{k=0}^{n-1} (-1)^{k+1}\,\mathrm{C}_{n}^{k}\,\ell n(k+1) = \sum_{k=0}^{n} (-1)^{k+1}\,\mathrm{C}_{n}^{k}\,\ell n(k+1).$$

Finalement, avec $I_n \sim \dfrac{1}{\ell n\, n}$, on obtient : $\displaystyle\sum_{k=0}^{n} (-1)^{k+1}\,\mathrm{C}_{n}^{k}\,\ell n(k+1) \sim \frac{1}{n\,\ell n\, n}$ quand n tend vers l'infini.

9 Limites de suites d'intégrales

Étant donné $f \in \mathcal{C}([0, 1], \mathbb{R})$, on pose $I_0 = \displaystyle\int_0^1 f(t)\,\mathrm{d}t$ et, pour tout $n \in \mathbb{N}^*$, $\;I_n = \displaystyle\int_0^1 t^n f(t)\,\mathrm{d}t$.

Partie I

1) Soit ε une fonction réelle continue sur $[0, 1]$ telle que $\varepsilon(1) = 0$; on suppose en outre que $f(1) \neq 0$. Pour tout $n \in \mathbb{N}^*$, on note :

$$J_n = \int_0^{1-\frac{1}{\sqrt{n}}} t^n f(t)\,\mathrm{d}t\;,\quad K_n = \int_{1-\frac{1}{\sqrt{n}}}^{1} t^n f(t)\,\mathrm{d}t \quad\text{et}\quad \theta_n = n\int_{1-\frac{1}{\sqrt{n}}}^{1} t^n\,\varepsilon(t)\,\mathrm{d}t.$$

a) Montrer que $\lim_{n\to\infty} I_n = 0$ et que $\lim_{n\to\infty} nJ_n = 0$.

b) Montrer que $\lim_{n\to\infty} \theta_n = 0$. *On pourra utiliser* $\alpha_n = \sup\left\{ |\varepsilon(t)|, t \in \left[1 - \frac{1}{\sqrt{n}}, 1\right]\right\}$.
En déduire que la suite $(nK_n)_{n\in\mathbb{N}^*}$ admet une limite réelle K que l'on précisera.

c) Déduire des questions précédentes un équivalent de I_n quand n tend vers l'infini.

2) Soit f une fonction réelle dérivable sur $[0, 1]$, de dérivée f' continue et telle que :

$$f(1) = 0 \quad , \quad f'(1) \neq 0.$$

Déterminer un équivalent de I_n quand n tend vers l'infini, cet équivalent étant de la forme :

$$\frac{A}{n^2} \text{ où } A \text{ est un réel non nul à préciser.}$$

Partie II

1) Dans le cas où $f(t) = \dfrac{1}{1+t^2}$, pour $p \in \mathbb{N}^*$, on pose :

$$U_p = \sum_{k=1}^{p} (-1)^{k-1} \frac{1}{2k-1} \quad \text{et} \quad V_p = \sum_{k=1}^{p} (-1)^{k-1} \frac{1}{k}.$$

a) Calculer I_0 et I_1. Établir une relation de récurrence entre I_n et I_{n+2}.
En déduire une relation liant I_{2n} et U_n.

b) Montrer que la suite $(U_p)_{p\in\mathbb{N}^*}$ admet une limite réelle U que l'on précisera.
Donner un équivalent de $U - U_p$ quand p tend vers l'infini.

c) Montrer que la suite $(V_p)_{p\in\mathbb{N}^*}$ admet une limite réelle V que l'on précisera.
Donner un équivalent de $V - V_p$ quand p tend vers l'infini.

2) Dans le cas où $f(t) = \sin(\pi t)$, pour $p \in \mathbb{N}$, on pose $a_p = (-1)^p \dfrac{\pi^{2p}}{(2p)!}$ et $t_p = a_p I_{2p}$.

Pour tout entier $p \in \mathbb{N}^*$, on pose $W_p = \displaystyle\sum_{k=1}^{p} (-1)^{k-1} \frac{\pi^{2k-1}}{(2k)!}$.

a) Établir une relation de récurrence entre I_n et I_{n+2} pour $n \in \mathbb{N}$.

b) Pour tout $k \in \mathbb{N}^*$, exprimer $t_k - t_{k-1}$ en fonction de a_k.
Pour tout $p \in \mathbb{N}^*$, exprimer t_p en fonction de I_0 et W_p.

c) En déduire que la suite $(W_p)_{p\in\mathbb{N}^*}$ admet une limite réelle W que l'on précisera.

Solution

Partie I

1) a) Soit $A = \sup\left\{ |f(t)|, t \in [\![0, 1]\!] \right\}$.

On a $|I_n| \leqslant \displaystyle\int_0^1 t^n |f(t)|\,\mathrm{d}t \leqslant A \int_0^1 t^n\,\mathrm{d}t = \frac{A}{n+1}$, et il vient $\lim_{n\to\infty} I_n = 0$.

On a $n|J_n| \leqslant nA \displaystyle\int_0^{1-\frac{1}{\sqrt{n}}} t^n \, dt = \frac{nA}{n+1}\left(1 - \frac{1}{\sqrt{n}}\right)^{n+1}$.

On a $\dfrac{nA}{n+1} \sim A$ et on pose $v_n = \left(1 - \dfrac{1}{\sqrt{n}}\right)^{n+1}$. Alors, $\ell n\, v_n = (n+1)\,\ell n\left(1 - \dfrac{1}{\sqrt{n}}\right)$ donne $\ell n\, v_n \sim -\dfrac{n+1}{\sqrt{n}} \sim -\sqrt{n}$, donc $\lim \ell n\, v_n = -\infty$ puis $\lim v_n = 0$ et enfin $\lim nJ_n = 0$.

b) La fonction ε est continue donc bornée sur tout intervalle fermé inclus dans $[0, 1]$.

Avec $\lim\left(1 - \dfrac{1}{\sqrt{n}}\right) = 1$, la continuité de ε en 1 et $\varepsilon(1) = 0$, il vient $\lim \alpha_n = 0$.

Compte tenu de $|\theta_n| \leqslant n\,\alpha_n \displaystyle\int_{1-\frac{1}{\sqrt{n}}}^1 t^n \, dt \leqslant n\,\alpha_n \frac{1}{n+1}$, avec $\lim \dfrac{n}{n+1} = 1$ et $\lim \alpha_n = 0$, on obtient $\lim \theta_n = 0$.

On décompose nK_n en $nK_n = n \displaystyle\int_{1-\frac{1}{\sqrt{n}}}^1 t^n \big(f(t) - f(1)\big) \, dt + nf(1) \int_{1-\frac{1}{\sqrt{n}}}^1 t^n \, dt$.

On a $n \displaystyle\int_{1-\frac{1}{\sqrt{n}}}^1 t^n \big(f(t) - f(1)\big) \, dt = \theta_n$, avec $\varepsilon(t) = f(t) - f(1)$, qui est donc de limite nulle, et :

$$nf(1) \int_{1-\frac{1}{\sqrt{n}}}^1 t^n \, dt = \frac{n}{n+1} f(1)(1 - v_n) \text{ avec } v_n = \left(1 - \frac{1}{\sqrt{n}}\right)^{n+1}.$$

On a vu que $\lim v_n = 0$ et il vient $\lim nK_n = f(1)$.

c) $I_n = J_n + K_n$, $\lim nJ_n = 0$ et $\lim nK_n = f(1)$ donne $\lim nI_n = f(1)$, c'est-à-dire $I_n \sim \dfrac{f(1)}{n}$.

2) En intégrant I_n par parties, on obtient, avec $f(1) = 0$:

$$I_n = \frac{1}{n+1}\Big[t^{n+1} f(t)\Big]_0^1 - \frac{1}{n+1} \int_0^1 t^{n+1} f'(t) \, dt = -\frac{1}{n+1} \int_0^1 t^{n+1} f'(t) \, dt.$$

Avec $f'(1) \neq 0$, on applique le résultat précédent : $\displaystyle\int_0^1 t^{n+1} f'(t) \, dt \sim \frac{f'(1)}{n+1}$ et il s'ensuit :

$$I_n \sim -\frac{f'(1)}{(n+1)^2} \sim -\frac{f'(1)}{n^2}.$$

Partie II

1) a) $I_0 = \displaystyle\int_0^1 \frac{dt}{1+t^2} = \text{Arctan}\, 1 = \frac{\pi}{4}$.

$$I_1 = \frac{1}{2} \int_0^1 \frac{2t}{1+t^2} \, dt = \frac{1}{2}\Big[\ell n(1+t^2)\Big]_0^1 = \frac{1}{2} \ell n\, 2.$$

$$I_n + I_{n+2} = \int_0^1 \frac{t^{n+2} + t^n}{1+t^2} \, dt = \int_0^1 t^n \, dt = \frac{1}{n+1}.$$

Pour $k \in \mathbb{N}^*$, on a donc $\dfrac{(-1)^{k-1}}{2k-1} = (-1)^{k-1} I_{2(k-1)} + (-1)^{k-1} I_{2k} = (-1)^{k-1} I_{2(k-1)} - (-1)^k I_{2k}$

et il s'ensuit $U_n = \displaystyle\sum_{k=1}^n \left((-1)^{k-1} I_{2(k-1)} - (-1)^k I_{2k}\right) = I_0 - (-1)^n I_{2n}$.

b) Avec $\lim I_{2n} = 0$, on en déduit la convergence de (U_n) et $U = \lim U_n = \frac{\pi}{4}$.

On a $f(1) = \frac{1}{2}$, $U - U_p = (-1)^p I_{2p}$ et $I_{2p} \sim \frac{f(1)}{2p}$ et par suite, $U - U_p \sim (-1)^p \frac{1}{4p}$.

c) On a $I_{2n+1} + I_{2n+3} = \int_0^1 \frac{t^{2n+1} + t^{2n+3}}{1+t^2}\,dt = \int_0^1 t^{2n+1}\,dt = \frac{1}{2(n+1)}$.

Pour $k \in \mathbb{N}^*$, on a donc $\frac{1}{k} = 2I_{2k-1} + 2I_{2k+1}$ puis $(-1)^{k-1}\frac{1}{k} = 2(-1)^{k-1}I_{2k-1} + 2(-1)^{k-1}I_{2k+1}$,

c'est-à-dire $\frac{1}{k} = 2(-1)^{k-1}I_{2(k-1)+1} - 2(-1)^k I_{2k+1}$. On en déduit $V_p = 2I_1 - 2(-1)^p I_{2p+1}$.
On en déduit que (V_p) est convergente, de limite $V = 2I_1 = \ln 2$.

$V - V_p = 2(-1)^p I_{2p+1}$ et $I_{2p+1} \sim \frac{1}{2(2p+1)}$ donne $V - V_p \sim \frac{(-1)^p}{2p}$.

2) On a $f(1) = 0$ et $f'(t) = \pi\cos\pi t$ donc $f'(1) = -\pi$. On est dans le cas de la question 2).

a) On intègre $\int_0^1 t^n \sin\pi t\,dt$ par parties :

$$I_n = \frac{1}{n+1}\Big[t^{n+1}\sin\pi t\Big]_0^1 - \frac{\pi}{n+1}\int_0^1 t^{n+1}\cos\pi t\,dt$$

d'où $I_n = -\frac{\pi}{n+1}\int_0^1 t^{n+1}\cos\pi t\,dt$ et on intègre à nouveau par parties :

$$I_n = -\frac{\pi}{(n+1)(n+2)}\Big[t^{n+2}\cos\pi t\Big]_0^1 - \frac{\pi^2}{(n+1)(n+2)}\int_0^1 t^{n+2}\sin\pi t\,dt,$$

d'où :

$$I_n = \frac{\pi}{(n+1)(n+2)} - \frac{\pi^2}{(n+1)(n+2)}I_{n+2}.$$

b) Pour $k \in \mathbb{N}^*$, on a $t_k - t_{k-1} = (-1)^k \frac{\pi^{2k}}{(2k)!}I_{2k} - (-1)^{k-1}\frac{\pi^{2k-2}}{(2k-2)!}I_{2k-2}$ et il vient :

$$t_k - t_{k-1} = (-1)^k \frac{\pi^{2k-2}}{(2k-2)!}\left(\frac{\pi^2}{2k(2k-1)}I_{2k} + I_{2k-2}\right).$$

Avec la relation de récurrence $\frac{\pi^2}{2k(2k-1)}I_{2k} + I_{2k-2} = \frac{\pi}{(2k-1)(2k)}$, il s'ensuit :

$$t_k - t_{k-1} = (-1)^k \frac{\pi^{2k-1}}{(2k)!} = \frac{a_k}{\pi}.$$

On en déduit, pour tout $p \in \mathbb{N}^*$, $\sum_{k=1}^{p}(t_k - t_{k-1}) = \frac{1}{\pi}\sum_{k=1}^{p} a_k$, c'est-à-dire $t_p - t_0 = -W_p$, d'où :

$$t_p = I_0 - W_p.$$

c) On sait que $\lim I_{2p} = 0$ et que, par comparaison de suites de référence usuelles, $\lim a_p = 0$; on en déduit que $\lim t_p = 0$.
Il s'ensuit que la suite (W_p) est convergente, de limite $W = I_0$.

Or $I_0 = \int_0^1 \sin(\pi t)\,dt = -\frac{1}{\pi}\Big[\cos(\pi t)\Big]_0^1 = \frac{2}{\pi}$ donc $W = \frac{2}{\pi}$.

CHAPITRE 5

Matrices et systèmes linéaires Déterminants Changement de base

Sujets d'oraux 246

A. Matrices et systèmes linéaires 246
B. Déterminants 258
C. Changement de base 265

Thèmes d'étude – Problèmes 270

1. Changement de base pour un endomorphisme 270
2. Matrice et équation de degré 3 273
3. Matrices pseudo-magiques 275
4. Inversion d'une matrice 277
5. Cofacteurs d'une matrice 279
6. Puissances entières de matrices d'ordre 3 281
7. Limite et dérivée de matrice 283
8. Endomorphismes et base formée de vecteurs propres 289

Sujets d'oraux

(A) Matrices et systèmes linéaires

$\mathbb{K}$ désigne $\mathbb{R}$ ou $\mathbb{C}$.

Ex. 1

Soit $A = \begin{pmatrix} 0 & 1 & -1 & 1 \\ 0 & 0 & 1 & -1 \\ 0 & 0 & 0 & 1 \\ 0 & 0 & 0 & 0 \end{pmatrix}$. Calculer A^p pour $p \in \mathbb{N}^*$ et calculer $(I_4 - A)^{-1}$.

> Une première méthode consiste à calculer $A^2, A^3, \ldots$ pour voir.
> On peut aussi étudier l'endomorphisme de $\mathbb{K}^4$ canoniquement associé à A.

Soit f l'endomorphisme de $\mathbb{K}^4$ canoniquement associé à A. On note (e_1, e_2, e_3, e_4) la base canonique de $\mathbb{K}^4$.

On a $f(e_1) = 0$; $f(e_2) = e_1$ donne $f^2(e_2) = 0$; $f(e_3) = -e_1 + e_2$ donne $f^2(e_3) = f(e_2)$ puis $f^3(e_3) = 0$; et $f(e_4) = e_1 - e_2 + e_3$ d'où $f^2(e_4) = -f(e_2) + f(e_3)$ puis $f^3(e_4) = f^2(e_3)$ et enfin $f^4(e_4) = 0$.

On en déduit que $f^4 = 0$ et que, pour tout $p \geqslant 4$, $f^p = 0$, donc $A^p = 0$ pour tout $p \geqslant 4$.

> L'objectif est d'exprimer I_4 sous la forme du produit de $I_4 - A$ par une matrice B qui sera alors l'inverse de A. Il semble opportun d'utiliser $A^4 = 0$. Rappelons que $(I_4 - A)B = I_4$ suffit pour avoir $(I_4 - A)^{-1} = B$, même si $(I_4 - A)$ et B ne commutaient pas a priori.

On a $I_4 = I_4 - A^4 = (I_4 - A)(I_4 + A + A^2 + A^3)$. On en déduit que $(I_4 - A)^{-1} = I_4 + A + A^2 + A^3$.

L'étude initiale a permis de voir que $A^2 = \begin{pmatrix} 0 & 0 & 1 & -2 \\ 0 & 0 & 0 & 1 \\ 0 & 0 & 0 & 0 \\ 0 & 0 & 0 & 0 \end{pmatrix}$ et $A^3 = \begin{pmatrix} 0 & 0 & 0 & 1 \\ 0 & 0 & 0 & 0 \\ 0 & 0 & 0 & 0 \\ 0 & 0 & 0 & 0 \end{pmatrix}$

et il vient $(I_4 - A)^{-1} = \begin{pmatrix} 1 & 1 & 0 & 0 \\ 0 & 1 & 1 & 0 \\ 0 & 0 & 1 & 1 \\ 0 & 0 & 0 & 1 \end{pmatrix}$.

Ex. 2

Soit $A \in \mathcal{M}_n(\mathbb{K})$. Montrer que A commute avec toute matrice diagonale de $\mathcal{M}_n(\mathbb{K})$ si et seulement si elle est elle-même diagonale.

> Il est déraisonnable de décrire les conditions sur les a_{ij} pour que A commute avec toute matrice diagonale. Il faut et il suffit que A commute avec les éléments d'une base de $\mathcal{D}_n(\mathbb{K})$, sous-espace des matrices diagonales.

Considérons l'application $\varphi : \mathcal{D}_n(\mathbb{K}) \to \mathcal{M}_n(\mathbb{K})$, $D \mapsto AD - DA$.

Les règles de calcul dans $\mathcal{M}_n(\mathbb{K})$ permettent de voir que φ est linéaire. A commute avec toute matrice diagonale si et seulement si φ est l'application nulle. Et pour cela, il suffit d'exprimer qu'elle prend la valeur 0 pour toute matrice de la base canonique $(D_1, \ldots, D_n)$ de $\mathcal{D}_n(\mathbb{K})$, avec $D_1 = \mathrm{diag}(1, 0, \ldots, 0), \ldots, D_j = \mathrm{diag}(0, \ldots, 1_{\text{en place } j}, \ldots, 0)$ et $D_n = \mathrm{diag}(0, \ldots, 0, 1)$.

La matrice AD_j a la même j^{e} colonne que A et les autres sont nulles.

La matrice D_jA a la même j[e] ligne que A et les autres sont nulles.
Alors $AD_j = D_jA$ donne $a_{ij} = 0$ et $a_{ji} = 0$ pour tout $i \neq j$.
A est donc diagonale et on sait que deux matrices diagonales communent.
En conclusion, A commute avec toute matrice diagonale si et seulement si elle est diagonale.

Ex. 3

Étant donné a réel, $a > 0$, calculer les puissances entières de $M = \begin{pmatrix} 0 & a & a^2 \\ \frac{1}{a} & 0 & a \\ \frac{1}{a^2} & \frac{1}{a} & 0 \end{pmatrix}$.

Il est évidemment sous-entendu que l'on suppose $a \neq 0$.
La première chose à faire est de calculer M^2. On notera I la matrice unité.

Le calcul donne $M^2 = \begin{pmatrix} 2 & a & a^2 \\ \frac{1}{a} & 2 & a \\ \frac{1}{a^2} & \frac{1}{a} & 2 \end{pmatrix}$, c'est-à-dire $M^2 = M + 2I$.

Une fois cette relation $M^2 = M + 2I$ installée, le reste des démarches reste vrai pour toute matrice M dans $\mathcal{M}_n(\mathbb{K})$, $n \in \mathbb{N}^*$, qui vérifie cette relation.

- Puissances entières positives. Exemples :

$M^2 = M + 2I$ donne $M^3 = M^2 + 2M = 3M + 2I$, puis $M^4 = 3M^2 + 2M = 3(M + 2I) + 2M = 5M + 6I$.

M^k apparaît comme combinaison linéaire de M et I : $M^k = a_kM + b_kI$.
Le plus constructif est alors d'établir une relation de récurrence sur ces coefficients.

Supposons que M^k soit combinaison linéaire de M et I : $M^k = a_kM + b_kI$.
On en déduit $M^{k+1} = a_kM^2 + b_kM = a_k(M + 2I) + b_kM = (a_k + b_k)M + 2a_kI$, d'où :

$$M^{k+1} = a_{k+1}M + b_{k+1}I, \text{ avec } a_{k+1} = a_k + b_k,\ b_{k+1} = 2a_k.$$

On peut écrire $\begin{pmatrix} a_{k+1} \\ b_{k+1} \end{pmatrix} = \begin{pmatrix} 1 & 1 \\ 2 & 0 \end{pmatrix} \begin{pmatrix} a_k \\ b_k \end{pmatrix}$ et calculer les puissances de $A = \begin{pmatrix} 1 & 1 \\ 2 & 0 \end{pmatrix}$.
Dans le cas présent, on peut établir une relation de récurrence double sur les a_k.

I et M étant linéairement indépendantes, la décomposition $M^k = a_kM + b_kI$ est unique.
$M^0 = I$ donne $a_0 = 0$ et $b_0 = 1$; et $M^1 = M$ donne $a_1 = 1$ et $b_1 = 0$.
Pour $k \in \mathbb{N}$, on a $a_{k+2} = a_{k+1} + b_{k+1}$, donc $a_{k+2} = a_{k+1} + 2a_k$. L'équation caractéristique de cette suite récurrente linéaire double est $r^2 - r - 2 = 0$, de racines -1 et 2.
Il existe λ et μ tels que $\forall k \in \mathbb{N}$, $a_k = (-1)^k \lambda + 2^k \mu$.

Avec $a_0 = 0$ et $a_1 = 1$, on a $\lambda + \mu = 0$ et $-\lambda + 2\mu = 1$, d'où $\lambda = -\frac{1}{3}$ et $\mu = \frac{1}{3}$.

Finalement, $a_k = \frac{1}{3}(2^k + (-1)^{k-1})$ et, pour $k \geqslant 1$, $b_k = 2a_{k-1}$ donne $b_k = \frac{2}{3}\left(2^{k-1} + (-1)^k\right)$.

Pour conclure, pour tout $k \geqslant 1$, $M^k = \frac{1}{3}\left((2^k + (-1)^{k-1})M + 2(2^{k-1} + (-1)^k)I\right)$,

ce qui peut aussi s'écrire $M^k = \frac{1}{3}\left(2^k(I + M) + (-1)^k(2I - M)\right)$ et reste vrai pour $k = 0$.

Cette dernière forme met en évidence $M + I$ et $M - 2I$.
C'est à rapprocher de $M^2 - M - 2I = 0$ qui s'écrit aussi $(M + I)(M - 2I) = 0$.

- Inversibilité de M

$M^2 = M + 2I$ donne $M(M - I) = 2I$ et il s'ensuit que M est inversible, avec $M^{-1} = \frac{1}{2}(M - I)$.

> M^{-1} est de la forme $\alpha_1 M + \beta_1 I$, avec $\alpha_1 = \frac{1}{2} = a_{-1}$ et $\beta_1 = -\frac{1}{2} = b_{-1}$ en prolongeant les expressions de a_k et b_k aux entiers négatifs.

- Puissances entières négatives

Pour $k \in \mathbb{N}^*$, on a $M^{-k} = (M^{-1})^k$. Comme pour M^k, en s'appuyant sur $M^{-1} = \frac{1}{2}(M - I)$, il existe α_k et β_k tels que $M^{-k} = \alpha_k M + \beta_k I$.

$M^{-(k+1)} = M^{-k}M^{-1} = \frac{1}{2}(\alpha_k M + \beta_k I)(M - I) = \frac{1}{2}\left(\alpha_k M^2 + (\beta_k - \alpha_k)M - \beta_k I\right)$ et $M^2 = M + 2I$

donne $M^{-(k+1)} = \frac{\beta_k}{2}M + \frac{2\,\alpha_k - \beta_k}{2}I$, d'où $\alpha_{k+1} = \frac{\beta_k}{2}$ et $\beta_{k+1} = \frac{2\,\alpha_k - \beta_k}{2}$.

$2\beta_{k+2} = 2\,\alpha_{k+1} - \beta_{k+1}$ et $2\alpha_{k+1} = \beta_k$ donne $2\beta_{k+2} = -\,\beta_{k+1} + \beta_k$.

L'équation caractéristique de cette récurrence linéaire double a pour racines $\frac{1}{2}$ et -1.

Il existe λ et μ tels que $\forall k \in \mathbb{N}$, $\beta_k = \frac{\lambda}{2^k} + (-1)^k\mu$ et $\beta_0 = 1$, $\beta_1 = -\frac{1}{2}$ donne $\lambda = \frac{1}{3}$, $\mu = \frac{2}{3}$.

On a donc $\beta_k = \frac{1}{3}(2^{-k} + 2(-1)^k)$ et on constate que $\beta_k = b_{-k}$.

Pour $k \geqslant 1$, avec $2\alpha_k = \beta_{k-1} = b_{1-k}$ et $2a_k = b_{k+1}$, il vient $\alpha_k = a_{-k}$.

En conclusion, la formule $M^k = \frac{1}{3}\left(2^k(I + M) + (-1)^k(2I - M)\right)$, établie pour $k \in \mathbb{N}$, reste vraie pour tout $k \in \mathbb{Z}$.

Ex. 4

Soit A et B dans $\mathcal{M}_n(\mathbb{K})$. On suppose qu'elles commutent et que B est nilpotente.
Montrer que $A + B$ est inversible si et seulement si A est inversible.
Exprimer alors $(A + B)^{-1}$ à l'aide de A^{-1} et de B.

> Le rôle de $A + B$, avec A et B qui commutent, ouvre la porte à la formule du binôme.
> Pour préparer le terrain, on peut examiner le cas où $B^2 = 0$.
> Le produit UV de deux matrices est inversible si et seulement si U et V sont inversibles.
> On note I la matrice unité d'ordre n.

Dans le cas où $B^2 = 0$, la formule du binôme donne $(A + B)^2 = A^2 + 2AB = A(A + 2B)$.

Si $A + B$ est inversible, il en est de même pour $(A + B)^2$, donc pour $A(A + 2B)$, ce qui impose que A (et aussi $A + 2B$) soit inversible.

Si A est inversible, il en est de même pour A^2. Avec $A^2 = A^2 - B^2$ et $A^2 - B^2 = (A + B)(A - B)$ puisque A et B commutent, il vient alors que $A + B$ (et aussi $A - B$) est inversible.

De $A^2 = (A + B)(A - B)$ on déduit $A^{-2}(A - B)(A + B) = I$ d'où $(A + B)^{-1} = A^{-2}(A - B)$.

En conclusion, $A + B$ est inversible si et seulement si A est inversible et, dans ce cas :

$$(A + B)^{-1} = A^{-1} - A^{-2}B.$$

Une fois ce cap franchi, il devient aisé de dépasser le cas particulier étudié.

L'indice de nilpotence est le plus petit des entiers naturels non nuls k tels que $B^k = 0$.

Cet entier est inférieur ou égal à n : on pourra se reporter au thème d'étude 5 consacré aux endomorphismes nilpotents dans le chapitre 3. On a donc $B^n = 0$ d'où $B^{2n} = 0$.

Le seul intérêt est ici d'établir l'inversibilité de $A+B$ sans se préoccuper de l'indice de nilpotence... et d'étaler ses connaissances.

- Si $A + B$ est inversible, il en est de même pour $(A + B)^n$.

La formule du binôme donne :

$$(A+B)^n = A^n + \dots + C_n^k A^{n-k}B^k + \dots + AB^{n-1} + B^n,$$

donc, avec $B^n = 0$, $(A+B)^n$ est un produit matriciel de la forme AQ.

Alors, AQ étant inversible, A est inversible.

- Si A est inversible, il en est de même pour toute puissance de A.

L'intérêt d'un exposant pair conduit à considérer A^{2n}.

On a d'une part $A^{2n} = A^{2n} - B^{2n}$ et d'autre part, puisque A et B commutent, $A^{2n} - B^{2n}$ se factorise par $A^2 - B^2$, donc par $A + B$ en produit matriciel $(A+B)R$.

$(A + B)R$ étant inversible, il s'ensuit que $A + B$ est inversible.

- Expression de $(A+B)^{-1}$. On note p l'indice de nilpotence de B.

Pour le calcul de l'inverse de $A + B$, on exploite l'indice p de nilpotence de B.

Si p est impair, on sait factoriser $A^p + B^p$ par $A + B$.

- Si p est impair, on a $A^p = A^p + B^p = (A+B)\sum_{k=0}^{p-1}(-1)^k A^{p-1-k}B^k$ d'où :

$$I = (A+B)\sum_{k=0}^{p-1}(-1)^k A^{-1-k}B^k$$

et il s'ensuit : $(A+B)^{-1} = A^{-1}\sum_{k=0}^{p-1}(-1)^k(A^{-1}B)^k$.

- Si p est pair, on a $p+1$ impair et $B^{p+1} = 0$ est encore vrai.

On en déduit, comme dans le cas précédent, $(A+B)^{-1} = A^{-1}\sum_{k=0}^{p}(-1)^k(A^{-1}B)^k$.

Avec $B^p = 0$, il reste $(A+B)^{-1} = A^{-1}\sum_{k=0}^{p-1}(-1)^k(A^{-1}B)^k$.

Dans la formule établie, on a voulu «serrer» au plus près.

Il aurait été aussi simple d'utiliser $B^q = 0$ avec un entier q impair et au moins égal à p.

Ex. 5

Soit A et B dans $\mathcal{M}_n(\mathbb{C})$, A inversible et B nilpotente. Montrer que $I_n + A^{-1}BA$ et $I_n + ABA^{-1}$ sont inversibles et trouver leurs inverses.

L'indice de nilpotence de B est le plus petit entier $p \geqslant 1$ tel que $B^p = 0$. Cet indice vérifie $p \leqslant n$, donc $B^n = 0$.

Pour l'inversibilité de $I_n + C = I_n + A^{-1}BA$, il suffit de mettre en évidence une matrice U telle que $I_n = (I_n + C)U$ et $I_n + C$ apparaît dans $I_n - (-C)^n$.

Posons $C = A^{-1}BA$. Pour tout $k \in \mathbb{N}^*$, on a $C^k = A^{-1}B^kA$. On a déduit que C est nilpotente (de même indice que B).

On a donc $C^n = 0$, d'où $I_n = I_n - (-C)^n$. Avec $I_n - (-C)^n = (I_n + C)(I_n - C + C^2 + \cdots + (-C)^{n-1})$.

$I_n + A^{-1}BA$ est donc inversible, d'inverse $(I_n + A^{-1}BA)^{-1} = I_n + \displaystyle\sum_{k=1}^{n-1}(-1)^k A^{-1}B^kA$.

En remplaçant A par A^{-1}, on a $I_n + ABA^{-1}$ inversible, d'inverse $I_n + \displaystyle\sum_{k=1}^{n-1}(-1)^k AB^kA^{-1}$.

Ex. 6

Étant donné $n \in \mathbb{N}$, $n \geqslant 2$, on considère la matrice A dont les termes diagonaux sont nuls et dont tous les autres termes sont 1.
Montrer que A est inversible et calculer son inverse.

Une méthode générale consiste à montrer que tout système linéaire de matrice A admet une solution et une seule.

Étant donné $Y \in \mathcal{M}_{n,1}(\mathbb{K})$, on étudie l'équation $AX = Y$ d'inconnue $X \in \mathcal{M}_{n,1}(\mathbb{K})$.

On écrit le système de n équations **Ek** d'inconnue $(x_1, x_2, \ldots, x_n) \in \mathbb{K}^n$: $\displaystyle\sum_{\substack{j=1\\ j\neq k}}^{n} x_j = y_k$.

Par addition, il vient : $(n-1)\displaystyle\sum_{j=1}^{n} x_j = \sum_{j=1}^{n} y_j$ d'où l'équation **S** : $\displaystyle\sum_{j=1}^{n} x_j = \frac{1}{n-1}\sum_{j=1}^{n} y_j$.

En retranchant **Ek** à **S**, il vient $x_k = \dfrac{1}{n-1}\left(\displaystyle\sum_{j=1}^{n} y_j\right) - y_k$.

Les méthodes usuelles de résolution d'un système linéaire montrent que le système ainsi obtenu est équivalent au système initial.
Sans cette remarque, il faudrait vérifier que les valeurs obtenues pour les x_k vérifient bien les équations **Ek**, ce qui est assez facile.

Le système admet donc une solution et une seule, ce qui prouve que A est inversible.
L'inverse de A est en outre la matrice B telle que $X = BY$.

Avec $x_k = \dfrac{1}{n-1}\left(\displaystyle\sum_{j=1}^{n} y_j - (n-1)y_k\right)$, on a aussi $(n-1)x_k = (2-n)y_k + \displaystyle\sum_{\substack{j=1\\ j\neq k}}^{n} y_j$.

On a donc $(n-1)B = (2-n)I_n + A$, et finalement, $A^{-1} = \dfrac{1}{n-1}\big(A - (n-2)I_n\big)$.

Une autre solution tient compte du fait que presque tous les termes de A sont égaux à 1. Plus précisément les termes de la matrice $B = I_n + A$ sont tous égaux à 1.

La matrice $B = I_n + A$ vérifie $B^2 = nB$. Alors $(A + I_n)^2 = n(A + I_n)$ donne :

$$A^2 - (n-2)A = (n-1)I_n \quad \text{ou encore} \quad \frac{1}{n-1}\big(A - (n-2)I_n\big)A = I_n,$$

ce qui montre que A est inversible, d'inverse $\dfrac{1}{n-1}\big(A - (n-2)I_n\big)$.

Les méthodes générales sont bonnes à connaître et il est nécessaire de savoir les mettre en œuvre. Toutefois, face à un exemple particulier, il est utile d'en dégager des... particularités.

Ex. 7

Déterminer le sous-ensemble de $\mathcal{M}_3(\mathbb{K})$ constitué des matrices qui commutent avec $A = \begin{pmatrix} 1 & 2 & 3 \\ 0 & 1 & 2 \\ 0 & 0 & 1 \end{pmatrix}$. Déterminer les puissances et les racines carrées de A.

1) On a $A = I_3 + \begin{pmatrix} 0 & 2 & 0 \\ 0 & 0 & 2 \\ 0 & 0 & 0 \end{pmatrix} + \begin{pmatrix} 0 & 0 & 3 \\ 0 & 0 & 0 \\ 0 & 0 & 0 \end{pmatrix}$.

En posant $J = \begin{pmatrix} 0 & 1 & 0 \\ 0 & 0 & 1 \\ 0 & 0 & 0 \end{pmatrix}$, on a $J^2 = \begin{pmatrix} 0 & 0 & 1 \\ 0 & 0 & 0 \\ 0 & 0 & 0 \end{pmatrix}$. Notons que $J^3 = 0$. On a donc :

$$A = I_3 + 2J + 3J^2.$$

Notons aussi que (I_3, J, J^2) est une famille libre. En effet $aI_3 + bJ + cJ^2 = \begin{pmatrix} a & b & c \\ 0 & a & b \\ 0 & 0 & a \end{pmatrix}$ est nulle si et seulement si $a = b = c = 0$.

> Tout le problème gravite ainsi autour de J et de ses puissances.
>
> Pour chercher les matrices qui commutent avec A, on ne s'embarrasse pas de fioritures : un bon calcul rustique fera l'affaire.

M commute avec A si et seulement si $M+2MJ+3MJ^2 = M+2JM+3J^2M$ c'est-à-dire $2MJ+3MJ^2 = 2JM + 3J^2M$ ou $M(2J + 3J^2) = (2J + 3J^2)M$.

Étant donné $M = \begin{pmatrix} a_1 & b_1 & c_1 \\ a_2 & b_2 & c_2 \\ a_3 & b_3 & c_3 \end{pmatrix}$, avec $2J + 3J^2 \begin{pmatrix} 0 & 2 & 3 \\ 0 & 0 & 2 \\ 0 & 0 & 0 \end{pmatrix}$, on a :

$M(2J+3J^2) = \begin{pmatrix} 0 & 2a_1 & 3a_1 + 2b_1 \\ 0 & 2a_2 & 3a_2 + 2b_2 \\ 0 & 2a_3 & 3a_3 + 2b_3 \end{pmatrix}$ et $(2J+3J^2)M = \begin{pmatrix} 2a_2 + 3a_3 & 2b_2 + 3b_3 & 2c_2 + 3c_3 \\ 2a_3 & 2b_3 & 2c_3 \\ 0 & 0 & 0 \end{pmatrix}$.

Il vient aisément que l'égalité a lieu si et seulement si :

$$a_3 = b_3 = a_2 = 0,\ a_1 = b_2 = c_3 \text{ et } b_1 = c_2.$$

Les matrices qui conviennent sont donc les $\begin{pmatrix} a_1 & b_1 & c_1 \\ 0 & a_1 & b_1 \\ 0 & 0 & a_1 \end{pmatrix}$.

Autrement dit, ce sont les combinaisons linéaires de I_3, J et J^2.

2) Pour $n \in \mathbb{N}$, $n \geqslant 2$, on a $A^n = \left(I_3 + (2J + 3J^2)\right) = \sum_{k=0}^{n} \mathrm{C}_n^k (2J + 3J^2)^k$.

Pour $k \geqslant 3$, on a $(2J + 3J^2)^k = J^k(2I_3 + 3J)^k = 0$ puisque $J^3 = 0$.

Il s'ensuit $A^n = I_3 + n(2J + 3J^2) + \dfrac{n(n-1)}{2}(2J + 3J^2)^2$ d'où $A^n = I_3 + 2nJ + n(2n + 1)J^2$.

> Cette formule est vraie pour $n = 0$ avec la convention $A^0 = I_3$, et aussi pour $n = 1$.
>
> L'inverse de A commute avec A et on donc a une idée de la forme de A^{-1}.

$U = aI_3 + bJ + cJ^2$ est l'inverse de A si $(aI_3 + bJ + cJ^2)(I_3 + 2J + 3J^2) = I_3$, c'est-à-dire si et seulement si $aI_3 + (2a + b)J + (3a + 2b + c)J^2 = I_3$.

Comme la famille $\left(I_3, J, J^2\right)$ est libre, il vient $a = 1$, $2a + b = 0$ et $3a + 2b + c = 0$, donc $a = 1$, $b = -2$ et $c = 1$, et finalement $A^{-1} = I_3 - 2J + J^2$.

Alors $A^{-n} = (A^{-1})^n = \sum_{k=0}^{n} C_n^k (-2J + J^2)^k$, donc $A^{-n} = I_3 + n(-2J + J^2) + \frac{n(n-1)}{2}(-2J + J^2)^2$ et il vient finalement $A^{-n} = I_3 - 2nJ + n(2n-1)J^2$.

> Notons que, pour $n \in \mathbb{N}^*$, la formule qui donne A^{-n} s'obtient en remplaçant purement et simplement n par $-n$ dans la formule qui donne A^n.

3) Toute matrice $R \in \mathcal{M}_3(\mathbb{K})$ commute avec R^2. Si elle vérifie $R^2 = A$, alors elle commute avec A. Il s'ensuit qu'il existe $(a, b, c) \in \mathbb{K}^3$ tel que $R = aI_3 + bJ + cJ^2$.

Avec $J^3 = 0$, on obtient $(aI_3 + bJ + cJ^2)^2 = a^2 I_3 + 2abJ + (b^2 + 2ac)J^2$.

Comme (I_3, J, J^2) est une famille libre, on a $R^2 = A = I_3 + 2J + 3J^2$ si et seulement si :

$$a^2 = 1, 2ab = 2 \text{ et } b^2 + 2ac = 3.$$

Les solutions sont alors données par $a = \varepsilon \in \{-1, 1\}$, $b = \varepsilon$ et $c = \varepsilon$.

Les racines carrées de A sont donc $R_1 = I_3 + J + J^2$ et $R_2 = -R_1$.

> Notons que la formule qui donne R_1 est celle qui donne A^n en remplaçant n par $\frac{1}{2}$.

Ex. 8

Soit E un $\mathbb{K}$-espace vectoriel de dimension finie $n \in \mathbb{N}^*$. Montrer que $\mathcal{L}(E)$ admet une base formée de projecteurs.

On pourra considérer, pour i et j dans $[\![1, n]\!]$, $i \neq j$, les matrices $P_{ij} = E_{ii} + E_{ij} \in \mathcal{M}_n(\mathbb{K})$, où les E_{ij} sont classiquement les matrices élémentaires de $\mathcal{M}_n(\mathbb{K})$.

> Comme l'exprime l'énoncé, la recherche d'une base de $\mathcal{L}(E)$ formée de projecteurs équivaut à la recherche d'une base de $\mathcal{M}_n(\mathbb{K})$ formée de matrices idempotentes.
>
> D'ici à ce que les matrices P_{ij} soient idempotentes, il n'y a qu'un pas !

En préliminaire, rappelons la règle classique du produit de deux matrices élémentaires.

Étant donné i, j, k, l, dans $[\![1, n]\!]$, le produit des matrices élémentaires $E_{ij}E_{kl}$ est donné par la formule : $E_{ij}E_{kl} = \delta_{jk}E_{il}$ où δ_{jk} est l'usuel symbole de Kronecker.

Soit $P_{ij} = E_{ii} + E_{ij}$ pour $i \neq j$, on obtient $P_{ij}^2 = E_{ii}^2 + E_{ij}^2 + E_{ii}E_{ij} + E_{ij}E_{ii}$.

On a $E_{ii}^2 = E_{ii}$, $E_{ii}E_{ij} = \delta_{ii}E_{ij} = E_{ij}$, $E_{ij}^2 = \delta_{ji}E_{ij} = 0$ et $E_{ij}E_{ii} = \delta_{ji}E_{ii} = 0$ car $i \neq j$ donne :

$$\delta_{ij} = 0.$$

Il s'ensuit $P_{ij}^2 = P_{ij}$ pour $i \neq j$.

> Il y a $n \times (n-1)$ matrices P_{ij} avec $i \neq j$. Il n'y en a pas assez pour une base de $\mathcal{M}_n(\mathbb{K})$ qui est de dimension n^2. L'énoncé ne précise pas P_{ii}, mais il est incontournable d'en proposer une valeur. Une tentation serait de prendre $P_{ii} = 2E_{ii}$ en prolongeant le cas $i \neq j$ à celui où $i = j$. Mais $(2E_{ii})^2 = 4E_{ii} \neq E_{ii}$ nous invite à un choix plus simple.

Pour $i = j$, avec $P_{ii} = E_{ii}$, on a $P_{ii}^2 = E_{ii}^2 = E_{ii} = P_{ii}$. Avec les $n(n-1)$ matrices P_{ij}, $i \neq j$ et les n matrices P_{ii}, on dispose d'une famille de n^2 matrices idempotentes.

> Pour conclure, il ne reste plus qu'à s'assurer que cette famille est libre.

Soit $(\lambda_{ij})_{(i,j) \in [\![1,n]\!]^2}$ une famille de n^2 scalaires telle que $\sum_{i,j} \lambda_{ij} P_{ij} = 0$.

On a $\sum_{i,j} \lambda_{ij} P_{ij} = \sum_{i} \lambda_{ii} E_{ii} + \sum_{i \neq j} \lambda_{ij}(E_{ii} + E_{ij}) = \sum_{i} \big(\lambda_{ii} + \sum_{j \neq i} \lambda_{ij}\big) E_{ii} + \sum_{i \neq j} \lambda_{ij} E_{ij}$.

Comme la famille $(E_{ij})_{(i,j) \in [\![1,n]\!]^2}$ est libre, car c'est la base canonique de $\mathcal{M}_n(\mathbb{K})$, il vient d'abord $\lambda_{ij} = 0$ pour $i \neq j$ puis, avec $\lambda_{ii} + \sum_{i \neq j} \lambda_{ij} = 0$, il vient $\lambda_{ii} = 0$ pour tout i.

Finalement, la famille des n^2 matrices P_{ij} est libre, c'est donc une base de $\mathcal{M}_n(\mathbb{K})$ puisque cet espace est de dimension n^2.

Ex. 9

Soit $n \in \mathbb{N}^*$, $x \in \mathbb{K}$ et $A = (a_{ij}) \in \mathcal{M}_n(\mathbb{K})$ la matrice définie par $a_{ij} = x$ si $i+j$ est pair et $a_{ij} = 0$ quand $i+j$ est impair.

Montrer qu'il existe λ et μ dans $\mathbb{K}$ tels que $A^3 = \lambda A^2 + \mu A$.

> Commençons par dégager le rôle de x en écrivant la matrice A sous la forme $A = xU$.

On a $A = xU$ avec $U \in \mathcal{M}_n(\mathbb{K})$ en définissant U par $u_{ij} = 1$ si $i+j$ est pair et $u_{ij} = 0$ sinon.

On a $A^2 = x^2 U^2$. Posons $D = U^2$. Rappelons que les termes de D sont les $d_{ij} = \sum_{k=1}^{n} u_{ik} u_{kj}$.

> La distinction entre $i+j$ pair et $i+j$ impair conduit à distinguer le cas où n est pair de celui où n est impair.
> Dans les deux cas, il y a lieu d'étudier les parités de i, j et k dans les u_{ij} pour obtenir d_{ij}.

- Premier cas, $n = 2p$ avec $p \in \mathbb{N}^*$.

Si i et j ont même parité, p termes de la somme $d_{ij} = \sum_{k=1}^{n} u_{ik} u_{kj}$ sont égaux à 1 alors que les p autres sont nuls.
Si i et j n'ont pas même parité, tous les termes de la somme sont nuls.
Il vient alors $U^2 = pU$ puis $A^2 = x^2 U^2 = px^2 U = (px)xU = pxA$.
Il s'ensuit $A^3 = pxA^2 = p^2 x^2 A$ et A^3 est de la forme $\lambda A^2 + \mu A$ avec $\lambda = 0$ et $\mu = px$.

- Deuxième cas, $n = 2p+1$ avec $p \in \mathbb{N}$.

Si i et j sont de parités différentes, pour tout $k \in [\![1, n]\!]$, on a i et k de parités différentes ou bien j et k de parités différentes et il s'ensuit $d_{ij} = 0$.
Si i et j sont pairs, il y a p indices k de même parité que i et j, on a donc $d_{ij} = p$.
Si i et j sont impairs, il y a $p+1$ indices k de même parité que i et j, on a donc $d_{ij} = p+1$.

> Avec $d_{ij} = 0$ si i et j sont de parités différentes, on n'est pas loin de U. Mais pour i et j de même parité, il faut encore distinguer suivant que i et j sont pairs ou impairs.

Posons $V = [v_{ij}]$, où $v_{ij} = 1$ si i et j sont impairs et $v_{ij} = 0$ sinon.
On a alors $U^2 = pU + V$, et il s'ensuit $U^3 = pU^2 + UV = p(pU + V) + UV$.
Calculons alors $W = UV$ en calculant $w_{ij} = \sum_{k} u_{ik} v_{kj}$.
Si i et j sont impairs, on a $u_{ik} = 0$ pour k pair et $u_{ik} v_{kj} = 1$ pour k impair.
On obtient ainsi $w_{ij} = p+1$. Il est aisé de vérifier que $w_{ij} = 0$ dans les autres cas.
Ainsi, $UV = (p+1)V$. On a donc $U^3 = p^2 U + (2p+1)V$ puis, avec $V = U^2 - pU$, il vient $U^3 = (2p+1)U^2 - p(p+1)U$. On en déduit $x^3 U^3 = (2p+1)x(x^2 U^2) - p(p+1)x^2(xU)$.
En définitive, $A^3 = (2p+1)xA^2 - p(p+1)x^2 A$.

Ex. 10

Étant donné n et p dans $\mathbb{N}^*$, dans $\mathcal{M}_n(\mathbb{R})$ on considère p matrices $A_1, \dots, A_p$, deux à deux distinctes et toutes inversibles. On suppose en outre que le sous-ensemble $\mathcal{S} = \{A_1, \dots, A_p\}$ de $\mathcal{M}_n(\mathbb{R})$ est stable pour la multiplication matricielle.

Montrer que la trace de la matrice $A = \sum_{k=1}^{p} A_k$ est un entier divisible par p.

> Exploitons en premier la stabilité de $\mathcal{S}$ pour le produit. Les p matrices sont dans le groupe $\mathrm{GL}_n(\mathbb{R})$. C'est un exemple, dans un groupe, d'une partie finie stable pour le produit.

Pour tout $q \in [\![1, p]\!]$, $\varphi_q : A_k \mapsto A_k A_q$ est une application de $\mathcal{S}$ dans $\mathcal{S}$.
φ_q est injective puisque A_q est inversible, donc bijective puisque $\mathcal{S}$ est fini.

Il s'ensuit que $A = \sum_{k=1}^{p} A_k = \sum_{k=1}^{p} A_k A_q$. Avec $\sum_{k=1}^{p} A_k A_q = \left(\sum_{k=1}^{p} A_k \right) A_q$, il vient $A = AA_q$.

> Le problème reste entier : comment faire apparaître un nombre entier ?
>
> Une première ouverture est dans le rang d'une matrice.
>
> Une seconde ouverture est dans les projecteurs (ou les matrices idempotentes) : dans ce cas, le rang est égal à la trace. A serait-elle idempotente ?

On a $A^2 = A \sum_{k=1}^{p} A_k = \sum_{k=1}^{p} AA_k$.

Comme on a vu en préliminaire que $AA_k = A$, il vient $A^2 = pA$.

Il s'ensuit que $\frac{1}{p^2} A^2 = \frac{1}{p} A$, c'est-à-dire que $\frac{1}{p} A$ est idempotente.

Il s'ensuit que $\mathrm{Tr}\left(\frac{1}{p} A\right) = \mathrm{rg}\left(\frac{1}{p} A\right) \in \mathbb{N}$. Et pour terminer, avec $\mathrm{Tr}\left(\frac{1}{p} A\right) = \frac{1}{p} \mathrm{Tr}\, A$, il vient que $\mathrm{Tr}\, A$ est un multiple entier de p.

Ex. 11

Soit $A \in \mathcal{M}_{3,2}(\mathbb{K})$ et $B \in \mathcal{M}_{2,3}(\mathbb{K})$ telles que $AB = \begin{pmatrix} 0 & -1 & -1 \\ -1 & 0 & -1 \\ 1 & 1 & 2 \end{pmatrix}$. Étudier BA.

> La matrice BA est dans $\mathcal{M}_{2,2}(\mathbb{K})$ et il n'est pas question de la comparer à AB.
>
> Une piste réside dans $(AB)^2 = ABAB = A(BA)B$ et un petit début est de former $(AB)^2$.
>
> Le plus difficile n'est pas de le faire, mais d'y penser !

Un calcul immédiat donne $(AB)^2 = AB$. Et $ABAB - AB = 0$ équivaut à $A\big(BA - I_2\big)B = 0$.

> Il est important de veiller à la taille des matrices écrites. Un calcul routinier dans $\mathcal{M}_3(\mathbb{K})$ pourrait laisser aller à écrire $BA - I_3$, ce qui serait un non-sens !

On en déduit, en multipliant à gauche par B et à droite par A, que $(BA)\big(BA - I_2\big)(BA) = 0$.

> On a déjà bien exploité la relation $(AB)^2 = AB$ sous l'aspect du calcul.
>
> Une deuxième étape peut venir de l'examen du rang de AB.

Les trois lignes de AB ont une somme nulle, ce qui donne $\mathrm{rg}(AB) \leqslant 2$.

Mais les lignes 1 et 2 ne sont pas liées et il s'ensuit $\text{rg}(AB) = 2$.

> Pour la composée de deux applications linéaires f et g, on a :
> $$\text{rg} f \geqslant \text{rg}(g \circ f) \quad \text{et} \quad \text{rg}\, g \geqslant \text{rg}(g \circ f).$$
> En écriture matricielle, cela donne $\text{rg}\, U \geqslant \text{rg}\, VU$ et $\text{rg}\, V \geqslant \text{rg}\, VU$.

Avec $(AB)^2 = AB$, on a $\text{rg}(AB)^2 = 2$. En notant que $(AB)^2 = A(BA)B$, on a $\text{rg}(BA) \geqslant \text{rg}(AB)^2$.
On en déduit que $\text{rg}(BA) = 2$, c'est-à-dire que BA est inversible.
De l'égalité $BA(AB - I_2)BA = 0$, on déduit alors $BA - I_2 = 0$, c'est-à-dire $BA = I_2$.

Ex. 12

Soit $A = (a_{ij}) \in \mathcal{M}_n(\mathbb{K})$. On suppose que : $\forall i \in [\![1, n]\!]$, $\displaystyle\sum_{j \in [\![1,n]\!] \setminus \{i\}} |a_{ij}| < |a_{i\,i}|$.

Montrer que A est inversible.

> Un exemple simple d'une telle matrice est celui d'une matrice diagonale à termes diagonaux non nuls. Et dans ce cas, la proposition annoncée est vraie.
> C'est dans cet esprit que de telles matrices sont dites «à diagonale dominante».

Procédons par contraposée en supposant que A n'est pas inversible.

> Dans ce cas, le noyau de l'endomorphisme de $\mathbb{K}^n$ canoniquement associé à A contient un vecteur non nul.

Soit alors $X = (x_i) \in \mathcal{M}_{n\,1}(\mathbb{K})$ tel que $MX = 0$. Notons $Y = MX$ et $Y = (y_i) \in \mathcal{M}_{n\,1}(\mathbb{K})$.
Soit $p \in [\![1, n]\!]$ tel que $|x_p| = \max\{|x_k|,\ k \in [\![1, n]\!]\}$.

On a en particulier $y_p = 0$, c'est-à-dire $\displaystyle\sum_{k=1}^{n} a_{p\,k} x_k = 0$ ou encore $\displaystyle -a_{p\,p} x_p = \sum_{k \in [\![1,n]\!] \setminus \{p\}} a_{p\,k} x_k$.

Avec $|x_k| \leqslant |x_p|$, il vient $\displaystyle |a_{p\,p} x_p| = \left| \sum_{k \in [\![1,n]\!] \setminus \{p\}} a_{p\,k} x_k \right| \leqslant \sum_{k \in [\![1,n]\!] \setminus \{p\}} |a_{p\,k}|\, |x_p|$.

> Dans ce qui précède, on n'a pas encore précisé $X \neq 0$. Si c'est le cas, une au moins de ses coordonnées est non nulle.

En prenant $X \neq 0$ tel que $MX = 0$, on a $|x_p| > 0$ et il s'ensuit $\displaystyle |a_{p\,p}| \leqslant \sum_{k \in [\![1,n]\!] \setminus \{p\}} |a_{p\,k}|$, ce qui est contraire à l'hypothèse donnée sur A.
On a ainsi prouvé que, dans le contexte donné, A est inversible.

Ex. 13

Soit $n \in \mathbb{N}$, $n \geqslant 2$, et $A \in \text{GL}_n(\mathbb{R})$. On suppose que tous les termes de A et de A^{-1} sont positifs ou nuls.
Montrer que, dans chaque ligne et chaque colonne de A, il y a un terme non nul et un seul.

> Il suffit d'établir qu'il y a un terme non nul et un seul dans chaque ligne de A.
> Pour l'examen des colonnes, il suffira de considérer ensuite sa transposée ${}^tA$ pour laquelle on a :
> $$\left({}^tA\right)^{-1} = {}^t\left(A^{-1}\right).$$

On note $A = (a_{ij})$ et $A^{-1} = (b_{ij})$.

Supposons que deux termes d'une ligne $p \in [\![1, n]\!]$ soient non nuls : il existe $r \in [\![1, n]\!]$ et $s \in [\![1, n]\!]$, $r \neq s$, tels que $a_{p\,r} \neq 0$ et $a_{p\,s} \neq 0$.

> Pour utiliser simultanément les a_i et les b_j, on détaille $AA^{-1} = I_n$.
> Plus précisément, on examine les termes de la p^e ligne de ce produit.

Pour tout $j \in [\![1, n]\!]$, on a $\displaystyle\sum_{k=1}^{n} a_{p\,k} b_{kj} = \delta_{pj}$ en utilisant le classique symbole de Kronecker.

Pour $j \neq p$, on a donc $\displaystyle\sum_{k=1}^{n} a_{p\,k} b_{kj} = 0$.

> Dans cette somme, tous les termes sont positifs ou nuls.

On en déduit en particulier : $a_{p\,r} b_{rj} = 0$ et $a_{p\,s} b_{sj} = 0$. Il s'ensuit $b_{rj} = 0$ et $b_{sj} = 0$.

Cela signifie que les lignes r et s ont tous les termes nuls sauf peut-être ceux qui sont sur la même colonne j.

Ces deux lignes sont alors liées, ce qui en en contradiction avec $\text{rg}(A^{-1}) = n$.

On a finalement prouvé le résultat en procédant par contraposition.

Ex. 14

On considère une matrice $A \in \mathcal{M}_p(\mathbb{K})$, $p \in \mathbb{N}^*$, pour laquelle il existe des scalaires λ et μ, $\lambda \neq \mu$, tels que $(A - \lambda I_p)(A - \mu I_p) = 0$. Calculer les puissances A^n pour $n \in \mathbb{N}^*$.

1) *Exploration de pistes possibles*

> Le premier souci est évidemment d'examiner A^2 et peut-être aussi A^3 pour voir de quel côté on peut s'orienter.

En développant, $(A - \lambda I_p)(A - \mu I_p) = 0$ donne : $A^2 - (\lambda + \mu)A + \lambda\,\mu\, I_p = 0$, c'est-à-dire :

$$A^2 = (\lambda + \mu)A - \lambda\,\mu\, I_p.$$

Ensuite, avec $A^3 = AA^2$, on a $A^3 = (\lambda + \mu)A^2 - \lambda\,\mu\,A$ et il vient :

$$A^3 = (\lambda + \mu)\big((\lambda + \mu)A - \lambda\,\mu\, I_p\big) - \lambda\,\mu\,A = (\lambda^2 + \lambda\,\mu + \mu^2)A - \lambda\,\mu\,(\lambda + \mu)I_p.$$

Une solution se présente : A^n est de la forme $A^n = a_n A + b_n I_p$ et on cherche une relation de récurrence sur les a_n et les b_n.

> Une autre piste est d'exprimer un lien entre A^n et $(A - \lambda I_p)(A - \mu I_p)$ en passant par les polynômes.

Dans la division euclidienne de X^n par $B = (X - \lambda)(X - \mu)$, on obtient :

$$X^n = BQ_n + R_n, \quad \text{avec } \deg R_n \leqslant 1.$$

On en déduit que $A^n = B(A)Q_n(A) + R_n(A)$ et, avec $B(A) = 0$, on a $A^n = R_n(A)$.

Le problème se réduit donc à la recherche du polynôme R_n.

> Une autre piste, moins facile à imaginer, est d'exploiter $(A - \lambda I_p)(A - \mu I_p) = 0$ pour étudier :
> $$(A - \lambda I_p)^n \quad \text{et} \quad (A - \mu I_p)^n.$$

On a $(A - \lambda I_p)^2 = A^2 - 2\,\lambda\,A + \lambda^2 I_p$ et, avec $A^2 = (\lambda + \mu)A - \lambda\,\mu\, I_p$, il vient :

$$(A - \lambda I_p)^2 = (\mu - \lambda)A + \lambda(\lambda - \mu)I_p \quad \text{ou encore} \quad (A - \lambda I_p)^2 = (\mu - \lambda)(A - \lambda I_p).$$

Et, en échangeant les rôles de λ et μ, on obtient $\left(A-\mu I_p\right)^2=(\lambda-\mu)\left(A-\mu I_p\right)$.

2) *Utilisation de la troisième piste*

> Explorons plus avant cette troisième piste.
>
> Pour le calcul de $\left(A-\lambda I_p\right)^3$, on a besoin de $\left(A-\lambda I_p\right)^2$.

$\left(A-\lambda I_p)\right)^2=(\mu-\lambda)\left(A-\lambda I_p\right)$ donne $\left(A-\lambda I_p\right)^3=(\mu-\lambda)^2\left(A-\lambda I_p\right)$.

Alors $\left(A-\lambda I_p\right)^n=(\mu-\lambda)^{n-1}\left(A-\lambda I_p\right)$ s'obtient par récurrence, en germe dans le calcul précédent et qu'il n'est pas utile de refaire.

Et on a aussi $\left(A-\mu I_p\right)^n=(\lambda-\mu)^{n-1}\left(A-\mu I_p\right)$.

> Bien évidemment, $A-\lambda I_p$ et $A-\mu I_p$ commutent. De $\left(A-\lambda I_p\right)\left(A-\mu I_p\right)=0$, on déduit que $\left(A-\lambda I_p\right)^r\left(A-\mu I_p\right)^s=0$ quels que soient les entiers r et s supérieurs ou égaux à 1. D'ici à utiliser la formule du binôme, il n'y a qu'un pas ! Sans oublier l'objectif qui est d'exprimer A^n.

Pour calculer A^n, commençons par écrire A à l'aide de $A-\lambda I_p$ et de $A-\mu I_p$:

$$A=\frac{\mu}{\mu-\lambda}\left(A-\lambda I_p\right)-\frac{\lambda}{\mu-\lambda}\left(A-\mu I_p\right).$$

Pour tout $k\in[\![1,n-1]\!]$, on a $\left(A-\lambda I_p\right)^k\left(A-\mu I_p\right)^{n-k}=0$ et il s'ensuit, en utilisant la formule du binôme, que :

$$A^n=\left(\frac{\mu}{\mu-\lambda}\right)^n\left(A-\lambda I_p\right)^n+\left(\frac{\lambda}{\lambda-\mu}\right)^n\left(A-\mu I_p\right)^n.$$

En utilisant les expressions de $(A-\lambda I_p)^n$ et de $(A-\mu I_p)^n$, il vient :

$$A^n=\frac{\mu^n}{\mu-\lambda}\left(A-\lambda I_p\right)+\frac{\lambda^n}{\lambda-\mu}\left(A-\mu I_p\right)\ \text{ et, finalement, }\ A^n=\frac{\lambda^n-\mu^n}{\lambda-\mu}A+\frac{\lambda\mu^n-\mu\lambda^n}{\lambda-\mu}I_p.$$

3) *Utilisation de la deuxième piste*

Dans la division euclidienne de X^n par $(X-\lambda)(X-\mu)$, le polynôme R_n est de la forme :

$$R_n(X)=a_nX+b_n \text{ avec } a_n \text{ et } b_n \text{ dans } \mathbb{K}.$$

De $X^n=(X-\lambda)(X-\mu)Q_n(X)+a_nX+b_n$, on déduit $\lambda^n=a_n\lambda+b_n$ et $\mu^n=a_n\mu+b_n$.

Il s'ensuit $a_n=\dfrac{\lambda^n-\mu^n}{\lambda-\mu}$ et $b_n=\dfrac{\lambda\mu^n-\mu\lambda^n}{\lambda-\mu}$.

Alors $A^n=\left(A-\lambda I_p\right)\left(A-\mu I_p\right)Q_n(A)+a_nA+b_nI_p$ donne $A^n=a_nA+b_nI_p$, c'est-à-dire :

$$A^n=\frac{\lambda^n-\mu^n}{\lambda-\mu}A+\frac{\lambda\mu^n-\mu\lambda^n}{\lambda-\mu}I_p.$$

> Il n'y a pas photo ! Dans l'efficacité, cette dernière méthode décroche la palme.
>
> Pour bien faire, il faudrait un aperçu de solution avec la première piste.

4) *Indications sur la première piste*

On cherche (u_n) et (v_n) telles que, $\forall n\in\mathbb{N}^*$, $A^n=u_nA+v_nI_p$, avec $u_1=1$, $v_1=0$, $u_2=\lambda+\mu$, $v_2=-\lambda\mu$.

On obtient $A^{n+1}=\left((\lambda+\mu)u_n+v_n\right)A-\lambda\mu u_nI_p$, c'est-à-dire $u_{n+1}=(\lambda+\mu)u_n+v_n$ et $v_{n+1}=-\lambda\mu u_n$.

On en déduit $u_{n+2}=(\lambda+\mu)u_{n+1}-\lambda\mu u_n$.

L'équation caractéristique de (u_n) est $r^2-(\lambda+\mu)r+\lambda\mu=0$, c'est-à-dire $(r-\lambda)(r-\mu)=0$.

(u_n) est donc du type $u_n=x\lambda^n+y\mu^n$.

Et on détermine x et y avec u_0 et u_1, en ayant posé $u_0=0$ pour tenir compte de $A^0=I_p$.

(B) Déterminants

Ex. 15

Étant donné A et B dans $\mathcal{M}_3(\mathbb{K})$, on pose $C = AB - BA$.
Montrer que, si C est colinéaire à A, alors C est nilpotente.

Le résultat est immédiat si A et B commutent, ou si A ou B est nulle.

Soit $\lambda \in \mathbb{R}$ tel que $C = \lambda A$. Il suffit de prouver que A est nilpotente.
Puisque l'on a écarté le cas où C est nulle (c'est-à-dire si A et B commutent), on se limite à $\lambda \neq 0$.
Dans le but de montrer que A est nilpotente, il faut exploiter les A^k, $k \in \mathbb{N}^*$, sans nécessité de toucher à B. Une piste est de considérer les $A^kB - BA^k$ d'où, plus généralement, $MB - BM$ pour $M \in \mathcal{M}_n(\mathbb{R})$.

Avec l'endomorphisme $\varphi : \mathcal{M}_n(\mathbb{R}) \to \mathcal{M}_n(\mathbb{R})$, $M \mapsto MB - BM$, l'hypothèse est $\varphi(A) = \lambda A$.

Pour tester l'efficacité de cette piste, on étudie $\varphi(A^2)$.

$\varphi(A^2) = A^2B - BA^2 = A(BA + C) - (BA)A = (AB - BA)A + AC = CA + AC = 2\lambda A^2$.

Avec $\varphi(A) = \lambda A$ et $\varphi(A^2) = 2\lambda A^2$, la propriété $\varphi(A^k) = k\lambda A^k$ devient crédible.

Supposons que, pour $k \in \mathbb{N}^*$, on ait $\varphi(A^k) = k\lambda A^k$.
On a $\varphi(A^{k+1}) = A^k(AB) - (BA)A^k = A^k(BA + C) - (BA)A^k = (A^kB)A + A^kC - (BA^k)A$, d'où :

$$\varphi(A^{k+1}) = (A^kB - BA^k)A + A^kC = \varphi(A^k)A + A^kC.$$

L'hypothèse $\varphi(A^k) = k\lambda A^k$ et $C = \lambda A$ donnent alors :

$$\varphi(A^{k+1}) = (k\lambda A^k)A + \lambda A^{k+1} = (k+1)\lambda A^{k+1}.$$

En conclusion de cette preuve par récurrence : $\forall k \in \mathbb{N}^*$, $\varphi(A^k) = k\lambda A^k$.

L'objectif est de montrer qu'il existe $k \in \mathbb{N}^*$ tel que $A^k = 0$,
Il suffit pour cela qu'on puisse choisir k tel que $\varphi - k\lambda \,\mathrm{Id}$ soit bijective, puisque l'on aura alors :

$$(\varphi - k\lambda\,\mathrm{Id})(A^k) = 0 \Rightarrow A^k = 0.$$

Le déterminant $D(k\lambda)$ de $\varphi - k\lambda\,\mathrm{Id}$ est une fonction polynomiale de degré 3 en $k\lambda$.
Il y a donc au plus 3 valeurs de $k\lambda$ qui annulent D. Puisque l'on s'est limité à $\lambda \neq 0$, il y a au plus 3 valeurs de k qui conviennent.
Pour tout autre valeur de k, on a $D(k\lambda) \neq 0$, donc $\varphi - k\lambda\,\mathrm{Id}$ est bijective et il s'ensuit que $(\varphi - k\lambda\,\mathrm{Id})(A^k) = 0 \Rightarrow A^k = 0$, ce qui montre que A est nilpotente.

Ex. 16

Soit $A \in \mathcal{M}_3(\mathbb{C})$ telle que pour tout $M \in \mathcal{M}_3(\mathbb{C})$, $\det(A + M) = \det A + \det M$ **(1)**.
Montrer que $A = 0$.
Étant donné C_1, C_2 et C_3 les vecteurs colonne de A, on pourra considérer, pour $k \in [\![1, 3]\!]$, une matrice $M_k \in \mathcal{M}_3(\mathbb{C})$ dont la k^{e} colonne est C_k.

La relation **(1)** permet d'obtenir $\det A$. Ce sera une première étape qui permettra de voir comment utiliser l'indication.

(1) avec $M = A$, donne $\det(2A) = 2\det A$. Or on a $\det(2A) = 8\det A$, il vient donc $\det A = 0$.

On en déduit que, pour tout $M \in \mathcal{M}_3(\mathbb{C})$, on a $\det(A+M) = \det M$.

Il vient aussi $\det(A-M) = \det(-M) = -\det M$ puisque l'on est en dimension impaire.

> Avec les matrices M_k proposées en indication, les matrices $A - M_k$ ont une colonne nulle.

On a $\det(A - M_k) = -\det M_k$.

Par ailleurs la k^{e} colonne de $A - M_k$ est nulle, donc $\det(A - M_k) = 0$ et il vient $\det M_k = 0$.

> Pour montrer que A est nulle, on peut procéder par l'absurde, en mettant en œuvre une matrice M convenable en s'aidant de l'indication. Un objectif serait d'avoir une matrice du type M_k et qui serait toutefois de déterminant non nul.

Si A n'est pas nulle, elle a une colonne, C_1 par exemple, non nulle.

On complète C_1 par C_2' et C_3' pour avoir une base de $\mathbb{C}^3$.

On forme M' de colonnes (C_1, C_2', C_3'). Alors on a $\det M' \neq 0$, ce qui est contraire au résultat obtenu pour les matices M_k.

La contradiction impose alors $A = 0$.

> L'éventuelle linéarité du déterminant imposerait $\det(A+M) = \det A + \det M$, quelles que soient A et M dans $\mathcal{M}_3(\mathbb{C})$.
>
> Mais ceci n'étant vrai que pour $A = 0$, la linéarité est exclue.
>
> Ceci complète ce qui est déjà connu pour la non-linéarité avec $\det(\lambda M) = \lambda^3 \det M$ pour tout $\lambda \in \mathbb{C}$ et toute $M \in \mathcal{M}_3(\mathbb{C})$, au lieu d'avoir $\det(\lambda M) = \lambda \det M$ si la linéarité était vraie.

Ex. 17

Étant donné $(a, b) \in \mathbb{K}^2$, la matrice $M(a,b) = \begin{pmatrix} a & b & 0 & b \\ b & a & b & 0 \\ 0 & b & a & b \\ b & 0 & b & a \end{pmatrix} \in \mathcal{M}_4(\mathbb{K})$ est-elle inversible ?

> En PCSI, seuls les déterminants d'ordre 2 ou 3 sont au programme. Toutefois, on peut admettre les propriétés et les méthodes de calcul pour un déterminant d'ordre 4.

En développant suivant la première colonne, on a :

$$\det M(a,b) = a\begin{vmatrix} a & b & 0 \\ b & a & b \\ 0 & b & a \end{vmatrix} - b\begin{vmatrix} b & 0 & b \\ b & a & b \\ 0 & b & a \end{vmatrix} - b\begin{vmatrix} b & 0 & b \\ a & b & 0 \\ b & a & b \end{vmatrix}.$$

$\begin{vmatrix} a & b & 0 \\ b & a & b \\ 0 & b & a \end{vmatrix} = a(a^2 - 2b^2)$ en utilisant la règle de Sarrus.

En retranchant la ligne 1 à la 2e, il vient $\begin{vmatrix} b & 0 & b \\ b & a & b \\ 0 & b & a \end{vmatrix} = \begin{vmatrix} b & 0 & b \\ 0 & a & 0 \\ 0 & b & a \end{vmatrix} = a^2 b$,

et en retranchant la ligne 1 à la 3e, il vient $\begin{vmatrix} b & 0 & b \\ a & b & 0 \\ b & a & b \end{vmatrix} = \begin{vmatrix} b & 0 & b \\ a & b & 0 \\ 0 & a & 0 \end{vmatrix} = a^2 b$.

Finalement, il vient $\det M(a,b) = a^2(a^2 - 4b^2)$, donc $M(a,b)$ est inversible si et seulement si $a \neq 0$ et $|a| \neq 2\,|b|$.

> Le calcul de l'inverse de $M(a,b)$ n'est pas demandé, mais il est naturel de s'y employer.
>
> Une méthode efficace est la résolution d'un système linéaire.

On considère le système d'inconnue $(x, y, z, t) \in \mathbb{K}^4$: $\begin{cases} ax+by \quad +bt = X & (1) \\ bx+ay \; +bz \quad = Y & (2) \\ \quad by \; +az \; +bt = Z & (3) \\ bx \quad +bz \; +at = T & (4) \end{cases}$

En ajoutant les quatre équations, on obtient : $(a + 2b)(x + y + z + t) = X + Y + Z + T$ (s).

En formant (1) − (2) + (3) − (4), on obtient : $(a - 2b)(x - y + z - t) = X - Y + Z - T$ (d).

(s) et (d) donnent $(x+z)+(y+t) = \dfrac{1}{a+2b}(X+Z+Y+T)$ et $(x+z)-(y+t) = \dfrac{1}{a-2b}(X+Z-Y-T)$

et il s'ensuit $x+z = \dfrac{1}{a^2-4b^2}\big(a(X+Z)-2b(Y+T)\big)$ et $y+t = \dfrac{1}{a^2-4b^2}\big(a(Y+T)-2b(X+Z)\big)$.

(1) − (3) et (2) − (4) donnent : $x - z = \dfrac{1}{a}(X - Z)$, $y - t = \dfrac{1}{a}(Y - T)$.

Il s'ensuit finalement, en posant $\lambda = \dfrac{1}{a(a^2-4b^2)}$:

$$x = \lambda\big((a^2-2b^2)X - abY + 2b^2Z - abT\big), y = \lambda\big(-abX + (a^2-2b^2)Y - abZ + 2b^2T\big).$$
$$z = \lambda\big(2b^2X - abY + (a^2-2b^2)Z - abT\big), t = \lambda\big(-abX + 2b^2Y - abZ + (a^2-2b^2)T\big),$$

L'inverse de $M(a, b)$ est donc $\dfrac{1}{a(a^2-4b^2)}\begin{pmatrix} a^2-2b^2 & -ab & 2b^2 & -ab \\ -ab & a^2-2b^2 & -ab & 2b^2 \\ 2b^2 & -ab & a^2-2b^2 & -ab \\ -ab & 2b^2 & -ab & a^2-2b^2 \end{pmatrix}$.

> Une étude matricielle serait intéressante. On utilise pour cela $N = \begin{pmatrix} 0 & 1 & 0 & 0 \\ 0 & 0 & 1 & 0 \\ 0 & 0 & 0 & 1 \\ 1 & 0 & 0 & 0 \end{pmatrix}$.
>
> Pour simplifier, on notera $M = M(a, b)$ et I la matrice unité.
>
> Dans un premier temps, on explore les propriétés de N et de ${}^tN$.

Avec la matrice N proposée, on a $M = aI + b(N + {}^tN)$.

- Un calcul immédiat donne $N{}^tN = I$. En particulier, N et ${}^tN$ commutent.

On obtient aussi $N^2 = {}^tN^2 = \begin{pmatrix} 0 & 0 & 1 & 0 \\ 0 & 0 & 0 & 1 \\ 1 & 0 & 0 & 0 \\ 0 & 1 & 0 & 0 \end{pmatrix}$. Notons C cette matrice N^2 ou ${}^tN^2$.

Enfin, on obtient $N^3 = {}^tN$ et ${}^tN^3 = N$, et il s'ensuit $N^4 = I$ et ${}^tN^4 = I$, c'est-à-dire $C^2 = I$.

- Étudions maintenant les puissances de $S = N + {}^tN$.

$S^2 = N^2 + {}^tN^2 + 2N{}^tN = 2(I + C)$. Et on a $(I + C)^2 = I + 2C + C^2 = 2(I + C)$.

On vérifie alors que, pour $k \in \mathbb{N}^*$, $S^{2k} = 2^{2k-1}(I + C)$ – par récurrence immédiate –.

On a $S^3 = S^2S = 2(I + C)(N + {}^tN) = 2(N + {}^tN + CN + C\,{}^tN) = 2(S + N^3 + {}^tN^3) = 4S$.

On vérifie alors que, pour $k \in \mathbb{N}$, $S^{2k+1} = 2^{2k}S$.

- Étudions ensuite les puissances de $M = aI + bS$.

$M^2 = a^2I + 2abS + b^2S^2$, $M^3 = a^3I + 3a^2bS + 3ab^2S^2 + b^3S^3 = a^3I + b(3a^2 + 4b^2)S + 3ab^2S^2$.

Il vient alors $M^3 - 3aM^2 = -2a^3I + b(4b^2 - 3a^2)S$, puis :

$$M^3 - 3aM^2 - (4b^2 - 3a^2)M = a(a^2 - 4b^2)I.$$

- Inversibilité de M.

Si on a $a(a^2-4b^2)\neq 0$, alors $M\big(M^2-3aM-(4b^2-3a^2)I\big)=a(a^2-4b^2)I$ montre que M est inversible, d'inverse $\dfrac{1}{a(a^2-4b^2)}\big(M^2-3aM-(4b^2-3a^2)I\big)$.

Pour $a=0$, on a $M=\begin{pmatrix}0&b&0&b\\b&0&b&0\\0&b&0&b\\b&0&b&0\end{pmatrix}$ de rang au plus 2, donc non inversible.

Pour $a=-2b$, on a $M=b\begin{pmatrix}-2&1&0&1\\1&-2&1&0\\0&1&-2&1\\1&0&1&-2\end{pmatrix}$. La somme des colonnes est nulle ; M n'est donc pas inversible.

Pour $a=2b$, on a $M=b\begin{pmatrix}2&1&0&1\\1&2&1&0\\0&1&2&1\\1&0&1&2\end{pmatrix}$. Les colonnes C_1, C_2, C_3, C_4 vérifient $C_1-C_2+C_3-C_4=0$, donc la matrice M n'est pas inversible.

Ex. 18

Étant donné a, b et c réels, on considère le déterminant $T=\begin{vmatrix}1&\sin a&\cos a\\1&\sin b&\cos b\\1&\sin c&\cos c\end{vmatrix}$.

Calculer T de deux façons différentes et en déduire une factorisation de :

$$\sin(a-b)+\sin(b-c)+\sin(c-a).$$

> Pour un déterminant d'ordre 3, il est raisonnable de penser à la règle de Sarrus.

On obtient $T=\sin b\cos c+\sin c\cos a+\sin a\cos b-\sin b\cos a-\sin c\cos b-\sin a\cos c$.

> Le formulaire trigonométrique de base donne $\sin(x-y)=\sin x\cos y-\sin y\cos x$.

On en déduit que $T=\sin(a-b)+\sin(b-c)+\sin(c-a)$.

> L'expression tigonométrique à factoriser apparaît tout naturellement.
> Il serait utile qu'un autre calcul de T en donne une expression factorisée.
> Une seconde méthode, toute aussi classique, consiste à développer un déterminant suivant une ligne ou une colonne. Cette méthode est d'autant plus efficace qu'il y a une ligne ou colonne avec 1 ou 2 termes 0.

On ne change pas la valeur du déterminant si on retranche la première ligne à chacune des autres.

Il vient alors $T=\begin{vmatrix}1&\sin a&\cos a\\0&\sin b-\sin a&\cos b-\cos a\\0&\sin c-\sin a&\cos c-\cos a\end{vmatrix}$.

> La trigonométrie est encore mise à contribution par deux formules classiques :
> $\sin p-\sin q=2\sin\dfrac{p-q}{2}\cos\dfrac{p+q}{2}$ et $\cos p-\cos q=-2\sin\dfrac{p-q}{2}\sin\dfrac{p+q}{2}$.

Une nouvelle expression est alors $T=\begin{vmatrix}1&\sin a&\cos a\\0&2\sin\dfrac{b-a}{2}\cos\dfrac{b+a}{2}&-2\sin\dfrac{b-a}{2}\sin\dfrac{b+a}{2}\\0&2\sin\dfrac{c-a}{2}\cos\dfrac{c+a}{2}&-2\sin\dfrac{c-a}{2}\sin\dfrac{c+a}{2}\end{vmatrix}$.

Un déterminant est linéaire par rapport à chacune de ses lignes. Avant tout développement, c'est en exploitant cette trilinéarité que l'on fait apparaître une factorisation.

Avec la trilinéarité, on factorise par $2\sin\frac{b-a}{2}$ dans la seconde ligne et par $2\sin\frac{c-a}{2}$ dans la seconde et il vient :

$$T = 4\sin\frac{b-a}{2}\sin\frac{c-a}{2}U,\ \text{avec}\ U = \begin{vmatrix} 1 & \sin a & \cos a \\ 0 & \cos\frac{b+a}{2} & -\sin\frac{b+a}{2} \\ 0 & \cos\frac{c+a}{2} & -\sin\frac{c+a}{2} \end{vmatrix}.$$

En développant U suivant la première colonne, on obtient $U = \begin{vmatrix} \cos\frac{b+a}{2} & -\sin\frac{b+a}{2} \\ \cos\frac{c+a}{2} & -\sin\frac{c+a}{2} \end{vmatrix}$ et il vient $U = -\sin\frac{c+a}{2}\cos\frac{b+a}{2} + \sin\frac{b+a}{2}\cos\frac{c+a}{2}$, puis $U = \sin\frac{b-c}{2}$ et on obtient finalement :

$$T = 4\sin\frac{b-a}{2}\sin\frac{c-a}{2}\sin\frac{b-c}{2}.$$

Il est plus «joli» de donner une expression qui met en évidence une permutation circulaire entre a, b et c.

Les deux modes de calcul de T donnent en conclusion :

$$\sin(a-b) + \sin(b-c) + \sin(c-a) = -4\sin\frac{a-b}{2}\sin\frac{b-c}{2}\sin\frac{c-a}{2}.$$

Ex. 19

Étant donné trois réels non nuls a, b et c, on considère dans $\mathbb{R}^3$ les plans d'équations

$$(a+b)^2x + c^2y + c^2z = 0,\ a^2x + (b+c)^2y + a^2z = 0\ \text{et}\ b^2x + b^2y + (c+a)^2z = 0.$$

Donner une condition nécessaire et suffisante portant sur a, b et c pour que ces plans aient en commun le seul vecteur nul.

Cet énoncé, en langage géométrique, masque un langage linéaire.

Le système linéaire d'inconnue $(x, y, z) \in \mathbb{R}^3$: $\begin{cases} (a+b)^2x + c^2y + c^2z = 0 \\ a^2x + (b+c)^2y + a^2z = 0 \\ b^2x + b^2y + (c+a)^2z = 0 \end{cases}$ admet $(0, 0, 0)$ pour solution unique si et seulement si $\begin{vmatrix} (a+b)^2 & c^2 & c^2 \\ a^2 & (b+c)^2 & a^2 \\ b^2 & b^2 & (c+a)^2 \end{vmatrix} \neq 0.$

Une annulation demande une forme factorisée pour être facilement exploitable. Aussi la règle de Sarrus doit être écartée comme point de départ.

Il faut chercher une forme où on pourra mettre en œuvre la trilinéarité, ce qui amorcera une factorisation.

En retranchant une colonne aux deux autres, on va faire apparaître des différences de deux carrés. Peut-être y verra-t-on plus clair après.

En retranchant la première colonne aux deux autres, on obtient :

$$D = \begin{vmatrix} (a+b)^2 & c^2 & c^2 \\ a^2 & (b+c)^2 & a^2 \\ b^2 & b^2 & (c+a)^2 \end{vmatrix} = \begin{vmatrix} (a+b)^2 & c^2-(a+b)^2 & c^2-(a+b)^2 \\ a^2 & (b+c)^2-a^2 & 0 \\ b^2 & 0 & (c+a)^2-b^2 \end{vmatrix}.$$

Les deux dernières colonnes sont aussi respectivement :

$$\begin{pmatrix} (c-a-b)(c+a+b) \\ (b+c-a)(b+c+a) \\ 0 \end{pmatrix} = (a+b+c)\begin{pmatrix} c-a-b \\ b+c-a \\ 0 \end{pmatrix}$$

$$\text{et} \quad \begin{pmatrix} (c-a-b)(c+a+b) \\ 0 \\ (c+a-b)(c+a+b) \end{pmatrix} = (a+b+c)\begin{pmatrix} c-a-b \\ 0 \\ c+a-b \end{pmatrix}$$

On a donc $D = (a+b+c)^2 \begin{vmatrix} (a+b)^2 & c-a-b & c-a-b \\ a^2 & b+c-a & 0 \\ b^2 & 0 & c+a-b \end{vmatrix}$.

On retranche ensuite les lignes 2 et 3 à la première et on obtient :

$$D = (a+b+c)^2 \begin{vmatrix} (a+b)^2 - a^2 - b^2 & -2b & -2a \\ a^2 & b+c-a & 0 \\ b^2 & 0 & c+a-b \end{vmatrix}$$

c'est-à-dire :

$$D = (a+b+c)^2 \begin{vmatrix} 2ab & -2b & -2a \\ a^2 & b+c-a & 0 \\ b^2 & 0 & c+a-b \end{vmatrix} = 2(a+b+c)^2 \begin{vmatrix} ab & -b & -a \\ a^2 & b+c-a & 0 \\ b^2 & 0 & c+a-b \end{vmatrix}.$$

> Ne voyant plus de combinaison entre lignes ou colonnes qui pourraient apporter des simplifications, on peut alors développer par exemple suivant la dernière ligne.

On a $\begin{vmatrix} ab & -b & -a \\ a^2 & b+c-a & 0 \\ b^2 & 0 & c+a-b \end{vmatrix} = b^2 \begin{vmatrix} -b & -a \\ b+c-a & 0 \end{vmatrix} + (c+a-b) \begin{vmatrix} ab & -b \\ a^2 & b+c-a \end{vmatrix}$

ce qui, en développant, est égal à $abc(a+b+c)$. En final, on a obtenu $D = 2abc(a+b+c)^3$.

Avec a, b, c non nuls, on a $D \neq 0$ si et seulement si $a+b+c \neq 0$.

Ex. 20

Soit f et g des polynômes à coefficients complexes, de degré $p \geqslant 1$ et $q \geqslant 1$ respectivement. Montrer que f et g admettent une racine commune si et seulement si il existe des polynômes A et B non nuls, avec $\deg A \leqslant q-1$ et $\deg B \leqslant p-1$, tels que $Af + Bg = 0$.

Soit φ de $\mathbb{C}_{q-1}[X] \times \mathbb{C}_{p-1}[X]$ vers $\mathbb{C}_{p+q-1}[X]$ définie par $\varphi(A, B) = Af + Bg$. Montrer que φ est bijective si et seulement si f et g n'ont aucune racine commune.

Soit $a \in \mathbb{C}$, $a \neq 0$, $f(X) = aX^2 + X - 1$ et $g(X) = aX^3 + aX^2 + 1$. Donner la matrice de φ puis une condition nécessaire et suffisante sur a pour que f et g aient une racine commune.

> f, de degré $p \in \mathbb{N}^*$, admet p racines $x_1, \dots, x_p$ dans $\mathbb{C}$, sans se préoccuper de ce qu'elles soient distinctes ou non.

Si f et g ont une racine commune c, on pose $f = (X-c)U$ et $g = (X-c)V$, avec $\deg U = p-1 \geqslant 0$ et $\deg V = q-1 \geqslant 0$. Alors $Vf - Ug = 0$ montre qu'il existe des polynômes A et B non nuls, avec $\deg A \leqslant q-1$ et $\deg B \leqslant p-1$, tels que $Af + Bg = 0$.

Réciproquement, supposons qu'il existe des polynômes A et B non nuls tels que :

$$\deg A \leqslant q-1,\ \deg B \leqslant p-1 \text{ et } Af + Bg = 0.$$

Soit $x_1, \dots, x_p$ les p racines dans $\mathbb{C}$ de f : pour tout $k \in [\![1, p]\!]$, $f(x_k) = 0$.

$Bg = -Af$ donne alors $B(x_k)g(x_k) = 0$. Avec $\deg B \leqslant p-1$, il y a au plus $p-1$ des p nombres $x_1, \dots, x_p$ qui soient racines de B. L'un au moins vérifie alors $g(x_k) = 0$, ce qui montre que f et g ont (au moins) une racine commune.

Si E et F sont des espaces de dimension finie, $\dim E = m$ et $\dim F = n$, alors $E \times F$ est de dimension $m + n$.

φ de $\mathbb{C}_{q-1}[X] \times \mathbb{C}_{p-1}[X]$ vers $\mathbb{C}_{p+q-1}[X]$, $\varphi : (A, B) \mapsto Af + Bg$ est linéaire.

(A, B) est dans $\operatorname{Ker} \varphi$ si et seulement si $Af + Bg = 0$.

Si A ou B est nul, l'autre l'est aussi puisque f et g sont non nuls.

Si A et B sont non nuls, cela équivaut au fait que f et g ont une racine commune.

En conséquence, f et g n'ont aucune racine commune si et seulement si le seul élément de $\operatorname{Ker} \varphi$ est $(0, 0)$.

En notant que $\dim(\mathbb{C}_{q-1}[X] \times \mathbb{C}_{p-1}[X]) = q + p$ et $\dim(\mathbb{C}_{p+q-1}[X]) = p + q$, l'injectivité de φ équivaut à sa bijectivité.

En conclusion, φ est bijective si et seulement si f et g n'ont aucune racine commune.

Si $(e_1, \dots, e_m)$ et $(f_1, \dots, f_n)$ sont des bases de E et F, alors une base de $E \times F$ est formée des $(e_i, 0_F)$ pour $1 \leqslant i \leqslant m$ et des $(0_E, f_j)$ pour $1 \leqslant j \leqslant n$.

La matrice de φ est naturellement donnée dans les bases canoniques de $\mathbb{C}_{q-1}[X] \times \mathbb{C}_{p-1}[X]$ et $\mathbb{C}_{p+q-1}[X]$.

Pour l'exemple étudié, $f(X) = aX^2 + X - 1$ et $g(X) = aX^3 + aX^2 + 1$, on se place dans le cas où $p = 2$ et $q = 3$. La base canonique de $\mathbb{C}_2[X] \times \mathbb{C}_1[X]$ est $\big((1, 0), (X, 0), (X^2, 0), (0, 1), (0, X)\big)$.

Avec $\varphi(1, 0) = f$, $\varphi(X, 0) = Xf$, $\varphi(X^2, 0) = X^2 f$, $\varphi(0, 1) = g$ et $\varphi(0, X) = Xg$, on obtient la matrice A de φ dans les bases canoniques de $\mathbb{C}_2[X] \times \mathbb{C}_1[X]$ et $\mathbb{C}_4[X]$:

$$A = \begin{pmatrix} -1 & 0 & 0 & 1 & 0 \\ 1 & -1 & 0 & 0 & 1 \\ a & 1 & -1 & a & 0 \\ 0 & a & 1 & a & a \\ 0 & 0 & a & 0 & a \end{pmatrix}.$$

f et g ont une racine commune si et seulement si $\operatorname{rg} A < 5$.

Au programme de PCSI, il y a deux démarches possibles :

- étudier le noyau de l'endomorphisme de $\mathbb{R}^5$ canoniquement associé à A, ou
- étudier le rang de A suivant les valeurs de a.

Ces deux démarches sont gourmandes en volume et il est raisonnable de faire une entorse (provisoire) au réglement.

En admettant les méthodes de calcul d'un déterminant d'ordre 5 ainsi que les propriétés d'un déterminant, cela équivaut à $\det A = 0$.

En ajoutant la colonne **1** à la colonne **4**, on a $\det A = \begin{vmatrix} -1 & 0 & 0 & 0 & 0 \\ 1 & -1 & 0 & 1 & 1 \\ a & 1 & -1 & 2a & 0 \\ 0 & a & 1 & a & a \\ 0 & 0 & a & 0 & a \end{vmatrix}$ d'où :

$$\det A = -\begin{vmatrix} -1 & 0 & 1 & 1 \\ 1 & -1 & 2a & 0 \\ a & 1 & a & a \\ 0 & a & 0 & a \end{vmatrix}$$

puis, en ajoutant la colonne **1** aux colonnes **3** et **4**,

$$\det A = -\begin{vmatrix} -1 & 0 & 0 & 0 \\ 1 & -1 & 2a+1 & 1 \\ a & 1 & 2a & 2a \\ 0 & a & 0 & a \end{vmatrix} \quad \text{d'où} \quad \det A = \begin{vmatrix} -1 & 2a+1 & 1 \\ 1 & 2a & 2a \\ a & 0 & a \end{vmatrix}.$$

On obtient alors $\det A = a\left(4a^2 - 4a - 1\right)$ qui s'annule pour $a \in \left\{\frac{1}{2}\left(1+\sqrt{2}\right), \frac{1}{2}\left(1-\sqrt{2}\right)\right\}$ puisque l'on a supposé $a \neq 0$.

En conclusion, avec $a \neq 0$, $f = aX^2 + X - 1$ et $g = aX^3 + aX^2 + 1$ ont une racine commune si et seulement si $a \in \left\{\frac{1}{2}\left(1+\sqrt{2}\right), \frac{1}{2}\left(1-\sqrt{2}\right)\right\}$.

> En complément, on peut déterminer la condition nécessaire et suffisante pour que f et g aient une racine commune par la méthode classique qui utilise les fonctions symétriques élémentaires des racines.

Soit u et v les racines de f. Les polynômes f et g ont une racine commune si et seulement si :

$$g(u)g(v) = 0.$$

On a $g(u)g(v) = a^2(uv)^3 + a^2(u+v)(uv)^2 + a^2(uv)^2 + a\left(u^3+v^3\right) + a\left(u^2+v^2\right) + 1$ et $u+v = -\frac{1}{a} = uv$.

En utilisant $u^2 + v^2 = (u+v)^2 - 2uv$ et $u^3 + v^3 = (u+v)^3 - 3uv(u+v)$, il vient :

$$g(u)g(v) = \frac{1}{a^2}\left(4a^2 - 4a - 1\right).$$

En conclusion, f et g ont une racine commune si et seulement si $4a^2 - 4a - 1 = 0$.

> Dans l'objectif de l'exemple, cette dernière méthode est très largement plus performante.
>
> Le sujet proposé met principalement en œuvre une méthode générale d'algèbre linéaire pour traiter un problème essentiellement algébrique.

(C) Changement de base

En préliminaire, donnons brièvement quelques notions élémentaires.

Notion de valeur propre et de vecteur propre

> Ces notions sont d'un usage constant en algèbre linéaire.
>
> Les mots en eux-mêmes ne figurent pas au programme de première année et pour pallier ce manque de vocabulaire, on est contraint d'utiliser des périphrases qui ne contribuent pas à la clarté d'un énoncé.

Valeurs propres

Soit f un endomorphisme d'un espace vectoriel E, réel ou complexe.

Un scalaire λ est une **valeur propre** pour f si :

il existe un vecteur x non nul tel que $f(x) = \lambda x$.

Cela équivaut à dire que qu'il existe $x \neq 0_E$ tel que :

$$f(x) = \lambda \,\mathrm{Id}(x) \text{ ou encore à } (f - \lambda \,\mathrm{Id})(x) = 0_E.$$

Et cela équivaut à dire que le noyau de $f - \lambda \,\mathrm{Id}$ n'est pas réduit au vecteur nul.

Cela équivaut enfin à dire que $f - \lambda \,\mathrm{Id}$ n'est pas injective.

Vecteurs propres

Un vecteur non nul x est un **vecteur propre** pour f si :

$$\text{il existe un scalaire } \lambda \text{ tel que } f(x) = \lambda x.$$

Soit λ une valeur propre pour f. Il est immédiat que $\{x \in E,\ f(x) = \lambda x\}$ est un sous-espace vectoriel de E non réduit à $\{0_E\}$.

C'est le **sous-espace propre** pour f associé à la valeur propre λ.

Ce sous-espace propre n'est autre que le noyau de $f - \lambda \,\mathrm{Id}$.

> Si λ est une valeur propre pour f, la restriction de f au sous-espace propre V_λ associé à λ est l'homothétie vectorielle de rapport λ.
>
> Notons que si un scalaire μ n'est pas une valeur propre pour f, alors $\{x \in E,\ f(x) = \mu x\}$ est le sous-espace nul $\{0_E\}$ de E.

Recherche des valeurs propres en dimension 2 ou 3

λ est valeur propre pour f si et seulement si $\det(f - \lambda \,\mathrm{Id}) = 0$.

Si A est la matrice de f dans une base de E, les valeurs propres de f sont définies par $\det(A - \lambda I) = 0$.

> Le fait de disposer de ces éléments, faciles à assimiler, permet bien souvent de décrypter des sujets dont on ne voit pas toujours clairement le fil conducteur.

Ex. 21

Exemple de mise en pratique des notions de valeurs ou vecteurs propres

L'espace vectoriel $E = \mathbb{R}^3$ est rapporté à sa base canonique $\mathcal{B}$. On considère l'endomorphisme f de matrice $A = \begin{pmatrix} 7 & 2 & -2 \\ 2 & 4 & -1 \\ -2 & -1 & 4 \end{pmatrix}$.

Déterminer les réels λ tels qu'il existe $x \neq 0_E$ vérifiant $f(x) = \lambda x$.

Pour chacune des valeurs obtenues, déterminer l'ensemble des $x \in E$ tels que $f(x) = \lambda x$.

> C'est le style de rédaction que l'on peut trouver alors qu'il s'agit simplement de chercher les valeurs propres et les sous-espaces propres pour f.
>
> Il s'agit alors dans un premier temps de chercher les valeurs propres et l'usage d'un déterminant est tout indiqué.

On a $\det(f - \lambda \,\mathrm{Id}) = \begin{vmatrix} 7-\lambda & 2 & -2 \\ 2 & 4-\lambda & -1 \\ -2 & -1 & 4-\lambda \end{vmatrix}$. Les valeurs propres de f sont les valeurs d'annulation de ce déterminant.

> En l'absence de remarques particulières, on peut appliquer la règle de Sarrus.

On obtient $\det(f - \lambda \,\mathrm{Id}) = -\lambda^3 + 15\lambda^2 - 63\lambda + 81 = P(\lambda)$.

Il est bon de remarquer qu'une racine entière éventuelle du polynôme $P(\lambda)$ est un diviseur de 81. On essaie alors $3, -3\ldots$

3 est racine de $P(\lambda)$ et on peut factoriser par $(\lambda-3)$: $P(\lambda)=-(\lambda-3)(\lambda^2-12\lambda+27)$ et les racines de $P(\lambda)$ sont 3 (racine double) et 9 (racine simple).

On aurait pu remarquer que, en notant c_1, c_2 et c_3 les colonnes de $A-\lambda I$, le déterminant de (c_1, c_2, c_3) est égal à celui de $(c_1-c_2+c_3, c_2, c_3)$ et on obtient :

$$\det(f-\lambda\,\mathrm{Id})=\begin{vmatrix}3-\lambda & 2 & -2\\ -(3-\lambda) & 4-\lambda & -1\\ 3-\lambda & -1 & 4-\lambda\end{vmatrix}=(3-\lambda)\begin{vmatrix}1 & 2 & -2\\ -1 & 4-\lambda & -1\\ 1 & -1 & 4-\lambda\end{vmatrix}.$$

Des opérations élémentaires sur les lignes donnent ensuite $P(\lambda)=\begin{vmatrix}1 & 2 & -2\\ 0 & 6-\lambda & -3\\ 0 & -3 & 6-\lambda\end{vmatrix}$.

En conclusion les valeurs propres de f sont 3 et 9.

- Les vecteurs propres relatifs à 9 sont les éléments du noyau de $f-9\,\mathrm{Id}$.

On a $A-9I=\begin{pmatrix}-2 & 2 & -2\\ 2 & -5 & -1\\ -2 & -1 & -5\end{pmatrix}$. On résoud alors le système $\begin{cases}-2x+2y-2z=0,\\ 2x-5y-z=0,\\ 2x+y+5z=0.\end{cases}$

En ajoutant la première équation aux deux autres, on obtient un système équivalent :

$\begin{cases}-2x+2y-2z=0\\ -3y-3z=0\\ 3y+3z=0\end{cases}$ ou encore $\begin{cases}x=y-z\\ z=-y\end{cases}$ dont les solutions sont $(2y, y, -y)$.

Ce noyau est le sous-espace engendré par $u=(2, 1, -1)$.

- Les vecteurs propres relatifs à 3 sont les éléments du noyau de $f-3\,\mathrm{Id}$.

On a $A-3I=\begin{pmatrix}4 & 2 & -2\\ 2 & 1 & -1\\ -2 & -1 & 1\end{pmatrix}$. On résoud alors le système $\begin{cases}4x+2y-2z=0\\ 2x+y-z=0\\ -2x-y+z=0\end{cases}$ qui se réduit à $2x+y-z=0$. C'est l'équation d'un plan vectoriel dont une base est $v=(0, 1, 1)$, $w=(1, -2, 0)$.

On a $f(u)=9u, f(v)=3v, f(w)=3w$. Et si par hasard (u, v, w) était une base ?

En complément, le déterminant des vecteurs u, v, w est égal à 6, donc $\mathcal{B}'=(u, v, w)$ est une base de E et dans cette base, la matrice de f est $A'=\begin{pmatrix}9 & 0 & 0\\ 0 & 3 & 0\\ 0 & 0 & 3\end{pmatrix}$.

Voilà, sur un exemple, un aperçu du fil conducteur de nombreux sujets en algèbre linéaire. À méditer !

Ex. 22

Soit $f \in \mathcal{L}(\mathbb{R}^3)$ dont la matrice, dans la base canonique $\mathcal{B}$ est $A = \begin{pmatrix} 2 & 1 & 1 \\ 1 & 2 & 1 \\ 1 & 1 & 2 \end{pmatrix}$.

Déterminer une base $\mathcal{B}'$ dans laquelle la matrice de f est diagonale.

> Dire que la matrice de f dans une base $\mathcal{B}' = (u_1, u_2, u_3)$ est diagonale revient à dire que u_1, u_2 et u_3 sont vecteurs propres pour f.

Les valeurs propres de f sont les racines de l'équation :

$$P(\lambda) = 0, \quad \text{avec } P(\lambda) = \begin{vmatrix} 2-\lambda & 1 & 1 \\ 1 & 2-\lambda & 1 \\ 1 & 1 & 2-\lambda \end{vmatrix}.$$

En ajoutant les deux dernières colonnes à la première, on obtient :

$$P(\lambda) = \begin{vmatrix} 4-\lambda & 1 & 1 \\ 4-\lambda & 2-\lambda & 1 \\ 4-\lambda & 1 & 2-\lambda \end{vmatrix} \quad \text{puis } P(\lambda) = (4-\lambda) \begin{vmatrix} 1 & 1 & 1 \\ 1 & 2-\lambda & 1 \\ 1 & 1 & 2-\lambda \end{vmatrix}.$$

Dans le dernier déterminant, on retranche la première ligne aux deux autres et il vient :

$$P(\lambda) = (4-\lambda) \begin{vmatrix} 1 & 1 & 1 \\ 0 & 1-\lambda & 0 \\ 0 & 0 & 1-\lambda \end{vmatrix} \quad \text{puis } P(\lambda) = (4-\lambda)(1-\lambda)^2.$$

Les valeurs propres de f sont ainsi 4 et 1.

> On peut s'occuper maintenant des vecteurs propres. C'est parmi eux que l'on choisira les éléments d'une nouvelle base.

- Les éléments $v = (x, y, z)$ vérifient $f(v) = v$ si et seulement si $x + y + z = 0$. Une base du plan vectoriel ainsi défini est (u_1, u_2) avec $u_1 = (1, -1, 0)$ et $u_2 = (0, 1, -1)$.

- Les éléments $v = (x, y, z)$ vérifient $f(v) = 4v$ si et seulement si $\begin{cases} -2x + y + z = 0, \\ x - 2y + z = 0, \\ x + y - 2z = 0. \end{cases}$

Sans chercher à résoudre ce système, on voit que $u_3 = (1, 1, 1)$ est solution.

> Nous disposons de trois vecteurs. Il reste à voir si ils constituent une famille libre.

On a $\det_{\mathcal{B}}(u_1, u_2, u_3) = \begin{vmatrix} 1 & 0 & 1 \\ -1 & 1 & 1 \\ 0 & -1 & 1 \end{vmatrix} = 3$.

Il s'ensuit que $\mathcal{B}' = (u_1, u_2, u_3)$ est une base de $\mathbb{R}^3$.

Dans cette base, la matrice de f est $A' = \begin{pmatrix} 1 & 0 & 0 \\ 0 & 1 & 0 \\ 0 & 0 & 4 \end{pmatrix}$.

Notons que $P = \begin{pmatrix} 1 & 0 & 1 \\ -1 & 1 & 1 \\ 0 & -1 & 1 \end{pmatrix}$ est la matrice de passage de $\mathcal{B}$ à $\mathcal{B}'$.

Ex. 23

Dans l'espace vectoriel $E = \mathbb{R}^3$, on considère la base canonique $\mathcal{B} = (i, j, k)$, avec $i = (1, 0, 0)$, $j = (0, 1, 0)$ et $k = (0, 0, 1)$, et l'endomorphisme f dont la matrice dans la base $\mathcal{B}$ est :

$$A = \begin{pmatrix} -2 & -1 & 2 \\ -15 & -6 & 11 \\ -14 & -6 & 11 \end{pmatrix}.$$

On pose $u = i + j + 2k$, $v = 3j + 2k$ et $\mathcal{B}' = (u, v, k)$.

Montrer que $\mathcal{B}'$ est une base de E. On note P la matrice de passage de $\mathcal{B}$ à $\mathcal{B}'$.

Déterminer la matrice T de f dans la base $\mathcal{B}'$ et exprimer A^n à l'aide de n, I, A et A^2.

Quelques remarques pour voir...

On obtient aisément $f(u) = i + j + 2k$: le vecteur u est invariant par f.

En revanche, $f(v) = 2f(j) + 3f(k) = i + 4j + 4k$ n'a rien de remarquable pour l'instant.

La matrice de $\mathcal{B}'$ dans $\mathcal{B}$ est $\begin{pmatrix} 1 & 0 & 0 \\ 1 & 3 & 0 \\ 2 & 2 & 1 \end{pmatrix}$. Elle est triangulaire, de termes diagonaux non nuls.

Elle est donc de rang 3 et $\mathcal{B}'$ est une base. Cette matrice P est la matrice de passage de $\mathcal{B}$ à $\mathcal{B}'$.

La matrice de f dans la base $\mathcal{B}'$ est $T = P^{-1}AP$.

Pour calculer P^{-1}, on peut passer par la résolution d'un système linéaire $PX = X'$.

$$\begin{cases} x = x' \\ x + 3y = y' \\ 2x + 2y + z = z' \end{cases} \text{ donne } \begin{cases} x = x' \\ y = -\frac{1}{3}x' + \frac{1}{3}y' \\ z = -\frac{4}{3}x' - \frac{2}{3}y' + z' \end{cases} \text{ et il s'ensuit } P^{-1} = \begin{pmatrix} 1 & 0 & 0 \\ -\frac{1}{3} & \frac{1}{3} & 0 \\ -\frac{4}{3} & -\frac{2}{3} & 1 \end{pmatrix}.$$

Un produit matriciel donne alors : $T = P^{-1}AP = \begin{pmatrix} 1 & 1 & 2 \\ 0 & 1 & 3 \\ 0 & 0 & 1 \end{pmatrix}$.

T est de la forme $I_3 + N$. Comme N est strictement triangulaire, elle est nilpotente.

Comme elle commute avec I_3, la formule du binôme donnera aisément T^3.

Avec $N = \begin{pmatrix} 0 & 1 & 2 \\ 0 & 0 & 3 \\ 0 & 0 & 0 \end{pmatrix}$, il vient $N^2 = \begin{pmatrix} 0 & 0 & 3 \\ 0 & 0 & 0 \\ 0 & 0 & 0 \end{pmatrix}$ puis $N^3 = 0$ donc $N^r = 0$ pour $r \geqslant 3$.

N étant la matrice dans la base $\mathcal{B}'$ de $f - \mathrm{Id}$, il en résulte que $g = f - \mathrm{Id}$ est nilpotent et donc $A - I_3 = \mathrm{mat}_{\mathcal{B}}(f - \mathrm{Id})$ est nilpotente : $(A - I_3)^k = 0$ pour $k \geqslant 3$.

Posons $B = A - I_3$, B et I_3 étant permutables, la formule du binôme s'applique et donne :

$$A^n = (I_3 + B)^n = I_3 + nB + \frac{n(n-1)}{2}B^2 \text{ soit } A^n = I_3 + n(A - I_3) + \frac{n(n-1)}{2}(A^2 - 2A + I_3)$$

et finalement :

$$A^n = \frac{(n-1)(n-2)}{2}I_3 - n(n-2)A + \frac{n(n-1)}{2}A^2.$$

Thèmes d'étude - Problèmes

1 Changement de base pour un endomorphisme

E est l'espace vectoriel $\mathbb{R}^3$ rapporté à sa base canonique $\mathcal{B}$.
I désigne la matrice unité d'ordre 3.

φ est l'endomorphisme de E dont la matrice dans la base $\mathcal{B}$ est $A = \begin{pmatrix} 1 & 1 & -2 \\ 2 & 1 & -2 \\ 3 & 1 & -4 \end{pmatrix}$.

1) a) Montrer que A est inversible et calculer l'inverse de A.

b) Déterminer les réels λ pour lesquels la matrice $A - \lambda I$ n'est pas de rang 3.

c) Déterminer, pour chacune des valeurs de λ ainsi rencontrées, le noyau de $\varphi - \lambda\,\mathrm{Id}$.

d) En déduire une base dans laquelle la matrice de φ est $D = \begin{pmatrix} 1 & 0 & 0 \\ 0 & -1 & 0 \\ 0 & 0 & -2 \end{pmatrix}$.

2) a) Vérifier que $A^3 = -2A^2 + A + 2I$.

b) Montrer que, pour tout n entier relatif, il existe des rationnels a_n, b_n et c_n tels que $A^n = a_nA^2 + b_nA + c_nI$.

c) Écrire la matrice C telle que : $\begin{pmatrix} a_{n+1} \\ b_{n+1} \\ c_{n+1} \end{pmatrix} = C \begin{pmatrix} a_n \\ b_n \\ c_n \end{pmatrix}$.

3) Soit ψ l'endomorphisme de E dont la matrice, dans la base $\mathcal{B}$, est C.

a) En s'inspirant de 1), montrer qu'il existe une base de E dans laquelle la matrice de ψ est diagonale.

b) En déduire C^n et calculer les nombres α_n, β_n et γ_n en fonction de n.

Solution

1) a) *Une solution* : on utilise les opérations élémentaires sur les lignes par exemple.
Après avoir prouvé que A est de rang 3, on poursuit pour en calculer l'inverse.

$$A = \begin{pmatrix} 1 & 1 & -2 \\ 2 & 1 & -2 \\ 3 & 1 & -4 \end{pmatrix} \qquad I = \begin{pmatrix} 1 & 0 & 0 \\ 0 & 1 & 0 \\ 0 & 0 & 1 \end{pmatrix}$$

$L_2 \leftarrow L_2 - 2L_1$ et $L_3 \leftarrow L_3 - 3L_1$
$$\begin{pmatrix} 1 & 1 & -2 \\ 0 & -1 & 2 \\ 0 & -2 & 2 \end{pmatrix} \qquad \begin{pmatrix} 1 & 0 & 0 \\ -2 & 1 & 0 \\ -3 & 0 & 1 \end{pmatrix}$$

$L_3 \leftarrow L_3 - 2L_2$
$$\begin{pmatrix} 1 & 1 & -2 \\ 0 & -1 & 2 \\ 0 & 0 & -2 \end{pmatrix} \qquad \begin{pmatrix} 1 & 0 & 0 \\ -2 & 1 & 0 \\ 1 & -2 & 1 \end{pmatrix}$$

$L_2 \leftarrow L_2 + L_3$ et $L_1 \leftarrow L_1 - L_3$
$$\begin{pmatrix} 1 & 1 & 0 \\ 0 & -1 & 0 \\ 0 & 0 & -2 \end{pmatrix} \qquad \begin{pmatrix} 0 & 2 & -1 \\ -1 & -1 & 1 \\ 1 & -2 & 1 \end{pmatrix}$$

$L_1 \leftarrow L_1 + L_2$ $\begin{pmatrix} 1 & 0 & 0 \\ 0 & -1 & 0 \\ 0 & 0 & -2 \end{pmatrix}$ $\begin{pmatrix} -1 & 1 & 0 \\ -1 & -1 & 1 \\ 1 & -2 & 1 \end{pmatrix}$

$L_2 \leftarrow -L_2$ et $L_3 \leftarrow -\frac{1}{2}L_3$ $\begin{pmatrix} 1 & 0 & 0 \\ 0 & 1 & 0 \\ 0 & 0 & 1 \end{pmatrix}$ $\begin{pmatrix} -1 & 1 & 0 \\ 1 & 1 & -1 \\ -\frac{1}{2} & 1 & -\frac{1}{2} \end{pmatrix} = A^{-1}.$

Autre solution : on calcule $\det A$ puis on cherche l'inverse de A par résolution d'un système linéaire.

En retranchant la ligne 1 aux deux autres, il vient $\det A = \begin{vmatrix} 1 & 1 & -2 \\ 2 & 1 & -2 \\ 3 & 1 & -4 \end{vmatrix} = \begin{vmatrix} 1 & 1 & -2 \\ 1 & 0 & 0 \\ 2 & 0 & -2 \end{vmatrix} = 2.$

Le système $\begin{cases} x + y - 2z = a \\ 2x + y - 2z = b \\ 3x + y - 4z = c \end{cases}$ équivaut à $\begin{cases} x + y - 2z = a \\ x = b - a \\ 2x - 2z = c - a \end{cases}$ en retranchant la première équation aux deux autres.

La solution est $x = -a + b$, $y = a + b - c$, $z = \frac{1}{2}(-a + 2b - c)$, d'où $A^{-1} = \begin{pmatrix} -1 & 1 & 0 \\ 1 & 1 & -1 \\ -\frac{1}{2} & 1 & -\frac{1}{2} \end{pmatrix}.$

b) $A - \lambda I = \begin{pmatrix} 1-\lambda & 1 & -2 \\ 2 & 1-\lambda & -2 \\ 3 & 1 & -4-\lambda \end{pmatrix}.$

Une solution met en œuvre des opérations élémentaires.

En effectuant successivement $C_1 \leftarrow C_1 + C_2 + C_3$ et $C_3 \leftarrow C_3 + 2C_2$, on obtient :

$$\begin{pmatrix} -\lambda & 1 & 0 \\ 1-\lambda & 1-\lambda & -2\lambda \\ -\lambda & 1 & -2-\lambda \end{pmatrix}.$$

En faisant maintenant $L_3 \leftarrow L_3 - L_1$, on obtient $\begin{pmatrix} -\lambda & 1 & 0 \\ 1-\lambda & 1-\lambda & -2\lambda \\ 0 & 0 & -2-\lambda \end{pmatrix}.$

En effectuant enfin $C_1 \leftarrow C_1 - C_2$ on obtient $\begin{pmatrix} -1-\lambda & 1 & 0 \\ 0 & 1-\lambda & -2\lambda \\ 0 & 0 & -2-\lambda \end{pmatrix}.$

On en déduit que $A - \lambda I$ n'est pas de rang 3 si et seulement si $\lambda \in \{1, -1, -2\}$.

Autre solution avec $\det(A - \lambda I) = \begin{vmatrix} 1-\lambda & 1 & -2 \\ 2 & 1-\lambda & -2 \\ 3 & 1 & -4-\lambda \end{vmatrix}$. On ajoute les colonnes 2 et 3 à la première : $\det(A - \lambda I) = \begin{vmatrix} -\lambda & 1 & -2 \\ 1-\lambda & 1-\lambda & -2 \\ -\lambda & 1 & -4-\lambda \end{vmatrix} = \begin{vmatrix} -\lambda & 1 & -2 \\ 1-\lambda & 1-\lambda & -2 \\ 0 & 0 & -2-\lambda \end{vmatrix}$ en retranchant la ligne 1 à la troisième.

Il vient alors $\det(A-\lambda I) = -(\lambda+2)(\lambda^2-1)$, donc $\text{rg}(A-\lambda I) < 3$ si et seulement si $\lambda \in \{1, -1, -2\}$.

c) $u = (x, y, z)$ est invariant par φ si et seulement si $\begin{cases} y - 2z = 0 \\ 2x - 2z = 0 \\ 3x + y - 5z = 0 \end{cases}$ soit : $\begin{cases} y = 2z \\ x = z \end{cases}$

Ce sont les vecteurs du sous-espace $\mathbb{R}\overrightarrow{i}$, avec $\overrightarrow{i} = (1, 2, 1)$.

$u = (x, y, z)$ vérifie $\varphi(u) = -u$ si et seulement si $\begin{cases} 2x + y - 2z = 0 \\ 2x + 2y - 2z = 0 \\ 3x + y - 3z = 0 \end{cases}$ c'est-à-dire $\begin{cases} y = 0 \\ x = z \end{cases}$

Les vecteurs changés en leur opposé sont ceux du sous-espace $\mathbb{R}\vec{j}$, avec $\vec{j} = (1, 0, 1)$.

Les vecteurs $u = (x, y, z)$ tels que $\varphi(u) = -2u$ sont caractérisés par $\begin{cases} 3x + y - 2z = 0, \\ 2x + 3y - 2z = 0, \\ 3x + y - 2z = 0. \end{cases}$

Ce sont ceux du sous-espace $\mathbb{R}\vec{k}$, avec $\vec{k} = (4, 2, 7)$.

d) On a $\det(\vec{i}, \vec{j}, \vec{k}) = -6$ donc $\mathrm{rg}(\vec{i}, \vec{j}, \vec{k}) = 3$. Dans la base $(\vec{i}, \vec{j}, \vec{k})$, la matrice de φ est $D = \begin{pmatrix} 1 & 0 & 0 \\ 0 & -1 & 0 \\ 0 & 0 & -2 \end{pmatrix}$. Notons que la matrice de passage est $P = \begin{pmatrix} 1 & 1 & 4 \\ 2 & 0 & 2 \\ 1 & 1 & 7 \end{pmatrix}$.

2) a) Avec $A^n = PD^nP^{-1}$, on a $A^3 + 2A^2 - A - 2I = P(D^3 + 2D^2 - D - 2I)P^{-1}$ et on voit aisément que $D^3 + 2D^2 - D - 2I = 0$, et il s'ensuit $A^3 = -2A^2 + A + 2I$.

b) Avec $A^0 = I$, posons $(a_0, b_0, c_0) = (0, 0, 1)$, $(a_1, b_1, c_1) = (0, 1, 0)$, $(a_2, b_2, c_2) = (1, 0, 0)$. On a $(a_3, b_3, c_3) = (-2, 1, 2)$.

En supposant, pour $n \geqslant 3$, qu'il existe (a_n, b_n, c_n) tel que $A^n = a_nA^2 + b_nA + c_nI$, il vient :

$$A^{n+1} = a_nA^3 + b_nA^2 + c_nA = a_n(-2A^2 + A + 2I) + b_nA^2 + c_nA = (-2a_n + b_n)A^2 + (a_n + c_n)A + 2a_nI$$

d'où $(a_{n+1}, b_{n+1}, c_{n+1}) = (-2a_n + b_n, a_n + c_n, 2a_n)$. L'existence des suites (a_n), (b_n) et (c_n) est ainsi prouvée par récurrence.

c) D'après b), on a pour $n \geqslant 3$: $\begin{pmatrix} a_{n+1} \\ b_{n+1} \\ c_{n+1} \end{pmatrix} = \begin{pmatrix} -2 & 1 & 0 \\ 1 & 0 & 1 \\ 2 & 0 & 0 \end{pmatrix} \begin{pmatrix} a_n \\ b_n \\ c_n \end{pmatrix} = C \begin{pmatrix} a_n \\ b_n \\ c_n \end{pmatrix}$.

Et cela convient encore pour $n \in \{0, 1, 2\}$, d'où $\begin{pmatrix} a_n \\ b_n \\ c_n \end{pmatrix} = C^n \begin{pmatrix} 0 \\ 0 \\ 1 \end{pmatrix}$.

3) a) On a $\det(C - \lambda I) = \begin{vmatrix} -2-\lambda & 1 & 0 \\ 1 & -\lambda & 1 \\ 2 & 0 & -\lambda \end{vmatrix} = -(\lambda + 2)(\lambda^2 - 1)$, les valeurs propres de C sont donc 1, -1 et -2.

b) Les vecteurs propres de la matrice C, relatifs à 1, -1 et -2 sont caractérisés respectivement par :

$$\begin{cases} -3x + y = 0 \\ x - y + z = 0 \\ 2x - z = 0 \end{cases} \quad \begin{cases} -x + y = 0 \\ x + y + z = 0 \\ 2x + z = 0 \end{cases} \quad \begin{cases} y = 0 \\ x + 2y + z = 0 \\ 2x + 2z = 0 \end{cases}$$

Les sous-espaces propres sont dirigés par $\vec{u} = (1, 3, 2)$, $\vec{v} = (1, 1, -2)$ et $\vec{w} = (1, 0, -1)$.

On a $\det(\vec{u}, \vec{v}, \vec{w}) = \det Q = -6$ avec $Q = \begin{pmatrix} 1 & 1 & 1 \\ 3 & 1 & 0 \\ 2 & -2 & -1 \end{pmatrix}$,

Il s'ensuit que $C = QDQ^{-1}$, puis $C^n = QD^nQ^{-1}$.

$\begin{cases} x + y + z = a \\ 3x + y = b \\ 2x - 2y - z = c \end{cases}$ donne $x = \frac{1}{6}(a + b + c)$, $y = \frac{1}{2}(-a + b - c)$ et $z = \frac{1}{3}(4a - 2b + c)$ d'où :

$$Q^{-1} = \frac{1}{6}\begin{pmatrix} 1 & 1 & 1 \\ -3 & 3 & -3 \\ 8 & -4 & 2 \end{pmatrix}.$$

Il s'ensuit $a_n = \frac{1}{6}\left(1 + 3(-1)^{n+1} - (-2)^{n+1}\right)$, $b_n = \frac{1}{2}\left(1 + (-1)^{n+1}\right)$, $c_n = \frac{1}{3}\left(1 + 3(-1)^n - (-2)^n\right)$.

2 Matrice et équation de degré 3

Notations

* $\theta = \sqrt[3]{3}$ et $j = e^{2i\frac{\pi}{3}}$,
* $\mathcal{M}$ désigne l'anneau $\mathcal{M}_3(\mathbb{C})$, de matrice unité notée I.
* $M(a,b,c)$ désigne la matrice $\begin{pmatrix} a & 3c & 3b \\ b & a & 3c \\ c & b & a \end{pmatrix}$, avec $(a,b,c) \in \mathbb{C}^3$.
* $\mathscr{E}$ est l'ensemble des matrices $M(a,b,c)$.

1) a) Montrer que $\mathscr{E}$ est un sous-espace vectoriel de $\mathcal{M}$.

On pose $U = \begin{pmatrix} 0 & 0 & 3 \\ 1 & 0 & 0 \\ 0 & 1 & 0 \end{pmatrix}$ et $V = \begin{pmatrix} 0 & 3 & 0 \\ 0 & 0 & 3 \\ 1 & 0 & 0 \end{pmatrix}$. Montrer que (I, U, V) est une base de $\mathscr{E}$.

b) Soit $\varphi : \mathbb{C}^3 \to \mathscr{E}$, $(a,b,c) \mapsto M(a,b,c)$. Montrer que φ est linéaire et bijective.

2) a) Vérifier que UV, VU, U^2 et V^2 sont dans $\mathscr{E}$.

b) Montrer que $\mathscr{E}$ est un sous-anneau commutatif de $\mathcal{M}$.

3) a) Soit A appartenant à $\mathcal{M}$. Montrer que $AM = MA$ pour tout $M \in \mathscr{E}$ si et seulement si :

$$AU = UA.$$

b) Montrer que $AU = UA$ si et seulement si A appartient à $\mathscr{E}$.

4) Former le produit $M(a,b,c) \,.\, M(a, bj, cj^2) \,.\, M(a, bj^2, cj)$.

En déduire que $M(a,b,c)$ est inversible si et seulement si $a^3 + 3b^3 + 9c^3 - 9abc \neq 0$ et que son inverse est dans $\mathscr{E}$.

5) a) Étant donné α, β, γ complexes, développer et réduire :

$$(\alpha + \beta + \gamma)(\alpha + \beta j + \gamma j^2)(\alpha + \beta j^2 + \gamma j).$$

b) En déduire une décomposition de $a^3 + 3b^3 + 9c^3 - 9abc$ en produit de termes de la forme $a + xb + yc$, avec des coefficients x, y indépendants de a, b et c.

6) a) En utilisant 4), montrer qu'il y a trois complexes λ tels que $M(a,b,c) - \lambda I$ ne soit pas inversible.

b) Retrouver ce résultat en calculant le déterminant de $M(a,b,c) - \lambda I$.

Solution

1) a) $M(a,b,c) = aI + bU + cV$ montre que $\mathscr{E}$ est le sous-espace des combinaisons linéaires de (I,U,V).

$aI + bU + cV = 0 : \begin{pmatrix} a & 3c & 3b \\ b & a & 3c \\ c & b & a \end{pmatrix} = 0$, d'où $a = 0$, $b = 0$ et $c = 0$.

Libre et génératrice, (I,U,V) est une base de $\mathscr{E}$.

b) $M(a,b,c) + \lambda M(a',b',c') = (a + \lambda a')I + (b + \lambda b')U + (c + \lambda c')V$ montre que :

$$\varphi\big((a,b,c) + \lambda(a',b',c')\big) = \varphi(a,b,c) + \lambda\, \varphi(a',b',c'),$$

d'où la linarité de φ.

Avec $\varphi(1,0,0) = I$, $\varphi(0,1,0) = U$ et $\varphi(0,0,1) = V$, l'image par φ de la base canonique de $\mathbb{C}^3$ est une base de $\mathscr{E}$, donc φ est bijective.

2) a) On a $UV = 3I$, $VU = 3I$, $U^2 = V$ et $V^2 = 3U$.

b) $\mathscr{E}$ est un sous-groupe de $(\mathcal{M}, +)$, puisque sous-espace de $\mathcal{M}$. En outre $\mathscr{E}$ contient I.

$$\begin{aligned}(aI+bU+cV)(a'I+b'U+c'V) &= aa'I+(ab'+a'b)U+(ac'+a'c)V+bb'U^2+cc'V^2+bc'UV+cb'VU \\ &= (aa'+3bc'+3b'c)I+(ab'+a'b+3cc')U+(ac'+a'c+bb')V.\end{aligned}$$

$\mathscr{E}$ est ainsi stable pour le produit et deux éléments de $\mathscr{E}$ commutent.

3) a) La condition est évidemment nécessaire.

Si $AU = UA$, alors $AU^2 = UAU = U(AU) = U(UA) = U^2A$. Avec $U^2 = V$, il vient $AV = VA$. Commutant ainsi avec U et V, A commute avec toute combinaison linéaire $aI + bU + cV$, c'est-à-dire avec toute $M \in \mathscr{E}$.

b) Soit $A = \begin{pmatrix} a_1 & a_2 & a_3 \\ b_1 & b_2 & b_3 \\ c_1 & c_2 & c_3 \end{pmatrix} \in \mathcal{M}$.

En détaillant $UA = AU$, il vient $\begin{pmatrix} 3c_1 & 3c_2 & 3c_3 \\ a_1 & a_2 & a_3 \\ b_1 & b_2 & b_3 \end{pmatrix} = \begin{pmatrix} a_2 & a_3 & 3a_1 \\ b_2 & b_3 & 3b_1 \\ c_2 & c_3 & 3c_1 \end{pmatrix}$.

On en déduit $a_1 = b_2 = c_3$, $a_2 = b_3 = 3c_1$ et $a_3 = 3b_1 = 3c_2$, c'est-à-dire A appartient à $\mathscr{E}$.

4) En utilisant le résultat obtenu en 2)b), il vient :

$$M(a,b,c)\,.\,M(a,bj,cj^2) = M\big(a^2 - 3bc, (3c^2 - ab)j^2, (b^2 - ac)j\big)$$

et une nouvelle utilisation donne :

$M(a,b,c)\,.\,M(a,bj,cj^2)\,.\,M(a,bj^2,cj) = M(a^3+3b^3+9c^3-9abc, 0, 0) = (a^3+3b^3+9c^3-9abc)I.$

On en déduit que, si $\delta(a,b,c) = a^3 + 3b^3 + 9c^3 - 9abc$ est différent de 0, alors $M(a,b,c)$ est inversible. En notant que $\delta(a,bj,cj^2) = \delta(a,bj^2,cj) = \delta(a,b,c)$, alors $M(a,bj,cj^2)$ et $M(a,bj^2,cj)$ sont inversibles.

On en déduit que, avec un produit de matrices simultanément inversibles ou non, $M(a,b,c)$ est inversible si et seulement si $\delta(a,b,c) \neq 0$.

Et que son inverse $\frac{1}{\delta}M(a,bj,cj^2)\,.\,M(a,bj^2,cj)$ est dans $\mathscr{E}$.

5) On a $$\begin{aligned}(\alpha + \beta j + \gamma j^2)(\alpha + \beta j^2 + \gamma j) &= \alpha^2 + \beta^2 + \gamma^2 + (\beta\alpha + \alpha\gamma + \gamma\beta)j + (\beta\alpha + \alpha\gamma + \gamma\beta)j^2 \\ &= \alpha^2 + \beta^2 + \gamma^2 - (\beta\alpha + \alpha\gamma + \gamma\beta).\end{aligned}$$

On en déduit $(\alpha + \beta + \gamma)(\alpha + \beta j + \gamma j^2)(\alpha + \beta j^2 + \gamma) = \alpha^3 + \beta^3 + \gamma^3 - 3\alpha\beta\gamma$.

Avec $\alpha = a$, $\beta = b\theta$ et $\gamma = c\theta^2$, il vient :

$$a^3 + 3b^3 + 9c^3 - 9abc = (a + b\theta + c\theta^2)(a + b\theta j + c\theta^2 j^2)(a + b\theta j^2 + c\theta^2 j).$$

6) a) La matrice $M(a,b,c) - \lambda I$ est aussi la matrice $M(a-\lambda, b, c)$. En utilisant la question 4)a), il vient que $M(a,b,c) - \lambda I$ n'est pas inversible si et seulement si λ vérifie :

$$(a-\lambda)^3 + 3b^3 + 9c^3 - 9(a-\lambda)bc = 0$$

c'est-à-dire $\lambda \in \{a + b\theta + c\theta^2, b\theta j + c\theta^2 j^2, b\theta j^2 + c\theta^2 j\}$.

b) $\det(M(a,b,c) - \lambda I) = \begin{vmatrix} a-\lambda & 3c & 3b \\ b & a-\lambda & 3c \\ c & b & a-\lambda \end{vmatrix} = (a-\lambda)^3 + 3b^3 + 9c^3 - 9(a-\lambda)bc$ avec toute méthode au choix.

3 Matrices pseudo-magiques

Soit n un entier naturel, $n \geqslant 2$.

On considère le sous-ensemble E de $M_n(\mathbb{R})$ formé des matrices $A = [a_{ij}]$ telles que les $2n$ nombres $s_k = \sum_{j=1}^{n} a_{kj}$ et $\sigma_k = \sum_{i=1}^{n} a_{ik}$, pour $k \in [\![1, n]\!]$, soient égaux.

Lorsque A appartient à E, on note $d(A)$ la valeur commune de ces $2n$ nombres.

On note J la matrice dont tous les éléments sont égaux à 1.

1) Montrer que E est, pour les lois usuelles de $M_n(\mathbb{R})$, un $\mathbb{R}$-espace vectoriel et que l'application $d : E \to \mathbb{R}$, $A \mapsto d(A)$, est linéaire.

2) a) Montrer que, si A appartient à E, $AJ = JA = d(A)J$.

b) Soit A un élément de $M_n(\mathbb{R})$. On suppose qu'il existe $\alpha \in \mathbb{R}$ tel que $AJ = JA = \alpha J$.
Montrer que A est dans E.

c) Montrer que E est un sous-anneau de $M_n(\mathbb{R})$.
A et B étant des éléments de E, calculer $d(AB)$ en fonction de $d(A)$ et $d(B)$.

3) Montrer que, si $A \in E$ est inversible dans $M_n(\mathbb{R})$, alors A^{-1} est dans E.
Comparer alors $d(A^{-1})$ et $d(A)$.

4) Soit A un élément de E. On pose $B = \dfrac{d(A)}{n} J$ et $C = A - B$.

a) Montrer que B et C sont dans E.

b) Calculer $d(B)$, $d(C)$, BC et CB.

c) Montrer que, quel que soit p dans $\mathbb{N}^*$, $A^p = B^p + C^p$.

5) Soit F le sous-espace vectoriel de E formé des matrices A de E telles que $d(A) = 0$ – c'est-à-dire le noyau de d – et G le sous-espace de E engendré par J.

a) Montrer que F et G sont des sous-espaces supplémentaires dans E.

b) Étant donné les entiers r et s, $2 \leqslant r \leqslant n$, $2 \leqslant s \leqslant n$, on note A_{rs} la matrice dont tous les éléments sont égaux à 0, sauf $a_{11} = a_{rs} = 1$ et $a_{1s} = a_{r1} = -1$.
Montrer que les matrices A_{rs} constituent une base de F. En déduire la dimension de E.

Solution

1) Pour A et B dans E, λ et μ dans $\mathbb{R}$, on considère $C = \lambda A + \mu B$: $c_{ij} = \lambda a_{ij} + \mu b_{ij}$.

On a $s_i = \lambda \sum_j a_{ij} + \mu \sum_j b_{ij} = \lambda d(A) + \mu d(B)$ et $\sigma_j = \lambda \sum_i a_{ij} + \mu \sum_i b_{ij} = \lambda d(A) + \mu d(B)$.

Il s'ensuit que $\lambda A + \mu B$ est dans E qui est ainsi un sous-espace vectoriel de $\mathcal{M}_n(\mathbb{R})$ (notons que 0, I et J sont dans E) et que $d(\lambda A + \mu B) = \lambda d(A) + \mu d(B)$ ce qui montre que d est linéaire.

2) a) Soit $A = [a_{ij}] \in E$. Posons $AJ = [\alpha_{ij}]$ et $JA = [\beta_{ij}]$, on a alors :

$$\alpha_{ij} = \sum_k a_{ik} = s_i = d(A) \text{ et } \beta_{ij} = \sum_k a_{kj} = \sigma_j = d(A) \text{ d'où } AJ = JA = d(A)J.$$

b) Avec $A = [a_{ij}]$, posons $AJ = [\alpha_{ij}]$ et $JA = [\beta_{ij}]$, on a :

$$\alpha_{ij} = \sum_k a_{ik} = s_i \text{ et } \beta_{ij} = \sum_k a_{kj} = \sigma_j .$$

Avec $AJ = JA = \alpha J$, on a $s_i = \alpha$ et $\sigma_j = \alpha$ et il s'ensuit $A \in E$, avec $d(A) = \alpha$.

c) Étant donné A et B dans E, on a :

$$ABJ = A(BJ) = A\big(d(B)J\big) = d(B)AJ = d(B)d(A)J \text{ et } JAB = (JA)B = d(A)JB = d(A)d(B)J.$$

De la question précédente on déduit que AB est dans E et que $d(AB) = d(A)d(B)$.

Ainsi, E est un sous-groupe (pour l'addition) de $\mathcal{M}_n(\mathbb{R})$ stable pour la multiplication de $\mathcal{M}_n(\mathbb{R})$. Comme on a $I \in E$, il vient que E est un sous-anneau de $\mathcal{M}_n(\mathbb{R})$.

3) On a $J = A^{-1}AJ = A^{-1}\big(d(A)J\big) = d(A)A^{-1}J$. Nécessairement, avec $J \neq 0$, on a $d(A) \neq 0$ et donc $A^{-1}J = \dfrac{1}{d(A)}J$ et $J = JAA^{-1} = d(A)JA^{-1}$ donne $JA^{-1} = \dfrac{1}{d(A)}J$.

D'après 2), il s'ensuit que A^{-1} est dans E et $d(A^{-1}) = \dfrac{1}{d(A)}$.

4) a) B et C sont dans E parce que E est un sous-espace vectoriel de $\mathcal{M}_n(\mathbb{R})$.

b) Par linéarité de d on a $d(B) = \dfrac{d(A)}{n}\, d(J) = d(A)$ et $d(C) = d(A) - d(B) = 0$.

Alors il vient $BC = \dfrac{d(A)}{n}JC = \dfrac{d(A)}{n}d(C)J = 0$ et $CB = \dfrac{d(A)}{n}CJ = \dfrac{d(A)}{n}d(C)J = 0$.

c) Comme B et C commutent, on applique la formule du binôme. En regroupant les termes, il existe $M \in \mathcal{M}_n(\mathbb{R})$ telle que $A^p = (B + C)^p = B^p + C^p + MBC$ d'où $A^p = B^p + C^p$.

5) a) Tout $A \in E$ peut s'écrire $A = B + C$, avec $B = \dfrac{d(A)}{n}J \in G$ et $C \in F$ puisque $d(C) = 0$.

Soit $A \in F \cap G$. $A = \lambda J$ et $d(A) = 0$. Avec $d(\lambda J) = n\lambda$, il vient $\lambda = 0$ puis $A = 0$.

En conclusion, on a $E = F \oplus G$.

b) Il est immédiat que A_{rs} est dans E et que $d(A_{rs}) = 0$. On a $(A_{rs})_{ij} = \begin{cases} 1 & \text{si } i = j = 1 \\ -\delta_{js} & \text{si } i = 1 \\ -\delta_{ir} & \text{si } j = 1 \\ \delta_{ir}\delta_{js} & \text{si } i \geqslant 2 \text{ et } j \geqslant 2 \end{cases}$

Soit $M \in F$. Supposons qu'il existe $\left(\lambda_{rs}\right)_{2 \leqslant r,s \leqslant n}$ telle que $M = \sum\limits_{2 \leqslant r,s \leqslant n} \lambda_{r,s} s_{rs}$. Alors, pour $i \geqslant 2$ et $j \geqslant 2$, on a $m_{ij} = \sum\limits_{r \geqslant 2\,,\, s \geqslant 2} \lambda_{rs}\, \delta_{ir}\, \delta_{js} = \lambda_{ij}$ ce qui donne la famille $\left(\lambda_{r,s}\right)_{2 \leqslant r,s \leqslant n}$ de manière unique. Il reste à vérifier que $M' = \sum\limits_{2 \leqslant i,j \leqslant n} m_{ij}A_{ij}$ est bien la matrice M. Notons que $M' \in F$ et posons $M' = \left[m'_{ij}\right]$. Comme ci-dessus, on obtient : $m'_{ij} = m_{ij}$ pour tout $(i, j) \in [\![2, n]\!]^2$.

Alors $\sum\limits_{i=1}^{n} m_{ij} = \sum\limits_{i=1}^{n} m'_{ij} = 0$ donne $\forall j \in [\![2, n]\!],\ m'_{1j} = m_{1j}$,

$\sum\limits_{j=1}^{n} m_{ij} = \sum\limits_{j=1}^{n} m'_{ij} = 0$ donne $\forall i \in [\![2, n]\!],\ m'_{i1} = m_{i1}$,

et enfin $\sum\limits_{j=1}^{n} m_{1j} = \sum\limits_{j=1}^{n} m'_{1j} = 0$ donne $m'_{11} = m_{11}$, donc $M' = M$.

On en déduit que tout $M \in F$ est combinaison linéaire, d'une manière unique, des A_{rs}.

La famille $(A_{rs})_{2 \leqslant r \leqslant n,\, 2 \leqslant s \leqslant n}$ est donc une base de F qui est ainsi de dimension $(n - 1)^2$. Comme G est de dimension 1, l'espace E est de dimension $(n - 1)^2 + 1$.

4 Inversion d'une matrice

Soit $A = \begin{pmatrix} 0 & 3 & 0 \\ 3 & 0 & 4 \\ 1 & 1 & 0 \end{pmatrix} \in \mathcal{M}_3(\mathbb{R})$ et f l'endomorphisme de $\mathbb{R}^3$ de matrice A dans la base canonique de $\mathbb{R}^3$.

1) a) Montrer que A est inversible.

b) Calculer le déterminant de $A - \lambda I_3$, où λ est réel et I_3 est la matrice unité d'ordre 3. Préciser les valeurs d'annulation de la fonction polynôme $P_A : \lambda \mapsto \det(A - \lambda I_3)$.

c) Pour chacune des valeurs d'annulation précédentes ($\lambda_1 < \lambda_2 < \lambda_3$), donner une base du noyau de $f - \lambda \,\mathrm{Id}$, où Id est l'identité sur $\mathbb{R}^3$.

2) a) Soit $P = \begin{pmatrix} 1 & 3 & 12 \\ -1 & -1 & 16 \\ 0 & -2 & 7 \end{pmatrix} \in \mathcal{M}_3(\mathbb{R})$. Montrer que P est inversible.

b) Étant donné $(a, b, c) \in \mathbb{R}^3$, résoudre le système $(x, y, z) \in \mathbb{R}^3$: $\begin{cases} x + 3y + 12z = a \\ -x - y + 16z = b \\ -2y + 7z = c \end{cases}$ et en déduire P^{-1}.

3) a) Calculer la matrice $D = P^{-1}AP$.

b) Calculer A^n pour tout $n \in \mathbb{N}^*$. Justifier que D est inversible et calculer A^{-1}.

4) On considère les suites (p_n), (q_n) et (r_n) définies par $p_0 = 0$, $q_0 = 1$, $r_0 = 0$ et :

$$\text{pour tout } n \in \mathbb{N}, \quad \begin{pmatrix} p_{n+1} \\ q_{n+1} \\ r_{n+1} \end{pmatrix} = \frac{1}{4} A \begin{pmatrix} p_n \\ q_n \\ r_n \end{pmatrix}.$$

Calculer les limites des suites (p_n), (q_n) et (r_n).

Solution

1) a) En développant suivant la première ligne, on obtient $\det A = 12$, donc A est inversible.

b) $\det(A - \lambda I_3) = \begin{vmatrix} -\lambda & 3 & 0 \\ 3 & -\lambda & 4 \\ 1 & 1 & -\lambda \end{vmatrix} = \begin{vmatrix} -\lambda & 3 & 0 \\ 3 & -\lambda & 4 \\ -\lambda+4 & -\lambda+4 & -\lambda+4 \end{vmatrix}$ en ajoutant les lignes 1 et 2 à la troisième. Ainsi, $\det(A - \lambda I_3) = (4 - \lambda) \begin{vmatrix} -\lambda & 3 & 0 \\ 3 & -\lambda & 4 \\ 1 & 1 & 1 \end{vmatrix} = (4 - \lambda) \begin{vmatrix} -\lambda & 3 & 0 \\ -1 & -\lambda-4 & 4 \\ 0 & 0 & 1 \end{vmatrix}$ puis :

$$\det(A - \lambda I_3) = (4 - \lambda)(\lambda^2 + 4\lambda + 3) = (4 - \lambda)(\lambda + 1)(\lambda + 3).$$

c) $(x, y, z) \in \mathbb{R}^3$ est dans $\mathrm{Ker}(f + 3\,\mathrm{Id})$ ou dans $\mathrm{Ker}(f + \mathrm{Id})$ ou dans $\mathrm{Ker}(f - 4\,\mathrm{Id})$ si et seulement si , respectivement :

$$\begin{cases} 3x + 3y = 0 \\ 3x + 3y + 4z = 0 \\ x + y + 3z = 0 \end{cases} \quad \begin{cases} x + 3y = 0 \\ 3x + y + 4z = 0 \\ x + y + z = 0 \end{cases} \quad \begin{cases} -4x + 3y = 0 \\ 3x - 4y + 4z = 0 \\ x + y - 4z = 0 \end{cases}$$

ces sous-espaces sont donc des droites vectorielles dirigées respectivement par :

$$u = (1, -1, 0) \ , \ v = (3, -1, -2) \ , \ w = (12, 16, 7).$$

2) a) $\det P = \begin{vmatrix} 1 & 3 & 12 \\ -1 & -1 & 16 \\ 0 & -2 & 7 \end{vmatrix} = \begin{vmatrix} 1 & 3 & 12 \\ 0 & 2 & 28 \\ 0 & -2 & 7 \end{vmatrix}$ en ajoutant L1 à L2. Il vient $\det P = 70$, donc P est inversible. En notant que P est la matrice dans la base canonique des vecteurs u, v et w, il vient que $\mathcal{B} = (u, v, w)$ est une base de $\mathbb{R}^3$. P est alors la matrice de passage de la base canonique à $\mathcal{B}$.

b) $\begin{cases} x + 3y + 12z = a \\ -x - y + 16z = b \\ -2y + 7z = c \end{cases}$ et à L2 on ajoute L1 : $\begin{cases} x + 3y + 12z = a \\ 2y + 28z = a + b \\ -2y + 7z = c \end{cases}$

puis à L3 on ajoute L2 : $\begin{cases} x + 3y + 12z = a \\ 2y + 28z = a + b \\ 35z = a + b + c \end{cases}$

On en déduit $z = \frac{1}{35}(a + b + c)$ puis $y = \frac{1}{10}(a + b - 4c)$ et $x = \frac{1}{14}(5a - 9b + 12c)$, d'où :

$$P^{-1} = \frac{1}{70}\begin{pmatrix} 25 & -45 & 60 \\ 7 & 7 & -28 \\ 2 & 2 & 2 \end{pmatrix}.$$

3) a) La matrice $D = P^{-1}AP$ est la matrice de f dans la base (u, v, w). Il vient alors :

$$D = \begin{pmatrix} -3 & 0 & 0 \\ 0 & -1 & 0 \\ 0 & 0 & 4 \end{pmatrix}.$$

b) Pour tout $n \in \mathbb{N}^*$, on a $A = PDP^{-1}$ et il vient $A^n = PD^nP^{-1}$.

Avec $D^n = \begin{pmatrix} (-3)^n & 0 & 0 \\ 0 & (-1)^n & 0 \\ 0 & 0 & 4^n \end{pmatrix}$, on obtient :

$$A^n = \frac{(-1)^n}{70}\begin{pmatrix} 21 + 25 \times 3^n + 24(-4)^n & 21 - 45 \times 3^n + 24(-4)^n & -84 + 60 \times 3^n + 24(-4)^n \\ -7 - 25 \times 3^n + 32(-4)^n & -7 + 45 \times 3^n + 32(-4)^n & 28 - 60 \times 3^n + 32(-4)^n \\ -14 + 14(-4)^n & -14 + 14(-4)^n & 56 + 14(-4)^n \end{pmatrix}$$

La matrice diagonale D est inversible puisque ses termes diagonaux sont non nuls. On a $A^{-1} = PD^{-1}P^{-1}$ et le résultat précédent s'applique avec $n = -1$.

Il vient alors $A^{-1} = -\frac{1}{70}\begin{pmatrix} 70/3 & 0 & -70 \\ -70/3 & 0 & 0 \\ -35/2 & -35/2 & 105/2 \end{pmatrix} = \begin{pmatrix} -1/3 & 0 & 1 \\ 1/3 & 0 & 0 \\ 1/4 & 1/4 & -3/4 \end{pmatrix}$.

4) Avec $U_n = \begin{pmatrix} p_n \\ q_n \\ r_n \end{pmatrix}$ et $U_0 = \begin{pmatrix} 0 \\ 1 \\ 0 \end{pmatrix}$, on a $U_{n+1} = \frac{1}{4}AU_n$, d'où :

$$U_n = \frac{1}{4^n}A^nU_0 = \frac{(-1)^n}{70 \times 4^n}\begin{pmatrix} 21 - 45 \times 3^n + 24(-4)^n \\ -7 + 45 \times 3^n + 32(-4)^n \\ -14 + 14(-4)^n \end{pmatrix}.$$

Avec $\lim \frac{3^n}{4^n} = 0$ et $\lim \frac{1}{4^n} = 0$, il vient $\lim p_n = \frac{12}{35}$, $\lim q_n = \frac{16}{35}$ et $\lim r_n = \frac{1}{5}$.

On peut noter que $p_n + q_n + r_n = 1$.

5 Cofacteurs d'une matrice

Soit A une matrice carrée d'ordre 3, à coefficients dans $\mathbb{K}$ ($\mathbb{R}$ ou $\mathbb{C}$).

1) Rappeler (sans démonstration) le calcul de $\det A = \begin{vmatrix} a_{11} & a_{12} & a_{13} \\ a_{21} & a_{22} & a_{23} \\ a_{31} & a_{32} & a_{33} \end{vmatrix}$ en développant suivant la première ligne.

Avec $\det A = a_{11}A_{11} + a_{12}A_{12} + a_{13}A_{13}$, les termes A_{1j}, pour $j \in [\![1,3]\!]$, sont appelés les cofacteurs de a_{11}, a_{12} et a_{13} respectivement.

En procédant de même par développement suivant les deuxième et troisième ligne, on définit plus généralement le cofacteur A_{ij} de a_{ij} pour $i \in [\![1,3]\!]$ et $j \in [\![1,3]\!]$.

2) La matrice $\operatorname{com} A \in \mathcal{M}_3(\mathbb{K})$ de terme général A_{ij} est appelée la comatrice (matrice des cofacteurs) de A. À titre d'exemple, former la comatrice de $B = \begin{pmatrix} 2 & 3 & 4 \\ 5 & 6 & 7 \\ 8 & 9 & 1 \end{pmatrix}$, celle d'une matrice diagonale $D = \begin{pmatrix} d_1 & 0 & 0 \\ 0 & d_2 & 0 \\ 0 & 0 & d_3 \end{pmatrix}$ et celle d'une matrice triangulaire $T = \begin{pmatrix} t_{11} & t_{12} & t_{13} \\ 0 & t_{22} & t_{23} \\ 0 & 0 & t_{33} \end{pmatrix}$.

3) La matrice complémentaire d'une matrice A est la transposée de $\operatorname{com} A$.

On note ${}^cA = {}^t(\operatorname{com} A)$. Former les produits ${}^cT\,T$, ${}^cD\,D$ et ${}^cB\,B$. Que remarque-t-on ?

4) Montrer que, pour $A \in \mathcal{M}_3(\mathbb{K})$, on a ${}^cA\,A = (\det A)I_3$. En déduire, s'il y a lieu, l'inverse de A.

Par cette méthode, calculer l'inverse (éventuelle) de :

$$C = \begin{pmatrix} 2 & 1 & -1 \\ 1 & 1 & 1 \\ 1 & -2 & -3 \end{pmatrix}, \text{ de } U = \begin{pmatrix} 1 & 3 & 0 \\ 3 & 1 & 4 \\ 1 & 1 & 1 \end{pmatrix} \text{ et de } V = \begin{pmatrix} 0 & 3 & 0 \\ 3 & 0 & 4 \\ 1 & 1 & 0 \end{pmatrix}.$$

Solution

1) En développant le déterminant de A suivant la 1re ligne, on obtient :

$$\det A = \begin{vmatrix} a_{11} & a_{12} & a_{13} \\ a_{21} & a_{22} & a_{23} \\ a_{31} & a_{32} & a_{33} \end{vmatrix} = a_{11}\begin{vmatrix} a_{22} & a_{23} \\ a_{32} & a_{33} \end{vmatrix} - a_{12}\begin{vmatrix} a_{21} & a_{23} \\ a_{31} & a_{33} \end{vmatrix} + a_{13}\begin{vmatrix} a_{21} & a_{22} \\ a_{31} & a_{32} \end{vmatrix}.$$

Le cofacteur A_{ij} de a_{ij} est le produit par $(-1)^{i+j}$ du déterminant 2×2 de la matrice obtenue à partir de A en en supprimant la i^e ligne et la j^e colonne.

2) En application de cette règle, on obtient :

$$\operatorname{com} B = \begin{pmatrix} -57 & 51 & -3 \\ 33 & -30 & 6 \\ -3 & 6 & -3 \end{pmatrix}, \quad \operatorname{com} D = \begin{pmatrix} d_2d_3 & 0 & 0 \\ 0 & d_1d_3 & 0 \\ 0 & 0 & d_1d_2 \end{pmatrix},$$

$$\text{et} \quad \operatorname{com} T = \begin{pmatrix} t_{22}t_{33} & 0 & 0 \\ -t_{12}t_{33} & t_{11}t_{33} & 0 \\ t_{12}t_{23} - t_{22}t_{13} & -t_{11}t_{23} & t_{11}t_{22} \end{pmatrix}.$$

3) Calculons les trois produits : ${}^cT\,T$, ${}^cD\,D$ et ${}^cB\,B$.

$$ {}^cT\,T = \begin{pmatrix} t_{22}t_{33} & -t_{12}t_{33} & t_{12}t_{23} - t_{22}t_{13} \\ 0 & t_{11}t_{33} & -t_{11}t_{23} \\ 0 & 0 & t_{11}t_{22} \end{pmatrix} \begin{pmatrix} t_{11} & t_{12} & t_{13} \\ 0 & t_{22} & t_{23} \\ 0 & 0 & t_{33} \end{pmatrix} = t_{11}t_{22}t_{33}I_3 = (\det T)I_3. $$

$$ {}^cD\,D = \begin{pmatrix} d_2d_3 & 0 & 0 \\ 0 & d_1d_3 & 0 \\ 0 & 0 & d_1d_2 \end{pmatrix} \begin{pmatrix} d_1 & 0 & 0 \\ 0 & d_2 & 0 \\ 0 & 0 & d_3 \end{pmatrix} = d_1d_2d_3I_3 = (\det D)I_3. $$

$$ {}^cB\,B = \begin{pmatrix} -57 & 33 & -3 \\ 51 & -30 & 6 \\ -3 & 6 & -3 \end{pmatrix} \begin{pmatrix} 2 & 3 & 4 \\ 5 & 6 & 7 \\ 8 & 9 & 1 \end{pmatrix} = 27I_3 = (\det B)I_3. $$

Dans les trois cas, on fait apparaître le déterminant de la matrice concernée.

4) Soit $Q = {}^cA\,A$. On a $Q_{ij} = \sum_{k=1}^{3} ({}^cA)_{ik}a_{kj}$ avec $({}^cA)_{ik} = (-1)^{i+k}A_{ki}$.

$Q_{i\,i} = \sum_{k=1}^{3} (-1)^{i+k} a_{ki}A_{ki}$ se lit comme le développement de $\det A$ selon la i^{e} colonne.

Pour $i \neq j$, on reconnaît dans $Q_{ij} = \sum_{k=1}^{3} (-1)^{i+k} a_{kj}A_{ki}$ le développement suivant la i^{e} colonne du déterminant obtenu à partir du déterminant de A en remplaçant cette i^{e} colonne par la j^{e} colonne ; ayant deux colonnes égales, ce déterminant est nul.
En conclusion, on a ${}^cA\,A = (\det A)I_3$.

- Dans le cas où $\det A$ est non nul, A est inversible, d'inverse $\dfrac{1}{\det A}\,{}^cA$.
- Pour la matrice $C = \begin{pmatrix} 2 & 1 & -1 \\ 1 & 1 & 1 \\ 1 & -2 & -3 \end{pmatrix}$, on a $\det C = 5$ et $\operatorname{com} C = \begin{pmatrix} -1 & 4 & -3 \\ 5 & -5 & 5 \\ 2 & -3 & 1 \end{pmatrix}$.

On obtient alors $C^{-1} = \dfrac{1}{5}\begin{pmatrix} -1 & 5 & 2 \\ 4 & -5 & -3 \\ -3 & 5 & 1 \end{pmatrix}$.

- Pour $U = \begin{pmatrix} 1 & 3 & 0 \\ 3 & 1 & 4 \\ 1 & 1 & 1 \end{pmatrix}$, notons que la somme des lignes 1 et 2 est égale à quatre fois la ligne 3. (On peut aussi calculer son déterminant.)

Ainsi U n'est pas de rang 3 et n'est donc pas inversible.

- Pour la matrice $V = \begin{pmatrix} 0 & 3 & 0 \\ 3 & 0 & 4 \\ 1 & 1 & 0 \end{pmatrix}$, on a $\det V = 12$. Elle est inversible.

Avec $\operatorname{com} V = \begin{pmatrix} -4 & 4 & 3 \\ 0 & 0 & 3 \\ 12 & 0 & -9 \end{pmatrix}$, il vient $V^{-1} = \dfrac{1}{12}\begin{pmatrix} -4 & 0 & 12 \\ 4 & 0 & 0 \\ 3 & 3 & -9 \end{pmatrix}$.

6 Puissances entières de matrices d'ordre 3

> Quelques questions peuvent être traitées avec l'emploi de déterminant. Le texte n'y fait pas appel à l'intention des étudiants qui souhaiteraient un problème sur les matrices sans avoir encore étudié les déterminants. Leur usage n'est toutefois pas prohibé !

$\mathcal{M}_3(\mathbb{R})$ est le $\mathbb{R}$-espace vectoriel des matrices carrées réelles d'ordre 3.

On pose $I = \begin{pmatrix} 1 & 0 & 0 \\ 0 & 1 & 0 \\ 0 & 0 & 1 \end{pmatrix}$, $B = \begin{pmatrix} 0 & 1 & 0 \\ 1 & 0 & 1 \\ 0 & 1 & 0 \end{pmatrix}$ et $C = \begin{pmatrix} 0 & 0 & 1 \\ 0 & 1 & 0 \\ 1 & 0 & 0 \end{pmatrix}$.

Pour $(a, b, c) \in \mathbb{R}^3$, on note $T(a, b, c)$ la matrice $\begin{pmatrix} a & b & c \\ b & a+c & b \\ c & b & a \end{pmatrix}$ et on considère l'ensemble :

$$\mathcal{S} = \left\{T(a, b, c),\ (a, b, c) \in \mathbb{R}^3\right\}.$$

1) Montrer que $\mathcal{S}$ est un sous-espace vectoriel de $\mathcal{M}_3(\mathbb{R})$; en préciser une base.

2) Exprimer B^2, C^2, BC et CB à l'aide de I, B et C.
Montrer que $\mathcal{S}$ est un sous-anneau de $\mathcal{M}_3(\mathbb{R})$. Est-il commutatif ? Est-ce un corps ?

3) a) En étudiant le rang de $T(a, b, c)$ par opérations élémentaires sur les lignes ou les colonnes, montrer que $T(a, b, c)$ est inversible si et seulement si $a - c \neq 0$ et $(a+c)^2 - 2b^2 \neq 0$.

b) Former un système de trois équations, d'inconnue $(a', b', c') \in \mathbb{R}^3$, qui exprime que $T(a, b, c)$ admet $T(a', b', c')$ pour inverse.

c) Calculer, quand c'est possible, a', b' et c' en fonction de a, b et c.

4) Avec $K = \dfrac{1}{\sqrt{2}} B$ et $n \in \mathbb{N}^*$, calculer K^2, K^3 puis K^n en distinguant n pair et n impair.

5) a) On pose $M = T(1, \sqrt{2}, 0)$. Exprimer M à l'aide de I et K.

b) Montrer que, $\forall n \in \mathbb{N}^*$, $M^n = I + a_n K + b_n K^2$, avec $a_n = \displaystyle\sum_{\substack{1 \leq k \leq n \\ k \text{ impair}}} C_n^k 2^k$, $b_n = \displaystyle\sum_{\substack{1 \leq k \leq n \\ k \text{ pair}}} C_n^k 2^k$.

c) Expliciter a_n et b_n en fonction de n (on pourra former $1 + a_n + b_n$ et $1 - a_n + b_n$).

d) Exprimer M^n comme combinaison linéaire de I, B et C.

Solution

1) Avec $T(a, b, c) = aI + bB + cC$, on a $\mathcal{S} = \text{Vect}(I, B, C)$. Et $T(a, b, c) = 0 \Rightarrow a = b = c = 0$ montre que (I, B, C) est libre ; c'est une base de $\mathcal{S}$ qui est donc de dimension 3.

2) On vérifie que $B^2 = I + C$, $C^2 = I$, $BC = CB = B$.
Il s'ensuit que $\mathcal{S}$ est stable pour le produit matriciel et que deux éléments quelconques de $\mathcal{S}$ commutent. $BC = B$ donne $B(C - I) = 0$; avec $B \neq 0$ et $C - I \neq 0$, $\mathcal{S}$ n'est donc pas un corps.

3) a) En retranchant $C3$ à $C1$, $T(a, b, c)$ a même rang que $\begin{pmatrix} a-c & b & c \\ 0 & a+c & b \\ c-a & b & a \end{pmatrix}$.

En ajoutant $L1$ à $L3$, le rang est celui de $\begin{pmatrix} a-c & b & c \\ 0 & a+c & b \\ 0 & 2b & a+c \end{pmatrix}$.

- $b = 0$: $T(a, b, c)$ est inversible si et seulement si $a - c \neq 0$ et $a + c \neq 0$.
- $b \neq 0$: le rang est celui de la matrice $\begin{pmatrix} a-c & b & c \\ 0 & 1 & \frac{a+c}{2b} \\ 0 & a+c & b \end{pmatrix}$ obtenue en divisant la ligne $L3$ par

$2b$ puis échangeant les lignes $L2$, $L3$.

À $L3$ on retranche $(a + c) \times L2$: le rang est celui de $\begin{pmatrix} a-c & b & c \\ 0 & 1 & \frac{a+c}{2b} \\ 0 & 0 & b-\frac{(a+c)^2}{2b} \end{pmatrix}$.

Alors $T(a, b, c)$ est inversible si et seulement si $a - c \neq 0$ et $(a + c)^2 - 2b^2 \neq 0$.

Notons que ces conditions contiennent le cas où $b = 0$.

b) On a $T(a, b, c)T(a', b', c') = (aI + bB + cC)(a'I + b'B + c'C)$

$$= (aa' + bb' + cc')I + (ba' + (a + c)b' + bc')B + (ca' + bb' + ac')C.$$

Si $T(a, b, c)$ est inversible, son inverse $T(a', b', c')$, est définie par $\begin{cases} aa' + bb' + cc' = 1 \\ ba' + (a+c)b' + bc' = 0 \\ ca' + bb' + ac' = 0 \end{cases}$

c) La résolution du système donne :

$$a' = \frac{a^2 + ac - b^2}{\big((a + c)^2 - 2b^2\big)(a - c)}, \quad b' = \frac{-b}{(a + c)^2 - 2b^2}, \quad c' = \frac{b^2 - c^2 - ac}{\big((a + c)^2 - 2b^2\big)(a - c)}.$$

4) Avec $B^2 = I + C$, on a $K^2 = \frac{1}{2}(I + C)$; puis avec $BC = B$, on a $K^3 = \frac{1}{2\sqrt{2}}B(I + C) = \frac{1}{\sqrt{2}}B = K$.

- Si $K^{2n-1} = K$, alors $K^{2n+1} = K^{2n-1} \times K^2 = K \times K^2 = K^3 = K$.
- Si $K^{2n} = \frac{1}{2}(I + C)$, alors $K^{2(n+1)} = K^{2n} \times K^2 = \frac{1}{4}(I + C)^2 = \frac{1}{4}\left(I + 2C + C^2\right) = \frac{1}{2}(I + C) = K^2$.

On a donc, par récurrence, pour tout $n \in \mathbb{N}^*$, $K^{2n-1} = K$ et $K^{2n} = K^2$.

5) a) $M = T(1, \sqrt{2}, 0) = I + \sqrt{2}B = I + 2K$.

b) $M^n = (I + 2K)^n = I + \sum_{k=1}^{n} C_n^k 2^k K^k = I + \sum_{\substack{1 \leq k \leq n \\ k \text{ impair}}} C_n^k 2^k K^k + \sum_{\substack{1 \leq k \leq n \\ k \text{ pair}}} C_n^k 2^k K^k$

$$= I + \Big(\sum_{\substack{1 \leq k \leq n \\ k \text{ impair}}} C_n^k 2^k\Big)K + \Big(\sum_{\substack{1 \leq k \leq n \\ k \text{ pair}}} C_n^k 2^k\Big)K^2$$

donc $M^n = I + a_nK + b_nK^2$, avec $a_n = \sum_{\substack{1 \leq k \leq n \\ k \text{ impair}}} C_n^k 2^k$ et $b_n = \sum_{\substack{1 \leq k \leq n \\ k \text{ pair}}} C_n^k 2^k$.

c) On a $1 + a_n + b_n = (1 + 2)^n = 3^n$ et $1 - a_n + b_n = (1 - 2)^n = (-1)^n$. Il vient alors :

$$a_n = \frac{1}{2}\left(3^n - (-1)^n\right) \text{ et } b_n = -1 + \frac{1}{2}\left(3^n + (-1)^n\right).$$

d) Alors $M^n = I + a_n\frac{B}{\sqrt{2}} + \frac{b_n}{2}(I + C) = \left(1 + \frac{b_n}{2}\right)I + a_n\frac{B}{\sqrt{2}} + \frac{b_n}{2}C.$

7 Limite et dérivée de matrice

On note $\mathcal{M}$ l'espace $\mathcal{M}_3(\mathbb{R})$, 0 la matrice nulle et I la matrice unité. On identifie un vecteur de $\mathbb{R}^3$ avec la matrice colonne de ses composantes dans la base canonique.

Une suite (M_n) d'éléments de $\mathcal{M}$, $M_n = \big(m_{ij}(n)\big)$ a une limite si chaque suite numérique $m_{ij}(n)$ a une limite et on pose : $\lim M_n = \big(\lim m_{ij}(n)\big)$.

On admettra que les règles usuelles relatives aux limites de sommes et produits s'appliquent aux sommes et produits matriciels.

Étant donné une application : $t \mapsto M(t) = \big(m_{ij}(t)\big)$ de $\mathbb{R}$ dans $\mathcal{M}$, on dit que M est de classe $\mathcal{C}^1$ (respectivement de classe $\mathcal{C}^\infty$) si chaque fonction m_{ij} est de classe $\mathcal{C}^1$ (resp. $\mathcal{C}^\infty$). La dérivée d'ordre k de M est alors définie par $M^{(k)}(t) = \big(m_{ij}^{(k)}(t)\big)$.

On admettra que les règles de dérivation des sommes et produits s'appliquent aux sommes et produits matriciels.

Soit $M \in \mathcal{M}$. Si M est est diagonalisable, toute expression de la forme $M = PDP^{-1}$, où P est un élément inversible de $\mathcal{M}$ et D une matrice diagonale, est appelée décomposition diagonale de M ; P est la matrice de passage, D la réduite diagonale.

On considère : $A = \begin{pmatrix} 2 & -\frac{1}{2} & \frac{3}{2} \\ -2 & \frac{1}{2} & -\frac{3}{2} \\ 2 & \frac{1}{2} & \frac{5}{2} \end{pmatrix}$, $\quad B = \begin{pmatrix} 1 & -\frac{1}{2} & \frac{1}{2} \\ -1 & \frac{1}{2} & -\frac{1}{2} \\ 1 & \frac{1}{2} & \frac{3}{2} \end{pmatrix}$

Les rudiments concernant les valeurs propres, vecteurs propres et sou-espaces propres sont donnés en début de la section C de ce chapitre.

Partie I

1) Déterminer les valeurs propres de A.

Préciser une décomposition diagonale de A : $A = P_0 D_0 P_0^{-1}$.

On classera les valeurs propres par ordre de valeurs croissantes et on choisira pour P_0 une matrice dont les vecteurs colonnes ont une première composante égale à 1.

2) Soit $n \in \mathbb{N}^*$. Déterminer deux réels α_n et β_n tels que : $\quad (1) \quad D_0^n = \alpha_n D_0 + \beta_n D_0^2$.

Que peut-on dire de A^n ?

3) Soit $\mathcal{P}$ le sous-espace vectoriel de $\mathcal{M}$ engendré par la famille $(A^n)_{n\in\mathbb{N}}$, avec $A^0 = I$.

Déduire de ce qui précède la dimension de $\mathcal{P}$ en précisant une base de ce sous-espace.

Partie II

On désigne par $\mathcal{C}$ l'ensemble des matrices $M \in \mathcal{M}$ telles que $AM - MA = 0$.

1) Vérifier que $\mathcal{C}$ est un sous-espace vectoriel de $\mathcal{M}$.

Quelle relation d'inclusion existe-t-il entre $\mathcal{C}$ et $\mathcal{P}$?

2) Soit λ une valeur propre de A et X un vecteur propre associé à λ.

Montrer que si $M \in \mathcal{C}$, alors X est un vecteur propre de M.

Que peut-on en conclure pour la matrice $P_0^{-1} M P_0$?

3) Déduire de ce qui précède la forme générale des éléments de $\mathscr{C}$. Comparer $\mathscr{C}$ et $\mathscr{P}$.

4) Utiliser ce qui précède pour déterminer les matrices $M \in \mathscr{M}$ telles que $M^2 = A$.
On donnera de chacune d'elles une décomposition diagonale et son expression explicite.

Partie III

B étant la matrice définie dans le préambule et t un nombre réel, on définit les matrices :

(2) $\quad C_n(t) = \sum_{k=0}^{n} (-1)^k \frac{t^{2k}}{(2k)!} B^{2k}$ avec $B^0 = I$, $\qquad$ (3) $\quad S_n(t) = \sum_{k=0}^{n} (-1)^k \frac{t^{2k+1}}{(2k+1)!} B^{2k+1}$

On admettra le résultat suivant, non donné dans le texte original :

soit $u_n(t) = \sum_{k=0}^{n} (-1)^k \frac{t^{2k}}{(2k)!}$ *et* $v_n(t) = \sum_{k=0}^{n} (-1)^k \frac{t^{2k+1}}{(2k+1)!}$.

Alors, pour tout $t \in \mathbb{R}$, $\lim u_n(t) = \cos t$ *et* $\lim v_n(t) = \sin t$.

1) Écrire une décomposition diagonale de B.
En utilisant une décomposition diagonale de $C_n(t)$ et de $S_n(t)$, montrer que les suites $\big(C_n(t)\big)$ et $\big(S_n(t)\big)$ ont, pour tout $t \in \mathbb{R}$, des limites que l'on notera respectivement $C(t)$ et $S(t)$.
Préciser une décomposition diagonale de $C(t)$ et $S(t)$ et expliciter ces deux matrices.

2) Calculer $C^2(t) + S^2(t)$.
Exprimer, pour t et u réels, $C(t+u)$ et $S(t+u)$ à l'aide de $C(t)$, $C(u)$, $S(t)$ et $S(u)$.

3) Montrer que les applications : $t \mapsto C(t)$ et $t \mapsto S(t)$ sont de classe $\mathscr{C}^\infty$ et exprimer les dérivées $C'(t)$, $C''(t)$, $S'(t)$ et $S''(t)$ à l'aide des matrices $C(t)$, $S(t)$ et B.

4) Soit Z un vecteur de $\mathbb{R}^3$ tel que $BZ = 0$. Calculer $C(t)Z$ et $S(t)Z$.

Partie IV

On considère le système différentiel : (4) $X'' + B^2 X = 0$, où X est une application inconnue, de classe $\mathcal{C}^2$, de $\mathbb{R}$ dans $\mathbb{R}^3$.

1) U et V étant deux vecteurs de $\mathbb{R}^3$, l'application (5) $X \ : \ t \mapsto C(t)U + S(t)V$ est-elle une solution de (4) ?

2) On choisit $U = \begin{pmatrix} 0 \\ 0 \\ 2 \end{pmatrix}$ et $V = \begin{pmatrix} 0 \\ 0 \\ 0 \end{pmatrix}$, et on désigne par Γ la courbe de $\mathbb{R}^3$ de représentation paramétrique : $t \mapsto X(t) = \begin{pmatrix} x(t) \\ y(t) \\ z(t) \end{pmatrix}$.
Construire la projection de Γ sur le plan Oxy et la projection sur le plan Oyz. Reconnaître la nature géométrique de ces projections.

3) Soient $X_0 = \begin{pmatrix} a \\ b \\ c \end{pmatrix}$ et $X_0' = \begin{pmatrix} \alpha \\ \beta \\ \gamma \end{pmatrix}$ deux vecteurs de $\mathbb{R}^3$.
La formule (5) permet-elle de déterminer une solution X de (4) vérifiant de plus : $X(0) = X_0$ et $X'(0) = X_0'$?
On discutera éventuellement suivant les valeurs du vecteur X_0'.

Solution

Partie I

1) Le déterminant de $A - \lambda I$ est $\begin{vmatrix} 2-\lambda & -\frac{1}{2} & \frac{3}{2} \\ -2 & \frac{1}{2}-\lambda & -\frac{3}{2} \\ 2 & \frac{1}{2} & \frac{5}{2}-\lambda \end{vmatrix} = \begin{vmatrix} 2-\lambda & -\frac{1}{2} & \frac{3}{2} \\ 0 & 1-\lambda & 1-\lambda \\ 2 & \frac{1}{2} & \frac{5}{2}-\lambda \end{vmatrix}$

c'est-à-dire :

$$(1-\lambda)\begin{vmatrix} 2-\lambda & -\frac{1}{2} & 2 \\ 0 & 1 & 0 \\ 2 & \frac{1}{2} & 2-\lambda \end{vmatrix} = (1-\lambda)(\lambda^2 - 4\lambda).$$

Les valeurs propres de A sont donc 0, 1 et 4.

- Sous-espace propre $V_0 = \operatorname{Ker} A$

Le système $\begin{cases} 2x - \frac{1}{2}y + \frac{3}{2}z = 0 \\ -2x + \frac{1}{2}y - \frac{3}{2}z = 0 \\ 2x + \frac{1}{2}y + \frac{5}{2}z = 0 \end{cases}$ équivaut à $\begin{cases} 4x - y + 3z = 0, \\ 4x + y + 5z = 0. \end{cases}$

C'est le sous-espace engendré par $v_0 = (1, 1, -1)$.

- Sous-espace propre $V_1 = \operatorname{Ker}(A - I)$

Le système $\begin{cases} x - \frac{1}{2}y + \frac{3}{2}z = 0 \\ -2x - \frac{1}{2}y - \frac{3}{2}z = 0 \\ 2x + \frac{1}{2}y + \frac{3}{2}z = 0 \end{cases}$ équivaut à $\begin{cases} 2x - y + 3z = 0, \\ 4x + y + 3z = 0. \end{cases}$

C'est le sous-espace engendré par $v_1 = (1, -1, -1)$.

- Sous-espace propre $V_4 = \operatorname{Ker}(A - 4I)$

Le système $\begin{cases} -2x - \frac{1}{2}y + \frac{3}{2}z = 0 \\ -2x - \frac{7}{2}y - \frac{3}{2}z = 0 \\ 2x + \frac{1}{2}y - \frac{3}{2}z = 0 \end{cases}$ équivaut à $\begin{cases} 4x + 7y + 3z = 0. \\ 4x + y - 3z = 0. \end{cases}$

C'est le sous-espace engendré par $v_4 = (1, -1, 1)$.

- Les vecteurs v_0, v_1 et v_4 ont pour déterminant $\begin{vmatrix} 1 & 1 & 1 \\ 1 & -1 & -1 \\ -1 & -1 & 1 \end{vmatrix}$ égal à -4.

La matrice de passage $P_0 = \begin{pmatrix} 1 & 1 & 1 \\ 1 & -1 & -1 \\ -1 & -1 & 1 \end{pmatrix}$ donne $A = P_0 D_0 P_0^{-1}$, $D_0 = \begin{pmatrix} 0 & 0 & 0 \\ 0 & 1 & 0 \\ 0 & 0 & 4 \end{pmatrix}$.

$$\begin{cases} x+y+z=u \\ x-y-z=v \\ -x-y+z=w \end{cases} \text{ équivaut à } \begin{cases} 2x=u+v \\ -2y=v+w \\ 2z=u+w \end{cases} \text{ et il vient } P_0^{-1}=\frac{1}{2}\begin{pmatrix} 1 & 1 & 0 \\ 0 & -1 & -1 \\ 1 & 0 & 1 \end{pmatrix}.$$

2) $D_0^n = \alpha_n D_0 + \beta_n D_0^2$ équivaut à $\begin{cases} \alpha_n + \beta_n = 1 \\ 4\,\alpha_n + 16\beta_n = 4^n \end{cases}$ de solution :

$$\alpha_n = \frac{4-4^{n-1}}{3}, \quad \beta_n = \frac{4^{n-1}-1}{3}.$$

Avec $A^n = P_0 D_0^n P_0^{-1}$, cela donne $A^n = \alpha_n A + \beta_n A^2$.

3) On en déduit que $\mathcal{P}$ est engendré par I, A et A^2.

Ces trois matrices sont linéairement indépendantes (vérification sans souci) ; ainsi $\mathcal{P}$ est de dimension 3.

Partie II

1) $M \mapsto AM - MA$ est un endomorphisme de $\mathcal{M}$ et $\mathcal{C}$ en est le noyau ; c'est donc un sous-espace vectoriel de $\mathcal{M}$.

Toute puissance A^n de A commute avec A donc $\mathcal{P} \subset \mathcal{C}$.

2) Avec $AM = MA$, il vient $AMX = MAX = \lambda MX$. Ainsi MX appartient au sous-espace propre V_λ de A. Or V_λ est de dimension 1 et, puisque X est non nul, $V_\lambda = \operatorname{Vect} X$. Il s'ensuit $MX = \mu X$, avec $\mu \in \mathbb{R}$. Ainsi, tout vecteur propre pour A est vecteur propre pour M. Alors la matrice $P_0^{-1}MP_0$ est diagonale puisque P_0 est une matrice formée de vecteurs propres pour M.

3) On a vu que si M commute avec A, alors $P_0^{-1}MP$ est diagonale. Réciproquement, pour toute matrice diagonale D, la matrice $P_0DP_0^{-1}$ commute avec $A = P_0D_0P_0^{-1}$ puisque D et D_0 commutent. On a ainsi une bijection entre $\mathcal{C}$ et l'ensemble $\mathcal{D}$ des matrices diagonales.

Le sous-espace $\mathcal{D}$ étant de dimension 3, il en est de même pour $\mathcal{C}$.

Avec $\mathcal{P} \subset \mathcal{C}$ et $\dim \mathcal{P} = \dim \mathcal{C}$, il vient $\mathcal{C} = \mathcal{P}$.

4) Si $M^2 = A$, alors $AM = M^2M = MM^2 = MA$. Il existe donc $D \in \mathcal{D}$ telle que $M = P_0DP_0^{-1}$.

$M^2 = A$ équivaut alors à $D^2 = D_0$, d'où $D = \begin{pmatrix} 0 & 0 & 0 \\ 0 & \varepsilon_1 & 0 \\ 0 & 0 & 2\varepsilon_2 \end{pmatrix}$ avec $\varepsilon_1 = \pm 1$ et $\varepsilon_2 = \pm 1$.

Posons $D_1 = \begin{pmatrix} 0 & 0 & 0 \\ 0 & 1 & 0 \\ 0 & 0 & 2 \end{pmatrix}$, $D_2 = \begin{pmatrix} 0 & 0 & 0 \\ 0 & 1 & 0 \\ 0 & 0 & -2 \end{pmatrix}$. Les racines carrées de A sont donc :

$$R_1 = P_0D_1P_0^{-1} = \frac{1}{2}\begin{pmatrix} 2 & -1 & 1 \\ -2 & 1 & -1 \\ 2 & 1 & 3 \end{pmatrix}, \quad R_2 = P_0D_2P_0^{-1} = \frac{1}{2}\begin{pmatrix} -2 & -1 & -3 \\ 2 & 1 & 3 \\ -2 & 1 & -1 \end{pmatrix},$$

$$R_3 = -R_1 \text{ et } R_4 = -R_2.$$

Partie III

1) On a $B = R_1 = P_0 D_1 P_0^{-1}$. En particulier, $B^2 = A$. Notons que $B^k = R_1^k = P_0 D_1^k P_0^{-1}$.

Il vient alors $C_n(t) = I + P_0 \begin{pmatrix} 0 & 0 & 0 \\ 0 & \displaystyle\sum_{k=1}^{n}(-1)^k \frac{t^{2k}}{(2k)!} & 0 \\ 0 & 0 & \displaystyle\sum_{k=1}^{n}(-1)^k \frac{(2t)^{2k}}{(2k)!} \end{pmatrix} P_0^{-1}$.

On en déduit que $C(t) = P_0 \begin{pmatrix} 1 & 0 & 0 \\ 0 & \cos t & 0 \\ 0 & 0 & \cos 2t \end{pmatrix} P_0^{-1} = P_0\, \Delta_1\,(t) P_0^{-1}$.

$$C(t) = \frac{1}{2}\begin{pmatrix} 1+\cos 2t & 1-\cos t & -\cos t+\cos 2t \\ 1-\cos 2t & 1+\cos t & \cos t-\cos 2t \\ -1+\cos 2t & -1+\cos t & \cos t+\cos 2t \end{pmatrix}.$$

De même, $S(t) = P_0 \begin{pmatrix} 0 & 0 & 0 \\ 0 & \sin t & 0 \\ 0 & 0 & \sin 2t \end{pmatrix} P_0^{-1} = P_0\, \Delta_2\,(t) P_0^{-1}$.

$$S(t) = \frac{1}{2}\begin{pmatrix} \sin 2t & -\sin t & -\sin t+\sin 2t \\ -\sin 2t & \sin t & \sin t-\sin 2t \\ \sin 2t & \sin t & \sin t+\sin 2t \end{pmatrix}.$$

2) $C^2(t) + S^2(t) = P_0 \begin{pmatrix} 1 & 0 & 0 \\ 0 & \cos^2 t & 0 \\ 0 & 0 & \cos^2 2t \end{pmatrix} P_0^{-1} + P_0 \begin{pmatrix} 0 & 0 & 0 \\ 0 & \sin^2 t & 0 \\ 0 & 0 & \sin^2 2t \end{pmatrix} P_0^{-1}$

$= P_0 I P_0^{-1} = I$.

La réduite diagonale de $C(t+u)$ est :

$$\begin{pmatrix} 1 & 0 & 0 \\ 0 & \cos t\cos u - \sin t\sin u & 0 \\ 0 & 0 & \cos 2t\cos 2u - \sin 2t\sin 2u \end{pmatrix}.$$

Il s'ensuit aisément $C(t+u) = C(t)C(u) - S(t)S(u)$.

De même, on a $S(t+u) = S(t)C(u) + C(t)S(u)$.

3) La réduite diagonale de $C(t)$, à savoir $\Delta_1(t) = \begin{pmatrix} 1 & 0 & 0 \\ 0 & \cos t & 0 \\ 0 & 0 & \cos 2t \end{pmatrix}$, est de classe $\mathcal{C}^\infty$.

On a $\Delta_1'(t) = \begin{pmatrix} 0 & 0 & 0 \\ 0 & -\sin t & 0 \\ 0 & 0 & -2\sin 2t \end{pmatrix} = -D_1\, \Delta_2\,(t)$ d'où :

$$C'(t) = P_0\, \Delta_1'\,(t) P_0^{-1} = -P_0 D_1 P_0^{-1} P_0\, \Delta_2\,(t) P_0^{-1} = -BS(t).$$

De même, on a $S'(t) = BC(t)$ et on en déduit $C''(t) = -B^2 C(t)$ et $S''(t) = -B^2 S(t)$.

4) $C(t)Z = \lim C_n(t)Z$ et, avec $BZ = 0$, donc $B^k Z = 0$ pour $k \in \mathbb{N}^*$, il vient $C_n(t)Z = Z$ puis $C(t)Z = Z$; de même, $S(t)Z = 0$.

Partie IV

(4) $\quad X'' + B^2 X = 0$

1) $X''(t) = C''(t)U + S''(t)V = -B^2 C(t)U - B^2 S(t)V$ montre que :

(5) $\quad X : t \mapsto C(t)U + S(t)V$ est une solution de (4).

2) $$X(t) = \frac{1}{2}\begin{pmatrix} 1+\cos 2t & 1-\cos t & -\cos t+\cos 2t \\ 1-\cos 2t & 1+\cos t & \cos t-\cos 2t \\ -1+\cos 2t & -1+\cos t & \cos t+\cos 2t \end{pmatrix}\begin{pmatrix} 0 \\ 0 \\ 2 \end{pmatrix} = \begin{pmatrix} -\cos t+\cos 2t \\ \cos t-\cos 2t \\ \cos t+\cos 2t \end{pmatrix}.$$

- La projetée de Γ sur le plan Oxy est paramétrée par $\begin{cases} x(t) = -\cos t + \cos 2t \\ y(t) = \cos t - \cos 2t \end{cases}$

La période est 2π et avec $x(-t) = x(t)$, $y(-t) = y(t)$, la courbe est obtenue pour $t \in [0, \pi]$. C'est un segment de la droite $x + y = 0$; $x'(t) = \sin t(1 - 4\cos t)$ montre que $x(t)$ est maximum en π, avec $x(\pi) = 2$; $x(t)$ est minimum pour $\cos t = \frac{1}{4}$, de valeur $-\frac{9}{8}$.

- La projetée sur le plan Oyz est paramétrée par $\begin{cases} y(t) = \cos t - \cos 2t \\ z(t) = \cos t + \cos 2t \end{cases}$

La courbe est obtenue pour $t \in [0, \pi]$. Les dérivées sont $\begin{cases} y'(t) = -\sin t(1 - 4\cos t) \\ z'(t) = -\sin t(1 + 4\cos t) \end{cases}$

Soit α tel que $\cos\alpha = \frac{1}{4}$ l'unique zéro de y' dans $]0, \pi[$; alors $\beta = \pi - \alpha$ est l'unique zéro de z' dans $]0, \pi[$.

Avec $y = \cos t - 2\cos^2 t + 1$ et $z = \cos t + 2\cos^2 t - 1$, il vient $2\cos t = y + z$ et $2\left(2\cos^2 t - 1\right) = z - y$. Donc la courbe est une partie de la conique d'équation $(y+z)^2 + y - z - 2 = 0$, qui est une parabole. Par une rotation du repère d'angle $\frac{3\pi}{4}$, elle a pour équation $Z^2 = \frac{1}{\sqrt{2}}(Y + \sqrt{2})$.

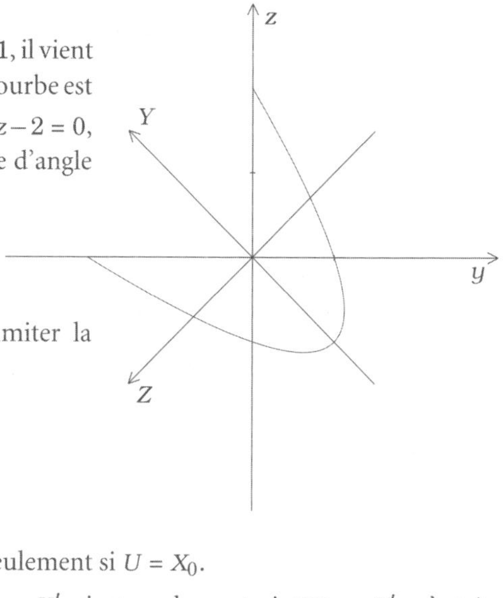

Les variations de y et de z permettent de limiter la parabole à sa partie utile.

3) $X(t) = C(t)U + S(t)V$ vérifie $X(0) = X_0$ si et seulement si $U = X_0$.

Avec $X'(t) = -BS(t)U + BC(t)V$, on a $X'(0) = X'_0$ si et seulement si $BV = X'_0$, c'est-à-dire si et seulement si $X'_0 \in \operatorname{Im} B$ ou encore si et seulement si X'_0 est combinaison linéaire de $\begin{pmatrix} 1 \\ -1 \\ 1 \end{pmatrix}$ et $\begin{pmatrix} 1 \\ -1 \\ -1 \end{pmatrix}$, en examinant les vecteurs colonnes de B. Le noyau de B étant engendré par $N = \begin{pmatrix} 1 \\ 1 \\ -1 \end{pmatrix}$, si V_0 vérifie $BV_0 = X'_0$, les solutions pour V sont $V_0 + \lambda N$ avec $\lambda \in \mathbb{R}$.

8 Endomorphismes et base formée de vecteurs propres

E est un espace vectoriel réel de dimension 3, muni d'une base $\mathcal{B} = (e_1, e_2, e_3)$.

f et g sont des endomorphismes de E dont les matrices dans la base $\mathcal{B}$ sont respectivement :

$$A = \begin{pmatrix} 5 & 2 & 4 \\ 12 & 3 & 8 \\ -12 & -4 & -9 \end{pmatrix} \quad \text{et} \quad B = \begin{pmatrix} 4 & 0 & 1 \\ 6 & 2 & 3 \\ -6 & 0 & -1 \end{pmatrix}.$$

1) Préciser f^2 et donner les éléments propres (valeurs propres et vecteurs propres associés) de f.

2) Donner les éléments propres de g et montrer qu'il existe une base $\mathcal{V} = (V_1, V_2, V_3)$ formée de vecteurs propres à la fois pour f et pour g.

3) Soit a et b des réels. Donner la matrice de $af + bg$ dans la base $\mathcal{V}$ et déterminer les valeurs propres de l'endomorphisme $af + bg$.

4) En déduire les fonctions réelles x, y et z définies sur $\left]-\frac{\pi}{2}, \frac{\pi}{2}\right[$, dérivables et qui vérifient :

$$(\mathcal{S}) \quad \begin{cases} x'(u) = (5 + 4\tan u)\, x(u) + 2y(u) + (4 + \tan u)\, z(u) \\ y'(u) = (12 + 6\tan u)\, x(u) + (3 + 2\tan u)\, y(u) + (8 + 3\tan u)\, z(u) \\ z'(u) = -(12 + 6\tan u)\, x(u) - 4y(u) - (9 + \tan u)\, z(u) \end{cases}$$

On pourra considérer ce système différentiel comme écrit dans la base $\mathcal{B}$ et l'écrire alors dans la base $\mathcal{V}$; la résolution se ramène alors à celle de trois équations linéaires ordinaires du premier ordre.

Solution

1) Le calcul donne $A^2 = I_3$ donc $f^2 = \mathrm{Id}$.

f étant une involution, alors $\mathrm{Inv} f \oplus \mathrm{Opp} f = E$.

Les vecteurs invariants par f sont donnés par $\begin{cases} 2x + y + 2z = 0 \\ 6x + y + 4z = 0 \\ 6x + 2y + 5z = 0 \end{cases}$

On a donc $\mathrm{Inv} f = \mathbb{R}V_1$, avec $V_1 = (1, 2, -2)$.

Les vecteurs changés en leur opposé par f sont ceux du plan G d'équation $3x + y + 2z = 0$.

Les valeurs propres de f sont ainsi 1 et -1, correspondant aux sous-espaces supplémentaires formés des vecteurs x tels que $f(x) = x$ ou $f(x) = -x$.

2) Les valeurs propres de g sont données par $\begin{vmatrix} 4-\lambda & 0 & 1 \\ 6 & 2-\lambda & 3 \\ -6 & 0 & -1-\lambda \end{vmatrix} = 0$, c'est-à-dire :

$$(2 - \lambda)(\lambda^2 - 3\lambda + 2) = 0 \quad \text{ou encore} \quad (\lambda - 1)(\lambda - 2)^2 = 0.$$

Le sous-espace $\mathrm{Inv}(g)$ est déterminé par $\begin{cases} 3x - z = 0 \\ 6x + y + 3z = 0 \end{cases}$

Il est engendré par $V_2 = (1, 3, -3)$: $g(V_2) = V_2$.

Le sous-espace propre de g associé à la valeur propre 2 est le plan H d'équation $2x + z = 0$.
Les plans G et H ont le vecteur $V_3 = (1, 1, -2)$ en commun : $f(V_3) = -V_3$ et $g(V_3) = 2V_3$.
En notant que $g(\overrightarrow{V_1}) = 2\overrightarrow{V_1}$ et que $f(V_2) = -V_2$, il suffit de vérifier que :

$$\det(V_1, V_2, V_3) = \begin{vmatrix} 1 & 1 & 1 \\ 2 & 3 & 1 \\ -2 & -3 & -2 \end{vmatrix} = -1 \neq 0$$

pour obtenir une base $\mathcal{V} = (V_1, V_2, V_3)$ de vecteurs propres pour f et pour g.

3) Dans $\mathcal{V}$, la matrice de f est $A' = \begin{pmatrix} 1 & 0 & 0 \\ 0 & -1 & 0 \\ 0 & 0 & -1 \end{pmatrix}$, celle de g est $B' = \begin{pmatrix} 2 & 0 & 0 \\ 0 & 1 & 0 \\ 0 & 0 & 2 \end{pmatrix}$:

$$\begin{pmatrix} a + 2b & 0 & 0 \\ 0 & -a + b & 0 \\ 0 & 0 & -a + 2b \end{pmatrix}$$

est alors celle de $af + bg$, qui a ainsi pour valeurs propres $a + 2b$, $-a + b$ et $-a + 2b$.

4) Soit F la fonction définie sur $\left] -\frac{\pi}{2}, \frac{\pi}{2} \right[$ et à valeurs dans $\mathbb{R}^3$, dont les fonctions coordonnées sont (x, y, z) dans la base $\mathcal{B}$.

En posant $X = \begin{pmatrix} x \\ y \\ z \end{pmatrix}$, le système $(\mathcal{S})$ se lit $X'(u) = AX(u) + (\tan u)BX(u)$.

Notons $Y = \begin{pmatrix} x_1 \\ y_1 \\ z_1 \end{pmatrix}$ la matrice des coordonnées de F dans la base $\mathcal{V}$.

Le système se lit alors $Y'(u) = A'Y(u) + (\tan u)B'Y(u)$, c'est-à-dire :

$$\begin{cases} x_1'(u) = (1 + 2\tan u)x_1(u) \\ y_1'(u) = (-1 + \tan u)y_1(u) \\ z_1'(u) = (-1 + 2\tan u)z_1(u) \end{cases}$$

Il vient alors $x_1(u) = \dfrac{\alpha\, e^u}{\cos^2 u}$, $y_1 = \dfrac{\beta}{e^u \cos u}$ et $z_1(u) = \dfrac{\gamma}{e^u \cos^2 u}$.

La matrice de passage de $\mathcal{B}$ à $\mathcal{V}$ est $P = \begin{pmatrix} 1 & 1 & 1 \\ 2 & 3 & 1 \\ -2 & -3 & -2 \end{pmatrix}$.

Avec $X = PY$, on obtient alors :

$$x(u) = \frac{1}{e^u \cos^2 u}\left(\alpha\, e^{2u} + \beta \cos u + \gamma\right),$$

$$y(u) = \frac{1}{e^u \cos^2 u}\left(2\,\alpha\, e^{2u} + 3\,\beta \cos u + \gamma\right),$$

$$z(u) = -\frac{1}{e^u \cos^2 u}\left(2\,\alpha\, e^{2u} + 3\,\beta \cos u + 2\,\gamma\right).$$

CHAPITRE 6

Équations différentielles Courbes paramétrées Fonctions de 2 variables

Sujets d'oraux 292

A. Équations différentielles 292
B. Courbes planes, étude affine et métrique 303
C. Fonctions de deux variables 316

Thèmes d'étude – Problèmes 326

1. Équations différentielles du second ordre, raccordement de solutions 326
2. Équation différentielle du second ordre, de type Euler 327
3. Équation de Legendre, solutions polynomiales 329
4. Endomorphismes et équations différentielles 332
5. Équation aux dérivées partielles du second ordre linéaire 335
6. Facteur intégrant 337
7. Rayon de courbure d'une développée 339

Sujets d'oraux

Ⓐ Équations différentielles

Ex. 1

Soit f une fonction réelle continue sur $\mathbb{R}$ telle que :

$$\text{pour tout } x \in \mathbb{R}, \quad f(x) = -1 - \int_0^x (2x - t)f(t)\,\mathrm{d}t. \quad (1)$$

Déterminer une telle fonction qui soit de la forme $f(x) = h(x)e^{-\frac{x^2}{2}}$.

> La fonction f est supposée continue. Sa dérivabilité est assez visible. Une fonction définie par intégrale (dont une borne est variable) de fonction continue est dérivable.

Avec $f(x) = -1 - 2x\displaystyle\int_0^x f(t)\,\mathrm{d}t + \int_0^x tf(t)\,\mathrm{d}t$, on voit que f est dérivable et **(1)** équivaut à :

$$\forall x \in \mathbb{R}, f'(x) = -2\int_0^x f(t)\,\mathrm{d}t - 2xf(x) + xf(x) = -2\int_0^x f(t)\,\mathrm{d}t - xf(x) \ , \ f(0) = -1. \quad \mathbf{(2)}$$

Il vient alors que f' est dérivable puis que **(2)** équivaut à :

$$f''(x) = -3f(x) - xf'(x) \ , \ f(0) = -1 \ , \ f'(0) = 0 \quad \mathbf{(3)}$$

> Même si cela n'a pas de grande utilité pour la détermination de f, il est aisé de montrer que f est de classe $\mathcal{C}^\infty$ sur $\mathbb{R}$.

Ainsi f est solution sur $\mathbb{R}$ de l'équation différentielle :

$$\mathbf{(L)} : y'' + xy' + 3y = 0, \qquad \text{avec } y(0) = -1 \text{ et } y'(0) = 0.$$

> Cette équation du second ordre n'est pas à coefficients constants.
>
> La seule ressource disponible est d'en trouver une solution particulière.

Une solution polynomiale de degré $n \in \mathbb{N}^*$ devrait vérifier $n+3 = 0$ (par l'examen des coefficients dominants), ce qui est absurde. Utilisons l'indication donnée.

Soit h la fonction définie sur $\mathbb{R}$ par $f(x) = h(x)e^{-\frac{x^2}{2}}$. On a :

$$f'(x) = \big(h'(x) - xh(x)\big)e^{-\frac{x^2}{2}} \ \text{ et } \ f''(x) = \big(h''(x) - 2xh'(x) + (x^2 - 1)h(x)\big)e^{-\frac{x^2}{2}}.$$

Il s'ensuit que f est solution de **(L)** si et seulement si h vérifie $h''(x) - xh'(x) + 2h(x) = 0$.

> On est confronté à une équation différentielle qui ressemble fort à **(L)**, mais qui présente l'intérêt d'avoir une solution polynomiale !

Considérons l'équation différentielle **(D)** : $y'' - xy' + 2y = 0$.

L'examen des coefficients dominants montre qu'une solution polynomiale est nécessairement de degré 2, et on vérifie que $x \mapsto x^2 + \alpha x + \beta$ est solution de **(D)** si et seulement si $\alpha = 0$ et $\beta = -1$.

Avec $h(x) = x^2 - 1$, une solution de **(L)** est définie par $f(x) = (x^2 - 1)e^{-\frac{x^2}{2}}$.

Il reste à vérifier que l'on a bien $f(0) = -1$ et $f'(0) = 0$ pour conclure.

Ex. 2

Équation d'Euler

Étant donné a et b constantes, on considère l'équation différentielle :

$$(\mathrm{E}) : \quad x^2y'' + axy' + by = 0.$$

Justifier que la résolution peut se faire par changement de variable $x = e^t$.

> Sauf cas particuliers, on s'attache aux équations différentielles sous forme résolue, c'est-à-dire du type $y'' = F(x, y, y')$. Il est alors indispensable de distinguer les intervalles $]-\infty, 0[$ et $]0, +\infty[$.
> Un premier point est à éclaircir : $x = e^t$ semble oublier $x \in]-\infty, 0[$.

Le changement de variable $t = -x$ donne :

$$\frac{\mathrm{d}y}{\mathrm{d}x} = -\frac{\mathrm{d}y}{\mathrm{d}t} \text{ et } \frac{\mathrm{d}^2y}{\mathrm{d}x^2} = \frac{\mathrm{d}^2y}{\mathrm{d}t^2},$$

et l'équation devient (en dérivation par rapport à t) :

$$t^2y'' + aty' + by = 0.$$

La résolution sur $]-\infty, 0[$ se ramène alors à celle sur $]0, +\infty[$.

> $x = e^t$ est un changement de variable bijectif de $\mathbb{R}$ sur $]0, +\infty[$.

Avec $x = e^t$, on a $t = \ell n\, x$ et $y(x) = y(e^t) = z(t)$.

Avec $\dfrac{\mathrm{d}y}{\mathrm{d}x} = \dfrac{\mathrm{d}z}{\mathrm{d}t}\dfrac{\mathrm{d}t}{\mathrm{d}x} = \dfrac{1}{x}\dfrac{\mathrm{d}z}{\mathrm{d}t}$ puis $\dfrac{\mathrm{d}^2y}{\mathrm{d}x^2} = -\dfrac{1}{x^2}\dfrac{\mathrm{d}z}{\mathrm{d}t} + \dfrac{1}{x^2}\dfrac{\mathrm{d}^2z}{\mathrm{d}t^2}$, l'équation **(E)** devient :

$$(\mathrm{L}) : \frac{\mathrm{d}^2z}{\mathrm{d}t^2} + (a-1)\frac{\mathrm{d}z}{\mathrm{d}t} + bz = 0$$

qui est une équation différentielle linéaire du second ordre à coefficients constants, donc classique.

Ex. 3

Résoudre l'équation différentielle $x^2y'' + 4xy' + 2y = \ell n(x+1)$.

L'équation est définie sur $]-1, +\infty[$.

Pour avoir une forme résolue, on distingue les intervalles $I =]-1, 0[$ et $J =]0, +\infty[$.

> L'équation sans second membre $x^2y'' + 4xy' + 2y = 0$ est une équation d'Euler (voir l'exercice précédent).
> Toutefois une remarque permet d'éviter le recours à une méthode générale.

Notons que $x^2y'' + 4xy' + 2y$ est la dérivée seconde de x^2y.

Les solutions sur I ou sur J de $x^2y'' + 4xy' + 2y = 0$ sont les fonctions de la forme :

$$y = \frac{a}{x} + \frac{b}{x^2}, \text{ avec } a \text{ et } b \text{ constantes.}$$

> On utilise une solution de l'équation sans second membre pour faire un changement de fonction inconnue.

$x \mapsto \dfrac{1}{x^2}$ est une solution de $x^2y'' + 4xy' + 2y = 0$ sur I ou sur J.

On effectue le changement de fonction inconnue défini par $y = \dfrac{1}{x^2}\,z$.

Avec $y' = -\dfrac{2}{x^3}z + \dfrac{1}{x^2}z'$ et $y'' = \dfrac{6}{x^4}z - \dfrac{4}{x^3}z' + \dfrac{1}{x^2}z''$, on a :

$$x^2y'' + 4xy' + 2y = z''.$$

On est alors ramené à résoudre $z'' = \ell n(1 + x)$.

> Une primitive de $x \mapsto \ell n\, x$ est $x \mapsto x\,\ell n\, x - x$.

Les primitives de $\ell n(x + 1)$ sont les fonctions :

$$(x + 1)\,\ell n(x + 1) - x - a, \quad \text{avec } a \text{ constante.}$$

Avec une intégration par parties, les primitives de $(x + 1)\,\ell n(x + 1)$ sont les fonctions :

$$\frac{1}{2}(x + 1)^2\,\ell n(x + 1) - \frac{1}{4}(x^2 + 2x) - b, \quad \text{avec } b \text{ constante.}$$

Les solutions z sont alors :

$$z = \frac{1}{2}(x + 1)^2\,\ell n(x + 1) - \frac{3}{4}x^2 + \lambda x + \mu, \quad \text{avec } \lambda, \mu \text{ constantes.}$$

Les solutions sur I ou sur J de l'équation proposée sont finalement les fonctions :

$$y : x \mapsto \frac{(x + 1)^2}{2x^2}\,\ell n(x + 1) - \frac{3}{4} + \frac{\mu}{x^2} + \frac{\lambda}{x}.$$

Ex. 4

Équation de Bernoulli

Trouver les solutions ne s'annulant pas de $y' + y - y^2 = 0$. **(E)**

> Une équation différentielle est dite de Bernoulli quand elle est de la forme :
>
> $$y' + a(x)y + b(x)y^r = 0,$$
>
> où a et b sont des fonctions continues sur un intervalle I, avec r réel, $r \notin \{0, 1\}$.
>
> On cherche alors les solutions dérivables sur I et qui ne prennent pas la valeur 0 sur I.
>
> La méthode classique est simple : on divise par y^r.

On recherche les solutions dérivables sur $\mathbb{R}$ qui ne prennent pas la valeur 0.
Pour ces solutions, l'équation équivaut à :

$$\frac{y'}{y^2} + \frac{1}{y} - 1 = 0.$$

En posant $z = \dfrac{1}{y}$; on a $\dfrac{y'}{y^2} = -z'$, ce qui ramène à la résolution de :

$$z' = z - 1.$$

Les solutions de cette équation sont les fonctions :

$$x \mapsto 1 + ke^x, \quad \text{avec } k \text{ constante.}$$

> Pour revenir en y, il faut que z ne prenne pas la valeur 0.
>
> L'ensemble de définition d'une solution dépend alors de la constante k.

- Pour $k \geqslant 0$, la fonction $x \mapsto 1 + ke^x$ ne prend pas la valeur 0, tandis que
- pour $k < 0$, $1 + ke^x$ s'annule pour $x = \ell n\left(-\dfrac{1}{k}\right)$.

Les solutions recherchées sont donc les fonctions $y_k : x \mapsto \dfrac{1}{1+ke^x}$, définies :

- sur $\mathbb{R}$ lorsque $k \geqslant 0$, et
- sur $I_k = \left]\ell n\left(-\dfrac{1}{k}\right), +\infty\right[$ ou sur $\left]-\infty, \ell n\left(-\dfrac{1}{k}\right)\right[$ lorsque $k < 0$.

Ex. 5

Étant donné m réel fixé, on considère l'équation différentielle :

$$\text{(E)} \; : \; (1+x^2)^2 y'' + 2x(1+x^2)y' + m^2 y = 0.$$

1) Déterminer un changement de variable $x = \varphi(t)$ qui transforme (E) en équation à coefficients constants pour la fonction $z \; : \; t \mapsto y \circ \varphi(t)$.

2) Résoudre (E). On précisera le cas particulier $m = 2$.

---

1) Pour alléger l'écriture, on notera z', y' et φ' au lieu de $z'(t)$, $y'(x)$ et $\varphi'(t)$.

> Pour un changement de variable φ, on a φ de classe $\mathcal{C}^1$ et φ' ne s'annule pas.

On a $z' = y'\varphi'$, puis $z'' = y''\varphi'^2 + y'\varphi''$, d'où :

$$y' = \frac{z'}{\varphi'} \text{ et } y'' = \frac{1}{\varphi'^2}\left(z'' - \frac{\varphi''}{\varphi'}z'\right),$$

en rappelant que φ' ne prend pas la valeur 0.

L'équation (E) devient (E') : $\left(\dfrac{1+\varphi^2}{\varphi'}\right)^2 z'' + \dfrac{1+\varphi^2}{\varphi'}\left(2\,\varphi - (1+\varphi^2)\dfrac{\varphi''}{\varphi'^2}\right)z' + m^2 z = 0.$

> Jusque là, on a utilisé un changement de variable «virtuel».
> Au vu de l'équation obtenue, il s'agit de préciser un changement de variable qui simplifiera grandement la suite des opérations.

En prenant (1) $\dfrac{1+\varphi^2}{\varphi'} = 1$, le coefficient de z' est $2\,\varphi - \dfrac{\varphi''}{\varphi'}$, c'est-à-dire $\dfrac{2\,\varphi\,\varphi' - \varphi''}{\varphi'}$.

Or (1) donne $2\,\varphi\,\varphi' = \varphi''$ par dérivation et l'équation (E') devient $z'' + m^2 z = 0$

2)

> Les solutions de l'équation obtenue en fin de question précédente sont fort classiques.

Les solutions réelles de (E') sont :

$$z = \lambda \cos mt + \mu \sin mt, \text{ avec } (\lambda, \mu) \in \mathbb{R}^2.$$

Une solution de $\varphi' = 1 + \varphi^2$ est définie par $\varphi(t) = \tan t$, $t \in \left]-\dfrac{\pi}{2}, \dfrac{\pi}{2}\right[$. On a alors :

$$t = \operatorname{Arctan} x.$$

Les solutions de (E) sont ainsi :

$$y = \lambda \cos(m \operatorname{Arctan} x) + \mu \sin(m \operatorname{Arctan} x).$$

Dans le cas particulier $m = 2$, on a :

$$\cos(2 \operatorname{Arctan} x) = \frac{1-x^2}{1+x^2} \quad \text{et} \quad \sin(2 \operatorname{Arctan} x) = \frac{2x}{1+x^2}$$

et les solutions de (E) sont :

$$y : x \mapsto \frac{1}{1+x^2}\left(\lambda(1-x^2) + 2\,\mu\,x\right).$$

Ex. 6

Résoudre l'équation différentielle $(x^2 \ell n\, x)y'' + y = 0$ **(L)**.

Ce n'est pas une équation de type classique. La seule démarche constructive est de chercher (à tâtons...) une solution particulière.

L'équation nécessite de se limiter à l'intervalle $]0, +\infty[$.

La fonction $f : x \mapsto \ell n\, x$ a pour dérivée seconde $f''(x) = -\dfrac{1}{x^2}$, c'est donc une solution particulière de **(L)**.

On est maintenant en mesure de faire un changement de fonction inconnue.

En posant $y = z\,\ell n\, x$, sur chacun des intervalles $I =]0, 1[$ et $J =]1, +\infty[$, il vient :

$$y' = z'\,\ell n\, x + \frac{z}{x} \quad \text{et} \quad y'' = z''\,\ell n\, x + \frac{2}{x}z' - \frac{1}{x^2}z$$

et **(L)** devient : $z'' + \dfrac{2}{x\,\ell n\, x}z' = 0$ **(L1)**

Sur I ou sur J, une primitive de $\dfrac{2}{x\,\ell n\, x}$ est $2\,\ell n\,|\ell n\, x|$, ou encore $\ell n\big(\ell n^2(x)\big)$.

Les solutions de **L1**) sont alors $z' = \dfrac{k}{\ell n^2\, x}$, avec k réel.

Il n'y a pas de primitive usuelle connue pour $x \mapsto \dfrac{1}{\ell n^2\, x}$.

On laisse les solutions sous forme d'intégrales.

- Sur I, on a $z = k\displaystyle\int_{1/2}^{x} \frac{dt}{\ell n^2\, t} + \lambda$ puis $y = k\,\ell n\, x \displaystyle\int_{1/2}^{x} \frac{dt}{\ell n^2\, t} + \lambda\,\ell n\, x$
- Sur J, on a $z = k\displaystyle\int_{2}^{x} \frac{dt}{\ell n^2\, t} + \mu$ puis $y = k\,\ell n\, x \displaystyle\int_{2}^{x} \frac{dt}{\ell n^2\, t} + \mu\,\ell n\, x$

Ex. 7

Soit f une fonction réelle de classe $\mathcal{C}^1$ sur $\mathbb{R}_+$ telle que :

$$\lim_{x \to +\infty} \big(f(x) + 2f'(x)\big) = 0.$$

Déterminer la limite en $+\infty$ de f.

En posant $g(x) = f(x) + 2f'(x)$, l'hypothèse se lit $\lim\limits_{x \to +\infty} g(x) = 0$ et on peut calculer $f(x)$ en fonction de $g(x)$.

La fonction g définie par $g(x) = f(x) + 2f'(x)$ est continue sur $\mathbb{R}_+$.
Les solutions de l'équation linéaire du premier ordre $2y' + y = g(x)$ sont :

$$y = \lambda e^{-\frac{x}{2}} + \frac{e^{-\frac{x}{2}}}{2} \int_0^x g(t)e^{\frac{t}{2}}\,dt$$

et on a donc :

$$f(x) = f(0)e^{-\frac{x}{2}} + \frac{e^{-\frac{x}{2}}}{2} \int_0^x g(t)e^{\frac{t}{2}}\,dt.$$

La fonction g est un intermédiaire utile, mais l'objectif est d'étudier la limite de f.

Avec $\lim\limits_{x\to+\infty} f(0)e^{-\frac{x}{2}} = 0$, il reste à étudier $\lim\limits_{x\to+\infty} \left(\dfrac{e^{-\frac{x}{2}}}{2}\displaystyle\int_0^x g(t)e^{\frac{t}{2}}\,\mathrm{d}t\right)$.

Le moment est venu d'utiliser que g est de limite 0.

Pour tout $\varepsilon > 0$, il existe $a \geqslant 0$ tel que : $\forall x \geqslant a,\ |g(x)| \leqslant \varepsilon$.

Avec $\left|e^{-\frac{x}{2}}\displaystyle\int_0^a g(t)e^{\frac{t}{2}}\,\mathrm{d}t\right| \leqslant e^{-\frac{x}{2}}\displaystyle\int_0^a |g(t)|\,e^{\frac{t}{2}}\,\mathrm{d}t$,

et $\left|e^{-\frac{x}{2}}\displaystyle\int_a^x g(t)e^{\frac{t}{2}}\,\mathrm{d}t\right| \leqslant \varepsilon e^{-\frac{x}{2}}\displaystyle\int_a^x e^{\frac{t}{2}}\,\mathrm{d}t \leqslant 2\,\varepsilon\, e^{-\frac{x}{2}}\left(e^{\frac{x}{2}} - e^{\frac{a}{2}}\right) < 2\varepsilon$,

il vient, pour tout $x \geqslant a$, $\left|e^{-\frac{x}{2}}\displaystyle\int_0^x g(t)e^{\frac{t}{2}}\,\mathrm{d}t\right| \leqslant 2\,\varepsilon + Ae^{-\frac{x}{2}}$, avec $A = \displaystyle\int_0^a |g(t)|\,e^{\frac{t}{2}}\,\mathrm{d}t$.

De $\lim\limits_{x\to+\infty} Ae^{-\frac{x}{2}} = 0$, on déduit qu'il existe $b \geqslant a$ tel que $x \geqslant b \Rightarrow Ae^{-\frac{x}{2}} \leqslant \varepsilon$, et finalement :

$$\forall \varepsilon > 0,\ \exists b \geqslant 0,\ \forall x \geqslant 0,\ x \geqslant b \Rightarrow \left|e^{-\frac{x}{2}}\int_0^x g(t)e^{\frac{t}{2}}\,\mathrm{d}t\right| \leqslant 3\varepsilon.$$

En conclusion, on a $\lim\limits_{x\to+\infty} f(x) = 0$.

Autre solution

La résolution de $y' + 2y = 0$ donne un rôle clé à $e^{-\frac{x}{2}}$ et conduit au changement de fonction inconnue défini par $y = ze^{-\frac{x}{2}}$.

Considérons la fonction h définie sur $\mathbb{R}_+$ par $h(x) = f(x)e^{\frac{x}{2}}$.

On a $2h'(x) = \left(2f'(x) + f(x)\right)e^{\frac{x}{2}}$. Pour tout $\varepsilon > 0$, il existe $a \geqslant 0$ tel que :

$$\forall x \geqslant a,\ \left|f(x) + 2f'(x)\right| \leqslant \varepsilon \text{ et donc } \forall x \geqslant a,\ 2\left|h'(x)\right| \leqslant \varepsilon e^{\frac{x}{2}}.$$

L'inégalité des accroissements finis nous donne alors :

$$\forall x \geqslant a,\ 2\,|h(x) - h(a)| \leqslant 2\,\varepsilon\left(e^{\frac{x}{2}} - e^{\frac{a}{2}}\right) \leqslant 2\,\varepsilon\, e^{\frac{x}{2}},$$

donc : $|h(x)| \leqslant |h(a)| + \varepsilon e^{\frac{x}{2}}$ ou encore $|f(x)| \leqslant |f(a)|\,e^{\frac{a-x}{2}} + \varepsilon$.

Avec $\lim\limits_{x\to+\infty} |f(a)|\,e^{\frac{a-x}{2}} = 0$, il existe $b \geqslant a$ tel que :

$$\forall x \geqslant b,\ |f(a)|\,e^{\frac{a-x}{2}} \leqslant \varepsilon,$$

et finalement, $\forall \varepsilon > 0,\ \exists b \geqslant 0,\ \forall x \geqslant 0,\ x \geqslant b \Rightarrow |f(x)| \leqslant 2\varepsilon$, ce qui montre que :

$$\lim_{x\to+\infty} f(x) = 0.$$

Ex. 8

Soit f une fonction réelle dérivable sur $\mathbb{R}$ telle que :

$$(\mathcal{R}) : \quad f^2 + (1 + f')^2 \leqslant 1$$

Montrer que f est la fonction nulle.

Soit f une fonction vérifiant $(\mathcal{R})$.

> Deux informations sont immédiates : $f^2 \leqslant 1$ et $(1+f')^2 \leqslant 1$.

On a $f^2 \leqslant 1$, donc la fonction f est bornée, à valeurs dans $[-1, 1]$.
On a également $(1+f')^2 \leqslant 1$ et donc :

$$-1 \leqslant 1+f' \leqslant 1 \text{ c'est-à-dire } -2 \leqslant f' \leqslant 0.$$

La fonction f' est donc négative et f est alors décroissante sur $\mathbb{R}$.

> la fonction f est bornée et décroissante. Il y a donc une information sur les limites en $+\infty$ et en $-\infty$.

Le théorème de la limite monotone montre que f admet une limite L en $+\infty$ et une limite L' en $-\infty$.
En outre, ces limites vérifient : $-1 \leqslant L \leqslant L' \leqslant 1$.

- Supposons $L < 0$.

Il existe $\alpha \in \mathbb{R}$ tel que, sur $[\alpha, +\infty[$, $\quad L \leqslant f(x) < \dfrac{L}{2}$ donc $1 - f^2(x) \leqslant 1 - \dfrac{L^2}{4}$.

Alors $\left(1+f'\right)^2 \leqslant 1 - f^2$ donne pour $x \in [\alpha, +\infty[$:

$$1 + f'(x) \leqslant \left|1+f'(x)\right| \leqslant \sqrt{1 - \frac{L^2}{4}} \quad \text{donc } f'(x) \leqslant \sqrt{1 - \frac{L^2}{4}} - 1.$$

Avec $A = \sqrt{1 - \dfrac{L^2}{4}} - 1 < 0$, le théorème des accroissements finis donne :

$$\text{pour } x \in [\alpha, +\infty[: f(x) - f(\alpha) \leqslant A(x-\alpha) \text{ et } \lim_{x \to +\infty} f(x) = -\infty.$$

On arrive ainsi à une contradiction, donc $L \geqslant 0$.

- On montre de même que $L' \leqslant 0$.

Il vient alors $L = L' = 0$ et la fonction f est la fonction constante nulle sur $\mathbb{R}$.

Ex. 9

Résoudre sur $\mathbb{R}_+^*$ l'équation différentielle (E) : $\qquad x^2y'' + xy' - 4y + 4x^2 = 0.$

> On a déjà rencontré une équation d'Euler. On a ainsi vu l'utilité du changement de variable défini par $x = e^t$.

En posant $x = e^t$, ou encore $t = \ell n\, x$, il vient :

$$\frac{\mathrm{d}y}{\mathrm{d}x} = \frac{1}{x}\frac{\mathrm{d}y}{\mathrm{d}t} \quad \text{et} \quad \frac{\mathrm{d}^2y}{\mathrm{d}x^2} = \frac{1}{x^2}\left(\frac{\mathrm{d}^2y}{\mathrm{d}t^2} - \frac{\mathrm{d}y}{\mathrm{d}t}\right).$$

L'équation (E) devient ainsi :

$$(E_1) : \quad \frac{\mathrm{d}^2y}{\mathrm{d}t^2} - 4y + 4e^{2t} = 0.$$

> Nous voilà en situation confortable : équation du second ordre à coefficients constants et second membre en exponentielle simple.

L'équation homogène (E_1') : $\dfrac{\mathrm{d}^2y}{\mathrm{d}t^2} - 4y = 0$ a pour équation caractéristique $r^2 - 4 = 0$.

Les solutions de (E_1') sont les fonctions : $y(t) = \lambda e^{2t} + \mu e^{-2t}$.

L'équation (E_1) admet une solution particulière de la forme $y = \alpha t e^{2t}$.
Par identification, on obtient $\alpha = -1$.
Les solutions de (E_1) sont donc les fonctions :

$$t \mapsto (\lambda - t)e^{2t} + \mu e^{-2t}, \text{ avec } (\lambda, \mu) \in \mathbb{R}^2.$$

Celles de (E), sur $\mathbb{R}_+^*$, sont donc les fonctions :

$$x \mapsto (\lambda - \ln x)x^2 + \frac{\mu}{x^2}, \ (\lambda, \mu) \in \mathbb{R}^2.$$

Ex. 10

Montrer que toutes les solutions de l'équation différentielle :

$$(E) : \quad y'' + e^{x^2} y = 0$$

sont bornées sur $\mathbb{R}$.

En multipliant par $2y'$, on fait apparaître $2yy' = (y^2)'$.

Soit y une solution sur $\mathbb{R}$ de (E). Pour tout $x \in \mathbb{R}$, on a :

$$2y(x)y'(x) = -2y'(x)y''(x)e^{-x^2}.$$

Il vient alors, pour tout $t \in \mathbb{R}$:

$$\int_0^t 2y(x)y'(x)\,\mathrm{d}x = -\int_0^t 2y''(x)y'(x)e^{-x^2}\,\mathrm{d}x.$$

$\displaystyle\int_0^t 2y(x)y'(x)\,\mathrm{d}x = \left[y^2(x)\right]_0^t = y^2(t) - y^2(0)$ donne $\displaystyle y^2(t) = y^2(0) - \int_0^t 2y''(x)y'(x)e^{-x^2}\,\mathrm{d}x$ **(E)**

Comme y est continue, il en est de même pour y'' et une intégration par parties du second membre est légitime.

Intégrons par parties : $\displaystyle -\int_0^t 2y''(x)y'(x)e^{-x^2}\,\mathrm{d}x = \left[-y'^2(x)e^{-x^2}\right]_0^t - \int_0^t 2xy'^2(x)e^{-x^2}\,\mathrm{d}x$

c'est-à-dire :

$$-\int_0^t 2y''(x)y'(x)e^{-x^2}\,\mathrm{d}x = y'^2(0) - y'^2(t)e^{-t^2} - \int_0^t 2xy'^2(x)e^{-x^2}\,\mathrm{d}x.$$

Avec $\displaystyle\int_0^t 2xy'^2(x)e^{-x^2}\,\mathrm{d}x \geqslant 0$ pour tout $t \in \mathbb{R}$, il s'ensuit $\displaystyle -\int_0^t 2y''(x)y'(x)e^{-x^2}\,\mathrm{d}x \leqslant y'^2(0)$.

Et en reportant dans **(E)**, il vient $y^2(t) \leqslant y^2(0) + y'^2(0)$ pour tout $t \in \mathbb{R}$, ce qui montre que toute solution de (E) est bornée sur $\mathbb{R}$.

Ex. 11

Soit a une fonction réelle continue sur $\mathbb{R}$ et de période 1.
On considère l'équation différentielle $y' - ay = 0$ **(E)**.
Montrer qu'il existe un unique réel α tel que, pour toute solution non nulle f de **(E)**, la fonction $F : x \mapsto e^{-\alpha x} f(x)$ est périodique.

Les solutions de **(E)** sont les fonctions multiples réels de $f = e^A$, où A est une primitive de a, par exemple $\displaystyle A(x) = \int_0^x a(t)\,\mathrm{d}t$.

B. U. PARIS 13 SCIENCES

On peut utiliser la période 1 de a pour examiner $A(x+1)$ puis pour exprimer $f(x+1)$.

On a $A(x+1) = \int_0^1 a(t)\,dt + \int_1^{x+1} a(t)\,dt$. En notant que :

$$\int_1^{x+1} a(t)\,dt = \int_0^x a(t+1)\,dt = \int_0^x a(t)\,dt,$$

il vient :

$$A(x+1) = A(1) + A(x).$$

On obtient alors $f(x+1) = e^{A(1)+A(x)} = e^{A(1)} f(x)$.

Il s'ensuit que $F(x+1) = e^{-\alpha} e^{-\alpha x} e^{A(1)} f(x) = e^{-\alpha + A(1)} F(x)$.

En choisissant $\alpha = A(1)$, alors F est de période 1.

Pour $\alpha \neq A(1)$, il est vrai que F n'admet pas 1 pour période. Mais ce n'est pas la question : il faut montrer que F n'admet pas de période

Une fonction continue périodique est bornée ; cela peut être une bonne approche pour montrer que F n'est pas périodique.

Pour $\alpha \neq A(1)$, posons $\beta = A(1) - \alpha$ et considérons le cas $\beta > 0$.

$F(x+1) = e^{\beta} F(x)$ donne aisément $F(x+n) = e^{n\beta} F(x)$ pour tout $n \in \mathbb{N}^*$.

La fonction f ne prend pas la valeur 0, donc F ne prend pas la valeur 0.

Pour $F(x) > 0$, on a $\lim_{n \to +\infty} F(x+n) = +\infty$ et pour $F(x) < 0$, on a $\lim_{n \to +\infty} F(x+n) = -\infty$.

Ainsi F n'est pas bornée et n'est donc pas périodique.

On obtient facilement la même conclusion lorsque l'on a $\beta < 0$.

Ex. 12

Résoudre l'équation différentielle $y'' + 6y' + 9y = \dfrac{e^{-3x}}{\sqrt{x^2+1}}$.

$x \mapsto \dfrac{e^{-3x}}{\sqrt{x^2+1}}$ étant de classe $\mathcal{C}^\infty$ sur $\mathbb{R}$, les solutions sont de classe $\mathcal{C}^\infty$ sur $\mathbb{R}$.

Classiquement, on commence par chercher les solutions de l'équation sans second membre.

L'équation $r \in \mathbb{C},\ r^2 + 6r + 9 = 0$ admet -3 pour racine double.

Les solutions de l'équation sans second membre sont les fonctions $x \mapsto (\lambda x + \mu)e^{-3x}$.

Le second membre n'étant pas de la forme classique $x \mapsto e^{\alpha x} P(x)$, où P est polynomiale, il n'y a pas de méthode standard pour trouver une solution de l'équation complète.

Dans ce cas, un changement de fonction inconnue permet de se ramener à une équation d'ordre inférieur à 2.

Posons $y = ze^{-3x}$; alors $y' = (z' - 3z)e^{-3x}$ et $y'' = (z'' - 6z' + 9z)e^{-3x}$.

L'équation différentielle devient alors $z'' = \dfrac{1}{\sqrt{x^2+1}}$.

> C'est effectivement plus simple, il ne s'agit plus que d'une question de primitives.

On a donc $z' = \operatorname{Argsh} x + \alpha$, puis une intégration par parties donne :

$$\int_0^x \operatorname{Argsh} t \, dt = x \operatorname{Argsh} x - \int_0^x \frac{t}{\sqrt{t^2+1}} \, dt$$

d'où $z = x \operatorname{Argsh} x - \sqrt{x^2+1} + \alpha x + \beta$, avec $(\alpha, \beta) \in \mathbb{R}^2$ et les solutions cherchées sont :

$$x \mapsto (\alpha x + \beta)e^{-3x} + \left(x \operatorname{Argsh} x - \sqrt{x^2+1}\right)e^{-3x}.$$

Ex. 13

Déterminer les fonctions réelles, deux fois dérivables sur $\mathbb{R}$, telles que :

pour tout $x \in \mathbb{R}$, $f''(x) + f(-x) = x + \cos x$. **(E)**

> Ce n'est pas une équation différentielle au sens usuel du terme.
> La seule piste naturelle consiste à faire aparaître $f''(-x)$.

Pour tout x réel on a aussi $f''(-x) + f(x) = -x + \cos x$. **(E')**

Avec **(E)** et **(E')**, il vient :

$$\big(f''(x) + f''(-x)\big) + \big(f(x) + f(-x)\big) = 2\cos x \quad \text{et} \quad \big(f''(x) - f''(-x)\big) - \big(f(x) - f(-x)\big) = 2x.$$

> Les fonctions $\varphi(x) = f(x) + f(-x)$ et $\psi(x) = f(x) - f(-x)$ viennent tout naturellement. Notons que, au coefficient $\frac{1}{2}$ près, ce sont les parties paire et impaire de f.

Avec $\varphi(x) = f(x) + f(-x)$, on a :

$$\varphi'(x) = f'(x) - f'(-x) \quad \text{puis} \quad \varphi''(x) = f''(x) + f''(-x)$$

et, avec $\psi(x) = f(x) - f(-x)$, on a :

$$\psi''(x) = f''(x) - f''(-x).$$

On a donc $\varphi''(x) + \varphi(x) = 2\cos x$ et $\psi''(x) - \psi(x) = 2x$.

> φ est une solution paire de $y'' + y' = 2\cos x$ et ψ est une solution impaire de $y'' - y = 2x$.

- Les solutions réelles de $y'' + y = 0$ sont les fonctions $x \mapsto \lambda \cos x + \mu \sin x$.

Notons que $(x \sin x)' = \sin x + x \cos x$ et $(x \sin x)'' = 2\cos x - x \sin x$, donc :

$$(x \sin x)'' + x \sin x = 2\cos x$$

et on a une solution particulière de l'équation.

Les solutions sont $y = \lambda \cos x + \mu \sin x + x \sin x$. Les solutions paires sont les fonctions :

$$\varphi : x \mapsto \lambda \cos x + x \sin x.$$

- Les solutions réelles de $y'' - y = 0$ sont les fonctions $x \mapsto \alpha \operatorname{ch} x + \beta \operatorname{sh} x$.

Notons que la fonction $x \mapsto -2x$ est solution de $y'' - y = 2x$.

Les solutions sont donc les fonctions $x \mapsto \alpha \operatorname{ch} x + \beta \operatorname{sh} x - 2x$. Les solutions impaires sont les fonctions :

$$\psi : x \mapsto \beta \operatorname{sh} x - 2x.$$

> Les fonctions f s'obtiennent à l'aide de leurs parties paires et impaires.

On a donc $f(x) = \frac{1}{2}\big(\varphi(x) + \psi(x)\big) = \frac{1}{2}\big(\lambda \cos x + \beta \operatorname{sh} x + x \sin x - 2x\big)$.

Pour conclure, il reste à vérifier que ces fonctions conviennent, ce qui n'est qu'une simple formalité.

Ex. 14

Résoudre l'équation différentielle $(1-x^2)y'' + 2xy' - 2y = 0$.

> Les équations du second ordre sont connues dans le seul cas de coefficients constants.
> En l'absence d'indication, il reste comme principale ressource la recherche d'une solution particulière. Une solution polynomiale serait la bienvenue.
> L'examen des coefficients dominants est souvent une source d'information utile.

- Pour une fonction polynomiale P, de degré $n \in \mathbb{N}^*$ et de coefficient dominant 1 :

$$(1-x^2)P'' + 2xP' - 2P = 0,$$

le coefficient dominant de $(1-x^2)P'' + 2xP' - 2P$ est :

$$-n(n-1) + 2(n-1).$$

Alors on a nécessairement $-n(n-1)+2(n-1) = 0$, ce qui donne $n = 1$ ou $n = 2$.

- $P_1(x) = ax + b$ est solution si et seulement si $b = 0$.

Une famille de solutions est le sous-espace engendré par Id_R.

- $P_2(x) = ax^2 + bx + c$ est solution, avec $a \neq 0$, si et seulement si :

$$a(1-x^2) + x(2ax+b) - ax^2 - bx - c = 0 \text{ pour tout } x \in \mathbb{R},$$

c'est-à-dire si et seulement si $a = c$.

> L'équation proposée est linéaire, donc toute combinaison linéaire de solutions est encore une solution.

Les solutions polynomiales sont alors les fonctions $P : x \mapsto \lambda(x^2+1) + \mu x$, avec $(\lambda, \mu) \in \mathbb{R}^2$.

> Pour obtenir toutes les solutions, on s'appuie sur une solution particulière. Pour un changement de fonction inconnue, le plus agréable, quand c'est possible, est de s'appuyer sur une solution qui ne prend pas la valeur 0.

Pour rechercher toutes les solutions, effectuons le changement de fonction inconnue défini sur $\mathbb{R}$ par : $y(x) = (x^2+1)z(x)$.

L'équation équivaut alors à $(1-x^2)(x^2+1)z'' + 2x(3-x^2)z' = 0$.

> On est, comme c'est l'objectif usuel, ramené à une équation du premier ordre en $z' = Z$.

Sur chacun des intervalles $I_1 =]-\infty, -1[$, $I_2 =]-1, ; 1[$ et $I_3 =]1, +\infty[$, l'équation :

$$(1-x^2)(x^2+1)Z' + 2x(3-x^2)Z = 0 \text{ équivaut à } Z' = \frac{2x(3-x^2)}{(x^2-1)(x^2+1)} Z.$$

On obtient aisément $a(x) = \dfrac{2x(3-x^2)}{(x^2-1)(x^2+1)} = \dfrac{2x}{x^2-1} - \dfrac{4x}{x^2+1}$ et une primitive de a est A définie par :

$$A(x) = \ell n\left|x^2-1\right| - 2\,\ell n\left(x^2+1\right).$$

Les solutions Z sont alors $Z : x \mapsto \alpha \dfrac{1-x^2}{(x^2+1)^2}$, avec $\alpha \in \mathbb{R}$.

Une primitive de $x \mapsto \dfrac{1-x^2}{\left(x^2+1\right)^2}$ est $\varphi : x \mapsto \dfrac{x}{x^2+1}$

Sur I_1, I_2 et I_3, on a donc $z = \alpha_k \varphi + \beta_k$, avec $\left(\alpha_k, \beta_k\right) \in \mathbb{R}^2$, pour $k \in \{1, 2, 3\}$.

Et enfin, $y = \alpha_k x + \beta_k(1+x^2)$.

Il est facile de constater, par l'examen des raccordements en 1 et en -1, que les solutions sur $\mathbb{R}$ sont les solutions polynomiales $x \mapsto \lambda(x^2+1) + \mu x$.

B Courbes planes, étude affine et métrique

Ex. 15

Étudier la courbe paramétrée par $x(t) = \dfrac{t^3}{1+3t}$, $y(t) = \dfrac{3t^2}{1+3t}$.

La fonction $t \mapsto \big(x(t), y(t)\big)$ est de classe $\mathcal{C}^\infty$ sur $\mathbb{R} \setminus \{-\frac{1}{3}\}$ et on a $\dfrac{y}{x} = \dfrac{3}{t}$.

L'étude des branches infinies donne une idée «générale» de la courbe.
Elle permet d'avoir rapidement une ébauche qu'il restera ensuite à confirmer et à affiner.

- *Branche infinie en* $-\frac{1}{3}$

Il y a une direction asymptotique d'équation $y = -9x$.

Avec $t = -\frac{1}{3} + h$, il vient $3t = -1 + 3h$, d'où $y + 9x = 3t^2 = \frac{1}{3}\big(-1+3h\big)^2 = \frac{1}{3} - 2h + o(h)$:

la droite d'équation $y = -9x + \frac{1}{3}$ est asymptote.

La courbe est au dessus de l'asymptote pour $h < 0$ et en dessous pour $h > 0$.

- *Branche infinie en* $\pm\infty$

Il y a une branche parabolique dans la direction de l'axe Ox puisque $\lim\limits_{t\to\pm\infty} \dfrac{y}{x} = 0$.

Avec $h = \frac{1}{t}$, on a :

$$y = \frac{1}{h\left(1+\frac{h}{3}\right)} = \frac{1}{h}\left(1 - \frac{h}{3} + \frac{h^2}{9} - \frac{h^3}{27} + o(h^3)\right).$$

$$\text{et} \quad x = \frac{y}{3h} = \frac{1}{3h^2}\left(1 - \frac{h}{3} + \frac{h^2}{9} - \frac{h^3}{27} + o(h^3)\right).$$

Alors $y^2 = \dfrac{1}{h^2}\left(1 - \dfrac{2h}{3} + \dfrac{h^2}{3} - \dfrac{4h^3}{27} + o(h^3)\right)$ donne $y^2 - 3x = -\dfrac{1}{3h} + \dfrac{2}{9} - \dfrac{h}{9} + o(h)$.

Or $-\dfrac{y}{3} = -\dfrac{1}{3h} + \dfrac{1}{9} - \dfrac{h}{27} + o(h)$ et il vient $3x = y^2 - \dfrac{1}{3}y - \dfrac{1}{9} + \dfrac{2}{27}h + o(h)$.

La parabole $3X = Y^2 - \frac{1}{3}Y - \frac{1}{9}$ est asymptote.

La courbe est en dessous pour t voisin de $-\infty$ et au-dessus pour t voisin de $+\infty$.

Entrons un peu plus dans les détails par l'étude des variations de x et de y.
On dégagera l'existence (éventuelle) de point stationnaire.

- *Dérivées*

$$x'(t) = \frac{3t^2(1+2t)}{(1+3t)^2} \quad \text{et} \quad y'(t) = \frac{3t(2+3t)}{(1+3t)^2}.$$

- *Point stationnaire*

L'examen des variations de x et y montre que, pour $t = 0$, on a un rebroussement (en l'origine, avec tangente verticale) de 1re espèce.

On peut améliorer le tracé en s'aidant de quelques points supplémentaires.

Points particuliers : pour $t = -\frac{1}{2}$, $x = \frac{1}{4}$, $y = -\frac{3}{2}$; et pour $t = -\frac{2}{3}$, $x = \frac{8}{27}$, $y = -\frac{4}{3}$.

- *Tableau des variations*

t	$-\infty$		$-\frac{2}{3}$		$-\frac{1}{2}$		$-\frac{1}{3}$ ‖		0		$+\infty$
x'		$-$		$-$	0	$+$	‖	$+$		$+$	
x	$+\infty$	↘	$\frac{8}{27}$	↘	$\frac{1}{4}$	↗	$+\infty$ ‖ $-\infty$	↗	0	↗	$+\infty$
y'		$+$	0	$-$		$-$	‖	$-$	0	$+$	
y	$-\infty$	↗	$-\frac{4}{3}$	↘	$-\frac{3}{2}$	↘	$-\infty$ ‖ $+\infty$	↘	0	↗	$+\infty$

- *Courbe représentative*

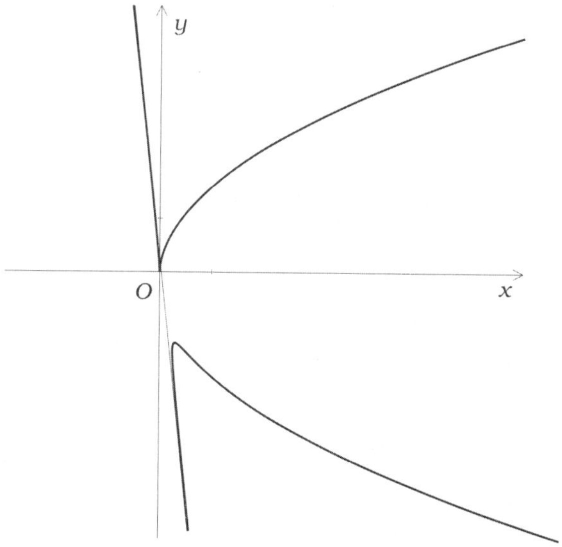

Ex. 16

Étudier la courbe de représentation polaire $r(\theta) = \dfrac{\cos\theta}{1 + \cos\theta\cos 2\theta}$.

La fonction r est de période 2π, elle est paire et π n'est pas antipériode.
On étudie la courbe sur l'intervalle $[0, \pi]$ et on complétera par la réflexion d'axe Ox.
Avec $\cos 2\theta = 2\cos^2\theta - 1$, le dénominateur est $(\cos\theta + 1)(2\cos^2\theta - 2\cos\theta + 1)$, il s'annule en π. La fonction $\theta \mapsto r(\theta)$ est $\mathcal{C}^\infty$ sur $[0, \pi[$.

Notons aussi que l'on a $r(\theta) = 0$ pour $\theta = \dfrac{\pi}{2}$.

> Après cette étude, qui a pour objet de préciser l'intervalle utile auquel on peut se limiter, l'examen de la branche infinie permet une ébauche du tracé de la courbe.

- *Branche infinie en π*

$\theta = \pi + h$. On a $r(\pi + h)\sin h = -\dfrac{\cos h \sin h}{1 + \cos h - 2\cos^3 h}$.

On a $-\cos h \sin h \sim -h$ et $1+\cos h - 2\cos^3 h = 1 + 1 - \dfrac{h^2}{2} - 2\left(1 - \dfrac{3h^2}{2}\right) + o(h^2) \sim \dfrac{5h^2}{2}$,

donc $\lim\limits_{h\to 0} r(\pi + h)\sin h = +\infty$.

La courbe présente une branche parabolique dans la direction de Ox.

Notons que $r(0) = \dfrac{1}{2}$ et qu'il y a en ce point une tangente verticale (par symétrie) puisque ce n'est pas un point de rebroussement.

> L'examen des points d'inflexion est rarement aisé. Un des cas où cette étude est plus facile est celui où $\dfrac{1}{r(\theta)}$ est facile à dériver.

- *Étude des inflexions*

$\rho(\theta) = \dfrac{1}{r(\theta)} = \dfrac{1}{\cos\theta} + \cos 2\theta$ donne $\rho''(\theta) = \dfrac{2}{\cos^3\theta} - \dfrac{1}{\cos\theta} - 4\cos 2\theta$ d'où :

$$\rho(\theta) + \rho''(\theta) = \frac{2 + 3\cos^3\theta - 6\cos^5\theta}{\cos^3\theta}.$$

Les variations de $f : x \mapsto 2 + 3x^3 - 6x^5$, avec $f'(x) = 3x^2(3 - 10x^2)$, montrent que, sur $[-1, 1]$, f s'annule en changeant de signe en $x_0 \approx 0{,}95$.

Il y a donc une inflexion pour $\alpha = \mathrm{Arccos}\, x_0 \approx 0,33$.

> Une ébauche laisse penser à des points doubles.

- *Points doubles autres que O :*

$r(\theta+\pi) = -r(\theta)$ pour $\theta \neq \dfrac{\pi}{2}$ équivaut à $1-\cos\theta\cos 2\theta = 1+\cos\theta\cos 2\theta$, c'est-à-dire $\cos\theta\cos 2\theta = 0$.

Avec $\cos\theta \neq 0$, il reste $\theta = \dfrac{\pi}{4}$ ou $\theta = \dfrac{3\pi}{4}$, ce qui donne les points doubles :

$$A = \left(\frac{1}{2}, \frac{1}{2}\right) \text{ et } A' = \left(\frac{1}{2}, -\frac{1}{2}\right).$$

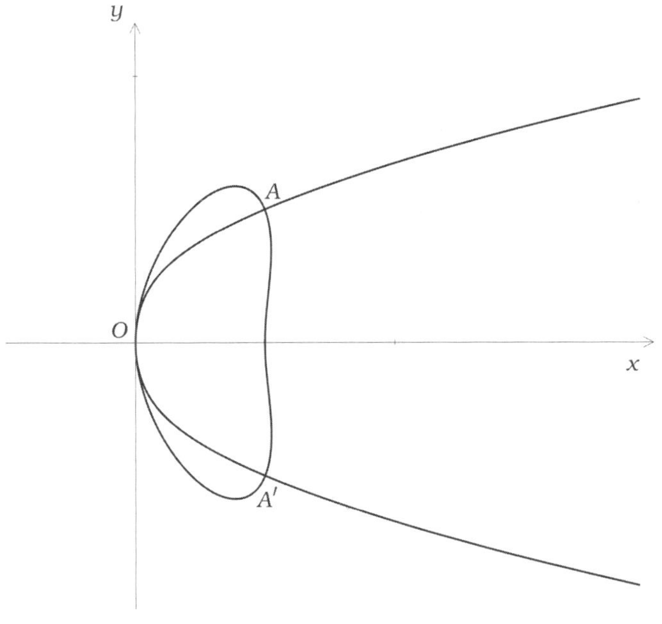

Ex. 17

Étudier la courbe dont une équation polaire est : $\rho(\theta) = \dfrac{\cos 3\theta}{\cos 2\theta}$.

> La première chose à faire est de préciser l'ensemble de définition.
>
> La parité, périodicité ou antipériodicité ramènent à un intervalle utile d'étude qui réduit beaucoup les développements techniques utiles.

La fonction ρ est $\mathcal{C}^\infty$ sur $\mathbb{R} \setminus \left\{\frac{\pi}{4} + k\frac{\pi}{2},\ k \in \mathbb{Z}\right\}$.

Elle est de période 2π et paire, et π est antipériode.

On étudie la courbe sur $\left[0, \frac{\pi}{2}\right]$ et on complète par la réflexion d'axe Ox.

> Le plus important est d'étudier le signe de $\rho(\theta)$. Les informations (secteur angulaire, passage par l'origine) qui en découlent sont importantes. Les variations de ρ sont souvent plus difficiles à déterminer.

θ	0		$\frac{\pi}{6}$		$\frac{\pi}{4}$		$\frac{\pi}{2}$
$\rho(\theta)$	1	$+$	0	$-$	$\infty \parallel +\infty$	$+$	0

- *Origine*

$O = \rho\left(\frac{\pi}{6}\right)$: le signe de ρ montre que c'est un point ordinaire.

$O = \rho\left(\frac{\pi}{2}\right)$: la symétrie d'axe Ox montre que c'est un point ordinaire.

- *Branche infinie en* $\frac{\pi}{4}$

$\rho(\theta) = \rho(\pi/4 + h) = \dfrac{\cos(3\pi/4 + 3h)}{\cos(\pi/2 + 2h)} = \dfrac{\sqrt{2}}{2}\,\dfrac{\cos(3h) + \sin(3h)}{\sin(2h)}$ donne :

$$\rho(\theta)\sin h = \frac{\sqrt{2}}{4}\,\frac{\cos(3h) + \sin(3h)}{\cos h}.$$

$\cos(3h) + \sin(3h) = 1 + 3h + o(h)$ et $\dfrac{1}{\cos h} = 1 + o(h)$ donnent :

$$\rho\left(\frac{\pi}{4 + h}\right) = \frac{\sqrt{2}}{4} + \frac{3\sqrt{2}}{4}h + o(h).$$

Dans le repère orthonormal direct associé à l'angle polaire $\frac{\pi}{4}$, la droite d'équation $Y = \frac{\sqrt{2}}{4}$ est asymptote. Dans le repère fixe, cette droite a pour équation $x - y + \frac{1}{2} = 0$.

Avant $\frac{\pi}{4}$, la courbe est en dessous de l'asymptote ; elle est au-dessus après $\frac{\pi}{4}$.

- *Tracé de la courbe*

Utilisez une calculatrice pour contrôler votre interprétation graphique ! Un tracé est proposé à la fin de l'exercice.

- *Autres points*

> Pour affiner un tracé à la main de la courbe, quelques points sont faciles à placer.

En $\rho(0)$, la tangente est verticale par raison de symétrie de la tangente par rapport à Ox, en sachant que ce n'est pas un point de rebroussement.

π est antipériode et la courbe est symétrique par rapport à Ox. Il n'y a donc pas d'autre point double que l'origine.

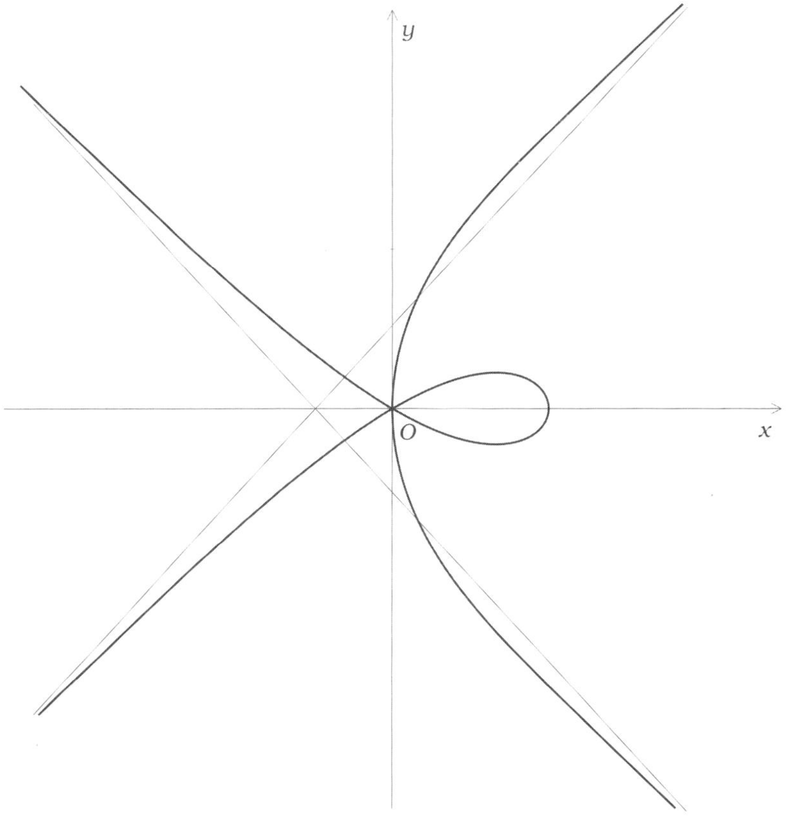

Ex. 18

Étudier la courbe paramétrée par : $x(t) = 2t + t^2 \quad , \quad y(t) = 2t - \dfrac{1}{t^2}$.

> Toute étude de courbe paramétrée commence par une analyse des fonctions :
> $$t \mapsto x(t) \quad \text{et} \quad t \mapsto y(t).$$
> C'est à la suite de cette étude qu'apparaissent les situations qui demanderont une étude particulière.

$F : t \mapsto \big(x(t), y(t)\big)$ est $\mathcal{C}^\infty$ sur $\mathbb{R}^*$. et on a :

$$x'(t) = 2(1+t) \quad , \quad y'(t) = \frac{2}{t^3}(1+t)(t^2 - t + 1).$$

La courbe $\mathscr{C}$ ne présente pas de symétrie apparente.

t	$-\infty$		-1		0	0		$+\infty$
x'		$-$	0	$+$	‖	‖	$+$	
x	$+\infty$	↘	-1	↗	0	0	↗	$+\infty$
y'		$+$	0	$-$	‖	‖	$+$	
y	$-\infty$	↗	-3	↘	$-\infty$	$-\infty$	↗	$+\infty$

> Première particularité : il y a un point stationnaire ; sans qu'il soit nécessaire de le dire, les autres sont réguliers.

- *Point stationnaire pour $t = -1$*

On a $x'(-1) = 0$ et, avec $x''(t) = 2$, on a $x''(-1) = 2$.

Avec $y'(t) = 2\left(1 + \frac{1}{t^3}\right)$, $y''(t) = \frac{-6}{t^4}$, $y'''(t) = \frac{24}{t^5}$, il vient $y''(-1) = -6$, $y'''(-1) = -24$.

La tangente en -1 est dirigée par $\frac{1}{2}F''(-1) = (1, -3)$.

En $F(-1) = (-1, -3)$, la courbe présente un point de rebroussement de première espèce puisque les vecteurs $F''(-1)$ et $F'''(-1) = (0, -24)$ sont indépendants.

> En général, l'étude des points doubles n'est abordée qu'après une première ébauche de la courbe. Toutefois, il est aussi raisonnable de les examiner avant cette ébauche. C'est souvent une gestion du temps disponible qui est un facteur décisif tant à l'écrit qu'à l'oral.

- *Points doubles*

Pour $t_1 \neq t_2$, on a :

• $x(t_1) = x(t_2)$ si et seulement si $(t_1 - t_2)(2 + t_1 + t_2) = 0$, et

• $y(t_1) = y(t_2)$ si et seulement si $(t_1 - t_2)\left(2 + \dfrac{t_1 + t_2}{t_2^2 t_2^2}\right) = 0$.

Avec $t_1 + t_2 = -2$, on a $t_1 t_2 = \pm 1$, donc t_1 et t_2 sont les racines distinctes de l'équation :

• $X^2 + 2X + 1 = 0$, qui possède une racine double -1 ; il n'y a donc pas de point double provenant de ce cas ;

> Notons que la recherche de point double nous a fait rebondir, pour ce premier cas, sur le point de rebroussement.

• ou $X^2 + 2X - 1 = 0$, de racines $-1 - \sqrt{2}$ et $-1 + \sqrt{2}$, ce qui donne un point double $A = (1, -5)$.

- *Asymptote verticale*

En 0, à gauche ou à droite, la courbe $\mathcal{C}$ admet l'axe des ordonnées pour asymptote.

- *Branche infinie en $\pm\infty$*

On a $x(t) \sim t^2$ et $y(t) \sim 2t$, d'où une branche parabolique dans la direction Ox.

> $y^2(t) \sim x(t)$ conduit naturellement à préciser cette branche infinie en recherchant une parabole asymptote.

- *Parabole asymptote*

$y^2(t) = 4t^2 - \dfrac{4}{t} + o\left(\dfrac{1}{t}\right)$ d'où $y^2(t) = 4x(t) - 8t - \dfrac{4}{t} + o\left(\dfrac{1}{t}\right)$ et, avec $2t = y(t) + o\left(\dfrac{1}{t}\right)$, il vient :

$$y^2(t) + 4y(t) = 4x(t) - \frac{4}{t} + o\left(\frac{1}{t}\right).$$

Donc la parabole $(\mathcal{P})$ d'équation $y^2 + 4y = 4x$ est asymptote à $\mathcal{C}$.

En $+\infty$, $4x(t) > y^2(t) + 4y(t)$ montre que $\mathcal{C}$ est à droite de $(\mathcal{P})$. Et $\mathcal{C}$ est à gauche de $(\mathcal{P})$ en $-\infty$.

L'équation de $(\mathcal{P})$ se lit aussi $(y + 2)^2 = 4(x + 1)$, ce qui permet de marquer les éléments utiles.

> L'occasion est donnée de montrer que les coniques restent dans votre domaine de connaissances, même si ce n'est pas l'objet premier du sujet.

Le sommet est $S = (-1, -2)$, le paramètre est 2, le foyer est $(0, -2)$.

> Pour le tracé de la courbe, faites une ébauche avant de vous précipiter sur votre calculatrice, c'est plus utile pour vous rôder à ces questions.

- *Représentation graphique*

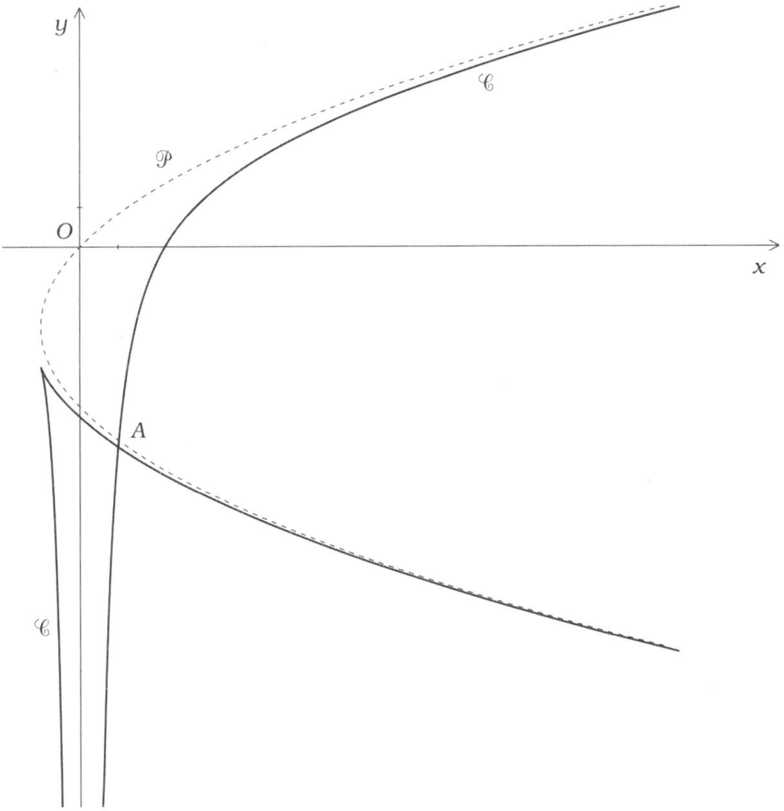

- *Autres points*

Pour $t \neq -1$, on a $\det\big(F'(t), F''(t)\big) = \dfrac{4(t+1)}{t^3}\begin{vmatrix} 1 & 1 \\ t^2 - t + 1 & -\dfrac{3}{t}\end{vmatrix} = -\dfrac{4(t+1)}{t^4}\big(3 + t(t^2 - t + 1)\big)$.

$3 + t(t^2 - t + 1) = t^3 - t^2 + t + 3 = (t + 1)(t^2 - 2t + 3)$ et $t^2 - 2t + 3$ n'a pas de racine réelle.

Tous les points, sauf $F(-1)$, sont biréguliers.

Ex. 19

On considère la courbe paramétrée : $t \mapsto \left(2 \text{ Arctan } t\,,\ \ell n\left(\frac{1+t^2}{1-t^2}\right)\right)$.

En donner une équation cartésienne $y = f(x)$ et déterminer sa développée. (Voir ci-après.)

Une étude de courbe paramétrée Γ régulière, avec ses aspects métriques : repère de Frenet $(M, \vec{T}, \vec{N})$, courbure γ et rayon de courbure $R = \frac{1}{\gamma}$, conduit souvent à l'étude d'une nouvelle courbe paramétrée.

Étant donné un point M, de paramètre t, le point I défini par $\overrightarrow{MI} = R\vec{N}$ est le *centre de courbure* de Γ en M.

La *développée* de Γ est l'ensemble des centres de courbure en ses différents points.

$1 - t^2$ sous le logarithme est l'élément principal pour l'ensemble de définition.

Arctan est une bijection de $\mathbb{R}$ sur $\left]-\frac{\pi}{2}, \frac{\pi}{2}\right[$. Sa restriction à $]-1, 1[$ définit une bijection de $]-1, 1[$ sur $\left]-\frac{\pi}{4}, \frac{\pi}{4}\right[$.

La fonction $\Phi : t \mapsto \left(2\,\text{Arctan}\,t, \ell n\left(\frac{1+t^2}{1-t^2}\right)\right)$ est $\mathcal{C}^\infty$ sur $I =]-1, 1[$.

On a $\frac{x}{2} = \text{Arctan}\,t$ avec $\frac{x}{2} \in \left]-\frac{\pi}{4}, \frac{\pi}{4}\right[$.

Les expressions des fonction circulaires à l'aide de la tangente de l'argument moitié doivent être connues et reconnues !

Alors $t = \tan\frac{x}{2}$ donne $y = \ell n\,\dfrac{1 + \tan^2\frac{x}{2}}{1 - \tan^2\frac{x}{2}} = \ell n\left(\frac{1}{\cos x}\right) = -\,\ell n(\cos x)$.

Étude sur $\left]-\frac{\pi}{2}, \frac{\pi}{2}\right[$ de $f : x \mapsto -\,\ell n(\cos x)$.

f est paire, de dérivée donnée par $f'(x) = \tan x$.

La représentation graphique est immédiate.

La première question du sujet montre à l'évidence qu'il s'agit de l'étude métrique d'une courbe dans le cas particulier de $y = f(x)$.

Toute étude métrique qui reviendrait à la case départ : $x(t) = \ldots$, $y(t) = \ldots$ pourrait être considérée comme hors sujet.

La tangente en $M(x)$ est dirigée par $\big(1, f'(x)\big) = (1, \tan x) = \frac{1}{\cos x}(\cos x, \sin x)$.

Avec $x \in \left]-\frac{\pi}{2}, \frac{\pi}{2}\right[$, on a $\frac{1}{\cos x} > 0$, donc $\frac{\mathrm{d}s}{\mathrm{d}x} = \frac{1}{\cos x}$ et $\vec{T} = (\cos x, \sin x)$.

On utilise les notations usuelles pour l'abscisse curviligne et le vecteur normé tangent.

Classiquement, on note φ l'angle polaire de $\vec{T}$ avec le vecteur normé qui dirige l'axe des abscisses.

On a en particulier $\varphi = x$ modulo 2π.

On peut évidemment utiliser la formule de définition du centre de courbure I en M : $\overrightarrow{MI} = R\overrightarrow{N}$, avec le rayon de courbure et le vecteur normal en M.

Le cas où φ s'exprime simplement en fonction du paramètre donne une rédaction plus «économique».

Avec $\dfrac{\mathrm{d}}{\mathrm{d}\varphi} = \dfrac{\mathrm{d}}{\mathrm{d}x}$, les coordonnées du centre de courbure sont $\begin{cases} x - \dfrac{\mathrm{d}y}{\mathrm{d}x} \\ y+1 \end{cases}$

Le centre de courbure en $M(x)$ est donc $I = \big(x - \tan x, -\ell n(\cos x) + 1\big)$.

Ex. 20

On considère la courbe plane $\mathscr{C}$ paramétrée par $M(t)$: $\begin{cases} x(t) = \ell n\big(\tan \frac{t}{2}\big) + \cos t \\ y(t) = \sin t \end{cases}$

1) Préciser l'ensemble de définition de ce paramétrage et étudier succinctement cette courbe.

2) Étant donné un point M de paramètre t, on note N l'intersection de la tangente en M à $\mathscr{C}$ et de l'axe des abscisses. Monter que la longueur du segment $[MN]$ est indépendante de t.

3) Paramétrer la développée (voir l'exercice 19) de la restriction de $\mathscr{C}$ à $\left]0, \frac{\pi}{2}\right[$.

1) Le paramétrage $M(t) = \big(x(t), y(t)\big)$ est 2π-périodique.

$\tan \frac{t}{2} > 0$ nécessite $\frac{t}{2} \in \left]0, \frac{\pi}{2}\right[$ modulo π, c'est-à-dire $t \in \left]0, \pi\right[$ modulo 2π.

On obtient la courbe $\mathscr{C}$ toute entière en considérant la restriction de M à l'intervalle $]0, \pi[$ et M est C^∞ sur $]0, \pi[$.

Un peu de trigonométrie basique permet de détecter une symétrie.

$$x\big(\pi - t\big) = \ell n\left(\tan\left(\frac{\pi}{2} - \frac{t}{2}\right)\right) + \cos(\pi - t) = \ell n\left(\frac{1}{\tan\frac{t}{2}}\right) - \cos t = -x(t) \text{ et } y(\pi - t) = y(t)$$

montre que $M(\pi - t)$ et $M(t)$ sont symétriques par rapport à (Oy).

À cette symétrie près, on peut se restreindre à l'intervalle $\left]0, \frac{\pi}{2}\right]$.

- $x'(t) = \dfrac{1}{2}\,\dfrac{1}{\tan\frac{t}{2}}\,\dfrac{1}{\cos^2\frac{t}{2}} - \sin t = \dfrac{1}{\sin t} - \sin t = \dfrac{\cos^2 t}{\sin t}$ et $y'(t) = \cos t$ donnent facilement les variations de x et y.
- En $\frac{\pi}{2}$, il y a un point stationnaire et, avec $\dfrac{y'(t)}{x'(t)} = \tan t$, la tangente en $A = M\left(\frac{\pi}{2}\right) = (0, 1)$ est dirigée par (Oy). Pour la courbe $\mathscr{C}$, en tenant compte de la symétrie d'axe (Oy), c'est donc un point de rebroussement de 1re espèce.

La représentation graphique est immédiate.

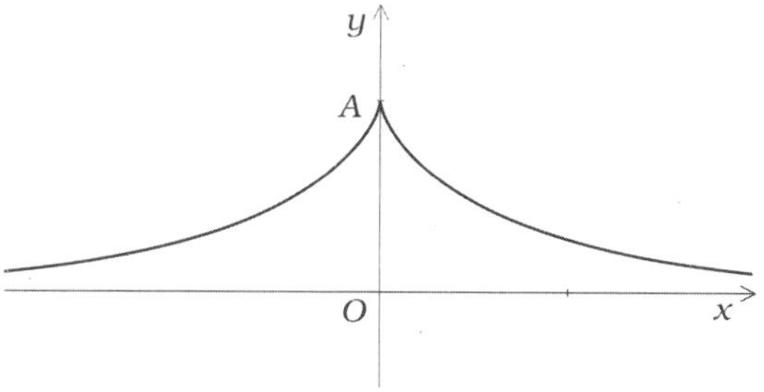

2) Venons-en au segment $[MN]$. Pour une équation de la tangente, il y a lieu de distinguer le point particulier $A = M\left(\frac{\pi}{2}\right) = (0, 1)$.

$A = M\left(\frac{\pi}{2}\right) = (0, 1)$ et la tangente en A coupe (Ox) en O, donc $AO = 1$ est la valeur de MN pour la valeur $\frac{\pi}{2}$ du paramètre.

Pour $t \in \left]0, \frac{\pi}{2}\right[$, la pente de la tangente est $\tan t$.

La tangente en $M(t)$ a pour équation $Y - y(t) = \big(X - x(t)\big)\tan t$.

L'abscisse de $N(t)$ est donc $X = x(t) - \dfrac{y(t)}{\tan t}$ donc $MN^2 = y^2(t) + \left(\dfrac{y(t)}{\tan t}\right)^2 = 1$.

3) La restriction de M à $\left]0, \frac{\pi}{2}\right[$ est régulière et $\begin{cases} x'(t) = \dfrac{\cos t}{\sin t}\cos t \\ y'(t) = \dfrac{\cos t}{\sin t}\sin t \end{cases}$

Avec $\dfrac{\cos t}{\sin t} > 0$ sur $\left]0, \frac{\pi}{2}\right[$, on a donc $\dfrac{ds}{dt} = \dfrac{\cos t}{\sin t}$ et $\overrightarrow{T} = (\cos t, \sin t)$.

L'angle polaire $\varphi = \left(\overrightarrow{i}, \overrightarrow{T}\right)$ est donc t modulo 2π.

Les coordonnées du centre de courbure sont :

$$x_I = x(t) - \frac{dy}{d\varphi} = x(t) - \frac{dy}{dt} = \ell n\left(\tan\frac{t}{2}\right),$$

$$\text{et}\quad y_I = y(t) + \frac{dx}{d\varphi} = y(t) + \frac{dx}{dt} = \sin t + \frac{\cos^2 t}{\sin t} = \frac{1}{\sin t}.$$

Le rayon de courbure est $R = \dfrac{ds}{d\varphi} = \dfrac{ds}{dt} = \dfrac{\cos t}{\sin t}$. Mais, comme dans l'exercice précédent, il n'est pas utile de s'y attarder. Réservons la formule $I = M + R\overrightarrow{N}$ aux cas où φ ne s'exprime pas simplement en fonction du paramètre.

Ex. 21

Équation intrinsèque

Donner un exemple de courbe paramétrée telle que : $R^2 + s^2 = a^2$,

R étant le rayon de courbure, s une abscisse curviligne et $a > 0$ un paramètre réel.

Une paramétrisation de courbe présente une connotation de cinématique où vitesse et accélération sont sous-entendues en même temps que la trajectoire.

Les données à caractère géométrique (on dit : intrinsèque) sont la position du point fixée par s, le rayon de courbure R et l'angle φ du vecteur normé tangent.

La clé de tout exercice de ce type est d'utiliser l'angle φ comme paramètre.

On admet que c'est possible pour tout arc birégulier de classe $\mathcal{C}^2$.

Un paramétrage de la courbe consiste alors à exprimer les coordonnées (x, y) en fonction de φ.

- *Conditions nécessaires*

Soit Γ un arc birégulier de classe $\mathcal{C}^2$ paramétré par $\varphi \mapsto M(\varphi)$, $\varphi \in I$, solution du problème.

La condition $R^2 + s^2 = a^2$ donne $R = \pm\sqrt{a^2 - s^2}$, recherchons donc Γ tel que :

$$\text{pour tout } \varphi \in I,\ R = \sqrt{a^2 - s^2}.$$

R ne s'annulant pas sur un arc birégulier, on a nécessairement $\forall \varphi \in I,\ -a < s < a$, et la condition $R = \sqrt{a^2 - s^2}$ s'écrit $\dfrac{\mathrm{d}s}{\sqrt{a^2 - s^2}} = \mathrm{d}\varphi$ ce qui donne :

$$\operatorname{Arcsin} \frac{s}{a} = \varphi - \varphi_0 \quad \text{puis} \quad s = a\sin(\varphi - \varphi_0).$$

Limitons-nous alors à la recherche d'un arc tel que $\varphi_0 = 0$, on a :

$$s = a\sin\varphi \quad \text{donc} \quad \frac{\mathrm{d}s}{\mathrm{d}\varphi} = a\cos\varphi.$$

Sachant que $\dfrac{\mathrm{d}x}{\mathrm{d}s} = \cos\varphi$ et $\dfrac{\mathrm{d}y}{\mathrm{d}s} = \sin\varphi$, il en découle :

$$\frac{\mathrm{d}x}{\mathrm{d}\varphi} = \frac{\mathrm{d}x}{\mathrm{d}s}\frac{\mathrm{d}s}{\mathrm{d}\varphi} = a\cos^2\varphi \quad \text{et, de même,} \quad \frac{\mathrm{d}y}{\mathrm{d}\varphi} = a\sin\varphi\cos\varphi.$$

Avec $\dfrac{\mathrm{d}x}{\mathrm{d}\varphi} = \dfrac{a}{2}(1 + \cos 2\varphi)$, on choisit :

$$x = \frac{a}{2}\left(\varphi + \frac{1}{2}\sin 2\varphi\right) = \frac{a}{4}\left(2\varphi + \sin 2\varphi\right),$$

et avec $\dfrac{\mathrm{d}y}{\mathrm{d}\varphi} = \dfrac{a}{2}\sin 2\varphi$, on choisit :

$$y = -\frac{a}{4}\cos 2\varphi.$$

En posant $\psi = 2\varphi$, on a aussi $x = \dfrac{a}{4}(\psi + \sin\psi)$ et $y = -\dfrac{a}{4}\cos\psi$.

Tout cela ressemble fort à une paramétrisation de cycloïde, courbe classique incontournable. Il reste à mieux la mettre en évidence.

Posons $\psi = t + \pi$. Il vient $x = \dfrac{a}{4}(\pi + t - \sin t)$ et $y = \dfrac{a}{4}\cos t$.

Un changement de repère va miraculeusement faire apparaître la paramétrisation usuelle d'une cycloïde.

Dans un repère où les coordonnées (X, Y) sont liées à (x, y) par $X = x - \dfrac{a}{4}\pi$ et $Y = \dfrac{a}{4} - y$, on a :

$$X = \frac{a}{4}(t - \sin t) \quad \text{et} \quad Y = \frac{a}{4}(1 - \cos t).$$

Remarquons de plus que pour avoir un arc birégulier de classe $\mathscr{C}^2$, il faut se limiter à $t \in \left]2k\pi, 2(k+1)\pi\right[$, par exemple à $\left]0, 2\pi\right[$, et on obtient une arche de cycloïde.

Ce type de courbe est particulièrement usuel. Au besoin, votre calculatrice permettra de retrouver son allure.

On vient ainsi de montrer que les arcs solutions du problème sont nécessairement des arches de cycloïdes. Il faut maintenant vérifier que de tels arcs sont effectivement solution.

- *Condition suffisante*

Considérons la courbe paramétrée par $t \mapsto M(t) = \left(\dfrac{a}{4}(t - \sin t),\ \dfrac{a}{4}(1 - \cos t)\right)$, $t \in]0, 2\pi[$.

On a $x'(t) = \dfrac{a}{2}\sin^2\dfrac{t}{2}$, $y'(t) = \dfrac{a}{2}\sin\dfrac{t}{2}\cos\dfrac{t}{2}$ et, cet arc étant orienté dans le sens des t croissants, il vient $\dfrac{\mathrm{d}s}{\mathrm{d}t} = \dfrac{a}{2}\sin\dfrac{t}{2}$ et $\overrightarrow{T} = \left(\sin\dfrac{t}{2}, \cos\dfrac{t}{2}\right)$ ce qui donne $\varphi = \dfrac{\pi}{2} - \dfrac{t}{2}$.

D'après les conditions nécessaires, s doit s'annuler avec φ, on prend donc l'origine des abscisses curvilignes en $A = M(\pi)$. On obtient alors :

$$s(t) = \int_{\pi}^{t} \frac{a}{2}\sin\frac{u}{2}\,\mathrm{d}u = -a\cos\frac{t}{2}$$

et, avec $R = \dfrac{\mathrm{d}s}{\mathrm{d}\varphi} = -2\dfrac{\mathrm{d}s}{\mathrm{d}t} = -a\sin\dfrac{t}{2}$, il vient :

$$\forall t \in \left]0, 2\pi\right[,\ R(t)^2 + s(t)^2 = a^2,$$

d'où la conclusion.

Ex. 22

Étudier la courbe paramétrée définie par $\begin{cases} x = \ln \dfrac{t^4}{(t-2)^2} \\ y = \dfrac{1}{5}t^2(t-6) \end{cases}$

a) $x(t)$ est de classe $\mathcal{C}^\infty$ sur $]-\infty, 0[\cup]0, 2[\cup]2, +\infty[$. $y(t)$ est de classe $\mathcal{C}^\infty$ sur $\mathbb{R}$.

$$x'(t) = \frac{2(t-4)}{t(t-2)},$$

$$y'(t) = \frac{3}{5}t(t-4),$$

$$m(t) = \frac{y'(t)}{x'(t)} = \frac{3}{10}t^2(t-2),$$

$$\text{et} \quad m'(t) = \frac{3}{10}t(3t-4).$$

b) *Branches infinies*

En 0, $x(t) \sim 4\ln|t|$ et $y(t) \sim -\dfrac{6}{5}t^2$:

$$\text{asymptote } y = 0, \text{ avec } \lim_{0_+} x = \lim_{0_-} x = -\infty.$$

En 2, $x(t) \sim -2\ln|t-2|$ et $y(t) \sim -\dfrac{16}{5}$:

$$\text{asymptote } y = -\frac{16}{5}, \text{ avec } \lim_{2_+} x = \lim_{2_-} x = +\infty.$$

En $-\infty$ et en $-\infty$, $x(t) \sim 2\ln|t|$ et $y(t) \sim \dfrac{t^3}{5}$: branches paraboliques verticales.

c) *Tableau des variations*

t	$-\infty$		0		2		4		$+\infty$
x'		$-$	‖	$+$	‖	$-$	0	$+$	
y'		$+$	0	$-$		$-$	0	$+$	
x	$+\infty$	$\searrow$	$-\infty$ ‖ $-\infty$	$\nearrow$	$+\infty$ ‖ $+\infty$	$\searrow$	$6\,\ell n\,2$	$\nearrow$	$+\infty$
y	$-\infty$	$\nearrow$	0	$\searrow$	$-\frac{16}{5}$	$\searrow$	$-\frac{32}{5}$	$\nearrow$	$+\infty$

Notons quelques points particuliers :

$M(-2) = \left(0, -\frac{32}{5}\right)$, $M(1) = (0, -1)$, $M(4) = \left(6\,\ell n\,2, -\frac{32}{5}\right)$, $M(6) = (4\,\ell n\,3, 0)$.

d) Point stationnaire, pour $t = 4$, dont les coordonnées (approchées) sont $(4,16\ ;\ -6,4)$.
Les variations de $x(t)$ et $y(t)$ montrent que c'est un point de rebroussement.
$m(t)$ ne présente pas d'extremum en 4. C'est donc un rebroussement de première espèce. La pente de la tangente en ce point est $m(4) = \frac{48}{5}$.

e) Les variations de $m(t)$ montrent qu'il y a un point d'inflexion pour $t = \frac{4}{3}$. Les coordonnées (approchées) de ce point sont $(1,96\ ;\ -1,66)$

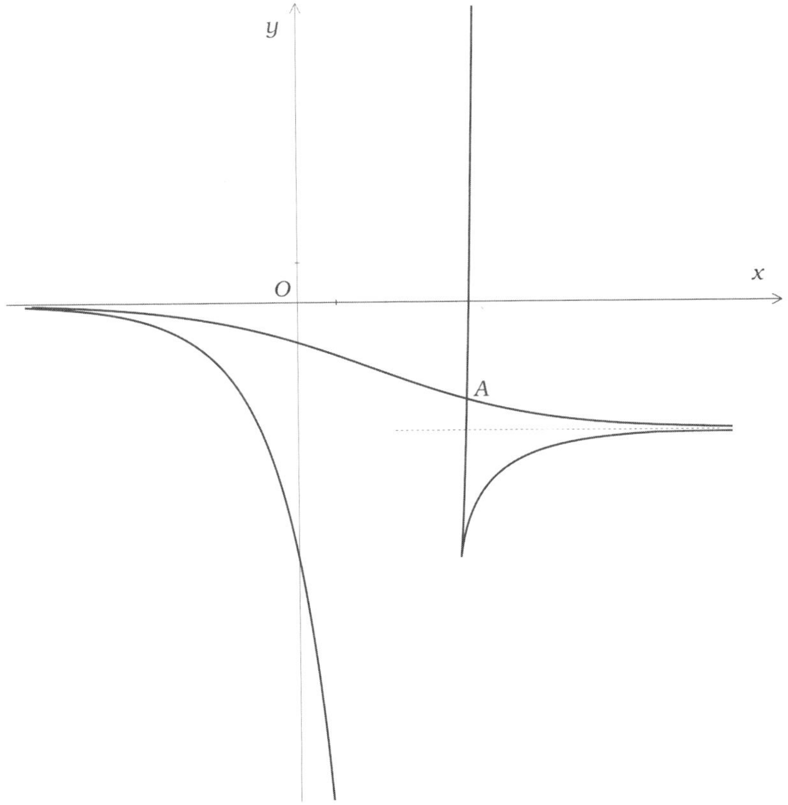

f) *Point double*

Pour $t_1 \neq t_2$, les relations $y(t_1) = y(t_2)$ et $x(t_1) = x(t_2)$ donnent, avec $P = t_1 t_2$ et $S = t_1 + t_2$: $P = S^2 - 6S$ et $SP^2 - 4P(S^2 - P) + 4S(S^2 - 2P) = 0$ c'est-à-dire :

$$P = S^2 - 6S \text{ et } SP^2 - 24PS + 4S(6S - P) = 0.$$

$S = 0$ et donc $P = 0$ est à écarter et il reste :

$$P = S^2 - 6S \text{ et } P^2 - 28P + 24S = 0.$$

Il vient alors $S^2(S-6)^2 - 28S(S-6) + 24S = 0$ et donc $S(S-6)^2 - 28(S-6) + 24 = 0$ puisque $S \neq 0$ ou encore $(S-6)^3 + 6(S-6)^2 - 28(S-6) + 24 = 0$

Les racines de $X^3 + 6X^2 - 28X + 24$ sont 2 (apparente) et $-4 \pm 2\sqrt{7}$. On a donc :

$$S = 8 \text{ ou } S = 2(1 \pm \sqrt{7}).$$

$S = 8$ donne $P = 16$ et conduit à $X^2 - 8X + 16$, qui a une racine double. C'est à écarter.

$S = 2(1 - \sqrt{7})$ donne $P = 20 + 4\sqrt{7}$, mais $X^2 - 2(1 - \sqrt{7})X + 20 + 4\sqrt{7}$ est sans racine réelle.

Il reste enfin $S = 2(1 + \sqrt{7})$ et $P = 20 - 4\sqrt{7}$, ce qui conduit à $X^2 - 2(1 + \sqrt{7}) + 20 - 4\sqrt{7}$, de racines réelles $1 + \sqrt{7} \pm \sqrt{6(\sqrt{7} - 2)}$, ayant pour valeurs approchées $1,7$ et $5,6$.

Calculons les coordonnées x_A et y_A du point double en fonction de $S = 2(1+\sqrt{7})$ et $P = 20-4\sqrt{7}$.

$$x_A = \frac{1}{2}\big(x(t_1) + x(t_2)\big) = \frac{1}{2}\ell n \frac{(t_1 t_2)^4}{(t_1 - 2)^2 (t_2 - 2)^2} = \frac{1}{2}\ell n \frac{P^4}{(P - 2S + 4)^2} \text{ donne } x \approx 4,33.$$

$$y_A = \frac{1}{2}\big(y(t_1) + y(t_2)\big) = \frac{1}{10}\big(t_1^3 + t_2^3 - 6(t_1^2 + t_2^2)\big) = \frac{1}{5}(6P - PS) \text{ donne } y_A \approx -2,43.$$

Ⓒ Fonctions de deux variables

Ex. 23

Déterminer les fonctions réelles de classe $\mathcal{C}^2$ sur $\mathbb{R}^* \times \mathbb{R}$ qui vérifient :

$$\frac{\partial^2 f}{\partial x^2} - \frac{\partial^2 f}{\partial y^2} = \frac{y}{x^3}.$$

On pourra utiliser $x = u + v$ et $y = u - v$.

Une étude de changement de variable pour des dérivées partielles d'ordre 2 est traitée en thème d'étude. Voir le thème d'étude 5 de ce chapitre.

De la sorte, le changement de variable proposé n'est pas l'effet d'un tâtonnement et de hasard.

Pour le changement de variable bijectif défini par $u = \frac{1}{2}(x + y)$ et $v = \frac{1}{2}(x - y)$, on a :

$$\frac{\partial}{\partial x} = \frac{1}{2}\left(\frac{\partial}{\partial u} + \frac{\partial}{\partial v}\right),$$

$$\frac{\partial}{\partial y} = \frac{1}{2}\left(\frac{\partial}{\partial u} - \frac{\partial}{\partial v}\right),$$

$$\frac{\partial^2}{\partial x^2} = \frac{1}{4}\left(\frac{\partial^2}{\partial u^2} + 2\frac{\partial^2}{\partial u\,\partial v} + \frac{\partial^2}{\partial v^2}\right),$$

$$\frac{\partial^2}{\partial y^2} = \frac{1}{4}\left(\frac{\partial^2}{\partial u^2} - 2\frac{\partial^2}{\partial u\,\partial v} + \frac{\partial^2}{\partial v^2}\right),$$

et il vient :

$$\frac{\partial^2}{\partial x^2} - \frac{\partial^2}{\partial y^2} = \frac{\partial^2}{\partial u\,\partial v}.$$

En posant $g(u,v) = f(x,y) = f(u+v, u-v)$, on est ramené aux fonctions de classe $\mathcal{C}^2$ sur le plan privé de la droite $u+v=0$ telles que :

$$\frac{\partial^2 g}{\partial u\,\partial v} = \frac{u-v}{(u+v)^3} = \frac{1}{(u+v)^2} - \frac{2v}{(u+v)^3}.$$

Alors $\dfrac{\partial g}{\partial v} = -\dfrac{1}{u+v} + \dfrac{v}{(u+v)^2} + r(v)$ où r est une fonction de classe $\mathcal{C}^1$.

> Il importe de cerner les qualités des «constantes d'intégration».
>
> $\dfrac{\partial g}{\partial v}$ est de classe $\mathcal{C}^1$, la constante d'intégration r est donc de classe $\mathcal{C}^1$.

$\dfrac{\partial g}{\partial v} = -\dfrac{u}{(u+v)^2} + r(v)$ donne $g(u,v) = \dfrac{u}{u+v} + R(v) + S(u)$ où R est une primitive de r et S est une fonction de classe $\mathcal{C}^2$.

En conclusion, les solutions sont les fonctions f définies par :

$$f(x,y) = \frac{y}{2x} + A(x+y) + B(x-y) \quad \text{où } A \text{ et } B \text{ sont des fonctions de classe } \mathcal{C}^2 \text{ sur } \mathbb{R}.$$

Ex. 24

Déterminer les extremums de la fonction $f : (x,y) \mapsto \left(x^2 - y\right)\left(3x^2 - y\right)$.

> La fonction f est de classe $\mathcal{C}^\infty$ sur $\mathbb{R}^2$. Les extremums sont nécessairement des points où $\operatorname{grad} f$ est nul.

Le gradient de f en (x,y) est : $\begin{cases} \dfrac{\partial f}{\partial x}(x,y) = 4x\left(3x^2 - 2y\right) \\ \dfrac{\partial f}{\partial y}(x,y) = -4x^2 + 2y \end{cases}$

Les points où f peut présenter un extremum sont ceux qui vérifient :

$$\begin{cases} x = 0 \\ -4x^2 + 2y = 0 \end{cases} \quad \text{ou} \quad \begin{cases} 3x^2 - 2y = 0 \\ -4x^2 + 2y = 0 \end{cases}$$

Il est facile de voir que l'origine est le seul point où f peut présenter un extremum.

On a $f(0,0) = 0$.

> La forme particulière de $f(x,y)$ invite à examiner des paraboles.

Sur l'axe des abscisses, on a $f(x,0) = 3x^4$ qui est strictement positif pour tout $x \neq 0$.

Sur la parabole d'équation $y = 2x^2$, on a $f(x, 2x^2) = -x^4$ qui est strictement négatif pour tout $x \neq 0$.

Il s'ensuit, qu'en $(0,0)$, la fonction ne présente ni maximum ni minimum.

> Il est en fait aisé de voir où on a $f(x,y) > 0$ et où on a $f(x,y) < 0$.

- La parabole $\mathcal{P}$ d'équation $y = x^2$ partage le plan en deux régions.

Au-dessus de $\mathcal{P}$, on a $y > x^2$, donc $x^2 - y < 0$.

Au-dessous de $\mathcal{P}$, on a $x^2 - y > 0$.

- La parabole $\mathcal{Q}$ d'équation $y = 3x^2$ partage le plan en deux régions.

Au-dessus de $\mathcal{Q}$, on a $y > 3x^2$, donc $3x^2 - y < 0$.

Au-dessous de $\mathcal{Q}$, on a $3x^2 - y > 0$.

> Les positions relatives de ces paraboles sont immédiates.

Il s'ensuit que $f(x, y) < 0$ pour tout point (x, y) compris entre $\mathcal{P}$ et $\mathcal{Q}$, et $f(x, y) > 0$ pour tout point (x, y) au-dessus de $\mathcal{Q}$ ou en dessous de $\mathcal{P}$.

Ex. 25

Déterminer $\varphi \in \mathcal{C}^1(\mathbb{R}_+, \mathbb{R})$ pour que la forme différentielle :

$$w(x, y) = \left(\frac{y}{1+x^2}\,\mathrm{d}x + \frac{x}{1+y^2}\,\mathrm{d}y\right)\varphi\left(x^2+y^2\right),$$

soit exacte. Trouver alors une primitive de w.

- *Détermination de φ*

Écrivons $\quad w = P\,\mathrm{d}x + Q\,\mathrm{d}y \quad$ avec : $P = \dfrac{y\,\varphi\left(x^2+y^2\right)}{1+x^2}$ et $Q = \dfrac{x\,\varphi\left(x^2+y^2\right)}{1+y^2}$.

> Dans le calcul qui suit, par souci d'allègement, on écrit φ et φ' au lieu de :
> $$\varphi\left(x^2+y^2\right) \text{ et de } \varphi'\left(x^2+y^2\right).$$

Le calcul donne : $\dfrac{\partial P}{\partial y} = \dfrac{\varphi + 2y^2\varphi'}{1+x^2}$, $\dfrac{\partial Q}{\partial x} = \dfrac{\varphi + 2x^2\varphi'}{1+y^2}$.

> $\dfrac{\partial P}{\partial y} = \dfrac{\partial Q}{\partial x}$ exprime que w est fermée.
>
> Comme w est de classe $\mathcal{C}^1$ sur le convexe $\mathbb{R}^2$, cela suffira pour avoir w exacte, en application du théorème admis de Poincaré.

Par le théorème de Poincaré, w est exacte sur $\mathbb{R}^2$ si et seulement si :

$$\frac{\partial P}{\partial y} = \frac{\partial Q}{\partial x} : \left(y^2 - x^2\right)\left[\varphi + 2\left(1+x^2+y^2\right)\varphi'\right] = 0.$$

Par continuité, cela équivaut à :

$$\varphi\left(x^2+y^2\right) + 2\left(1+x^2+y^2\right)\varphi'\left(x^2+y^2\right) = 0 \text{ pour tout } (x, y) \in \mathbb{R}^2.$$

> On met en évidence le terme $t = x^2 + y^2$ qui décrit $[0, +\infty[$ quand (x, y) décrit $\mathbb{R}^2$.

Les fonctions φ sont les solutions de l'équation différentielle linéaire du premier ordre :

$$2(1+t)z' + z = 0 \quad \text{sur } [0, +\infty[.$$

La solution générale étant $t \mapsto \dfrac{\lambda}{\sqrt{1+t}}$, on peut choisir $\varphi(t) = \dfrac{1}{\sqrt{1+t}}$ et :

$$w = \frac{1}{\sqrt{1+x^2+y^2}}\left(\frac{y}{1+x^2}\,\mathrm{d}x + \frac{x}{1+y^2}\,\mathrm{d}y\right).$$

- *Recherche d'une primitive F de w*

$\dfrac{\partial F}{\partial x}(x, y) = \dfrac{y}{(1+x^2)\sqrt{1+x^2+y^2}}$ conduit au calcul de $\displaystyle\int \frac{y\,\mathrm{d}x}{(1+x^2)\sqrt{1+x^2+y^2}}$.

Le changement de variable bijectif $x = \tan\theta$, $\theta \in \left]-\dfrac{\pi}{2}, \dfrac{\pi}{2}\right[$ donne $\dfrac{\mathrm{d}x}{1+x^2} = \mathrm{d}\theta$ et :

$$\int \frac{y\,\mathrm{d}\theta}{\sqrt{1+\tan^2\theta + y^2}} = \int \frac{y\cos\theta\,\mathrm{d}\theta}{\sqrt{1+y^2-y^2\sin^2\theta}}.$$

$$\frac{y\cos\theta}{\sqrt{1+y^2-y^2\sin^2\theta}} = \frac{\dfrac{y\cos\theta}{\sqrt{1+y^2}}}{\sqrt{1-\dfrac{y^2\sin^2\theta}{1+y^2}}} \text{ donne } \int \frac{y\,\mathrm{d}\theta}{\sqrt{1+\tan^2\theta + y^2}} = \operatorname{Arcsin}\left(\frac{y\sin\theta}{\sqrt{1+y^2}}\right).$$

En notant que $\sin\theta = \dfrac{x}{\sqrt{1+x^2}}$, on a $F(x,y) = \operatorname{Arcsin}\dfrac{xy}{\sqrt{(1+x^2)(1+y^2)}}$.

Par symétrie des rôles joués par x et y, la condition :

$$\frac{\partial F}{\partial y}(x,y) = \frac{x}{\left(1+y^2\right)\sqrt{1+x^2+y^2}}$$

est satisfaite.

Ainsi, l'application $F : \mathbb{R}^2 \to \mathbb{R},\ (x,y) \mapsto \operatorname{Arcsin}\dfrac{xy}{\sqrt{(1+x^2)(1+y^2)}}$ est de classe $\mathcal{C}^1$, elle a pour différentielle $\mathrm{d}F = w$.

Ex. 26

Déterminer $\displaystyle\sup_{(u,v)\in[0,1]^2} \frac{u+v}{\left(1+u^2\right)\left(1+v^2\right)}$.

$f : \mathbb{R}^2 \to \mathbb{R},\ (u,v) \mapsto \dfrac{u+v}{\left(1+u^2\right)\left(1+v^2\right)}$ est définie et continue, positive sur $[0,1]^2$.

> La condition nécessaire d'extremum concerne les fonctions définies sur un ouvert.
> De ce fait, on étudie les extremums éventuels de f sur $]0,1[^2$, sans oublier d'étudier aussi ce qui se passe sur le bord de $[0,1]^2$.

Sur l'ouvert $\Omega =]0,1[^2$, f est de classe $\mathcal{C}^1$ et $f > 0$.

> Dire que f présente un maximum en (u_0, v_0) équivaut à dire que $g = \ell n \circ f$ présente un maximum en (u_0, v_0).

La fonction $g = \ell n f$ est encore de classe $\mathcal{C}^1$.

Une condition nécessaire pour que f (ou g) présente un extremum en (u,v) est :

$$\frac{\partial g}{\partial u}(u,v) = \frac{\partial g}{\partial v}(u,v) = 0.$$

Avec $g(u,v) = \ell n(u+v) - \ell n\left(1+u^2\right) - \ell n\left(1+v^2\right)$, il vient :

$$\frac{\partial g}{\partial u} = \frac{1}{u+v} - \frac{2u}{1+u^2} \quad , \quad \frac{\partial g}{\partial v} = \frac{1}{u+v} - \frac{2v}{1+v^2}.$$

En un point de gradient nul, on a donc nécessairement $\dfrac{u}{1+u^2} = \dfrac{v}{1+v^2}$.

La fonction $\varphi : x \mapsto \dfrac{x}{1+x^2}$ étant strictement croissante sur $[0,1]$, il en découle que $u = v$.

> La fonction φ atteint son minimum 0 sur $[0,1]$ en 0 et son maximum $\dfrac{1}{2}$ en 1.

Alors $\frac{1}{2u} = \frac{2u}{1+u^2}$ donne $3u^2 = 1$, d'où $u = v = \frac{1}{\sqrt{3}}$.

Le seul point critique sur Ω est $A = \left(\frac{1}{\sqrt{3}}, \frac{1}{\sqrt{3}}\right)$ et on a : $f(A) = \frac{3\sqrt{3}}{8}$.

Étudions f sur la frontière de $[0,1]^2$:

$f(u,0) = \frac{u}{1+u^2} = \varphi(u)$ donne $0 \leqslant f(u,0) \leqslant \frac{1}{2}$ et on a $\frac{1}{2} < f(A)$.

$f(u,1) = \frac{u+1}{2(1+u^2)}$ et on a $f(A) - f(u,1) = \frac{3\sqrt{3}}{8(1+u^2)}\left(u^2 + 1 - \frac{4}{3\sqrt{3}}(u+1)\right)$.

Notons que $u^2 - \frac{4}{3\sqrt{3}}u = \left(u - \frac{2}{3\sqrt{3}}\right)^2 - \frac{4}{27}$ et que $C = 1 - \frac{4}{3\sqrt{3}} - \frac{4}{27} > 0$, et on a donc :

$$f(A) - f(u,1) = \frac{3\sqrt{3}}{8(1+u^2)}\left(\left(u - \frac{2}{3\sqrt{3}}\right)^2 + C\right) > 0.$$

Par symétrie, on a aussi $f(0,v) < f(A)$ et $f(1,v) < f(A)$.

> La suite des calculs n'est guère enthousiasmante ! Le plus sage serait d'admettre un résultat classique pour les fonction réelles de variable réelle : une fonction continue sur un segment est bornée et atteint ses bornes. L'analogue donne que f continue sur le pavé fermé $[0,1]^2$ est bornée et atteint ses bornes. Avec ce résultat, le problème est résolu : le minimum est atteint en $(0,0)$ et le maximum en A.
>
> Cette démarche conforme au programme de 2e année serait acceptée lors d'un oral !

f présente un maximum absolu et strict en A si et seulement si :

$$f(A) - f(u,v) > 0 \text{ pour tout } (u,v) \in [0,1]^2 \setminus \{A\}.$$

$$f(A) - f(u,v) = \frac{3\sqrt{3}}{8} - \frac{u+v}{(1+u^2)(1+v^2)} = \frac{3\sqrt{3}}{8(1+u^2)(1+v^2)}\left((1+u^2)(1+v^2) - \frac{8\sqrt{3}}{9}(u+v)\right)$$

ramène à l'étude de $\delta(u,v) = (1+u^2)(1+v^2) - \frac{8\sqrt{3}}{9}(u+v)$, pour établir que δ présente un minimum nul strict en A. Ce qui n'est pas immédiat !

Conclusion

En admettant le résultat évoqué ci-dessus, f présente en $A = \left(\frac{1}{\sqrt{3}}, \frac{1}{\sqrt{3}}\right)$ un maximum absolu et strict sur $[0,1]^2$, de valeur $\frac{3\sqrt{3}}{8}$.

Ex. 27

Étudier les extrema de la fonction réelle f définie sur $\mathbb{R}^2$ par :

$$f(x,y) = x^4 + y^4 - 2(x-y)^2.$$

La fonction f est de classe $\mathcal{C}^\infty$ sur $\mathbb{R}^2$.

> $\mathbb{R}^2$ étant un ouvert, les extrema sont nécessairement des points de gradient nul.

$$\frac{\partial f}{\partial x}(x,y) = 4x^3 - 4(x-y) \quad , \quad \frac{\partial f}{\partial y}(x,y) = 4y^3 + 4(x-y).$$

$\frac{\partial f}{\partial x}(x,y)=0$ et $\frac{\partial f}{\partial y}(x,y)=0$ équivaut à $x^3+y^3=0$ et $x^3-y^3-2(x-y)=0$ c'est-à-dire :

$$y=-x \text{ et } x(x^2-2)=0,$$

d'où les solutions :

$$O(0,0),\quad A(\sqrt{2},-\sqrt{2})\quad \text{et}\quad B(-\sqrt{2},\sqrt{2}).$$

Examinons maintenant quels sont, parmi ces points, ceux où f présente un extremum.

- On a $f(0,0)=0$. Montrons que f ne présente pas d'extremum en O.

Il suffit d'hexiber, dans tout voisinage de O, des points où f prend des valeurs de signes contraires.

En effet, $f(x,x)=2x^4$ et $f(x,-x)=2x^2(x^2-4)$ montrent que, dans toute boule de rayon $r<2$, on a $f(x,x)>0$ et $f(x,-x)<0$, dès que x est non nul.

- *Étude en A*

On a $f(A)=-8$. Posons $x=h+\sqrt{2}$ et $y=k-\sqrt{2}$. On a :

$$f(x,y)=-8+10h^2+4hk+10k^2+4\sqrt{2}\left(h^3-k^3\right)+h^4+k^4,$$

c'est-à-dire $f(x,y)=f(A)+8(h^2+k^2)+2(h+k)^2+4\sqrt{2}\left(h^3-k^3\right)+h^4+k^4$, donc :

$$f(x,y)-f(A)\geqslant 8\left(h^2+k^2\right)+4\sqrt{2}\left(h^3-k^3\right).$$

En posant $\dfrac{4\sqrt{2}\left(k^3-k^3\right)}{h^2+k^2}=\varepsilon(h,k)$, on a $\lim\limits_{(h,k)\to(0,0)}\varepsilon(h,k)=0$, donc il existe $\alpha>0$ tel que :

$$\sup\left(|h|,|k|\right)<\alpha \Rightarrow |\varepsilon(h,k)|<8.$$

Ainsi, $\sup\left(|h|,|k|\right)<\alpha \Rightarrow f(x,y)-f(A)=\left(h^2+k^2\right)\left(8+\varepsilon(h,k)\right)\geqslant 0$, ce qui montre que f présente un minimum en A.

- Avec $f(x,y)=f(y,x)$, on voit que f présente aussi un minimum en B.

Ex. 28

Un ouvert U de $\mathbb{R}^2$ est étoilé par rapport à $a\in U$ lorsque, pour tout $v\in U$, le segment $[a,v]$ est inclus dans U.

On considère une fonction de classe $\mathcal{C}^1$ sur U, où U est un ouvert étoilé par rapport à $a\in U$ et on suppose que $\overrightarrow{\text{grad}}f_v=\overrightarrow{0}$ pour tout $v\in U$.

Soit $u\in U$. En considérant la fonction φ de variable réelle définie sur $[0,1]\subset\mathbb{R}$ par :

$$\varphi(t)=f\left(a+t(u-a)\right),$$

montrer qu'il existe $\theta\in]0,1[$ tel que :

$$f(u)-f(a)=\left(\overrightarrow{\text{grad}}f_{a+\theta(u-a)}|u-a\right)$$

et conclure.

Si f est constante, ses dérivées partielles sont nulles en tout $u\in U$, c'est-à-dire que le gradient de f est nul en tout point de U. C'est la réciproque qui est l'objet de l'exercice.

Pour une forme plus familière, on pose $a=\left(x_0,y_0\right)$ et $u=\left(x_1,y_1\right)$.

Alors, on a $\varphi(t)=f\left(x_0+t\left(x_1-x_0\right),y_0+t\left(y_1-y_0\right)\right)$.

Il s'ensuit $\varphi'(t)=\left(x_1-x_0\right)\frac{\partial f}{\partial x}\left(a+t(u-a)\right)+\left(y_1-y_0\right)\frac{\partial f}{\partial y}\left(a+t(u-a)\right)$.

Comme f est de classe $\mathcal{C}^1$, il en est de même pour φ. On a :

$$f(u) - f(a) = \varphi(1) - \varphi(0).$$

La formule des accroissements finis donne $\varphi(1) - \varphi(0) = \varphi'(\theta)$, avec $0 < \theta < 1$, soit :

$$f(u) - f(a) = (x_1 - x_0)\frac{\partial f}{\partial x}(a + \theta(u - a)) + (y_1 - y_0)\frac{\partial f}{\partial y}(a + \theta(u - a)),$$

ou encore : $$f(u) - f(a) = \left(\overrightarrow{\text{grad}} f_{a+\theta(u-a)} | u - a\right).$$

Il s'ensuit $f(u) = f(a)$ donc f est constante sur U.

> Comment ne pas faire le parallèle avec le théorème usuel pour une fonction réelle, dérivable sur un intervalle de $\mathbb{R}$ et de dérivée nulle ?

Ex. 29

Étant donné une fonction f de classe $\mathcal{C}^2$ sur $]-1, 1[$, on considère la fonction g définie sur $\left]0, \frac{\pi}{2}\right[\times \mathbb{R}$ par : $g(x, y) = f\left(\dfrac{\cos 2x}{\operatorname{ch} 2y}\right)$.

1) Exprimer le laplacien de g, $\Delta g = \dfrac{\partial^2 g}{\partial x^2} + \dfrac{\partial^2 g}{\partial y^2}$, à l'aide des dérivées première et seconde de f en $\dfrac{\cos 2x}{\operatorname{ch} 2y}$.

2) Déterminer parmi ces fonctions f celles pour lesquelles $\Delta g = \dfrac{\cos 2x}{\operatorname{ch}^3 2y}$.

1)

> Pour tout $(x, y) \in \left]0, \frac{\pi}{2}\right[\times \mathbb{R}$, on a $\dfrac{\cos 2x}{\operatorname{ch} 2y} \in]-1, 1[$ et $\left]0, \frac{\pi}{2}\right[\times \mathbb{R}$ est un ouvert de $\mathbb{R}^2$.

On a $\dfrac{\partial g}{\partial x}(x, y) = -2\dfrac{\sin 2x}{\operatorname{ch} 2y} f'\left(\dfrac{\cos 2x}{\operatorname{ch} 2y}\right)$ et $\dfrac{\partial g}{\partial y} = -2\dfrac{\cos 2x \operatorname{sh} 2y}{\operatorname{ch}^2 2y} f'\left(\dfrac{\cos 2x}{\operatorname{ch} 2y}\right)$.

> Il s'agit là d'un simple calcul de dérivation de fonction composée.
> Il en est de même pour les dérivées partielles secondes.

$$\frac{\partial^2 g}{\partial x^2}(x, y) = -4\frac{\cos 2x}{\operatorname{ch} 2y} f'\left(\frac{\cos 2x}{\operatorname{ch} 2y}\right) + 4\frac{\sin^2 2x}{\operatorname{ch}^2 2y} f''\left(\frac{\cos 2x}{\operatorname{ch} 2y}\right),$$

$$\frac{\partial^2 g}{\partial y^2}(x, y) = \left(-\frac{4\cos 2x}{\operatorname{ch} 2y} + \frac{8\operatorname{sh}^2 2y \cos 2x}{\operatorname{ch}^3 2y}\right) f'\left(\frac{\cos 2x}{\operatorname{ch} 2y}\right) + \frac{4\operatorname{sh}^2 2y \cos^2 2x}{\operatorname{ch}^4 2y} f''\left(\frac{\cos 2x}{\operatorname{ch} 2y}\right).$$

Et ces dérivées partielles sont continues.

> Il s'agit dans un premier temps de prendre connaissance de ce laplacien.

$$\Delta g(x, y) = 4\left(\frac{\sin^2 2x}{\operatorname{ch}^2 2y} + \frac{\operatorname{sh}^2 2y \cos^2 2x}{\operatorname{ch}^4 2y}\right) f''\left(\frac{\cos 2x}{\operatorname{ch} 2y}\right) - 8\left(\frac{\cos 2x}{\operatorname{ch} 2y} - \frac{\operatorname{sh}^2 2y \cos 2x}{\operatorname{ch}^3 2y}\right) f'\left(\frac{\cos 2x}{\operatorname{ch} 2y}\right),$$

$$= 4\left(\frac{\sin^2 2x \operatorname{ch}^2 2y + \operatorname{sh}^2 2y \cos^2 2x}{\operatorname{ch}^4 2y}\right) f''\left(\frac{\cos 2x}{\operatorname{ch} 2y}\right) - 8\left(\frac{\cos 2x \operatorname{ch}^2 2y - \operatorname{sh}^2 2y \cos 2x}{\operatorname{ch}^3 2y}\right) f'\left(\frac{\cos 2x}{\operatorname{ch} 2y}\right).$$

Et il vient finalement :

$$\Delta g(x,y) = 4\left(\frac{\operatorname{ch}^2 2y - \cos^2 2x}{\operatorname{ch}^4 2y}\right) f''\left(\frac{\cos 2x}{\operatorname{ch} 2y}\right) - 8\left(\frac{\cos 2x}{\operatorname{ch}^3 2y}\right) f'\left(\frac{\cos 2x}{\operatorname{ch} 2y}\right).$$

2) Ce genre de problème débouche toujours sur une équation différentielle ordinaire.

Rappelons que l'on a $t = \dfrac{\cos 2x}{\operatorname{ch} 2y} \in \,]-1,1[$.

$\Delta g = \dfrac{\cos 2x}{\operatorname{ch}^3 2y}$ s'écrit alors : $(1-t^2)f''(t) - 2tf'(t) = \dfrac{t}{4}$, après avoir multiplié par $\operatorname{ch}^2 y$.

On reconnaît dans le premier membre la dérivée de $t \mapsto (1-t^2)f'(t)$; une première intégration donne donc : $f'(t) = -\dfrac{1}{8} + \dfrac{\lambda}{1-t^2}$, avec $\lambda \in \mathbb{R}$. Il vient alors :

$$f(t) = -\frac{t}{8} + \mu + \lambda \operatorname{Argth} t, \text{ avec } (\lambda,\mu) \in \mathbb{R}^2.$$

Ex. 30

Soit u et v des fonctions réelles de classe $\mathcal{C}^\infty$ sur $\mathbb{R}$.

On considère la fonction f de $\mathbb{R}^2$ dans $\mathbb{R}$ définie par :

$$f(x,t) = \frac{1}{2}\left(u(x+t) + u(x-t) + \int_{x-t}^{x+t} v(s)\,\mathrm{d}s\right).$$

1) Que valent, pour $x \in \mathbb{R}$, $f(x,0)$ et $\dfrac{\partial f}{\partial t}(x,0)$? Calculer $\dfrac{\partial^2 f}{\partial x^2}(x,t) - \dfrac{\partial^2 f}{\partial t^2}(x,t)$.

2) On cherche les fonctions y de classe $\mathscr{C}^2$ sur $[0,\pi] \times \mathbb{R}$ telles que :

$$(1) : \frac{\partial^2 y}{\partial x^2}(x,t) - \frac{\partial^2 y}{\partial t^2}(x,t) = 0 \text{ sur } [0,\pi]\times\mathbb{R},$$

$$(2) : y(0,t) = y(\pi,t) = 0 \text{ pour tout } t \in \mathbb{R},$$

$$(3) : y(x,0) = \sin x \text{ pour tout } x \in [0,\pi],$$

$$(4) : \frac{\partial y}{\partial t}(x,0) = \sin 2x \text{ pour tout } x \in [0,\pi].$$

Donner une solution particulière y_0 pour ce problème.

En posant $z = y - y_0$, exprimer les conditions (1), (2), (3), (4), vis-à-vis de z.

Résoudre (1) : $\dfrac{\partial^2 z}{\partial x^2}(x,t) - \dfrac{\partial^2 z}{\partial t^2}(x,t) = 0$ sur $[0,\pi]\times\mathbb{R}$ en utilisant le changement de variable :

$$(x,t) \to (x+t, x-t)$$

et, avec les autres conditions, montrer que y_0 est l'unique solution du problème.

3) Pour $t \in \mathbb{R}$, calculer $I(t) = \displaystyle\int_0^\pi \left(\left(\frac{\partial y_0}{\partial x}(x,t)\right)^2 + \left(\frac{\partial y_0}{\partial t}(x,t)\right)^2\right)\mathrm{d}x.$

1) a) $f(x,0) = \dfrac{1}{2}\left(2u(x) + \displaystyle\int_x^x v(s)\,\mathrm{d}s\right) = u(x).$

> Attention à la dérivation d'intégrale dont les bornes sont variables.
> $$x \mapsto \int_a^{\varphi(x)} f \quad \text{a pour dérivée } x \mapsto \varphi'(x) f\big(\varphi(x)\big),$$
> $$\text{mais} \quad x \mapsto \int_{\varphi(x)}^{a} f \quad \text{a pour dérivée } x \mapsto -\,\varphi'(x) f\big(\varphi(x)\big).$$

$\dfrac{\partial f}{\partial t}(x,t) = \dfrac{1}{2}\Big(u'(x+t) - u'(x-t) + v(x+t) + v(x-t)\Big)$ donne en particulier $\dfrac{\partial f}{\partial t}(x,0) = v(x).$

$$\frac{\partial^2 f}{\partial t^2}(x,t) = \frac{1}{2}\Big(u''(x+t) + u''(x-t) + v'(x+t) - v'(x-t)\Big),$$

$$\frac{\partial f}{\partial x}(x,t) = \frac{1}{2}\Big(u'(x+t) + u'(x-t) + v(x+t) - v(x-t)\Big),$$

et $$\frac{\partial^2 f}{\partial x^2}(x,t) = \frac{1}{2}\Big(u''(x+t) + u''(x-t) + v'(x+t) - v'(x-t)\Big)$$

donnent :
$$\frac{\partial^2 f}{\partial x^2}(x,t) - \frac{\partial^2 f}{\partial t^2}(x,t) = 0.$$

2) ▪ Avec $u(x) = \sin x$ et $v(x) = \sin 2x$, la fonction définie par :
$$y_0(x,t) = \frac{1}{2}\left(u(x+t) + u(x-t) + \int_{x-t}^{x+t} v(s)\,\mathrm{d}s\right)$$
vérifie les quatre conditions **(1)**, **(2)**, **(3)**, **(4)**.

▪ Les conditions relatives à z sont alors :

$$\textbf{(1)} \ : \frac{\partial^2 z}{\partial x^2}(x,t) - \frac{\partial^2 z}{\partial t^2}(x,t) = 0 \ \text{ sur } [0,\pi]\times\mathbb{R},$$

$$\textbf{(2)} \ : z(0,t) = z(\pi,t) = 0 \ \text{ pour tout } t \in \mathbb{R},$$

$$\textbf{(3)} \ : z(x,0) = 0 \ \text{ pour tout } x \in [0,\pi],$$

$$\textbf{(4)} \ : \frac{\partial z}{\partial t}(x,0) = 0 \ \text{ pour tout } x \in [0,\pi].$$

> Pour la résolution de l'équation du second ordre aux dérivées partielles, on reprend la démarche vue dans l'exercice 23.

En posant $p = x + t$ et $q = x - t$ et $z(x,t) = Z(p,q)$:
$$\textbf{(1)} : \frac{\partial^2 z}{\partial x^2}(x,t) - \frac{\partial^2 z}{\partial t^2}(x,t) = 0 \text{ devient } \frac{\partial^2 Z}{\partial p\,\partial q} = 0,$$
ce qui donne $Z(p,q) = \varphi(p) + \psi(q)$, d'où $z(x,t) = \varphi(x+t) + \psi(x-t)$, avec φ et ψ de classe $\mathcal{C}^2$ sur $\mathbb{R}$.

▪ $z(x,0) = 0$ donne $\varphi(x) + \psi(x) = 0$, d'où $\varphi'(x) + \psi'(x) = 0$.

▪ $\dfrac{\partial z}{\partial t}(x,0) = 0$ se lit $\varphi'(x) - \psi'(x) = 0$,

et ces deux relations donnent $\varphi' = \psi' = 0$, donc φ et ψ constantes et ces constantes sont opposées, compte tenu de $\varphi(x) + \psi(x) = 0$.

On en déduit que z est la fonction nulle et il s'ensuit que y_0 est l'unique solution.

3) Dérivons y_0 définie par $y_0(x,t) = \dfrac{1}{2}\left(\sin(x+t) + \sin(x-t) + \displaystyle\int_{x-t}^{x+t} \sin 2s\,\mathrm{d}s\right).$

Si la formulation de la question fait un peu peur, il suffit de l'analyser rapidement pour que les difficultés disparaissent. Il faut porter un soin particulier à la dérivation, par rapport à x ou par rapport à t, de l'intégrale $\displaystyle\int_{x-t}^{x+t} \sin 2s\,\mathrm{d}s$.

On a $\dfrac{\partial y_0}{\partial t}(x,t) = \dfrac{1}{2}\Big(\cos(x+t) - \cos(x-t) + \sin 2(x+t) + \sin 2(x-t)\Big)$, c'est-à-dire :

$$\frac{\partial y_0}{\partial t}(x,t) = -\sin x \sin t + \sin 2x \cos 2t$$

et il vient ensuite :

$$\left(\frac{\partial y_0}{\partial t}(x,t)\right)^2 = \sin^2 t\frac{1-\cos 2x}{2} + \cos^2 2t\frac{1-\cos 4x}{2} - 2\sin t\cos 2t\frac{\cos x - \cos 3x}{2}.$$

Les intégrales sur $[0,\pi]$ de $\cos x$, $\cos 2x$, $\cos 3x$ et $\cos 4x$ sont nulles.

Il s'ensuit $\displaystyle\int_0^{\pi}\left(\frac{\partial y_0}{\partial t}(x,t)\right)^2\mathrm{d}x = \frac{\pi}{2}(\sin^2 t + \cos^2 2t)$.

On a de façon analogue $\dfrac{\partial y_0}{\partial x}(x,t) = \cos x\cos t + \cos 2x \sin 2t$ et il vient ensuite :

$$\left(\frac{\partial y_0}{\partial x}(x,t)\right)^2 = \cos^2 t\frac{1+\cos 2x}{2} + 2\cos t\sin 2t\frac{\cos x + \cos 3x}{2} + \sin^2 2t\frac{1+\cos 4x}{2}.$$

Il s'ensuit $\displaystyle\int_0^{\pi}\left(\frac{\partial y_0}{\partial x}(x,t)\right)^2\mathrm{d}x = \frac{\pi}{2}\big(\cos^2 t + \sin^2 2t\big)$ et finalement, $I(t) = \pi$.

Thèmes d'étude - Problèmes

1 Équations différentielles du second ordre, raccordement de solutions

On considère les équations différentienlles sur $\mathbb{R}$:

$$(\text{E}) : \ (1+\operatorname{ch} x)y'' - y' \operatorname{sh} x - y = 1, \quad (\text{F}) : \ (1+\operatorname{ch} x)y'' - y' \operatorname{sh} x - y = 0, \quad (\text{G}) : \ y'' - y = 0.$$

1) En exprimant les solutions de (G) à l'aide des fonctions sh et ch, déterminer les solutions communes à (F) et (G) et les solutions communes à (E) et (G).

2) Pour résoudre l'équation (E) :

a) sur $\mathbb{R}_+^*$ et sur $\mathbb{R}_-^*$, on effectue le changement de fonction inconnue défini par :

$$y = \operatorname{ch} x + z \operatorname{sh} x.$$

Former l'équation (H) du premier ordre vérifiée par z'.

b) Résoudre (H) sur $\mathbb{R}_+^*$ et sur $\mathbb{R}_-^*$ et donner les solutions de (E) sur ces deux intervalles.

c) Trouver les solutions de (E) sur $\mathbb{R}$.

Solution

1) Les solutions communes à (F) et (G) sont caractérisées par le système différentiel :

$$\begin{cases} y'' = y \\ y \operatorname{ch} x - y' \operatorname{sh} x = 0 \quad (\text{F'}) \end{cases}$$

Les solutions de (G) sont les fonctions $x \mapsto = \alpha e^x + \beta e^{-x}$ avec $(\alpha, \beta) \in \mathbb{R}^2$, ou encore :

$$y = \lambda \operatorname{sh} x + \mu \operatorname{ch} x \ \text{ avec } (\lambda, \mu) \in \mathbb{R}^2.$$

Une telle fonction est solution de (F') si et seulement si $\mu = 0$.

Les solutions communes à (F) et (G) sont donc les fonctions $y = \lambda \operatorname{sh} x$, avec $\lambda \in \mathbb{R}$.

Les solutions communes à (E) et (G) sont caractérisées par le système différentiel :

$$\begin{cases} y'' = y \\ y \operatorname{ch} x - y' \operatorname{sh} x = 1 \quad (\text{E'}) \end{cases}$$

Les solutions de (G) sont les fonctions $y = \lambda \operatorname{sh} x + \mu \operatorname{ch} x$ avec $(\lambda, \mu) \in \mathbb{R}^2$.

Une telle fonction est solution de (E') si et seulement si $\mu = 1$.

Les solutions communes à (E) et (G) sont donc les fonctions $x \mapsto \operatorname{ch} x + \lambda \operatorname{sh} x$, $\lambda \in \mathbb{R}$.

2) a) On a $y = \operatorname{ch} x + z \operatorname{sh} x$, $y' = \operatorname{sh} x + z \operatorname{ch} x + z' \operatorname{sh} x$ et $y'' = \operatorname{ch} x + z \operatorname{sh} x + 2z' \operatorname{ch} x + z'' \operatorname{sh} x$.
y est donc solution de (E) sur I_1 ou sur I_2 si et seulement si :

$$\operatorname{sh} x(1 + \operatorname{ch} x)\, z'' + \left(2(1 + \operatorname{ch} x) \operatorname{ch} x - \operatorname{sh}^2 x\right) z' = 0,$$

c'est-à-dire $\operatorname{sh} x(1 + \operatorname{ch} x)\, z'' + (1 + \operatorname{ch} x)^2 z' = 0$ soit :

$$(\text{H}) \quad z'' \operatorname{sh} x + (1 + \operatorname{ch} x) z' = 0 \ \text{ ou encore } \ z'' \operatorname{sh} \frac{x}{2} + z' \operatorname{ch} \frac{x}{2} = 0.$$

b) Les solutions z_1' et z_2' de (H) sur I_1 et sur I_2 sont $z_k' = \dfrac{\alpha_k}{\operatorname{sh}^2 \dfrac{x}{2}}$ d'où $z_k = -\dfrac{2\alpha_k}{\operatorname{th} \dfrac{x}{2}} + \beta_k$.

On en déduit que les solutions y_1 et y_2 de (E) sur I_1 et sur I_2 sont :

$$y_k = \operatorname{ch} x + \beta_k \operatorname{sh} x - 4\,\alpha_k \operatorname{ch}^2 \frac{x}{2}\,.$$

c) Pour que des solutions se raccordent, il est nécessaire que :

$$y_1(0) = y_2(0) \iff \alpha_1 = \alpha_2 \text{ et } y_1'(0) = y_2'(0) \iff \beta_1 = \beta_2.$$

Ces conditions sont évidemment suffisantes, donc les solutions sur $\mathbb{R}$ sont :

$$x \mapsto \operatorname{ch} x + \beta \operatorname{sh} x + \lambda \operatorname{ch}^2 \frac{x}{2}\,.$$

2 Équation différentielle du second ordre, de type Euler

Soit a un nombre réel non nul.
On considère l'équation différentielle, de fonction inconnue y réelle, sur $]0,+\infty[$:

$$(E_a) : \; x^{a+1}y'' + (2a+1)x^a y' + a^2 x^{a-1} y = -1.$$

1) On suppose $a = 0$. Donner les solutions de (E_0).

2) On suppose désormais $a > 0$.

a) Vérifier que $y = x^{-a}$ est solution de l'équation homogène :

$$(H_a) : \; x^{a+1}y'' + (2a+1)x^a y' + a^2 x^{a-1} y = 0.$$

b) En effectuant, dans (E_a), le changement de fonction inconnue défini par :

$$y = zx^{-a},$$

former l'équation différentielle vérifiée par z et intégrer cette équation.

c) En déduire les solutions de (E_a).

d) *Exemple*. Résoudre sur $\mathbb{R}_+^*$ l'équation d'Euler (E_1) : $x^2y'' + 3xy' + y = -1$.

3) On suppose $a = e$.

a) Déterminer la solution f de (E_e) qui vérifie : $f(1) = -1$ et $f'(1) = 2e - 1$.

b) Soit φ la restriction de f à $]0,e]$.

Montrer que φ admet une fonction réciproque g et calculer $\displaystyle\int_{-1}^{0} g(y)\,\mathrm{d}y$.

Solution

1) (E_0) est l'équation : $xy'' + y' = -1$.
En notant que $x \mapsto xy'' + y'$ est la dérivée de $x \mapsto xy'$, les solutions sont les fonctions qui vérifient :

$$xy' = -x + \lambda,\ \lambda \in \mathbb{R} \text{ c'est-à-dire } y' = -1 + \frac{\lambda}{x}\,,$$

ce qui donne les solutions $x \mapsto \lambda \ln x - x + \mu,\ (\lambda,\mu) \in \mathbb{R}^2$.

2) a) Avec $y = x^{-a}$, on a $y' = -ax^{-a-1}$ et $y'' = a(a+1)x^{-a-2}$. Il vient aisément :

$$x^{a+1}y'' + (2a+1)x^a y' + a^2 x^{a-1} y = 0.$$

b) Avec $y = zx^{-a}$, on a $y' = -ax^{-a-1}z + x^{-a}z'$ et $y'' = a(a+1)x^{-a-2}z - 2ax^{-a-1}z' + x^{-a}z''$.

Il vient alors $xz'' + z' = -1$, c'est-à-dire que z est solution de (E_0).

c) Alors $z = \lambda \ln x - x + \mu$ donne $y = x^{-a}(\lambda \ln x - x + \mu)$.

d) Dans le cas $a = 1$, les solutions sont $y = \lambda \dfrac{\ln x}{x} + \dfrac{\mu}{x} - 1$.

3) a) On a $f(x) = x^{-e}(\lambda \ln x - x + \mu)$, puis $f'(x) = x^{-e}\left(\dfrac{\lambda}{x} - 1\right) - ex^{-e-1}(\lambda \ln x - x + \mu)$.

Avec $f(1) = -1 + \mu$ et $f'(1) = -e(\mu - 1) + \lambda - 1$, la solution vérifiant $f(1) = -1$ et $f'(1) = 2e - 1$ est donnée par $\mu = 0$ et $\lambda = e$.

C'est la fonction définie sur $\mathbb{R}_+^*$ par $f(x) = x^{-e}(e \ln x - x)$.

b) $\varphi'(x) = x^{-e}\left(\dfrac{e}{x} - 1\right) - ex^{-e-1}(e \ln x - x) = x^{-e-1}\left((e-1)x - e^2 \ln x + e\right) = x^{-e-1}u(x)$.

$u(x) = (e-1)x - e^2 \ln x + e$ donne $u'(x) = e - 1 - \dfrac{e^2}{x} = \dfrac{(e-1)x - e^2}{x}$.

On a $u'(x) \leqslant 0$ sur $\left]0, \dfrac{e^2}{e-1}\right]$, donc sur $]0, e]$ puisque $0 < e < \dfrac{e^2}{e-1}$.

Avec $u(e) = 0$, il s'ensuit que φ est strictement croissante.

Avec $\lim\limits_{x \to 0} \varphi(x) = -\infty$ et $\varphi(e) = 0$, φ est une bijection de $]0, e]$ sur $]-\infty, 0]$.

Rappelons que $\varphi(1) = -1$.

Pour le calcul de l'intégrale $\displaystyle\int_{-1}^{0} g(y)\,dy$, effectuons le changement de variable défini par :

$$y = \varphi(x) \text{ ou } x = g(y).$$

$I = \displaystyle\int_{-1}^{0} g(y)\,dy = \int_{1}^{e} x\,\varphi'(x)\,dx$. On intègre ensuite par parties :

$$I = \left[x\,\varphi(x)\right]_1^e - \int_1^e \varphi(x)\,dx = 1 + \int_1^e x^{1-e}\,dx - e\int_1^e x^{-e} \ln x\,dx.$$

On a $\displaystyle\int_1^e x^{1-e}\,dx = \frac{e^{2-e} - 1}{2 - e}$.

En intégrant à nouveau par parties, il vient :

$$\int_1^e x^{-e} \ln x\,dx = \frac{e^{1-e}}{1-e} - \frac{1}{1-e}\int_1^e x^{-e}\,dx = \frac{e^{1-e}}{1-e} - \frac{1}{(1-e)^2}\left(e^{1-e} - 1\right).$$

On a ainsi $I = 1 + \dfrac{e^{2-e} - 1}{2 - e} + \dfrac{e^{2-e}}{e-1} - \dfrac{e}{(e-1)^2}\left(e^{1-e} - 1\right)$, c'est-à-dire :

$$I = 1 + \frac{e^{2-e} - 1}{(2-e)(e-1)^2}.$$

3 Équation de Legendre, solutions polynomiales

Soit y une fonction deux fois dérivable, de la variable x.
n étant un entier naturel, on considère l'équation différentielle :

$$(E_n): \quad (x^2-1)y'' + 2xy' - n(n+1)y = 0.$$

appelée «équation de Legendre d'ordre n».

1) *Étude du cas* $n = 0$

On considère donc (E_0) : $(x^2-1)y'' + 2xy' = 0$.

a) Déterminer, pour x appartenant à l'un quelconque des intervalles $]-\infty, -1[$, $]-1, 1[$, $]1, +\infty[$, la solution générale de (E_0).

b) Quel est l'ensemble Y_0 des solutions sur $\mathbb{R}$ de (E_0) ?
Déterminer celle de ces solutions, p_0, telle que $p_0(1) = 1$.

2) *Étude du cas* $n = 1$

On considère donc (E_1) : $(x^2-1)y'' + 2xy' - 2y = 0$.

a) Déterminer l'ensemble Y_1 des polynômes solutions de (E_1) sur $\mathbb{R}$ et en particulier l'élément p_1 de Y_1 tel que $p_1(1) = 1$.

b) Soit f une fonction définie sur $D =]-\infty, -1[\cup]-1, 1[\cup]1, +\infty[$ et z une fonction définie sur $D^* = D \setminus \{0\}$ par $z(x) = \dfrac{f(x)}{x}$.
Montrer que si f est solution de (E_1) sur chacun des intervalles $]-\infty, -1[$, $]-1, 1[$, $]1, +\infty[$, alors, pour tout $x \in D^*$, z vérifie une équation différentielle du second ordre, soit (E'_1), que l'on écrira.
Donner alors, pour x appartenant à l'un quelconque des intervalles $]-\infty, -1[$, $]-1, 1[$, $]1, +\infty[$, la solution générale de (E_1).

3) *Étude du cas général*

On considère (E_n) : $(x^2-1)y'' + 2xy' - n(n+1)y = 0$ et on suppose $n \geqslant 2$.
On se propose, dans ce cas, de déterminer l'ensemble Y_n des polynômes solutions de (E_n) sur $\mathbb{R}$.
Soit P défini sur $\mathbb{R}$ par :

$$P(x) = a_q x^q + a_{q-1}x^{q-1} + \ldots + a_1 x + a_0, \text{ avec } a_q \neq 0.$$

a) Montrer que, si P appartient à Y_n, alors $q = n$ et $a_{n-1} = 0$.

b) Trouver, pour tout entier $k \in [\![0, n-2]\!]$, une relation de récurrence entre a_k et a_{k+2}.

c) Expliciter, dans le cas où a_h est non nul, a_h en fonction de a_n.

d) Déterminer $p_2 \in Y_2$ et $p_3 \in Y_3$ tels que $p_2(1) = 1$ et $p_3(1) = 1$.

Solution

1) a) (E_0) : $(x^2-1)y'' + 2xy' = 0$ équivaut à $\left((x^2-1)y'\right)' = 0$, soit $y' = \dfrac{\alpha}{x^2-1}$ sur chacun des intervalles $]-\infty, -1[$, $]-1, 1[$, $]1, +\infty[$.

Alors la solution générale de (E_0) est $y = \lambda\, \ell n \left|\dfrac{x-1}{x+1}\right| + \mu$, avec $(\lambda, \mu) \in \mathbb{R}^2$.

b) Les solutions sur $\mathbb{R}$ de (E_0) sont les fonctions constantes.

En particulier, p_0 est la constante 1.

2) a) (E_1) : $(x^2-1)y''+2xy'-2y=0$. Les polynômes solutions de (E_1) sur $\mathbb{R}$ sont nécessairement de degré 1 (par l'examen des coefficients dominants de $(x^2-1)y''$, de $2xy'$ et de $-2y$).

Alors $P(x)=x+a$ est solution de (E_1) sur $\mathbb{R}$ si et seulement si $2x-2(x+a)=0$ pour tout x réel, c'est-à-dire $a=0$.

Les éléments de Y_1 sont donc $x\mapsto \lambda x$; en particulier, $p_1 : x\mapsto x$.

b) $f=xz$ donne $f'=xz'+z$ et $f''=xz''+2z'$; alors $(x^2-1)f''+2xf'-2f=0$ devient :

$$x(x^2-1)z''+2(2x^2-1)z'=0.$$

Avec $-\dfrac{2(2x^2-1)}{x(x^2-1)}=-\dfrac{2}{x}-\dfrac{1}{x+1}-\dfrac{1}{x-1}$, on a $\displaystyle\int -\frac{2(2x^2-1)}{x(x^2-1)}\,\mathrm{d}x=\ell n\left|\frac{1}{x^2(x^2-1)}\right|$.

Les solutions de (E_1') sont données par $z'=\lambda\dfrac{1}{x^2(x^2-1)}$.

Avec $\dfrac{1}{x^2(x^2-1)}=-\dfrac{1}{x^2}+\dfrac{1}{x^2-1}$, il vient :

$$z=\lambda\left(\frac{1}{x}+\frac{1}{2}\ell n\left|\frac{x-1}{x+1}\right|\right)+\mu,\quad (\lambda,\mu)\in\mathbb{R}^2.$$

Il en résulte que sur chacun des intervalles $]-\infty,-1[$ et $]1,+\infty[$, la solution générale de (E_1) est :

$$x\mapsto\lambda\left(1+\frac{x}{2}\ell n\left|\frac{x-1}{x+1}\right|\right)+\mu x,\ \text{avec } (\lambda,\mu)\in\mathbb{R}^2.$$

Une solution sur $]-1,1[$ provient du raccordement en 0 :

- d'une solution $x\mapsto\lambda_1\left(1+\dfrac{x}{2}\ell n\left|\dfrac{x-1}{x+1}\right|\right)+\mu_1 x$ sur $]-1,0[$, et
- d'une solution $x\mapsto\lambda_2\left(1+\dfrac{x}{2}\ell n\left|\dfrac{x-1}{x+1}\right|\right)+\mu_2 x$ sur $]0,1[$.

On voit facilement que ce raccordement exige $\lambda_1=\lambda_2$, $\mu_1=\mu_2$, et il en résulte que la solution générale sur $]-1,1[$ est encore de la forme :

$$x\mapsto\lambda\left(1+\frac{x}{2}\ell n\left|\frac{x-1}{x+1}\right|\right)+\mu x,\ \text{avec } (\lambda,\mu)\in\mathbb{R}^2.$$

> En seconde année, on dispose de théorèmes permettant de prévoir la forme de l'ensemble des solutions et on pourra alors retrouver les résultats précédents, sans problème de raccordement.

3) (E_n) : $(x^2-1)y''+2xy'-n(n+1)y=0$ et $n\geqslant 2$.

$P(x)=a_qx^q+a_{q-1}x^{q-1}+\dots+a_1x+a_0$ avec $a_q\neq 0$.

a) Si P appartient à Y_n, alors les termes dominants de $(x^2-1)P''$, $2xP'$ et $-n(n+1)P$ sont respectivement $q(q-1)a_qx^q$, $2qa_qx^q$ et $-n(n+1)a_qx^q$.

Pour que P soit solution de (E_n), il faut donc que :

$$q(q-1)a_q+2qa_q-n(n+1)a_q=0.$$

Comme on a $a_q \neq 0$, il vient $q(q+1) = n(n+1)$, ce qui donne $q = n$ car q et n sont entiers naturels et $n \geqslant 2$.
Le coefficient de x^{n-1} de $(x^2-1)P'' + 2xP' - n(n+1)P$ est alors $-2na_{n-1}$, et il s'ensuit :

$$a_{n-1} = 0.$$

b) Soit $P = \sum_{k=0}^{n} a_k x^k$; on a donc :

$$P' = \sum_{k=0}^{n} k a_k x^{k-1},$$

$$P'' = \sum_{k=0}^{n-2} (k+1)(k+2) a_{k+2} x^k = \sum_{k=0}^{n} (k-1)k a_k x^{k-2}.$$

Il vient alors :

$$(x^2-1)P'' + 2xP' - n(n+1)P = \sum_{k=0}^{n} (k-1)k a_k x^k - \sum_{k=0}^{n-2} (k+1)(k+2) a_{k+2} x^k + 2\sum_{k=0}^{n} k a_k x^k - n(n+1)\sum_{k=0}^{n} a_k x^k.$$

Avec $a_{n-1} = 0$, il reste :

$$(x^2-1)P'' + 2xP' - n(n+1)P = \sum_{k=0}^{n-2} \Big(\big(k(k+1) - n(n+1)\big) a_k - (k+1)(k+2) a_{k+2} \Big) x^k$$

Alors, pour k compris entre 0 et $n-2$, on a :

$$\big(k(k+1) - n(n+1)\big) a_k = (k+1)(k+2) a_{k+2}.$$

c) Avec $a_{n-1} = 0$, on a $a_{n-2k-1} = 0$. Pour $k \in [\![0, n-2]\!]$, posons $k = n - 2h$.
La relation de récurrence donne alors :

$$(n-2h+1)(n-2h+2)a_{n-2h+2} = \big((n-2h)(n-2h+1) - n(n+1)\big) a_{n-2h} = -2h(2n-2h+1)a_{n-2h}$$

et il s'ensuit :

$$\prod_{h=1}^{p} (n-2h+1)(n-2h+2) a_{n-2h+2} = (-2)^p \prod_{h=1}^{p} h(2n-2h+1) a_{n-2h}$$

c'est-à-dire :

$$\prod_{h=0}^{p-1} (n-2h-1)(n-2h) a_{n-2h} = (-2)^p \prod_{h=1}^{p} h(2n-2h+1) a_{n-2h}$$

puis $a_n \prod_{h=0}^{p-1} (n-2h-1)(n-2h) = (-2)^p a_{n-2p} p! \prod_{h=1}^{p} (2n-2h+1)$ et finalement :

$$a_{n-2p} = a_n \frac{(n!)^2}{(2n)!} \frac{(-1)^p (2n-2p)!}{p!(n-2p)!(n-p)!}.$$

d) $p_2(x) = a_2 x + a_0$ et $a_0 = -\frac{a_2}{3}$. Et $p_2(1) = 1$ donne $a_2 = \frac{2}{3}$ puis $p_2(x) = \frac{1}{2}(3x^2 - 1)$.

$p_3(x) = b_3 x^3 + b_1 x$ et $b_1 = -\frac{3}{5} b_3$. Et $p_3(1) = 1$ donne $b_3 = \frac{5}{2}$ puis $p_3(x) = \frac{1}{2}(5x^3 - 3x)$.

4 Endomorphismes et équations différentielles

E désigne un $\mathbb{R}$-espace vectoriel (*sans* hypothèse de dimension finie).

E_1 et E_2 sont deux sous-espaces vectoriels *supplémentaires* dans E.

On se propose d'étudier des endomorphismes de E au moyen de leurs restrictions aux sous-espaces E_1 et E_2.

Les deux parties du problème sont très largement indépendantes.

Partie I

f est une application linéaire de E_1 vers E_2, bijective ; f^{-1} en est l'application réciproque (de E_2 vers E_1).

s est un endomorphisme de E_1 ; cet endomorphisme n'est pas supposé bijectif.

À tout $x \in E$, écrit sous la forme $x = x_1 + x_2$ avec $(x_1, x_2) \in E_1 \times E_2$, on associe :

$$F(x) = s(x_1) + f(x_1) + f^{-1}(x_2).$$

1) a) Montrer que l'application F ainsi définie de E dans E est linéaire et injective.

b) Montrer que F est bijective et définir son application réciproque F^{-1}.

2) On suppose qu'il existe $\lambda \in \mathbb{R}$ et $x \in E$, $x \neq 0$, tels que $F(x) = \lambda x$

a) Justifier que λ est nécessairement non nul et montrer que :

$$\text{avec } x = x_1 + x_2,\ (x_1, x_2) \in E_1 \times E_2,,$$

ni x_1 ni x_2 n'est nul.

b) Montrer qu'il existe $\mu \in \mathbb{R}$ tel que $s(x_1) = \mu x_1$.

3) Réciproquement, supposons qu'il existe $x_1 \neq 0_E$ dans E_1 et $\mu \in \mathbb{R}^*$ tels que $s(x_1) = \mu x_1$.
Montrer qu'il existe $x_2 \in E_2$ et $\lambda \in \mathbb{R}^*$ tels que :

$$F(x_1 + x_2) = \lambda(x_1 + x_2),$$

λ s'exprimant à l'aide de μ. Exprimer x à l'aide de x_1.

Partie II

E est, dans cette partie, le $\mathbb{R}$-espace vectoriel des fonctions réelles de classe $\mathcal{C}^\infty$ sur $]-1, +1[$.
E_1 en est le sous-espace des fonctions *impaires* et E_2 celui des fonctions *paires*.
On a bien $E_1 \oplus E_2 = E$.

1) Étant donné $\lambda \in \mathbb{R}$, on considère l'équation différentielle, sur $]-1, +1[$:

$$(x^2 - 1)y''(x) + xy'(x) - \lambda y = 0. \quad (1)$$

a) En effectuant le changement de variable défini par $t = \operatorname{Arcsin} x$, justifier que la fonction Y définie par $Y(t) = y(\sin t) = y(x)$ vérifie l'équation différentielle :

$$Y''(t) + \lambda Y(t) = 0. \quad (2)$$

b) Donner les solutions de cette équation différentielle (2).

2) On considère l'application s définie par :

$$\forall u \in E_1,\quad s(u)\ :\ x \mapsto (x^2 - 1)u''(x) + xu'(x).$$

a) Montrer que s est un endomorphisme de E_1.

b) Suivant les valeurs de $\lambda \in \mathbb{R}$, préciser les fonctions $u \in E_1$ telles que $s(u) = \lambda u$.

3) On considère l'application f définie par :

$$\forall u \in E_1, \quad f(u) \ : \ x \mapsto 2xu(x) - u'(x).$$

a) Montrer que f est une application linéaire injective de E_1 dans E_2.

b) Étant donné $v \in E_2$, montrer que l'équation différentielle :

$$2xy(x) - y'(x) = v(x)$$

admet une solution unique dans E_1.

Exprimer cette solution à l'aide de $\displaystyle\int_0^x v(t)e^{-t^2}\,\mathrm{d}t$ et définir l'application f^{-1}.

4) Tout $u \in E$ s'écrit sous la forme $u = u_1 + u_2$ avec $u_1 \in E_1$ et $u_2 \in E_2$.

On définit l'application Φ de E dans E par :

$$\Phi(u) = s(u_1) + f(u_1) + f^{-1}(u_2).$$

Déterminer les couples $(\lambda, u) \in \mathbb{R} \times E$ tels que $\Phi(u) = \lambda u$, en utilisant I.3).

On exprimera u à l'aide de f et des solutions de l'équation (1).

Solution

Partie I

1) a) ▪ Soit p la projection sur E_1 parallèlement à E_2 et q la projection sur E_2 parallèlement à E_1.

L'application F se décompose en $F = s \circ p + f \circ p + f^{-1} \circ q$. Somme de composées d'applications linéaires de E dans E, F est linéaire.

▪ Si $F(x) = 0$, avec $f(x_1) \in E_2$ et $s(x_1) + f^{-1}(x_2) \in E_1$, alors $E_1 \cap E_2 = \{0\}$ donne $f(x_1) = 0$ donc $x_1 = 0$ puisque f est bijective ; il vient ensuite $f^{-1}(x_2) = 0$ donc $x_2 = 0$, d'où $x = 0$.

De noyau nul, F est injective.

b) Soit $y = y_1 + y_2$, $(y_1, y_2) \in E_1 \times E_2$.

Pour avoir $F(x) = y$, il faut et il suffit que $y_2 = f(x_1)$ et $y_1 = s(x_1) + f^{-1}(x_2)$.

Il vient $x_1 = f^{-1}(y_2)$ puis $x_2 = f(y_1) - f \circ s \circ f^{-1}(y_2)$, ce qui montre que F est surjective et on a :

$$F^{-1} = (\mathrm{Id} - f \circ s) \circ f^{-1} \circ q + f \circ p.$$

2) a) Pour $x \neq 0$, l'injectivité de F donne $F(x) \neq 0$, donc $\lambda x \neq 0$ puis $\lambda \neq 0$.

Avec $x = x_1 + x_2$, $(x_1, x_2) \in E_1 \times E_2$, $E_1 \cap E_2 = \{0\}$, $F(x) = \lambda x$ équivaut à :

$$f(x_1) = \lambda x_2 \ \text{ et } \ s(x_1) + f^{-1}(x_2) - \lambda x_1 = 0.$$

Si $x_1 = 0$, alors $\lambda x_2 = 0$ d'où $x_2 = 0$ puis $x = 0$.

Si $x_2 = 0$, alors $f(x_1) = 0$ d'où $x_1 = 0$ puis $x = 0$.

En conséquence, ni x_1 ni x_2 n'est nul.

b) $F(x) = \lambda x$ donne aussi $s(x_1) + f^{-1}(x_2) = \lambda x_1$.

Or $f(x_1) = \lambda x_2$ donne $f^{-1}(x_2) = \frac{1}{\lambda}x_1$, d'où $s(x_1) = \left(\lambda - \frac{1}{\lambda}\right) x_1$: ce qui donne :

$$\mu = \lambda - \frac{1}{\lambda}.$$

3) À nouveau, on a $F(x) = \lambda x$ si et seulement si $f(x_1) = \lambda x_2$ et $s(x_1) + f^{-1}(x_2) = \lambda x_1$.

Il vient alors $f^{-1}(x_2) = \frac{1}{\lambda}x_1$ et, avec $s(x_1) = \mu x_1$, il vient $f^{-1}(x_2) = (\lambda - \mu)x_1$.

On choisit donc λ tel que $\frac{1}{\lambda} = \lambda - \mu$ puis $x = x_1 + \frac{1}{\lambda}f(x_1)$.

Partie II

1) a) $\frac{\mathrm{d}y}{\mathrm{d}x} = \frac{\mathrm{d}Y}{\mathrm{d}t}\frac{\mathrm{d}t}{\mathrm{d}x} = \dot{Y}\frac{1}{\cos t}$ puis $\frac{\mathrm{d}^2y}{\mathrm{d}x^2} = \frac{\mathrm{d}}{\mathrm{d}t}\left(\dot{Y}\frac{1}{\cos t}\right)\frac{\mathrm{d}t}{\mathrm{d}x} = \left(\ddot{Y}\frac{1}{\cos t} + \dot{Y}\frac{\sin t}{\cos^2 t}\right)\frac{1}{\cos t}$
donc Y vérifie :

$$Y''(t) + \lambda Y(t) = 0. \quad (2)$$

> On note souvent (comme en cinématique) $\dot{Y}$ au lieu de $\frac{\mathrm{d}Y}{\mathrm{d}t}$.

b) Les solutions de (2) sont classiquement les combinaisons linéaires de :

- $t \mapsto t$ et $t \mapsto t^2$ si $\lambda = 0$,
- $t \mapsto \operatorname{sh}\sqrt{-\lambda}t$ et $t \mapsto \operatorname{ch}\sqrt{-\lambda}t$ si $\lambda < 0$,
- $t \mapsto \sin\sqrt{\lambda}t$ et $t \mapsto \cos\sqrt{\lambda}t$ si $\lambda > 0$.

2) a) La linéarité de s est banale.

> C'est le fait que s envoie E_1 dans E_1 qui est important.

Si u est impaire, alors u' est paire et u'' est impaire.
Il s'ensuit que $x \mapsto (x^2 - 1)u''(x) + xu'(x)$ est impaire.
Ainsi s est un endomorphisme de E_1.

b) Les fonctions $u \in E_1$ telles que $s(u) = \lambda u$ sont les solutions impaires de (2).
Ce sont les multiples réels de :

- $x \mapsto \operatorname{Arcsin} x$ si $\lambda = 0$,
- $x \mapsto \operatorname{sh}\left(\sqrt{-\lambda}\operatorname{Arcsin} x\right)$ si $\lambda < 0$,
- $x \mapsto \sin\left(\sqrt{\lambda}\operatorname{Arcsin} x\right)$ si $\lambda > 0$.

3) a) f est linéaire et, pour u impaire, $f(u)$ est paire : alors on a $f \in \mathscr{L}(E_1, E_2)$.
u est dans $\operatorname{Ker} f$ si et seulement si elle est solution impaire de l'équation :

$$(3) \quad u'(x) = 2xu(x).$$

Ces solutions sont $x \mapsto \alpha e^{x^2}$ avec $\alpha \in \mathbb{R}$. La seule solution impaire est la fonction nulle.
Ainsi f est injective.

b) Utilisons la méthode de variation de la constante :

$y(x) = \alpha(x)e^{x^2}$ est solution si et seulement si $\alpha'(x) = -v(x)e^{-x^2}$, c'est-à-dire :

$$\alpha(x) = -\int_0^x v(t)e^{-t^2}\,\mathrm{d}t + k, \text{ avec } k \in \mathbb{R}, \text{ d'où } y(x) = -e^{x^2}\int_0^x v(t)e^{-t^2}\,\mathrm{d}t + ke^{x^2}.$$

La fonction $x \mapsto -e^{x^2} \int_0^x v(t)e^{-t^2}\,dt$ est impaire. Et c'est la seule solution impaire.

f^{-1} est la fonction qui, à v impaire, associe $x \mapsto -e^{x^2} \int_0^x v(t)e^{-t^2}\,dt$.

4) On écarte $u = 0$ ainsi que $\lambda = 0$ et pour $\lambda \in \mathbb{R}^*$, on pose :

$$\mu = \lambda - \frac{1}{\lambda}.$$

Avec 2), on détermine les solutions $u_1 \in E_1$ de $s(u_1) = \mu u_1$.

Les éléments u de E tels que $\Phi(u) = \lambda u$ sont $u_1 + \frac{1}{\lambda} f(u_1)$.

5 Équation aux dérivées partielles du second ordre linéaire

1) On désigne par a, b et c des réels, avec $a \neq 0$.

Étant donné f de classe $\mathcal{C}^2$ sur $\mathbb{R}^2$, on pose $D(f) = a\frac{\partial^2 f}{\partial x^2} + 2b\frac{\partial^2 f}{\partial x\,\partial y} + c\frac{\partial^2 f}{\partial y^2}$.

a) À quelle condition, portant sur les couples (α, β) de réels, la fonction φ définie par :

$$\varphi(x, y) = (\alpha x + y, \beta x + y)$$

est-elle un changement de variables ?

b) Étant donné f telle que $D(f) = 0$, former l'équation différentielle vérifiée par la fonction :

$$g = f \circ \varphi^{-1}.$$

2) On suppose $b^2 - ac > 0$.

Montrer que l'on peut choisir α et β de manière que $D(f) = 0 \iff \frac{\partial^2 g}{\partial u\,\partial v} = 0$.

3) On suppose $b^2 - ac = 0$.

Montrer que l'on peut choisir α et β de manière que $D(f) = 0 \iff \frac{\partial^2 g}{\partial v^2} = 0$.

4) On suppose $b^2 - ac < 0$.

Montrer que l'on peut choisir α et β de manière que $D(f) = 0 \iff \frac{\partial^2 g}{\partial u^2} + \frac{\partial^2 g}{\partial v^2} = 0$.

5) Résoudre les équations suivantes :

a) $\frac{\partial^2 f}{\partial x^2} - 4\frac{\partial^2 f}{\partial x\,\partial y} + 3\frac{\partial^2 f}{\partial y^2} = 0$,

b) $4\frac{\partial^2 f}{\partial x^2} - 4\frac{\partial^2 f}{\partial x\,\partial y} + \frac{\partial^2 f}{\partial y^2} = 0$.

6) Soit φ une fontion réelle de classe $\mathscr{C}^2$ sur $\mathbb{R}$. On considère la fonction réelle g définie sur $\mathbb{R}^* \times \mathbb{R}$ par $g(x, y) = \varphi\left(\frac{y}{x}\right)$.

Déterminer les fonctions φ telles que $\frac{\partial^2 g}{\partial x^2} + \frac{\partial^2 g}{\partial y^2} = 0$.

Solution

1) $\begin{pmatrix} u \\ v \end{pmatrix} = \begin{pmatrix} \alpha & 1 \\ \beta & 1 \end{pmatrix} \begin{pmatrix} x \\ y \end{pmatrix}$ définit une bijection si et seulement si $\alpha \neq \beta$.

Elle est de classe $\mathcal{C}^\infty$ et $f(x, y) = g(u, v)$. Et on a :

$$\frac{\partial}{\partial x} = \alpha \frac{\partial}{\partial u} + \beta \frac{\partial}{\partial v}, \quad \frac{\partial}{\partial y} = \frac{\partial}{\partial u} + \frac{\partial}{\partial v}.$$

On en déduit alors :

$$\frac{\partial^2 f}{\partial x^2} = \alpha \left(\alpha \frac{\partial^2 g}{\partial u^2} + \beta \frac{\partial^2 g}{\partial v\, \partial u} \right) + \beta \left(\alpha \frac{\partial^2 g}{\partial u\, \partial v} + \beta \frac{\partial^2 g}{\partial v^2} \right) = \alpha^2 \frac{\partial^2 g}{\partial u^2} + 2\,\alpha\,\beta \frac{\partial^2 g}{\partial u\, \partial v} + \beta^2 \frac{\partial^2 g}{\partial v^2},$$

$$\frac{\partial^2 f}{\partial x\, \partial y} = \alpha \frac{\partial^2 g}{\partial u^2} + (\alpha + \beta) \frac{\partial^2 g}{\partial u\, \partial v} + \beta \frac{\partial^2 g}{\partial v^2}.$$

et $\frac{\partial^2 f}{\partial y^2} = \frac{\partial^2 g}{\partial u^2} + 2 \frac{\partial^2 g}{\partial u\, \partial v} + \frac{\partial^2 g}{\partial v^2}$.

On en déduit :

$$D(f) = \left(a\,\alpha^2 + 2b\,\alpha + c\right) \frac{\partial^2 g}{\partial u^2} + 2\left(a\,\alpha\,\beta + b(\alpha + \beta) + c\right) \frac{\partial^2 g}{\partial u\, \partial v} + \left(a\,\beta^2 + 2b\,\beta + c\right) \frac{\partial^2}{\partial v^2}.$$

On pose alors $A = a\,\alpha^2 + 2b\,\alpha + c$, $B = a\,\alpha\,\beta + b(\alpha + \beta) + c$, $C = a\,\beta^2 + 2b\,\beta + c$ et on considère :

$$P(X) = aX^2 + 2bX + c.$$

2) En choisissant pour α et β les racines (distinctes) de P, on a :

$$A = C = 0 \text{ et } B = \frac{2}{a}\left(ac - b^2\right) \neq 0.$$

Il s'ensuit : $D(f) = 0 \iff \frac{\partial^2 g}{\partial u\, \partial v} = 0$.

3) En choisissant pour α la racine (double) de $aX^2 + 2bX + c$, on a $a\,\alpha + b = 0$ donc :

$$B = b\,\alpha + c = -\frac{b^2}{a} + c = 0 \text{ d'où } B = 0.$$

On choisit ensuite $\beta \neq \alpha$ d'où $C \neq 0$ et il s'ensuit :

$$D(f) = 0 \iff \frac{\partial^2 g}{\partial v^2} = 0.$$

4) On choisit α réel quelconque, puis $\beta \neq \alpha$ tel que $A = C$ et $B = 0$ c'est-à-dire :

$$\alpha + \beta = -\frac{2b}{a} \text{ et } \alpha\beta = \frac{2b^2 - ac}{a^2}.$$

α et β sont les racines de $a^2X^2 + 2abX + 2b^2 - ac$ de discriminant $a^2\left(ac - b^2\right) > 0$.

Alors $A = \frac{2}{a}\left(ac - b^2\right) \neq 0$ et l'équation se ramène à $\frac{\partial^2 g}{\partial u^2} + \frac{\partial^2 g}{\partial v^2} = 0$.

5) a) Avec $b^2 - ac = 1$, on choisit $\alpha = 3$ et $\beta = 1$.

$\dfrac{\partial^2 g}{\partial u\, \partial v} = 0$ donne $g(u, v) = F(u) + G(v)$ c'est-à-dire :

$$f(x, y) = F(3x + y) + G(x + y),$$

avec F et G de classe $\mathcal{C}^2$ sur $\mathbb{R}$.

b) Avec $b^2 - ac = 0$, on choisit $\alpha = \dfrac{1}{2}$ et $\beta = 0$ (par exemple).

$\dfrac{\partial^2 g}{\partial v^2} = 0$ donne $g(u, v) = vF(u) + G(u)$ c'est-à-dire :

$$f(x, y) = yF(\frac{x}{2} + y) + G(\frac{x}{2} + y),$$

avec F et G de classe $\mathscr{C}^2$ sur $\mathbb{R}$.

6) On a $\dfrac{\partial g}{\partial x} = -\dfrac{y}{x^2}\,\varphi'\left(\dfrac{y}{x}\right)$, $\quad \dfrac{\partial g}{\partial y} = \dfrac{1}{x}\,\varphi'\left(\dfrac{y}{x}\right)$,

$\dfrac{\partial^2 g}{\partial x^2} = \dfrac{y^2}{x^4}\,\varphi''\left(\dfrac{y}{x}\right) + \dfrac{2y}{x^3}\,\varphi'\left(\dfrac{y}{x}\right)$, $\quad \dfrac{\partial^2 g}{\partial y^2} = \dfrac{1}{x^2}\,\varphi''\left(\dfrac{y}{x}\right)$.

Alors $\Delta g = \dfrac{\partial^2 g}{\partial x^2} + \dfrac{\partial^2 g}{\partial y^2} = \dfrac{1}{x^2}\left(\left(\dfrac{y^2}{x^2} + 1\right)\varphi''\left(\dfrac{y}{x}\right) + \dfrac{2y}{x}\,\varphi'\left(\dfrac{y}{x}\right)\right)$.

Ainsi on a $\Delta g = 0$ si et seulement si φ est solution de l'équation différentielle :

$$\left(1 + t^2\right)\varphi''(t) + 2t\,\varphi'(t) = 0,$$

ce qui équivaut à $\left(\left(1 + t^2\right)\varphi'(t)\right)' = 0$, ou encore $\left(1 + t^2\right)\varphi'(t) = \lambda$, avec $\lambda \in \mathbb{R}$.

Les solutions sont les fonctions définies sur $\mathbb{R}$ par :

$$\varphi(t) = \lambda\,\mathrm{Arctan}\,t + \mu, \quad \text{avec } (\lambda, \mu) \in \mathbb{R}^2.$$

6 Facteur intégrant

Objectif. On considère une forme différentielle $\omega = P\,\mathrm{d}x + Q\,\mathrm{d}y + R\,\mathrm{d}z$ de classe $\mathcal{C}^1$ sur un ouvert $U \subset \mathbb{R}^3$, c'est-à-dire que P, Q et R sont des fonctions de $\mathbb{R}^3$ dans $\mathbb{R}$, de classe $\mathcal{C}^1$ sur U.

On dit qu'une fonction φ de $\mathbb{R}^3$ dans $\mathbb{R}$, de classe $\mathcal{C}^1$ sur U, est un facteur intégrant de ω lorsque la forme différentielle $\varphi\omega = \varphi P\,\mathrm{d}x + \varphi\, Q\,\mathrm{d}y + \varphi\, R\,\mathrm{d}z$ est exacte.

1) Soit $\omega = P\,\mathrm{d}x + Q\,\mathrm{d}y$ la forme différentielle définie sur $U = \mathbb{R}^2$ par :

$$P(x, y) = 1 + e^{-y},\ Q(x, y) = x - 2.$$

a) Vérifier que ω n'est pas une différentielle exacte et déterminer une fonction g, réelle d'une variable réelle, telle que la forme différentielle $\omega_1 = g(y)(1 + e^{-y})\,\mathrm{d}x + g(y)(x - 2)\,\mathrm{d}y$ soit exacte.

b) Déterminer alors les fonctions $f : \mathbb{R}^2 \to \mathbb{R}$ telles que $\omega_1 = \mathrm{d}f$.

2) Soit $\omega = P\,\mathrm{d}x + Q\,\mathrm{d}y + R\,\mathrm{d}z$ la forme différentielle définie sur $U = (\mathbb{R}_+^*)^3$ par :

$$P(x, y, z) = \frac{y+z}{x},\ Q(x, y, z) = \frac{z+x}{y} \text{ et } R(x, y, z) = \frac{x+y}{z}.$$

a) Justifier que ω n'est pas exacte.

b) Déterminer une fonction g réelle de variable réelle telle que la fonction φ définie par $\varphi(x, y, z) = g(xyz)$ soit un facteur intégrant de ω.

c) Quelles sont alors les fonctions $f : U \to \mathbb{R}$ telles que $\mathrm{d}f = \varphi\omega$?

Solution

1) Soit $\omega = P\,\mathrm{d}x + Q\,\mathrm{d}y$ la forme différentielle définie sur $U = \mathbb{R}^2$ par :

$$P(x, y) = 1 + e^{-y}\ ,\ Q(x, y) = x - 2.$$

a) $\dfrac{\partial P}{\partial y} = -e^{-y}$ et $\dfrac{\partial Q}{\partial x} = 1$, donc ω n'est pas fermée, donc non exacte.

Posons $P_1 = g(y)\left(1 + e^{-y}\right)$ et $Q_1 = g(y)(x - 2)$.

On a $\dfrac{\partial P_1}{\partial y} = g'(y)\left(1 + e^{-y}\right) - g(y)e^{-y}$ et $\dfrac{\partial Q_1}{\partial x} = g(y)$.

U étant un ouvert étoilé de $\mathbb{R}^2$, ω_1 est exacte sur U si et seulement si elle est fermée, soit si et seulement si $\dfrac{\partial P_1}{\partial y} = \dfrac{\partial Q_1}{\partial x}$, c'est-à-dire $g'(y) = g(y)$.

Alors $g(y) = e^y$ convient.

b) $\dfrac{\partial f}{\partial x} = P_1 = e^y + 1$ donne $f(x, y) = x(e^y + 1) + h(y)$, d'où $\dfrac{\partial f}{\partial y} = xe^y + h'(y)$.

Avec $\dfrac{\partial f}{\partial y} = Q_1 = e^y(x - 2)$, il vient $h(y) = -2e^y + k$, avec $k \in \mathbb{R}$.

Les solutions sont les fonctions définies sur $\mathbb{R}^2$ par $f(x, y) = (x - 2)e^y + x + k$.

2) $\omega = P\,\mathrm{d}x + Q\,\mathrm{d}y + R\,\mathrm{d}z$, $P(x, y, z) = \dfrac{y+z}{x}$, $Q(x, y, z) = \dfrac{z+x}{y}$ et $R(x, y, z) = \dfrac{x+y}{z}$.

a) $\dfrac{\partial P}{\partial y} = \dfrac{1}{x}$ et $\dfrac{\partial Q}{\partial x} = \dfrac{1}{y}$ suffit à justifier que ω n'est pas fermée, donc non exacte.

b) Posons $P_1 = g(xyz)\dfrac{y+z}{x}$, $Q_1 = g(xyz)\dfrac{z+x}{y}$ et $R_1 = g(xyz)\dfrac{x+y}{z}$.

La condition nécessaire $\dfrac{\partial P_1}{\partial y} - \dfrac{\partial Q_1}{\partial x} = 0$ se lit :

$$xzg'(xyz)\frac{y+z}{x} + \frac{g(xyz)}{x} - yzg'(xyz)\frac{z+x}{y} - \frac{g(xyz)}{y} = 0.$$

Ce qui équivaut à $(y - x)\left(xyzg'(xyz) + g(xyz)\right) = 0$.

Pour cela, il suffit que g soit solution de l'équation différentielle $tg'(t) + g(t) = 0$, soit, par exemple $g(t) = \dfrac{1}{t}$.

Par permutation circulaire, les autres conditions $\dfrac{\partial R_1}{\partial y} - \dfrac{\partial Q_1}{\partial z} = 0$ et $\dfrac{\partial Q_1}{\partial z} - \dfrac{\partial R_1}{\partial x} = 0$ donnent la même condition. Ainsi, avec $g(t) = \dfrac{1}{t}$, la forme différentielle φ_ω est fermée sur l'ouvert étoilé $U = (\mathbb{R}_+^*)^3$, elle est donc exacte sur U.

c) Avec $\dfrac{\partial f}{\partial x} = P_1 = \dfrac{y+z}{x^2yz}$, il vient $f(x,y,z) = -\dfrac{y+z}{xyz} + r(y,z)$, avec r de classe $\mathcal{C}^1$.

Alors $\dfrac{\partial f}{\partial y} = \dfrac{1}{xy^2} + \dfrac{\partial r}{\partial y}$ et $\dfrac{\partial f}{\partial y} = Q_1 = \dfrac{z+x}{xy^2z}$ donnent $\dfrac{\partial r}{\partial y} = \dfrac{1}{y^2z}$, puis :

$$r(y,z) = -\frac{1}{yz} + s(z), \text{ avec } s \text{ de classe } \mathcal{C}^1.$$

Enfin $\dfrac{\partial f}{\partial z} = \dfrac{1}{xz^2} + \dfrac{1}{yz^2} + s'(z)$ et $\dfrac{\partial f}{\partial z} = R_1 = \dfrac{x+y}{xyz^2}$ donnent $s'(z) = 0$ donc $s \in \mathbb{R}$.

Finalement les solutions sont les fonctions définies par :

$$f(x,y,z) = -\frac{x+y+z}{xyz} + s, \quad s \in \mathbb{R}.$$

7 Rayon de courbure d'une développée

Dans le plan, on considère un arc Γ birégulier. Étant donné un point M de Γ, on note I le centre de courbure en M et P le milieu de $[MI]$.

Lorsque M décrit Γ, le point P associé décrit une courbe Δ.

Soit $\mathcal{D}$ la développée de Γ et on considère, s'il existe, le centre de courbure J en $I \in \mathcal{D}$.

On note s une abscisse curviligne de Γ et σ une abscisse curviligne sur $\mathcal{D}$.

Classiquement, $(M, \vec{T}, \vec{N})$ est le repère de Frenet en M pour Γ.

Soit R le rayon de courbure de Γ en M. On suppose Γ de classe $\mathcal{C}^3$ au moins et que $\dfrac{\mathrm{d}R}{\mathrm{d}s}$ ne prend pas la valeur 0.

1) a) Rappeler et démontrer les formules de Frenet relatives à $\dfrac{\mathrm{d}\vec{T}}{\mathrm{d}s}$ et à $\dfrac{\mathrm{d}\vec{N}}{\mathrm{d}s}$.

b) Exprimer $\dfrac{\mathrm{d}I}{\mathrm{d}s}$ à l'aide de $\dfrac{\mathrm{d}R}{\mathrm{d}s}$ et $\vec{N}$.

Donner une interprétation géométrique de ce résultat.

2) En examinant $\dfrac{\mathrm{d}I}{\mathrm{d}\sigma}$, exprimer $\dfrac{\mathrm{d}s}{\mathrm{d}\sigma}$ en fonction de $R' = \dfrac{\mathrm{d}R}{\mathrm{d}s}$.

Calculer le rayon de courbure de $\mathcal{D}$ en I à l'aide de R et R'.

3) Exprimer $\dfrac{\mathrm{d}P}{\mathrm{d}s}$ en fontion de $\vec{T}$, $\vec{N}$ et R'.

En déduire que la tangente en P à Δ est perpendiculaire à $\overrightarrow{MJ}$.

Solution

1) a) On a $\dfrac{\mathrm{d}\vec{T}}{\mathrm{d}\varphi} = \vec{N}$, d'où $\dfrac{\mathrm{d}\vec{T}}{\mathrm{d}s} = \dfrac{\mathrm{d}\varphi}{\mathrm{d}s}\vec{N}$, c'est-à-dire :

$$\frac{\mathrm{d}\vec{T}}{\mathrm{d}s} = c\vec{N} \text{ ou encore } \frac{\mathrm{d}\vec{T}}{\mathrm{d}s} = \frac{1}{R}\vec{N}.$$

De même, avec $\frac{\mathrm{d}\vec{N}}{\mathrm{d}\varphi} = -\vec{T}$, il vient $\frac{\mathrm{d}\vec{N}}{\mathrm{d}s} = -\frac{1}{R}\vec{T}$.

b) Γ étant de classe $\mathcal{C}^3$, R est de classe $\mathcal{C}^1$.

On a $I = M + R\vec{N}$; en dérivant, on obtient $\frac{\mathrm{d}I}{\mathrm{d}s} = \frac{\mathrm{d}M}{\mathrm{d}s} + \frac{\mathrm{d}R}{\mathrm{d}s}\vec{N} + R\frac{\mathrm{d}\vec{N}}{\mathrm{d}s}$.

Alors $\frac{\mathrm{d}M}{\mathrm{d}s} = \vec{T}$ et $\frac{\mathrm{d}\vec{N}}{\mathrm{d}s} = -\frac{1}{R}\vec{T}$ donnent $\frac{\mathrm{d}I}{\mathrm{d}s} = R'\vec{N}$, donc, puisque R' ne s'annule pas, la tangente en I à $\mathcal{D}$ est dirigée par $\vec{N}$.

2) Comme R' ne s'annule pas, on peut se placer dans le cas où $R' > 0$. Le repère de Frenet de $\mathcal{D}$ en I est alors $(I, \vec{N}, -\vec{T})$.

On a $\frac{\mathrm{d}I}{\mathrm{d}\sigma} = \vec{N}$ et $\frac{\mathrm{d}I}{\mathrm{d}\sigma} = \frac{\mathrm{d}s}{\mathrm{d}\sigma}\frac{\mathrm{d}I}{\mathrm{d}s}$. Avec $\frac{\mathrm{d}I}{\mathrm{d}s} = R'\vec{N}$, il vient $\frac{\mathrm{d}s}{\mathrm{d}\sigma} = \frac{1}{R'}$.

La courbure γ de $\mathcal{D}$ en I est donnée par $\frac{\mathrm{d}\vec{N}}{\mathrm{d}\sigma} = \gamma(-\vec{T})$.

Avec $\frac{\mathrm{d}\vec{N}}{\mathrm{d}\sigma} = \frac{\mathrm{d}s}{\mathrm{d}\sigma}\frac{\mathrm{d}\vec{N}}{\mathrm{d}s} = \frac{1}{R'}\left(-\frac{1}{R}\vec{T}\right)$, il vient $\gamma = \frac{1}{RR'}$ et le rayon de courbure en I pour $\mathcal{D}$ est RR'.

3) Avec $\overrightarrow{MP} = \frac{1}{2}\overrightarrow{MI} = \frac{1}{2}R\vec{N}$, on a $P = M + \frac{1}{2}R\vec{N}$.

En dérivant, il vient $\frac{\mathrm{d}P}{\mathrm{d}s} = \frac{\mathrm{d}M}{\mathrm{d}s} + \frac{1}{2}R'\vec{N} + \frac{1}{2}R\frac{\mathrm{d}\vec{N}}{\mathrm{d}s} = \vec{T} + \frac{1}{2}R'\vec{N} - \frac{1}{2}\vec{T} = \frac{1}{2}(\vec{T} + R'\vec{N})$.

Le centre de courbure J est défini par $\overrightarrow{IJ} = -RR'\vec{T}$ et avec $\overrightarrow{MI} = R\vec{N}$, il vient :

$$\overrightarrow{MJ} = R(-R'\vec{T} + \vec{N}).$$

On en déduit $\left(\overrightarrow{MJ}\,\middle|\,\frac{\mathrm{d}P}{\mathrm{d}s}\right) = \frac{R}{2}\left(\vec{T} + R'\vec{N}\,\middle|\,-R'\vec{T} + \vec{N}\right)$.

Avec $(\vec{T}\mid\vec{T}) = (\vec{N}\mid\vec{N}) = 1$ et $(\vec{T}\mid\vec{N}) = 0$, il vient $\left(\overrightarrow{MJ}\,\middle|\,\frac{\mathrm{d}P}{\mathrm{d}s}\right) = 0$, ce qui prouve que la tangente en P à Δ est perpendiculaire à la droite MJ.

CHAPITRE 7

Espaces euclidiens Transformations et matrices orthogonales Géométrie et coniques

Sujets d'oraux 342

A. Espaces euclidiens 342
B. Transformations et matrices orthogonales 348
C. Géométrie dans le plan ou dans l'espace 352
D. Coniques 357

Thèmes d'étude – Problèmes 366

1. Endomorphismes d'un espace euclidien 366
2. Base orthonormale 369
3. Transformation orthogonale 370
4. Matrices symétriques ou antisymétriques 372
5. Produit vectoriel et fonctions 373
6. Étude générale des matrices orthogonales en dimension 3, avec 4 paramètres 375
7. Produit scalaire et polynômes 378
8. Podaire d'une conique 382
9. Ellipses et tangentes 385
10. Hyperbole et structure de groupe 387
11. Une famille de courbes 389
12. Composée de deux réflexions 392
13. Coniques en sections planes 395

Sujets d'oraux

(A) Espaces euclidiens

Ex. 1

Dans un espace vectoriel euclidien E, de dimension 3, on considère un vecteur $\overrightarrow{p}$ normé.
Étudier l'application $f : \overrightarrow{u} \mapsto \overrightarrow{p} \wedge (\overrightarrow{p} \wedge \overrightarrow{u})$ de E dans E.

> En considérant l'application $g : \overrightarrow{u} \mapsto \overrightarrow{p} \wedge \overrightarrow{u}$, on a $f = g \circ g$.
> Notons qu'il n'est pas dit que f est linéaire ; il faut donc s'en charger.

L'application $g : \overrightarrow{u} \mapsto \overrightarrow{p} \wedge \overrightarrow{u}$ est linéaire, par bilinéarité du produit vectoriel.
Alors $f = g \circ g$ est linéaire.

> Pour toute application linéaire, le noyau et l'image sont instructifs.
> On profite de $\overrightarrow{p}$ normé pour le compléter en une base orthonormale directe. On prend un vecteur normé $\overrightarrow{q}$ orthogonal à $\overrightarrow{p}$ et on forme ensuite $\overrightarrow{r} = \overrightarrow{p} \wedge \overrightarrow{q}$.

Soit $(\overrightarrow{p}, \overrightarrow{q}, \overrightarrow{r})$ une base orthonormale directe de E.
On a $g(\overrightarrow{p}) = \overrightarrow{0}$, $g(\overrightarrow{q}) = \overrightarrow{r}$ et $g(\overrightarrow{r}) = -\overrightarrow{q}$. Il s'ensuit :

$$f(\overrightarrow{p}) = \overrightarrow{0},\ f(\overrightarrow{q}) = -\overrightarrow{q} \text{ et } f(\overrightarrow{r}) = -\overrightarrow{r}.$$

Il s'ensuit que le noyau de f est la droite $\mathbb{R}\overrightarrow{p}$, et que l'image est le plan engendré par $(\overrightarrow{q}, \overrightarrow{r})$, c'est-à-dire $\overrightarrow{p}^{\perp}$.

> En fait l'information sur $\operatorname{Im} f$ est facile à préciser.

L'image de f est plus précisément le sous-espace des vecteurs changés en leurs opposés par f.

> On est plus à l'aise avec des vecteurs invariants.

L'endomorphisme $\varphi = -f$ est la projection orthogonale sur le plan $\overrightarrow{p}^{\perp}$.
f est donc la composée (commutative) de φ et de $-\mathrm{Id}$.

Ex. 2

$E = \mathbb{R}_2[X]$ est muni du produit scalaire défini par $(P|Q) = \displaystyle\int_0^{\pi} P(t)Q(t)\sin t\,\mathrm{d}t$.

Former une base de E qui soit orthonormale pour ce produit scalaire.

> Bien que l'énoncé déclare que l'on dispose d'un produit scalaire, il n'est pas inutile de confirmer cela.

La symétrie de $(P, Q) \mapsto (P|Q)$ vient de $P(t)Q(t) = Q(t)P(t)$ pour tout t réel.
La linéarité de $P \mapsto (P|Q)$ découle de la linéarité de l'intégrale sur un segment.
La bilinéarité de $(P, Q) \mapsto (P|Q)$ en résulte.
Pour tout $t \in [0, \pi]$, on a $P^2(t)\sin t \geqslant 0$, donc $(P|P) \geqslant 0$ pour tout $P \in E$.

Étant donné $P \in E$, comme la fontion $t \mapsto P^2(t)\sin t$ est continue et positive sur $[0\pi]$, l'égalité $\int_0^{\pi} P^2(t)\sin t\,\mathrm{d}t = 0$ implique $P^2(t)\sin t = 0$ pour tout $t \in [0, \pi]$.

On a donc $P^2(t) = 0$, d'où $P(t) = 0$, pour tout $t \in]0, \pi[$.

Admettant une infinité de racines, le polynôme P est nécessairement nul.

En conclusion, $(P, Q) \mapsto (P|Q)$ est un produit scalaire sur E.

> Pour une base orthonormale de E, on applique le procédé de Schmidt à partir de la base canonique $(1, X, X^2)$ pour obtenir une base (P_0, P_1, P_2) telle que :
> $$\forall k \in [\![0, 2]\!], \deg P_k = k.$$

Soit $P_0 = \alpha \neq 0$ un polynôme constant. $\| P_0 \| = 1$ s'écrit :

$$\int_0^{\pi} \alpha^2 \sin t\,\mathrm{d}t = 1,$$

donc avec $I_0 = \int_0^{\pi} \sin t\,\mathrm{d}t = 2$, il vient $2\alpha^2 = 1$. On choisit $\alpha = \frac{1}{\sqrt{2}}$, donc $P_0 = \frac{1}{\sqrt{2}}$.

- P_1 de degré 1 s'écrit : $P_1 = aX + bP_0 = aX + \frac{b}{\sqrt{2}}$, avec $a \neq 0$.

$(P_1|P_0) = 0$ donne $a(X|P_0) + b\| P_0 \|^2 = 0$, c'est-à-dire $\frac{a}{\sqrt{2}}\int_0^{\pi} t\sin t\,\mathrm{d}t + b = 0$.

En intégrant par parties, $I_1 = \int_0^{\pi} t\sin t\,\mathrm{d}t = \left[-t\cos t\right]_0^{\pi} + \int_0^{\pi} \cos t\,\mathrm{d}t = \pi$, d'où $b = -a\frac{\pi}{\sqrt{2}}$.

On a alors $P_1 = a\left(X - \frac{\pi}{2}\right)$ et $\| P_1 \|^2 = 1$ donne $a^2 \int_0^{\pi} \left(t - \frac{\pi}{2}\right)^2 \sin t\,\mathrm{d}t = 1$, c'est-à-dire :

$$a^2\left(I_2 - \pi I_1 + \frac{\pi^2}{4} I_0\right) = 1,$$

où on a posé, pour tout $n \in \mathbb{N}$, $I_n = \int_0^{\pi} t^n \sin t\,\mathrm{d}t$.

Pour $n \geqslant 2$, on a $I_n = \left[-t^n \cos t\right]_0^{\pi} + n\int_0^{\pi} t^{n-1}\cos t\,\mathrm{d}t = \pi^n + n\int_0^{\pi} t^{n-1}\cos t\,\mathrm{d}t$.

Puis $\int_0^{\pi} t^{n-1}\cos t\,\mathrm{d}t = \left[t^{n-1}\sin t\right]_0^{\pi} - (n-1)\int_0^{\pi} t^{n-2}\sin t\,\mathrm{d}t = -(n-1)I_{n-2}$ donne :

$$I_n = \pi^n - n(n-1)I_{n-2}.$$

Avec $I_0 = 2$, il vient $I_2 = \pi^2 - 4$, et $\| P_1 \| = 1$ s'écrit $a^2\left(\frac{\pi^2}{2} - 4\right) = 1$.

On choisit $a = \frac{2}{\sqrt{2(\pi^2 - 8)}}$, d'où $P_1 = \frac{2X - \pi}{\sqrt{2(\pi^2 - 8)}}$.

- (P_0, P_1, X^2) étant une base de $\mathbb{R}_2[X]$, on a maintenant : $P_2 = uX^2 + vP_1 + wP_0$.

Les conditions $(P_0|P_2) = 0$ et $(P_1|P_2) = 0$ donnent :

$$w + u(X^2|P_0) = 0 \text{ et } v + u(X^2|P_1) = 0.$$

Avec $(X^2|P_0) = \frac{1}{\sqrt{2}}\int_0^{\pi} t^2 \sin t\,\mathrm{d}t = \frac{1}{\sqrt{2}} I_2 = \frac{\pi^2 - 4}{\sqrt{2}}$, on a $w = -u\frac{\pi^2 - 4}{\sqrt{2}}$.

Puis, avec $(X^2|P_1) = \dfrac{1}{\sqrt{2(\pi^2-8)}}\displaystyle\int_0^{\pi}\left(2t^3-\pi t^2\right)\sin t\,dt = \dfrac{2I_3-\pi I_2}{\sqrt{2(\pi^2-8)}}$,

et $I_3 = \pi^3 - 6I_1 = \pi^3 - 6\pi$, il vient :

$$\left(X^2|P_1\right) = \pi\sqrt{\frac{\pi^2-8}{2}} \quad\text{puis}\quad v = -u\,\pi\sqrt{\frac{\pi^2-8}{2}}.$$

On a donc $P_2 = u\left(X^2 - \pi X + 2\right)$. Alors $\| P_2 \|^2 = 1$ s'écrit :

$$u^2\left(I_4 - 2\pi I_3 + \left(\pi^2+4\right)I_2 - 4\pi I_1 + 4I_0\right) = 1,$$

et, avec $I_4 = \pi^4 - 12I_2 = \pi^4 - 12\pi^2 + 48$, il vient :

$$4u^2\left(10-\pi^2\right) = 1.$$

On choisit $u = \dfrac{1}{2\sqrt{10-\pi^2}}$, d'où $P_2 = \dfrac{X^2-\pi X+2}{2\sqrt{10-\pi^2}}$.

Finalement, une base orthonormale de E est :

$$\left(\frac{1}{\sqrt{2}},\ \frac{2X-\pi}{\sqrt{2(\pi^2-8)}},\ \frac{X^2-\pi X+2}{2\sqrt{10-\pi^2}}\right).$$

Ex. 3

On considère $E = \mathbb{R}^3$ euclidien canonique orienté.

L'objet du sujet est l'étude des applications φ de E dans E telles que :

$$\forall (u,v) \in E^2,\ \left(\varphi(u)|v\right) + \left(u|\,\varphi(v)\right) = 0.$$

Montrer que φ est linéaire et donner sa matrice dans la base canonique $\left(e_1, e_2, e_3\right)$ de E.
Montrer qu'il existe un vecteur $\omega \in E$ tel que $\varphi(u) = \omega \wedge u$ pour tout $u \in E$.

> Pour qu'un vecteur soit nul, il suffit qu'il soit orthogonal à tout vecteur de E. C'est un moyen de prouver que $\varphi(\lambda u + \mu v) = \lambda\,\varphi(u) + \mu\,\varphi(v)$.

On a donc :

$$\begin{aligned}\left(\varphi(\lambda u+\mu v)|w\right) &= -\left(\lambda u+\mu v|\,\varphi(w)\right) = -\lambda\left(u|\,\varphi(w)\right) - \mu\left(v|\,\varphi(w)\right)\\ &= \lambda\left(\varphi(u)|w\right) + \mu\left(\varphi(v)|w\right) = \left(\lambda\,\varphi(u) + \mu\,\varphi(v)|w\right).\end{aligned}$$

Pour $(\lambda,\mu) \in \mathbb{R}^2$ et $(u,v) \in E^2$ fixés quelconques, on a :

$$\left(\varphi(\lambda u+\mu v) - \lambda\,\varphi(u) - \mu\,\varphi(v)|w\right) = 0 \text{ pour tout } w \in E.$$

On en déduit $\varphi(\lambda u + \mu v) = \lambda\,\varphi(u) + \mu\,\varphi(v)$, et il s'ensuit que φ est linéaire.

> On a besoin de $\varphi(e_1)$ et pour cela, il est utile de connaître $\left(\varphi(e_1)|e_1\right)$, $\left(\varphi(e_1)|e_2\right)$...

Notons que, pour tout $u \in E$, on a $\left(\varphi(u)|u\right) + \left(u|\,\varphi(u)\right) = 0$, donc $\left(\varphi(u)|u\right) = 0$. On a donc :

$$\left(\varphi(e_1)|e_1\right) = 0,\ \left(\varphi(e_2)|e_2\right) = 0,\ \left(\varphi(e_3)|e_3\right) = 0.$$

On pose $\left(\varphi(e_1)|e_2\right) = \gamma$, $\left(\varphi(e_2)|e_3\right) = \alpha$, $\left(\varphi(e_3)|e_1\right) = \beta$. Alors il vient :

$$\left(\varphi(e_2)|e_1\right) = -\gamma,\ \left(\varphi(e_3)|e_2\right) = -\alpha,\ \left(\varphi(e_1)|e_3\right) = -\beta.$$

Il s'ensuit que la matrice de φ dans la base (e_1, e_2, e_3) est $A = \begin{pmatrix} 0 & -\gamma & \beta \\ \gamma & 0 & -\alpha \\ -\beta & \alpha & 0 \end{pmatrix}$

On considère alors ω de coordonnées (α, β, γ). Il vient :

$$\omega \wedge e_1 = (0, \gamma, -\beta),\ \omega \wedge e_2 = (-\gamma, 0, \alpha) \text{ et } \omega \wedge e_3 = (\beta, -\alpha, 0).$$

Et par suite, pour tout $u \in E$, on a $\varphi(u) = \omega \wedge u$.

On vient d'établir une condition nécessaire pour φ. Il faut penser à vérifier si ces applications conviennent.

Les applications qui vérifient la condition sont celles pour lesquelles on a $\varphi(u) = \omega \wedge u$ pour tout $u \in E$, avec un vecteur ω fixé quelconque dans E.

Alors, pour tout $(u, v) \in E^2$, on a :

$$\left(\varphi(u)|v\right) = \left(\omega \wedge u|v\right) = \text{Det}(\omega, u, v)$$

$$\text{et de même} \quad \left(\varphi(v)|u\right) = \text{Det}(\omega, v, u).$$

Il vient alors $\left(\varphi(u)|v\right) + \left(\varphi(v)|u\right) = 0$ donc toutes ces applications conviennent.

Ex. 4

Soit $E = \mathbb{R}_2[X]$. On considère l'application f de E^2 dans $\mathbb{R}$ définie par :

$$\forall (A, B) \in E^2, f(A, B) = A(0)B(0) + A'(0)B'(0) + A''(0)B''(0).$$

Montrer que f est un produit scalaire sur E et déterminer l'orthogonal du sous-espace F engendré par $U = 1 + X + X^2$ et $V = 1 - X + X^2$.

La bilinéarité et la symétrie de f : $(A, B) \mapsto A(0)B(0) + A'(0)B'(0) + A''(0)B''(0)$ sont immédiates.

On a : $f(A, A) = A(0)^2 + A'(0)^2 + A''(0)^2$, donc $f(A, A) \geqslant 0$.

Il est important que les polynômes soient réels.

En outre, il vient $f(A, A) = 0 \iff A(0) = A'(0) = A'(0) = 0$.

La formule de Taylor donne alors $A = 0$.

Ainsi, f est bien un produit scalaire sur $\mathbb{R}_2[X]$.

On examine les polynômes U et V en précisant leurs dérivés.

Le calcul de leurs normes peut se révéler utile.

Avec $U = 1 + X + X^2$, on a $U' = 1 + 2X$, $U'' = 2$;

et pour $V = 1 - X + X^2$, on a $V' = -1 + 2X$, $V'' = 2$.

On a $\| U \|^2 = 6$ et on pose $I = \dfrac{1}{\sqrt{6}} U$.

Le projeté orthogonal de V sur $\mathbb{R}I$ est $P = (I|U)I = \dfrac{1}{6}(U|V)U$.

Avec $(U|V) = 4$, on a $P = \dfrac{2}{3}U$.

V se décompose d'une manière unique en somme d'un polynôme colinéaire à U et d'un polynôme orthogonal à U.

$Q = V - P = 1 - X + X^2 - \dfrac{2}{3}\left(1 + X + X^2\right) = \dfrac{1}{3}\left(1 - 5X + X^2\right)$ est orthogonal à U.

Avec $Q' = -\dfrac{5}{3} + \dfrac{2}{3}X$ et $Q'' = \dfrac{2}{3}$, on a $\| Q \|^2 = \dfrac{10}{3}$, on prend alors :

$$J = \frac{3}{\sqrt{30}} Q = \frac{1}{\sqrt{30}}(1 - 5X + X^2)$$

et (I, J) est une base orthonormale de $\text{Vect}(U, V)$.

Il est maintenant plus facile de déterminer l'orthogonal de ce sous-espace.

$\begin{vmatrix} 1 & 1 & 1 \\ 1 & -1 & 0 \\ 1 & 1 & 0 \end{vmatrix} = 2$ montre que $1 \notin \text{Vect}(U, V)$.

Le projeté orthogonal de 1 sur $\text{Vect}(U, V)$ est $R = (I|1)I + (J|1)J$, soit $R = \dfrac{X^2+1}{5}$.

Alors $\left(\text{Vect}(U, V)\right)^{\perp}$ est la droite dirigée par $1 - R = \dfrac{1}{5}\left(4 - X^2\right)$.

On est dans un espace de dimension 3. L'orthogonal de $\text{Vect}(U, V)$ peut aussi s'obtenir par un produit vectoriel.

Mais pour cela, il faudrait connaître les coordonnées de U et V dans une base orthonormale et non pas dans la base canonique $\left(1, X, X^2\right)$.

Ex. 5

Soit E un $\mathbb{R}$-espace vectoriel muni d'une norme $\|\,.\,\|$ telle que :

$$\forall (x, y) \in E^2,\ \|x+y\|^2 + \|x-y\|^2 = 2\left(\|x\|^2 + \|y\|^2\right).$$

Soit $f\ :\ E^2 \to \mathbb{R},\ (x, y)\ :\mapsto \dfrac{1}{4}\left(\|x+y\|^2 - \|x-y\|^2\right)$.

On admettra que, pour x et z fixés, l'application de $\mathbb{R}$ dans $\mathbb{R}$: $t \mapsto f(tx, z)$ est continue.

Montrer que :

$$\forall (x, y, z) \in E^3,\ f(x+y, z) + f(x-y, z) = 2f(x, z),$$

puis que :

$$\forall (x, z) \in E^2,\ f(2x, z) = 2f(x, z),$$

et que :

$$\forall (u, v, z) \in E^3,\ f(u, z) + f(v, z) = f(u+v, z).$$

En déduire que f est un produit scalaire sur E.

Connaissant un produit scalaire, on lui associe une norme. Le problème inverse qui consiste à examiner si une norme donnée est associée à un produit scalaire est plus difficile.

Dans le cas présent, la norme est assortie d'une propriété par ailleurs familière. C'est à partir d'elle que l'on souhaite installer un produit scalaire.

Il est bon de dire ce qu'est une norme pour voir de quelles propriétés on dispose. L'application $x \mapsto \|x\|$ est une norme lorsque cette application de E dans $\mathbb{R}$ vérifie :

- $\forall x \in E,\ \|x\| \geqslant 0$ et $\|x\| = 0$ si et seulement si $x = 0$,
- $\forall (\lambda, x) \in \mathbb{R} \times E,\ \|\lambda x\| = |\lambda|\ \|x\|$,
- $\forall (x, y) \in E^2,\ \|x+y\| \leqslant \|x\| + \|y\|$.

- $f(y, x) = \dfrac{1}{4}\left(\|y+x\|^2 - \|y-x\|^2\right)$ et $\|y-x\| = \|x-y\|$ donne $f(y, x) = f(x, y)$.

f est donc symétrique.

- Montrons que $\forall (x, y, z) \in E^3, f(x+y, z) + f(x-y, z) = 2f(x, z)$

$4\big(f(x+y, z) + f(x-y, z)\big) = \|x+y+z\|^2 - \|x+y-z\|^2 + \|x-y+z\|^2 - \|x-y-z\|^2$

Or on a :

$$\|x+z+y\|^2 + \|x+z-y\|^2 = 2\left(\|x+z\|^2 + \|y\|^2\right),$$

$$\text{et}\quad \|x-z+y\|^2 + \|x-z-y\|^2 = 2\left(\|x-z\|^2 + \|y\|^2\right).$$

Il s'ensuit $4\big(f(x+y,z)+f(x-y,z)\big) = 2\big(\| x+z \|^2 - \| x-z \|^2\big) = 8f(x,z)$, c'est-à-dire :

$$f(x+y,z)+f(x-y,z) = 2f(x,z).$$

> La propriété suivante s'inscrit comme un cas particulier de la précédente.

- En particulier, on a $f(2x,z)+f(0,z) = 2f(x,z)$.

Or on a $4f(0,z) = \| z \|^2 - \| -z \|^2 = 0$, et il vient donc $f(2x,z) = 2f(x,z)$.

- Pour la troisème propriété, notons aussi que :

$\forall (u,z) \in E^2, 4f(-u,z) = \| -u+z \|^2 - \| -u-z \|^2 = \| u-z \|^2 - \| u+z \|^2 = -4f(u,z)$.

On applique $f(x+y,z)+f(x-y,z) = 2f(x,z)$ à $x = \frac{1}{2}(u+v)$ et $y = \frac{1}{2}(u-v)$ et il vient :

$$f(u,z)+f(v,z) = 2f\Big(\frac{1}{2}(u+v),z\Big)$$

et il reste à utiliser $2f(x,z) = f(2x,z)$ pour obtenir :

$$f(u,z)+f(v,z) = f(u+v,z).$$

> C'est la moitié de la linéarité de f par rapport au premier terme qui est établie.
> Il reste à établir que $f(\lambda x,z) = \lambda f(x,z)$.

Avec $f(u,z)+f(v,z) = f(u+v,z)$, on obtient par récurrence :

$$\forall n \in \mathbb{N}^*, f(nx,z) = nf(x,z).$$

Avec $f(-u,z) = -f(u,z)$ et $f(0,z) = 0$, on obtient ensuite :

$$\forall n \in \mathbb{Z}, f(nx,z) = nf(x,z).$$

Ensuite, avec $p \in \mathbb{N}^*, f\left(p\frac{x}{p},z\right) = pf\left(\frac{x}{p},z\right)$ c'est-à-dire $f\left(\frac{x}{p},z\right) = \frac{1}{p}f(x,z)$, il vient :

$$\forall r \in \mathbb{Q}, \forall (x,z) \in E^2, f(rx,z) = rf(x,z).$$

> Une étape est franchie. Il reste à utiliser que tout réel est la limite d'une suite de rationnels.

Tout réel λ est limite d'une suite (r_n) de rationnels.

On sait que $f(r_n x,z) = r_n f(x,z)$ et que $\lim r_n f(x,z) = \lambda f(x,z)$,

> Le dernier point à établir est maintenant la continuité de la fonction $x \mapsto f(x,z)$ pour se prononcer sur la limite de $f(r_n x,z)$.
> C'est là qu'intervient le résultat admis.

Cette continuité de f par rapport au premier argument permet d'obtenir :

$$\lim f(r_n x,z) = f(\lambda x,z)$$

et on a donc $f(\lambda x,z) = \lambda f(x,z)$, ce qui établi le second volet de la linéarité de f par rapport à son premier terme.

> Pour établir que f est un produit scalaire, il reste principalement à examiner si cette forme bilinéaire est définie positive.

Avec la symétrie déjà citée, f est une forme bilinéaire symétrique sur E. Pour conclure, on forme :

$$4f(x,x) = \| 2x \|^2 - \| 0 \|^2 = \| 2x \|^2 \text{ car } \| 0 \| = 0.$$

Ainsi f est positive et $f(x,x) = 0 \iff 2x = 0$, c'est-à-dire $x = 0$.

Finalement la forme f est définie positive : c'est un produit scalaire sur E.

> *Remarque.* Avec $\forall (\lambda, x) \in \mathbb{R} \times E, \| \lambda x \| = |\lambda| \, \| x \|$, on obtient $f(x,x) = \| x \|^2$.
> La norme $x \mapsto \| x \|$ est donc celle qui est associée au produit scalaire f.

(B) Transformations et matrices orthogonales

Ex. 6

Soit E un espace euclidien orienté de dimension 3, et $\mathcal{B} = (\overrightarrow{i}, \overrightarrow{j}, \overrightarrow{k})$ une base orthonormale directe de E.

On considère l'endomorphisme φ dont la matrice dans la base $\mathcal{B}$ est :

$$\frac{1}{15}\begin{pmatrix} 8 & 6 & -10 \\ -10 & 5 & 0 \\ 6 & -8 & 5 \end{pmatrix}.$$

1) a) Vérifier que $\operatorname{Ker}\varphi$ est de dimension 1. Soit $\overrightarrow{u}$ une base de $\operatorname{Ker}\varphi$.

b) Montrer que tout élément de $\operatorname{Im}\varphi$ est orthogonal à $\overrightarrow{u}$.

2) a) Former une base $\mathcal{B}' = (\overrightarrow{e_1}, \overrightarrow{e_2}, \overrightarrow{e_3})$ orthonormale directe telle que $\overrightarrow{e_1}$ appartienne à $\operatorname{Ker}\varphi$.

b) Former la matrice dans la base $\mathcal{B}'$ de φ.

3) a) Étudier la restriction ψ de φ au plan $e_1{}^{\perp}$.

b) En déduire une description de φ comme composée de deux endomorphismes classiques.

1) a) Le système $\begin{cases} 8x + 6y - 10z = 0 \\ -10x + 5y = 0 \\ 6x - 8y + 5z = 0 \end{cases}$ équivaut à :

$$\begin{cases} 4x + 3y - 5z = 0 \\ 2x - y = 0 \\ 6x - 8y + 5z = 0 \end{cases} \quad \text{ou encore à} \quad \begin{cases} y = 2x \\ z = 2x \end{cases}$$

Le noyau de φ est la droite $\mathbb{R}u$, avec $u = (1, 2, 2)$.

b) Il est aisé de voir que $\varphi(\overrightarrow{i})$, $\varphi(\overrightarrow{j})$ et $\varphi(\overrightarrow{k})$ sont orthogonaux à $\overrightarrow{u}$.
Tout vecteur du noyau est donc orthogonal à tout vecteur de l'image. Il vient alors :

$$\operatorname{Ker}\varphi \overset{\perp}{\oplus} \operatorname{Im}\varphi = E.$$

2) a) On prend :

$$e_1 = \frac{1}{3}u = \frac{1}{3}(1, 2, 2),$$

$$e_2 = \frac{1}{\sqrt{5}}(-2, 0, 1) \ \text{ qui est orthogonal à } \ e_1,$$

$$\text{puis} \quad e_3 = e_1 \wedge e_2 = \frac{1}{3\sqrt{5}}(2, -5, 4).$$

b) La matrice de passage de $\mathcal{B}$ à $\mathcal{B}'$ est $P = \dfrac{1}{3\sqrt{5}}\begin{pmatrix} \sqrt{5} & -6 & 2 \\ 2\sqrt{5} & 0 & -5 \\ 2\sqrt{5} & 3 & 4 \end{pmatrix}$.

La matrice de φ dans la base $\mathcal{B}' = (e_1, e_2, e_3)$ est $B = {}^tPAP$ et on obtient :

$$B = \frac{1}{5}\begin{pmatrix} 0 & 0 & 0 \\ 0 & 3 & 4 \\ 0 & -4 & 3 \end{pmatrix}.$$

3) a) La restriction de φ au plan $\text{Vect}(e_2, e_3)$ a pour matrice :

$$\frac{1}{5}\begin{pmatrix} 3 & 4 \\ -4 & 3 \end{pmatrix} \text{ dans la base } \left(\overrightarrow{e_2}, \overrightarrow{e_3}\right).$$

C'est la rotation d'angle θ tel que $\cos\theta = \frac{3}{5}$ et $\sin\theta = -\frac{4}{5}$, donc :

$$\theta = -\text{Arcsin}\,\frac{4}{5} \text{ modulo } 2\pi.$$

b) En écrivant $B = \begin{pmatrix} 0 & 0 & 0 \\ 0 & 1 & 0 \\ 0 & 0 & 1 \end{pmatrix} \frac{1}{5}\begin{pmatrix} 1 & 0 & 0 \\ 0 & 3 & 4 \\ 0 & -4 & 3 \end{pmatrix}$, il vient que $\varphi = p \circ r$, où p est la projection orthogonale sur $\overrightarrow{e_1}^{\perp}$ et r la rotation d'angle $-\text{Arcsin}\,\frac{4}{5}$ autour de l'axe dirigé par e_1.

Ex. 7

La matrice $A = \frac{1}{3}\begin{pmatrix} 2 & 1 & 2 \\ -2 & 2 & 1 \\ -1 & -2 & 2 \end{pmatrix}$ est-elle orthogonale ?

Soit f l'endomorphisme de $\mathbb{R}^3$ dont la matrice dans la base canonique est A.

Cet endomorphisme est-il une rotation ?

Déterminer une base orthonormale dans laquelle la matrice de f est d'écriture plus simple.

> Ce sujet est fort classique et ne présente pas de difficulté. Comme quoi on trouve aussi, aux oraux de concours, des sujets confortables.
>
> Notons que la formulation «plus simple» signifie en général qu'une (au moins) des colonnes comporte un ou deux termes 0.

Il est aisé de voir que les vecteurs colonnes de A sont normés et deux à deux orthogonaux. Ainsi, A est orthogonale.

> Pour étudier si A est une matrice de rotation, on peut calculer son déterminant ; ce n'est pas le plus simple. On peut aussi voir si f transforme une base orthonormale directe en une base orthonormale (ce qui est déjà fait) également directe.

En notant e_1, e_2, e_3 les vecteurs de la base canonique, on a :

$$f(e_1) \wedge f(e_2) = \frac{1}{9}\begin{pmatrix} 2 \\ -2 \\ -1 \end{pmatrix} \wedge \begin{pmatrix} 1 \\ 2 \\ -2 \end{pmatrix} = \frac{1}{3}\begin{pmatrix} 2 \\ 1 \\ 2 \end{pmatrix} = f(e_3).$$

Alors f est bien une rotation.

> Pour une base mieux adaptée à f, il n'y a qu'un vecteur invariant normé qui présente de l'intérêt.

$u = (x, y, z)$ est invariant par f si et seulement si $\begin{cases} -x + y + 2z = 0 \\ -2x - y + z = 0 \\ -x - 2y - z = 0 \end{cases}$

$\mathrm{Inv}(f)$ est alors la droite définie par $\begin{cases} -x+y+2z=0 \\ 2x+y-z=0 \end{cases}$

Elle est engendrée par le vecteur produit vectoriel de $v=(-1,1,2)$ et $w=(2,1,-1)$, c'est-à-dire $d=(-3,3,-3)$.

Un vecteur normé invariant par f est donc $u=\dfrac{1}{\sqrt{3}}(1,-1,1)$.

> Déterminons l'angle, autour de u, de cette rotation.

Si θ est l'angle de la rotation f, on a $1+2\cos\theta=\mathrm{Tr}\,A$, donc $\cos\theta=\dfrac{1}{2}$.

> Pour préciser θ, il suffit de préciser le signe de $\sin\theta$.

Le vecteur $n=(-1,0,1)=-e_1+e_3$ est orthogonal à u. On obtient :

$$f(n)=(0,1,1).$$

Le signe de $\sin\theta$ est celui de $\mathrm{Det}\big(n,f(n),u\big)$, c'est donc celui de $\begin{vmatrix} -1 & 0 & 1 \\ 0 & 1 & -1 \\ 1 & 1 & 1 \end{vmatrix}$.

Ce déterminant vaut -3. On a donc $\sin\theta<0$ et finalement, $\theta=-\dfrac{\pi}{3}$ modulo 2π.

> La restriction de f au plan orthogonal à u, orienté par le choix de u, est la rotation d'angle θ.

Avec $n_1=\dfrac{1}{\sqrt{2}}(1,0,-1)$ orthogonal à u et normé, on forme $n_2=u\wedge n_1$ pour obtenir une base orthonormale directe de $\mathbb{R}^3$. On obtient :

$$n_2=-\frac{1}{\sqrt{6}}(1,2,1).$$

Dans la base (n_1,n_2,u), la matrice de f est $A'=\begin{pmatrix} \frac{1}{2} & \frac{\sqrt{3}}{2} & 0 \\ -\frac{\sqrt{3}}{2} & \frac{1}{2} & 0 \\ 0 & 0 & 1 \end{pmatrix}$.

> Tout autre choix d'un vecteur n_1 normé et orthogonal à u, et avec $n_2=u\wedge n_1$, donnerait la même matrice dans la base (n_1,n_2,u).
> Tout au plus, peut-être un choix différent de n_1 donnerait une matrice de passage plus simple, mais cela ne change rien au résultat demandé.

Ex. 8

Dans un espace vectoriel euclidien orienté, rapporté à une base orthonormale directe $\mathcal{B}=\big(e_1,e_2,e_3\big)$, étudier l'endomorphisme f dont la matrice dans $\mathcal{B}$ est :

$$A=\frac{1}{14}\begin{pmatrix} 13 & -2 & -3 \\ -2 & 10 & -6 \\ -3 & -6 & 5 \end{pmatrix}.$$

> Un réflexe incontrôlé est d'affirmer d'emblée que A est orthogonale, en se laissant bercer par un environnement familier.

Les vecteurs colonnes ne sont ni normés ni deux à deux orthogonaux. La matrice A n'est pas orthogonale par surabondance de contre-indications.
En revanche, A est symétrique.

> Une ressource est de chercher des vecteurs propres pour f et c'est souvent un bon moyen pour chercher des informations.

> Avant cette démarche, il est préférable d'examiner si f ne serait pas d'un type classique. Parmi les matrices symétriques, dans une base orthonormale, il y a les involutions et les projecteurs...

Le calcul de A^2 donne $A^2 = A$.

f est donc un projecteur. Dans ce contexte euclidien, puisque A est symétrique, c'est un projecteur orthogonal.

> La trace de A étant 2, il s'agit de la projection orthogonale sur un plan.
> Il suffit alors de préciser les vecteurs invariants par f.

Les vecteurs (x, y, z) invariants par f sont caractérisés par $\begin{cases} -x - 2y - 3z = 0 \\ -2x - 4y - 6z = 0 \\ -3x - 6y - 9z = 0 \end{cases}$

Ce sont donc les éléments du plan d'équation :

$$x + 2y + 3z = 0,$$

c'est-à-dire le plan orthogonal au vecteur n de coordonnées $(1, 2, 3)$.

> Par acquis de conscience, et même si c'est inutile, on peut vérifier ces assertions par la détermination du noyau de f.

Les vecteurs (x, y, z) de $\operatorname{Ker} f$ sont caractérisés par $\begin{cases} 13x - 2y - 3z = 0 & (E_1) \\ -2x + 10y - 6z = 0 & (E_2) \\ -3x - 6y + 5z = 0 & (E_3) \end{cases}$

On constate que l'équation $2 \times (E2) + 3 \times (E3)$ n'est autre que $-(E1)$, donc les éléments du noyau sont ceux de la droite définie par :

$$\begin{cases} x - 5y + 3z = 0 \\ 3x + 6y - 5z = 0 \end{cases}$$

Cette droite est dirigée par le produit vectoriel de $(1, -5, 3)$ et $(3, 6, -5)$, qui est $(7, 14, 21)$, donc aussi par $n = (1, 2, 3)$.

> On peut préciser une base orthonormale formée par un vecteur du noyau et des vecteurs invariants.

Un vecteur u orthogonal à n est $(2, -1, 0)$. Et $v = n \wedge u = (3, 6, -5)$ donne une base (n, u, v) orthogonale directe.

Il reste à diviser ces trois vecteurs par leurs normes pour obtenir une base $\mathcal{B}' = \left(n', u', v'\right)$ orthonormale directe.

Dans cette base, la matrice de f est $A' = \begin{pmatrix} 0 & 0 & 0 \\ 0 & 1 & 0 \\ 0 & 0 & 1 \end{pmatrix}$.

Ⓒ Géométrie dans le plan et dans l'espace

Ex. 9

Dans le plan, on considère trois points A, B, C, non alignés, d'affixes respectives a, b, c. Soit G le centre de gravité du triangle ABC et A', B', C' les points où les médianes (GA), (GB), (GC) recoupent le cercle circonscrit au triangle.
En notant a', b', c', g les affixes de A', B', C', G, montrer que :

$$\frac{1}{g-a'}+\frac{1}{g-b'}+\frac{1}{g-c'}=0.$$

On pourra exprimer $(\overrightarrow{GA}\mid\overrightarrow{GA'})$ à l'aide du rayon du cercle circonscrit.

Dans ce sujet, les questions métriques sont présentes ce qui rend inévitable l'usage du produit scalaire. Par ailleurs l'appel aux affixes est explicite. Rappelons un lien entre ces deux outils.

Étant donné des vecteurs $\vec{U}$ et $\vec{V}$, d'affixes u et v, le produit scalaire $(\vec{U}\mid\vec{V})$ est égal à la partie réelle de $u\overline{v}$ ou de $\overline{u}\,v$.

Le déterminant Det $(\vec{U},\vec{V})$ est la partie imaginaire de $\overline{u}\,v$.

Ainsi, lorsque $\vec{U}$ et $\vec{V}$ sont liés, on a $(\vec{U}\mid\vec{V})=u\overline{v}$ ou aussi $(\vec{U}\mid\vec{V})=\overline{u}v$.

Pour voir comment intervient A', on note que A, A' et G sont alignés. L'intervention du cercle $\mathscr{C}$ circonscrit à ABC passe par le centre et le rayon.

Notons O le centre et R le rayon du cercle $\mathscr{C}$ circonscrit au triangle ABC.

En notant P le milieu de $[AA']$, on a $(\overrightarrow{GA}\mid\overrightarrow{GA'})=(\overrightarrow{GP}+\overrightarrow{PA}\mid\overrightarrow{GP}+\overrightarrow{PA'})$, d'où :

$$(\overrightarrow{GA}\mid\overrightarrow{GA'})=(\overrightarrow{GP}+\overrightarrow{PA}\mid\overrightarrow{GP}-\overrightarrow{PA})=GP^2-PA^2.$$

Les triangles OGP et OAP étant rectangles en P, on a :

$$GP^2=OG^2-OP^2\quad\text{et}\quad PA^2=OA^2-OP^2$$

et il s'ensuit que :

$$(\overrightarrow{GA}\mid\overrightarrow{GA'})=OG^2-OA^2=OG^2-R^2.$$

Notons γ ce nombre OG^2-R^2.

Le réel OG^2-R^2 est indépendant de A. On a donc deux égalités analogues pour les deux autres sommets B et C.

Avec de même $(\overrightarrow{GB}\mid\overrightarrow{GB'})=\gamma$ et $(\overrightarrow{GC}\mid\overrightarrow{GC'})=\gamma$, il vient :

$$(\overrightarrow{GA}\mid\overrightarrow{GA'})=(\overrightarrow{GB}\mid\overrightarrow{GB'})=(\overrightarrow{GC}\mid\overrightarrow{GC'})=\gamma.$$

Nous voilà en mesure de passer aux affixes en tenant compte de $\overrightarrow{GA}$, $\overrightarrow{GA'}$ liés.

On en déduit que $\overline{a-g}(a'-g)=\overline{b-g}(b'-g)=\overline{c-g}(c'-g)=\gamma$.

Mais au fait, G est le centre de gravité de ABC. Il y a lieu de l'utiliser !

$\overrightarrow{GA}+\overrightarrow{GB}+\overrightarrow{GC}=0$ s'exprime par :

$$(a-g)+(b-g)+(c-g)=0\quad\text{ou par}\quad\overline{a-g}+\overline{b-g}+\overline{c-g}=0.$$

Il vient alors :

$$\frac{\gamma}{a'-g}+\frac{\gamma}{b'-g}+\frac{\gamma}{c'-g}=0.$$

> Le centre de gravité n'est pas sur le cercle circonscrit donc le point G n'est ni A' ni B' ni C'. Notons aussi que $\gamma = OG^2 - R^2$ n'est pas nul.

Et finalement, il vient $\dfrac{1}{g-a'}+\dfrac{1}{g-b'}+\dfrac{1}{g-c'}=0.$

Ex. 10

Dans le plan rapporté à un repère orthonormal direct $(O, \vec{i}, \vec{j})$, montrer que l'application f qui à tout point $M = (x, y)$ associe $M' = (x', y')$ défini par :

$$\begin{cases} x' = -\frac{3}{5}x + \frac{4}{5}y + \frac{13}{5} \\ y' = \frac{4}{5}x + \frac{3}{5}y + \frac{6}{5} \end{cases}$$

est la composée commutative d'une réflexion et d'une translation.

> Les questions de géométrie analytique dans le plan se prêtent bien à l'usage des nombres complexes. Si tout va bien, on met en évidence une similitude $z' = az + b$, mais...

En posant $z' = x' + iy'$, le système équivaut à $z' = \dfrac{-3+4i}{5}x + \dfrac{4+3i}{5}y + \dfrac{13+6i}{5}$.

En remarquant que $\dfrac{4+3i}{5} = -i\,\dfrac{-3+4i}{5}$, on a $z' = \dfrac{-3+4i}{5}(x-iy) + \dfrac{13+6i}{5}$, c'est-à-dire :

$$z' = \frac{-3+4i}{5}\bar{z} + \frac{13+6i}{5} \quad \text{avec } z = x + iy.$$

On notera que $a = \dfrac{-3+4i}{5}$ est de module 1. Posons aussi $b = \dfrac{13+6i}{5}$: $z' = a\bar{z} + b$.

> Plutôt que d'aller à la devinette, cherchons des informations sur la décomposition (éventuelle) de f.

Supposons qu'il existe une translation t, de vecteur $\vec{u}$, et une réflexion, d'axe $\mathcal{D}$, telles que :

$$f = s \circ t \text{ et } f = t \circ s.$$

Alors $f \circ f = t \circ s \circ s \circ t$ donne $f \circ f = t \circ t$, donc $f \circ f$ est la translation de vecteur $2\vec{u}$.

$f \circ f(z) = a\left(\overline{a\bar{z}+b}\right) + b = a\bar{a}z + a\bar{b} + b = z + a\bar{b} + b$ montre que :

$$f \circ f \text{ est la translation d'affixe } a\bar{b} + b.$$

L'affixe u du vecteur de la translation t est donc nécessairement $u = \dfrac{1}{2}(a\bar{b} + b)$.

On a $a\bar{b} = \dfrac{-3+14i}{5}$, puis $a\bar{b} + b = 2 + 4i$. Il vient donc $u = 1 + 2i$.

> Une seule translation est possible. Examinons si elle convient.

S'il existe une réflexion s convenable, c'est-à-dire telle que $f = t \circ s$, alors $s = t^{-1} \circ f$.

L'expression analytique complexe de $s = t^{-1} \circ f$ est $s(z) = a\bar{z} + b - (1 + 2i)$, c'est-à-dire :

$$s : z \mapsto z'' = a\bar{z} + c \text{ avec } c = \frac{8-4i}{5}.$$

Étudions les points invariants par s.

On a $z = \dfrac{-3+4i}{5}\bar{z} + \dfrac{8-4i}{5}$, ce qui équivaut à $\begin{cases} 5x = -3x + 4y + 8 \\ 5y = 4x + 3y - 4 \end{cases}$

Les points invariants par s sont ceux de la droite $\mathcal{D}$ d'équation $2x - y - 2 = 0$.

Notons que $\mathcal{D}$ est dirigée par $\vec{u}$ et contient $A = (1, 0)$.

On constate que $z'' - 1 = a(\overline{z-1})$ et on en déduit que, étant donné z_1 et z_2, on a :

$$z_1'' - z_2'' = a(\overline{z_1 - z_2}),$$

donc $|z_1'' - z_2''| = |z_1 - z_2|$, ce qui prouve que s est une isométrie.

s, isométrie plane admettant une droite de points invariants, est la réflexion d'axe $\mathcal{D}$.

Pour achever l'étude, il suffit de vérifier si on a bien $f = s \circ t$, ce qui est immédiat.

Ex. 11

L'espace E est rapporté à un repère orthonormal direct $(O, \vec{i}, \vec{j}, \vec{k})$.

On considère l'application f de E dans E définie analytiquement par :

$$\begin{cases} x' = \dfrac{1}{7}(3x + 6y + 2z + 1) \\ y' = \dfrac{1}{7}(-6x + 2y + 3z + 5) \\ z' = \dfrac{1}{7}(2x - 3y + 6z + 2) \end{cases}$$

1) Montrer que f est un déplacement.

2) Déterminer l'angle et la direction de l'axe de la rotation vectorielle de f.

3) Justifier que f est un vissage et préciser le vecteur de ce visssage.

4) Préciser l'axe du vissage.

1) f est une application affine dont la partie linéaire φ a pour matrice :

$$A = \frac{1}{7}\begin{pmatrix} 3 & 6 & 2 \\ -6 & 2 & 3 \\ 2 & -3 & 6 \end{pmatrix} \text{ dans la base orthonormale } (\vec{i}, \vec{j}, \vec{k}).$$

On voit aisément que $A \in \mathcal{O}^+(E)$, donc φ est une rotation.

Ainsi f est un déplacement.

2) Avec $\dfrac{1}{2}(A - {}^tA) = -\dfrac{3\sqrt{5}}{7}\dfrac{1}{\sqrt{5}}\begin{pmatrix} 0 & -2 & 0 \\ 2 & 0 & -1 \\ 0 & 1 & 0 \end{pmatrix}$, l'axe de la rotation est dirigé par $\omega = \dfrac{1}{\sqrt{5}}(1, 0, 2)$, et d'angle θ autour de ω tel que $\sin\theta = -\dfrac{3\sqrt{5}}{7} < 0$.

$\cos\theta$ s'obtient par $2\cos\theta + 1 = \operatorname{Tr} A$, d'où $\cos\theta = \dfrac{2}{7}$. On a ainsi $\theta = -\operatorname{Arccos}\dfrac{2}{7}$

3) Soit u le vecteur de coordonnées $\dfrac{1}{7}(1, 5, 2)$ et t la translation de vecteur u. On a ainsi $f = t \circ \varphi$.

u n'étant pas orthogonal à ω, f est un vissage d'angle θ autour d'un axe dirigé par ω.

Soit v le projeté orthogonal de u sur ω : $v = (u \mid \omega)\omega$. Ses coordonnées sont $\dfrac{1}{7}(1, 0, 2)$.

C'est le vecteur du vissage.

4) Avec $w = u - v$, l'axe du vissage est celui de la rotation $g = t_w \circ \varphi$ de formules analytiques :

$$\begin{cases} x' = \frac{1}{7}(3x + 6y + 2z) \\ y' = \frac{1}{7}(-6x + 2y + 3z + 5) \\ z' = \frac{1}{7}(2x - 3y + 6z) \end{cases}$$

L'axe est défini par :

$$\begin{cases} 4x - 6y - 2z = 0 \\ 6x + 5y - 3z = 5 \\ -2x + 3y + z = 0 \end{cases} \quad \text{c'est-à-dire} \quad \begin{cases} 6x + 5y - 3z = 5 \\ -2x + 3y + z = 0 \end{cases}$$

On obtient aisément pour axe l'ensemble des points $\frac{5}{14}\begin{pmatrix} 0 \\ 1 \\ -3 \end{pmatrix} + x \begin{pmatrix} 1 \\ 0 \\ 2 \end{pmatrix}$, pour $x \in \mathbb{R}$.

Ex. 12

Dans l'espace usuel, on considère trois segments $[AA']$, $[BB']$, $[CC']$.

On suppose qu'ils sont parallèles, non réduits à un point et non coplanaires.

Donner une condition nécessaire et suffisante pour qu'il existe une droite parallèle aux trois plans $(A'BC)$, $(B'CA)$ et $(C'AB)$.

> Explorons les différentes hypothèses. La première est que les vecteurs $\overrightarrow{AA'}$, $\overrightarrow{BB'}$ et $\overrightarrow{CC'}$ sont non nuls et colinéaires.

Il existe un vecteur $\overrightarrow{u}$ non nul et des scalaires α, β, γ non nuls tels que :

$$\overrightarrow{AA'} = \alpha \overrightarrow{u}, \overrightarrow{BB'} = \beta \overrightarrow{u} \text{ et } \overrightarrow{CC'} = \gamma \overrightarrow{u}.$$

> Le sort de A', B', C' est lié à celui de A, B et C, par l'intermédiaire de $\overrightarrow{u}$ et (α, β, γ).
>
> Pour avoir un point de repère, l'isobarycentre de A, B et C est naturel.
>
> Pour d'éventuelles équations de droites ou plans, il est raisonnable de choisir un repère dans lequel les points A, B et C vont jouer des rôles analogues, avec des coordonnées numériquement simples.

Étant donné un point O, on considère le repère $\mathcal{R} = (O, \overrightarrow{OA}, \overrightarrow{OB}, \overrightarrow{OC})$. On a donc :

$$\overrightarrow{OA'} = \overrightarrow{OA} + \alpha \overrightarrow{u} \quad , \quad \overrightarrow{OB'} = \overrightarrow{OB} + \beta \overrightarrow{u} \quad , \quad \overrightarrow{OC'} = \overrightarrow{OC} + \gamma \overrightarrow{u}.$$

Considérons le barycentre G de $(A, 1)$, $(B, 1)$ et $(C, 1)$.

> Pour laisser aux couples (A, A'), (B, B'), (C, C') des rôles analogues, on peut choisir un point O adapté à $\overrightarrow{u}$ et à G.

Choisissons O tel que $\overrightarrow{u} = 3\overrightarrow{OG}$. Alors, avec $\overrightarrow{OA'} = \overrightarrow{OA} + \alpha \overrightarrow{u}$, les coordonnées de A' sont $(1 + \alpha, \alpha, \alpha)$. De même, celles de B' sont $(\beta, 1 + \beta, \beta)$ et celles de C' sont $(\gamma, \gamma, 1 + \gamma)$.

> On établit maintenant une équation de chacun des trois plans.

$M = (x, y, z)$ appartient à $(A'BC)$ si et seulement si $\text{Det}\left(\overrightarrow{MA'}, \overrightarrow{BA'}, \overrightarrow{CA'}\right) = 0$, c'est-à-dire :

$$\begin{vmatrix} x-1-\alpha & 1+\alpha & 1+\alpha \\ y-\alpha & \alpha-1 & \alpha \\ z-\alpha & \alpha & \alpha-1 \end{vmatrix} = 0,$$

ce qui donne :

$$(1-2\alpha)x + (1+\alpha)(y+z-1) = 0.$$

De même, une équation de $(B'CA)$ est :

$$(1-2\beta)y + (1+\beta)(z+x-1) = 0,$$

et une équation de $(C'AB)$ est :

$$(1-2\gamma)z + (1+\gamma)(x+y-1) = 0.$$

> Trois plans sont parallèles à une même droite si et seulement si leurs directions (trois plans vectoriels) ont un vecteur non nul en commun.

Les trois plans sont parallèles à une même droite si et seulement si :

$$\begin{vmatrix} 1-2\alpha & 1+\alpha & 1+\alpha \\ 1+\beta & 1-2\beta & 1+\beta \\ 1+\gamma & 1+\gamma & 1-2\gamma \end{vmatrix} = 0 \text{ ou encore } \begin{vmatrix} 3 & 1+\alpha & 1+\alpha \\ 3 & 1-2\beta & 1+\beta \\ 3 & 1+\gamma & 1-2\gamma \end{vmatrix} = 0,$$

ce qui donne :

$$9(\beta\gamma + \gamma\alpha + \alpha\beta) = 0 \text{ ou aussi } \frac{1}{\alpha} + \frac{1}{\beta} + \frac{1}{\gamma} = 0.$$

Comme α, β, γ sont les mesures algébriques de $\overrightarrow{AA'}$, $\overrightarrow{BB'}$ et $\overrightarrow{CC'}$ relativement à un même vecteur $\overrightarrow{u}$ non nul, cela s'exprime aussi par $\dfrac{1}{\overline{AA'}} + \dfrac{1}{\overline{BB'}} + \dfrac{1}{\overline{CC'}} = 0.$

Ex. 13

Dans l'espace, on considère quatre points A, B, C et D non coplanaires.
Montrer que l'aire d'une face du tétraèdre $ABCD$ est strictement inférieure à la somme des aires des trois autres faces.

> Cela ressemble assez à une situation classique dans le plan : pour un triangle non réduit à un point ou à un segment, la longueur d'un côté est strictement inférieure à la somme des longueurs de deux autres côtés.

Notons H le projeté orthogonal de A sur le plan (BCD).

> Notons $\mathcal{A}(UVW)$ l'aire d'un triangle UVW.

Considérons le projeté orthogonal A' de A sur la droite (BC). C'est aussi le projeté orthogonal de H sur (BC).

L'aire $\mathcal{A}(BHC)$ est égale à $\dfrac{BC \times HA'}{2}$ alors que $\mathcal{A}(ABC) = \dfrac{BC \times AA'}{2}$.

Dans le triangle $AA'H$ rectangle en H, on a $AA' > A'H$, d'où $\mathcal{A}(ABC) > \mathcal{A}(BHC)$.

> L'hypoténuse AA' ne peut être égale à $A'H$ que si $A = H$, ce qui impliquerait que A soit dans le plan (BCD).

On a de même $\mathcal{A}(ABD) > \mathcal{A}(BHD)$ et $\mathcal{A}(ACD) > \mathcal{A}(CHD)$.

En ajoutant ces trois inégalités, on obtient :

$$\mathcal{A}(ABC) + \mathcal{A}(ABD) + \mathcal{A}(ACD) > \mathcal{A}(BHC) + \mathcal{A}(BHD) + \mathcal{A}(CHD).$$

> Il suffit alors de justifier que $\mathcal{A}(BHC) + \mathcal{A}(BHD) + \mathcal{A}(CHD) \geqslant \mathcal{A}(BCD)$.

Si H est intérieur au triangle BCD, alors on a :

$$\mathcal{A}(BHC) + \mathcal{A}(BHD) + \mathcal{A}(CHD) = \mathcal{A}(BCD),$$

et si H est extérieur strictement à ce triangle, on a :

$$\mathcal{A}(BHC) + \mathcal{A}(HBD) + \mathcal{A}(HCD) > \mathcal{A}(BCD).$$

On a donc $\mathcal{A}(BHC) + \mathcal{A}(BHD) + \mathcal{A}(CHD) \geqslant \mathcal{A}(BCD)$ et il s'ensuit que :

$$\mathcal{A}(ABC) + \mathcal{A}(ABD) + \mathcal{A}(ACD) > \mathcal{A}(BCD).$$

D Coniques

Ex. 14

Déterminer l'ensemble des centres, des sommets et des foyers des ellipses d'équations :

$$\lambda x^2 + y^2 - 2x = 0,$$

où λ décrit l'ensemble des réels strictement positifs.

> $\lambda = 1$ est un cas particulier. Si le centre existe bien, et si tous les points sont des sommets, la notion de foyer est hors de propos.

$\lambda x^2 + y^2 - 2x = 0$ a pour équation réduite $\lambda^2\left(x - \dfrac{1}{\lambda}\right)^2 + \lambda y^2 = 1$.

Le centre est $\Omega_\lambda = \left(\dfrac{1}{\lambda}, 0\right)$; il décrit le demi-axe positif des abscisses.

Les sommets sur (Ox) sont O et $A_\lambda = \left(\dfrac{2}{\lambda}, 0\right)$. Le sommet A_λ décrit le demi-axe positif des abscisses.

Les sommets de l'axe vertical sont $B_\lambda = \left(\dfrac{1}{\lambda}, \dfrac{1}{\sqrt{\lambda}}\right)$ et $B'_\lambda = \left(\dfrac{1}{\lambda}, -\dfrac{1}{\sqrt{\lambda}}\right)$.

Ils décrivent la parabole d'équation $y^2 = x$, privée de O.

- *Pour* $\lambda < 1$, on a $\dfrac{1}{\lambda} > \dfrac{1}{\sqrt{\lambda}}$ et l'axe focal est (Ox).

> On a une équation réduite de la forme $\dfrac{X^2}{a^2} + \dfrac{Y^2}{b^2} = 1$, avec $a > b > 0$.

Les foyers F_λ et F'_λ ont pour abscisses $\dfrac{1}{\lambda} - c$ et $\dfrac{1}{\lambda} + c$, avec $c^2 = \dfrac{1}{\lambda^2} - \dfrac{1}{\lambda}$.

L'abscisse de F_λ est $\dfrac{1}{\lambda} - \sqrt{\dfrac{1}{\lambda^2} - \dfrac{1}{\lambda}} = \dfrac{1}{\lambda}(1 - \sqrt{1-\lambda}) = \dfrac{1}{1 + \sqrt{1-\lambda}}$.

Alors F_λ décrit $]B, C[$, avec $B = \left(\dfrac{1}{2}, 0\right)$ et $C = (1, 0)$.

L'abscisse de F'_λ est $\dfrac{1}{\lambda} + \sqrt{\dfrac{1}{\lambda^2} - \dfrac{1}{\lambda}} = \dfrac{1}{\lambda}(1 + \sqrt{1-\lambda})$. Alors F'_λ décrit la demi-droite $]Cx[$.

- *Pour* $\lambda > 1$, on a $\dfrac{1}{\lambda} < \dfrac{1}{\sqrt{\lambda}}$ et l'axe focal est $(\Omega_\lambda y)$.

On a une équation réduite de la forme $\frac{X^2}{a^2} + \frac{Y^2}{b^2} = 1$, avec $b > a > 0$.

Les foyers F_λ et F'_λ ont pour ordonnées c et $-c$, avec $c^2 = \frac{1}{\lambda} - \frac{1}{\lambda^2}$.

Les coordonnées de F_λ sont $\left(\frac{1}{\lambda}, \frac{1}{\lambda}\sqrt{\lambda - 1}\right)$ et celles de F'_λ sont $\left(\frac{1}{\lambda}, -\frac{1}{\lambda}\sqrt{\lambda - 1}\right)$.

Alors F_λ et F'_λ décrivent le cercle d'équation $x^2 + y^2 - x = 0$, privé des points O et $C = (1, 0)$ Ce cercle est de diamètre $[OC]$.

Ex. 15

Soit $ABCD$ un rectangle du plan. Déterminer l'ensemble des points M tels que les cercles circonscrits aux triangles MAB et MBC aient le même rayon.

Tout point du cercle circonscrit au triangle ABC convient évidemment.

Pour étudier les autres, on choisit un repère adapté aux données du problème.

Soit O le centre du rectangle. En prenant pour axes les médiatrices des côtés, on peut choisir le repère de façon que les sommets soient :

$A = (a, -b)$, $B = (a, b)$, $C = (-a, b)$ et $D = (-a, -b)$, avec a et b strictement positifs.

Un cercle $\mathcal{C}_1$ contenant A et B est centré en $P = (\lambda, 0)$;

un cercle $\mathcal{C}_2$ contenant B et C est centré en $Q = (0, \mu)$.

Ces deux cercles ont même rayon si et seulement si $PB = QB$.

Il ne faut pas perdre de vue le cercle circonscrit à ABC.

Les deux cercles ont le point B en commun. Ils sont donc tangents ou confondus, ou bien ils ont deux points en commun.

On a $PB = QB$ si et seulement si $(\lambda - a)^2 + b^2 = a^2 + (\mu - b)^2$.

- C'est le cas lorsque $\lambda = \mu = 0$, c'est-à-dire quand $P = Q$, et il s'agit dans les deux cas du cercle $\mathcal{C}$ circonscrit à ABC.

Dans ce cas, tout point M de $\mathcal{C}$ est solution.

- Pour $(\lambda, \mu) \neq (0, 0)$, les cercles $\mathcal{C}_1$ et $\mathcal{C}_2$ sont tangents quand B, P et Q sont alignés, c'est-à-dire quand $\text{Det}(\overrightarrow{BP}, \overrightarrow{BQ}) = 0$, ce qui se traduit par $\lambda\mu = \lambda a + \mu b$.

La seule solution dans cette configuration est $M = B$.

- Dans le cas où $(\lambda, \mu) \neq (0, 0)$, les centres P et Q sont distincts.

$\mathcal{C}_1$ et $\mathcal{C}_2$, sécants en B, se recoupent au point M symétrique de B par rapport au milieu I de $[PQ]$.

Ce point $M = (x, y)$ est déterminé par $x + a = \lambda$, $y + b = \mu$.

Alors $(\lambda - a)^2 + b^2 = a^2 + (\mu - b)^2$ équivaut à $x^2 + b^2 = a^2 + y^2$, et on obtient les points de l'hyperbole équilatère $\mathcal{H}$ contenant les quatre sommets A, B, C et D du rectangle.

En conclusion les solutions sont les points de $\mathcal{C} \cup \mathcal{H}$.

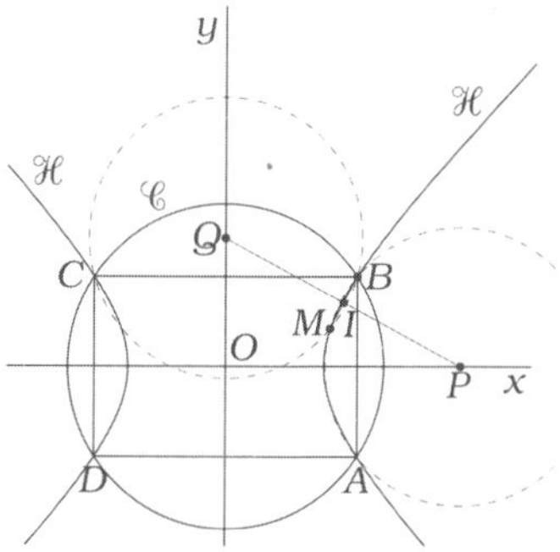

Ex. 16

Étant donné a, b, c réels non nuls et t réel, on considère les plans d'équations :

(1) $cx - az\cos t = -ac\sin t$, (2) $cy - bz\sin t = bc\cos t$,

(3) $cx + az\sin t = ac\cos t$, (4) $cy - bz\cos t = bc\sin t$.

Montrer que ces plans ont un point M_t en commun et donner l'ensemble des points M_t quand t décrit $\mathbb{R}$.

Sans autre précision, l'espace est rapporté à un repère $(O, \overrightarrow{i}, \overrightarrow{j}, \overrightarrow{k})$. Rien n'interdit en outre de se placer dans un contexte d'espace euclidien et de supposer le repère orthonormal.

Les plans (1) et (3) ont des équations fortes de ressemblances, et il en est de même pour les plans (2) et (4).

On obtient un système équivalent avec (1)-(3), (2)-(4), (1) et (2).

Avec les équations (1) et (3), il vient :

$$az(\sin t + \cos t) = ac(\sin t + \cos t)$$

et avec (2) et (4), il vient :

$$bz(\cos t - \sin t) = bc(\cos t - \sin t).$$

Comme on a $a \neq 0$, $b \neq 0$ et que $\cos t - \sin t$ et $\sin t + \cos t$ ne sont pas simultanément nuls, il vient que $z = c$ équivaut au système (1)-(3), (2)-(4).

Le système de quatre équations équivaut alors à :

$$cx - az\cos t = -ac\sin t,\quad cy - bz\sin t = bc\cos t,\quad z = c.$$

Il y a une unique solution pour M_t : $x = a(\cos t - \sin t)$, $y = b(\sin t + \cos t)$, $z = c$.

L'ensemble des points M_t est inclus dans le plan $z = c$.

L'ensemble des points M_t est une ellipse du plan d'équation $z = c$.

En effet, on a $\cos t - \sin t = \sqrt{2}\cos\left(t + \frac{\pi}{4}\right)$ et $\cos t + \sin t = \sqrt{2}\sin\left(t + \frac{\pi}{4}\right)$.

Ex. 17

Étudier la courbe $\mathcal{P}$ d'équation $x^2 + 4xy + 4y^2 - 5y = 0$.

On se place dans le plan euclidien usuel, qui est rapporté à un repère orthonormal $\mathcal{R} = (O, \overrightarrow{i}, \overrightarrow{j})$.

Malgré la présence d'un terme «rectangle» en xy, il n'y a pas de difficulté.

Notons que $x^2 + 4xy + 4y^2 = (x + 2y)^2$, donc $\mathcal{P}$ a pour équation $(x + 2y)^2 - 5y = 0$.

On choisit un nouveau repère orthonormal $\mathcal{R}' = (O, \overrightarrow{I}, \overrightarrow{J})$.

L'objectif est que les formules de changement de repère soient de la forme $Y = \lambda(x+2y), X = \dots$

Pour avoir un changement de repère orthonormal, on prend $P^{-1} = \lambda\begin{pmatrix} 2 & -1 \\ 1 & 2 \end{pmatrix}$.

Pour avoir $\det P^{-1} = 1$, on choisit $\lambda = \dfrac{1}{\sqrt{5}}$ et P^{-1} est alors orthogonale. Il vient donc :

$$P = \frac{1}{\sqrt{5}}\begin{pmatrix} 2 & 1 \\ -1 & 2 \end{pmatrix}.$$

Alors $\begin{pmatrix} X \\ Y \end{pmatrix} = P^{-1} \begin{pmatrix} x \\ y \end{pmatrix}$ et $\begin{pmatrix} x \\ y \end{pmatrix} = P \begin{pmatrix} X \\ Y \end{pmatrix}$ donne :

$$Y = \frac{1}{\sqrt{5}}(x + 2y) \text{ et } y = \frac{1}{\sqrt{5}}(-X + 2Y).$$

Dans $\mathscr{R}'$, la courbe $\mathscr{P}$ a pour équation $5Y^2 - \sqrt{5}(-X + 2Y) = 0$.

> On reconnait une parabole ; on en donne une équation réduite.

$5Y^2 - 2\sqrt{5}Y + \sqrt{5}X = 0$ se lit aussi $\left(Y - \dfrac{1}{\sqrt{5}}\right)^2 = -\dfrac{1}{\sqrt{5}}\left(X - \dfrac{1}{\sqrt{5}}\right)$.

> Avec $y^2 = 2px$, le foyer est $\left(\dfrac{p}{2}, 0\right)$, la directrice est $x = -\dfrac{p}{2}$.

Le sommet est $S = \left(\dfrac{1}{\sqrt{5}}, \dfrac{1}{\sqrt{5}}\right)$, le foyer F a pour abscisse $\dfrac{1}{\sqrt{5}} - \dfrac{1}{4\sqrt{5}} = \dfrac{3}{4\sqrt{5}}$, et la directrice $\mathscr{D}$ a pour équation :

$$X - \frac{1}{\sqrt{5}} = \frac{1}{4\sqrt{5}} \text{ soit } X = \frac{\sqrt{5}}{4}.$$

> Il reste à revenir au repère initial en utilisant P.

Dans $\mathscr{R}$, le sommet est $S = \left(\dfrac{3}{5}, \dfrac{1}{5}\right)$, le foyer est $F = \left(\dfrac{1}{2}, \dfrac{1}{4}\right)$, et la directrice a pour équation :

$$2x - y - \frac{5}{4} = 0.$$

On remarquera de plus que la parabole est tangente en O à (Ox). En effet, en posant :

$$f(x, y) = x^2 + 4xy + 4y^2 - 5y,$$

on a $f(0, 0) = 0$ et $\text{grad}_f(0, 0) = (0, -5)$, donc le vecteur $\overrightarrow{j}$ est normal en O à $\mathscr{P}$.

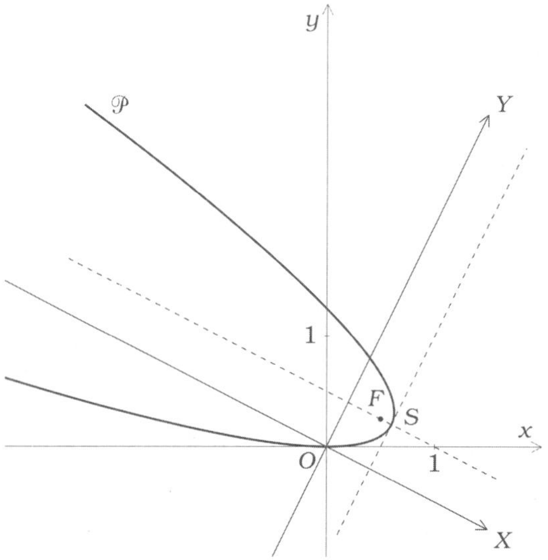

Ex. 18

Étudier la courbe dont une équation, dans un repère orthonormal $(O, \vec{i}, \vec{j})$ du plan, est :

$$x^2 + 8xy - 5y^2 - 28x + 14y + 3 = 0.$$

Mettons en pratique la méthode classique de changement de repère en rotation.

Soit $\vec{I} = \cos\theta\,\vec{i} + \sin\theta\,\vec{j}$ et $\vec{J} = -\sin\theta\,\vec{i} + \cos\theta\,\vec{j}$.

Alors $\mathcal{R}' = (O, \vec{I}, \vec{J})$ est le repère orthonormal déduit de $\mathcal{R} = (O, \vec{i}, \vec{j})$ par rotation d'angle θ.

Si (x, y) sont les coordommées d'un point dans $\mathcal{R}$ et (x', y') ses coordonnées dans $\mathcal{R}'$, on a :

$$x = x'\cos\theta - y'\sin\theta \text{ et } y = x'\sin\theta + y'\cos\theta.$$

Alors, avec :

$$x^2 = x'^2\cos^2\theta + y'^2\sin^2\theta - x'y'\sin 2\theta,$$

$$y^2 = x'^2\sin^2\theta + y'^2\cos^2\theta + x'y'\sin 2\theta,$$

$$\text{et}\quad 2xy = x'^2\sin 2\theta - y'^2\sin 2\theta + 2x'y'\cos 2\theta.$$

il vient :

$x^2 + 8xy - 5y^2 =$
$\left(\cos^2\theta - 5\sin^2\theta + 4\sin 2\theta\right)x'^2 + \left(\sin^2\theta - 5\cos^2\theta - 4\sin 2\theta\right)y'^2 + 2\left(4\cos 2\theta - 3\sin 2\theta\right)x'y'.$

On choisit alors θ tel que $4\cos 2\theta - 3\sin 2\theta = 0$, c'est-à-dire $\tan 2\theta = \frac{4}{3}$.

En utilisant $\tan 2\theta = \dfrac{2\tan\theta}{1 - \tan^2\theta}$, on peut choisir $\tan\theta$ par la résolution d'une équation du second degré.

Pour avoir $\frac{4}{3} = \dfrac{2\tan\theta}{1 - \tan^2\theta}$, on peut choisir $\tan\theta = \frac{1}{2}$, puis choisir $\theta = \operatorname{Arctan}\frac{1}{2}$.

On a :

$$\cos^2\theta - 5\sin^2\theta + 4\sin 2\theta = 6\cos^2\theta + 4\sin 2\theta - 5,$$

$$\text{et}\quad \sin^2\theta - 5\cos^2\theta - 4\sin 2\theta = 1 - 6\cos^2\theta - 4\sin 2\theta.$$

On a par ailleurs $\cos^2\theta = \dfrac{1}{1 + \tan^2\theta}$ et $\sin 2\theta = \dfrac{2\tan\theta}{1 + \tan^2\theta}$. Il vient alors, avec $\tan\theta = \frac{1}{2}$:

$$x^2 - 5y^2 + 8xy = 3x'^2 - 7y'^2.$$

Pour exprimer $-28x + 14y + 3$, on a besoin de $\cos\theta$ et $\sin\theta$. Le choix de $\theta = \operatorname{Arctan}\frac{1}{2}$ donne $0 < \theta < \frac{\pi}{2}$.

Avec $\cos^2\theta = \frac{4}{5}$, il vient $\cos\theta = \dfrac{2}{\sqrt{5}}$ puis $\sin\theta = \tan\theta\cos\theta = \dfrac{1}{\sqrt{5}}$, et on obtient :

$$-28x + 14y = \frac{14}{\sqrt{5}}(-3x' + 4y').$$

Ainsi, dans $\mathcal{R}'$, la courbe a pour équation :

$$3x'^2 - 7y'^2 - \frac{42}{\sqrt{5}}x' + \frac{56}{\sqrt{5}}y' + 3 = 0.$$

c'est-à-dire $3\left(x'^2 - \frac{14}{\sqrt{5}}x'\right) - 7\left(y'^2 - \frac{8}{\sqrt{5}}y'\right) + 3 = 0$ ou enfin :

$$3\left(x' - \frac{7}{\sqrt{5}}\right)^2 - 7\left(y' - \frac{4}{\sqrt{5}}\right)^2 = 4.$$

> On arrive alors à une équation réduite d'hyperbole.
>
> Il reste à en préciser le centre, un foyer, la directrice associée et l'excentricité.
>
> Pour faciliter l'écriture, on peut noter $\alpha = \frac{7}{\sqrt{5}}$ et $\beta = \frac{4}{\sqrt{5}}$.

Soit $\Omega = \left(\frac{7}{\sqrt{5}}, \frac{4}{\sqrt{5}}\right)$ dans $\mathcal{R}'$.
Avec les formules de changement de repère, il vient $\Omega = (2, 3)$ dans $\mathcal{R}$.
L'hyperbole a pour équation réduite :

$$\frac{(x' - \alpha)^2}{a^2} - \frac{(y' - \beta)^2}{b^2} = 1,$$

avec $a = \frac{2}{\sqrt{3}}$ et $b = \frac{2}{\sqrt{7}}$.
L'axe focal est $(\Omega, \vec{I})$.
On pose $c = \sqrt{a^2 + b^2} = \sqrt{\frac{40}{21}}$.
L'excentricité est $e = \frac{c}{a} = \sqrt{\frac{10}{7}}$.
Un foyer F a pour coordonnées :

$(\alpha + c, \beta)$ dans $\mathcal{R}'$,

et la directrice associée a pour équation :

$$x' = \alpha + \frac{a^2}{c}.$$

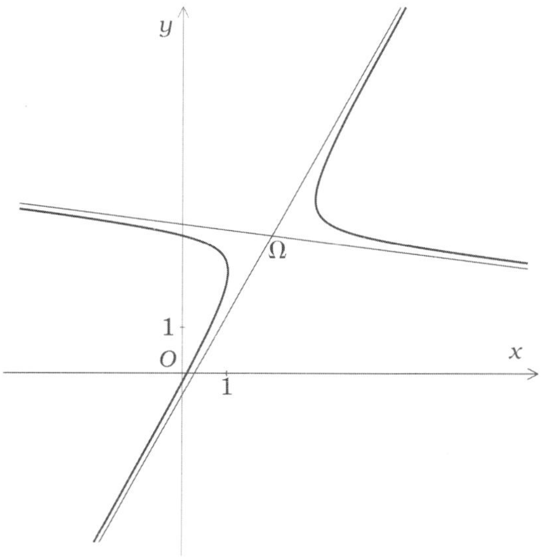

> Il reste à utiliser les formules de changement de repère inverse :
>
> $$x' = x\cos\theta + y\sin\theta,\ y' = -x\sin\theta + y\cos\theta$$
>
> pour avoir une équation de $\mathcal{D}$ dans $\mathcal{R}$.
>
> $x = x'\cos\theta - y'\sin\theta,\ y = x'\sin\theta + y\cos\theta$ permettra d'avoir F dans $\mathcal{R}$.
>
> Ces derniers calculs sont laissés à votre initiative.
>
> Dans l'exercice suivant, on mettra en œuvre une méthode qui est basée sur la mise en évidence d'une matrice carrée symétrique.
>
> Cette méthode se révélera bien efficace quand les lignes trigonométriques de θ seront numériquement lourdes.

Ex. 19

On considère la courbe $\mathcal{H}$ d'équation $x^2 + 6xy + y^2 + 4x = 0$.

Former une matrice symétrique $B \in \mathcal{M}_2(\mathbb{R})$ telle que ${}^t\begin{pmatrix} x \\ y \end{pmatrix} B \begin{pmatrix} x \\ y \end{pmatrix} = x^2 + 6xy + y^2$.

En notant φ l'endomorphisme de $\mathbb{R}^2$ dont la matrice dans la base canonique $(\vec{i}, \vec{j})$ est B, déterminer une base orthonormale $(\vec{I}, \vec{J})$ dans laquelle la matrice de φ est diagonale.

Étudier la courbe $\mathcal{H}$ dans le repère $(O, \vec{I}, \vec{J})$.

Avec $B = \begin{pmatrix} a & b \\ b & c \end{pmatrix}$, on a ${}^t\begin{pmatrix} x \\ y \end{pmatrix} B \begin{pmatrix} x \\ y \end{pmatrix} = ax^2 + 2bxy + cy^2$.

Il suffit alors de prendre $a = 1$, $b = 3$ et $c = 1$, soit $B = \begin{pmatrix} 1 & 3 \\ 3 & 1 \end{pmatrix}$.

> Pour donner trouver une base adaptée à φ, on recherche des vecteurs propres.

$u = (x, y) \neq 0$ est vecteur propre pour φ si et seulement si il existe $\lambda \in \mathbb{R}$ tel que $\varphi(u) = \lambda u$, c'est-à-dire si x appartient au noyau de $\varphi - \lambda\,\mathrm{Id}$.

$\varphi - \lambda\,\mathrm{Id}$ a un noyau non nul si et seulement si $\begin{vmatrix} 1-\lambda & 3 \\ 3 & 1-\lambda \end{vmatrix} = 0$, c'est-à-dire :

$$\lambda^2 - 2\lambda - 8 = 0, \text{ ce qui donne } \lambda = 4 \text{ ou } \lambda = -2.$$

(x, y) est dans le noyau de $\varphi - 4\,\mathrm{Id}$ si et seulement si $x - y = 0$ et (x, y) est dans le noyau de $\varphi + 2\,\mathrm{Id}$ si et seulement si $x + y = 0$.

On prend alors $\vec{I} = \frac{1}{\sqrt{2}}(\vec{i} + \vec{j})$ et $\vec{J} = \frac{1}{\sqrt{2}}(-\vec{i} + \vec{j})$ et $\mathcal{B}' = (\vec{I}, \vec{J})$ est une base orthonormale directe. Dans cette base, la matrice de φ est :

$$B' = \begin{pmatrix} 4 & 0 \\ 0 & -2 \end{pmatrix}.$$

Soit (x, y) et (X, Y) les coordonnées d'un vecteur u dans les bases $\mathcal{B}$ et $\mathcal{B}'$.

On a $\begin{pmatrix} x \\ y \end{pmatrix} = P \begin{pmatrix} X \\ Y \end{pmatrix}$

donc ${}^t\begin{pmatrix} x \\ y \end{pmatrix} = {}^t\begin{pmatrix} X \\ Y \end{pmatrix} {}^tP$,

c'est-à-dire ${}^t\begin{pmatrix} x \\ y \end{pmatrix} = {}^t\begin{pmatrix} X \\ Y \end{pmatrix} P^{-1}$ puisque P est orthogonale. Il vient alors :

$${}^t\begin{pmatrix} x \\ y \end{pmatrix} B \begin{pmatrix} x \\ y \end{pmatrix} = {}^t\begin{pmatrix} X \\ Y \end{pmatrix} P^{-1}BP \begin{pmatrix} X \\ Y \end{pmatrix}$$

et, avec $P^{-1}BP = B'$, on a :

$${}^t\begin{pmatrix} x \\ y \end{pmatrix} B \begin{pmatrix} x \\ y \end{pmatrix} = {}^t\begin{pmatrix} X \\ Y \end{pmatrix} B' \begin{pmatrix} X \\ Y \end{pmatrix},$$

d'où $x^2 + 6xy + y^2 = 4X^2 - 2Y^2$.

Dans $\mathcal{R}'$, la courbe $\mathcal{H}$ a pour équation :

$$4X^2 - 2Y^2 + 2\sqrt{2}(X - Y) = 0.$$

Il s'agit donc d'une hyperbole, dont une équation réduite est :

$$4\left(X + \frac{\sqrt{2}}{4}\right)^2 - 2\left(Y + \frac{\sqrt{2}}{2}\right)^2 + \frac{1}{2} = 0.$$

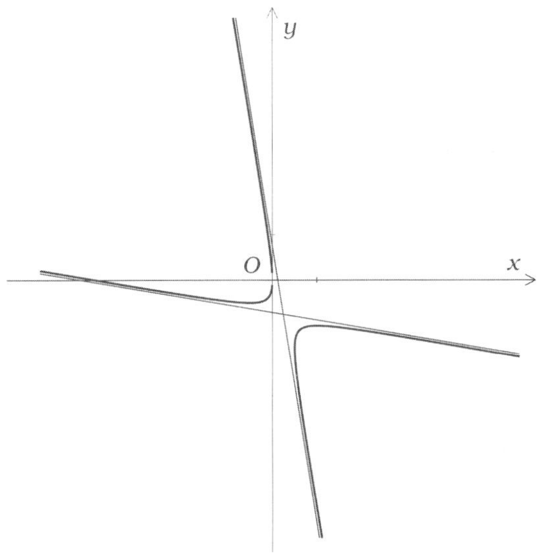

Ex. 20

Étant donné une parabole $\mathcal{P}$, étudier l'ensemble des points d'intersection de deux normales à $\mathcal{P}$ qui soient perpendiculaires.

Dans le plan rapporté, il existe un repère orthonormal $(O, \vec{i}, \vec{j})$ dans lequel $\mathcal{P}$ a pour équation :

$$y^2 = 2px.$$

Une représentation paramétrique en est $x(t) = \dfrac{t^2}{2p}$, $y(t) = t$.

Étant donné le point $M(t)$ de $\mathcal{P}$, de paramètre t, la tangente en $M(t)$ est dirigée par le vecteur de coordonnées $\left(\dfrac{t}{p}, 1\right)$ ou aussi par celui de coordonnées (t, p).

Les normales en $M(t)$ et $M(t')$ sont perpendiculaires si et seulement si les tangentes en ces points sont perpendiculaires.

Les normales en $M(t)$ et $M(t')$ sont perpendiculaires si et seulement si $tt' + p^2 = 0$.

On écarte donc le sommet, de paramètre 0. La normale en 0 n'est perpendiculaire à aucune autre.

La normale en $M(t)$ a pour équation cartésienne :

$$t\left(x - \frac{t^2}{2p}\right) + p(y - t) = 0.$$

Les coordonnées de l'intersection I des normales en $M(t)$ et $M(t')$ distincts sont données par les solutions de :

$$\begin{cases} tx + py = \dfrac{t^3}{2p} + pt \\ t'x + py = \dfrac{t'^3}{2p} + pt' \end{cases}$$

Avec $t \neq t'$, ce système admet une solution et une seule.

On obtient $(t - t')x = \dfrac{1}{2p}\left(t^3 - t'^3\right) + p(t - t')$, c'est-à-dire :

$$x = \frac{1}{2p}\left(t^2 + tt' + t'^2\right) + p.$$

Quand les tangentes sont perpendiculaires, c'est-à-dire $tt' = -p^2$, il vient :

$$x = \frac{1}{2p}\left(t^2 + \frac{p^4}{t^2}\right) + \frac{p}{2}.$$

Avec $tx + py = \dfrac{t^3}{2p} + pt$, en reportant la valeur de x, il vient $y = \dfrac{t}{2} - \dfrac{p^2}{2t}$.

En examinant x et y, il est opportun de former y^2.

y décrit $\mathbb{R}$ quand t décrit $\mathbb{R}^*$ et on a $y^2 = \dfrac{1}{4}\left(t^2 + \dfrac{p^4}{t^2} - 2p^2\right)$ et, avec $t^2 + \dfrac{p^4}{t^2} = 2px - p^2$, il vient :

$$y^2 = \frac{p}{2}\left(x - \frac{3p}{2}\right).$$

L'ensemble des points I est donc une parabole $\mathcal{Q}$, de sommet $\left(\frac{3p}{2}, 0\right)$.

Elle est intérieure à $\mathcal{P}$ et de paramètre $\frac{p}{4}$.

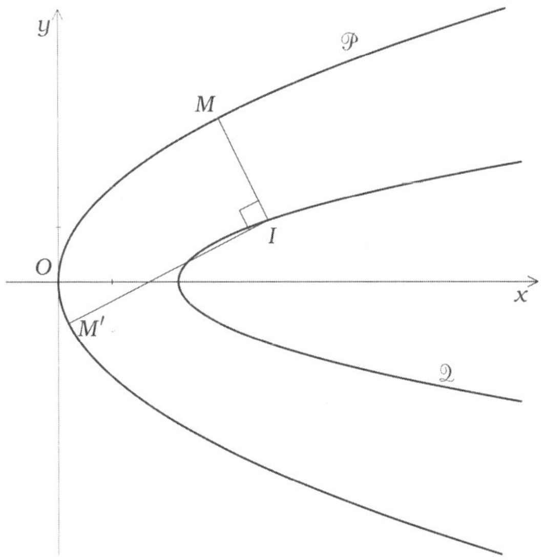

Thèmes d'étude - Problèmes

1 Endomorphismes d'un espace euclidien

Soit E un espace euclidien orienté de dimension 3, et $\mathcal{B} = \left(\overrightarrow{e_1}, \overrightarrow{e_2}, \overrightarrow{e_3}\right)$ une base orthonormale directe de E.

On considère un vecteur $\overrightarrow{u}$ normé, de coordonnées (a, b, c) dans $\mathcal{B}$.

1) On considère l'endomorphisme q défini par $q(\overrightarrow{x}) = (\overrightarrow{u} \mid \overrightarrow{x})\overrightarrow{u}$.

a) Prouver que q est un projecteur. Préciser le noyau et l'image de q.

b) Donner l'interprétation géométrique de q et former sa matrice Q dans la base $\mathcal{B}$.

2) On considère l'endomorphisme t défini par $t(\overrightarrow{x}) = \overrightarrow{x} \wedge \overrightarrow{u}$.

a) Exprimer t^2 à l'aide de q et exprimer t^3 en fonction de t.

b) Donner le noyau et l'image de t. Montrer que $\operatorname{Ker} t$ et $\operatorname{Im} t$ sont orthogonaux.

c) Former la matrice T de t dans la base $\mathcal{B}$. Calculer T^2 et T^3.

3) Soit $\overrightarrow{v}$ un vecteur normé de $\operatorname{Im} t$; on pose $\overrightarrow{w} = -t(\overrightarrow{v})$.

a) Vérifier que $\mathcal{B}' = \left(\overrightarrow{v}, \overrightarrow{w}, \overrightarrow{u}\right)$ est une base orthonormale directe de E.

b) Former la matrice T' de t dans la base B'.

c) Justifier que t est la composée d'une projection orthogonale et d'une rotation que l'on précisera.

4) Montrer que l'endomorphisme $f = t + q$ est une rotation dont on précisera l'axe et l'angle.

5) Soit λ un réel non nul.
Montrer que l'endomorphisme $t + \lambda \operatorname{Id}$ est inversible.

6) On considère l'endomorphisme $g = (t + \lambda \operatorname{Id})^{-1} \circ (-t + \lambda \operatorname{Id})$ et la matrice G de g dans la base $\mathcal{B}$.

a) Justifier que $G = (T + \lambda I)^{-1}. {}^t(T + \lambda I)$; en déduire que G est orthogonale.

b) Montrer que g est une rotation dont on précisera l'axe.

7) On considère le polynôme $P = 2X^3 + \left(1 - \lambda^2\right)X + \lambda\left(1 + \lambda^2\right)$.

a) Vérifier que $P(t) = \left(1 + \lambda\right)^2\left(-t + \lambda \operatorname{Id}\right)$.

b) Effectuer la division euclidienne de P par $X + \lambda$ et en déduire une expression de g de la forme $Q(t)$, où Q est un polynôme de degré 2.

8) Écrire la matrice G' de g dans la base $\mathcal{B}'$. En déduire le cosinus et le sinus de l'angle θ de la rotation g.
Exprimer θ en fonction de λ, en précisant l'ensemble des valeurs prises par θ.

Solution

1) a) Avec $q(x) = (x \mid u)u$, il vient $q^2(x) = (x \mid u)(u \mid u)u = (x \mid u)u = q(x)$, d'où $q^2 = q$.

On a $q(x) = 0$ si et seulement si $(x \mid u) = 0$, d'où $\operatorname{Ker} q = u^{\perp}$.

Tout $q(x)$ étant colinéaire à u, avec $\operatorname{rg} q = 1$, il vient $\operatorname{Im} q = \mathbb{R}u$.

b) q est la projection orthogonale sur $\mathbb{R}u$.

Sa matrice dans la base $\mathscr{B}$ est $Q = \begin{pmatrix} a^2 & ab & ac \\ ab & b^2 & bc \\ ac & bc & c^2 \end{pmatrix}$.

2) a) On a $t^2(x) = (x \wedge u) \wedge u = (x \mid u)u - x$, d'où $t^2 = q - \mathrm{Id}$.

Ensuite, $t^3(x) = t\big(t^2(x)\big) = (x \mid u)(u \wedge u) - x \wedge u = -t(x)$, d'où $t^3 = -t$.

b) $t(x) = x \wedge u$ est nul si et seulement si x est colinéaire à u : $\operatorname{Ker} t = \mathbb{R}u$.

Les vecteurs $t(x)$ sont orthogonaux à u, donc $\operatorname{Im} t \subset u^{\perp}$. Avec $\operatorname{rg} t = 2$, il vient $\operatorname{Im} t = u^{\perp}$.

c) La matrice de t est $T = -\begin{pmatrix} 0 & -c & b \\ c & 0 & -a \\ -b & a & 0 \end{pmatrix}$.

Avec $t^2 = q - \mathrm{Id}$, il vient $T^2 = \begin{pmatrix} a^2 - 1 & ab & ac \\ ab & b^2 - 1 & bc \\ ac & bc & c^2 - 1 \end{pmatrix}$.

Et on a $T^3 = -T = \begin{pmatrix} 0 & c & -b \\ -c & 0 & a \\ b & -a & 0 \end{pmatrix}$.

3) a) On a $w = -t(v) = u \wedge v$. Puisque u et v sont normés et orthogonaux, $(u, v, u \wedge v) = (u, v, w)$ est une base orthonormale directe.

Alors, par permutation circulaire, (v, w, u) est encore une base orthonormale directe.

b) On a $t(v) = -w$, $\quad t(w) = w \wedge u = v$, $\quad t(u) = 0$, d'où $T' = \begin{pmatrix} 0 & 1 & 0 \\ -1 & 0 & 0 \\ 0 & 0 & 0 \end{pmatrix}$.

c) On a $T' = \begin{pmatrix} 0 & 1 & 0 \\ -1 & 0 & 0 \\ 0 & 0 & 1 \end{pmatrix} \begin{pmatrix} 1 & 0 & 0 \\ 0 & 1 & 0 \\ 0 & 0 & 0 \end{pmatrix} = RP$.

R est, dans base $\mathscr{B}'$, la matrice de la rotation r d'axe $\mathbb{R}u$ orienté par u et d'angle $-\frac{\pi}{2}$, et P est celle de la projection orthogonale p sur $u^{\perp}$. Notons que l'on a alors $p = \mathrm{Id} - q$.

4) La matrice dans $\mathscr{B}'$ de q est $I - P = \begin{pmatrix} 0 & 0 & 0 \\ 0 & 0 & 0 \\ 0 & 0 & 1 \end{pmatrix}$.

Celle de $t + q$ est donc $\begin{pmatrix} 0 & 1 & 0 \\ -1 & 0 & 0 \\ 0 & 0 & 1 \end{pmatrix}$.

On voit alors que $f = t + q$ n'est autre que la rotation r.

5) x est dans $\mathrm{Ker}(t + \lambda\,\mathrm{Id})$ si et seulement si $x \wedge u + \lambda x = 0$, c'est-à-dire $u \wedge x = \lambda x$.
Orthogonal à x et colinéaire à x, λx est nul. Avec $\lambda \neq 0$, il vient $x = 0$, donc :

$$\mathrm{Ker}(t + \lambda\,\mathrm{Id}) = \{0\}$$

et $t + \lambda\,\mathrm{Id}$ est bijectif puisque l'on est en dimension finie.

6) a) On a ${}^tT = -T$, donc $-T + \lambda I = {}^t(T + \lambda I)$ puis $G = (T + \lambda I)^{-1}.{}^t(T + \lambda I)$.
$G = (T + \lambda I)^{-1}(-T + \lambda I)$ donne ${}^tG = (T + \lambda I)\left({}^t(T + \lambda I)\right)^{-1} = (T + \lambda I)(-T + \lambda I)^{-1}$ donc :

$$G\,{}^tG = (T + \lambda I)^{-1}(-T + \lambda I)(T + \lambda I)(-T + \lambda I)^{-1}.$$

Notons que $(-T + \lambda I)(T + \lambda I) = -T^2 + \lambda^2 I = (T + \lambda I)(-T + \lambda I)$.
Alors $G^tG = (T + \lambda I)^{-1}(T + \lambda I)(-T + \lambda I)(-T + \lambda I)^{-1} = I$ et G est orthogonale.

b) On a $\det G = \det(T + \lambda I)^{-1} \det(T + \lambda I) = 1$.
La transformation orthogonale g est donc une rotation.
Avec $t(u) = 0$, on obtient $(t + \lambda\,\mathrm{Id})(u) = \lambda u$ puis il vient :

$$(t + \lambda\,\mathrm{Id})^{-1}(u) = \lambda^{-1}u,$$

ce qui donne $g(u) = u$. L'axe de g est donc $\mathbb{R}u$.

7) a) Avec $t^3 = -t$, on a $P(t) = -\left(1 + \lambda^2\right)t + \lambda\left(1 + \lambda^2\right) = \left(1 + \lambda^2\right)\left(-t + \lambda\,\mathrm{Id}\right)$.

b) Notons que $P(-\lambda) = 0$, donc P est divisible par $X + \lambda$. On obtient aisément :

$$P = (X + \lambda)\left(2X^2 - 2\lambda X + 1 + \lambda^2\right).$$

On a donc $P(t) = (t + \lambda\,\mathrm{Id})\left(2t^2 - 2\lambda t + (1 + \lambda^2)\,\mathrm{Id}\right)$.
Alors $\left(1 + \lambda^2\right)\left(-t + \lambda\,\mathrm{Id}\right) = \left(t + \lambda\,\mathrm{Id}\right)\left(2t^2 - 2\lambda t + \left(1 + \lambda^2\right)\mathrm{Id}\right)$ donne :

$$g = (t + \lambda\,\mathrm{Id})^{-1}(-t + \lambda\,\mathrm{Id}) = \frac{1}{1 + \lambda^2}\left(2t^2 - 2\lambda t + \left(1 + \lambda^2\right)\mathrm{Id}\right).$$

8) Dans la base $\mathcal{B}'$, la matrice de t est T'. Celle de g est donc :

$$G' = \frac{1}{1 + \lambda^2}\left(2T'^2 - 2\lambda T' + (1 + \lambda^2)I\right).$$

On obtient $T'^2 = \begin{pmatrix} -1 & 0 & 0 \\ 0 & -1 & 0 \\ 0 & 0 & 0 \end{pmatrix}$ puis :

$$G' = \frac{1}{1 + \lambda^2}\begin{pmatrix} \lambda^2 - 1 & -2\lambda & 0 \\ 2\lambda & \lambda^1 - 1 & 0 \\ 0 & 0 & 1 + \lambda^2 \end{pmatrix} = \begin{pmatrix} -\dfrac{1 - \lambda^2}{1 + \lambda^2} & -\dfrac{2\lambda}{1 + \lambda^2} & 0 \\ \dfrac{2\lambda}{1 + \lambda^2} & -\dfrac{1 - \lambda^2}{1 + \lambda^2} & 0 \\ 0 & 0 & 1 \end{pmatrix}.$$

L'axe de g étant orienté par u, on a $\cos\theta = -\dfrac{1 - \lambda^2}{1 + \lambda^2}$ et $\sin\theta = \dfrac{2\lambda}{1 + \lambda^2}$.

Posons $\alpha = 2\,\mathrm{Arctan}\,\lambda$. On a $\alpha \in]-\pi, \pi[\setminus\{0\}$ et $\lambda = \tan\dfrac{\alpha}{2}$.
Il vient alors $\cos\theta = -\cos\alpha$ et $\sin\theta = \sin\alpha$, d'où $\theta = \pi - \alpha$.
Finalement, $\theta = \pi - 2\,\mathrm{Arctan}\,\lambda$.

2 Base orthonormale

1) Montrer que $(f, g) \mapsto \int_0^1 f(x)g(x)\,dx$ définit un produit scalaire sur l'espace vectoriel réel E des fonctions réelles continues sur $[0, 1]$.

2) Donner une base orthonormale du sous-espace G engendré par les fonctions g_1, g_2 et g_3 définies sur $[0, 1]$ par $g_1(x) = x$, $g_2(x) = x^2$ et $g_3(x) = x^3$.

3) Soit f la fonction continue sur $[0, 1]$ définie par $f(x) = x\,\ell n\,x$, prolongée par continuité en 0.
Déterminer la fonction h projetée orthogonale de f sur G.

4) Déterminer la borne inférieure de l'ensemble des nombres réels :

$$D(a, b, c) = \int_0^1 x^2\left(\ell n\,x - ax^2 - bx - c\right)^2 dx \text{ lorsque } (a, b, c) \text{ décrit } \mathbb{R}^3.$$

Solution

1) C'est quasiment une question de cours.

2) $\| g_1 \|^2 = \int_0^1 x^2\,dx = \dfrac{1}{3}$ conduit à prendre $f_1 = \sqrt{3}g_1$ pour premier vecteur normé.

$h_2 = g_2 + \lambda g_1$ est orthogonal à g_1 si et seulement si $\int_0^1 x(x^2 + \lambda x)\,dx = 0$, ce qui donne $\lambda = -\dfrac{3}{4}$

$\left\| g_2 - \dfrac{3}{4}g_1 \right\|^2 = \int_0^1 \left(x^2 - \dfrac{3}{4}x\right)^2 dx = \dfrac{1}{80}$ conduit à prendre $f_2 = 4\sqrt{5}\left(g_2 - \dfrac{3}{4}g_1\right)$ pour vecteur normé, f_2 orthogonal à f_1.
$h_3 = g_3 + \lambda g_2 + \mu g_1$ est orthogonal à g_1 et g_2 si et seulement si :

$$\int_0^1 x(x^3 + \lambda x^2 + \mu x)\,dx = 0 \text{ et } \int_0^1 x^2(x^3 + \lambda x^2 + \mu x)\,dx = 0 \text{ soit } \begin{cases} \dfrac{\lambda}{4} + \dfrac{\mu}{3} + \dfrac{1}{5} = 0 \\ \dfrac{\lambda}{5} + \dfrac{\mu}{4} + \dfrac{1}{6} = 0 \end{cases}$$

d'où $\lambda = -\dfrac{4}{3}$, $\mu = \dfrac{2}{5}$.

$h_3 = g_3 - \dfrac{4}{3}g_2 + \dfrac{2}{5}g_1$, d'où $\| h_3 \|^2 = \int_0^1 \left(x^3 - \dfrac{4}{3}x^2 + \dfrac{2}{5}x\right)^2 dx = \dfrac{1}{1575}$ et $\| h_3 \| = \dfrac{1}{15\sqrt{7}}$ puis :

$$f_3 = 15\sqrt{7}\left(x^3 - \frac{4}{3}x^2 + \frac{2}{5}x\right).$$

3) La fonction h est égale à $(f \mid f_1)f_1 + (f \mid f_2)f_2 + (f \mid f_3)f_3$.

On calcule les intégrales $I_n = \int_0^1 x^n\,\ell n\,x\,dx$ pour $n \geqslant 1$. En intégrant par parties, il vient :

$$I_n = \left[\frac{x^{n+1}}{n+1}\ell n\,x\right]_0^1 - \frac{1}{n+1}\int_0^1 x^n\,dx = -\frac{1}{(n+1)^2},$$

et on a donc :

$$h(x) = 3I_2x + 80\left(I_3 - \frac{3}{4}I_2\right)\left(x^2 - \frac{3}{4}x\right) + 1575\left(I_4 - \frac{4}{3}I_3 + \frac{2}{5}I_2\right)\left(x^3 - \frac{4}{3}x^2 + \frac{2}{5}x\right)$$

donc $h(x) = -\frac{1}{3}x + \frac{5}{3}\left(x^2 - \frac{3}{4}x\right) - \frac{7}{4}\left(x^3 - \frac{4}{3}x^2 + \frac{2}{5}x\right)$. Il vient alors :

$$h(x) = -\frac{7}{4}x^3 + 4x^2 - \frac{137}{60}x.$$

Calculs annexes :

$$3I_2 = -\frac{1}{3}.$$

$$I_3 - \frac{3}{4}I_2 = -\frac{1}{16} + \frac{1}{12} = \frac{1}{48}.$$

$$I_4 - \frac{4}{3}I_3 + \frac{2}{5}I_2 = -\frac{1}{25} + \frac{1}{12} - \frac{2}{45} = -\frac{1}{900}.$$

4) Cette borne inférieure I est le carré de la distance de f au sous-espace G : c'est le carré de la norme de $f - h$.

Avec $(f - h \mid h) = 0$ et $f = f - h + h$, le théorème de Pythagore donne :

$$\|f - h\|^2 = \|f\|^2 - \|h\|^2.$$

On a, en intégrant par parties, $\int_0^1 x^2 \ell n^2 x \,dx = \frac{1}{3}\left[x^3 \ell n^2 x\right]_0^1 - \frac{2}{3}\int_0^1 x^2 \ell n\, x \,dx = \frac{2}{27}.$

On obtient, après des calculs attentifs, $\|h\|^2 = \frac{199}{2700}$. Il vient alors :

$$I = \frac{1}{2700}.$$

3 Transformation orthogonale

Soit E un espace vectoriel euclidien et u, v des vecteurs normés tels que :

$$(u \mid v) = \cos\theta, \quad \text{avec} \quad 0 < \theta < \pi.$$

Pour λ et μ réels, on considère l'application f de E dans E définie par s :

$$f(x) = \lambda(x \mid u)u + \mu(x \mid v)v.$$

1) On suppose que f est une transformation orthogonale de E.

a) Montrer que E est de dimension 2

b) Montrer que $|\lambda| = |\mu|$.

c) Si $\lambda = \mu$, montrer que $|\lambda| = 1$ et $\cos\theta = 0$

d) Si $\lambda + \mu = 0$, montrer que f est une réflexion.

2) Quels sont les endomorphismes orthogonaux de la forme :

$$f(x) = \lambda(x \mid u)u + \mu(x \mid v)v\ ?$$

Solution

1) a) Avec $|(u \mid v)| \neq \| u \| \, \| v \|$, la famille (u, v) est libre et donc $\dim E \geqslant 2$.
Pour tout $x \in E$, $f(x) \in \mathrm{Vect}(u, v)$ et donc $\dim f(E) \leqslant 2$. Avec $f(E) = E$, il vient $\dim E = 2$. On a :

$$f(u) = \lambda u + \mu(\cos\theta)v \quad \text{et} \quad f(v) = \lambda(\cos\theta)u + \mu v.$$

b) La conservation de la norme par f implique $\| f(u) \| = \| f(v) \| = 1$, c'est-à-dire :

$$\lambda^2 + \mu^2 \cos^2\theta + 2\lambda\mu\cos^2\theta = 1 \quad \text{et} \quad \lambda^2\cos^2\theta + \mu^2 + 2\lambda\mu\cos^2\theta = 1$$

d'où, en soustrayant membre à membre, $\left(\lambda^2 - \mu^2\right)\left(1 - \cos^2\theta\right) = 0$.

Avec $\cos^2\theta \neq 1$, il vient $\lambda^2 = \mu^2$.

c) Avec $\sin\theta \neq 0$, on définit le vecteur w par $v = (\cos\theta)u + (\sin\theta)w$:

$$\| w \|^2 \sin^2\theta = \| v \|^2 + \| u \|^2 \cos^2\theta - 2(u \mid v)\cos\theta = \sin^2\theta \quad \text{donne } \| w \| = 1.$$

Alors $\sin\theta\,(u \mid w) = (u \mid v) - \cos\theta\,(u \mid u) = 0$ montre que $B = (u, w)$ est une base orthonormale de E.

La matrice de f dans cette base orthonormale $B = (u, w)$ est :

$$A = \begin{pmatrix} \lambda + \mu\cos^2\theta & \mu\cos\theta\sin\theta \\ \mu\cos\theta\sin\theta & \mu\sin^2\theta \end{pmatrix}.$$

f est orthogonale si et seulement si A est une matrice orthogonale, c'est-à-dire :

$$\begin{cases} (1) : & \lambda^2 + \mu^2\cos^4\theta + 2\lambda\mu\cos^2\theta + \mu^2\sin^2\theta\cos^2\theta = 1 \\ (2) : & \mu^2\sin^2\theta\cos^2\theta + \mu^2\sin^4\theta = 1 \\ (3) : & \lambda\mu\sin\theta\cos\theta + \mu^2\sin\theta\cos^3\theta + \mu^2\sin^3\theta\cos\theta = 0 \end{cases}$$

ce qui équivaut à : $\begin{cases} (1) : & \lambda^2 + \mu^2\cos^2\theta + 2\lambda\mu\cos^2\theta = 1 \\ (2) : & \mu^2\sin^2\theta = 1 \\ (3) : & \mu\sin\theta\cos\theta(\lambda + \mu) = 0 \end{cases}$

- *Premier cas :* $\lambda = \mu$.

$$\begin{cases} (1) : & \lambda^2(1 + 3\cos^2\theta) = 1 \\ (2) : & \lambda^2\sin^2\theta = 1 \\ (3) : & 2\lambda^2\sin\theta\cos\theta = 0 \end{cases}$$

(2) donne $\lambda \neq 0$ et, avec $\sin\theta \neq 0$, (3) donne $\cos\theta = 0$ et donc $\sin\theta = 1$.
(1) donne alors $\lambda^2 = 1$.

- *Deuxième cas :* $\lambda + \mu = 0$.

La condition se réduit en $\lambda^2\sin^2\theta = 1$, d'où :

$$A = \lambda\sin\theta \begin{pmatrix} \sin\theta & -\cos\theta \\ -\cos\theta & -\sin\theta \end{pmatrix}$$

et on obtient : $\begin{cases} \text{si } \lambda\sin\theta = 1 & f \text{ est la réflexion d'axe } \mathbb{R}k, \text{ avec } (u, k) = p\dfrac{\theta}{2} - \dfrac{\pi}{4}, \\ \text{si } \lambda\sin\theta = -1 & f \text{ est la réflexion d'axe } \mathbb{R}k', \text{ avec } (u, k') = \dfrac{\theta}{2} + \dfrac{\pi}{4}. \end{cases}$

2) En conclusion, f est orthogonale si et seulement si $f = \mathrm{Id}$ ou $-\mathrm{Id}$ où f est une réflexion, d'axe $\mathbb{R}k$ ou d'axe $\mathbb{R}k'$.

4 Matrices symétriques ou antisymétriques

On considère l'application définie par $\varphi(M, N) = \mathrm{Tr}(M\,{}^tN)$, pour M et N dans l'ensemble $\mathcal{M}_n(\mathbb{R})$ des matrices carrées réelles d'ordre $n \in \mathbb{N}^*$. ($\mathrm{Tr}\,U$ *est la trace de* $U \in \mathcal{M}_n(\mathbb{R})$ *et* ${}^tU$ *en est la transposée*.)

1) Montrer que φ est un produit scalaire sur $\mathcal{M}_n(\mathbb{R})$.

2) Montrer que les sous-espaces $\mathcal{S}$ et $\mathcal{A}$ formés des matrices respectivement symétriques et antisymétriques sont supplémentaires orthogonaux pour ce produit scalaire φ.

3) Étant donné $A = [a_{ij}] \in \mathcal{M}_n(\mathbb{R})$, déterminer la borne inférieure de l'ensemble des réels :

a) $\sum_{i,j} \left(a_{ij} - m_{ij}\right)^2$ lorsque $M = \left[m_{ij}\right]$ décrit $\mathcal{S}$;

b) $\sum_{i,j} \left(a_{ij} - m_{ij}\right)^2$ lorsque $M = \left[m_{ij}\right]$ décrit $\mathcal{A}$.

Solution

1) Avec $\left[p_{ij}\right] = M\,{}^tN$, $p_{ij} = \sum_{k=1}^{n} m_{ik}n_{jk}$, on a $p_{ii} = \sum_{k=1}^{n} m_{ik}n_{ik}$ d'où :

$$\mathrm{Tr}\left(M\,{}^tN\right) = \sum_{i,j} m_{ij}n_{ij}.$$

Avec cette expression, la symétrie et la bilinéarité sont évidentes.

Pour $M \in \mathcal{M}_n(\mathbb{R})$, on a $(M \mid M) = \sum_{i,j} m_{ij}^2 \geqslant 0$.

Alors $(M \mid M) = 0$ implique $\forall (i,j) \in [\![1, n]\!]^2$, $m_{ij} = 0$, donc $M = 0$.

La forme bilinéaire symétrique étant définie-positive, nous sommes bien en présence d'un produit scalaire.

2) Il est bien connu que les ensembles $\mathcal{S}$ et $\mathcal{A}$ des matrices symétriques et antisymétriques, sont des sous-espaces vectoriels supplémentaires dans $\mathcal{M}_n(\mathbb{R})$.

Pour $A \in \mathcal{M}_n(\mathbb{R})$, on a $A = \frac{1}{2}(A + {}^tA) + \frac{1}{2}(A - {}^tA)$, avec $B = \frac{1}{2}(A + {}^tA) \in \mathcal{S}$ et $C = \frac{1}{2}(A - {}^tA) \in \mathcal{A}$.

Étant donné $U \in \mathcal{S}$ et $V \in \mathcal{A}$, on a :

$$(U \mid V) = \mathrm{Tr}(U\,{}^tV) = -\,\mathrm{Tr}(UV) \quad \text{et} \quad (U \mid V) = V \mid U) = \mathrm{Tr}(V\,{}^tU) = \mathrm{Tr}(VU) = \mathrm{Tr}(UV).$$

Il s'ensuit $(U \mid V) = 0$. Les sous-espaces $\mathcal{S}$ et $\mathcal{A}$ sont donc orthogonaux.

3) On a $\| M \|^2 = \sum_{i,j} m_{ij}^2$ donc $\inf_{M \in \mathcal{S}} \sum_{i,j} \left(a_{ij} - m_{ij}\right)^2 = \inf_{M \in \mathcal{S}} \| A - M \|^2$.

Soit $B \in \mathcal{S}$ et $C \in \mathcal{A}$ telles que $A = B + C$.

a) Pour tout $M \in \mathcal{S}$, on a $A - M = (B - M) + C$, avec $B - M \in \mathcal{S}$ et $C \in \mathcal{A}$.

On applique alors le théorème de Pythagore :

$$\| A - M \|^2 = \| B - M \|^2 + \| C \|^2.$$

On en déduit que $\| A - M \|^2$ est minimum quand $M = B$ et que ce minimum est $\| C \|^2$.

Avec $C = \frac{1}{2}(A - {}^tA)$, il vient :

$$\inf_{M \in \mathcal{S}} = \frac{1}{4}\sum_{i,j}\left(a_{ij} - a_{ji}\right)^2 = \frac{1}{2}\sum_{1 \leq i < j \leq n}\left(a_{ij} - a_{ji}\right)^2.$$

b) Pour tout $M \in \mathcal{A}$, on a $A - M = B + (C - M)$, avec $B \in \mathcal{S}$ et $C - M \in \mathcal{A}$.
On applique alors le théorème de Pythagore :

$$\| A - M \|^2 = \| B \|^2 + \| C - M \|^2.$$

On en déduit que $\| A - M \|^2$ est minimum quand $M = C$ et que ce minimum est $\| B \|^2$.

Avec $B = \frac{1}{2}(A + {}^tA)$, il vient :

$$\inf_{M \in \mathcal{S}} = \frac{1}{4}\sum_{i,j}\left(a_{ij} + a_{ji}\right)^2 = \frac{1}{2}\sum_{1 \leq i < j \leq n}\left(a_{ij} + a_{ji}\right)^2 + \sum_i a_{ii}^2.$$

5 Produit vectoriel et fonctions

Notations

- E est un espace euclidien orienté de dimension 3.
- $(a \mid b)$ ou $a.b$ désigne le produit scalaire de a et b
- $a \wedge b$ est leur produit vectoriel.
- $[a, b, c]$ désigne le produit mixte de a, b et c.
- I est un intervalle de $\mathbb{R}$, non vide et non réduit à un point (d'intérieur non vide).
- $\mathcal{D}_I$ est l'ensemble des fonctions de classe $\mathcal{C}^\infty$ de I dans E.
- Étant donné $F \in \mathcal{D}_I$, $W(F) = [F, F', F'']$ est la fonction :

$$I \to \mathbb{R},\ t \mapsto \left[F(t), F'(t), F''(t)\right].$$

- $\mathcal{P}_I$ est l'ensemble des $F \in \mathcal{D}_I$ telles que $W(F)$ ne prenne que des valeurs strictement positives.
- On utilisera sans justification que : si F_1 et F_2 sont des fonctions dérivables de I dans E, alors $F_1 \wedge F_2 : I \to E,\ t \mapsto F_1(t) \wedge F_2(t)$ est dérivable sur I et :

$$\left(F_1 \wedge F_2\right)' = F_1' \wedge F_2 + F_1 \wedge F_2',$$

si $\lambda : I \to \mathbb{R}$ est dérivable et si $F : I \to E$ est dérivable, alors $\lambda F : I \to E,\ t \mapsto \lambda(t)F(t)$ est dérivable et $(\lambda F)' = \lambda' F + \lambda F'$.

1) a) Montrer que $\forall (a, b, c) \in E^3,\ (a \wedge b) \wedge c = (a \mid c)b - (b \mid c)a$.

b) Étant donné $(a, b, c) \in E^3$, exprimer $(a \wedge b) \wedge (a \wedge c)$ sous la forme γa, en précisant $\gamma \in \mathbb{R}$.

2) Soit $F \in \mathcal{D}_I$ et $\lambda \in \mathcal{C}^\infty(I, \mathbb{R})$.
On pose $G = F \wedge F' : I \to E,\ t \mapsto F(t) \wedge F'(t)$. Établir les formules suivantes :

(1) $W(\lambda F) = \lambda^3 W(F)$, (2) $G \wedge G' = W(F)F$, (3) $W(G) = \left(W(F)\right)^2$.

3) a) Soit $F \in \mathcal{P}_I$ et $G = F \wedge F'$. Montrer que G est dans $\mathcal{P}_I$.

b) Soit $G \in \mathcal{P}_I$; montrer que l'équation : $F \in \mathcal{P}_I,\ \ F \wedge F' = G$ admet $F = \dfrac{1}{\sqrt{W(G)}} G \wedge G'$ pour solution unique.

c) Soit $S\ :\ \mathcal{P}_I \to \mathcal{P}_I,\ F \mapsto F \wedge F'$. Étant donné F, G dans $\mathcal{P}_I$ et $\lambda \in \mathscr{C}^\infty(I, \mathbb{R})$, exprimer :

$S(\lambda F)$ en fonction de λ et $S(F)$, et $S^{-1}(\lambda G)$ en fonction de λ et $S^{-1}(G)$.

Solution

1) a) $\forall (a, b, c) \in E^3$, $(a \wedge b) \wedge c = (a \mid c) b - (b \mid c) a$ est la classique formule du double produit vectoriel.

On la justifie en calculant les coordonnées dans une base orthonormale directe (u, v, w) telle que $a \in \mathrm{Vect}\, u$, $b \in \mathrm{Vect}(u, v)$.

b) Par la formule du double produit vectoriel, il vient :

$$(a \wedge b) \wedge (a \wedge c) = (a \wedge b \mid c) a - (a \wedge b \mid a) c = [a, b, c] a.$$

2) $(\lambda F)' = \lambda' F + \lambda F'$ et $(\lambda F)'' = \lambda'' F + 2\lambda' F' + \lambda F''$ donne :

$$W(\lambda F) = \left[\lambda F, \lambda' F + \lambda F', \lambda'' F + 2\lambda' F' + \lambda F''\right].$$

Alors $W(\lambda F) = \lambda\left[F, \lambda' F + \lambda F', \lambda'' F + 2\lambda' F' + \lambda F''\right] = \lambda\left[F, \lambda F', 2\lambda' F' + \lambda F''\right]$ puis :

$$W(\lambda F) = \lambda^2\left[F, F', 2\lambda' F' + \lambda F''\right]$$

et finalement $W(\lambda F) = \lambda^2\left[F, F', \lambda F''\right] = \lambda^3 W(F)$.

Avec $G = F \wedge F'$ et $G' = F' \wedge F' + F \wedge F'' = F \wedge F''$, il vient :

$$G \wedge G' = \left(F \wedge F'\right) \wedge \left(F \wedge F''\right) \text{ donc } G \wedge G' = \left[F, F', F''\right] F = W(F) F.$$

Avec $G'' = F' \wedge F'' + F \wedge F'''$, $W(G) = \left[G, G', G''\right] = \left(G \wedge G' \mid G''\right)$ et $G \wedge G' = W(F) F$, il vient :

$$W(G) = W(F)\left(F \mid F' \wedge F'' + F \wedge F'''\right) = W(F)\left(F \mid F' \wedge F''\right) = \left(W(F)\right)^2.$$

3) a) $W(F) > 0$ et $W(G) = \left(W(F)\right)^2$ donne $W(G) > 0$.

b) On a vu qu $F \wedge F' = G$ donne $G \wedge G' = W(F) F$.

Avec $W(F) > 0$ et $W(G) = \left(W(F)\right)^2$, il vient $F = \dfrac{1}{\sqrt{W(G)}} G \wedge G'$, qui est ainsi la seule solution possible.

Réciproquement, soit $F = \dfrac{1}{\sqrt{W(G)}} G \wedge G'$.

Étant donné $G \in \mathcal{P}_I$, il vient :

$$\left(W(G)\right)' = \left[G', G', G''\right] + \left[G, G'', G''\right] + \left[G, G', G'''\right] = \left[G, G', G'''\right].$$

La dérivée de $\dfrac{1}{\sqrt{W(G)}}$ étant alors $-\dfrac{\left[G, G', G'''\right]}{2\left(W(G)\right)^{3/2}}$, il vient :

$$F' = \frac{G \wedge G''}{\sqrt{W(G)}} - \frac{\left[G, G', G'''\right]}{2\left(W(G)\right)^{3/2}}(G \wedge G').$$

Alors, $F \wedge F' = \dfrac{1}{W(G)}(G \wedge G') \wedge (G \wedge G'') = \dfrac{1}{W(G)} W(G) G = G$.

c) Avec $W(\lambda F) = \lambda^3 W(F)$ et $W(F) > 0$, on a nécessairement $\lambda > 0$ pour avoir $\lambda F \in \mathcal{P}_I$.

Avec $(\lambda F)' = \lambda' F + \lambda F'$, il vient $(\lambda F) \wedge (\lambda F)' = (\lambda F) \wedge (\lambda' F + \lambda F') = (\lambda F) \wedge (\lambda F') = \lambda^2 S(F)$.

On a vu que, pour $G \in \mathcal{P}_I$, on a :

$$S^{-1}(G) = \frac{G \wedge G'}{\sqrt{W(G)}} = \frac{S(G)}{\sqrt{W(G)}}.$$

Avec $G \in \mathcal{P}_I$ et $\lambda > 0$ (nécessaire comme dit ci-dessus), il vient :

$$S^{-1}(\lambda G) = \frac{S(\lambda G)}{\sqrt{W(\lambda G)}}.$$

Or $S(\lambda G) = \lambda^2 S(G)$ et $W(\lambda G) = \lambda^3 G(G)$. On en déduit :

$$S^{-1}(\lambda G) = \sqrt{\lambda} S^{-1}(G).$$

6 Forme générale des matrices orthogonales en dimension 3, avec 4 paramètres

Soit E un espace vectoriel euclidien de dimension 4,

Il est rapporté à une base orthonormale $\mathcal{B} = (e_1, e_2, e_3, e_4)$.

On note E' l'ensemble $E \setminus \{0\}$, $E_1 = \text{Vect}(e_1)$ et $F = \text{Vect}(e_2, e_3, e_4)$.

F est muni du produit scalaire induit par celui de E et on l'oriente en choisissant (e_2, e_3, e_4) pour base directe.

On considère $p = ae_1 + be_2 + ce_3 + de_4 \in E'$, pour $(a, b, c, d) \in \mathbb{R}^4$.

On définit alors les endomorphismes f_p et g_p par leurs matrices A_p et B_p dans la base $\mathcal{B}$:

$$A_p = \begin{pmatrix} a & -b & -c & -d \\ b & a & -d & c \\ c & d & a & -b \\ d & -c & b & a \end{pmatrix} \qquad B_p = \begin{pmatrix} a & -b & -c & -d \\ b & a & d & -c \\ c & -d & a & b \\ d & c & -b & a \end{pmatrix}$$

1) a) Montrer qu'il existe $\lambda \in \mathbb{R}$ tel que λA_p et λB_p soient orthogonales ; préciser alors leurs déterminants.

En déduire A_p^{-1} et B_p^{-1}.

b) On considère les ensembles $\mathcal{F}$ et $\mathcal{G}$ formés par les endomorphismes f_p et g_p respectivement, lorsque p décrit E'.

Montrer que, munis de la loi de composition des applications, ces ensembles sont des sous-groupes du groupe $(\text{GL}, \circ)$ des automorphismes des E.

2) a) Soit $p \in E \setminus E_1$. Montrer que $g_p^{-1} \circ f_p$ est une transformation orthogonale qui laisse invariants E_1 et F.

b) Soit h_p l'endomorphisme de F induit par $g_p^{-1} \circ f_p$.

De l'étude du noyau de $g_p - f_p$, déduire les vecteurs invariants par h_p.

3) Montrer que h_p est une rotation de F et en déterminer l'axe et l'angle autour de cet axe.

4) Montrer que, pour toute rotation φ de F, il existe $p \in E'$ tel que $\varphi = h_p$.

5) Soit A une matrice orthogonale d'ordre 3.

Montrer qu'il existe $(a, b, c, d) \in \mathbb{R}^4$ tel que $a^2 + b^2 + c^2 + d^2 \neq 0$ et :

$$A = \frac{\pm 1}{a^2 + b^2 + c^2 + d^2} \begin{pmatrix} a^2 + b^2 - c^2 - d^2 & 2bc - 2ad & 2bd + 2ac \\ 2bc + 2ad & a^2 - b^2 + c^2 - d^2 & 2cd - 2ab \\ 2bd - 2ac & 2cd + 2ab & a^2 - b^2 - c^2 + d^2 \end{pmatrix}.$$

Solution

1) a) Les vecteurs colonnes de A_p sont deux à deux orthogonaux.

Chacun d'eux à pour norme $\| p \| = \sqrt{a^2 + b^2 + c^2 + d^2}$. Et il en est de même pour B_p.

Alors, avec $\lambda^2 = \dfrac{1}{\| p \|^2}$, soit $\lambda = \pm \dfrac{1}{\| p \|}$, les matrices λA_p et λB_p sont orthogonales.

$A_p^{-1} = \lambda \left(\lambda A_p \right)^{-1} = \lambda^t \left(\lambda A_p \right) = \lambda^{2\,t} A_p = \dfrac{1}{\| p \|^2} {}^t A_p$. De même, $B_p^{-1} = \dfrac{1}{\| p \|^2} {}^t B_p$.

> On calcule le determinant de A_p en développant par exemple suivant la première ligne, ce qui ramène au calcul de quatre déterminants d'ordre 3.
>
> Pour ce développement, les règles de calcul sont analogues à celles d'un déterminant d'ordre 3.

$$\det A_p = a \begin{vmatrix} a & -d & c \\ d & a & -b \\ -c & b & a \end{vmatrix} - b \begin{vmatrix} -b & -c & -d \\ d & a & -b \\ -c & b & a \end{vmatrix} + c \begin{vmatrix} -b & -c & -d \\ a & -d & c \\ -c & b & a \end{vmatrix} - d \begin{vmatrix} -b & -c & -d \\ a & -d & c \\ d & a & -b \end{vmatrix}.$$

On obtient :

$$a \begin{vmatrix} a & -d & c \\ d & a & -b \\ -c & b & a \end{vmatrix} = a^2(a^2 + b^2 + c^2 + d^2), \qquad -b \begin{vmatrix} -b & -c & -d \\ d & a & -b \\ -c & b & a \end{vmatrix} = b^2(a^2 + b^2 + c^2 + d^2),$$

$$c \begin{vmatrix} -b & -c & -d \\ a & -d & c \\ -c & b & a \end{vmatrix} = c^2(a^2 + b^2 + c^2 + d^2), \qquad -d \begin{vmatrix} -b & -c & -d \\ a & -d & c \\ d & a & -b \end{vmatrix} = d^2(a^2 + b^2 + c^2 + d^2),$$

et il vient $\det A_p = \left(a^2 + b^2 + c^2 + b^2 \right)^2 = \| p \|^4$.

On obtient la même chose pour B_p.

b) L'identité a pour matrice A_p avec $p = (1, 0, 0, 0)$.

$A_p^{-1} = \dfrac{1}{\| p \|^2} {}^t A_p$ permet de voir que c'est la matrice de f_q, avec $q = \dfrac{1}{\| p \|^2}(a, -b, -c, -d)$.

De même, B_p^{-1} est la matrice de g_q.

En formant le produit $A_p A_{p'}$, on voit que c'est la matrice de f_q associé au vecteur :

$q = (aa' - bb' - cc' - dd', ab' + a'b + cd' - dc', a'c + ac' + b'd - bd', ad' + a'd + bc' - b'c)$.

De même on a $B_p B_{p'} = B_q$.

Remarque. Avec $\det A_p A_{p'} = \det A_q$, il vient $\| q \|^2 = \| p \|^2 \| p' \|^2 \neq 0$.

2) a) On a $p = (a, b, c, d)$, avec $b^2 + c^2 + d^2 \neq 0$.

Avec $\lambda = \dfrac{1}{\| p \|^2}$, λf_p et λg_p sont des transformations orthogonales. On a :

$$g_p^{-1} \circ f_p = \left(\lambda g_p \right)^{-1} \circ \left(\lambda f_p \right) = {}^t\left(\lambda g_p \right) \circ (\lambda f_p).$$

Composée de transformations orthogonales, $g_p^{-1} \circ f_p$ est orthogonale.

De $g_p(e_1) = f_p(e_1) = p$, on déduit $g_p^{-1} \circ f_p(e_1) = e_1$ et il s'ensuit que $E_1 = \text{Vect}(e_1)$ est invariant par $g_p^{-1} \circ f_p$.

Avec $F = e_1^{\perp}$, il s'ensuit que $g_p^{-1} \circ f_p$ laisse F invariant.

b) u est invariant par h_p lorsque $u \in F$ vérifie $f_p(u) = g_p(u)$, soit $u \in F \cap \text{Ker}(g_p - f_p)$.
$u = (x, y, z, t) \in \text{Ker}(g_p - f_p)$ s'exprime par $-dz + ct = 0$, $dy - bt = 0$ et $-cy + bz = 0$.
Cela équivaut à $(y, z, t) \wedge (b, c, d) = 0$, c'est-à-dire $(y, z, t) \in \mathbb{R}(b, c, d)$.
En posant $p_2 = be_2 + ce_3 + de_4$, on a $\text{Ker}(g_p - f_p) = \text{Vect}(e_1, p_2)$, puis $\text{Inv}\, h_p = \text{Vect}(p_2)$.

3) Induit par l'endomorphisme orthogonal $g_p^{-1} \circ f_p$, h_p est un endomorphisme orthogonal de F.
En question 2)b), on a vu que $\text{Inv}(h_p) = \mathbb{R}p_2$.
Il s'ensuit que h_p est une rotation d'axe dirigé par p_2. Et 1)b) donne :

$$B_p^{-1} A_p = \frac{1}{a^2 + b^2 + c^2 + d^2} C$$

où C est la matrice :

$$C = \begin{pmatrix} a^2 + b^2 + c^2 + d^2 & 0 & 0 & 0 \\ 0 & a^2 + b^2 - c^2 - d^2 & 2bc - 2ad & 2bd + 2ac \\ 0 & 2bc + 2ad & a^2 - b^2 + c^2 - d^2 & 2cd - 2ab \\ 0 & 2bd - 2ac & 2cd + 2ab & a^2 - b^2 - c^2 + d^2 \end{pmatrix}.$$

La matrice de h_p dans (e_2, e_3, e_4) est :

$$H_p = \frac{1}{\|p\|^2} \begin{pmatrix} a^2 + b^2 - c^2 - d^2 & 2bc - 2ad & 2bd + 2ac \\ 2bc + 2ad & a^2 - b^2 + c^2 - d^2 & 2cd - 2ab \\ 2bd - 2ac & 2cd + 2ab & a^2 - b^2 - c^2 + d^2 \end{pmatrix}.$$

$1 + 2\cos\theta = \text{Tr}\, H_p$ donne $\cos\theta = \dfrac{a^2 - b^2 - c^2 - d^2}{a^2 + b^2 + c^2 + d^2}$.

θ étant mesuré autour de p_2, le signe de $\sin\theta$ est celui de $\det(e_2, h_p(e_2), p_2)$ s'il n'est pas nul.

$$\text{On a } \det(e_2, h_p(e_2), p_2) = \frac{1}{\|p\|^2} \begin{vmatrix} 1 & a^2 - b^2 - c^2 - d^2 & b \\ 0 & 2bc + 2ad & c \\ 0 & 2bd - 2ac & d \end{vmatrix} = \frac{2a(c^2 + d^2)}{\|p\|^2}.$$

Pour $a \neq 0$, avec $c^2 + d^2 \neq 0$, le signe de $\sin\theta$ est celui de a.
Si on a $c^2 + d^2 = 0$, on étudie le signe de $\det(e_3, h_p(e_3), p_2)$ ou celui de $\det(e_4, h_p(e_4), p_2)$, pour la même conclusion.
Pour $a = 0$, h_p est le demi-tour d'axe $\mathbb{R}p_2 = \mathbb{R}p$.

4) Tout demi-tour d'axe $\mathbb{R}(b, c, d)$ est h_p avec $p = be_2 + ce_3 + de_4$.
Si φ est une rotation, autre qu'un demi-tour, d'axe dirigé par $u = be_2 + ce_3 + de_4$, $\|u\| = 1$, et d'angle θ autour de u, on choisit a tel que $a^2 = \dfrac{1 + \cos\theta}{1 - \cos\theta}$ avec a de même signe que $\sin\theta$.
Alors $\varphi = h_p$ avec $p = ae_1 + be_2 + ce_3 + de_4$.

5) M est dans $\mathcal{O}_3^-(\mathbb{R})$ si et seulement si $-M \in \mathcal{O}_3^+(\mathbb{R})$. Il suffit donc de connaître les éléments de $\mathcal{O}_3^+(\mathbb{R})$.

Les matrices de rotations sont les H_p, $b^2 + c^2 + d^2 \neq 0$; la matrice de Id vient de $p = e_1$.

7 Produit scalaire et polynômes

E est l'ensemble des polynômes réels, muni de ses structures de $\mathbb{R}$-espace vectoriel et d'anneau commutatif. Pour n entier naturel non nul, E_n en est le sous-ensemble formé des polynômes de degré au plus égal à n.

1) a) Justifier que $E \times E \to \mathbb{R}$, $(P, Q) \mapsto (P \mid Q) = \displaystyle\int_{-1}^{1} P(t)Q(t)\,\mathrm{d}t$ est un produit scalaire sur E.

b) Justifier que $\Phi : E \times E \to \mathbb{R}$, $(P, Q) \mapsto (XP \mid Q)$ est une forme bilinéaire symétrique sur E.

2) On suppose qu'il existe un endomorphisme φ de E_n tel que :

$$\forall (P, Q) \in E_n \times E_n,\ \big(P \mid \varphi(Q)\big) = \Phi(P, Q).$$

a) Montrer que, pour tout $Q \in E_n$, $\varphi(Q) - XQ$ est orthogonal à tout $P \in E_n$.

b) Montrer que, si $\deg Q \leqslant n - 1$, alors $\varphi(Q) = XQ$.

c) On se place dans le cas $n = 2$. On vient de voir que $\varphi(1) = X$ et $\varphi(X) = X^2$.

Posons $\varphi\big(X^2\big) = aX^2 + bX + c$.

En exprimant que $\varphi\big(X^2\big) - X^3$ est orthogonal à 1, à X et à X^2, montrer que $\varphi\big(X^2\big) = \frac{3}{5}X$.

Former la matrice M de φ dans la base canonique $(1, X, X^2)$ de E_2 et calculer, pour $\lambda \in \mathbb{R}$, le déterminant de $M - \lambda I_3$ où I_3 est la matrice unité d'ordre 3.

En déduire les réels λ pour lesquels $M - \lambda I_3$ n'est pas inversible.

On admettra dans la suite que, pour tout $n \in \mathbb{N}^*$, il existe un endomorphisme φ de E_n et un seul qui convienne.

d) Montrer que $\forall (P, Q) \in E_n \times E_n$, $\big(P \mid \varphi(Q)\big) = \big(\varphi(P) \mid Q\big)$. *On dit alors que φ est un endomorphisme symétrique.*

3) On admet qu'il existe une base orthonormale $\big(U_0, \ldots, U_n\big)$ de E_n et une famille $(\alpha_i)_{0 \leqslant i \leqslant n}$ de réels tels que :

$$\forall k \in [\![0, n]\!],\ \varphi\big(U_k\big) = \alpha_k U_k.$$

a) Montrer que $\forall (P, Q) \in E_n \times E_n$, $\Phi(P, Q) = \displaystyle\sum_{k=0}^{n} \alpha_k \big(U_k \mid P\big)\big(U_k \mid Q\big)$.

On pourra pour cela utiliser les coordonnées de P et Q dans la base $\big(U_0, U_1, \ldots, U_n\big)$.

b) Montrer que $\forall k \in [\![0, n]\!]$, $|\alpha_k| < 1$. *On pourra pour cela étudier $\Phi\big(U_k, U_k\big)$.*

4) On pose $\gamma_k = \big(1 \mid U_k\big)$ où $\big(U_0, \ldots, U_n\big)$ est la base de E_n annoncée en question 3).

a) Montrer que, pour tout $k \in [\![1, n]\!]$ et pour tout $i \in [\![0, n]\!]$, on a $\big(X^k \mid U_i\big) = \alpha_i^k \gamma_i$.

En déduire que, pour tout $P \in E_n$ et pour tout $i \in [\![0, n]\!]$, $\big(U_i \mid P\big) = \gamma_i P(\alpha_i)$.

b) Montrer que, pour tout $i \in [\![0, n]\!]$, le produit $\gamma_i U_i(\alpha_i)$ est différent de 0.

En déduire que tous les γ_i, $0 \leqslant i \leqslant n$, sont différents de 0.

c) Soit $p+1 = \text{Card}\{\alpha_i, 0 \leqslant i \leqslant n\}$. On réindexe les α_i de manière que les $p+1$ premiers soient deux à deux distincts. Ainsi tout α_j d'indice $j > p$ est égal à l'un des α_i d'indice $i \leqslant p$.

On pose alors $R_n(X) = \prod_{i=0}^{p}(X - \alpha_i)$.

En considérant les produits scalaires $(U_i \mid R_n)$, montrer que les réels α_i, $0 \leqslant i \leqslant n$, sont deux à deux distincts.

En déduire que R_n est de degré $n+1$.

d) Pour $j \in [\![0, n]\!]$, on pose $L_j(X) = \dfrac{R_n(X)}{X - \alpha_j} = \prod_{k \in [\![0,n]\!] \setminus \{j\}} (X - \alpha_k)$.

Montrer que, pour tout $j \in [\![0, n]\!]$, il existe un réel μ_j tel que $U_j = \mu_j L_j$.

Montrer les relations $\mu_j \, \gamma_j \, L_j(\alpha_j) = 1$ et $\gamma_j^2 = \dfrac{(1 \mid L_j)}{L_j(\alpha_j)}$.

5) Les réels α_i et γ_i, $0 \leqslant i \leqslant n$, sont ceux qui ont été définis précédemment.

a) Montrer que, pour tout $P \in E_{2n+1}$, on a $\displaystyle\int_{-1}^{1} P(t)\,dt = \sum_{i=0}^{n} \gamma_i^2 P(\alpha_i)$ **(E)**.

On pourra établir l'égalité pour le polynôme 1 *puis pour les* X^k, $1 \leqslant k \leqslant 2n+1$.

b) Montrer que cette égalité n'est vraie pour aucun polynôme de degré $2n+2$.

6) a) Étant donné $P \in E_n$, calculer le produit scalaire de P et $R_n = \prod_{i=0}^{n}(X - \alpha_i)$.

b) Soit V_n un polynôme de degré $n+1$ et de coefficient dominant égal à 1.

Montrer que, si V_n est orthogonal à tout $P \in E_n$, alors $V_n = R_n$.

En déduire que l'on peut déterminer R_n par un système de $n+1$ équations à $n+1$ inconnues (ce qui évite de rechercher au préalable les α_i, $0 \leqslant i \leqslant n$).

c) Établir une relation simple entre $R_n(X)$ et $R_n(-X)$.

d) *Exemple.* $n = 2$: déterminer R_2 puis les α_i, $0 \leqslant i \leqslant 2$; en déduire les polynômes L_j puis les réels γ_j^2, $0 \leqslant j \leqslant 2$.

Solution

1) a) C'est une banale question de cours.

b) $\Phi(P, Q)) = \displaystyle\int_{-1}^{1} tP(t)Q(t)\,dt$: bilinérité et symétrie sont évidentes.

2) a) $\forall (P, Q) \in E^2$, $(P \mid \varphi(Q)) = (XP \mid Q) = (P \mid XQ)$ donc $(P \mid \varphi(Q) - XQ) = 0$.

Alors $\varphi(Q) - XQ$ est orthogonal à tout $P \in E_n$, c'est-à-dire $\varphi(Q) - XQ \in E_n^{\perp}$.

b) Si Q est de degré $\leqslant n-1$, alors $\varphi(Q) - XQ \in E_n$, et $\varphi(Q) - XQ$, orthogonal à tout $P \in E_n$, est nul car $E_n \cap E_n^{\perp} = \{0\}$; donc $\varphi(Q) = XQ$.

c) Pour $Q = X^2$, l'orthogonalité de $\varphi(Q) - XQ = aX^2 + bX + c - X^3$ à 1, X et X^2 s'exprime par :

$$\int_{-1}^{1} (at^2 + bt + c - t^3)\,dt = \int_{-1}^{1} (at^3 + bt^2 + ct - t^4)\,dt = \int_{-1}^{1} (at^4 + bt^3 + ct^2 - t^5)\,dt = 0$$

c'est-à-dire $\frac{a}{3} + c = \frac{b}{3} - \frac{1}{5} = \frac{a}{5} + \frac{c}{3} = 0$, soit $a = c = 0$ et $b = \frac{3}{5}$. Donc $\varphi\left(X^2\right) = \frac{3X}{5}$.

La matrice de φ dans la base $(1, X, X^2)$ de E_2 est $M = \begin{pmatrix} 0 & 0 & 0 \\ 1 & 0 & \frac{3}{5} \\ 0 & 1 & 0 \end{pmatrix}$, et on obtient :

$$\det\left(M - \lambda I_3\right) = -\lambda\left(\lambda^2 - \frac{3}{5}\right).$$

Donc $M - \lambda I_3$ est non inversible pour $\lambda \in \left\{0, \sqrt{\frac{3}{5}}, -\sqrt{\frac{3}{5}}\right\}$.

d) La symétrie de φ découle de la symétrie de la forme bilinéaire Φ.

3) a) La base étant orthonormale, tout $Q \in E_n$ s'écrit $\sum_{i=0}^{n} (Q|U_i)U_i$, donc :

$$\varphi(Q) = \sum_{i=0}^{n} (Q|U_i)\,\varphi(U_i) = \sum_{i=0}^{n} \alpha_i (Q|U_i)U_i.$$

Pour tout P de E_n on a alors $\Phi(P, Q) = \left(P|\,\varphi(Q)\right) = \left(P \,\middle|\, \sum_{i=0}^{n} \alpha_i(Q|U_i)U_i\right) = \sum_{i=0}^{n} \alpha_i (Q|U_i)(P|U_i)$.

b) En prenant $P = Q = U_i$, l'égalité précédente se réduit à :

$$\alpha_i = \Phi(U_i, U_i) = (X.U_i|U_i) = \int_{-1}^{1} tU_i^2(t)\,dt.$$

Donc $|\alpha_i| \leqslant \int_{-1}^{1} |t|U_i^2(t)\,dt \leqslant \int_{-1}^{1} U_i^2(t)\,dt = (U_i|U_i) = 1$.

Et l'inégalité est stricte car les fonctions $t \mapsto |t|U_i^2(t)$ et $t \mapsto U_i^2(t)$ sont continues et l'ensemble des t où elles prennent la même valeur est fini ($t = 1$ ou $t = -1$ ou t zéro de U_i.)

4) a) La formule est vraie pour $k = 0$ par définition de γ_i.

Pour $k \in [\![1, n]\!]$, on a $\left(X^k|U_i\right) = \sum_{p=0}^{n} \alpha_p \left(U_p|X^{k-1}\right)\left(U_p|U_i\right) = \alpha_i\left(U_i|X^{k-1}\right)$ (formule **3)a)**).

D'où, par récurrence sur k : pour tout k entre 0 et n, on a $\left(X^k|U_i\right) = \alpha_i^k\,\gamma_i$.

Soit $P = \sum_{k=0}^{n} a_k X^k \in E_n$. Alors $(U_i|P) = \sum_{k=0}^{n} a_k\left(X^k|U_i\right) = \sum_{k=0}^{n} a_k\,\alpha_i^k\,\gamma_i = \gamma_i \sum_{k=0}^{n} a_k\,\alpha_i^k$. Donc :

$$\forall P \in E_n,\ \left(U_i|P\right) = \gamma_i P(\alpha_i).$$

b) En particulier $\gamma_i U_i(\alpha_i) = \left(U_i|U_i\right) = 1$ donc les γ_i sont non nuls.

c) R_n est à racines simples : l'ensemble de ses racines est l'ensemble des α_i.

Si les α_i ne sont pas deux à deux distincts, on a $p < n$ ou encore $R_n(x) \in E_n$.

Alors, pour tout $i \in [\![0, n]\!]$, on obtient $\left(U_i|R_n\right) = \gamma_i R_n(\alpha_i) = 0$ car α_i est racine de R_n.

Les coordonnées $\left(U_i|R_n\right)$ de R_n sur la base $\left(U_i\right)_{0 \leqslant i \leqslant n}$ sont donc nulles, donc $R_n = 0$.

La contradiction avec $R_n \neq 0$ montre que les α_i sont deux à deux distincts et que le degré de R_n est $n+1$.

d) L_j appartient à E_n, donc, pour $i \in [\![0, n]\!]$, $(U_i|L_j) = \gamma_i L_j(\alpha_i)$, qui est nul dès que α_i est racine de L_j, donc pour tout $i \neq j$.

Les composantes de L_j sur la base $(U_i)_{0 \leqslant i \leqslant n}$ sont donc nulles, sauf peut-être la j-ième.

Autrement dit : L_j est colinéaire au polynôme U_j.

Puisque L_j n'est pas nul, cette colinéarité peut s'écrire $U_j = \mu_j L_j$; on a donc :

$$1 = (U_j|U_j) = \mu_j(L_j|U_j) = \mu_j \gamma_j L_j(\alpha_j).$$

On a donc aussi $\gamma_j = (1|U_j) = (1|\mu_j L_j) = \mu_j(1|L_j) = \dfrac{(1|L_j)}{\gamma_j L_j(\alpha_j)}$. Finalement :

$$\mu_j \gamma_j L_j(\alpha_j) = 1 \text{ et } \gamma_j^2 = \frac{(1|L_j)}{L_j(\alpha_j)}.$$

5) a) Si $P = 1$, alors $P^2 = P$, donc :

$$\int_{-1}^{1} P(t)\,\mathrm{d}t = \int_{-1}^{1} P^2(t)\,\mathrm{d}t = (P|P) = \sum_{i=0}^{n}(P|U_i)^2 = \sum_{i=0}^{n}(1|U_i)^2 = \sum_{i=0}^{n}\gamma_i^2 = \sum_{i=0}^{n}\gamma_i^2 P(\alpha_i).$$

Si $P = X^k$, $k \in [\![1, 2n+1]\!]$, on peut écrire $P = X\,X^p\,X^q$, p et q dans $[\![0, n]\!]$, ce qui donne :

$$\int_{-1}^{1} P(t)\,\mathrm{d}t = \int_{-1}^{1} t.t^p.t^q\,\mathrm{d}t = \Phi(X^p, X^q)$$

donc $\displaystyle\int_{-1}^{1} P(t)\,\mathrm{d}t = \sum_{i=0}^{n}\alpha_i(U_i|X^p)(U_i|X^q) = \sum_{i=0}^{n}\alpha_i\,\alpha_i^p\,\gamma_i\,\alpha_i^q\,\gamma_i = \sum_{i=0}^{n}\alpha_i^k\,\gamma_i^2 = \sum_{i=0}^{n}\gamma_i^2 P(\alpha_i).$

Les formes linéaires sur E_{2n+1} qui à P associent $\displaystyle\int_{-1}^{1} P(t)\,\mathrm{d}t$ et $\displaystyle\sum_{i=0}^{n}\gamma_i^2 P(\alpha_i)$ prennent la même valeur sur la base usuelle de E_{2n+1}, elles sont donc égales, pour tout $P \in E_{2n+1}$, on a :

$$\int_{-1}^{1} P(t)\,\mathrm{d}t = \sum_{i=0}^{n}\gamma_i^2 P(\alpha_i) \quad (E).$$

b) S'il existe un polynôme P de degré $2n+2$ tel que la relation (E) soit vraie, alors :

$$(1, X, \ldots, X^{2n+1}, P)$$

est une base de E_{2n+2} et la relation (E), vérifiée par tout vecteur de cette base est donc vérifiée (raisonnement déjà fait) par tout vecteur de E_{2n+2}.

Notamment, avec $(R_n(x))^2$ on obtient $\displaystyle\int_{-1}^{1}(R_n(t))^2\,\mathrm{d}t = \sum_{i=0}^{n}\gamma_i^2(R_n(\alpha_i))^2 = 0$, qui est absurde puisque R_n n'est pas nul.

La relation (E) est fausse pour tout polynôme de degré $2n+2$.

6) a) $P \in E_n$ implique $PR_n \in E_{n+1}$ et on applique (E) :

$$(P|R_n) = \int_{-1}^{1} P(t)R_n(t)\,\mathrm{d}t = \sum_{i=0}^{n}\gamma_i^2 P(\alpha_i)R_n(\alpha_i) = 0 \text{ donc } (P|R_n) = 0.$$

b) Dans E_{n+1}, l'orthogonal du sous-espace E_n est une droite vectorielle.

On vient de voir que R_n est dans cette droite. Comme il est non nul, tout autre vecteur de cette droite est de la forme kR_n.

En particulier: si V_n a X^{n+1} comme terme de plus haut degré et est orthogonal à tout polynôme de E_n, alors $V_n = R_n$.

R_n est donc le polynôme unitaire Q de degré $n+1$ qui vérifie :

$$\forall k \in [\![0, n]\!], \int_{-1}^{1} t^k Q(t)\,dt = 0.$$

Avec $R_n(X) = X^{n+1} + \sum_{p=0}^{n} c_p X^p$, on obtient ainsi un système de $n+1$ équations pour les $n+1$ inconnues $c_0, c_1, \ldots, c_n$.

c) Pour $P \in E_n$, on a, en appliquant **a)** au polynôme $P(-X)$ qui appartient à E_n,

$$\int_{-1}^{1} P(-t)R_n(t)\,dt = 0.$$

Après changement de variable $u = -t$, cela donne $\int_{-1}^{1} P(u)R_n(-u)\,du = 0$. Alors $R_n(-X)$ est orthogonal à tout élément de E_n, donc colinéaire à $R_n(X)$.

Son terme dominant étant $(-1)^{n+1}X^{n+1}$, il vient $R_n(-X) = (-1)^{n+1}R_n(X)$.

d) $R_2(-X) = -R_2(X)$; R_2 est impair : $R_2(X) = X^3 + cX$.

Alors $\int_{-1}^{1} (t^4 + ct^2)\,dt = 0$ donne $\frac{1}{5} + \frac{t}{3} = 0$ puis $c = -\frac{3}{5}$, d'où $R_2(X) = X^3 - \frac{3X}{5}$

puis $\alpha_0 = -\sqrt{\frac{3}{5}}$, $\alpha_1 = 0$ et $\alpha_2 = \sqrt{\frac{3}{5}}$;

puis $L_0(X) = X^2 - X\sqrt{\frac{3}{5}}$, $L_1(X) = X^2 - \frac{3}{5}$ et $L_2(X) = X^2 + X\sqrt{\frac{3}{5}}$.

On obtient alors $(1|L_0) = (1|L_2) = \int_{-1}^{1} t^2\,dt = \frac{2}{3}$. $(1|L_1) = \int_{-1}^{1} (t^2 - \frac{3}{5})\,dt = -\frac{8}{15}$.

Et avec $L_0(\alpha_0) = \frac{6}{5} = L_2(\alpha_2)$; $L_1(\alpha_1) = -\frac{3}{5}$, il vient donc :

$$\gamma_0^2 = \gamma_2{}^2 = \frac{5}{9} \ ; \ \gamma_1{}^2 = \frac{8}{9}.$$

8 Podaire d'une conique

$\mathscr{C}$ est une conique d'équation polaire $\rho = \frac{1}{1 + e\cos\theta}$ dans un repère orthonormal $(F, \vec{i}, \vec{j})$, où F est un foyer de $\mathscr{C}$.

La podaire de $\mathscr{C}$ par rapport à F est l'ensemble des projetés orthogonaux de F sur les tangentes à $\mathscr{C}$.

Pour $\theta \in \mathbb{R}$, on pose $\overrightarrow{u_\theta} = \cos\theta\,\overrightarrow{i} + \sin\theta\,\overrightarrow{j}$ et $\overrightarrow{v_\theta} = -\sin\theta\,\overrightarrow{i} + \cos\theta\,\overrightarrow{j}$.

1) a) Calculer les coordonnées dans le repère $(M(\theta), \overrightarrow{u_\theta}, \overrightarrow{v_\theta})$ du projeté orthogonal P de F sur la tangente à $\mathscr{C}$ au point $M(\theta)$.

En déduire une représentation paramétrique dans le repère $(F, \overrightarrow{i}, \overrightarrow{j})$ de la podaire de $\mathscr{C}$ par rapport à F.

2) Étudier cette podaire quand $\mathscr{C}$ est une parabole.

Retrouver ce résultat par les propriétés géométriques d'une parabole.

3) Préciser la podaire de $\mathscr{C}$ lorsque $e = \dfrac{1}{2}$ ou $e = 2$.

Solution

1) a) Le vecteur $\overrightarrow{MP}$ est le projeté orthogonal de $\overrightarrow{MF}$ sur la tangente en M.

$\rho' = \dfrac{e\sin\theta}{(1+e\cos\theta)^2}$, donc un vecteur tangent en $M(\theta)$ à $\mathscr{C}$ est $\overrightarrow{t} = e\sin\theta\,\overrightarrow{u_\theta} + (1+e\cos\theta)\,\overrightarrow{v_\theta}$.

On a :

$$\|\overrightarrow{t}\|^2 = 1 + e^2 + 2e\cos\theta = (e+\cos\theta)^2 + \sin^2\theta.$$

$\overrightarrow{t}$ est nul si et seulement si $\sin\theta = 0$ et $e + \cos\theta = 0$, ce qui exige $e = 1$ ($\mathscr{C}$ est une parabole) et $\theta = \pi \bmod 2\pi$. Puisque dans ce cas ρ n'est pas défini en π, on en déduit que pour tout $\theta \in D_\rho$ (ensemble de définition de ρ), on a $\overrightarrow{t} \neq \overrightarrow{0}$.

P est défini par $\overrightarrow{MP} = \dfrac{(\overrightarrow{MF} \mid \overrightarrow{t})}{\|\overrightarrow{t}\|^2}\overrightarrow{t}$.

Avec $\overrightarrow{MF} = -\dfrac{1}{1+e\cos\theta}\overrightarrow{u_\theta}$, on obtient $(\overrightarrow{MF} \mid \overrightarrow{t}) = -\dfrac{e\sin\theta}{1+e\cos\theta}$ puis :

$$P = \frac{1}{1+e\cos\theta}\overrightarrow{u}_\theta - \frac{e\sin\theta}{(1+e\cos\theta)(1+e^2+2e\cos\theta)}\left(e\sin\theta\,\overrightarrow{u_\theta} + (1+e\cos\theta)\,\overrightarrow{v_\theta}\right).$$

On a donc $P = \dfrac{1}{1+e^2+2e\cos\theta}\left((1+e\cos\theta)\overrightarrow{u_\theta} - e\sin\theta\,\overrightarrow{v_\theta}\right)$.

Revenons au repère $(F, \overrightarrow{i}, \overrightarrow{j})$, avec $\overrightarrow{u_\theta} = \cos\theta\,\overrightarrow{i} + \sin\theta\,\overrightarrow{j}$ et $\overrightarrow{v_\theta} = -\sin\theta\,\overrightarrow{i} + \cos\theta\,\overrightarrow{j}$, il vient :

$$P = \frac{1}{1+e^2+2e\cos\theta}\left((e+\cos\theta)\,\overrightarrow{i} + \sin\theta\,\overrightarrow{j}\right).$$

Considérons la courbe $\mathscr{P}$ paramétrée par $x(t) = \dfrac{e+\cos t}{1+e^2+2e\cos t}$, $y(t) = \dfrac{\sin t}{1+e^2+2e\cos t}$.

Mis à part le cas où $e = 1$, objet de la question suivante, $\mathscr{P}$ est de classe $\mathcal{C}^\infty$ sur $\mathbb{R}$.

Elle est périodique, de période 2π.

Comme $t \mapsto x(t)$ est paire et que $t \mapsto y(t)$ est impaire, la courbe est symétrique par rapport à l'axe $(F, \overrightarrow{i})$ et on peut réduire l'étude à l'intervalle $[0, \pi]$.

Des exemples sont étudiés en dernière question.

2) Avec $e = 1$, on a $P = \frac{1}{2}\vec{i} + \frac{\sin\theta}{2(1+\cos\theta)}\vec{j} = \frac{1}{2}\vec{i} + \frac{1}{2}\tan\frac{\theta}{2}\vec{j}$.

Quand θ décrit l'intervalle $]-\pi, \pi[$, l'ordonnée $\frac{1}{2}\tan\frac{\theta}{2}$ décrit $\mathbb{R}$ tout entier.

La podaire est donc la droite d'équation $x = \frac{1}{2}$.

- Étude géométrique : il est classique que le projeté du foyer sur une tangente appartienne à la tangente au sommet $\mathcal{D}$.

En outre, pour tout point P de $\mathcal{D}$, soit Q tel que $\overrightarrow{FQ} = 2\overrightarrow{FP}$; Q est sur la directrice Δ, et la médiatrice de $[FQ]$ est la tangente à la parabole au point M dont le projeté orthogonal sur Δ est Q. P est alors le projeté orthogonal de F sur cette tangente.

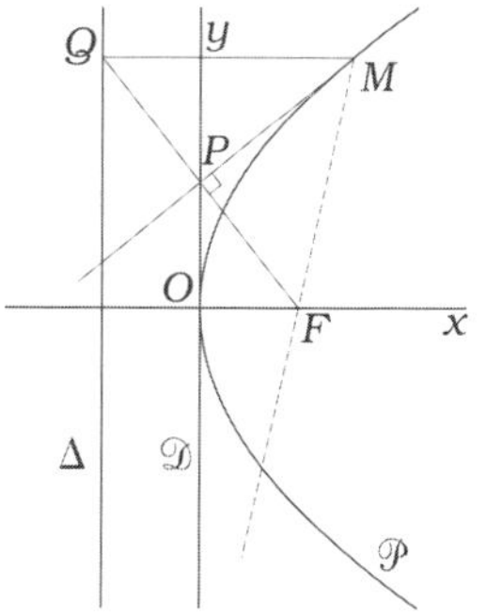

3) a) On étudie un cas particulier de podaire d'une ellipse $\mathscr{E}$, avec $e = \frac{1}{2}$.

On a $P = \frac{2}{5+4\cos\theta}\left((1+2\cos\theta)\vec{i} + 2\sin\theta\,\vec{j}\right)$.

- Étude géométrique de la podaire.

Soit F' le second foyer de l'ellipse. Notons $2a$ la longueur du grand axe.

Soit M un point de $\mathscr{E}$, on a $MF + MF' = 2a$.

Rappelons que la tangente T en M est la bissectrice extérieure de $\left(\overrightarrow{MF}, \overrightarrow{MF'}\right)$.

On obtient classiquement que le point P appartient au cercle $\mathscr{C}$ de centre O, centre de l'ellipse, et de rayon a.

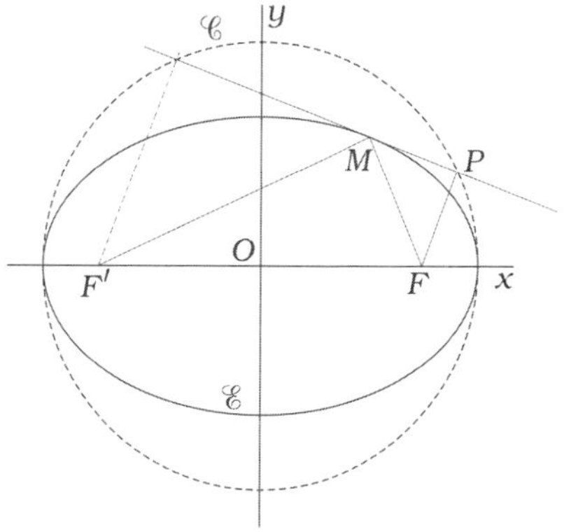

Cette approche géométrique permet, en amenant l'origine des axes au point $O = F - \frac{2}{3}\vec{i}$ (centre de l'ellipse), de vérifier que la courbe paramétrée par :

$$P = F + \frac{2}{5+4\cos\theta}\left((1+2\cos\theta)\vec{i} + 2\sin\theta\,\vec{j}\right)$$

est le cercle de centre O et de rayon $\frac{4}{3}$.

b) On étudie un cas particulier de podaire d'une hyperbole. Avec $e = 2$, on a :

$$P = \frac{1}{5+4\cos\theta}\left((2+\cos\theta)\vec{i} + \sin\theta\,\vec{j}\right).$$

Une étude géométrique analogue au cas précédent permet de vérifier que la podaire est encore le cercle de centre $O = F - \frac{1}{3}\vec{i}$ (centre de l'hyperbole) et de rayon $a = \frac{2}{3}$.

9 Ellipses et tangentes

Dans un plan rapporté à un repère orthonormal $(O, \overrightarrow{i}, \overrightarrow{j})$, on considère, avec a et b strictement positifs, les courbes

$$\mathscr{E} : \ \frac{x^2}{a^2} + \frac{y^2}{b^2} = 1 \ , \ \mathscr{E}' : \ \frac{x^2}{4a^2} + \frac{y^2}{4b^2} = 1$$

1) a) Étant donné un point $M(x_0, y_0) \in \mathscr{E}$, justifier que toute droite passant par M coupe $\mathscr{E}$ en deux points éventuellement confondus.

Préciser, par une équation cartésienne, la droite qui coupe $\mathscr{E}$ en deux points confondus.

b) En utilisant le paramétrage $\begin{cases} x = a\cos t \\ y = b\sin t \end{cases}$ de $\mathscr{E}$, former une équation cartésienne de la tangente en M à $\mathscr{E}$.

En conclusion, on notera que la tangente en M à $\mathscr{E}$ est la droite qui a en commun avec $\mathscr{E}$ le point M et lui seul.

2) Étant donné une droite d'équation $ux + vy + w = 0$, avec $|u| + |v| \neq 0$, montrer qu'elle est tangente à $\mathscr{E}$ si et seulement si $a^2u^2 + b^2v^2 - w^2 = 0$.

On dit que c'est l'équation tangentielle de $\mathscr{E}$.

3) Rappeler la représentation paramétrique classique de $\mathscr{E}'$.

Étant donné des points distincts M_1 et M_2 de $\mathscr{E}'$, de paramètres respectifs t_1 et t_2, former une équation cartésienne de la droite (M_1M_2).

Donner une condition nécessaire et suffisante, portant sur t_1 et t_2, pour que (M_1M_2) soit tangente à $\mathscr{E}$.

4) Soit M un point de $\mathscr{E}'$. Des droites distinctes $\mathscr{D}_1$ et $\mathscr{D}_2$, passant par M et tangentes à $\mathscr{E}$, recoupent $\mathscr{E}'$ en P et Q.

Montrer que la droite (PQ) est tangente à $\mathscr{E}$.

Solution

1) a) Soit $\overrightarrow{u} = (\lambda, \mu)$ un vecteur directeur d'une droite $\mathscr{D}$ passant par $M = (x_0, y_0)$.

Elle est représentée paramétriquement par $x = x_0 + t\lambda$, $y = y_0 + t\mu$, avec $t \in \mathbb{R}$.

Le point de paramètre t appartient à $\mathscr{E}$ si et seulement si :

$$b^2(x_0 + t\lambda) + a^2(y_0 + t\mu) = a^2b^2,$$

$(\lambda^2b^2 + \mu^2a^2)t^2 + 2(b^2x_0\lambda + a^2y_0\mu)t = 0$, compte tenu de $b^2x_0^2 + a^2y_0^2 = a^2b^2$.

Outre le point M (de paramètre 0), il y a le point de paramètre :

$$-\frac{2(b^2x_0\lambda + a^2y_0\mu)}{\lambda^2b^2 + \mu^2a^2}.$$

Ces deux points sont confondus si et seulement si $b^2x_0\lambda + a^2y_0\mu = 0$.

M est double quand $\mathcal{D}$ est dirigée par $\overrightarrow{u} = (-a^2 y_0, b^2 x_0)$ et a donc pour équation :

$$\begin{vmatrix} x - x_0 & -a^2 y_0 \\ y - y_0 & b^2 x_0 \end{vmatrix} = 0,$$

c'est-à-dire (en utilisant à nouveau $b^2 x_0^2 + a^2 y_0^2 = a^2 b^2$) :

$$b^2 x x_0 + a^2 y y_0 = a^2 b^2 \quad \text{soit finalement} \quad \frac{x x_0}{a^2} + \frac{y y_0}{b^2} = 1.$$

b) La tangente en $M \in \mathcal{E}$ de paramètre t_0 est dirigée par $\overrightarrow{u} = (-a \sin t_0, b \cos t_0)$.
Elle a donc pour équation :

$$\begin{vmatrix} x - a\cos t_0 & -a \sin t_0 \\ y - b \sin t_0 & b \cos t_0 \end{vmatrix} = 0 \quad \text{c'est-à-dire} \quad bx\cos t_0 + ay \sin t_0 = ab.$$

Avec $\cos t_0 = \dfrac{x_0}{a}$ et $\sin t_0 = \dfrac{y_0}{b}$ on obtient $\dfrac{x x_0}{a^2} + \dfrac{y y_0}{b^2} = 1$.

2) ▪ *Condition nécessaire*

La tangente en un point de $\mathcal{E}$ ne passe pas par O, d'où $w \neq 0$.

La droite d'équation $-\dfrac{u}{w}x - \dfrac{v}{w}y = 1$ est tangente en $M = (x_0, y_0) \in \mathcal{E}$ si et seulement si cette équation est aussi $\dfrac{x x_0}{a^2} + \dfrac{y y_0}{b^2} = 1$. On a donc nécessairement $\dfrac{x_0}{a^2} = -\dfrac{u}{w}$ et $\dfrac{y_0}{b^2} = -\dfrac{v}{w}$. En reportant dans $u x_0 + v y_0 + w = 0$, il vient $a^2 u^2 + b^2 v^2 - w^2 = 0$.

▪ *Condition suffisante*

Supposons que $a^2 u^2 + b^2 v^2 - w^2 = 0$, avec $|u| + |v| \neq 0$, ce qui implique $w \neq 0$.

Soit alors $M = (x_0, y_0)$ avec $\dfrac{x_0}{a^2} = -\dfrac{u}{w}$ et $\dfrac{y_0}{b^2} = -\dfrac{v}{w}$. On a :

$$u x_0 + v y_0 = -\frac{a^2 u^2}{w} - \frac{b^2 v^2}{w} = -w,$$

donc M appartient à la droite d'équation $ux + vy + w = 0$ et $\dfrac{x_0}{a^2} + \dfrac{y_0}{b^2} = \dfrac{a^2 u^2}{w^2} + \dfrac{b^2 v^2}{w^2} = 1$, et par suite M appartient à $\mathcal{E}$.

Enfin, l'équation $\dfrac{x x_0}{a^2} + \dfrac{y y_0}{b^2} = 1$ de la tangente en M à $\mathcal{E}$ se lit aussi $ux + vy + w = 0$.

3) Soit $M_1 = (2a \cos t_1, 2b \sin t_1)$ et $M_2 = (2a \cos t_2, 2b \sin t_2)$, des points distincts dans $\mathcal{E}'$, c'est-à-dire avec $t_1 - t_2 \neq 0 \bmod (2\pi)$.

▪ $(M_1 M_2)$ a pour équation $\begin{vmatrix} x - 2a\cos t_1 & 2a(\cos t_2 - \cos t_1) \\ y - 2b \sin t_1 & 2b(\sin t_2 - \sin t_1) \end{vmatrix} = 0.$

Avec $\cos t_2 - \cos t_1 = -2 \sin \dfrac{t_2 - t_1}{2} \sin \dfrac{t_2 + t_1}{2}$, $\sin t_2 - \sin t_1 = 2 \sin \dfrac{t_2 - t_1}{2} \cos \dfrac{t_2 + t_1}{2}$ et, puisque $t_1 - t_2 \neq 0 \bmod (2\pi)$ implique $\sin \dfrac{t_2 - t_1}{2} \neq 0$, en notant de plus que :

$$\cos t_1 \cos \frac{t_2 + t_1}{2} + \sin t_1 \sin \frac{t_2 + t_1}{2} = \cos \frac{t_2 - t_1}{2},$$

la droite $(M_1 M_2)$ a pour équation :

$$bx \cos \frac{t_2 + t_1}{2} + ay \sin \frac{t_2 + t_1}{2} - 2ab \cos \frac{t_2 - t_1}{2} = 0.$$

- (M_1M_2) est tangente à $\mathscr{E}$ si et seulement si :

$a^2b^2\cos^2\frac{t_2+t_1}{2}+a^2b^2\sin^2\frac{t_2+t_1}{2}=4a^2b^2\cos^2\frac{t_2-t_1}{2}$, c'est-à-dire $\cos^2\frac{t_2-t_1}{2}=\frac{1}{4}$,

ou encore $\cos\frac{t_2-t_1}{2}=\cos\left(\pm\frac{\pi}{3}+k\pi\right)$ avec $k\in\mathbb{Z}$, soit $t_2-t_1=\pm\frac{2\pi}{3}+2k\pi$, $k\in\mathbb{Z}$.

4) Soit M un point de paramètre t sur $\mathscr{E}_2$.

Alors les paramètres t_1 et t_2 de P et Q vérifient $t-t_1=\pm\frac{2\pi}{3}+2k\pi$ et $t_2-t=\pm\frac{2\pi}{3}+2k'\pi$.

On a donc deux cas :

- l'un, $t_2-t_1=0+2k''\pi$, est à écarter puisque $\mathscr{D}_1\neq\mathscr{D}_2$,
- l'autre étant $t_2-t_1=\pm\frac{4\pi}{3}+2k''\pi$, ce qui équivaut à $t_2-t_1=\pm\frac{2\pi}{3}+2k'''\pi$, donc (PQ) est tangente à $\mathscr{E}$.

10 Hyperbole et structure de groupe

Le plan est rapporté à un repère orthonormal $\mathscr{R}=(O,\vec{i},\vec{j})$. La notation $M=(x,y)$ désigne le point M de coordonnées (x,y) dans $\mathscr{R}$.
On utilisera les points $E=(1,0)$ et $E'=(-1,0)$.

1) Étant donné un point $M=(x,y)$, on note M_1 son image par la réflexion d'axe $(O,\vec{j})$.

Donner la relation entre x et y qui exprime la nullité du produit scalaire $\overrightarrow{ME}.\overrightarrow{M_1E}$

Reconnaître l'ensemble $\mathscr{H}$ des points M tels que $\overrightarrow{ME}.\overrightarrow{M_1E}=0$.

2) Étant donné $M=(x,y)$ et $M'=(x',y')$ de $\mathscr{H}$, on définit le point $S=(X,Y)$ par :

$$\begin{cases} X=xx'+yy' \\ Y=xy'+x'y \end{cases}$$

On dit que S est le produit de M et M'. On note alors $S=M*M'$.

Montrer que $(\mathscr{H},*)$ est un groupe commutatif.

3) a) Étant donné M et M' dans $\mathscr{H}$, avec M' différent de M et du symétrique M^{-1} de M pour la loi $*$, montrer que $S=M*M'$ est le point de $\mathscr{H}$ tel que les droites (ES) et (MM') sont parallèles.

b) Que devient ce résultat quand $M=M'$?

c) Quelle propriété de la droite (MM') équivaut à $S=E'$?

Donner une propriété équivalente faisant intervenir $\overrightarrow{ME}.\overrightarrow{M'E}$

4) a) Soit $[AB]$ et $[CD]$ des cordes perpendiculaires de $\mathscr{H}$.

On pose $P=A*B$ et $Q=C*D$. Que peut-on dire des vecteurs $\overrightarrow{PE}$ et $\overrightarrow{QE}$?

En déduire que $A * B * C * D = E'$.

Montrer que $[AC]$ et $[BD]$ sont perpendiculaires, ainsi que $[AD]$ et $[BC]$.

b) Soit $[AB]$ et $[AC]$ des cordes perpendiculaires de $\mathcal{H}$.

Montrer que la tangente en A à $\mathcal{H}$ est perpendiculaire à (BC).

Montrer que le cercle de diamètre $[BC]$ recoupe $\mathcal{H}$ au point A' symétrique de A par rapport à O.

Solution

1) Étant donné $M = (x, y)$, les coordonnées de M_1 sont $(-x, y)$.

Avec $\overrightarrow{EM} = (x - 1, y)$ et $\overrightarrow{EM_1} = (-x - 1, y)$, on a $\overrightarrow{ME}.\overrightarrow{M_1E} = 0$ si et seulement si $x^2 - y^2 = 1$.

On reconnait une équation d'hyperbole équilatère, d'asymptotes $y = x$ et $y = -x$, de sommets E et E'.

2) La loi $*$ est interne dans $\mathcal{H}$. En effet, étant donné $M = (x, y)$ et $M' = (x', y')$ tels que :

$$x^2 - y^2 = 0 \text{ et } x'^2 - y'^2 = 1,$$

calculons $X^2 - Y^2$:

$$(xx' + yy')^2 - (xy' + x'y)^2 = x^2x'^2 + y^2y'^2 - x^2y'^2 - x'^2y^2 = (x^2 - y^2)(x'^2 - y'^2) = 1$$

ce qui montre que $\mathcal{H} * \mathcal{H} \subset \mathcal{H}$

Notons que $*$ est commutative.

Soit $M = (x, y)$, $M' = (x', y')$ et $M'' = (x'', y'')$

Nous avons :

$$S = M * M' = (xx' + yy', xy', x'y)$$

$$\text{et } \; S * M'' = \big((x''(xx' + yy') + y''(xy' + x'y), x''(xy' + x'y) + y''(xx' + yy')\big)$$

c'est-à-dire $(M * M') * M'' = (xx'x'' + xy'y'' + x'y''y + x''yy', yy'y'' + yx'x'' + y'x''x + y''xx')$, résultat invariant par permutation circulaire. La loi $*$ est donc associative.

Les coordonnées de $M * E$ sont (x, y). Ainsi E est neutre pour $*$.

Étant donné $M = (u, v) \in \mathcal{H}$, cherchons $\overline{M} = (x, y)$ tel que $M * \overline{M} = E$.

Le système $\begin{cases} ux + vy = 1 \\ vx + uy = 0 \end{cases}$ est de déterminant $\begin{vmatrix} u & v \\ v & u \end{vmatrix} = u^2 - v^2 = 1$.

Il admet $(u, -v)$ pour unique solution et le point de coordonnées $(u, -v)$ appartient à l'ensemble $\mathcal{H}$: l'inverse de M est son image dans la réflexion d'axe $(O, \overrightarrow{i})$.

3) a) Soit $M = (x, y)$ et $M' = (x', y')$ distincts sur $\mathcal{H}$.

Nous avons $\overrightarrow{ES} = (xx' + yy' - 1, xy' + x'y)$ et $\overrightarrow{MM'} = (x' - x, y' - y)$

Il vient $\operatorname{Det}(\overrightarrow{ES}, \overrightarrow{MM'}) = \begin{vmatrix} xx' + yy' - 1 & x' - x \\ xy' + x'y & y' - y \end{vmatrix} = y(y'^2 - x'^2) + y'(x^2 - y^2) + y - y' = 0$.

Si $M' \neq M^{-1}$, on a $E \neq S$ et les droites (ES) et (MM') sont parallèles.

b) Quand $M' = M$, le point $S = M * M$ est celui où la parallèle en E à la tangente en M à $\mathcal{H}$ recoupe $\mathcal{H}$.

c) $S = M * M'$ est égal à E' quand (MM') est parallèle à $(O, \overrightarrow{i})$, c'est-à-dire quand $M' = M_1$. (Voir question 1).) C'est-à-dire quand $\overrightarrow{ME}.\overrightarrow{M'E} = 0$.

4) a) (PE) est parallèle à (AB) et (QE) est parallèle à (CD).

Il s'ensuit que, si $[AB]$ et $[CD]$ sont perpendiculaires, les vecteurs $\overrightarrow{PE}$ et $\overrightarrow{QE}$ sont orthogonaux.

La question 3)c) donne alors $A * B * C * D = P * Q = E'$.

Avec la commutativité, on a $A * C * B * D = E'$. Posons $U = A * C$ et $V = B * D$.

De $U * V = E'$, on déduit $\overrightarrow{UE} \perp \overrightarrow{VE}$

Avec $(AC)//(UE)$ et $(BD)//(VE)$, il vient $(AC) \perp (BD)$. De même, on a $(AD) \perp (BC)$.

b) $A * A$ est le point X tel que (EX) est parallèle à la tangente en A à $\mathcal{H}$. Soit $Y = B * C$.

L'orthogonalité de (AB) et (AC) donne (voir a)) $A * B * A * C = E'$.

Il vient alors $A * A * B * C = E'$, c'est-à-dire $X * Y = E'$. Comme en a), on déduit que la tangente en A est perpendiculaire à (BC).

O étant centre de symétrie de $\mathcal{H}$, la tangente en A' à $\mathcal{H}$ est parallèle à la tangente en A. Elle est donc perpendiculaire à (BC). On en déduit :

$$A' * A' * B * C = E' \quad \text{puis} \quad A' * B * A' * C = E',$$

ce qui montre que $(A'B)$ et $(A'C)$ sont perpendiculaires.

Ainsi A' appartient aussi au cercle de diamètre $[BC]$.

11 Une famille de courbes

Le plan est rapporté à un repère orthonormal $(O, \overrightarrow{i}, \overrightarrow{j})$.

1) Quelles sont les courbes Γ_1 et Γ_2 d'équations respectives

$$(x-2)^2 - 4y^2 = 0 \quad \text{et} \quad 4x^2 - (y-3)^2 = 0\ ?$$

2) Pour $k \in \mathbb{R}$, on considère l'ensemble $\mathcal{C}_k$ d'équation :

$$(x-2)^2 - 4y^2 + k\big(4x^2 - (y-3)^2\big) = 0.$$

a) Montrer que les courbes $\mathcal{C}_k$ ont en commun quatre points dont on précisera les coordonnées.

b) Pour quelle valeur de $k \in \mathbb{R}$, la courbe $\mathcal{C}_k$ est-elle un cercle ?

En préciser le centre et le rayon.

c) Pour quelles valeurs de k les courbes $\mathcal{C}_k$ sont-elles des paraboles ?

En préciser alors foyer et directrice dans chacun des cas.

d) Pour quelles valeurs de $k \in \mathbb{R}$, la courbe $\mathscr{C}_k$ est-elle la réunion de deux droites ?

Dans la suite, on écarte ces valeurs particulières de k.

3) a) Déterminer (par ses coordonnées, en fonction de k) le point Ω tel que, dans le repère $(\Omega, \vec{i}, \vec{j})$, la courbe $\mathscr{C}_k$ ait pour équation :

$$\frac{X^2}{U(k)} + \frac{Y^2}{V(k)} = 1,$$

avec $U(k)$ et $V(k)$ à préciser en fonction de k.

b) Étudier le signe de $U(k)$ et $V(k)$ et en déduire la nature de $\mathscr{C}_k$.

4) Donner une équation de l'ensemble E des centres des courbes $\mathscr{C}_k$ qui ont un centre de symétrie.

5) Calculer en fonction de k le carré e^2 de l'excentricité des ellipses $\mathscr{C}_k$.

Solution

1) Γ_1 est la réunion des droites $\mathscr{D}_1$ et $\mathscr{D}_2$ d'équations $x + 2y - 2 = 0$ et $x - 2y - 2 = 0$.

Γ_2 est la réunion des droites $\mathscr{D}_3$ et $\mathscr{D}_4$ d'équations $2x + y - 3 = 0$ et $2x - y + 3 = 0$.

2) a) Les courbes $\mathscr{C}_k$ ont en commun les points communs à Γ_1 et Γ_2.

Ce sont $\mathscr{D}_1 \cap \mathscr{D}_3$, $\mathscr{D}_1 \cap \mathscr{D}_4$, $\mathscr{D}_2 \cap \mathscr{D}_3$, $\mathscr{D}_2 \cap \mathscr{D}_4$, c'est-à-dire les points de coordonnées :

$$\left(\frac{4}{3}, \frac{1}{3}\right), \left(-\frac{4}{5}, \frac{7}{5}\right), \left(\frac{8}{5}, -\frac{1}{5}\right), \left(-\frac{8}{3}, -\frac{7}{3}\right).$$

b) L'équation $(x-2)^2 - 4y^2 + k\left(4x^2 - (y-3)^2\right) = 0$ de $\mathscr{C}_k$ se lit aussi :

$$(1 + 4k)x^2 + (-4 - k)y^2 - 4x + 6ky + 4 - 9k = 0.$$

Il s'agit d'un cercle si et seulement si $1 + 4k = -4 - k \neq 0$, c'est-à-dire $k = -1$, pour l'équation :

$$3x^2 + 3y^2 + 4x + 6y - 13 = 0,$$

soit $\left(x + \frac{2}{3}\right)^2 + (y+1)^2 = \frac{52}{9}$. Le centre est $\left(-\frac{2}{3}, -1\right)$ et le rayon est $\frac{2\sqrt{13}}{3}$.

c) $\mathscr{C}_k$ est une parabole dans les deux cas $1 + 4k = 0$ et $4 + k = 0$.

Les équations sont respectivement :

$$-\frac{15}{4}y^2 - 4x - \frac{3}{2}y + \frac{25}{4} = 0 \text{ et } -15x^2 - 4x - 24y + 40 = 0.$$

- *Étude du cas où* $k = -\frac{1}{4}$

$\frac{15}{4}\left(y^2 + \frac{2}{5}y\right) + 4x - \frac{25}{4} = 0$, ou encore $\left(y + \frac{1}{5}\right)^2 = -\frac{16}{15}\left(x - \frac{8}{5}\right)$.

Sommet $\Omega = \left(\frac{8}{5}, -\frac{1}{5}\right)$, axe de symétrie $(\Omega, \vec{i})$, foyer $F\left(\frac{4}{3}, -\frac{1}{5}\right)$, directrice $D : x = \frac{28}{15}$.

■ *Étude du cas où* $k = -4$

$15\left(x^2 + \frac{4}{15}x\right) + 24y - 40 = 0$ ou encore $\left(x + \frac{2}{15}\right)^2 = -\frac{8}{5}\left(y - \frac{151}{90}\right)$.

Sommet $\Omega = \left(-\frac{2}{15}, \frac{151}{90}\right)$, axe de symétrie $(\Omega, \vec{j})$, foyer $F = \left(-\frac{2}{15}, \frac{23}{18}\right)$, directrice $D : y = \frac{187}{90}$.

d) Pour $k \notin \left\{-4, -\frac{1}{4}\right\}$, $\mathscr{C}_k$ a pour équation :

$$(1 + 4k)\left(x^2 - \frac{4x}{1 + 4k}\right) - (4 + k)\left(y^2 - \frac{6ky}{4 + k}\right) + 4 - 9k = 0,$$

ou encore : $(1+4k)\left(x - \frac{2}{1+4k}\right)^2 - (4+k)\left(y - \frac{3k}{4+k}\right)^2 + 4\left(1 - \frac{1}{1+4k}\right) + 9k\left(\frac{k}{4+k} - 1\right) = 0$

et enfin : $(1 + 4k)\left(x - \frac{2}{1 + 4k}\right)^2 - (4 + k)\left(y - \frac{3k}{4 + k}\right)^2 + \frac{4k(7 - 32k)}{(1 + 4k)(4 + k)} = 0.$

$\mathscr{C}_k$ est la réunion de deux droites quand $k = 0$ (avec $\mathscr{C}_0 = \Gamma_1$) ou quand $k = \frac{7}{32}$.

$\mathscr{C}_{\frac{7}{32}}$ a pour équation : $4\left(x - \frac{16}{15}\right)^2 - 9\left(y - \frac{7}{45}\right)^2 = 0$, c'est la réunion des droites :

$$6x - 9y - 5 = 0 \text{ et } 10x + 15y - 13 = 0.$$

3) a) Pour $k \notin \left\{0, -4, -\frac{1}{4}, \frac{7}{32}\right\}$, $\mathscr{C}_k$ a pour équation $\frac{X^2}{U(k)} + \frac{Y^2}{V(k)} = 1$, avec :

$$x = \frac{2}{1 + 4k} + X,\ y = \frac{3k}{4 + k} + Y,\ U(k) = \frac{4k(32k - 7)}{(1 + 4k)^2(4 + k)},\ V(k) = \frac{4k(7 - 32k)}{(1 + 4k)(4 + k)^2}.$$

Le centre de symétrie est $\Omega = \left(\frac{2}{1 + 4k}, \frac{3k}{4 + k}\right)$.

b)

k		-4		$-\frac{1}{4}$		0		$\frac{7}{32}$	
$U(k)$	$-$		$+$		$+$	0	$-$	0	$+$
$V(k)$	$+$		$+$		$-$	0	$+$	0	$-$
nature	hyp.		ell.		hyp.		hyp.		hyp.

4) Les coordonnées du centre sont $x = \frac{2}{1 + 4k}$ et $y = \frac{3k}{4 + k}$.

Notons que l'on a $x \neq 0$ et que $k \neq -4$ donne $x \neq -\frac{2}{15}$

$2 - x = 4k$ donne $k = \frac{2 - x}{4x}$; en reportant dans $y = 3 - \frac{12}{4 + k}$, il vient $y = \frac{3(2 - x)}{2 + 15x}$.

En prenant en compte les centres de $\mathscr{C}_0$ et de $\mathscr{C}_{\frac{7}{32}}$, l'ensemble des centres des courbes $\mathscr{C}_k$ est l'hyperbole d'équation $y = \frac{3(2 - x)}{2 + 15x}$ privée du point $(0, 3)$.

5) Pour $-4 < k < -\frac{1}{4}$, on a $U(k) > 0$ et $V(k) > 0$ et $\frac{U(k)}{V(k)} - 1 = -\frac{4 + k}{1 + 4k} - 1 = -\frac{5(k + 1)}{1 + 4k}$.

$k = -1$ correspond à un cercle. On distingue $-4 < k < -1$ et $-1 < k < -\frac{1}{4}$.

Dans le premier cas, $C^2 = V(k) - U(k)$ et $e^2 = \dfrac{C^2}{V(k)} = 1 - \dfrac{U(k)}{V(k)} = 1 + \dfrac{4+k}{1+4k} = \dfrac{5(1+k)}{1+4k}$.

Dans le second cas, $C^2 = U(k) - V(k)$ et $e^2 = \dfrac{C^2}{U(k)} = 1 - \dfrac{V(k)}{U(k)} = 1 + \dfrac{1+4k}{4+k} = \dfrac{5(1+k)}{4+k}$.

12 Composée de deux réflexions

$\mathscr{E}$ désigne l'espace usuel.

P_1 et P_2 sont deux plans de $\mathscr{E}$; on note S_1 et S_2 les réflexions de plans P_1 et P_2 respectivement. Les parties linéaires de S_1 et S_2 sont notées σ_1 et σ_2.

On note Π_1 et Π_2 les plans vectoriels, directeurs de P_1 et P_2 respectivement.

1) On suppose que P_1 et P_2 sont parallèles.

Les réflexions S_1 et S_2 commutent-elles ?

Dans la suite, les plans P_1 et P_2 ne sont pas parallèles.

2) Soit $D = P_1 \cap P_2$ et $\vec{u}$ un vecteur directeur normé de D. On note $\Pi = \vec{u}^{\perp}$ le plan vectoriel orthogonal à $\vec{u}$ et ce plan est orienté par $\vec{u}$.

Soit $(\vec{e_1}, \vec{e_1'})$ et $(\vec{e_2}, \vec{e_2'})$ des bases orthonormales directes de Π, avec $\vec{e_1} \in \Pi_1$ et $\vec{e_2} \in \Pi_2$. On note $\theta \in]0, 2\pi[$ l'angle orienté dans Π des vecteurs $\vec{e_1}$ et $\vec{e_2}$.

a) Former la matrice M_1 de σ_1 dans la base $(\vec{e_1}, \vec{e_1'}, \vec{u})$.

b) Exprimer $\vec{e_1}$ et $\vec{e_1'}$ en fonction de $\vec{e_2}$, $\vec{e_2'}$ et θ.

Former la matrice M_2 de σ_2 dans la base $(\vec{e_1}, \vec{e_1'}, \vec{u})$.

3) a) À quelles conditions sur θ les réflexions σ_1 et σ_2 commutent-elles ?

Quelle est alors $\sigma_2 \circ \sigma_1$?

b) Dans ce cas, S_1 et S_2 commutent-elles ? Reconnaître $S_1 \circ S_2$.

4) *Exemple*. À la lumière de ce qui vient d'être vu, étudier la composée des transformations de $\mathscr{E}$ définies par leurs expressions analytiques dans un repère orthonormal direct $(O, \vec{i}, \vec{j}, \vec{k})$ de $\mathscr{E}$:

$$f_1 : \begin{cases} x' = \dfrac{3}{5}x - \dfrac{4}{5}z + \dfrac{6}{5} \\ y' = y \\ z' = -\dfrac{4}{5}x - \dfrac{3}{5}z + \dfrac{12}{5} \end{cases} \qquad f_2 : \begin{cases} x' = -\dfrac{1}{3}x - \dfrac{2}{3}y + \dfrac{2}{3}z + \dfrac{8}{3} \\ y' = -\dfrac{2}{3}x + \dfrac{2}{3}y + \dfrac{1}{3}z + \dfrac{4}{3} \\ z' = \dfrac{2}{3}x + \dfrac{1}{3}y + \dfrac{2}{3}z - \dfrac{4}{3} \end{cases}$$

Solution

1) a) Si on a $P_1 = P_2$, alors $S_1 = S_2$ et comme toute réflexion est une involution, il vient :

$$S_2 \circ S_1 = S_1 \circ S_2 = \text{Id}.$$

b) La partie linéaire de $S_2 \circ S_1$ est $\sigma_2 \circ \sigma_1$. Comme les plans Π_1 et Π_2 sont égaux, on a $\sigma_2 = \sigma_2$. Alors $\sigma_2 \circ \sigma_1 = \text{Id}$ montre que $S_2 \circ S_1$ est une translation T.

Pour préciser le vecteur de cette translation, on considère un point A_1 de P_1 et son image B_1 par $S_2 \circ S_1$. Le vecteur $\vec{t}$ de la translation est $\vec{t} = \overrightarrow{A_1B_1}$.

Alors $B_1 = S_2 \circ S_1(A_1) = S_2(A_1)$ permet de construire le vecteur $\vec{t}$.

On a $T^{-1} = (S_2 \circ S_1)^{-1} = S_1^{-1} \circ S_2^{-1} = S_1 \circ S_2$, ce qui montre que $S_1 \circ S_2$ est la translation de vecteur $-\vec{t}$.

Comme A_1 n'est pas dans P_2, on a $B_1 \neq A_1$, donc $\vec{t} \neq 0$ puis $T \neq T^{-1}$, et finalement $S_2 \circ S_1 \neq S_1 \circ S_2$.

En conclusion, dans le cas où P_1 et P_2 sont parallèles, les réflexions S_1 et S_2 commutent si et seulement si les plans sont égaux.

2) a) On a $\sigma_1(\vec{e_1}) = \vec{e_1}$, $\sigma_1(\vec{e_1}') = -\vec{e_1}'$ et $\sigma_1(\vec{u}) = \vec{u}$, et il vient $M_1 = \begin{pmatrix} 1 & 0 & 0 \\ 0 & -1 & 0 \\ 0 & 0 & 1 \end{pmatrix}$.

b) $(\vec{e_2}, \vec{e_2}')$ se déduit de $(\vec{e_1}, \vec{e_1}')$ par la rotation d'angle θ, donc $(\vec{e_1}, \vec{e_1}')$ se déduit de $(\vec{e_2}, \vec{e_2}')$ par la rotation d'angle $-\theta$:

$$\vec{e_2} = \cos\theta\, \vec{e_1} + \sin\theta\, \vec{e_1}' \quad , \quad \vec{e_2}' = -\sin\theta\, \vec{e_1} + \cos\theta\, \vec{e_1}'.$$

$$\vec{e_1} = \cos\theta\, \vec{e_2} - \sin\theta\, \vec{e_2}' \quad , \quad \vec{e_1}' = \sin\theta\, \vec{e_2} + \cos\theta\, \vec{e_2}'.$$

On a $\sigma_2(\vec{e_2}) = \vec{e_2}$ et $\sigma_2(\vec{e_2}') = -\vec{e_2}'$.

On a donc $\sigma_2(\vec{e_1}) = \sigma_2\left(\cos\theta\, \vec{e_2} - \sin\theta\, \vec{e_2}'\right) = \cos\theta\, \vec{e_2} + \sin\theta\, \vec{e_2}'$.

Il vient alors $\sigma_2(\vec{e_1}) = (\cos^2\theta - \sin^2\theta)\vec{e_1} + 2\sin\theta\cos\theta\, \vec{e_1}'$, c'est-à-dire :

$$\sigma_2(\vec{e_1}) = \cos 2\theta\, \vec{e_1} + \sin 2\theta\, \vec{e_1}'.$$

On obtient de même $\sigma_2(\vec{e_1}') = \sin 2\theta\, \vec{e_1} - \cos 2\theta\, \vec{e_1}'$.

Avec $\sigma_2(\vec{u}) = \vec{u}$, il vient $M_2 = \begin{pmatrix} \cos 2\theta & \sin 2\theta & 0 \\ \sin 2\theta & -\cos 2\theta & 0 \\ 0 & 0 & 1 \end{pmatrix}$.

3) a) σ_1 et σ_2 commutent si et seulement si on a $M_1M_2 = M_2M_1$. Formons alors ces produits matriciels. On obtient :

$$M_1M_2 = \begin{pmatrix} \cos 2\theta & \sin 2\theta & 0 \\ -\sin 2\theta & \cos 2\theta & 0 \\ 0 & 0 & 1 \end{pmatrix}, \quad M_2M_1 = \begin{pmatrix} \cos 2\theta & -\sin 2\theta & 0 \\ \sin 2\theta & \cos 2\theta & 0 \\ 0 & 0 & 1 \end{pmatrix}.$$

Il s'ensuit que σ_1 et σ_2 commutent si et seulement si $\sin 2\theta = 0$.

Avec $\theta \in]0, 2\pi[$, il y a trois cas : $\theta = \pi$, $\theta = \frac{\pi}{2}$ et $\theta = \frac{3\pi}{2}$.

- Le cas $\theta = \pi$ donne $\overrightarrow{e_2} = -\overrightarrow{e_1}$ et implique que $\Pi_2 = \Pi_1$, ce qui est contraire aux hypothèses.
- Dans les cas $\theta = \frac{\pi}{2}$ et $\theta = \frac{3\pi}{2}$, $\overrightarrow{e'_2}$ est colinéaire à $\overrightarrow{e_1}$, donc $\overrightarrow{e'_1}$ et $\overrightarrow{e'_2}$ sont orthogonaux. Les plans vectoriels Π_1 et Π_2 sont perpendiculaires. Dans ce cas, on a :

$$M_1M_2 = M_2M_1 = \begin{pmatrix} -1 & 0 & 0 \\ 0 & -1 & 0 \\ 0 & 0 & 1 \end{pmatrix},$$

et $\sigma = \sigma_2 \circ \sigma_1 = \sigma_1 \circ \sigma_2$ est la symétrie orthogonale par rapport à la droite $\Delta = \mathbb{R}\,\overrightarrow{u}$, c'est-à-dire le retournement d'axe Δ.

b) $\sigma_2 \circ \sigma_1 = \sigma_1 \circ \sigma_2$ est une condition nécessaire pour que $S_2 \circ S_1 = S_1 \circ S_2$.

Pour obtenir $S_2 \circ S_1 = S_1 \circ S_2$, il suffit alors de voir si elles donnent la même image pour un point de $\mathscr{E}$.

Tout point de $D = P_1 \cap P_2$ est invariant par S_1 et par S_2. Il est donc invariant par $S_1 \circ S_2$ et par $S_2 \circ S_1$.

En conclusion de cette étude, les réflexions S_1 et S_2 commutent si et seulement si $P_1 = P_2$ ou si P_1 et P_2 sont perpendiculaires.

Dans le cas où P_1 et P_2 sont perpendiculaires, la composée $S_1 \circ S_2$ est la symétrie orthogonale par rapport à D.

4) a) Les parties linéaires de f_1 et f_2 ont pour matrices respectives :

$$A_1 = \frac{1}{5}\begin{pmatrix} 3 & 0 & -4 \\ 0 & 5 & 0 \\ -4 & 0 & -3 \end{pmatrix} \quad \text{et} \quad A_2 = \frac{1}{3}\begin{pmatrix} -1 & -2 & 2 \\ -2 & 2 & 1 \\ 2 & 1 & 2 \end{pmatrix}.$$

Il est aisé de constater que A_1 et A_2 sont des matrices orthogonales.

Comme elles sont symétriques et de traces égales à 1, ce sont des matrices de réflexions.

Les ensembles des points invariants par f_1 et par f_2 sont précisés par :

$$\begin{cases} x = \frac{3}{5}x - \frac{4}{5}z + \frac{6}{5} \\ y = y \\ z = -\frac{4}{5}x - \frac{3}{5}z + \frac{12}{5} \end{cases} \qquad \begin{cases} x = -\frac{1}{3}x - \frac{2}{3}y + \frac{2}{3}z + \frac{8}{3} \\ y = -\frac{2}{3}x + \frac{2}{3}y + \frac{1}{3}z + \frac{4}{3} \\ z = \frac{2}{3}x + \frac{1}{3}y + \frac{2}{3}z - \frac{4}{3} \end{cases}$$

Ce sont les plans $x + 2z = 3$ et $2x + y - z = 4$.

b) f_1 est la réflexion de plan $P_1 : x + 2z = 3$ et f_2 est la réflexion de plan $P_2 : 2x + y - z = 4$.

Il est aisé de constater que ces plans sont perpendiculaires.

Il s'ensuit que f_1 et f_2 commutent.

Leur composée $f = f_1 \circ f_2$ est la symétrie orthogonale par rapport à la droite $D = P_1 \cap P_2$.

Avec les vecteurs $\overrightarrow{n}_1 = (1, 0, 2)$ et $\overrightarrow{n}_2 = (2, 1, -1)$, normaux à P_1 et à P_2, la droite D est dirigée par $\overrightarrow{n}_1 \wedge \overrightarrow{n}_2 = (-2, 5, 1)$.

Il suffit de constater qu'en choisissant $z = 0$ par exemple, le point $(3, -2, 0)$ appartient à $P_1 \cap P_2$ pour achever la détermination de D.

13 Coniques en sections planes

E est l'espace $\mathbb{R}^3$ euclidien canonique, rapporté à un repère orthonormal direct $\mathcal{R} = (O, \vec{i}, \vec{j}, \vec{k})$. On considère l'ensemble $\mathcal{Q}$ des points M dont les coordonnées (x, y, z), dans $\mathcal{R}$, vérifient :

$$2x^2 + y^2 - 4xy - 4yz + 2x + 2y - 4z + 2 = 0 \qquad (1)$$

1) *Changement de base*

On note :

$$\Phi(x, y, z) = 2x^2 + y^2 - 4xy - 4yz \qquad (2)$$

a) Soit U la matrice $\begin{pmatrix} x \\ y \\ z \end{pmatrix}$ des coordonnées d'un point M, dans $\mathcal{R}$.

Former A, matrice carrée symétrique réelle d'ordre 3, telle que, pour tout point M,

$$\Phi(x, y, z) = {}^tUA\,U. \qquad (3)$$

b) Déterminer les valeurs propres et une base orthonormale $\mathcal{B}' = (\vec{I}, \vec{J}, \vec{K})$ de $\mathbb{R}^3$ formée de vecteurs propres de l'endomorphisme φ dont la matrice dans $\mathcal{B}$ est A.

Ces valeurs propres seront rangées dans l'ordre décroissant et pour chacun des trois sous-espaces propres, on choisira un vecteur directeur normé dont la première coordonnée est positive.

c) Soit P la matrice de passage de $\mathcal{B} = (\vec{i}, \vec{j}, \vec{k})$ à $\mathcal{B}'$.

Justifier que P est une matrice de rotation et caractériser géométriquement cette rotation.

2) *Équation réduite de* $\mathcal{Q}$

a) On note (x', y', z') les coordonnées de M dans le repère $\mathcal{R}' = (O, \vec{I}, \vec{J}, \vec{K})$.

Montrer que $\Phi(x, y, z)$ s'écrit, en fonction de x', y' et z' :

$$\Phi(x, y, z) = 4x'^2 + y'^2 - 2z'^2. \qquad (4)$$

On pourra utiliser une matrice diagonale D, semblable à A.

b) Montrer qu'un point M appartient à $\mathcal{Q}$ si et seulement si ses coordonnées dans $\mathcal{R}'$ vérifient :

$$4x'^2 + y'^2 - 2z'^2 - \frac{4}{3}x' + \frac{14}{3}y' - \frac{2}{3}z' + 2 = 0. \qquad (5)$$

c) Étant donné un point Ω, on note $\mathcal{R}_1$ le repère $(\Omega, \vec{I}, \vec{J}, \vec{K})$, et on désigne par (X, Y, Z) les coordonnées dans $\mathcal{R}_1$ d'un point M.

Déterminer, par ses coordonnées dans $\mathcal{R}'$ et dans $\mathcal{R}$ un point Ω tel que :

$$M \text{ appartient à } \mathcal{Q} \iff 4X^2 + Y^2 - 2Z^2 - \frac{7}{2} = 0. \qquad (6)$$

3) *Étude de deux sections planes*

a) Soit $\mathscr{E}$ l'intersection de $\mathcal{Q}$ et du plan d'équation $Z = 0$. Préciser la nature de $\mathscr{E}$, en donner les éléments géométriques (foyers, directrices, excentricité) dans le repère $(\Omega, \vec{I}, \vec{J})$ du plan contenant $\mathscr{E}$.

b) Soit $\mathscr{H}$ l'intersection de $\mathcal{Q}$ et du plan d'équation $Y = 0$. Préciser la nature de $\mathscr{H}$, en donner les éléments géométriques (foyers, directrices, excentricité et asymptotes) dans le repère $(\Omega, \vec{I}, \vec{K})$ du plan contenant $\mathscr{H}$.

Solution

1) a) Avec la matrice symétrique $A = \begin{pmatrix} a & d & e \\ d & b & f \\ e & f & c \end{pmatrix}$, on a :

$$^tUAU = ax^2 + by^2 + cz^2 + 2dxy + 2exz + 2fyz.$$

Et on a $^tUAU = 2x^2 + y^2 - 4xy - 4yz$ quand $A = \begin{pmatrix} 2 & -2 & 0 \\ -2 & 1 & -2 \\ 0 & -2 & 0 \end{pmatrix}$.

b) Les valeurs propres de A sont les scalaires λ tels que $\begin{vmatrix} 2-\lambda & -2 & 0 \\ -2 & 1-\lambda & -2 \\ 0 & -2 & -\lambda \end{vmatrix} = 0.$

Ce qui donne $-\lambda^3 + 3\lambda^2 + 6\lambda - 8 = 0$.

1 est solution et on a :

$$-\lambda^3 + 3\lambda^2 + 6\lambda - 8 = (1-\lambda)(\lambda^2 - 2\lambda - 8)$$

et les racines de $\lambda^2 - 2\lambda - 8$ sont 4 et -2.

Les valeurs propres sont donc $\lambda_1 = 4$, $\lambda_2 = 1$ et $\lambda_3 = -2$.

- Les vecteurs propres relatifs à λ_1 sont les solutions du système $\begin{cases} -2x - 2y = 0 \\ -2x - 3y - 2z = 0 \\ -2y - 4z = 0 \end{cases}$

ce qui équivaut à $\begin{cases} x = 2z \\ y = -2z \end{cases}$ pour les solutions $z(2, -2, 1)$, $z \in \mathbb{R}$,

et on choisit le vecteur normé $\vec{I} = \frac{1}{3}(2, -2, 1)$.

- Les vecteurs propres relatifs à λ_2 sont les solutions du système $\begin{cases} x - 2y = 0 \\ -2x - 2z = 0 \\ -2y - z = 0 \end{cases}$

ce qui équivaut à $\begin{cases} x = 2y \\ z = -2y \end{cases}$ pour les solutions $y(2, 1, -2)$, $y \in \mathbb{R}$,

et on choisit le vecteur normé $\vec{J} = \frac{1}{3}(2, 1, -2)$.

- Les vecteurs propres relatifs à λ_3 sont les solutions du système $\begin{cases} 4x - 2y = 0 \\ -2x + 3y - 2z = 0 \\ -2y + 2z = 0 \end{cases}$

ce qui équivaut à $\begin{cases} y = 2x \\ z = y \end{cases}$ pour les solutions $x(1, 2, 2), x \in \mathbb{R}$,

et on choisit le vecteur $\overrightarrow{K} = \frac{1}{3}(1, 2, 2)$.

Les vecteurs normés $\overrightarrow{I}$, $\overrightarrow{J}$, $\overrightarrow{K}$ sont deux à deux orthogonaux.

On constate que $\overrightarrow{I} \wedge \overrightarrow{J} = \overrightarrow{K}$ et il s'ensuit que $(\overrightarrow{I}, \overrightarrow{J}, \overrightarrow{K})$ est une base orthonormale directe de E.

c) La matrice de passage de $\mathcal{B}$ à $\mathcal{B}'$ est $P = \frac{1}{3}\begin{pmatrix} 2 & 2 & 1 \\ -2 & 1 & 2 \\ 1 & -2 & 2 \end{pmatrix}$ est la matrice d'un endomorphisme qui donne de la base orthonormale directe $\mathcal{B}$ une image qui est une base orthonormale directe. C'est donc la matrice dans la base $\mathcal{B}$ d'une rotation ψ.

Un vecteur $u(x, y, z)$ est invariant par ψ si et seulement si $\begin{cases} -x + 2y + z = 0 \\ -2x - 2y + 2z = 0 \\ x - 2y - z = 0 \end{cases}$

ce qui équivaut à $\begin{cases} x - z = 0 \\ y = 0 \end{cases}$ dont les solutions sont $x(1, 0, 1), x \in \mathbb{R}$.

La droite des vecteurs invariants est dirigée par le vecteur normé $\overrightarrow{u} = \frac{1}{\sqrt{2}}(1, 0, 1)$.

Soit θ l'angle de la rotation. On a $1 + 2\cos\theta = \operatorname{Tr}\psi = \operatorname{Tr} P = \frac{5}{3}$ et il vient $\cos\theta = \frac{1}{3}$.

Le signe de $\sin\theta$ est aussi celui de $\operatorname{Det}\left(\overrightarrow{i}, \psi(\overrightarrow{i}), \overrightarrow{u}\right) = \begin{vmatrix} 1 & \frac{2}{3} & \frac{1}{\sqrt{2}} \\ 0 & -\frac{2}{3} & 0 \\ 0 & \frac{1}{3} & \frac{1}{\sqrt{2}} \end{vmatrix} = -\frac{\sqrt{2}}{3}$.

Il s'ensuit que $\theta = -\operatorname{Arccos}\frac{1}{3} \mod 2\pi$.

2) a) Soit $U' = \begin{pmatrix} x' \\ y' \\ z' \end{pmatrix}$. On a $U = PU'$, donc : ${}^tU = {}^tU'\,{}^tP$ ou aussi ${}^tU = {}^tU'P^{-1}$

puisque P est orthogonale. On a donc :

$$\Phi(x, y, z) = {}^tU'P^{-1}APU'.$$

Or $D = P^{-1}AP$ est la matrice dans la base $\mathcal{B}'$ de φ.

Avec $\varphi(\overrightarrow{I}) = 4\overrightarrow{I}$, $\varphi(\overrightarrow{J}) = \overrightarrow{J}$ et $\varphi(\overrightarrow{K}) = -2\overrightarrow{K}$, on a $D = \begin{pmatrix} 4 & 0 & 0 \\ 0 & 1 & 0 \\ 0 & 0 & -2 \end{pmatrix}$,

et $\Phi(x, y, z) = (x' \quad y' \quad z')\begin{pmatrix} 4 & 0 & 0 \\ 0 & 1 & 0 \\ 0 & 0 & -2 \end{pmatrix}\begin{pmatrix} x' \\ y' \\ z' \end{pmatrix}$, soit : $\Phi(x, y, z) = 4x'^2 + y'^2 - 2z'^2$.

b) $U = PU'$ donne $x = \frac{1}{3}(2x' + 2y' + z')$, $y = \frac{1}{3}(-2x' + y' + 2z')$, $z = \frac{1}{3}(x' - 2y' + 2z')$.

Il vient alors $f(x, y, z) = 2x + 2y - 4z + 2 = -\frac{4}{3}x' + \frac{14}{3}y' - \frac{2}{3}z' + 2$.

$M = (x, y, z)$ appartient à $\mathcal{Q}$ si et seulement si : $\Phi(x, y, z) + f(x, y, z) = 0$.

Cela équivaut alors à $4x'^2 + y'^2 - 2z'^2 - \frac{4}{3}x' + \frac{14}{3}y' - \frac{2}{3}z' + 2 = 0$.

c) Soit Ω de coordonnées (a, b, c) dans $\mathcal{R}'$. Posons $x' = X + a$, $y' = Y + b$, $z' = Z + c$.
Alors on a :

$$4x'^2 + y'^2 - 2z'^2 - \frac{4}{3}x' + \frac{14}{3}y' - \frac{2}{3}z' + 2 = 4X^2 + Y^2 - 2Z^2$$
$$+ \left(8a - \frac{4}{3}\right)X + \left(2b + \frac{14}{3}\right)Y - \left(4c + \frac{2}{3}\right)Z + 4a^2 + b^2 - 2c^2 - \frac{4}{3}a + \frac{14}{3}b - \frac{2}{3}c + 2.$$

On choisit alors $a = \frac{1}{6}$, $b = -\frac{7}{3}$, $c = -\frac{1}{6}$.

On obtient alors $4a^2 + b^2 - 2c^2 - \frac{4}{3}a + \frac{14}{3}b - \frac{2}{3}c + 2 = -\frac{7}{2}$.

Dans le repère $\mathcal{R}_1$, on a donc $M = (X, Y, Z) \in \mathcal{Q}$ si et seulement si $4X^2 + Y^2 - 2Z^2 - \frac{7}{2} = 0$.

Les coordonnées de Ω dans $\mathcal{R}'$ étant $\left(\frac{1}{6}, -\frac{7}{3}, -\frac{1}{6}\right)$, la formule de changement de coordonnées $U = PU'$ donne alors $\left(-\frac{3}{2}, -1, \frac{3}{2}\right)$ pour coordonnées dans $\mathcal{R}$.

3) a) Dans $(\Omega, \vec{I}, \vec{J})$, l'ensemble $\mathcal{E}$ a pour équation $4X^2 + Y^2 = \frac{7}{2}$.

C'est l'équation réduite $\frac{X^2}{a^2} + \frac{Y^2}{b^2} = 1$ d'une ellipse de centre Ω, dans laquelle :

$$a = \frac{1}{2}\sqrt{\frac{7}{2}} \quad \text{et} \quad b = \sqrt{\frac{7}{2}}.$$

Avec $c^2 = b^2 - a^2$, on a $c = \sqrt{\frac{21}{8}} = \frac{1}{2}\sqrt{\frac{21}{2}}$.

L'axe focal est $(\Omega, \vec{J})$, les foyers sont $F = \Omega + c\vec{J}$ et $F' = \Omega - c\vec{J}$.

L'excentricité est $e = \frac{c}{b} = \frac{\sqrt{3}}{2}$ et avec $d = \frac{b^2}{c} = \sqrt{\frac{14}{3}}$, les directrices sont $Y = d$ et $Y = -d$.

b) Dans $(\Omega, \vec{I}, \vec{K})$, l'ensemble $\mathcal{H}$ a pour équation $4X^2 - 2Z^2 = \frac{7}{2}$.

C'est l'équation réduite $\frac{X^2}{u^2} - \frac{Z^2}{v^2} = 1$ d'une hyperbole de centre Ω, dans laquelle :

$$u = \frac{\sqrt{14}}{4} \quad \text{et} \quad v = \frac{\sqrt{7}}{2}.$$

Avec $w^2 = u^2 + v^2$, on a $w = \frac{\sqrt{42}}{4}$.

L'axe focal est $(\Omega, \vec{I})$, les foyers sont $G = \Omega + w\vec{I}$ et $G' = \Omega - w\vec{I}$.

L'excentricité est $e' = \frac{w}{u} = \sqrt{3}$ et avec $d' = \frac{u^2}{w} = \frac{\sqrt{42}}{12}$. Les directrices sont $X = d'$ et $X = -d'$.

Les asymptotes ont pour équation $Z = \frac{v}{u}X$ et $Z = -\frac{v}{u}X$, avec $\frac{v}{u} = \sqrt{2}$.

Aubin Imprimeur
LIGUGÉ, POITIERS

BIBLIOTHÈQUE DE L'UNIVERSITÉ - PARIS 13
SCIENCES

Achevé d'imprimer en septembre 2003
réf. 2080334/01 N° d'impression P 65780
Dépôt légal, septembre 2003
Imprimé en France

BUV